Ɣ Lɨφə ʀɞ ʮʀɔʙʀφ6

ɹɥd

Ꮳφʀρɹɥʅφɥ Ʀɥɹʅɨ8ɨ8

ʙφ

Φəʙʀφʅ Ꮳ. Ωəφωφωʀʅ

The text was set using LuaLaTeX. The typeface is a modified version of Baskerville by Apple Inc.

ISBN-10: 1536875880
ISBN-13: 978-1536875881

The Deseret Alphabet

- 𐐀 𐐨 . . . . beet
- 𐐁 𐐩 . . . . bait
- 𐐂 𐐪 . . . . cot
- 𐐃 𐐫 . . . . caught
- 𐐄 𐐬 . . . . coat
- 𐐅 𐐭 . . . . coot
- 𐐆 𐐮 . . . . kit
- 𐐇 𐐯 . . . . bet
- 𐐈 𐐰 . . . . cat
- 𐐉 𐐱 . . . . Boston
- 𐐊 𐐲 . . . . cut
- 𐐋 𐐳 . . . . book
- 𐐌 𐐴 . . . . ice
- 𐐍 𐐵 . . . . cow
- 𐐎 𐐶 . . . . walk
- 𐐏 𐐷 . . . . yes
- 𐐐 𐐸 . . . . hit
- 𐐑 𐐹 . . . . pea
- 𐐒 𐐺 . . . . bee
- 𐐓 𐐻 . . . . tea
- 𐐔 𐐼 . . . . Deseret
- 𐐕 𐐽 . . . . cheer
- 𐐖 𐐾 . . . . Joshua
- 𐐗 𐐿 . . . . key
- 𐐘 𐑀 . . . . gag
- 𐐙 𐑁 . . . . fee
- 𐐚 𐑂 . . . . vital
- 𐐛 𐑃 . . . . thin
- 𐐜 𐑄 . . . . then
- 𐐝 𐑅 . . . . see
- 𐐞 𐑆 . . . . zoo
- 𐐟 𐑇 . . . . fish
- 𐐠 𐑈 . . . . measure
- 𐐡 𐑉 . . . . rat
- 𐐢 𐑊 . . . . lake
- 𐐣 𐑋 . . . . Mary
- 𐐤 𐑌 . . . . nice
- 𐐥 𐑍 . . . . sing

For more information see
http://www.deseretalphabet.info/About.html

Ωθɥˡɻɥˡϐ

I

Ɣ Lɨɸə ɼϐ Ꮧɼɔʙɼɸ6

Ɣ LƗΦϑ

ΓΘ

ЧΓϽBΓΦ6

BΦ

ΦΘBΓΦ1 Ǝ. ΩΘΦΩΦΩΓ[,
Γ8ΟDƏΓ1 ΊΦΓΓΔ8ΓΦ ΓΘ ϽΔLΓϽΔƗΩ8 Ƕ ƗΘƏΔΓ ΫΦΘ8ΓΦ8Ɨə

Ꭺdɨɿrфɞ' Ꭲфɑprɞ

Ɣ ɞɐɭʋɷɔ ɷɵɭd Ψфrф Ɔɹʟrɔɹɿɨɷɞ, ɣ ʟrфd ɨdɨbrɿ rɞ фɷɨc ɷrɞ ɿrɞɭɨbɿ ɨɿ 1900, ɷrɿɿɛɿd rɭɑɞrɿ cɹɿrф ɞф rɭɑɞrɿ ɵʟrфɞ, ɘc cɹɿrф ɞɘɨи ɨɿdrɿɑɿdrɿɿ rɞ ɣ rɣrфɞ, ɞrɿ ɵɭ ɞrɿɒɞɨи ɣ фɘdrф ɿɷ фɹɞ ɹɿ ɭɘɞɿ ɞ ɔɹʟrɔɹɿɨɷrɭ ɿфɛɿɨи ɨɷɷɨɞrɭrɿɿ ɿɷ ɣɹɿ ɷɨɞrɿ ɨɿ ɷɭɞɨɷrɭ ɹɿd ɑɿçɿɨфɨи ɷɘɭrçrɞ. Ɣ ɿrɞɭɨɷɛbrɿ rɞ ɣɹɿ ɞɐɭʋɷɔ ɷrɞ dɨɞɷrɿɿɨɿʋɷd ɨɿ 1906, ɹɿd ɣ cɹɿrфɞ фɹɞ ɞɨɿɞ ɞɨɿ ɨbɷd ɨɿ ɞɑɿrфrɭ Ɔɘɿrɷфɹpɞ, ɣɛ ɞɘɨи çɑɿrфrɭɘ ɨɿɭɘфçd ɞф rdɨbrɿrɭ ɘфɿɨɷrɭɞ ɵф rɿɑɿdrɞɘɞ фɷɨc фɣrф ɹɔɿɨrф ɣ pɵфɔrф ɿфɑɞrɿɿɛbrɿ ɵф фrɷɵфd фɘɞrɿɿ rdɞɹɿɞrɞ. Ɣɨɞ ɿɭɹɿ rɞ ɿrɞɭɨɷɛbrɿ ɷrɞ rфɛɿçd ɨɿ ɵфdrф ɿɷ ɔɘɿ ɣ dɾɔɹɿd rɞ ɿɘcrфɞ ɹɿd ɣ ɷrɿɞɘɿʋrɿɞ rɞ ɷɭɞrɞ, ɹɿd ɨɿ ɷrɞ ɵɭɞɵ ʟɵɿ ɣɹɿ ɨɿ ɷqd ɿфɷɞ ɹdɞrɿɿɛçrɞ ɿɷ фɘdrфɞ ɨɿ ɞɿɑbrɭ ɭфɨɞ rɞ ɔɹʟrɔɹɿɨɷrɭ ɭɨrфrcrф.

Ɨɿ ɨɞ ɣ ɨɿɿɑɿcrɿ rɞ ɣ ɿrɞɭɨbrфɞ ɹɿd ɑdɨɿrфɞ ɿɷ ɹd rɣrф ɔɘɿrώфɹpɞ ɿɷ ɣ ɞɨфɘɞ pфrɔ ɿфɔ ɿɷ ɿфɔ, ɨp ɣ dɾɔɹɿd ɞɘɔɞ ɿɷ ɷɵфrɿ ɨɿ. Ɽɔrи ɣ ɿɘɿɨɷɞ фɷɨc ɘф rɿdrф ɷrɿɞɨdrфɛbrɿ ɘф ɣɵɞ rɞ ɨɿɿɭɨɷ pɾɨɷbrɿɞ, ɣ ʟɨфɘ rɞ ɷɷɘɿɭɨɷɞ, ɣ ώфɒɿ ʟɨфɘ, ɣ ɷɹɭɷʋrɭrɞ rɞ ɞɑфɘɛbrɿɞ, ɹɿd Ϟɘɿ-Ʋɷɷɭɨdɘrɿ çɘɘɔrɿфɘ; ɿɘɞɨɞɭɘ ɵɭɞɵ ɔɘɿrώфɹpɞ ɵɿ ɞфɹɿcrɞ rɞ rɞɿфɘɿrɔɘ, ɔrɷɹɿɨɷɞ, ɹɿd ɔɹʟrɔɹɿɨɷrɭ pɾɨɷɞ ɔɛ ɞ ɨɿɷɭɷdrd. Ɨɿ ɨɞ ɣ фɒɿ rɞ ɣ ɑdɨɿrфɞ ɣɹɿ ɣɨɞ Ɓɨфɘɞ rɞ Ɔɘɿrώфɹpɞ ɔɛ ɿɑɿd ɿɷ ɿфrɔɒɿ ɔɹʟrɔɹɿɨɷrɭ ɞɿrdɘ ɹɿd фɘɞrфc ɵɞrф ɞ ɷфdrф pɘɭd ɣɹɿ ɣɹɿ фɷɨc ɣ pɵфɔrф ɞɐɭʋɷɔ фɹɞ ɘɷʋrɿфd.

𐐑𐑉𐐯𐑁𐐲𐑅

𐐜 𐐹𐐲𐑉𐐹𐐲𐑅 𐐲𐑂 𐑄𐐮𐑅 𐑊𐐮𐐻𐐲𐑊 𐐺𐐳𐐿 𐐮𐑆 𐐻𐐭 𐑀𐐮𐑂 𐑄 𐑉𐐨𐐼𐐲𐑉 𐐩 𐐿𐐲𐑌𐑂𐐨𐑌𐐷𐐲𐑌𐐻 𐐮𐑌𐐻𐑉𐐲𐐼𐐲𐐿𐑇𐐲𐑌 𐐻𐐭 𐑄 𐑃𐐮𐑉𐐨 𐐲𐑂 𐑌𐐲𐑋𐐺𐐲𐑉𐑆, 𐐶𐐲𐑌 𐐲𐑂 𐑄 𐑋𐐬𐑅𐐻 𐐯𐐿𐑅𐐻𐐯𐑌𐑅𐐮𐑂 𐐰𐑌𐐼 𐑋𐐬𐑅𐐻 𐐯𐑊𐐲𐑀𐐲𐑌𐐻 𐐼𐐮𐑅𐐮𐐹𐑊𐐮𐑌𐑆 𐐮𐑌 𐑄 𐐸𐐬𐑊 𐐺𐐱𐐼𐐨 𐐲𐑂 𐑋𐐰𐑃𐐲𐑋𐐰𐐻𐐮𐐿𐑅. 𐐜 𐐲𐑉𐐩𐑌𐐾𐑋𐐲𐑌𐐻 𐐲𐑂 𐑄 𐑋𐐲𐐻𐐮𐑉𐐨𐐲𐑊 𐐮𐑆 𐐰𐑆 𐑁𐐱𐑊𐐬𐑆: 𐐜 𐑁𐐲𐑉𐑅𐐻 𐑁𐐴𐑂 𐐽𐐰𐐹𐐻𐐲𐑉𐑆 𐐪𐑉 𐐼𐐲𐑂𐐬𐐻𐐲𐐼 𐐻𐐭 𐑄 𐐼𐐲𐑂𐐯𐑊𐐲𐐹𐑋𐐲𐑌𐐻 𐐲𐑂 𐑄𐐬𐑆 𐐯𐑊𐐲𐑋𐐲𐑌𐐻𐑅 𐐸𐐶𐐮𐐽 𐐪𐑉 𐐯𐑅𐐯𐑌𐑇𐐲𐑊 𐐻𐐭 𐐯𐑌𐐨 𐑅𐐻𐐲𐐼𐐨 𐐲𐑂 𐑄 𐑅𐐲𐐺𐐾𐐯𐐿𐐻. 𐐜 𐑅𐐮𐐿𐑅𐑃 𐐰𐑌𐐼 𐑊𐐰𐑅𐐻 𐐽𐐰𐐹𐐻𐐲𐑉 𐐮𐑆 𐐮𐑌𐐻𐐯𐑌𐐼𐐲𐐼 𐐻𐐭 𐑀𐐮𐑂 𐑄 𐑉𐐨𐐼𐐲𐑉 𐑅𐐲𐑋 𐐮𐑌𐐼𐐮𐐿𐐩𐑇𐐲𐑌 𐐲𐑂 𐑄 𐐼𐐲𐑉𐐯𐐿𐑇𐐲𐑌 𐐲𐑂 𐑁𐐲𐑉𐑄𐐲𐑉 𐑅𐐻𐐲𐐼𐐨 𐐶𐐮𐑄 𐐩 𐐺𐑉𐐨𐑁 𐐲𐐿𐐵𐑌𐐻 𐐲𐑂 𐑄 𐑌𐐩𐐽𐐲𐑉 𐐲𐑂 𐑄 𐑋𐐲𐐻𐐮𐑉𐐨𐐲𐑊 𐐮𐑌 𐐨𐐽 𐐲𐑂 𐑄 𐐻𐐱𐐹𐐮𐐿𐑅 𐑅𐐲𐑀𐐾𐐯𐑅𐐻𐐲𐐼. 𐐜 𐐻𐑉𐐨𐐻𐑋𐐲𐑌𐐻 𐑃𐑉𐐭𐐵𐐻 𐐮𐑆 𐑋𐐩𐐼 𐐰𐑆 𐐺𐑉𐐨𐑁 𐐰𐑆 𐐮𐑆 𐐹𐐱𐑅𐐮𐐺𐐲𐑊 𐐿𐐲𐑌𐑅𐐮𐑅𐐻𐐲𐑌𐐻 𐐶𐐮𐑄 𐐿𐑊𐐨𐑉𐑌𐐲𐑅 𐐰𐑌𐐼 𐐮𐑆 𐐿𐐲𐑌𐑁𐐴𐑌𐐼 𐐯𐑌𐐻𐐴𐑉𐑊𐐨 𐐻𐐭 𐑁𐐲𐑌𐐼𐐲𐑋𐐯𐑌𐐻𐐲𐑊 𐑋𐐰𐐻𐐲𐑉𐑆. 𐐜𐐮𐑅 𐐮𐑆 𐐼𐐲𐑌 𐐺𐐲𐐿𐐲𐑆 𐐮𐐻 𐐮𐑆 𐐺𐐲𐑊𐐨𐑂𐐼 𐑄𐐰𐐻 𐐮𐑌 𐑄𐐮𐑅 𐐶𐐩 𐑄 𐐺𐐳𐐿 𐑋𐐩 𐐺𐐯𐑅𐐻 𐐺𐐨 𐑋𐐩𐐼 𐐻𐐭 𐑅𐐲𐑉𐑂 𐐮𐐻𐑅 𐐹𐐲𐑉𐐹𐐲𐑅 𐐰𐑆 𐐰𐑌 𐐮𐑌𐐻𐑉𐐲𐐼𐐲𐐿𐑇𐐲𐑌 𐐻𐐭 𐑄 𐑃𐐮𐑉𐐨 𐐲𐑂 𐑌𐐲𐑋𐐺𐐲𐑉𐑆.

𐐤𐐭𐑋𐐲𐑉𐐲𐑅 𐐹𐑉𐐱𐐺𐑊𐐲𐑋𐑆 𐐪𐑉 𐑅𐐲𐐹𐑊𐐴𐐼 𐑃𐑉𐐭𐐵𐐻 𐑄 𐐻𐐯𐐿𐑅𐐻. 𐐜𐐨𐑆 𐐸𐐰𐑂 𐐺𐐮𐑌 𐑅𐐲𐑊𐐯𐐿𐐻𐐲𐐼 𐐶𐐮𐑄 𐑀𐑉𐐩𐐻 𐐿𐐩𐑉 𐑅𐐬 𐐰𐑆 𐐻𐐭 𐑅𐐲𐑉𐑂 𐐰𐑆 𐐯𐐿𐑅𐐲𐑊𐐲𐑌𐐻 𐐯𐐿𐑅𐐲𐑉𐑅𐐴𐑆𐐲𐑆 𐑁𐐱𐑉 𐑄 𐑅𐐻𐐭𐐼𐐲𐑌𐐻'𐑅 𐐮𐑌𐐻𐑉𐐲𐐼𐐲𐐿𐐻𐐲𐑉𐐨 𐐻𐑉𐐩𐑌𐐮𐑍 𐐮𐑌 𐑄 𐑋𐐯𐑃𐐲𐐼𐑆 𐐲𐑂 𐑌𐐲𐑋𐐺𐐲𐑉 𐑃𐐮𐑉𐐨 𐐰𐑌𐐼 𐐻𐐭 𐐲𐑁𐐱𐑉𐐼 𐐰𐐻 𐑄 𐑅𐐩𐑋 𐐻𐐴𐑋 𐐩 𐑁𐐲𐑉𐑄𐐲𐑉 𐐿𐐲𐑊𐐯𐐿𐑇𐐲𐑌 𐐲𐑂 𐐷𐐭𐑅𐑁𐐲𐑊 𐑉𐐲𐑆𐐲𐑊𐐻𐑅. 𐐜 𐐯𐐿𐑅𐐲𐑉𐑅𐐴𐑆𐐲𐑆 𐑋𐐪𐑉𐐿𐐻 𐐶𐐮𐑄 𐐩 𐑅𐐻𐐱𐑉 𐐪𐑉 𐑋𐐱𐑉 𐐼𐐮𐑁𐐮𐐿𐐲𐑊𐐻 𐑄𐐰𐑌 𐑄 𐐲𐑄𐐲𐑉𐑆; 𐑄𐐩 𐐶𐐮𐑊 𐐼𐐵𐐻𐑊𐐲𐑅 𐐲𐐹𐐨𐑊 𐐻𐐭 𐑄 𐐺𐐯𐑅𐐻 𐑅𐐻𐐭𐐼𐐲𐑌𐐻𐑅.

𐐙𐐴𐑌𐐲𐑊𐐨, 𐐌 𐑇𐐳𐐼 𐐰𐐼 𐑄𐐰𐐻 𐑄𐐮𐑅 𐐺𐐳𐐿 𐐮𐑆 𐑋𐐩𐐼 𐐲𐐹 𐑁𐑉𐐲𐑋 𐑄 𐑋𐐲𐐻𐐮𐑉𐐨𐐲𐑊 𐐷𐐭𐑆𐐼 𐐺𐐴 𐑋𐐨 𐐮𐑌 𐑊𐐯𐐿𐐽𐐲𐑉𐑆 𐐮𐑌 𐐆𐑌𐐼𐐨𐐰𐑌𐐲 𐐏𐐭𐑌𐐮𐑂𐐲𐑉𐑅𐐮𐐻𐐨 𐐼𐐳𐑉𐐮𐑍 𐑄 𐐹𐐰𐑅𐐻 𐐻𐐭 𐐷𐐨𐑉𐑆; 𐐰𐑌𐐼 𐑄 𐑅𐐲𐑊𐐯𐐿𐑇𐐲𐑌 𐐲𐑂 𐑋𐐰𐐻𐐲𐑉, 𐐯𐑅𐐹𐐯𐑇𐐲𐑊𐐨 𐐲𐑂 𐐯𐐿𐑅𐐲𐑉𐑅𐐴𐑆𐐲𐑆, 𐐸𐐰𐑆 𐐺𐐮𐑌 𐐺𐐩𐑅𐐻 𐐱𐑌 𐑄 𐐯𐐿𐑅𐐹𐐨𐑉𐐨𐐲𐑌𐑅 𐑀𐐩𐑌𐐼 𐐮𐑌 𐑄𐐮𐑅 𐐶𐐩.

𐐡. 𐐔. 𐐗𐐪𐑉𐑋𐐴𐐿𐐲𐑊.

1 Ꮷ[ɼƆᏧʞ˥ɼφə ˥φɵ˥ɼφ˥ə6 ɼɞ Ɨʞ˥ɼϚɼφ6

§1 Ɒɼʞɞɼ⅃ᏧʞᏘɼ⅃ ʞOᎠɼʞ6 Ꮷʞɞ [Θ6

Ɨʞ γ ˥φᏧ6ɼʞ˥ Ϲ⅃˥˥ɼφ ωə ɵφ ϖɼʞ8ɼφʞd ˥φȸƆᏧφɨ[ə ωɨγ 8ɼφ˥ɼʞ Ꮷ[ɼƆᏧʞ˥ɼφə ˥φɵ˥ɼφ˥ə6 ɼɞ γ ˥Ɵ6ɨ˥ɨɞ ɨʞ˥ɼϚɼφ6 1, 2, 3, 4, …Ɨ˥ ωɨ[8ɼƆ˥ȸƆ6 ɞ ϖɼʞɞəʞꝹɼʞ˥, φωᏧʞ ʞO ϖɼʞpꝹΦSɼʞ ω⅃ʞ ɼφȸ6, ˥Φ ɨƆ˥[Oɨ γ ωɼφd *ɨʞ˥ɼϚɼφ* ɵφ γ ωɼφd *ʞɼƆɞɼφ* ɨʞ γ 8Ꮷʞ8 ɼɞ ˥Ɵ6ɨ˥ɨɞ ɨʞ˥ɼϚɼφ.

ωə b⅃[8ɼ˥O6 γ⅃˥ γ ɨʞ˥ɼϚɼφ6 ɵφ ɵ[φᏧdə dɼpȸʞd, ȸγɼφ ɞȸ γ ˥φɵɞᏧɞ ɼɞ ωə̇ʞ˥ɨɴ ɵφ ɼγɼφωȸ6. ωə ɼ8ΦƆ pɼφγɼφ γ⅃˥ γ Ɔəʞɨɴ ɼɞ γ ˥ɼφƆ6 *ə̇φɛ˥ɼφ, [Ꮷɞ, əϖω ɼ˥, 8ɼƆ, dɪpɼφɼʞɞ, ˥φɵdɼϖ˥* ɨ6 ʞOʞ.

Ɒφɼ˥ γ ȸdəɼ6 Ꮷʞd dᏧpɨɨbɼʞ6 γɼ8 ɼ8ΦƆd ˥Φ ɞ ʞOʞ pə[O ɨƆədəɼ˥[ə γ [əɼφɼƆ6:

I. γ 8ɼƆ ɼɞ Ꮷʞə ˥Φ ɨʞ˥ɼϚɼφ6 ɨ6 Ꮷʞ ɨʞ˥ɼϚɼφ.
II. γ dɪpɼφɼʞɞ ɼɞ Ꮷʞə ˥Φ ɨʞ˥ɼϚɼφ6 ɨ6 Ꮷʞ ɨʞ˥ɼϚɼφ.
III. γ ˥φɵdɼϖ˥ ɼɞ Ꮷʞə ˥Φ ɨʞ˥ɼϚɼφ6 ɨ6 Ꮷʞ ɨʞ˥ɼϚɼφ.

Ɽγɼφ pɼʞdɼƆᏧʞ˥ɼ[[əɼφɼƆ6, φωɨϹ ωə ˥ɛϖ ωɨ[ə̇ ˥φΦp, ɵφ ɨƆədəd ɨʞ γ pə[Oɨɴ pɼφƆꝹɼ[ɼ6: Ψɨφ a, b, c dɼʞO˥ Ꮷʞə ˥Ɵ6ɨ˥ɨɞ

IV.	$a+b$	$=$	$b+a$.
V.	$a \times b$	$=$	$b \times a$.
VI.	$(a+b)+c$	$=$	$a+(b+c)$.
VII.	$(a \times b) \times c$	$=$	$a \times (b \times c)$.
VIII.	$a \times (b+c)$	$=$	$a \times b + a \times c$.

ɨʞ˥ɼϚɼφ6.

𐐜𐐨𐑆 𐑁𐐫𐑉𐑋𐐷𐐲𐑊𐐲𐑆 𐐪𐑉 𐐮𐐿𐐶𐐮𐑂𐐲𐑊𐐲𐑌𐐻 𐐮𐑌 𐐫𐑉𐐼𐐲𐑉 𐐻𐐭 𐑄 𐑁𐐱𐑊𐐬𐐮𐑍 𐑁𐐴𐑂 𐑃𐐨𐐲𐑉𐐲𐑋𐑆: 𐐲𐐼𐐮𐑇𐐲𐑌 𐐮𐑆 𐐿𐐲𐑋𐐷𐐭𐐻𐐲𐐻𐐮𐑂; 𐑋𐐲𐑊𐐻𐐲𐐹𐑊𐐮𐐿𐐩𐑇𐐲𐑌 𐐮𐑆 𐐿𐐲𐑋𐐷𐐭𐐻𐐲𐐻𐐮𐑂; 𐐲𐐼𐐮𐑇𐐲𐑌 𐐮𐑆 𐐲𐑅𐐬𐑇𐐨𐐲𐐻𐐮𐑂; 𐑋𐐲𐑊𐐻𐐲𐐹𐑊𐐮𐐿𐐩𐑇𐐲𐑌 𐐮𐑆 𐐲𐑅𐐬𐑇𐐨𐐲𐐻𐐮𐑂; 𐑋𐐲𐑊𐐻𐐲𐐹𐑊𐐮𐐿𐐩𐑇𐐲𐑌 𐐮𐑆 𐐼𐐮𐑅𐐻𐑉𐐮𐐺𐐷𐐭𐐻𐐮𐑂 𐐶𐐮𐑄 𐑉𐐲𐑅𐐹𐐯𐐿𐐻 𐐻𐐭 𐐲𐐼𐐮𐑇𐐲𐑌.

𐐇𐐿𐑅𐐲𐑉𐑅𐐴𐑆𐐲𐑆

1. 𐐑𐑉𐐭𐑂 𐑄 𐑁𐐱𐑊𐐬𐐮𐑍 𐑉𐐲𐑊𐐩𐑇𐐲𐑌𐑆:

$$1 + 2 + 3 \ldots + n = \frac{n(n+1)}{2}$$

$$1 + 3 + 5 + \ldots + (2n - 1) = n^2,$$

$$1^3 + 2^3 + 3^3 + \ldots + n^3 = \left(\frac{n(n+1)}{2}\right)^2 = (1 + 2 + \ldots + n)^2.$$

2. 𐐙𐐴𐑌𐐼 𐑄 𐑅𐐲𐑋 𐐲𐑂 𐐨𐐽 𐐲𐑂 𐑄 𐑁𐐱𐑊𐐬𐐮𐑍 𐑅𐐮𐑉𐐨𐑆:

$$1^2 + 2^2 + 3^2 + \ldots + n^2,$$

$$1^2 + 3^2 + 5^2 + \ldots + (2n - 1)^2,$$

$$1^3 + 3^3 + 5^3 + \ldots + (2n - 1)^3.$$

3. 𐐔𐐮𐑅𐐿𐐲𐑂𐐲𐑉 𐐰𐑌𐐼 𐐯𐑅𐐻𐐰𐐺𐑊𐐮𐑇 𐑄 𐑊𐐫 𐑅𐐲𐑀𐐾𐐯𐑅𐐻𐐯𐐼 𐐺𐐴 𐑄 𐐮𐐿𐐶𐐩𐑈𐐲𐑌𐑆 $1^2 = 0 + 1, 2^2 = 1 + 3, 3^2 = 3 + 6, 4^2 = 6 + 10, \ldots$; 𐐺𐐴 𐑄 𐐮𐐿𐐶𐐩𐑈𐐲𐑌𐑆 $1 = 1^3, 3 + 5 = 2^3, 7 + 9 + 11 = 3^3, 13 + 15 + 17 + 19 = 4^3, \ldots$.

§ 2 𐐔𐐯𐑁𐐮𐑌𐐮𐑇𐐲𐑌 𐐲𐑂 𐐔𐐮𐑂𐐮𐑆𐐮𐐺𐐮𐑊𐐮𐐻𐐨. 𐑄 𐐏𐐭𐑌𐐮𐐻

𐐔𐐯𐑁𐐮𐑌𐐮𐑇𐐲𐑌𐑆. 𐐈𐑌 𐐮𐑌𐐻𐐲𐐾𐐲𐑉 a 𐐮𐑆 𐑅𐐯𐐼 𐐻𐐭 𐐺 𐐼𐐮𐑂𐐮𐑆𐐮𐐺𐐲𐑊 𐐺𐐴 𐐰𐑌 𐐮𐑌𐐻𐐲𐐾𐐲𐑉 b 𐐮𐑁 𐑄𐐯𐑉 𐐯𐑀𐑆𐐮𐑅𐐻𐑅 𐐰𐑌 𐐮𐑌𐐻𐐲𐐾𐐲𐑉 c 𐑅𐐲𐐽 𐑄𐐰𐐻 $a = bc$. 𐐆𐐻 𐐮𐑆 𐐿𐑊𐐨𐑉 𐑁𐑉𐐲𐑋 𐑄𐐮𐑅 𐐼𐐯𐑁𐐮𐑌𐐮𐑇𐐲𐑌 𐑄𐐰𐐻 a 𐐮𐑆 𐐫𐑊𐑅𐐬 𐐼𐐮𐑂𐐮𐑆𐐮𐐺𐐲𐑊 𐐺𐐴 c. 𐐜 𐐮𐑌𐐻𐐲𐐾𐐲𐑉𐑆 b 𐐰𐑌𐐼 c 𐐪𐑉 𐑅𐐯𐐼 𐐻𐐭 𐐺 𐐼𐐮𐑂𐐮𐑆𐐲𐑉𐑆 𐐫𐑉 𐑁𐐰𐐿𐐻𐐲𐑉𐑆 𐐲𐑂 a; 𐐰𐑌𐐼 a 𐐮𐑆 𐑅𐐯𐐼 𐐻𐐭 𐐺 𐐰 𐑋𐐲𐑊𐐻𐐲𐐹𐐲𐑊 𐐲𐑂 b 𐐫𐑉 𐐲𐑂 c. 𐐜 𐐹𐑉𐐫𐑅𐐯𐑅 𐐲𐑂 𐑁𐐴𐑌𐐼𐐮𐑍 𐐻𐐭 𐐮𐑌𐐻𐐲𐐾𐐲𐑉𐑆 b 𐐰𐑌𐐼 c 𐑅𐐲𐐽 𐑄𐐰𐐻 bc 𐐮𐑆 𐐨𐐿𐐶𐐲𐑊 𐐻𐐭 𐐰 𐑀𐐮𐑂𐐲𐑌 𐐮𐑌𐐻𐐲𐐾𐐲𐑉 a 𐐮𐑆 𐐿𐐫𐑊𐐼 𐑄 𐐹𐑉𐐫𐑅𐐯𐑅 𐐲𐑂 𐑉𐐲𐑆𐐫𐑊𐑂𐐮𐑍 a 𐐮𐑌𐐻𐐭 𐑁𐐰𐐿𐐻𐐲𐑉𐑆 𐐫𐑉 𐐲𐑂 𐑁𐐰𐐿𐐻𐐲𐑉𐐮𐑍 a; 𐐰𐑌𐐼 a 𐐮𐑆 𐑅𐐯𐐼 𐐻𐐭 𐐺 𐑉𐐲𐑆𐐫𐑊𐑂𐐼 𐐮𐑌𐐻𐐭 𐑁𐐰𐐿𐐻𐐲𐑉𐑆 𐐫𐑉 𐐻𐐭 𐐺 𐑁𐐰𐐿𐐻𐐲𐑉𐐼.

𐐎𐐨 𐐸𐐰𐑂 𐑄 𐑁𐐱𐑊𐐬𐐮𐑍 𐑁𐐲𐑌𐐼𐐲𐑋𐐯𐑌𐐻𐐲𐑊 𐑃𐐨𐐲𐑉𐐲𐑋𐑆:

§ 2. 𐐔𐐯𐑁𐐮𐑌𐐮𐑇𐐲𐑌 𐐲𐑂 𐐔𐐮𐑂𐐮𐑆𐐮𐐺𐐮𐑊𐐮𐐻𐐨. 𐐜 𐐏𐐭𐑌𐐮𐐻

I. *𐐆𐑁 b 𐐮𐑆 𐐱 𐐼𐐮𐑂𐐴𐑆𐐲𐑉 𐐲𐑂 a 𐐰𐑌𐐼 c 𐐮𐑆 𐐱 𐐼𐐮𐑂𐐴𐑆𐐲𐑉 𐐲𐑂 b, 𐑄𐐯𐑌 c 𐐮𐑆 𐐱 𐐼𐐮𐑂𐐴𐑆𐐲𐑉 𐐲𐑂 a.*

𐐝𐐮𐑌𐑅 b 𐐮𐑆 𐐱 𐐼𐐮𐑂𐐴𐑆𐐲𐑉 𐐲𐑂 a 𐑄𐐯𐑉 𐐮𐑀𐑆𐐮𐑅𐐻𐑅 𐐰𐑌 𐐮𐑌𐐻𐐲𐐾𐐲𐑉 β 𐑅𐐲𐐽 𐑄𐐰𐐻 $a = b\beta$. 𐐝𐐮𐑌𐑅 c 𐐮𐑆 𐐱 𐐼𐐮𐑂𐐴𐑆𐐲𐑉 𐐲𐑂 b 𐑄𐐯𐑉 𐐮𐑀𐑆𐐮𐑅𐐻𐑅 𐐰𐑌 𐐮𐑌𐐻𐐲𐐾𐐲𐑉 γ 𐑅𐐲𐐽 𐑄𐐰𐐻 $b = c\gamma$. 𐐝𐐲𐐺𐑅𐐻𐐮𐐻𐐭𐐻𐐮𐑍 𐑄𐐮𐑅 𐑂𐐰𐑊𐐷𐐭 𐐲𐑂 b 𐐮𐑌 𐑄 𐐮𐐿𐐶𐐩𐑈𐐲𐑌 $a = b\gamma$ 𐐶𐐨 𐐸𐐰𐑂 $a = c\gamma\beta$. 𐐒𐐲𐐻 𐑁𐑉𐐲𐑋 𐑃𐐨𐐲𐑉𐐲𐑋 III 𐐲𐑂 § § 1 𐐮𐐻 𐑁𐐱𐑊𐐬𐑆 𐑄𐐰𐐻 $\gamma\beta$ 𐐮𐑆 𐐰𐑌 𐐮𐑌𐐻𐐲𐐾𐐲𐑉; 𐐸𐐯𐑌𐑅, c 𐐮𐑆 𐐱 𐐼𐐮𐑂𐐴𐑆𐐲𐑉 𐐲𐑂 a, 𐐰𐑆 𐐶𐐲𐑆 𐐻𐐭 𐐺 𐐹𐑉𐐭𐑂𐐼.

II. *𐐆𐑁 c 𐐮𐑆 𐐱 𐐼𐐮𐑂𐐴𐑆𐐲𐑉 𐐲𐑂 𐐺𐐬𐑃 a 𐐰𐑌𐐼 b, 𐑄𐐯𐑌 c 𐐮𐑆 𐐱 𐐼𐐮𐑂𐐴𐑆𐐲𐑉 𐐲𐑂 𐑄 𐑅𐐲𐑋 𐐲𐑂 a 𐐰𐑌𐐼 b.*

𐐙𐑉𐐲𐑋 𐑄 𐐸𐐴𐐹𐐱𐑃𐐲𐑅𐐮𐑅 𐐲𐑂 𐑄 𐑃𐐨𐐲𐑉𐐲𐑋 𐐮𐐻 𐑁𐐱𐑊𐐬𐑆 𐑄𐐰𐐻 𐐮𐑌𐐻𐐲𐐾𐐲𐑉𐑆 α 𐐰𐑌𐐼 β 𐐮𐑀𐑆𐐮𐑅𐐻 𐑅𐐲𐐽 𐑄𐐰𐐻

$$a = c\alpha, \quad b = c\beta.$$

𐐈𐐼𐐮𐑍, 𐐶𐐨 𐐸𐐰𐑂

$$a + b = c\alpha + c\beta = c(\alpha + \beta) = c\delta,$$

𐐸𐐶𐐯𐑉 δ 𐐮𐑆 𐐰𐑌 𐐮𐑌𐐻𐐲𐐾𐐲𐑉. 𐐐𐐯𐑌𐑅, c 𐐮𐑆 𐐱 𐐼𐐮𐑂𐐴𐑆𐐲𐑉 𐐲𐑂 $a + b$.

III. *𐐆𐑁 c 𐐮𐑆 𐐱 𐐼𐐮𐑂𐐴𐑆𐐲𐑉 𐐲𐑂 𐐺𐐬𐑃 a 𐐰𐑌𐐼 b, 𐑄𐐯𐑌 c 𐐮𐑆 𐐱 𐐼𐐮𐑂𐐴𐑆𐐲𐑉 𐐲𐑂 𐑄 𐐼𐐮𐑁𐐲𐑉𐐲𐑌𐑅 𐐲𐑂 a 𐐰𐑌𐐼 b.*

𐐜 𐐹𐑉𐐭𐑁 𐐮𐑆 𐐲𐑌𐐰𐑊𐐲𐑀𐐲𐑅 𐐻𐐭 𐑄𐐰𐐻 𐐲𐑂 𐑄 𐐹𐑉𐐲𐑅𐐨𐐼𐐮𐑍 𐑃𐐨𐐲𐑉𐐲𐑋.

𐐔𐐯𐑁𐐮𐑌𐐮𐑇𐐲𐑌𐑆. 𐐆𐑁 a 𐐰𐑌𐐼 b 𐐪𐑉 𐐺𐐬𐑃 𐐼𐐮𐑂𐐮𐑆𐐮𐐺𐐲𐑊 𐐺𐐴 c, 𐑄𐐯𐑌 c 𐐮𐑆 𐑅𐐯𐐼 𐐻𐐭 𐐺 𐐱 𐐿𐐱𐑋𐐲𐑌 𐐼𐐮𐑂𐐴𐑆𐐲𐑉 𐐫𐑉 𐐱 𐐿𐐱𐑋𐐲𐑌 𐑁𐐰𐐿𐐻𐐲𐑉 𐐲𐑂 a 𐐰𐑌𐐼 b. 𐐇𐑂𐑉𐐨 𐐻𐐭 𐐮𐑌𐐻𐐲𐐾𐐲𐑉𐑆 𐐸𐐰𐑂 𐑄 𐐿𐐱𐑋𐐲𐑌 𐑁𐐰𐐿𐐻𐐲𐑉 1. 𐐜 𐑀𐑉𐐩𐐻𐐲𐑅𐐻 𐐮𐑌𐐻𐐲𐐾𐐲𐑉 𐐸𐐶𐐮𐐽 𐐼𐐮𐑂𐐴𐐼𐑆 𐐺𐐬𐑃 a 𐐰𐑌𐐼 b 𐐮𐑆 𐐿𐐫𐑊𐐼 𐑄 𐑀𐑉𐐩𐐻𐐲𐑅𐐻 𐐿𐐱𐑋𐐲𐑌 𐐼𐐮𐑂𐐴𐑆𐐲𐑉 𐐲𐑂 a 𐐰𐑌𐐼 b. 𐐣𐐫𐑉 𐐾𐐯𐑌𐐲𐑉𐐲𐑊𐐨, 𐐶𐐨 𐐼𐐲𐑁𐐴𐑌 𐐮𐑌 𐐱 𐑅𐐮𐑋𐐮𐑊𐐲𐑉 𐐶𐐩 𐐱 𐐿𐐱𐑋𐐲𐑌 𐐼𐐮𐑂𐐴𐑆𐐲𐑉 𐐰𐑌𐐼 𐑄 𐑀𐑉𐐩𐐻𐐲𐑅𐐻 𐐿𐐱𐑋𐐲𐑌 𐐼𐐮𐑂𐐴𐑆𐐲𐑉 𐐲𐑂 n 𐐮𐑌𐐻𐐲𐐾𐐲𐑉𐑆 $a_1, a_2, \ldots, a_n$.

𐐔𐐯𐑁𐐮𐑌𐐮𐑇𐐲𐑌𐑆. 𐐆𐑁 𐐰𐑌 𐐮𐑌𐐻𐐲𐐾𐐲𐑉 a 𐐮𐑆 𐐱 𐑋𐐲𐑊𐐻𐐮𐐹𐐲𐑊 𐐲𐑂 𐐨𐐽 𐐲𐑂 𐐻𐐭 𐐫𐑉 𐑋𐐫𐑉 𐐮𐑌𐐻𐐲𐐾𐐲𐑉𐑆 𐐮𐐻 𐐮𐑆 𐐿𐐫𐑊𐐼 𐐱 𐐿𐐱𐑋𐐲𐑌 𐑋𐐲𐑊𐐻𐐮𐐹𐐲𐑊 𐐲𐑂 𐑄𐐨𐑆 𐐮𐑌𐐻𐐲𐐾𐐲𐑉𐑆. 𐐜 𐐹𐑉𐐱𐐼𐐲𐐿𐐻 𐐲𐑂 𐐯𐑌𐐨 𐑅𐐯𐐻 𐐲𐑂 𐐮𐑌𐐻𐐲𐐾𐐲𐑉𐑆 𐐮𐑆 𐐱 𐐿𐐱𐑋𐐲𐑌 𐑋𐐲𐑊𐐻𐐮𐐹𐐲𐑊 𐐲𐑂 𐑄 𐑅𐐯𐐻. 𐐜 𐑊𐐨𐑅𐐻 𐐮𐑌𐐻𐐲𐐾𐐲𐑉 𐐸𐐶𐐮𐐽 𐐮𐑆 𐐱 𐑋𐐲𐑊𐐻𐐮𐐹𐐲𐑊 𐐲𐑂 𐐨𐐽 𐐲𐑂 𐐻𐐭 𐐫𐑉 𐑋𐐫𐑉 𐐮𐑌𐐻𐐲𐐾𐐲𐑉𐑆 𐐮𐑆 𐐿𐐫𐑊𐐼 𐑄𐐯𐑉 𐑊𐐨𐑅𐐻 𐐿𐐱𐑋𐐲𐑌 𐑋𐐲𐑊𐐻𐐮𐐹𐐲𐑊.

𐐆𐐻 𐐮𐑆 𐐯𐑂𐐮𐐼𐐲𐑌𐐻 𐑄𐐰𐐻 𐑄 𐐮𐑌𐐻𐐲𐐾𐐲𐑉 1 𐐮𐑆 𐐱 𐐼𐐮𐑂𐐴𐑆𐐲𐑉 𐐲𐑂 𐐯𐑂𐑉𐐨 𐐮𐑌𐐻𐐲𐐾𐐲𐑉 𐐰𐑌𐐼 𐑄𐐰𐐻 𐐮𐐻 𐐮𐑆 𐑄 𐐬𐑌𐑊𐐨 𐐮𐑌𐐻𐐲𐐾𐐲𐑉 𐐸𐐶𐐮𐐽 𐐸𐐰𐑆 𐑄𐐮𐑅 𐐹𐑉𐐱𐐹𐐲𐑉𐐻𐐨. 𐐆𐐻 𐐮𐑆 𐐿𐐫𐑊𐐼 𐑄 𐐷𐐭𐑌𐐮𐐻.

𐐔𐐯𐑁𐐮𐑌𐐮𐑇𐐲𐑌. 𐐓𐐭 𐐫𐑉 𐑋𐐫𐑉 𐐮𐑌𐐻𐐲𐐾𐐲𐑉𐑆 𐐸𐐶𐐮𐐽 𐐸𐐰𐑂 𐑌𐐬 𐐿𐐱𐑋𐐲𐑌 𐑁𐐰𐐿𐐻𐐲𐑉 𐐮𐐿𐑅𐐯𐐹𐐻 1 𐐪𐑉 𐑅𐐯𐐼 𐐻𐐭 𐐺 𐐹𐑉𐐴𐑋 𐐻𐐭 𐐨𐐽 𐐲𐑄𐐲𐑉 𐐫𐑉 𐐻𐐭 𐐺 𐑉𐐯𐑊𐐲𐐻𐐮𐑂𐑊𐐨 𐐹𐑉𐐴𐑋.

𐐔𐐇𐐙𐐆𐐤𐐆𐐟𐐊𐐤. 𐐆𐑁 𐐪 𐑅𐐯𐐻 𐐲𐑂 𐐮𐑌𐐻𐐲𐐾𐐲𐑉𐑆 𐐮𐑆 𐑅𐐲𐐽 𐑄𐐰𐐻 𐑌𐐬 𐐻𐐭 𐐲𐑂 𐑄𐐯𐑋 𐐸𐐰𐑂 𐐪 𐐿𐐪𐑋𐐲𐑌 𐐼𐐮𐑂𐐴𐑆𐐲𐑉 𐐺𐐲𐑅𐐴𐐼𐑆 1 𐑄𐐩 𐐪𐑉 𐑅𐐯𐐼 𐐻𐐭 𐐺 𐐪 𐐹𐑉𐐴𐑋 𐐨𐐽 𐐻𐐭 𐐨𐐽.

𐐇𐐗𐐝𐐊𐐡𐐝𐐌𐐞𐐊𐐞

1. 𐐑𐑉𐐭𐑂 𐑄𐐰𐐻 $n^3 - n$ 𐐮𐑆 𐐼𐐮𐑂𐐮𐑆𐐮𐐺𐐲𐑊 𐐺𐐴 6 𐑁𐐫𐑉 𐐯𐑂𐑉𐐨 𐐹𐐫𐑆𐐮𐐻𐐮𐑂 𐐮𐑌𐐻𐐲𐐾𐐲𐑉 n.
2. 𐐆𐑁 𐑄 𐐹𐑉𐐪𐐼𐐲𐐿𐐻 𐐲𐑂 𐑁𐐫𐑉 𐐿𐐲𐑌𐑅𐐯𐐿𐐷𐐲𐐻𐐮𐑂 𐐮𐑌𐐻𐐲𐐾𐐲𐑉𐑆 𐐮𐑆 𐐮𐑌𐐿𐑉𐐨𐑅𐐻 𐐺𐐴 1 𐑄 𐑉𐐲𐑆𐐲𐑊𐐻 𐐮𐑆 𐐪 𐑅𐐿𐐶𐐯𐑉 𐑌𐐲𐑋𐐺𐐲𐑉.
3. 𐐟𐐬 𐑄𐐰𐐻 $2^{4n+2} + 1$ 𐐸𐐰𐑆 𐐪 𐑁𐐰𐐿𐐻𐐲𐑉 𐐼𐐮𐑁𐐲𐑉𐐲𐑌𐐻 𐑁𐑉𐐲𐑋 𐐮𐐻𐑅𐐯𐑊𐑁 𐐰𐑌𐐼 1 𐐸𐐶𐐯𐑌 n 𐐮𐑆 𐐪 𐐹𐐫𐑆𐐮𐐻𐐮𐑂 𐐮𐑌𐐻𐐲𐐾𐐲𐑉.

§ 3 𐐑𐐡𐐌𐐣 𐐤𐐊𐐣𐐒𐐊𐐡𐐞. 𐐜 𐐝𐐆𐐚 𐐊𐐚 𐐇𐐡𐐊𐐓𐐃𐐝𐐛𐐊𐐤𐐀𐐞

𐐔𐐇𐐙𐐆𐐤𐐆𐐟𐐊𐐤. 𐐆𐑁 𐐰𐑌 𐐮𐑌𐐻𐐲𐐾𐐲𐑉 p 𐐮𐑆 𐐼𐐮𐑁𐐲𐑉𐐲𐑌𐐻 𐑁𐑉𐐲𐑋 1 𐐰𐑌𐐼 𐐸𐐰𐑆 𐑌𐐬 𐐼𐐮𐑂𐐴𐑆𐐲𐑉 𐐮𐐿𐑅𐐯𐐹𐐻 𐐮𐐻𐑅𐐯𐑊𐑁 𐐰𐑌𐐼 1 𐐮𐐻 𐐮𐑆 𐑅𐐯𐐼 𐐻𐐭 𐐺 𐐪 𐐹𐑉𐐴𐑋 𐑌𐐲𐑋𐐺𐐲𐑉 𐐫𐑉 𐐻𐐭 𐐺 𐐪 𐐹𐑉𐐴𐑋.

𐐔𐐇𐐙𐐆𐐤𐐆𐐟𐐊𐐤. 𐐈𐑌 𐐮𐑌𐐻𐐲𐐾𐐲𐑉 𐐸𐐶𐐮𐐽 𐐸𐐰𐑆 𐐰𐐻 𐑊𐐨𐑅𐐻 𐐶𐐲𐑌 𐐼𐐮𐑂𐐴𐑆𐐲𐑉 𐐲𐑄𐐲𐑉 𐑄𐐰𐑌 𐐮𐐻𐑅𐐯𐑊𐑁 𐐰𐑌𐐼 1 𐐮𐑆 𐑅𐐯𐐼 𐐻𐐭 𐐺 𐐪 𐐿𐐲𐑋𐐹𐐫𐑆𐐮𐐻 𐑌𐐲𐑋𐐺𐐲𐑉 𐐫𐑉 𐐻𐐭 𐐺 𐐿𐐲𐑋𐐹𐐫𐑆𐐮𐐻.

𐐃𐑊 𐐮𐑌𐐻𐐲𐐾𐐲𐑉𐑆 𐐪𐑉 𐑄𐐲𐑅 𐐼𐐮𐑂𐐴𐐼𐐲𐐼 𐐮𐑌𐐻𐐭 𐑃𐑉𐐨 𐐿𐑊𐐰𐑅𐐲𐑆:

1. 𐐜 𐐷𐐭𐑌𐐮𐐻;
2. 𐐑𐑉𐐴𐑋 𐑌𐐲𐑋𐐺𐐲𐑉𐑆;
3. 𐐗𐐲𐑋𐐹𐐫𐑆𐐮𐐻 𐑌𐐲𐑋𐐺𐐲𐑉𐑆.

𐐎𐐨 𐐸𐐰𐑂 𐑅𐐨𐑌 𐑄𐐰𐐻 𐑄 𐑁𐐲𐑉𐑅𐐻 𐐿𐑊𐐰𐑅 𐐿𐐲𐑌𐐻𐐩𐑌𐑆 𐐬𐑌𐑊𐐨 𐐪 𐑅𐐮𐑍𐑀𐐲𐑊 𐑌𐐲𐑋𐐺𐐲𐑉. 𐐜 𐑃𐐲𐑉𐐼 𐐿𐑊𐐰𐑅 𐐯𐑂𐐮𐐼𐐲𐑌𐐻𐑊𐐨 𐐿𐐲𐑌𐐻𐐩𐑌𐑆 𐐰𐑌 𐐮𐑌𐑁𐐮𐑌𐐮𐐻𐐭𐐼 𐐲𐑂 𐑌𐐲𐑋𐐺𐐲𐑉𐑆; 𐑁𐐫𐑉, 𐐮𐐻 𐐿𐐲𐑌𐐻𐐩𐑌𐑆 𐐫𐑊 𐑄 𐑌𐐲𐑋𐐺𐐲𐑉𐑆 $2^2, 2^3, 2^4, \ldots$ 𐐆𐑌 𐑄 𐑌𐐯𐐿𐑅𐐻 𐑅𐐯𐐿𐑇𐐲𐑌 𐐶𐐨 𐑇𐐰𐑊 𐑇𐐬 𐑄𐐰𐐻 𐑄 𐑅𐐯𐐿𐐲𐑌𐐼 𐐿𐑊𐐰𐑅 𐐫𐑊𐑅𐐬 𐐿𐐲𐑌𐐻𐐩𐑌𐑆 𐐰𐑌 𐐮𐑌𐑁𐐮𐑌𐐮𐐻𐐭𐐼 𐐲𐑂 𐑌𐐲𐑋𐐺𐐲𐑉𐑆. 𐐎𐐨 𐑇𐐰𐑊 𐑌𐐵 𐑇𐐬 𐑄𐐰𐐻 𐐯𐑂𐑉𐐨 𐑌𐐲𐑋𐐺𐐲𐑉 𐐲𐑂 𐑄 𐑃𐐲𐑉𐐼 𐐿𐑊𐐰𐑅 𐐿𐐲𐑌𐐻𐐩𐑌𐑆 𐐶𐐲𐑌 𐐲𐑂 𐑄 𐑅𐐯𐐿𐐲𐑌𐐼 𐐿𐑊𐐰𐑅 𐐰𐑆 𐐪 𐑁𐐰𐐿𐐻𐐲𐑉, 𐐺𐐴 𐐹𐑉𐐭𐑂𐐮𐑍 𐑄 𐑁𐐫𐑊𐐬𐐮𐑍 𐑃𐐨𐐲𐑉𐐲𐑋:

I. *𐐇𐑂𐑉𐐨 𐐮𐑌𐐻𐐲𐐾𐐲𐑉 𐑀𐑉𐐩𐐻𐐲𐑉 𐑄𐐰𐑌 1 𐐸𐐰𐑆 𐐪 𐐹𐑉𐐴𐑋 𐑁𐐰𐐿𐐻𐐲𐑉.*

𐐢𐐯𐐻 m 𐐺 𐐯𐑌𐐨 𐐮𐑌𐐻𐐲𐐾𐐲𐑉 𐐸𐐶𐐮𐐽 𐐮𐑆 𐑀𐑉𐐩𐐻𐐲𐑉 𐑄𐐰𐑌 1. 𐐎𐐨 𐐸𐐰𐑂 𐐻𐐭 𐑇𐐬 𐑄𐐰𐐻 𐐮𐐻 𐐸𐐰𐑆 𐐪 𐐹𐑉𐐴𐑋 𐑁𐐰𐐿𐐻𐐲𐑉. 𐐆𐑁 m 𐐮𐑆 𐐹𐑉𐐴𐑋 𐑄𐐯𐑉 𐐮𐑆 𐑄 𐐹𐑉𐐴𐑋 𐑁𐐰𐐿𐐻𐐲𐑉

m 𐐮𐐻𐑅𐐯𐑊𐑁. 𐐆𐑁 m 𐐮𐑆 𐑌𐐪𐐻 𐐹𐑉𐐴𐑋 𐐶𐐨 𐐸𐐰𐑂

$$m = m_1 m_2$$

𐐸𐐶𐐯𐑉 m_1 𐐰𐑌𐐼 m_2 𐐪𐑉 𐐹𐐪𐑆𐐮𐐻𐐮𐑂 𐐮𐑌𐐻𐐯𐐾𐐲𐑉𐑆 𐐺𐐬𐑃 𐐲𐑂 𐐸𐐶𐐮𐐽 𐐪𐑉 𐑊𐐯𐑅 𐑄𐐰𐑌 m. 𐐆𐑁 𐐴𐑄𐐲𐑉 m_1 𐐫𐑉 m_2 𐐮𐑆 𐐹𐑉𐐴𐑋 𐐶𐐨 𐐸𐐰𐑂 𐑄𐐲𐑅 𐐲𐐺𐐻𐐩𐑌𐐼 𐐲 𐐹𐑉𐐴𐑋 𐑁𐐰𐐿𐐻𐐲𐑉 𐐲𐑂 m. 𐐆𐑁 𐑌𐐴𐑄𐐲𐑉 𐐲𐑂 𐑄𐐨𐑆 𐑌𐐲𐑋𐐺𐐲𐑉𐑆 𐐮𐑆 𐐹𐑉𐐴𐑋, 𐑄𐐯𐑌 𐑉𐐴𐐻

$$m_1 = m_1' m_2', \quad m_1' > 1, m_2' > 1.$$

𐐒𐐬𐑃 m_1' 𐐰𐑌𐐼 m_2' 𐐪𐑉 𐑁𐐰𐐿𐐻𐐲𐑉𐑆 𐐲𐑂 m 𐐰𐑌𐐼 𐐨𐐽 𐐲𐑂 𐑄𐐯𐑋 𐐮𐑆 𐑊𐐯𐑅 𐑄𐐰𐑌 m_1. 𐐌𐑄𐐲𐑉 𐐶𐐨 𐐸𐐰𐑂 𐑌𐐪𐐻 𐑁𐐵𐑌𐐼 𐐮𐑌 m_1' 𐐫𐑉 m_2' 𐐲 𐐹𐑉𐐴𐑋 𐑁𐐰𐐿𐐻𐐲𐑉 𐐲𐑂 m 𐐫𐑉 𐑄 𐐹𐑉𐐪𐑅𐐯𐑅 𐐿𐐰𐑌 𐐺 𐐿𐐲𐑌𐐻𐐮𐑌𐐷𐐭𐐼 𐐺𐐴 𐑅𐐯𐐹𐐲𐑉𐐩𐐻𐐮𐑍 𐐶𐐲𐑌 𐐲𐑂 𐑄𐐨𐑆 𐑌𐐲𐑋𐐺𐐲𐑉𐑆 𐐮𐑌𐐻𐐭 𐑁𐐰𐐿𐐻𐐲𐑉𐑆. 𐐝𐐮𐑌𐑅 𐑁𐐫𐑉 𐐯𐑌𐐨 𐑀𐐮𐑂𐐲𐑌 m 𐑄𐐯𐑉 𐐮𐑆 𐐯𐑂𐐮𐐼𐐲𐑌𐐻𐑊𐐨 𐐬𐑌𐑊𐐨 𐐲 𐑁𐐴𐑌𐐴𐐻 𐑌𐐲𐑋𐐺𐐲𐑉 𐐲𐑂 𐑅𐐲𐐽 𐑅𐐻𐐯𐐹𐑅 𐐹𐐪𐑅𐐮𐐺𐐲𐑊, 𐐮𐐻 𐐮𐑆 𐐿𐑊𐐨𐑉 𐑄𐐰𐐻 𐐶𐐨 𐑋𐐲𐑅𐐻 𐑁𐐴𐑌𐐲𐑊𐐨 𐐲𐑉𐐴𐑂 𐐰𐐻 𐐲 𐐹𐑉𐐴𐑋 𐑁𐐰𐐿𐐻𐐲𐑉 𐐲𐑂 m. 𐐙𐑉𐐲𐑋 𐑄𐐮𐑅 𐐿𐐲𐑌𐐿𐑊𐐭𐑈𐐲𐑌, 𐑄 𐑃𐐨𐐲𐑉𐐲𐑋 𐑁𐐪𐑊𐐬𐑆 𐐮𐑋𐐨𐐼𐐨𐐲𐐻𐑊𐐨.

𐐇𐑉𐐲𐐻𐐪𐑅𐑃𐐲𐑌𐐨𐑆 𐐸𐐰𐑆 𐑀𐐮𐑂𐐲𐑌 𐐲 𐐷𐐭𐑅𐑁𐐲𐑊 𐑋𐐨𐑌𐑆 𐐲𐑂 𐑁𐐴𐑌𐐼𐐮𐑍 𐑄 𐐹𐑉𐐴𐑋 𐑌𐐲𐑋𐐺𐐲𐑉𐑆 𐐸𐐶𐐮𐐽 𐐪𐑉 𐑊𐐯𐑅 𐑄𐐰𐑌 𐐯𐑌𐐨 𐑀𐐮𐑂𐐲𐑌 𐐮𐑌𐐻𐐯𐐾𐐲𐑉 m. 𐐆𐐻 𐑋𐐩 𐐺 𐐼𐐲𐑅𐐿𐑉𐐴𐐺𐐼 𐐰𐑆 𐑁𐐪𐑊𐐬𐑆:

𐐇𐑂𐑉𐐨 𐐹𐑉𐐴𐑋 𐐯𐐿𐑅𐐯𐐹𐐻 2 𐐮𐑆 𐐪𐐼. 𐐐𐐯𐑌𐑅 𐐮𐑁 𐐶𐐨 𐑉𐐴𐐻 𐐼𐐵𐑌 𐐯𐑂𐑉𐐨 𐐪𐐼 𐑌𐐲𐑋𐐺𐐲𐑉 𐑁𐑉𐐲𐑋 3 𐐲𐐹 𐐻𐐭 m 𐐶𐐨 𐑇𐐰𐑊 𐐸𐐰𐑂 𐐮𐑌 𐑄 𐑊𐐮𐑅𐐻 𐐯𐑂𐑉𐐨 𐐹𐑉𐐴𐑋 𐑊𐐯𐑅 𐑄𐐰𐑌 m 𐐯𐐿𐑅𐐯𐐹𐐻 2. 𐐤𐐵 3 𐐮𐑆 𐐹𐑉𐐴𐑋. 𐐢𐐨𐑂 𐐮𐐻 𐐮𐑌 𐑄 𐑊𐐮𐑅𐐻; 𐐺𐐲𐐻 𐐺𐐮𐑀𐐮𐑌𐐮𐑍 𐐻𐐭 𐐿𐐵𐑌𐐻 𐑁𐑉𐐲𐑋 3 𐑅𐐻𐑉𐐴𐐿 𐐵𐐻 𐐯𐑂𐑉𐐨 𐑃𐐲𐑉𐐼 𐑌𐐲𐑋𐐺𐐲𐑉 𐐮𐑌 𐑄 𐑊𐐮𐑅𐐻. 𐐜𐐲𐑅 𐐯𐑂𐑉𐐨 𐑌𐐲𐑋𐐺𐐲𐑉 𐐼𐐮𐑂𐐮𐑆𐐮𐐺𐐲𐑊 𐐺𐐴 3, 𐐯𐐿𐑅𐐯𐐹𐐻 3 𐐮𐐻𐑅𐐯𐑊𐑁, 𐐮𐑆 𐐿𐐰𐑌𐑅𐐲𐑊𐐼. 𐐜𐐯𐑌 𐐺𐐮𐑀𐐮𐑌 𐑁𐑉𐐲𐑋 5 𐐰𐑌𐐼 𐐿𐐰𐑌𐑅𐐲𐑊 𐐯𐑂𐑉𐐨 𐑁𐐮𐑁𐑃 𐑌𐐲𐑋𐐺𐐲𐑉. 𐐜𐐯𐑌 𐐺𐐮𐑀𐐮𐑌 𐑁𐑉𐐲𐑋 𐑄 𐑌𐐯𐐿𐑅𐐻 𐐲𐑌𐐿𐐰𐑌𐑅𐐲𐑊𐐼 𐑌𐐲𐑋𐐺𐐲𐑉, 𐑌𐐩𐑋𐑊𐐨 7, 𐐰𐑌𐐼 𐑅𐐻𐑉𐐴𐐿 𐐵𐐻 𐐯𐑂𐑉𐐨 𐑅𐐯𐑂𐐲𐑌𐑃 𐑌𐐲𐑋𐐺𐐲𐑉. 𐐜𐐯𐑌 𐐺𐐮𐑀𐐮𐑌 𐑁𐑉𐐲𐑋 𐑄 𐑌𐐯𐐿𐑅𐐻 𐐲𐑌𐐿𐐰𐑌𐑅𐐲𐑊𐐼 𐑌𐐲𐑋𐐺𐐲𐑉, 𐑌𐐩𐑋𐑊𐐨 11, 𐐰𐑌𐐼 𐑅𐐻𐑉𐐴𐐿 𐐵𐐻 𐐯𐑂𐑉𐐨 𐐮𐑊𐐯𐑂𐐲𐑌𐑃 𐑌𐐲𐑋𐐺𐐲𐑉. 𐐑𐑉𐐲𐑅𐐨𐐼 𐐮𐑌 𐑄𐐮𐑅 𐐶𐐩 𐐲𐐹 𐐻𐐭 m. 𐐜 𐐲𐑌𐐿𐐰𐑌𐑅𐐲𐑊𐐼 𐑌𐐲𐑋𐐺𐐲𐑉𐑆 𐑉𐐲𐑋𐐩𐑌𐐮𐑍 𐐶𐐮𐑊 𐐺 𐑄 𐐪𐐼 𐐹𐑉𐐴𐑋𐑆 𐑌𐐪𐐻 𐑀𐑉𐐩𐐻𐐲𐑉 𐑄𐐰𐑌 m.

𐐆𐐻 𐐮𐑆 𐐪𐐺𐑂𐐨𐐲𐑅 𐑄𐐰𐐻 𐑄𐐮𐑅 𐐹𐑉𐐪𐑅𐐯𐑅 𐐲𐑂 𐐿𐐰𐑌𐑅𐐲𐑊𐐩𐑇𐐲𐑌 𐑌𐐨𐐼 𐑌𐐪𐐻 𐐺 𐐿𐐰𐑉𐐨𐐼 𐐫𐑊𐐻𐐲𐑀𐐯𐑄𐐲𐑉 𐑅𐐬 𐑁𐐪𐑉 𐐰𐑆 𐐮𐑌𐐼𐐮𐐿𐐩𐐻𐐲𐐼; 𐑁𐐫𐑉 𐐮𐑁 p 𐐮𐑆 𐐲 𐐹𐑉𐐴𐑋 𐑀𐑉𐐩𐐻𐐲𐑉 𐑄𐐰𐑌 $\sqrt{m}$, 𐑄 𐐿𐐰𐑌𐑅𐐲𐑊𐐩𐑇𐐲𐑌 𐐲𐑂 𐐯𐑌𐐨 p^{th} 𐑌𐐲𐑋𐐺𐐲𐑉 𐑁𐑉𐐲𐑋 p 𐐶𐐮𐑊 𐐺 𐑋𐐮𐑉𐑊𐐨 𐐲 𐑉𐐯𐐹𐐲𐐻𐐮𐑇𐐲𐑌 𐐲𐑂 𐐿𐐰𐑌𐑅𐐲𐑊𐐩𐑇𐐲𐑌𐑆 𐐮𐑁𐐯𐐿𐐻𐐲𐐼 𐐺𐐴 𐑋𐐨𐑌𐑆 𐐲𐑂 𐐲𐑌𐐲𐑄𐐲𐑉 𐑁𐐰𐐿𐐻𐐲𐑉 𐑅𐑋𐐫𐑊𐐲𐑉 𐑄𐐰𐑌 p, 𐐰𐑆 𐐶𐐲𐑌 𐑋𐐩 𐑅𐐨 𐐺𐐴 𐑄 𐐷𐐭𐑅 𐐲𐑂 𐑄 𐑁𐐪𐑊𐐬𐐮𐑍 𐑃𐐨𐐲𐑉𐐲𐑋.

II. *𐐈𐑌 𐐮𐑌𐐻𐐯𐐾𐐲𐑉 m 𐐮𐑆 𐐹𐑉𐐴𐑋 𐐮𐑁 𐐮𐐻 𐐸𐐰𐑆 𐑌𐐬 𐐹𐑉𐐴𐑋 𐑁𐐰𐐿𐐻𐐲𐑉 𐐨𐐿𐐶𐐲𐑊 𐐫𐑉 𐑊𐐯𐑅 𐑄𐐰𐑌 I, 𐐸𐐶𐐯𐑉 I 𐐮𐑆 𐑄 𐑀𐑉𐐩𐐻𐐲𐑅𐐻 𐐮𐑌𐐻𐐯𐐾𐐲𐑉 𐐸𐐭𐑆 𐑅𐐿𐐶𐐯𐑉 𐐮𐑆 𐐨𐐿𐐶𐐲𐑊 𐐻𐐭 𐐫𐑉 𐑊𐐯𐑅 𐑄𐐰𐑌 m.*

8ɪɥ8 m φɹɵ ɥo ꞁφφɔ ρɹωʅɼφ ʅʌ8 ɣɹɥ I, ɪʅ ρ8ʅoɵ ρφɼɔ ʟəɼφɼɔ I ɣɹʅ ɪɵ φɹɵ ɥo ρɹωʅɼφ 8ɼʅ ɣ0ɥʅə ʅʌ8 ɣɹɥ I. Φʌɥ8, ɪp m ɪɵ ɥ8ʅ ꞁφφɔ ɪʅ ɔɼ8ʅ 8 ɣ ꞁφ8dɼωʅ ɼɞ ʅ0 ɥɼɔ8ɼφɵ əɕ ώφɛʅɼφ ɣɹɥ I; ɹɥd φʌɥ8 ɪʅ ɔɼ8ʅ 8 əωωɼʅ ʅ0 ɵφ ώφɛʅɼφ ɣɹɥ $(I+1)^2$. Ɣɪ8 ω8ɥʅφɼdɪωʅ8 ɣ φφꞁ0ʟɼ8ɪ8 0ɥ I; ɹɥd φʌɥ8 ωə ωɼɥωʅod ɣɹʅ m ɪɵ ꞁφφɔ.

> **ᏗΩ8ɼΦ8ʎɵɼɵ**
>
> 8φ ɔəɥɵ ɼɞ ɣ ɔʌʟɼd ɼɞ Ꮷφɼʅ98ʟɼɥəɵ dɼʅɼφɔɥ ɣ ꞁφφɔɵ ʅʌ8 ɣɹɥ 200.

§ 4 Ɣ ꞀɼɔɞɼΦ ɼɞ ꞀΦʎɔɵ ɪɵ ɈɥɼPɪɥɪʅ

I. *Ɣ ɥɼɔəɼφ ɼɞ ꞁφφɔɵ ɪɵ ɪɥρɪɥɪʅ.*

Ωə bɹʅ ꞁφφ8 ɣɪ8 ʟəɼφɼɔ 8φ 8ɼꞁ0ɞɪɥ ɣɹʅ ɣ ɥɼɔəɼφ ɼɞ ꞁφφɔɵ ɪɵ ɥ8ʅ ɪɥρɪɥɪʅ ɹɥd bоɪɥ ɣɹʅ ɣɪ8 ʅədɵ ʅ0 ə ω8ɥʅφɼdɪωbɼɥ. Ɉp ɣ ɥɼɔəɼφ ɼɞ ꞁφφɔɵ ɪɵ ɥ8ʅ ɪɥρɪɥɪʅ ɣʌφ ɪɵ ə ώφɛʅɼ8ʅ ꞁφφɔ ɥɼɔəɼφ, φωɪɕ ωə bɹʅ dɼɥoʅ 8φ p. Ɣʌɥ ρ0φɔ ɣ ɥɼɔəɼφ

$$N = 1 \cdot 2 \cdot 3 \cdot \ldots \cdot p + 1.$$

Ꞁό 8φ ʟəɼφɼɔ 1 ɼɞ § § 3 N φɹɵ ə ꞁφφɔ dɪɞφɞɼφ q. 8ɼʅ ʌɞφə ɥ8ɥ-ɣ0ɥɪʅ dɪɞφɞɼφ ɼɞ N ɪɵ əɞɞəɼɞʅə ώφɛʅɼφ ɣɹɥ p. Φʌɥ8 q ɪɵ ώφɛʅɼφ ɣɹɥ p, ɪɥ ω8ɥʅφɼdɪωbɼɥ ʅ0 ɣ ωɼɥωʅɼsɼɥ ɣɹʅ p ɪɵ ɣ ώφɛʅɼ8ʅ ꞁφφɔ. Ɣɼ8 ɣ ꞁφ0ρ ɼɞ ɣ ʟəɼφɼɔ ɪɵ ωɼɔꞁʅəʅ.

Ɉɥ ə 8ɪɔɪʅɼφ ωɛ ωə ɔɛ ꞁφφ8 ɣ ρ8ʅoɪɥ ʟəɼφɼɔ:

II. *Ɍɔɼɥ ɣ ɪɥʅɼϛɼφɵ ɼɞ ɣ ʌφɪɥɔʌʅɪω ꞁφɼώφʌbɼɥ* 5, 11, 17, 23, ..., *ɣʌφ ɪɵ ɹɥ ɪɥρɪɥɪʅ ɥɼɔəɼφ ɼɞ ꞁφφɔɵ.*

Ɉp ɣ ɥɼɔəɼφ ɼɞ ꞁφφɔɵ ɪɥ ɣɪ8 8əωωɼɥ8 ɪɵ ɥ8ʅ ɪɥρɪɥɪʅ ɣʌφ ɪɵ ə ώφɛʅɼ8ʅ ꞁφφɔ ɥɼɔəɼφ ɪɥ ɣ 8əωωɼɥ8; 8ɼꞁ0ɞɪɥ ɣɹʅ ɣɪ8 ώφɛʅɼ8ʅ ꞁφφɔ ɥɼɔəɼφ ɪώɞɪ8ʅ8 ωə bɹʅ dɼɥoʅ ɪʅ 8φ p. Ɣʌɥ ɣ ɥɼɔəɼφ N,

$$N = 1 \cdot 2 \cdot 3 \cdot \ldots \cdot p - 1,$$

ɪɵ ɥ8ʅ dɪɞɪɞɪ8ʅ 8φ ʌɥə ɥɼɔəɼφ ʅʌ8 ɣɹɥ 0φ əωωɼʅ ʅ0 p. Ɣɪ8 ɥɼɔəɼφ N, φωɪɕ ɪɵ ɼɞ ɣ ρ0φɔ $6n-1$, φɹɵ ə ꞁφφɔ ρɹωʅɼφ. Ɉp ɣɪ8 ρɹωʅɼφ ɪɵ ɼɞ ɣ ρ0φɔ $6k-1$ ωə φɹɞ 0ʅφʌdə φəɕʅ ə ωɵɰʅɸʀdɪωbʀɰ, ɹɰd ȯɸ ʟəʀɸʀɔ ɪɞ ʅɸʘɞd. Ɨp ɣ ʅɸɸɔ ɪɞ ʀɞ ɣ ƿɵɸɔ $6k_1 + 1$ ɣ ωɵɔʅʅʀɔʌɰʅʀɸə ƿɹωʅʀɸ ɪɞ ʀɞ ɣ ƿɵɸɔ $6k_2 - 1$. Ɑɞɸə ʅɸɸɔ ƿɹωʅʀɸ ʀɞ $6k_2 - 1$ ɪɞ ώɸɛʅʀɸ ɣɹɰ p. Ɥʌɰɞ ωə ɔɛ ʅɸəʅ $6k_2 - 1$ ɹɞ ωə dɪd $6n - 1$, ɹɰd ωɪɣ ɘ ʅɸω ɸʀɞʀʅ. Ɥʌɰɞ ωə ɔʀɞʅ ʀʅɪɔʀʅə ɸɞc ɘ ʅɸɸɔ ƿɹωʅʀɸ ʀɞ ɣ ƿɵɸɔ $6k_3 - 1$; ƿɵɸ, ʀɣʀɸωɸɞ, ωə bɥd ɸɹɞ $6n - 1$ ɪωɞʅɸʌɞʅ ɹɞ ɘ ʅɸɵdʀωʅ ʀɞ ʅɸɸɔ ƿɹωʅʀɸɞ ɵʅ ʀɞ ɣ ƿɵɸɔ $6t + 1$—ɘ ɸʀɞʀʅ ɸωɪc ɪɞ ωʅɪɸʅə ɪɔʅɵɞɪɞʅ. Ɥʌɰɞ ωə ɔʀɞʅ ɪɰ ʌɰə ωɛɞ ɸɞc ɘ ωɵɰʅɸʀdɪωbʀɰ ʀɞ ɣ ɸɸʅɵʟʀɞɪɞ. Ɣʀɞ ɣ ʟəʀɸʀɔ ɪɞ ʅɸʘɞd.

Ɣ ʅɸʀɞədɪʌ ɸʀɞʀʅɪɞ ɵɸ ɞʅʌbʀʅ ωɛɞʀɞ ʀɞ ɣ ƿɵʅɵɪʌ ɔɵɸ ɕʌɰʀɸʀʅ ʟəʀɸʀɔ:

III. *Ɍɔʀɪʌ ɣ ɪɰʅʀɕʀɸɞ ʀɞ ɣ ʌɸɪʟɔʌʅɪω ʅɸʀώɸʌbʀɰ* a, $a + d$, $a + 2d$, $a + 3d$, . . ., *ɣʌɸ ɪɞ ɹɰ ɪɰƿɪɰɪʅ ɰʀɔəʀɸ ʀɞ ʅɸɸɔɞ, ʅɸʀɵɸdʀd ɣɹʅ* a *ɹɰd* b *ɵɸ ɸʌʅʀʅɪɵʅə ʅɸɸɔ.*

Ƿɵɸ ɣ ɞʅʌbʀʅ ωɛɞ ώɪɞʀɰ ɪɰ ʟəʀɸʀɔ II ωə ɸɹɞ ɹɰ ʌʅʀɔʌɰʅʀɸə ʅɸʘƿ; ɞʀʅ ƿɵɸ ɣ ɕʌɰʀɸʀʅ ʟəʀɸʀɔ ɣ ʅɸʘƿ ɪɞ dɪƿɪωʀʅ. Ωə bɹʅ ɰəʅ ώɪɞ ɪʅ ɸɪɸ.

Ɑωɞʀɸɞɸʀɞ

1. Ʈɸʘɞ ɣɹʅ ɣʌɸ ɪɞ ɹɰ ɪɰƿɪɰɪʅ ɰʀɔəʀɸ ʀɞ ʅɸɸɔɞ ʀɞ ɣ ƿɵɸɔ $4n - 1$.

2. Ɖɵ ɣɹʅ ɹɰ ɵd ʅɸɸɔ ɰʀɔəʀɸ ωɹɰ ɘ ɸʌʅɸʀɞʌɰʅʀd ɹɞ ɣ dɪƿʀɸʀɰɞ ʀɞ ʅɵ ɞωωʌɸɞ ɪɰ ωʀɰ ɹɰd ɪɰ ɵɰʅə ωʀɰ ωɛ.

3. Ɣ ɪωɞʅɸʌbʀɰ $m^p - n^p$, ɪɰ ɸωɪc m ɹɰd n ɵɸ ɪɰʅʀɕʀɸɞ ɹɰd p ɪɞ ɘ ʅɸɸɔ, ɪɞ ɸɣʀɸ ʅɸɸɔ ʅɵ p ɵɸ ɪɞ dɪɞɪɞɪɞʅ ɞɸ p^2.

4. Ʈɸʘɞ ɣɹʅ ʌɰə ʅɸɸɔ ɰʀɔəʀɸ ɪωɞʌʅʅ 2 ɹɰd 3 ɪɞ ʀɞ ωʀɰ ʀɞ ɣ ƿɵɸɔɞ $6n + 1$, $6n - 1$.

§ 5 Ɣ Ƿʀɰdʀɔʌɰʅʀʅ Ŀəʀɸʀɔ ʀɞ Ѷʘʅɨd

Ɨp a *ɹɰd* b *ɵɸ ʌɰə ʅɵ ʅɵɞɪʅɪɞ ɪɰʅʀɕʀɸɞ ɣʌɸ ɪώɪɞʅ ɪɰʅʀɕʀɸɞ* q *ɹɰd* r, $q \stackrel{=}{>} 0$, $0 \leqq r < b$, *ɞʀc ɣɹʅ*

$$a = qb + r.$$

Ɨp a ɪɞ ɘ ɔʀʅʅʅʀʅ ʀɞ b ɣ ʟəʀɸʀɔ ɪɞ ɹʅ ωʀɰɞ ɞʌɸɪƿɸd, r ɞəɪʌ ɪɰ ɣɪɞ ωɛɞ 0. Ɨp a ɪɞ ɰəʅ ɘ ɔʀʅʅʅʀʅ ʀɞ b ɪʅ ɔʀɞʅ ʅɸ ɞʀʅωəɰ ʅɵ

𐑒𐑪𐑯𐑕𐑧𐑒𐑿𐑑𐑦𐑝 𐑥𐑳𐑤𐑑𐑦𐑐𐑩𐑤𐑟 𐑪𐑝 b; 𐑞𐑨𐑑 𐑦𐑟, 𐑞𐑺 𐑦𐑜𐑟𐑦𐑕𐑑𐑕 𐑩 q 𐑕𐑳𐑗 𐑞𐑨𐑑

$$qb < a < (q+1)b.$$

𐑣𐑧𐑯𐑕 𐑞𐑺 𐑦𐑟 𐑨𐑯 𐑦𐑯𐑑𐑩𐑡𐑼 r, $0 < r < b$, 𐑕𐑳𐑗 𐑞𐑨𐑑 $a = qb + r$. 𐑦𐑯 𐑒𐑱𐑕 b 𐑦𐑟 𐑜𐑮𐑱𐑑𐑼 𐑞𐑨𐑯 a 𐑦𐑑 𐑦𐑟 𐑧𐑝𐑦𐑛𐑩𐑯𐑑 𐑞𐑨𐑑 $q = 0$ 𐑨𐑯𐑛 $r = a$. 𐑞𐑳𐑕 𐑞 𐑐𐑮𐑵𐑓 𐑪𐑝 𐑞 𐑔𐑽𐑩𐑥 𐑦𐑟 𐑒𐑩𐑥𐑐𐑤𐑰𐑑.

§ 6 𐑛𐑦𐑝𐑦𐑟𐑦𐑚𐑦𐑤𐑦𐑑𐑦 𐑚𐑲 𐑩 𐑐𐑮𐑲𐑥 𐑯𐑳𐑥𐑚𐑼

I. *𐑦𐑓 p 𐑦𐑟 𐑩 𐑐𐑮𐑲𐑥 𐑯𐑳𐑥𐑚𐑼 𐑨𐑯𐑛 m 𐑦𐑟 𐑧𐑯𐑦 𐑦𐑯𐑑𐑩𐑡𐑼, 𐑞𐑧𐑯 m 𐑲𐑞𐑼 𐑦𐑟 𐑛𐑦𐑝𐑦𐑟𐑦𐑚𐑩𐑤 𐑚𐑲 p 𐑹 𐑦𐑟 𐑐𐑮𐑲𐑥 𐑑𐑵 p.*

𐑞𐑦𐑕 𐑔𐑽𐑩𐑥 𐑓𐑪𐑤𐑴𐑟 𐑨𐑑 𐑢𐑳𐑯𐑕 𐑓𐑮𐑪𐑥 𐑞 𐑓𐑨𐑒𐑑 𐑞𐑨𐑑 𐑞 𐑴𐑯𐑤𐑦 𐑛𐑦𐑝𐑲𐑟𐑼𐑟 𐑪𐑝 p 𐑸 1 𐑨𐑯𐑛 p.

II. *𐑞 𐑐𐑮𐑪𐑛𐑩𐑒𐑑 𐑪𐑝 𐑑𐑵 𐑦𐑯𐑑𐑩𐑡𐑼𐑟 𐑰𐑗 𐑤𐑧𐑕 𐑞𐑨𐑯 𐑩 𐑜𐑦𐑝𐑩𐑯 𐑐𐑮𐑲𐑥 𐑯𐑳𐑥𐑚𐑼 p 𐑦𐑟 𐑯𐑪𐑑 𐑛𐑦𐑝𐑦𐑟𐑦𐑚𐑩𐑤 𐑚𐑲 p.*

𐑤𐑧𐑑 a 𐑚 𐑩 𐑯𐑳𐑥𐑚𐑼 𐑢𐑦𐑗 𐑦𐑟 𐑤𐑧𐑕 𐑞𐑨𐑯 p 𐑨𐑯𐑛 𐑕𐑩𐑐𐑴𐑟 𐑞𐑨𐑑 b 𐑦𐑟 𐑩 𐑯𐑳𐑥𐑚𐑼 𐑤𐑧𐑕 𐑞𐑨𐑯 p 𐑕𐑳𐑗 𐑞𐑨𐑑 ab 𐑦𐑟 𐑛𐑦𐑝𐑦𐑟𐑦𐑚𐑩𐑤 𐑚𐑲 p, 𐑨𐑯𐑛 𐑤𐑧𐑑 b 𐑚 𐑞 𐑤𐑰𐑕𐑑 𐑯𐑳𐑥𐑚𐑼 𐑓𐑹 𐑢𐑦𐑗 ab 𐑦𐑟 𐑕𐑴 𐑛𐑦𐑝𐑦𐑟𐑦𐑚𐑩𐑤. 𐑧𐑝𐑦𐑛𐑩𐑯𐑑𐑤𐑦 𐑞𐑺 𐑦𐑜𐑟𐑦𐑕𐑑𐑕 𐑨𐑯 𐑦𐑯𐑑𐑩𐑡𐑼 m 𐑕𐑳𐑗 𐑞𐑨𐑑

$$mb < p < (m+1)b.$$

𐑞𐑧𐑯 $p - mb < b$. 𐑕𐑦𐑯𐑕 ab 𐑦𐑟 𐑛𐑦𐑝𐑦𐑟𐑦𐑚𐑩𐑤 𐑚𐑲 p 𐑦𐑑 𐑦𐑟 𐑒𐑤𐑽 𐑞𐑨𐑑 mab 𐑦𐑟 𐑛𐑦𐑝𐑦𐑟𐑦𐑚𐑩𐑤 𐑚𐑲 p; 𐑕𐑴 𐑦𐑟 ap 𐑷𐑤𐑕𐑴; 𐑨𐑯𐑛 𐑣𐑧𐑯𐑕 𐑞𐑺 𐑛𐑦𐑓𐑼𐑩𐑯𐑕 $ap - mab$, $= a(p-mb)$, 𐑦𐑟 𐑛𐑦𐑝𐑦𐑟𐑦𐑚𐑩𐑤 𐑚𐑲 p. 𐑞𐑨𐑑 𐑦𐑟, 𐑞 𐑐𐑮𐑪𐑛𐑩𐑒𐑑 𐑪𐑝 a 𐑚𐑲 𐑨𐑯 𐑦𐑯𐑑𐑩𐑡𐑼 𐑤𐑧𐑕 𐑞𐑨𐑯 b 𐑦𐑟 𐑛𐑦𐑝𐑦𐑟𐑦𐑚𐑩𐑤 𐑚𐑲 p, 𐑒𐑪𐑯𐑑𐑮𐑼𐑦 𐑑𐑵 𐑞 𐑩𐑕𐑳𐑥𐑐𐑖𐑩𐑯 𐑞𐑨𐑑 b 𐑦𐑟 𐑞 𐑤𐑰𐑕𐑑 𐑯𐑳𐑥𐑚𐑼 𐑕𐑳𐑗 𐑞𐑨𐑑 ab 𐑦𐑟 𐑛𐑦𐑝𐑦𐑟𐑦𐑚𐑩𐑤 𐑚𐑲 p. 𐑞 𐑩𐑕𐑳𐑥𐑐𐑖𐑩𐑯 𐑞𐑨𐑑 𐑞 𐑔𐑽𐑩𐑥 𐑦𐑟 𐑯𐑪𐑑 𐑑𐑮𐑵 𐑣𐑨𐑟 𐑞𐑳𐑕 𐑤𐑧𐑛 𐑑𐑵 𐑩 𐑒𐑪𐑯𐑑𐑮𐑩𐑛𐑦𐑒𐑖𐑩𐑯; 𐑨𐑯𐑛 𐑞𐑳𐑕 𐑞 𐑔𐑽𐑩𐑥 𐑦𐑟 𐑐𐑮𐑵𐑝𐑛.

III. *𐑦𐑓 𐑯𐑲𐑞𐑼 𐑪𐑝 𐑑𐑵 𐑦𐑯𐑑𐑩𐑡𐑼𐑟 𐑦𐑟 𐑛𐑦𐑝𐑦𐑟𐑦𐑚𐑩𐑤 𐑚𐑲 𐑩 𐑜𐑦𐑝𐑩𐑯 𐑐𐑮𐑲𐑥 𐑯𐑳𐑥𐑚𐑼 p 𐑞𐑺 𐑐𐑮𐑪𐑛𐑩𐑒𐑑 𐑦𐑟 𐑯𐑪𐑑 𐑛𐑦𐑝𐑦𐑟𐑦𐑚𐑩𐑤 𐑚𐑲 p.*

𐑤𐑧𐑑 a 𐑨𐑯𐑛 b 𐑚 𐑑𐑵 𐑦𐑯𐑑𐑩𐑡𐑼𐑟 𐑯𐑲𐑞𐑼 𐑪𐑝 𐑢𐑦𐑗 𐑦𐑟 𐑛𐑦𐑝𐑦𐑟𐑦𐑚𐑩𐑤 𐑚𐑲 𐑞 𐑐𐑮𐑲𐑥 p. 𐑩𐑒𐑹𐑛𐑦𐑙 𐑑𐑵 𐑞 𐑐𐑮𐑦𐑕𐑰𐑛𐑦𐑙 𐑔𐑽𐑩𐑥 𐑪𐑝 𐑿𐑒𐑤𐑦𐑛 𐑞𐑺 𐑦𐑜𐑟𐑦𐑕𐑑 𐑦𐑯𐑑𐑩𐑡𐑼𐑟 m, n, α, β 𐑕𐑳𐑗 𐑞𐑨𐑑

$$a = mp + \alpha, \qquad 0 < \alpha < p,$$
$$b = np + \beta, \qquad 0 < \beta < p.$$

Ɣɹɥ

$$ab = (mp + \alpha)(np + \beta) = (mnp + \alpha + \beta)p + \alpha\beta.$$

Ɨp ɥȯ ɷə ɞɼꞁɷɞ ab ꞁɷ ɞ dɪɞɪɞɪɞɼꞁ ɞȸ p ɷə φɹɞ $\alpha\beta$ dɪɞɪɞɪɞɼꞁ ɞȸ p. Ɣɪɞ ɷəɥꞁφɼdɪɷꞁɞ II, ɞɪɥɞ α ɹɥd β əφ ꞁɹɞ ɣɹɥ p. Ꝕɹɥɞ ab ɪɞ ɥəꞁ dɪɞɪɞɪɞɼꞁ ɞȸ p.

ɞȸ ɹɥ ɹꞁꞁɪɷɛbɼɥ ɼɞ ɣɪɞ Ləɼφɼɔ ꞁɷ ɣ ɷɼɥꞁɥꝟɷd ꞁφɷdɼɷꞁ ɼɞ ɞɹɞɼφɼꞁ pɹɷꞁɼφɞ, ɣ pəꞁɷɪɴ φɼɞɼꞁ ɪɞ φɹdɪꞁə ɼɞꞁɛɥd:

IV. *Ɨp ɥo ɷɼɥ ɼɞ ɞɹɞɼφɼꞁ ɪɥꞁɼɕɼφɞ ɪɞ dɪɞɪɞɪɞɼꞁ ɞȸ ə ɷ̇ɪɞɼɥ ꞁφȸɔ p ɣɹφ ꞁφədɼɷꞁ ɪɞ ɥəꞁ dɪɞɪɞɪɞɼꞁ ɞȸ p.*

§ 7 Ɣ Ꝟơɥəɷ Pɹɷɿɼφɪɞɛbɼɥ Ləɼφɼɔ

I. *Ɑɞφə ɪɥꞁɼɕɼφ ɷ̇φɛꞁɼφ ɣɹɥ ꝟơɥɪꞁə ɷɹɥ ɞ φɹꞁφɼɞɹɥꞁɼd ɪɥ ɷɼɥ ɹɥd ɪɥ oɥꞁə ɷɼɥ ɷɛ ɹɞ ə ꞁφədɼɷꞁ ɼɞ ꞁφȸɔ ɥɼɔɞɼφɞ.*

Ɨɥ ɣ pɼφɞꞁ ꞁꞁɛɞ ɷə bɹꞁ bo ɣɹꞁ ɪꞁ ɪɞ ɵꞁɷɛɞ ꞁɞɞɪɞɼꞁ ꞁɷ φɼɞəꞁɞ ə ɷ̇ɪɞɼɥ ɪɥꞁɼɕɼφ m ɷ̇φɛꞁɼφ ɣɹɥ ꝟơɥɪꞁə ɪɥꞁɷ ꞁφȸɔ pɹɷꞁɼφɞ ɞȸ ə pȸɥȸꞁ ɥɼɔɞɼφ ɼɞ ɞꞁɼφɛbɼɥɞ. Ɨɥ ɣ ꞁφɷp ɼɞ Ləɼφɼɔ I, § § 3, ɷə bod φȯ ꞁɷ pȸɥd ə ꞁφȸɔ pɹɷꞁɼφ p_1 ɼɞ m ɞȸ ə pȸɥȸꞁ ɥɼɔɞɼφ ɼɞ ɞꞁɼφɛbɼɥɞ. Ꞁɹꞁ ɼɞ φȸꞁ

$$m = p_1 m_1.$$

Ɨp m_1 ɪɞ ɥəꞁ ꝟơɥɪꞁə ɷə ɔɛ ɥȯ pȸɥd ə ꞁφȸɔ pɹɷꞁɼφ p_2 ɼɞ m_1. Ɣɹɥ ɷə ɔɛ φȸꞁ

$$m = p_1 m_1 = p_1 p_2 m_2.$$

Ɨp m_2 ɪɞ ɥəꞁ ꝟơɥɪꞁə ɷə ɔɛ ɼꞁꞁȸ ꞁɷ ɪꞁ ɣ ɞɛɔ ꞁφɵɞɹɞ ɹɞ ɣɹꞁ ɼꞁꞁȸd ꞁɷ m_1 ɹɥd ɣɼɞ ɼɞꞁɛɥ ə Lɼφd ꞁφȸɔ pɹɷꞁɼφ ɼɞ m. ɞɪɥɞ $m_1 > m_2 > m_3 > \ldots$ ɪꞁ ɪɞ ɷꞁɪφ ɣɹꞁ ɹpꞁɼφ ə pȸɥȸꞁ ɥɼɔɞɼφ ɼɞ ɞꞁɼφɛbɼɥɞ ɷə bɹꞁ ɼφȸɞ ɹꞁ ə dəɷəɔꞁɼɞɪbɼɥ ɼɞ m ɪɥꞁɷ ꞁφȸɔ pɹɷꞁɼφɞ. Ɣɼɞ ɷə bɹꞁ φɹɞ

$$m = p_1 p_2 \ldots p_r$$

φɷɹφ $p_1, p_2, \ldots, p_r$ əφ ꞁφȸɔ ɥɼɔɞɼφɞ. Ɯə φɹɞ ɣɼɞ ꞁφɵɞd ɣ pɼφɞꞁ ꞁɞφꞁ ɼɞ ȯφ Ləɼφɼɔ, φɷɪc ɞɹɞ ɣɹꞁ ɣ dəɷəɔꞁɼɞɪbɼɥ ɼɞ ɹɥ ɪɥꞁɼɕɼφ (ɷ̇φɛꞁɼφ ɣɹɥ ꝟơɥɪꞁə) ɪɥꞁɷ ꞁφȸɔ pɹɷꞁɼφɞ ɪɞ ɵꞁɷɛɞ ꞁɞɞɪɞɼꞁ.

[ʌ] ɼɞ ʋό ɞɼꞀɔ6 ɣɹꞀ ωə φɹɞ ɵ[ɞɵ ɵ dəωəɔꞀɼ6ɪbɼʋ ɼɞ m ɪʋlω Ꞁɸɸɔ pɹωlɼɸ6 ɹ6 pɞ[ɔ6:

$$m = q_1 q_2 \dots q_s.$$

Ɣʌʋ ωə φɹɞ

$$p_1 p_2 \dots p_r = q_1 q_2 \dots q_s.$$

Ɲό p_1 dɪɞɸd6 ɣ pɼɸɞꞀ ɔʌɔɞɼɸ ɼɞ ɣɪɞ ɪωωεsɼʋ. Ψʌʋɞ ɪꞀ ɵ[ɞɵ dɪɞɸd6 ɣ ɞʌωɼʋd ɔʌɔɞɼɸ ɼɞ ɣ ɪωωεsɼʋ. Ɓɼ Ꞁ p_1 ɪ6 Ꞁɸɸɔ; ɹʋd ɣʌɸpɸ ɞɸ ʟəɼɸɼɔ IV ɼɞ ɣ Ꞁɸɼɞədɪʋ ɞʌωbɼʋ ωə ɞə ɣɹꞀ p_1 dɪɞɸd6 ɞɼɔ ωɼʋ ɼɞ ɣ pɹωlɼɸ6 q; ωə ɞɼꞀɔ6 ɣɹꞀ p_1 ɪ6 ɵ pɹωlɼɸ ɼɞ q_1. Ɨ Ꞁ ɔɼɞꞀ ɣʌʋ ɞ əωωɼ[Ꞁω q_1. Ψʌʋɞ ωə φɹɞ

$$p_2 p_3 \dots p_r = q_2 q_3 \dots q_s.$$

Ɓɸ ɣ ɞεɔ ɵɸώʋɼɔɼʋꞀ ωə Ꞁɸωɞ ɣɹꞀ p_2 ɪ6 əωωɼ[Ꞁω ɞɼɔ q, ɞε q_2. Ɣʌʋ ωə φɹɞ

$$p_3 p_4 \dots p_r = q_3 q_4 \dots q_s.$$

Ɑɞɪdɼʋ[ə ɣ Ꞁɸωɞʌɞ ɔɛ ɞ ωɼʋꞀɪʋʋωd ɼʋꞀɪ[ωɼʋ ɞɸd ɼɞ ɣ ɪωωεsɼʋ ɪ6 ɸɼdωɞꞀ Ꞁω 1. Ɣ ɼɣɼɸ ɞɸd ɔɼɞꞀ ɵ[ɞɵ ɞ ɸɼdωɞꞀ Ꞁω 1 ɹꞀ ɣ ɞεɔ Ꞁɸɔ. Ψʌʋɞ ɪꞀ pɞ[ɔ6 ɣɹꞀ ɣ Ꞁω dəωəɔꞀɼ6ɪbɼʋ6 ɼɞ m ɵɸ ɪʋ pɹωꞀ ɸdʌʋꞀɪωɼ[.

Ɣɪɞ ωɼɔꞀ[əɞ ɣ Ꞁɸωp ɼɞ ɣ ʟəɼɸɼɔ.

Ɣ ɸɼɞɼ[φωɪc ωə φɹɞ ɣɼɞ dʌɔɼʋɞꞀɸɛ[ɼd ɪ6 əɞɪ[ə ɣ ɔωɞꞀ ɪɔꞀωɸ[ɼʋ ʟəɼɸɼɔ ɪʋ ɣ ʟɪɸə ɼɞ ɪʋlɼɕɼɸ6. Ɨ ωʌʋ ɵ[ɞɵ ɞ ɞ[ɛ[ɼd ɪʋ ɵ dɪpɼɸɼʋ pωɸɔ ɔωɸ ωɼʋɞəʋʋɼʋ pωɸ ɞɼɔ Ꞁɼɸ Ꞁɼɞɼ6:

II. *Ɑɞɸə ʋəʋ-ʋəʋɪ Ꞁəɞɪ[ɪɞ ɪʋlɼɕɼɸ m ωɹʋ ɞ ɸʌꞀɸɼ6ʌʋlɼd ɪʋ ωɼʋ ɹʋd ɪʋ ɵʋ[ə ωɼʋ ωε ɪʋ ɣ pωɸɔ*

$$m = p_1^{\alpha_1} p_2^{\alpha_2} \dots p_n^{\alpha_n}$$

φωʌɸ p_1, p_2, ..., p_n ɵɸ dɪpɼɸɼʋ Ꞁɸɸɔ6 ɹʋd α_1, α_2, ..., α_n ɵɸ Ꞁəɞɪ[ɪɞ ɪʋlɼɕɼɸ6.

Ɣɪɞ ωɼɔ6 ɪəədɼɼ[ə pɸɼɔ ɣ Ꞁɸɼɞədɪʋ ɸʌꞀɸɼ6ʌʋlɛbɼʋ ɼɞ m ɪʋ ɣ pωɸɔ $m = p_1 p_2 \dots p_r$ ɞɸ ωɼɔɞɸʋɪʋ ɪʋlω ɵ Ꞁόɼɸ ɼɞ p_1 ɵ[ɣ Ꞁɸɸɔ6 φωɪc ɵɸ əωωɼ[Ꞁω p_1.

𐐗𐐱𐑉𐐲𐑊𐐰𐑉𐐨 1. *𐐆𐑁 a 𐐰𐑌𐐼 b 𐐪𐑉 𐑉𐐯𐑊𐐲𐐻𐐮𐑂𐑊𐐨 𐐹𐑉𐐴𐑋 𐐮𐑌𐐻𐐲𐐾𐐲𐑉𐑆 𐐰𐑌𐐼 c 𐐮𐑆 𐐼𐐮𐑂𐐮𐑆𐐮𐐺𐐲𐑊 𐐺𐐴 𐐺𐐬𐑃 a 𐐰𐑌𐐼 b, 𐑄𐐯𐑌 c 𐐮𐑆 𐐼𐐮𐑂𐐮𐑆𐐮𐐺𐐲𐑊 𐐺𐐴 ab.*

𐐗𐐱𐑉𐐲𐑊𐐰𐑉𐐨 2. *𐐆𐑁 a 𐐰𐑌𐐼 b 𐐪𐑉 𐐹𐑉𐐴𐑋 𐐻𐐭 c 𐑄𐐯𐑌 ab 𐐮𐑆 𐐹𐑉𐐴𐑋 𐐻𐐭 c.*

𐐗𐐱𐑉𐐲𐑊𐐰𐑉𐐨 3. *𐐆𐑁 a 𐐮𐑆 𐐹𐑉𐐴𐑋 𐐻𐐭 c 𐐰𐑌𐐼 ab 𐐮𐑆 𐐼𐐮𐑂𐐮𐑆𐐮𐐺𐐲𐑊 𐐺𐐴 c, 𐑄𐐯𐑌 b 𐐮𐑆 𐐼𐐮𐑂𐐮𐑆𐐮𐐺𐐲𐑊 𐐺𐐴 c.*

§ 8 𐐜 𐐔𐐮𐑂𐐴𐑆𐐲𐑉𐑆 𐐲𐑂 𐐰𐑌 𐐆𐑌𐐻𐐲𐐾𐐲𐑉

𐐜 𐑁𐐱𐑊𐐬𐐮𐑍 𐑃𐐨𐐲𐑉𐐲𐑋 𐐮𐑆 𐐰𐑌 𐐮𐑋𐐨𐐼𐐨𐐲𐐻 𐐿𐐱𐑉𐐲𐑊𐐰𐑉𐐨 𐐲𐑂 𐑄 𐑉𐐲𐑆𐐲𐑊𐐻𐑅 𐐮𐑌 𐑄 𐐹𐑉𐐲𐑅𐐨𐐼𐐮𐑍 𐑅𐐯𐐿𐑇𐐲𐑌:

I. *𐐃𐑊 𐑄 𐐼𐐮𐑂𐐴𐑆𐐲𐑉𐑆 𐐲𐑂 m,*

$$m = p_1^{\alpha_1} p_2^{\alpha_2} \dots p_n^{\alpha_n},$$

𐐪𐑉 𐐲𐑂 𐑄 𐑁𐐫𐑉𐑋

$$p_1^{\beta_1} p_2^{\beta_2} \dots p_n^{\beta_n}, \; 0 \leqq \beta_i \leqq \alpha_i;$$

𐐰𐑌𐐼 𐐯𐑂𐑉𐐨 𐑅𐐲𐐽 𐑌𐐲𐑋𐐺𐐲𐑉 𐐮𐑆 𐐲 𐐼𐐮𐑂𐐴𐑆𐐲𐑉 𐐲𐑂 m.

𐐙𐑉𐐲𐑋 𐑄𐐮𐑅 𐐮𐐻 𐐮𐑆 𐐿𐑊𐐨𐑉 𐑄𐐰𐐻 𐐯𐑂𐑉𐐨 𐐼𐐮𐑂𐐴𐑆𐐲𐑉 𐐲𐑂 m 𐐮𐑆 𐐮𐑌𐐿𐑊𐐭𐐼𐐲𐐼 𐐶𐐲𐑌𐑅 𐐰𐑌𐐼 𐐬𐑌𐑊𐐨 𐐶𐐲𐑌𐑅 𐐲𐑋𐐲𐑍 𐑄 𐐻𐐲𐑉𐑋𐑆 𐐲𐑂 𐑄 𐐹𐑉𐐱𐐼𐐲𐐿𐐻

$$(1 + p_1 + p_1^2 + \dots + p_1^{\alpha_1})(1 + p_2 + p_2^2 + \dots + p_2^{\alpha_2}) \dots (1 + p_n + p_n^2 + \dots + p_n^{\alpha_n}),$$

𐐸𐐶𐐯𐑌 𐑄𐐮𐑅 𐐹𐑉𐐱𐐼𐐲𐐿𐐻 𐐮𐑆 𐐮𐐿𐑅𐐹𐐰𐑌𐐼𐐲𐐼 𐐺𐐴 𐑋𐐲𐑊𐐻𐐮𐐹𐑊𐐮𐐿𐐩𐑇𐐲𐑌. 𐐆𐐻 𐐮𐑆 𐐱𐐺𐑂𐐨𐐲𐑅 𐑄𐐰𐐻 𐑄 𐑌𐐲𐑋𐐺𐐲𐑉 𐐲𐑂 𐐻𐐲𐑉𐑋𐑆 𐐮𐑌 𐑄 𐐯𐐿𐑅𐐹𐐰𐑌𐑇𐐲𐑌 𐐮𐑆 $(\alpha_1 + 1)(\alpha_2 + 1) \dots (\alpha_n + 1)$. 𐐐𐐯𐑌𐑅 𐐶𐐨 𐐸𐐰𐑂 𐑄 𐑃𐐨𐐲𐑉𐐲𐑋:

II. *𐐜 𐑌𐐲𐑋𐐺𐐲𐑉 𐐲𐑂 𐐼𐐮𐑂𐐴𐑆𐐲𐑉𐑆 𐐲𐑂 m 𐐮𐑆* $(\alpha_1+1)(\alpha_2+1)\dots(\alpha_n+1)$.

𐐊𐑀𐐯𐑌 𐐶𐐨 𐐸𐐰𐑂

$$\prod_i (1 + p_i + p_i^2 + \dots + p_i^{\alpha_i}) = \prod_i \frac{p_i^{\alpha_i+1} - 1}{p_i - 1}.$$

𐐐𐐯𐑌𐑅,

III. *𐐜 𐑅𐐲𐑋 𐐲𐑂 𐑄 𐐼𐐮𐑂𐐴𐑆𐐲𐑉𐑆 𐐲𐑂 m 𐐮𐑆*

$$\frac{p_1^{\alpha_1+1} - 1}{p_1 - 1} \cdot \frac{p_2^{\alpha_2+1} - 1}{p_2 - 1} \cdot \ldots \cdot \frac{p_i^{\alpha_i+1} - 1}{p_i - 1}.$$

𐐆𐑌 𐐪 𐑅𐐮𐑋𐐮𐑊𐐲𐑉 𐑋𐐰𐑌𐐲𐑉 𐐶𐐨 𐑋𐐩 𐐹𐑉𐐭𐑂 𐑄 𐑁𐐪𐑊𐐬𐐮𐑍 𐑃𐐨𐐲𐑉𐐲𐑋:

IV. *𐐜 𐑅𐐲𐑋 𐐲𐑂 𐑄 h^{th} 𐐹𐐵𐐲𐑉𐑆 𐐲𐑂 𐑄 𐐼𐐮𐑂𐐴𐑆𐐲𐑉𐑆 𐐲𐑂 m 𐐮𐑆*

$$\frac{p_1^{h(\alpha_1+1)}-1}{p_1^h-1}\cdot\ldots\cdot\frac{p_n^{h(\alpha_n+1)}-1}{p_n^h-1}.$$

𐐇𐐿𐑅𐐲𐑉𐑅𐐴𐑆𐐲𐑆

1. 𐐙𐐴𐑌𐐼 𐑌𐐲𐑋𐐺𐐲𐑉𐑆 x 𐑅𐐲𐐽 𐑄𐐰𐐻 𐑄 𐑅𐐲𐑋 𐐲𐑂 𐑄 𐐼𐐮𐑂𐐴𐑆𐐲𐑉𐑆 𐐲𐑂 x 𐐮𐑆 𐐪 𐐹𐐲𐑉𐑁𐐲𐐿𐐻 𐑅𐐿𐐶𐐯𐑉.

2. 𐐟𐐬 𐑄𐐰𐐻 𐑄 𐑅𐐲𐑋 𐐲𐑂 𐑄 𐐼𐐮𐑂𐐴𐑆𐐲𐑉𐑆 𐐲𐑂 𐐨𐐽 𐐲𐑂 𐑄 𐑁𐐪𐑊𐐬𐐮𐑍 𐐮𐑌𐐻𐐲𐐾𐐲𐑉𐑆 𐐮𐑆 𐐻𐐶𐐴𐑅 𐑄 𐐮𐑌𐐻𐐲𐐾𐐲𐑉 𐐮𐐻𐑅𐐯𐑊𐑁: 6, 28, 496, 8128, 33550336. 𐐙𐐴𐑌𐐼 𐐲𐑄𐐲𐑉 𐐮𐑌𐐻𐐲𐐾𐐲𐑉𐑆 x 𐑅𐐲𐐽 𐑄𐐰𐐻 𐑄 𐑅𐐲𐑋 𐐲𐑂 𐑄 𐐼𐐮𐑂𐐴𐑆𐐲𐑉𐑆 𐐲𐑂 x 𐐮𐑆 𐐪 𐑋𐐲𐑊𐐻𐐮𐐹𐐲𐑊 𐐲𐑂 x.

3. 𐐑𐑉𐐭𐑂 𐑄𐐰𐐻 𐑄 𐑅𐐲𐑋 𐐲𐑂 𐐻𐐭 𐐪𐐼 𐑅𐐿𐐶𐐯𐑉𐑆 𐐿𐐰𐑌𐐪𐐻 𐐺 𐐪 𐑅𐐿𐐶𐐯𐑉.

4. 𐐑𐑉𐐭𐑂 𐑄𐐰𐐻 𐑄 𐐿𐐷𐐭𐐺 𐐲𐑂 𐐯𐑌𐐨 𐐮𐑌𐐻𐐲𐐾𐐲𐑉 𐐮𐑆 𐑄 𐐼𐐮𐑁𐐲𐑉𐐲𐑌𐑅 𐐲𐑂 𐑄 𐑅𐐿𐐶𐐯𐑉𐑆 𐐲𐑂 𐐻𐐭 𐐮𐑌𐐻𐐲𐐾𐐲𐑉𐑆.

5. 𐐆𐑌 𐐫𐑉𐐼𐐲𐑉 𐑄𐐰𐐻 𐐪 𐑌𐐲𐑋𐐺𐐲𐑉 𐑇𐐰𐑊 𐐺 𐑄 𐑅𐐲𐑋 𐐲𐑂 𐐿𐐲𐑌𐑅𐐯𐐿𐐷𐐲𐐻𐐮𐑂 𐐮𐑌𐐻𐐲𐐾𐐲𐑉𐑆, 𐐮𐐻 𐐮𐑆 𐑌𐐯𐑅𐐲𐑅𐐯𐑉𐐨 𐐰𐑌𐐼 𐑅𐐲𐑁𐐮𐑇𐐲𐑌𐐻 𐑄𐐰𐐻 𐐮𐐻 𐑇𐐰𐑊 𐑌𐐪𐐻 𐐺 𐐪 𐐹𐐵𐐲𐑉 𐐲𐑂 2.

6. 𐐟𐐬 𐑄𐐰𐐻 𐑄𐐯𐑉 𐐮𐑀𐑆𐐮𐑅𐐻 𐑌𐐬 𐐮𐑌𐐻𐐲𐐾𐐲𐑉𐑆 x 𐐰𐑌𐐼 y (𐑆𐐮𐑉𐐬 𐐮𐐿𐑅𐐿𐑊𐐭𐐼𐐲𐐼) 𐑅𐐲𐐽 𐑄𐐰𐐻 $y^2 = 2x^2$. 𐐐𐐯𐑌𐑅, 𐑇𐐬 𐑄𐐰𐐻 𐑄𐐯𐑉 𐐼𐐲𐑆 𐑌𐐪𐐻 𐐮𐑀𐑆𐐮𐑅𐐻 𐐪 𐑉𐐰𐑇𐐲𐑌𐐲𐑊 𐑁𐑉𐐰𐐿𐑇𐐲𐑌 𐐸𐐭𐑆 𐑅𐐿𐐶𐐯𐑉 𐐮𐑆 2.

7. 𐐜 𐑌𐐲𐑋𐐺𐐲𐑉 $m = p_1^{\alpha_1} p_2^{\alpha_2} \cdots p_n^{\alpha_n}$, 𐐸𐐶𐐯𐑉 𐑄 p'𐑆 𐐪𐑉 𐐼𐐮𐑁𐐲𐑉𐐲𐑌𐐻 𐐹𐑉𐐴𐑋𐑆 𐐰𐑌𐐼 𐑄 α'𐑆 𐐪𐑉 𐐹𐐪𐑆𐐮𐐻𐐮𐑂 𐐮𐑌𐐻𐐲𐐾𐐲𐑉𐑆, 𐑋𐐩 𐐺 𐑅𐐯𐐹𐐲𐑉𐐩𐐻𐐲𐐼 𐐮𐑌𐐻𐐭 𐑉𐐯𐑊𐐲𐐻𐐮𐑂𐑊𐐨 𐐹𐑉𐐴𐑋 𐑁𐐰𐐿𐐻𐐲𐑉𐑆 𐐮𐑌 2^{n-1} 𐐼𐐮𐑁𐐲𐑉𐐲𐑌𐐻 𐐶𐐩𐑆.

8. 𐐜 𐐹𐑉𐐪𐐼𐐲𐐿𐐻 𐐲𐑂 𐑄 𐐼𐐮𐑂𐐴𐑆𐐲𐑉𐑆 𐐲𐑂 m 𐐮𐑆 $\sqrt{m^v}$ 𐐸𐐶𐐯𐑉 v 𐐮𐑆 𐑄 𐑌𐐲𐑋𐐺𐐲𐑉 𐐲𐑂 𐐼𐐮𐑂𐐴𐑆𐐲𐑉𐑆 𐐲𐑂 m.

§ 9 𐐜 𐐘𐑉𐐩𐐻𐐲𐑅𐐻 𐐗𐐪𐑋𐐲𐑌 𐐙𐐰𐐿𐐻𐐲𐑉 𐐲𐑂 𐐓𐐭 𐐃𐑉 𐐣𐐫𐑉 𐐆𐑌𐐻𐐲𐐾𐐲𐑉𐑆

𐐢𐐯𐐻 m 𐐰𐑌𐐼 n 𐐺 𐐻𐐭 𐐹𐐪𐑆𐐮𐐻𐐮𐑂 𐐮𐑌𐐻𐐲𐐾𐐲𐑉𐑆 𐑅𐐲𐐽 𐑄𐐰𐐻 m 𐐮𐑆 𐑀𐑉𐐩𐐻𐐲𐑉 𐑄𐐰𐑌 n. 𐐜𐐯𐑌, 𐐲𐐿𐐫𐑉𐐼𐐮𐑍 𐐻𐐭 𐑄 𐑁𐐲𐑌𐐼𐐲𐑋𐐯𐑌𐐻𐐲𐑊 𐑃𐐨𐐲𐑉𐐲𐑋 𐐲𐑂 𐐏𐐭𐐿𐑊𐐮𐐼, 𐐶𐐨 𐐿𐐰𐑌 ꝑɵɸɔ ɣ ɞʎ˥ ɼɞ ɨωωɛsɼɤ6

$$
\begin{aligned}
m &= qn + n_1, & 0 < n_1 < n,\\
n &= q_1 n_1 + n_2, & 0 < n_2 < n_1,\\
n_1 &= q_2 n_2 + n_3, & 0 < n_3 < n_2,\\
\vdots\quad & \quad\vdots & \vdots\quad\vdots\\
n_{k-2} &= q_{k-1} n_{k-1} + n_k, & 0 < n_k < n_{k-1},\\
n_{k-1} &= q_k n_k.
\end{aligned}
$$

Ɨꝑ m ɨ6 ɘ ɔɼ˥ʅɨɼ˥ʅ ɼɞ n ωɘ ɸɸ˥ $n = n_0$, $k = 0$, ɨɤ ɣ ɼɞɼɞ ɨωωɛsɼɤ6.

Ꭺʎꝑɨɨɒɼɤ. Ɣ ˥ɸɵɞʎɞ ɼɞ ɸʎωɼɤɨɨ ɨɞɞ˥ɞd ɨɤ dɼ˥ɼɸɔɨɨɨ ɣ ɼɞɼɞ ɞʎ˥ ɼɞ ɨωωɛsɼɤ6 ɨ6 ωɵʅd ɣ Ɣɷω˥ɨdɘɼɤ ɹʅώɼɸɨɣɔ.

I. *Ɣ ɤɼɔɘɼɸ n_k ˥ɷ ɸωɨc ɣ Ɣɷω˥ɨdɘɼɤ ɹʅώɼɸɨɣɔ ʅɘd6 ɨ6 ɣ ώɸɛ˥ɼɞ˥ ωɘɔɼɤ dɨɞɸ6ɼɸ ɼɞ m ɹɤd n.*

Ɨɤ ɵɸdɼɸ ˥ɷ ˥ɸɵɞ ɣɨɞ ωɘ ɸɹɞ ˥ɷ bɵ ˥ɷ ʟɨɤ6:

1) Ɣɹ˥ n_k ɨ6 ɘ dɨɞɸ6ɼɸ ɼɞ ɞɵʟ m ɹɤd n;

2) Ɣɹ˥ ɣ ώɸɛ˥ɼɞ˥ ωɘɔɼɤ dɨɞɸ6ɼɸ d ɼɞ m ɹɤd n ɨ6 ɘ dɨɞɸ6ɼɸ ɼɞ n_k.

1ɷ ˥ɸɵɞ ɣ ꝑɼɸɞ˥ ɞ˥ɛ˥ɔɼɤ˥ ωɘ ɨώ6ɹɔɨɤ ɣ ɼɞɼɞ ɞʎ˥ ɼɞ ɨωωɛsɼɤ6, ωɼɸωɨɨ ꝑɸɼɔ ɣ ʅɨɞ˥ ˥ɷ ɣ ꝑɼɸɞ˥. Ꝑɸɼɔ ɣ ʅɨɞ˥ ɨωωɛsɼɤ ωɘ ɞɘ ɣɹ˥ n_k ɨ6 ɘ dɨɞɸ6ɼɸ ɼɞ n_{k-1}. Ɣɵ6ɨɨ ɣɨɞ ɸɼ6ɼʅ ωɘ ɞɘ ɣɹ˥ ɣ ɞʎωɼɤd ɔʎɔɞɼɸ ɼɞ ɤʎωɞ˥ ˥ɷ ɣ ʅɨɞ˥ ɨωωɛsɼɤ ɨ6 dɨɞɨ6ɨɞʅ ɞɸ n_k Ɯʎɤɞ ɨ˥ɞ ꝑɼɸɞ˥ ɔʎɔɞɼɸ n_{k-2} ɔɼɞ˥ ɞ dɨɞɨ6ɨɞʅ ɞɸ n_k. ˥ɸɼɞɘdɨɨ ɨɤ ɣɨɞ ωɛ ɞ˥ʎɹ ɞɸ ɞ˥ʎɹ ωɘ bɵ ɣɹ˥ n_2 ɹɤd n_1, ɹɤd ꝑɸɤɼʅɘ ɣɹ˥ n ɹɤd m, ɘɸ dɨɞɨ6ɨɞʅ ɞɸ n_k.

Ꝑɵɸ ɣ ɞʎωɼɤd ˥ɘɸ˥ ɼɞ ɣ ˥ɸɵꝑ ωɘ ɨɔ˥ʅɵɨ ɣ ɞɛɔ ɞʎ˥ ɼɞ ɨωωɛsɼɤ6 ɹɤd ωɼɸω ꝑɸɼɔ ɣ ꝑɼɸɞ˥ ωɼɤ ˥ɷ ɣ ʅɨɞ˥ ωɼɤ. Ʌʎ˥ d ɞ ʎɤɘ ωɘɔɼɤ dɨɞɸ6ɼɸ ɼɞ m ɹɤd n. Ꝑɸɼɔ ɣ ꝑɼɸɞ˥ ɨωωɛsɼɤ ωɘ ɞɘ ɣɹ˥ d ɨ6 ɘ dɨɞɸ6ɼɸ ɼɞ n_1. Ɣʎɤ ꝑɸɼɔ ɣ ɞʎωɼɤd ɨωωɛsɼɤ ɨ˥ ꝑɘʅɵ6 ɣɹ˥ d ɨ6 ɘ dɨɞɸ6ɼɸ ɼɞ n_2. ˥ɸɼɞɘdɨɨ ɨɤ ɣɨɞ ωɛ ωɘ bɵ ꝑɸɤɼʅɘ ɣɹ˥ d ɨ6 ɘ dɨɞɸ6ɼɸ ɼɞ n_k. Ɯʎɤɞ ʎɤɘ ωɘɔɼɤ dɨɞɸ6ɼɸ, ɹɤd ɨɤ ˥ɸɸ˥ɨωƔɼʅɼɸ ɣ ώɸɛ˥ɼɞ˥ ωɘɔɼɤ dɨɞɸ6ɼɸ, ɼɞ m ɹɤd n ɨ6 ɘ ꝑɹω˥ɼɸ ɼɞ n_k.

Ɣɨɞ ωɼɔ˥ʅɘɞ ɣ ˥ɸɵꝑ ɼɞ ɣ ʟɘɼɸɼɔ.

Ɯɵɸɼʟʎɸɘ. *ɹɞɸɘ ωɘɔɼɤ dɨɞɸ6ɼɸ ɼɞ m ɹɤd n ɨ6 ɘ ꝑɹω˥ɼɸ ɼɞ ˥ɹɸ ώɸɛ˥ɼɞ˥ ωɘɔɼɤ dɨɞɸ6ɼɸ.*

II. *Ʌɹə ɣʀɔəʀɸ n_i ɪɣ ɣ ʀəʀɞ ɞɹɩ ʀɞ ɪωɛsʀɣɞ ɪɞ ɣ dɪpʀɸʀɣɞ ʀɞ ɔʀɩɪɣʀɩɞ ʀɞ m ɹɣd n.*

Ꝑɸʀɔ ɣ pʀɸɞɩ ɪωωɛsʀɣ ωə φɹɞ

$$n_i = m - qn$$

ɞo ɣɹɩ ɣ ʟəʀɸʀɔ ɪɞ ɩɸɷ pɷɸ $i = 1$. Ɯə bɹɩ ɞʀɩoɞ ɣɹɩ ɣ ʟəʀɸʀɔ ɪɞ ɩɸɷ pɷɸ ɹɞɸə ɞʀɞɞωɸɪɩ ʀɩ ɩɷ $i - 1$ ɹɣd ɩɸɷɞ ɪɩ ɩɸɷ pɷɸ ɣ ɞʀɞɞωɸɪɩ i. Ɣʀɞ ɞɸ φɸɩɞʟʀɞɪɞ ωə φɹɞ[1]

$$n_{i-2} = \pm(\alpha_{i-2}m - \beta_{i-2}n),$$
$$n_{i-1} = \mp(\alpha_{i-1}m - \beta_{i-1}n).$$

ɞʀɞɞɩɪɩɷɩɪɴ ɪɣ ɣ ɪωωɛsʀɣ

$$n_i = -q_{i-1}n_{n-1} + n_{i-2}$$

ωə φɹɞ ɞ φʀɞʀɩɩ ʀɞ ɣ pɷɸɔ

$$n_i = \pm(\alpha_i m - \beta_i n).$$

Ꝑɸʀɔ ɣɪɞ ωə ωʀɣωɩɷd ɹɩ ωʀɣɞ ɩɷ ɣ ɩɸɷʟ ʀɞ ɣ ʟəʀɸʀɔ.

ɞɪɣɞ n_k ɪɞ ɣ ώφɛɩʀɞɩ ωɞɔʀɣ dɪɞɸɞʀɸ ʀɞ m ɹɣd n, ωə φɹɞ ɹɞ ɞ ωɷɸʀɩɹɸə ɣ pɞɩoɪɴ ɪɔɩɷφɩʀɣɩ ʟəʀɸʀɔ:

III. *Ɨp d ɪɞ ɣ ώφɛɩʀɞɩ ωɞɔʀɣ dɪɞɸɞʀɸ ʀɞ ɣ ɩɞɪɣɩɪɞ ɪɣɩʀϛʀɸɞ m ɹɣd n, ɣɹɣ ɣɹɸ ɪώɞɪɞɩ ɩɞɪɣɩɪɞ ɪɣɩʀϛʀɸɞ α ɹɣd β ɞʀc ɣɹɩ*

$$\alpha m - \beta n = \pm d.$$

Ɨp ωə ωʀɣɞɪdʀɸ ɣ ɩʀɸɩɪωɴʀɩʀɸ ωɛɞ ɪɣ φωɪc m ɹɣd n ɞɸ φɹɩʀɩɪɞɩə ɩɸɸɔ, ɞo ɣɹɩ $d = 1$, ωə ɞə ɣɹɩ ɣɹɸ ɪώɞɪɞɩ ɩɞɪɣɩɪɞ ɪɣɩʀϛʀɸɞ α ɹɣd β ɞʀc ɣɹɩ $\alpha m - \beta n = \pm 1$. Ɵɞɞəʀɞɩə, ɪp m ɹɣd n φɹɞ ɞ ωɞɔʀɣ dɪɞɸɞʀɸ d, ώφɛɩʀɸ ɣɹɣ 1, ɣɹɸ dɷ ɣɞɩ ɪώɞɪɞɩ ɪɣɩʀϛʀɸɞ α ɹɣd β ɞɹɩɪɞpɸɪɴ ɣɪɞ φʀɩɛbʀɣ; pɷɸ, ɪp ɞo, d ωɞd ɞ ɞ dɪɞɸɞʀɸ ʀɞ ɣ pʀɸɞɩ ɔɹɔɞʀɸ ʀɞ ɣ ɪωωɛsʀɣ ɹɣd ɣɞɩ ʀɞ ɣ ɞɹωʀɣd. Ɣʀɞ ωə φɹɞ ɣ pɞɩoɪɴ ʟəʀɸʀɔ:

IV. *Ɵ ɣɹɞʀɞɹɸə ɹɣd ɞʀpɪbʀɣɩ ωʀɣdɪbʀɣ ɣɹɩ m ɹɣd n ɞɸ φɹɩʀɩɪɞɩə ɩɸɸɔ ɪɞ ɣɹɩ ɣɹɸ ɪώɞɪɞɩ ɪɣɩʀϛʀɸɞ α ɹɣd β ɞʀc ɣɹɩ $\alpha m - \beta n = \pm 1$.*

[1] Ɨp $i = 2$ ωə ɔʀɞɩ φʀɩɩɛɞ n_{i-2} ɞɸ n.

Ɣ ʟɸɘ ɾɞ ɣ ώɸɛ]ɾʙ] ωəɔɾɴ dɪʙɸɞɾɸ ɾɞ ʟɸɘ ɵɸ ɔɵɸ ɴɾɔʙɾɸɞ ɪɞ ʙɛʙ] dɾɸɹωɘ ɵɴ ɣɹ] ɾɞ ɣ ώɸɛ]ɾʙ] ωəɔɾɴ dɪʙɸɞɾɸ ɾɞ]ɷ ɴɾɔʙɾɸɞ; ωəɴʙɾωωɹɴ]ɘ ɪ] dɾɞ ɴə] ɸɾωɸɸ]ɷ ʙ dɾʙɹ]ɾ⊤] ɪɴ dəɘɛ[.

> **ɅΩʙΓΦʙΦɞΓɞ**
>
> 1. Ɨɒ d ɪɞ ɣ ώɸɛ]ɾʙ] ωəɔɾɴ dɪʙɸɞɾɸ ɾɞ m ɹɴd n, ɣɹɴ m/d ɹɴd n/d ɵɸ ɸɹ[ɾ]ɪʙ[ɘ]ɸɸɔ.
> 2. Ɨɒ d ɪɞ ɣ ώɸɛ]ɾʙ] ωəɔɾɴ dɪʙɸɞɾɸ ɾɞ m ɹɴd n ɹɴd k ɪɞ]ɸɸɔ]ɷ n, ɣɹɴ d ɪɞ ɣ ώɸɛ]ɾʙ] ωəɔɾɴ dɪʙɸɞɾɸ ɾɞ km ɹɴd n.
> 3. Ɣ ɴɾɔʙɾɸ ɾɞ ɔɾ[ʉ⊤]ɸɞ ɾɞ 6 ɪɴ ɣ ʙʙωωɾɴʙ $a, 2a, 3a, \cdots, ba$ ɪɞ əωωɾ[ ]ɷ ɣ ώɸɛ]ɾʙ] ωəɔɾɴ dɪʙɸɞɾɸ ɾɞ a ɹɴd b.
> 4. Ɨɒ ɣ ʙɾɔ ɵɸ ɣ dɪɒɾɸɾɴʙ ɾɞ]ɷ ɪɸɾdəʙɪɾ[ɒɸɹωbɾɴɞ ɪɞ ɹɴ ɪɴ]ɾɕɾɸ, ɣ dɾɴəɔɪɴɛ]ɾɸɞ ɾɞ ɣ ɒɸɹωbɾɴɞ ɵɸ əωωɾ[.
> 5. Ɣ ɹ[ɕɾʙɸɛɪω ʙɾɔ ɾɞ ɹɴʙ ɴɾɔʙɾɸ ɾɞ ɪɸɾdəʙɪɾ[ɒɸɹωbɾɴɞ, ɸəɞ dɾɴəɔɪɴɛ]ɾɸɞ ɵɸ]ɸɸɔ əɕ]ɷ əɕ, ωɹɴə] ʙ ɹɴ ɪɴ]ɾɕɾɸ.
> 6*. Ɣ ɴɾɔʙɾɸ ɾɞ dɪʙɪʙɾɴɞ]ɷ ʙ ɪɒɹωɹɾd ɪɴ ɒɸɴdɪɴ ɣ ώɸɛ]ɾʙ] ωəɔɾɴ dɪʙɸɞɾɸ ɾɞ]ɷ ɴɾɔʙɾɸɞ ʙɸ ɣ Ƴɷω[ɪdɾɴ ɹ[ώɾɸɪɣɔ dɾɞ ɴə] ɪωʙəd ɒɸʙ]ɸɔɞ ɣ ɴɾɔʙɾɸ ɾɞ dɪɕ]ʙ ɪɴ ɣ ʙɔɵ[ɾɸ ɴɾɔʙɾɸ (ɸωɹɴ ɣɪʙ ɴɾɔʙɾɸ ɪɞ ɸɪ]ɾɴ ɪɴ ɣ Ƴəʙɾωɾ[ʙɛɷ[ɾɞ 10).

§ 10 Ɣ [əʙ] Ωəɔɾɴ Ɔɾ[ɪ]ɪɾ[ɾɞ ˥ɷ ɵɸ Ɔɵɸ Ɨɴ]ɾɕɾɸɞ

I. *Ɣ ωəɔɾɴ ɔɾ[ʉɪɾ]ɞ ɾɞ]ɷ ɵɸ ɔɵɸ ɴɾɔʙɾɸɞ ɵɸ ɣ ɔɾ[ʉɪɾ]ɞ ɾɞ ɣɹɸ [əʙ] ωəɔɾɴ ɔɾ[ʉɪɾ].*

Ɣɪʙ əɕ ʙ ɸɹdɪ]ɘ]ɸəd ʙɸ ɔəɴɞ ɾɞ ɣ Ƴəɴəω ɒɹωɹɾɸɪɛbɾɴ ʟəɾɸɾɔ. Ɣ ɔɹʟɾd ɪɞ ʙʙʙəɾʙ. Ωə b[ɹ[, ɸəɹʙɾɸ, ώɪʙ ʙ]ɸəɒ ɪɴdɾ⊤ɹɴdɾɴ] ɾɞ ɣɪʙ ʟəɾɸɾɔ.

Consider next the case of two numbers; denote them by m and n and their greatest common divisor by d. Then we have

$$m = d\mu, \quad n = d\nu,$$

where μ and ν are relatively prime integers. The common multiples both are multiples of m and are all comprised in the numbers $am = ad\mu$, where a is any integer whatever. In order that these numbers shall be multiples of n it is necessary and sufficient that $ad\mu$ shall be a multiple of $d\nu$; that is, that $a\mu$ shall be a multiple of ν; that is, that a shall be a multiple of ν, since μ and ν are relatively prime. Hence $a = \delta\nu$ we have as the common multiples in question the set $\delta d\mu\nu$ where δ is an arbitrary integer. This proves the theorem for the case of two numbers; for $d\mu\nu$ is evidently the least common multiple of m and n.

We shall now extend the proposition to any number of integers $m, n, p, q, \ldots$. The multiples in question must be common multiples of m and n and hence of their least common multiple μ. Then the multiples must be multiples of μ and p and hence of their least common multiple μ_1. But μ_1 is evidently the least common multiple of m, n, p. Continuing in a similar manner we see that every common multiple is a multiple of μ, the least common multiple of $m, n, p, q, \ldots$. And evidently every such number is a multiple of each of the numbers $m, n, p, q, \ldots$.

Thus the proof of the theorem is completed.

When the two integers m and n are relatively prime their greatest common divisor is 1 and their least common multiple is their product. Again if p is prime to both m and n it is prime to their product mn; and hence the least common multiple of m, n, p is in this case mnp. Continuing in a similar manner we have the theorem:

II. *The least common multiple of several integers, prime each to each, is equal to their product.*

Exercises

1. In order that a common multiple of n numbers shall be the least, it is necessary and sufficient that the quotients obtained by

𐐼𐐮𐑂𐐴𐐼𐐮𐑍 𐐮𐐻 𐑅𐐲𐐿𐑅𐐯𐑅𐐮𐑂𐑊𐐨 𐐺𐐴 𐑄 𐑌𐐲𐑋𐐺𐐲𐑉𐑆 𐑇𐐰𐑊 𐐺 𐑉𐐯𐑊𐐲𐐻𐐮𐑂𐑊𐐨 𐐹𐑉𐐴𐑋.

2. 𐐜 𐐹𐑉𐐱𐐼𐐲𐐿𐐻 𐐲𐑂 n 𐑌𐐲𐑋𐐺𐐲𐑉𐑆 𐐮𐑆 𐐨𐐿𐐶𐐲𐑊 𐐻𐐭 𐑄 𐐹𐑉𐐱𐐼𐐲𐐿𐐻 𐐲𐑂 𐑄𐐯𐑉 𐑊𐐨𐑅𐐻 𐐿𐐱𐑋𐐲𐑌 𐑋𐐲𐑊𐐻𐐮𐐹𐐲𐑊 𐐺𐐴 𐑄 𐑀𐑉𐐩𐐻𐐲𐑅𐐻 𐐿𐐱𐑋𐐲𐑌 𐐼𐐮𐑂𐐴𐑆𐐲𐑉 𐐲𐑂 𐑄𐐯𐑉 𐐹𐑉𐐱𐐼𐐲𐐿𐐻𐑅 $n-1$ 𐐰𐐻 𐐱 𐐻𐐴𐑋.

3. 𐐜 𐑊𐐨𐑅𐐻 𐐿𐐱𐑋𐐲𐑌 𐑋𐐲𐑊𐐻𐐮𐐹𐐲𐑊 𐐲𐑂 n 𐑌𐐲𐑋𐐺𐐲𐑉𐑆 𐐮𐑆 𐐨𐐿𐐶𐐲𐑊 𐐻𐐭 𐐯𐑌𐐨 𐐿𐐱𐑋𐐲𐑌 𐑋𐐲𐑊𐐻𐐮𐐹𐐲𐑊 M 𐐼𐐮𐑂𐐴𐐼𐐲𐐼 𐐺𐐴 𐑄 𐑀𐑉𐐩𐐻𐐲𐑅𐐻 𐐿𐐱𐑋𐐲𐑌 𐐼𐐮𐑂𐐴𐑆𐐲𐑉 𐐲𐑂 𐑄 𐐿𐐶𐐬𐑇𐐲𐑌𐐻𐑅 𐐲𐐺𐐻𐐩𐑌𐐼 𐐱𐑌 𐐼𐐮𐑂𐐴𐐼𐐮𐑍 𐑄𐐮𐑅 𐐿𐐱𐑋𐐲𐑌 𐑋𐐲𐑊𐐻𐐮𐐹𐐲𐑊 𐐺𐐴 𐐨𐐽 𐐲𐑂 𐑄 𐑌𐐲𐑋𐐺𐐲𐑉𐑆.

4. 𐐜 𐐹𐑉𐐱𐐼𐐲𐐿𐐻 𐐲𐑂 n 𐑌𐐲𐑋𐐺𐐲𐑉𐑆 𐐮𐑆 𐐨𐐿𐐶𐐲𐑊 𐐻𐐭 𐑄 𐐹𐑉𐐱𐐼𐐲𐐿𐐻 𐐲𐑂 𐑄𐐯𐑉 𐑀𐑉𐐩𐐻𐐲𐑅𐐻 𐐿𐐱𐑋𐐲𐑌 𐐼𐐮𐑂𐐴𐑆𐐲𐑉 𐐺𐐴 𐑄 𐑊𐐨𐑅𐐻 𐐿𐐱𐑋𐐲𐑌 𐑋𐐲𐑊𐐻𐐮𐐹𐐲𐑊 𐐲𐑂 𐑄 𐐹𐑉𐐱𐐼𐐲𐐿𐐻𐑅 𐐲𐑂 𐑄 𐑌𐐲𐑋𐐺𐐲𐑉𐑆 𐐻𐐩𐐿𐐲𐑌 $n-1$ 𐐰𐐻 𐐱 𐐻𐐴𐑋.

§ 11 𐐝𐐿𐐩𐑊𐑆 𐐲𐑂 𐐤𐐬𐐻𐐩𐑇𐐲𐑌

I. *𐐆𐑁 m 𐐰𐑌𐐼 n 𐐱𐑉 𐐹𐐱𐑆𐐮𐐻𐐮𐑂 𐐮𐑌𐐻𐐲𐐾𐐲𐑉𐑆 𐐰𐑌𐐼 $n > 1$, 𐑄𐐯𐑌 m 𐐿𐐰𐑌 𐐺 𐑉𐐯𐐹𐑉𐐲𐑆𐐯𐑌𐐻𐐲𐐼 𐐮𐑌 𐐻𐐲𐑉𐑋𐑆 𐐲𐑂 n 𐐮𐑌 𐐶𐐲𐑌 𐐰𐑌𐐼 𐐮𐑌 𐐬𐑌𐑊𐐨 𐐶𐐲𐑌 𐐶𐐩 𐐮𐑌 𐑄 𐑁𐐱𐑉𐑋*

$$m = a_0 n^h + a_1 n^{h-1} + \ldots + a_{h-1} n + a_h,$$

𐐸𐐶𐐯𐑉

$$a_0 \neq 0,\ 0 \leqq a_i < n, \quad i = 0, 1, 2, \ldots, h.$$

𐐜𐐰𐐻 𐑅𐐲𐐽 𐐱 𐑉𐐯𐐹𐑉𐐲𐑆𐐯𐑌𐐻𐐩𐑇𐐲𐑌 𐐲𐑂 m 𐐮𐑀𐑆𐐮𐑅𐐻𐑅 𐐮𐑆 𐑉𐐯𐐼𐐮𐑊𐐨 𐐹𐑉𐐭𐑂𐐼 𐐺𐐴 𐑋𐐨𐑌𐑆 𐐲𐑂 𐑄 𐑁𐐲𐑌𐐼𐐲𐑋𐐯𐑌𐐻𐐲𐑊 𐑃𐐨𐐲𐑉𐐲𐑋 𐐲𐑂 𐐏𐐭𐐿𐑊𐐮𐐼. 𐐙𐐱𐑉 𐐶𐐨 𐐸𐐰𐑂

$$\begin{array}{ll}
m = n_0 n + a_h, & 0 \leqq a_h < n, \\
n_0 = n_1 n + a_{h-1}, & 0 \leqq a_{h-1} < n, \\
n_1 = n_2 n + a_{h-2}, & 0 \leqq a_{h-2} < n, \\
\cdots\cdots\cdots\cdots\cdots & \cdots\cdots\cdots\cdots\cdots \\
n_{h-3} = n_{h-2} n + a_2, & 0 \leqq a_2 < n, \\
n_{h-2} = n_{h-1} n + a_1, & 0 \leqq a_1 < n, \\
n_{h-1} = a_0, & 0 < a_0 < n.
\end{array}$$

𐐆𐑁 𐑄 𐑂𐐰𐑊𐐷𐐭 𐐲𐑂 n_{h-1} 𐑀𐐮𐑂𐐲𐑌 𐐮𐑌 𐑄 𐑊𐐰𐑅𐐻 𐐲𐑂 𐑄𐐨𐑆 𐐮𐐿𐐶𐐩𐑈𐐲𐑌𐑆 𐐮𐑆 𐑅𐐲𐐺𐑅𐐻𐐮𐐻𐐭𐐻𐐲𐐼 𐐮𐑌 𐑄 𐑅𐐯𐐿𐐲𐑌𐐼 𐑊𐐰𐑅𐐻 𐐶𐐨 𐐸𐐰𐑂

$$n_{h-2} = a_0 n + a_1.$$

𐐜𐐮𐑅 𐐶𐐮𐑄 𐑄 𐐹𐑉𐐲𐑅𐐨𐐼𐐮𐑍 𐑀𐐮𐑂𐑆

$$n_{h-3} = a_0 n^2 + a_1 n + a_2.$$

𐐝𐐲𐐺𐑅𐐻𐐮𐐻𐐭𐐻𐐮𐑍 𐑁𐑉𐐲𐑋 𐑄𐐮𐑅 𐐮𐑌 𐑄 𐐹𐑉𐐲𐑅𐐨𐐼𐐮𐑍 𐐰𐑌𐐼 𐐿𐐲𐑌𐐻𐐮𐑌𐐷𐐭𐐮𐑍 𐑄 𐐹𐑉𐐱𐑅𐐯𐑅 𐐶𐐨 𐐸𐐰𐑂 𐑁𐐴𐑌𐐲𐑊𐐨

$$m = a_0 n^h + a_1 n^{h-1} + \ldots + a_{h-1} n + a_h,$$

𐐪 𐑉𐐯𐐹𐑉𐐲𐑆𐐯𐑌𐐻𐐩𐑇𐐲𐑌 𐐲𐑂 m 𐐮𐑌 𐑄 𐑁𐐫𐑉𐑋 𐑅𐐹𐐯𐑅𐐮𐑁𐐴𐐼 𐐮𐑌 𐑄 𐑃𐐨𐐲𐑉𐐲𐑋.

𐐓𐐭 𐐹𐑉𐐭𐑂 𐑄𐐰𐐻 𐑄𐐮𐑅 𐑉𐐯𐐹𐑉𐐲𐑆𐐯𐑌𐐻𐐩𐑇𐐲𐑌 𐐮𐑆 𐐷𐐭𐑌𐐨𐐿, 𐐶𐐨 𐑇𐐰𐑊 𐑅𐐲𐐹𐐬𐑆 𐑄𐐰𐐻 m 𐐸𐐰𐑆 𐑄 𐑉𐐯𐐹𐑉𐐲𐑆𐐯𐑌𐐻𐐩𐑇𐐲𐑌

$$m = b_0 n^k + b_1 n^{k-1} + \ldots + b_{k-1} n + b_k,$$

𐐸𐐶𐐯𐑉

$$b_0 \neq 0,\ 0 < b_i < n, \quad i = 0, 1, 2, \ldots, k,$$

𐐰𐑌𐐼 𐑇𐐬 𐑄𐐰𐐻 𐑄 𐐻𐐭 𐑉𐐯𐐹𐑉𐐲𐑆𐐯𐑌𐐻𐐩𐑇𐐲𐑌𐑆 𐐪𐑉 𐐴𐐼𐐯𐑌𐐻𐐮𐐿𐐲𐑊. 𐐎𐐨 𐐸𐐰𐑂

$$a_0 n^h + \ldots + a_{h-1} n + a_h = b_0 n^k + \ldots + b_{k-1} n + b_k.$$

𐐜𐐯𐑌

$$a_0 n^h + \ldots + a_{h-1} n - (b_0 n^k + \ldots + b_{k-1} n) = b_k - a_h.$$

𐐜 𐑁𐐲𐑉𐑅𐐻 𐑋𐐯𐑋𐐺𐐲𐑉 𐐮𐑆 𐐼𐐮𐑂𐐮𐑆𐐮𐐺𐐲𐑊 𐐺𐐴 n. 𐐐𐐯𐑌𐑅 𐑄 𐑅𐐯𐐿𐐲𐑌𐐼 𐐮𐑆 𐐫𐑊𐑅𐐬. 𐐒𐐲𐐻 𐑄 𐑅𐐯𐐿𐐲𐑌𐐼 𐑋𐐯𐑋𐐺𐐲𐑉 𐐮𐑆 𐑊𐐯𐑅 𐑄𐐰𐑌 n 𐐮𐑌 𐐰𐐺𐑅𐐲𐑊𐐭𐐻 𐑂𐐰𐑊𐐷𐐭; 𐐰𐑌𐐼 𐐸𐐯𐑌𐑅, 𐐮𐑌 𐐫𐑉𐐼𐐲𐑉 𐐻𐐭 𐐺 𐐼𐐮𐑂𐐮𐑆𐐮𐐺𐐲𐑊 𐐺𐐴 n, 𐐮𐐻 𐑋𐐲𐑅𐐻 𐐺 𐑆𐐮𐑉𐐬. 𐐜𐐰𐐻 𐐮𐑆, $b_k = a_h$. 𐐔𐐮𐑂𐐴𐐼𐐮𐑍 𐑄 𐐮𐐿𐐶𐐩𐑈𐐲𐑌 𐑃𐑉𐐭 𐐺𐐴 n 𐐰𐑌𐐼 𐐻𐑉𐐰𐑌𐑅𐐹𐐬𐑆𐐮𐑍 𐐶𐐨 𐐸𐐰𐑂

$$a_0 n^{h-1} + \ldots + a_{h-2} n - (b_0 n^{k-1} + \ldots + b_{k-2} n) = b_{k-1} - a_{h-1}.$$

𐐆𐐻 𐑋𐐩 𐑌𐐵 𐐺 𐑅𐐨𐑌 𐑄𐐰𐐻 $b_{k-1} = a_{h-1}$. 𐐆𐐻 𐐮𐑆 𐐯𐑂𐐮𐐼𐐲𐑌𐐻 𐑄𐐰𐐻 𐑄𐐮𐑅 𐐹𐑉𐐱𐑅𐐯𐑅 𐑋𐐩 𐐺 𐐿𐐲𐑌𐐻𐐮𐑌𐐷𐐭𐐼 𐐲𐑌𐐻𐐮𐑊 𐐴𐑄𐐲𐑉 𐑄 a'𐑆 𐐪𐑉 𐐫𐑊 𐐮𐑊𐐮𐑋𐐮𐑌𐐩𐐻𐐲𐐼 𐑁𐑉𐐲𐑋 𐑄 𐐮𐐿𐐶𐐩𐑈𐐲𐑌 𐐫𐑉 𐑄 b'𐑆 𐐪𐑉 𐐫𐑊 𐐮𐑊𐐮𐑋𐐮𐑌𐐩𐐻𐐲𐐼. 𐐒𐐲𐐻 𐐮𐐻 𐐮𐑆 𐐱𐐺𐑂𐐨𐐲𐑅 𐑄𐐰𐐻 𐐸𐐶𐐯𐑌 𐐶𐐲𐑌 𐐲𐑂 𐑄𐐨𐑆 𐑅𐐯𐐻𐑅 𐐮𐑆 𐐮𐑊𐐮𐑋𐐮𐑌𐐩𐐻𐐲𐐼 𐑄 𐐲𐑄𐐲𐑉 𐐮𐑆 𐐫𐑊𐑅𐐬. 𐐐𐐯𐑌𐑅, $h = k$. 𐐃𐑊𐑅𐐬, 𐐯𐑂𐑉𐐨 a 𐐨𐐿𐐶𐐲𐑊𐑆 𐑄 b 𐐸𐐶𐐮𐐽 𐑋𐐲𐑊𐐻𐐮𐐹𐑊𐐴𐑆 𐑄 𐑅𐐩𐑋 𐐹𐐵𐐲𐑉 𐐲𐑂 n 𐐰𐑆 𐑄 𐐿𐐫𐑉𐐲𐑅𐐹𐐱𐑌𐐼𐐮𐑍 a. 𐐜𐐰𐐻 𐐮𐑆, 𐑄 𐐻𐐭 𐑉𐐯𐐹𐑉𐐲𐑆𐐲𐑌𐐻𐐩𐑇𐐲𐑌𐑆 𐐲𐑂 m 𐐪𐑉 𐐴𐐼𐐯𐑌𐐻𐐮𐐿𐐲𐑊. 𐐐𐐯𐑌𐑅 𐑄 𐑉𐐯𐐹𐑉𐐲𐑆𐐯𐑌𐐻𐐩𐑇𐐲𐑌 𐐮𐑌 𐑄 𐑃𐐨𐐲𐑉𐐲𐑋 𐐮𐑆 𐐷𐐭𐑌𐐨𐐿.

𐐙𐑉𐐲𐑋 𐑄𐐮𐑅 𐑃𐐨𐐲𐑉𐐲𐑋 𐐮𐐻 𐑁𐐱𐑊𐐬𐑆 𐐰𐑆 𐐪 𐑅𐐹𐐯𐑇𐐲𐑊 𐐿𐐩𐑅 𐑄𐐰𐐻 𐐯𐑌𐐨 𐐹𐐱𐑆𐐮𐐻𐐮𐑂 𐐮𐑌𐐻𐐲𐐾𐐲𐑉 𐐿𐐰𐑌 𐐺 𐑉𐐯𐐹𐑉𐐲𐑆𐐯𐑌𐐻𐐲𐐼 𐐮𐑌 𐐶𐐲𐑌 𐐰𐑌𐐼 𐐮𐑌 𐐬𐑌𐑊𐐨 𐐶𐐲𐑌 𐐶𐐩 𐐮𐑌 𐑄 𐑅𐐿𐐩𐑊 𐐲𐑂 10; 𐑄𐐰𐐻 𐐮𐑆, 𐐮𐑌 𐑄 𐑁𐐲𐑋𐐮𐑊𐐷𐐲𐑉 𐐐𐐮𐑌𐐼𐐭 𐑌𐐬𐐻𐐩𐑇𐐲𐑌. 𐐆𐐻 𐐿𐐰𐑌 𐐫𐑊𐑅𐐬 𐐺 𐑉𐐯𐐹𐑉𐐲𐑆𐐯𐑌𐐻𐐲𐐼 𐐮𐑌 𐐶𐐲𐑌 𐐰𐑌𐐼 𐐮𐑌 𐐬𐑌𐑊𐐨 𐐶𐐲𐑌 𐐶𐐩 𐐮𐑌 𐐯𐑌𐐨 𐐲𐑄𐐲𐑉 𐑅𐐿𐐩𐑊. 𐐜𐐲𐑅

$$120759 = 1 \cdot 7^6 + 0 \cdot 7^5 + 1 \cdot 7^4 + 2 \cdot 7^3 + 0 \cdot 7^2 + 3 \cdot 7^1 + 2.$$

𐐃𐑉, 𐐷𐐭𐑆𐐮𐑍 𐐪 𐑅𐐲𐐺𐑅𐐿𐑉𐐮𐐹𐐻 𐐻𐐭 𐐼𐐲𐑌𐐬𐐻 𐑄 𐑅𐐿𐐩𐑊 𐐲𐑂 𐑌𐐬𐐻𐐩𐑇𐐲𐑌, 𐑄𐐮𐑅 𐑋𐐩 𐐺 𐑉𐐮𐐻𐐲𐑌

$$(120759)_{10} = (1012032)_7.$$

𐐙𐐫𐑉 𐑄 𐐿𐐩𐑅 𐐮𐑌 𐐸𐐶𐐮𐐽 n (𐐲𐑂 𐑃𐐨𐐲𐑉𐐲𐑋 I) 𐐮𐑆 𐐨𐐿𐐶𐐲𐑊 𐐻𐐭 2, 𐑄 𐐬𐑌𐑊𐐨 𐐹𐐱𐑅𐐮𐐺𐐲𐑊 𐑂𐐰𐑊𐐷𐐭𐑆 𐑁𐐫𐑉 𐑄 a'𐑆 𐐪𐑉 0 𐐰𐑌𐐼 1. 𐐐𐐯𐑌𐑅 𐐶𐐨 𐐸𐐰𐑂 𐐰𐐻 𐐶𐐲𐑌𐑅 𐑄 𐑁𐐱𐑊𐐬𐐮𐑍 𐑃𐐨𐐲𐑉𐐲𐑋:

II. *𐐇𐑌𐐨 𐐹𐐱𐑆𐐮𐐻𐐮𐑂 𐐮𐑌𐐻𐐲𐐾𐐲𐑉 𐐿𐐰𐑌 𐐺 𐑉𐐯𐐹𐑉𐐲𐑆𐐯𐑌𐐻𐐲𐐼 𐐮𐑌 𐐶𐐲𐑌 𐐰𐑌𐐼 𐐮𐑌 𐐬𐑌𐑊𐐨 𐐶𐐲𐑌 𐐶𐐩 𐐰𐑆 𐐪 𐑅𐐲𐑋 𐐲𐑂 𐐼𐐮𐑁𐐲𐑉𐐲𐑌𐐻 𐐹𐐵𐐲𐑉𐑆 𐐲𐑂 2.*

𐐇𐐗𐐝𐐊𐐡𐐝𐐌𐐞𐐊𐐞

1. 𐐇𐑌𐐨 𐐹𐐱𐑆𐐮𐐻𐐮𐑂 𐐮𐑌𐐻𐐲𐐾𐐲𐑉 𐐿𐐰𐑌 𐐺 𐑉𐐯𐐹𐑉𐐲𐑆𐐯𐑌𐐻𐐲𐐼 𐐰𐑆 𐐰𐑌 𐐰𐑀𐑉𐐲𐑀𐐯𐐻 𐐲𐑂 𐐼𐐮𐑁𐐲𐑉𐐲𐑌𐐻 𐐹𐐵𐐲𐑉𐑆 𐐲𐑂 3, 𐑄 𐐻𐐲𐑉𐑋𐑆 𐐮𐑌 𐑄 𐐰𐑀𐑉𐐲𐑀𐐯𐐻 𐐺𐐨𐐮𐑍 𐐿𐐲𐑋𐐺𐐴𐑌𐐼 𐐺𐐴 𐑄 𐑅𐐴𐑌𐑆 + 𐐰𐑌𐐼 − 𐐲𐐹𐑉𐐬𐐹𐑉𐐨𐐲𐐻𐑊𐐨 𐐽𐐬𐑆𐐲𐑌.

2. 𐐢𐐯𐐻 m 𐐰𐑌𐐼 n 𐐺 𐐻𐐭 𐐹𐐱𐑆𐐮𐐻𐐮𐑂 𐐮𐑌𐐻𐐲𐐾𐐲𐑉𐑆 𐐲𐑂 𐐸𐐶𐐮𐐽 n 𐐮𐑆 𐑄 𐑅𐑋𐐫𐑊𐐲𐑉 𐐰𐑌𐐼 𐑅𐐲𐐹𐐬𐑆 𐑄𐐰𐐻 $2^k \leq n < 2^{k+1}$. 𐐒𐐴 𐑋𐐨𐑌𐑆 𐐲𐑂 𐑄 𐑉𐐯𐐹𐑉𐐲𐑆𐐯𐑌𐐻𐐩𐑇𐐲𐑌𐑆 𐐲𐑂 m 𐐰𐑌𐐼 n 𐐮𐑌 𐑄 𐑅𐐿𐐩𐑊 𐐲𐑂 2 𐐹𐑉𐐭𐑂 𐑄𐐰𐐻 𐑄 𐑌𐐲𐑋𐐺𐐲𐑉 𐐲𐑂 𐐼𐐮𐑂𐐮𐑈𐐲𐑌𐑆 𐐻𐐭 𐐺 𐐮𐑁𐐯𐐿𐐻𐐲𐐼 𐐮𐑌 𐑁𐐴𐑌𐐼𐐮𐑍 𐑄 𐑀𐑉𐐩𐐻𐐲𐑅𐐻 𐐿𐐱𐑋𐐲𐑌 𐐼𐐮𐑂𐐴𐑆𐐲𐑉 𐐲𐑂 m 𐐰𐑌𐐼 n 𐐺𐐴 𐑄 𐐏𐐭𐐿𐑊𐐮𐐼𐐨𐐲𐑌 𐐰𐑊𐑀𐐲𐑉𐐮𐑄𐑋 𐐼𐐲𐑆 𐑌𐐱𐐻 𐐮𐐿𐑅𐐨𐐼 $2k$.

§ 12 𐐐𐐴𐐲𐑅𐐻 𐐑𐐵𐐲𐑉 𐐲𐑂 𐐰 𐐑𐑉𐐴𐑋 p 𐐗𐐲𐑌𐐻𐐩𐑌𐐼 𐐮𐑌 $n!$.

𐐢𐐯𐐻 n 𐐺 𐐯𐑌𐐨 𐐹𐐱𐑆𐐮𐐻𐐮𐑂 𐐮𐑌𐐻𐐲𐐾𐐲𐑉 𐐰𐑌𐐼 p 𐐯𐑌𐐨 𐐹𐑉𐐴𐑋 𐑌𐐲𐑋𐐺𐐲𐑉 𐑌𐐱𐐻 𐑀𐑉𐐩𐐻𐐲𐑉 𐑄𐐰𐑌 n. 𐐎𐐨 𐐮𐑌𐐿𐐶𐐴𐑉 𐐰𐑆 𐐻𐐭 𐐸𐐶𐐲𐐻 𐐮𐑆 𐑄 𐐸𐐴𐐲𐑅𐐻 𐐹𐐵𐐲𐑉 p^{ν} 𐐲𐑂 𐑄 𐐹𐑉𐐴𐑋 p 𐐿𐐲𐑌𐐻𐐩𐑌𐐼 𐐮𐑌 $n!$.

𐐆𐑌 𐑅𐐱𐑊𐑂𐐮𐑍 𐑄𐐮𐑅 𐐹𐑉𐐱𐐺𐑊𐐲𐑋 𐐶𐐨 𐑇𐐰𐑊 𐑁𐐴𐑌𐐼 𐐮𐐻 𐐿𐐲𐑌𐑂𐐨𐑌𐐷𐐲𐑌𐐻 𐐻𐐭 𐐮𐑋𐐹𐑊𐐱𐐮 𐑄 𐑌𐐬𐐻𐐩𐑇𐐲𐑌

$$\left[\frac{r}{s}\right]$$

𐐻𐐭 𐐼𐐲𐑌𐐬𐐻 𐑄 𐑀𐑉𐐩𐐻𐐲𐑅𐐻 𐐮𐑌𐐻𐐲𐐾𐐲𐑉 α 𐑅𐐲𐐽 𐑄𐐰𐐻 $\alpha s \leq r$. 𐐎𐐮𐑄 𐑄𐐮𐑅 𐑌𐐬𐐻𐐩𐑇𐐲𐑌 𐐮𐐻 𐐮𐑆 𐐯𐑂𐐮𐐼𐐲𐑌𐐻 𐑄𐐰𐐻 𐐶𐐨 𐐸𐐰𐑂

$$\left[\frac{\left[\frac{n}{p}\right]}{p}\right] = \left[\frac{n}{p^2}\right]; \tag{1}$$

𐐰𐑌𐐼 𐑋𐐬𐑉 𐐾𐐯𐑌𐐲𐑉𐐲𐑊𐐨

$$\left[\frac{\left[\frac{n}{p^i}\right]}{p^j}\right] = \left[\frac{n}{p^{i+j}}\right].$$

𐐆𐑁 𐑌𐐵 𐐶𐐨 𐐷𐐭𐑆 $H\{x\}$ 𐐻𐐭 𐐼𐐲𐑌𐐬𐐻 𐑄 𐐮𐑌𐐼𐐯𐐿𐑅 𐐲𐑂 𐑄 𐐸𐐴𐐲𐑅𐐻 𐐹𐐵𐐲𐑉 𐐲𐑂 p 𐐿𐐲𐑌𐐻𐐩𐑌𐐼 𐐮𐑌 𐐰𐑌 𐐮𐑌𐐻𐐲𐐾𐐲𐑉 x, 𐐮𐐻 𐐮𐑆 𐐿𐑊𐐨𐑉 𐑄𐐰𐐻 𐐶𐐨 𐐸𐐰𐑂

$$H\{n!\} = H\left\{p \cdot 2p \cdot 3p \ldots \left[\frac{n}{p}\right] p\right\},$$

𐑅𐐮𐑌𐑅 𐐬𐑌𐑊𐐨 𐑋𐐲𐑊𐐻𐐮𐐹𐐲𐑊𐑆 𐐲𐑂 p 𐐿𐐲𐑌𐐻𐐩𐑌 𐑄 𐑁𐐰𐐿𐐻𐐲𐑉 p. 𐐐𐐯𐑌𐑅

$$H\{n!\} = \left[\frac{n}{p}\right] + H\left\{1 \cdot 2 \ldots \left[\frac{n}{p}\right]\right\}.$$

𐐊𐐹𐑊𐐴𐐮𐑍 𐑄 𐑅𐐩𐑋 𐐹𐑉𐐱𐑅𐐯𐑅 𐐻𐐭 𐑄 H-𐑁𐐲𐑍𐐿𐑇𐐲𐑌 𐐮𐑌 𐑄 𐑅𐐯𐐿𐐲𐑌𐐼 𐑋𐐯𐑋𐐺𐐲𐑉 𐐰𐑌𐐼 𐑉𐐲𐑋𐐯𐑋𐐺𐐲𐑉𐐮𐑍 𐑉𐐲𐑊𐐩𐑇𐐲𐑌 (1) 𐐮𐐻 𐐮𐑆 𐐨𐑆𐐨 𐐻𐐭 𐑅𐐨 𐑄𐐰𐐻 𐐶𐐨 𐐸𐐰𐑂

$$\begin{aligned} H\{n!\} &= \left[\frac{n}{p}\right] + H\left\{p \cdot 2p \cdot \ldots \cdot \left[\frac{n}{p^2}\right] p\right\} \\ &= \left[\frac{n}{p}\right] + \left[\frac{n}{p^2}\right] + H\left\{\cdot 1 \cdot 2 \cdot 3 \ldots \left[\frac{n}{p^2}\right]\right\}. \end{aligned}$$

Ωrlʃııѵoıи ɣ ɿфoвлв ωə фɹв рфırlə

$$H\{n1\} = \left[\frac{n}{p}\right] + \left[\frac{n}{p^2}\right] + \left[\frac{n}{p^3}\right] + \ldots,$$

ɣ вıфəɢ оı ɣ фбl ωrlɛıи ʌвıdrllə оıʃə э рфıфl ırɔвrф rв ʃrфɔɢ dıprфrıl рфrɔ ɢıфо. Ɣrв ωə фɹв ɣ ɪəɾфrɔ:

I. *Ɣ ııdʌωв rв ɣ фбrвl ɿэrф rв э ɿфбэ p ωrlɛɜd ıı n! ıɢ*

$$\left[\frac{n}{p}\right] + \left[\frac{n}{p^2}\right] + \left[\frac{n}{p^3}\right] + \ldots.$$

Ɣ ɪəɾфrɔ ɕrвl rвlɛıd ɔɛ в фılrı ıı э dıprфrıl рəфɔ, ɔəф ωrıвəıѵrıl рəф вrфlrı rв ılв ɹllıωɛbrıɢ. ʟɹl n в ıωвɿфʌвl ıı ɣ вωɛl rв p ıı ɣ рəфɔ

$$n = a_0p^h + a_1p^{h-1} + \ldots + a_{h-1}p + a_h,$$

фωʌф

$$a_0 \neq 0,\ 0 \leqq a_i < p,\ i = 0, 1, 2, \ldots, h.$$

Ɣʌı ʌвıdrllə

$$\left[\frac{n}{p}\right] = a_0p^{h-1} + a_1p^{h-2} + \ldots + a_{h-2}p + a_{h-1},$$
$$\left[\frac{n}{p^2}\right] = a_0p^{h-2} + a_1p^{h-3} + \ldots + a_{h-2},$$

. . . .

Ɉdıи ɣəɢ ıωωɛsrıɢ ɔʌɔвrф вф ɔʌɔвrф ɹıd ωrɔвфıи ɣ вʌωrıd ɔʌɔвrфɢ ıı ωəlrɔɢ ɹɢ фılrı, ωə фɹв

$$\begin{aligned}
\left[\frac{n}{p}\right] + \left[\frac{n}{p^2}\right] + \left[\frac{n}{p^3}\right] + \ldots
&= \sum_{i=0}^{h} \frac{a_i(p^{h-i}-1)}{p-1} \\
&= \frac{a_0p^h + a_1p^{h-1} + \ldots + a_h - (a_0 + a_1 + \ldots + a_h)}{p-1} \\
&= \frac{n - (a_0 + a_1 + \ldots + a_h)}{p-1}.
\end{aligned}$$

𐐗𐐲𐑋𐐺𐐴𐑌𐐮𐑍 𐑄𐐮𐑅 𐑉𐐨𐑆𐐲𐑊𐐻 𐐶𐐮𐑄 𐑃𐐨𐐲𐑉𐐲𐑋 I 𐐶𐐨 𐐸𐐰𐑂 𐑄 𐑁𐐱𐑊𐐬𐐮𐑍 𐑃𐐨𐐲𐑉𐐲𐑋:

II. *𐐆𐑁 n 𐐮𐑆 𐑉𐐯𐐹𐑉𐐨𐑆𐐯𐑌𐐻𐐲𐐼 𐐮𐑌 𐑄 𐑅𐐿𐐩𐑊 𐐲𐑂 p 𐐮𐑌 𐑄 𐑁𐐫𐑉𐑋*

$$n = a_0p^h + a_1p^{h-1} + \ldots + a_h,$$

𐐸𐐶𐐯𐑉 p 𐐮𐑆 𐐹𐑉𐐴𐑋 𐐰𐑌𐐼

$$a_0 \neq 0,\ 0 \leqq a_i < p,\ i = 0, 1, 2, \ldots, h,$$

𐑄𐐯𐑌 𐑄 𐐮𐑌𐐼𐐯𐐿𐑅 𐐲𐑂 𐑄 𐐸𐐴𐐲𐑅𐐻 𐐹𐐵𐐲𐑉 𐐲𐑂 p 𐐿𐐲𐑌𐐻𐐩𐑌𐐼 𐐮𐑌 $n!$ 𐐮𐑆

$$\frac{n - (a_0 + a_1 + \ldots + a_h)}{p - 1}.$$

𐐤𐐬𐐻 𐑄 𐑅𐐮𐑋𐐹𐑊 𐑁𐐫𐑉𐑋 𐐲𐑂 𐑄 𐑃𐐨𐐲𐑉𐐲𐑋 𐑁𐐫𐑉 𐑄 𐐿𐐩𐑅 $p = 2$; 𐐮𐑌 𐑄𐐮𐑅 𐐿𐐩𐑅 𐑄 𐐼𐐨𐑌𐐱𐑋𐐮𐑌𐐩𐐻𐐲𐑉 $p - 1$ 𐐮𐑆 𐐷𐐭𐑌𐐮𐐻𐐨.

𐐎𐐨 𐑇𐐰𐑊 𐑋𐐩𐐿 𐐲 𐑅𐐮𐑋𐐹𐑊 𐐰𐐹𐑊𐐮𐐿𐐩𐑇𐐲𐑌 𐐲𐑂 𐑄𐐨𐑆 𐑃𐐨𐐲𐑉𐐲𐑋𐑆 𐐮𐑌 𐐹𐑉𐐭𐑂𐐮𐑍 𐑄 𐑁𐐱𐑊𐐬𐐮𐑍 𐑃𐐨𐐲𐑉𐐲𐑋:

III. *𐐆𐑁 n, α, β, …, λ 𐐪𐑉 𐐯𐑌𐐨 𐐹𐐱𐑆𐐮𐐻𐐮𐑂 𐐮𐑌𐐻𐐲𐐾𐐲𐑉𐑆 𐑅𐐲𐐽 𐑄𐐰𐐻 $n = \alpha + \beta + \ldots + \lambda$, 𐑄𐐯𐑌*

$$\frac{n!}{\alpha!\beta!\ldots\lambda!} \tag{A}$$

𐐮𐑆 𐐰𐑌 𐐮𐑌𐐻𐐲𐐾𐐲𐑉.

𐐢𐐯𐐻 p 𐐺𐐨 𐐯𐑌𐐨 𐐹𐑉𐐴𐑋 𐑁𐐰𐐿𐐻𐐲𐑉 𐐲𐑂 𐑄 𐐼𐐨𐑌𐐱𐑋𐐮𐑌𐐩𐐻𐐲𐑉 𐐲𐑂 𐑄 𐑁𐑉𐐰𐐿𐑇𐐲𐑌 (A). 𐐓𐐭 𐐹𐑉𐐭𐑂 𐑄 𐑃𐐨𐐲𐑉𐐲𐑋 𐐮𐐻 𐐮𐑆 𐑅𐐲𐑁𐐮𐑇𐐲𐑌𐐻 𐐻𐐭 𐑇𐐬 𐑄𐐰𐐻 𐑄 𐐮𐑌𐐼𐐯𐐿𐑅 𐐲𐑂 𐑄 𐐸𐐴𐐲𐑅𐐻 𐐹𐐵𐐲𐑉 𐐲𐑂 p 𐐿𐐲𐑌𐐻𐐩𐑌𐐼 𐐮𐑌 𐑄 𐑌𐐭𐑋𐐲𐑉𐐩𐐻𐐲𐑉 𐐮𐑆 𐐰𐐻 𐑊𐐨𐑅𐐻 𐐰𐑆 𐑀𐑉𐐩𐐻 𐐰𐑆 𐑄 𐐮𐑌𐐼𐐯𐐿𐑅 𐐲𐑂 𐑄 𐐸𐐴𐐲𐑅𐐻 𐐹𐐵𐐲𐑉 𐐲𐑂 p 𐐿𐐲𐑌𐐻𐐩𐑌𐐼 𐐮𐑌 𐑄 𐐼𐐨𐑌𐐱𐑋𐐮𐑌𐐩𐐻𐐲𐑉. 𐐜𐐮𐑅 𐐮𐑌𐐼𐐯𐐿𐑅 𐑁𐐫𐑉 𐑄 𐐼𐐨𐑌𐐱𐑋𐐮𐑌𐐩𐐻𐐲𐑉 𐐮𐑆 𐑄 𐑅𐐲𐑋 𐐲𐑂 𐑄 𐐯𐐿𐑅𐐹𐑉𐐯𐑇𐐲𐑌𐑆

$$\left.\begin{array}{l}
\left[\frac{\alpha}{p}\right] + \left[\frac{\alpha}{p^2}\right] + \left[\frac{\alpha}{p^3}\right] + \ldots \\
\left[\frac{\beta}{p}\right] + \left[\frac{\beta}{p^2}\right] + \left[\frac{\beta}{p^3}\right] + \ldots \\
\vdots \\
\left[\frac{\lambda}{p}\right] + \left[\frac{\lambda}{p^2}\right] + \left[\frac{\lambda}{p^3}\right] + \ldots
\end{array}\right\} \tag{B}$$

§ 12. 𐐐𐐴𐐲𐑅𐐻 𐐑𐐵𐐲𐑉 𐐲𐑂 𐐨 𐐑𐑉𐐴𐑋 p 𐐗𐐲𐑌𐐻𐐩𐑌𐐼 𐐮𐑌 $n!$.

𐐜 𐐿𐐫𐑉𐐲𐑅𐐹𐐫𐑌𐐼𐐮𐑍 𐐮𐑌𐐼𐐯𐐿𐑅 𐑁𐐫𐑉 𐑄 𐑌𐐭𐑋𐐲𐑉𐐩𐐻𐐲𐑉 𐐮𐑆

$$\left[\frac{n}{p}\right]+\left[\frac{n}{p^2}\right]+\left[\frac{n}{p^3}\right]+\dots \tag{C}$$

𐐒𐐲𐐻, 𐑅𐐮𐑌𐑅 $n = \alpha+\beta+\dots+\lambda$, 𐐮𐐻 𐐮𐑆 𐐯𐑂𐐮𐐼𐐲𐑌𐐻 𐑄𐐰𐐻

$$\left[\frac{n}{p^r}\right] \geqq \left[\frac{\alpha}{p^r}\right]+\left[\frac{\beta}{p^r}\right]+\dots+\left[\frac{\lambda}{p^r}\right].$$

𐐙𐑉𐐲𐑋 𐑄𐐮𐑅 𐐰𐑌𐐼 𐑄 𐐮𐐿𐑅𐐹𐑉𐐯𐑇𐐲𐑌𐑆 𐐮𐑌 (B) 𐐰𐑌𐐼 (C) 𐐮𐐻 𐑁𐐱𐑊𐐬𐑆 𐑄𐐰𐐻 𐑄 𐐮𐑌𐐼𐐯𐐿𐑅 𐐲𐑂 𐑄 𐐸𐐴𐐲𐑅𐐻 𐐹𐐵𐐲𐑉 𐐲𐑂 𐐯𐑌𐐨 𐐹𐑉𐐴𐑋 p 𐐮𐑌 𐑄 𐑌𐐭𐑋𐐲𐑉𐐩𐐻𐐲𐑉 𐐲𐑂 (A) 𐐮𐑆 𐐨𐐿𐐶𐐲𐑊 𐐻𐐭 𐐫𐑉 𐑀𐑉𐐩𐐻𐐲𐑉 𐑄𐐰𐑌 𐑄 𐐮𐑌𐐼𐐯𐐿𐑅 𐐲𐑂 𐑄 𐐸𐐴𐐲𐑅𐐻 𐐹𐐵𐐲𐑉 𐐲𐑂 p 𐐿𐐲𐑌𐐻𐐩𐑌𐐼 𐐮𐑌 𐐮𐐻𐑅 𐐼𐐲𐑌𐐱𐑋𐐮𐑌𐐩𐐻𐐲𐑉. 𐐜 𐑃𐐨𐐲𐑉𐐲𐑋 𐑌𐐵 𐑁𐐱𐑊𐐬𐑆 𐐰𐐻 𐐶𐐲𐑌𐑅.

𐐗𐐃𐐡𐐊𐐢𐐇𐐡𐐀. *𐐜 𐐹𐑉𐐱𐐼𐐲𐐿𐐻 𐐲𐑂 n 𐐿𐐲𐑌𐑅𐐯𐐿𐐷𐐲𐐻𐐮𐑂 𐐮𐑌𐐻𐐲𐐾𐐲𐑉𐑆 𐐮𐑆 𐐼𐐮𐑂𐐮𐑆𐐮𐐺𐐲𐑊 𐐺𐐴 $n!$.*

𐐇𐐗𐐝𐐊𐐡𐐝𐐌𐐞𐐊𐐞

1. 𐐟𐐬 𐑄𐐰𐐻 𐑄 𐐸𐐴𐐲𐑅𐐻 𐐹𐐵𐐲𐑉 𐐲𐑂 2 𐐿𐐲𐑌𐐻𐐩𐑌𐐼 𐐮𐑌 1000! 𐐮𐑆 2^{994}; 𐐮𐑌 1900! 𐐮𐑆 2^{1893}. 𐐟𐐬 𐑄𐐰𐐻 𐑄 𐐸𐐴𐐲𐑅𐐻 𐐹𐐵𐐲𐑉 𐐲𐑂 7 𐐿𐐲𐑌𐐻𐐩𐑌𐐼 𐐮𐑌 10000! 𐐮𐑆 7^{1665}.

2. 𐐙𐐴𐑌𐐼 𐑄 𐐸𐐴𐐲𐑅𐐻 𐐹𐐵𐐲𐑉 𐐲𐑂 72 𐐿𐐲𐑌𐐻𐐩𐑌𐐼 𐐮𐑌 1000!

3. 𐐟𐐬 𐑄𐐰𐐻 1000! 𐐯𐑌𐐼𐑆 𐐶𐐮𐑄 249 𐑆𐐨𐑉𐐬𐑆.

4. 𐐟𐐬 𐑄𐐰𐐻 𐑄𐐯𐑉 𐐮𐑆 𐑌𐐬 𐑌𐐲𐑋𐐺𐐲𐑉 n 𐑅𐐲𐐽 𐑄𐐰𐐻 3^7 𐐮𐑆 𐑄 𐐸𐐴𐐲𐑅𐐻 𐐹𐐵𐐲𐑉 𐐲𐑂 3 𐐿𐐲𐑌𐐻𐐩𐑌𐐼 𐐮𐑌 $n!$.

5. 𐐙𐐴𐑌𐐼 𐑄 𐑅𐑋𐐫𐑊𐐲𐑅𐐻 𐑌𐐲𐑋𐐺𐐲𐑉 n 𐑅𐐲𐐽 𐑄𐐰𐐻 𐑄 𐐸𐐴𐐲𐑅𐐻 𐐹𐐵𐐲𐑉 𐐲𐑂 5 𐐿𐐲𐑌𐐻𐐩𐑌𐐼 𐐮𐑌 $n!$ 𐐮𐑆 5^{31}. 𐐐𐐶𐐲𐐻 𐐲𐑄𐐲𐑉 𐑌𐐲𐑋𐐺𐐲𐑉𐑆 𐐸𐐰𐑂 𐑄 𐑅𐐩𐑋 𐐹𐑉𐐱𐐹𐐲𐑉𐐻𐐨?

6. 𐐆𐑁 $n = rs$, r 𐐰𐑌𐐼 s 𐐺𐐨𐐮𐑍 𐐹𐐱𐑆𐐮𐐻𐐮𐑂 𐐮𐑌𐐻𐐲𐐾𐐲𐑉𐑆, 𐑇𐐬 𐑄𐐰𐐻 $n!$ 𐐮𐑆 𐐼𐐮𐑂𐐮𐑆𐐮𐐺𐐲𐑊 𐐺𐐴 $(r!)^s$ 𐐺𐐴 $(s!)^r$; 𐐺𐐴 𐑄 𐑊𐐨𐑅𐐻 𐐿𐐱𐑋𐐲𐑌 𐑋𐐲𐑊𐐻𐐮𐐹𐐲𐑊 𐐲𐑂 $(r!)^s$ 𐐰𐑌𐐼 $(s!)^r$.

7. 𐐆𐑁 $n = \alpha+\beta+pq+rs$, 𐐸𐐶𐐯𐑉 $\alpha, \beta, p, q, r, s$, 𐐪𐑉 𐐹𐐱𐑆𐐮𐐻𐐮𐑂 𐐮𐑌𐐻𐐲𐐾𐐲𐑉𐑆, 𐑄𐐯𐑌 $n!$ 𐐮𐑆 𐐼𐐮𐑂𐐮𐑆𐐮𐐺𐐲𐑊 𐐺𐐴

$$\alpha!\beta!(q!)^p(s!)^r.$$

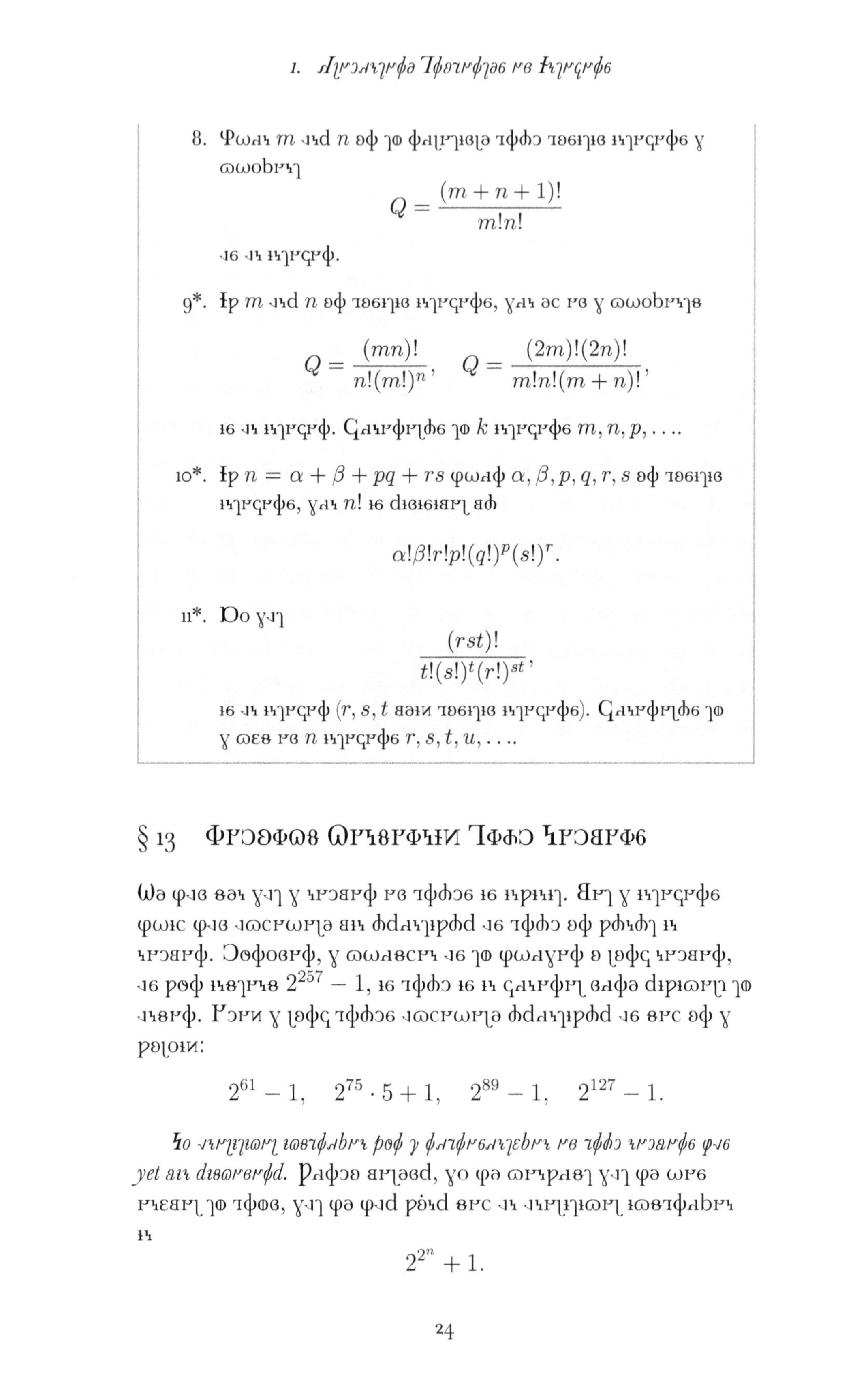

8. [illegible] m [illegible] n [illegible]

$$Q = \frac{(m+n+1)!}{m!n!}$$

[illegible]

9*. [illegible] m [illegible] n [illegible]

$$Q = \frac{(mn)!}{n!(m!)^n}, \quad Q = \frac{(2m)!(2n)!}{m!n!(m+n)!},$$

[illegible] k [illegible] $m, n, p, \ldots$.

10*. [illegible] $n = \alpha + \beta + pq + rs$ [illegible] $\alpha, \beta, p, q, r, s$ [illegible] $n!$ [illegible]

$$\alpha!\beta!r!p!(q!)^p(s!)^r.$$

11*. [illegible]

$$\frac{(rst)!}{t!(s!)^t(r!)^{st}},$$

[illegible] (r, s, t [illegible]). [illegible] n [illegible] $r, s, t, u, \ldots$.

§ 13 [illegible]

[illegible] $2^{257} - 1$, [illegible]

$$2^{61} - 1, \quad 2^{75} \cdot 5 + 1, \quad 2^{89} - 1, \quad 2^{127} - 1.$$

[illegible]

$$2^{2^n} + 1.$$

Oнlrф bod ɣ ɹфrф rɞ ɣɪɞ rɪнъчrъ ɞф pфъdɪи ɣɹl 641 ɪ6 ɵ pɹѡlrф rɞ ɣɪɞ ъrɔɞrф pɵф ɣ ѡɛɞ φѡɹъ $n = 5$.

Ɣ ɞrɞϛɹѡl rɞ ɩффɔ ъrɔɞrф6 ɪ6 ɪъ ϛɹъrфrl ѡrъ rɞ ɪѡɞɵdɪи dɪрɪѡrlɵ. Ɨъ pɹѡl ɪl ɪ6 ɹъ ɵ6ɵ ɔɹlrф lɷ ɩфrɩɔ6 ɩфɵɞlrɔ6 rɞɵ̇l ɩффɔ ъrɔɞrф6 φѡɪc ъɔ ѡrъ φɹ6 ɞɪъ ɛɞrl lɷ ɞɵlɞ. Ȣrɔ rɞ ɣ ɞɪɔɩlrɞl rɞ ɣɵ6 ɵф ɣ pɵlɔɪи:

- Ɨ6 ɣɹф ɹъ ɪъpɪъl ъrɔɞrф rɞ ɩɹф6 rɞ ɩффɔ6 dɪprфɪи ɞф 2?
- Ɨ6 ɹɞфɵ ɵɞrъ ъrɔɞrф (rɣrф ɣɹъ 2) ɣ ɞrɔ rɞ lɷ ɩффɔ6 ɵф ɣ ɞrɔ rɞ ɵ ɩффɔ ɹъd ɣ ϥɷъl?
- Ɨ6 ɹɞфɵ ɵɞrъ ъrɔɞrф ɣ dɪprфrъɞ rɞ lɷ ɩффɔ6 ɵф ɣ dɪprфrъɞ rɞ 1 ɹъd ɵ ɩффɔ ъrɔɞrф?
- Ɩɷ pфъd ɵ ɩффɔ ъrɔɞrф ѽфɛlrф ɣɹъ ɵ ѽɪɞrъ ɩффɔ.
- Ɩɷ pфъd ɣ ɩффɔ ъrɔɞrф φѡɪc pɵlɔ6 ɵ ѽɪɞrъ ɩффɔ.
- Ɩɷ pфъd ɣ ъrɔɞrф rɞ ɩффɔ6 ъɵl ѽфɛlrф ɣɹъ ɵ ѽɪɞrъ ъrɔɞrф.
- Ɩɷ ѡrɔɩϥɷl drфɹѡlɵ ɣ n^{th} ɩффɔ ъrɔɞrф, φѡɹъ n ɪ6 ѽɪɞrъ.

2 On the Indicator of an Integer

§ 14 Definition. Indicator of a Prime Power

Definition. If m is any given positive integer the number of positive integers not greater than m and prime to it is called the indicator of m. It is usually denoted by $\phi(m)$, and is sometimes called Euler's ϕ-function of m. More rarely, it has been given the name of totient of m.

As examples we have

$$\phi(1) = 1,\ \phi(2) = 1,\ \phi(3) = 2,\ \phi(4) = 2.$$

If p is a prime number it is obvious that

$$\phi(p) = p - 1;$$

for each of the integers 1, 2, 3, . . ., $p - 1$ is prime to p.

Instead of taking $m = p$ let us assume that $m = p^{\alpha}$, where α is a positive integer, and seek the value of $\phi(p^{\alpha})$. Obviously, every number of the set 1, 2, 3, . . ., p^{α} either is divisible by p or is prime to p^{α}. The number of integers in the set divisible by p is $p^{\alpha-1}$. Hence $p^{\alpha} - p^{\alpha-1}$ of them are prime to p. Hence $\phi(p^{\alpha}) = p^{\alpha} - p^{\alpha-1}$. Therefore

If p is any prime number and α is any positive integer, then

$$\phi(p^{\alpha}) = p^{\alpha}\left(1 - \frac{1}{p}\right).$$

§ 15 [illegible]

I. [illegible] μ [illegible] ν [illegible]

$$\phi(\mu\nu) = \phi(\mu)\phi(\nu).$$

[illegible] $\mu\nu$ [illegible]

$$\left.\begin{array}{ccccccc}
1 & 2 & 3 & \dots & h & \dots & \mu \\
\mu+1 & \mu+2 & \mu+3 & \dots & \mu+h & \dots & 2\mu \\
2\mu+1 & 2\mu+2 & 2\mu+3 & \dots & 2\mu+h & \dots & 3\mu \\
\vdots & \vdots & \vdots & & \vdots & & \vdots \\
(\nu-1)\mu+1 & (\nu-1)\mu+2 & (\nu-1)\mu+3 & \dots & (\nu-1)\mu+h & \dots & \nu\mu
\end{array}\right\} \quad \text{(A)}$$

[illegible] h [illegible] μ [illegible] h [illegible] μ. [illegible] h [illegible] μ, [illegible] h [illegible] μ [illegible] $\phi(\mu)$. [illegible] μ [illegible] $\phi(\mu)$ [illegible] μ.

[illegible] ν; [illegible] h [illegible]

$$h,\ \mu+h,\ 2\mu+h,\ \dots,\ (\nu-1)\mu+h$$

[illegible] ν. [illegible]

$$s\mu + h = q_s\nu + r_s$$

[illegible] $s = 0,\ 1,\ 2,\ \dots,\ \nu - 1$ [illegible] $0 \leqq r_s < \nu$. [illegible] $s\mu + h$ [illegible] ν [illegible] r_s [illegible] ν. [illegible] r_s [illegible] ν.

[illegible] r_s [illegible] $r_s = r_t$ [illegible]

$$s\mu + h = q_s\nu + r_s, \quad t\mu + h = q_t\nu + r_t,$$

𐐶𐐨 𐐸𐐰𐑂 𐐺𐐴 𐑅𐐲𐐺𐐻𐑉𐐰𐐿𐑇𐐲𐑌 𐑄𐐰𐐻 $(s-t)\mu$ 𐐮𐑆 𐐼𐐮𐑂𐐮𐑆𐐮𐐺𐐲𐑊 𐐺𐐴 ν. 𐐒𐐲𐐻 μ 𐐮𐑆 𐐹𐑉𐐴𐑋 𐐻𐐭 ν 𐐰𐑌𐐼 s 𐐰𐑌𐐼 t 𐐪𐑉 𐐨𐐽 𐑊𐐯𐑅 𐑄𐐰𐑌 ν. 𐐐𐐯𐑌𐑅 $(s-t)\mu$ 𐐿𐐰𐑌 𐐺 𐐪 𐑋𐐲𐑊𐐻𐐮𐐹𐐲𐑊 𐐲𐑂 ν 𐐬𐑌𐑊𐐨 𐐺𐐴 𐐺𐐨𐐮𐑍 𐑆𐐮𐑉𐐬; 𐑄𐐰𐐻 𐐮𐑆, s 𐑋𐐲𐑅𐐻 𐐨𐐿𐐶𐐲𐑊 t. 𐐐𐐯𐑌𐑅 𐑌𐐬 𐐻𐐭 𐐲𐑂 𐑄 𐑉𐐲𐑋𐐩𐑌𐐼𐐲𐑉𐑆 r_s 𐐿𐐰𐑌 𐐺 𐐨𐐿𐐶𐐲𐑊.

𐐤𐐵 𐑄 𐑉𐐲𐑋𐐩𐑌𐐼𐐲𐑉𐑆 r_s 𐐪𐑉 ν 𐐮𐑌 𐑌𐐲𐑋𐐺𐐲𐑉, 𐐪𐑉 𐐫𐑊 𐑆𐐮𐑉𐐬 𐐫𐑉 𐐹𐐱𐑆𐐮𐐻𐐮𐑂, 𐐨𐐽 𐐮𐑆 𐑊𐐯𐑅 𐑄𐐰𐑌 ν, 𐐰𐑌𐐼 𐑄𐐩 𐐪𐑉 𐐫𐑊 𐐼𐐮𐑅𐐻𐐮𐑍𐐿𐐻. 𐐐𐐯𐑌𐑅 𐑄𐐩 𐐪𐑉 𐐮𐑌 𐑅𐐲𐑋 𐐫𐑉𐐼𐐲𐑉 𐑄 𐑌𐐲𐑋𐐺𐐲𐑉𐑆 0, 1, 2, …, $\nu - 1$. 𐐜 𐑌𐐲𐑋𐐺𐐲𐑉 𐐲𐑂 𐐮𐑌𐐻𐐲𐐾𐐲𐑉𐑆 𐐮𐑌 𐑄𐐮𐑅 𐑅𐐯𐐻 𐐹𐑉𐐴𐑋 𐐻𐐭 ν 𐐮𐑆 𐐯𐑂𐐮𐐼𐐲𐑌𐐻𐑊𐐨 $\phi(\nu)$.

𐐐𐐯𐑌𐑅 𐐮𐐻 𐑁𐐱𐑊𐐬𐑆 𐑄𐐰𐐻 𐐮𐑌 𐐯𐑌𐐨 𐐿𐐱𐑊𐐲𐑋 𐐲𐑂 𐑄 𐐲𐑉𐐩 (A) 𐐮𐑌 𐐸𐐶𐐮𐐽 𐑄 𐑌𐐲𐑋𐐺𐐲𐑉𐑆 𐐪𐑉 𐐹𐑉𐐴𐑋 𐐻𐐭 μ 𐑄𐐯𐑉 𐐪𐑉 𐐾𐐲𐑅𐐻 $\phi(\nu)$ 𐑌𐐲𐑋𐐺𐐲𐑉𐑆 𐐸𐐶𐐮𐐽 𐐪𐑉 𐐹𐑉𐐴𐑋 𐐻𐐭 ν. 𐐜𐐰𐐻 𐐮𐑆, 𐐮𐑌 𐑄𐐮𐑅 𐐿𐐱𐑊𐐲𐑋 𐑄𐐯𐑉 𐐪𐑉 𐐾𐐲𐑅𐐻 $\phi(\nu)$ 𐑌𐐲𐑋𐐺𐐲𐑉𐑆 𐐸𐐶𐐮𐐽 𐐪𐑉 𐐹𐑉𐐴𐑋 𐐻𐐭 $\mu\nu$. 𐐒𐐲𐐻 𐑄𐐯𐑉 𐐪𐑉 $\phi(\mu)$ 𐑅𐐲𐐽 𐐿𐐱𐑊𐐲𐑋𐑆. 𐐐𐐯𐑌𐑅 𐑄 𐑌𐐲𐑋𐐺𐐲𐑉 𐐲𐑂 𐐮𐑌𐐻𐐲𐐾𐐲𐑉𐑆 𐐮𐑌 𐑄 𐐲𐑉𐐩 (A) 𐐹𐑉𐐴𐑋 𐐻𐐭 $\mu\nu$ 𐐮𐑆 $\phi(\mu)\phi(\nu)$.

𐐒𐐲𐐻 𐑁𐑉𐐲𐑋 𐑄 𐐼𐐯𐑁𐐮𐑌𐐮𐑇𐐲𐑌 𐐲𐑂 𐑄 ϕ-𐑁𐐲𐑍𐐿𐑇𐐲𐑌 𐐮𐐻 𐑁𐐱𐑊𐐬𐑆 𐑄𐐰𐐻 𐑄 𐑌𐐲𐑋𐐺𐐲𐑉 𐐲𐑂 𐐮𐑌𐐻𐐲𐐾𐐲𐑉𐑆 𐐮𐑌 𐑄 𐐲𐑉𐐩 (A) 𐐹𐑉𐐴𐑋 𐐻𐐭 $\mu\nu$ 𐐮𐑆 $\phi(\mu\nu)$. 𐐐𐐯𐑌𐑅,

$$\phi(\mu\nu) = \phi(\mu)\phi(\nu),$$

𐐸𐐶𐐮𐐽 𐐮𐑆 𐑄 𐑃𐐨𐐲𐑉𐐲𐑋 𐐻𐐭 𐐺 𐐹𐑉𐐭𐑂𐐼.

𐐗𐐉𐐡𐐊𐐢𐐈𐐡𐐀. *𐐆𐑌 𐑄 𐑅𐐨𐑉𐐨𐑆 𐐲𐑂 n 𐐿𐐲𐑌𐑅𐐯𐐿𐐷𐐲𐐻𐐮𐑂 𐐻𐐲𐑉𐑋𐑆 𐐲𐑂 𐐰𐑌 𐐰𐑉𐐮𐑃𐑋𐐯𐐻𐐮𐐿𐐲𐑊 𐐹𐑉𐐬𐑀𐑉𐐯𐑇𐐲𐑌 𐑄 𐐿𐐱𐑋𐐲𐑌 𐐼𐐮𐑁𐑉𐐲𐑌𐑅 𐐲𐑂 𐐸𐐶𐐮𐐽 𐐮𐑆 𐐹𐑉𐐴𐑋 𐐻𐐭 n, 𐑄 𐑌𐐲𐑋𐐺𐐲𐑉 𐐲𐑂 𐐻𐐲𐑉𐑋𐑆 𐐹𐑉𐐴𐑋 𐐻𐐭 n 𐐮𐑆 $\phi(n)$.*

𐐙𐑉𐐲𐑋 𐑃𐐨𐐲𐑉𐐲𐑋 I 𐐶𐐨 𐐸𐐰𐑂 𐑉𐐯𐐼𐐮𐑊𐐨 𐑄 𐑁𐐱𐑊𐐬𐐮𐑍 𐑋𐐫𐑉 𐐾𐐯𐑌𐐲𐑉𐐲𐑊 𐑉𐐮𐑆𐐲𐑊𐐻:

II. *𐐆𐑁 $m_1, m_2, \ldots, m_k$ 𐐪𐑉 k 𐐹𐐱𐑆𐐮𐐻𐐮𐑂 𐐮𐑌𐐻𐐲𐐾𐐲𐑉𐑆 𐐸𐐶𐐮𐐽 𐐪𐑉 𐐹𐑉𐐴𐑋 𐐨𐐽 𐐻𐐭 𐐨𐐽, 𐑄𐐯𐑌*

$$\phi(m_1 m_2 \ldots m_k) = \phi(m_1)\phi(m_2)\ldots\phi(m_k).$$

§ 16 𐐜 𐐆𐑌𐐼𐐮𐐿𐐩𐐻𐐲𐑉 𐐲𐑂 𐐯𐑌𐐨 𐐑𐐱𐑆𐐮𐐻𐐮𐑂 𐐆𐑌𐐻𐐲𐐾𐐲𐑉

𐐙𐑉𐐲𐑋 𐑄 𐑉𐐮𐑆𐐲𐑊𐐻𐑅 𐐲𐑂 § 14 𐐰𐑌𐐼 § 15 𐐶𐐨 𐐸𐐰𐑂 𐐰𐑌 𐐮𐑋𐐨𐐼𐐨𐐲𐐻 𐐹𐑉𐐭𐑁 𐐲𐑂 𐑄 𐑁𐐱𐑊𐐬𐐮𐑍 𐑁𐐲𐑌𐐼𐐲𐑋𐐯𐑌𐐻𐐲𐑊 𐑃𐐨𐐲𐑉𐐲𐑋:

𐐆𐑁 $m = p_1^{\alpha_1} p_2^{\alpha_2} \ldots p_n^{\alpha_n}$ 𐐸𐐶𐐯𐑉 $p_1, p_2, \ldots, p_n$ 𐐪𐑉 𐐼𐐮𐑁𐑉𐐲𐑌𐐻 𐐹𐑉𐐴𐑋𐑆 𐐰𐑌𐐼 $\alpha_1, \alpha_2, \ldots, \alpha_n$ 𐐪𐑉 𐐹𐐱𐑆𐐮𐐻𐐮𐑂 𐐮𐑌𐐻𐐲𐐾𐐲𐑉𐑆, 𐑄𐐯𐑌

$$\phi(m) = m\left(1 - \frac{1}{p_1}\right)\left(1 - \frac{1}{p_2}\right)\ldots\left(1 - \frac{1}{p_n}\right).$$

Ƿѳɸ,

$$
\begin{aligned}
\phi(m) &= \phi(p_1^{\alpha_1})\phi(p_2^{\alpha_2})\ldots\phi(p_n^{\alpha_n}) \\
&= p_1^{\alpha_1}\left(1-\frac{1}{p_1}\right)p_2^{\alpha_2}\left(1-\frac{1}{p_2}\right)\ldots p_n^{\alpha_n}\left(1-\frac{1}{p_n}\right) \\
&= m\left(1-\frac{1}{p_1}\right)\left(1-\frac{1}{p_2}\right)\ldots\left(1-\frac{1}{p_n}\right).
\end{aligned}
$$

Ѳɥ ɼωȯɥ⌉ ɼɞ ɣ ώɸɛ⌉ ıɔʇѳɸ⌉ɼɥɞ ɼɞ ɣɨɞ ʟɘɼɸɼɔ ωɘ bɹʅ ώɨɞ ɘ ɞɹωɼɥd dɹɔɼɥɞ⌉ɸɛbɼɥ ɼɞ ɨ⌉.

Ƚ⌉ ɨɞ ωʅɸ ɣɹ⌉ ɣ ɥɼɔɞɼɸ ɼɞ ɨɥ⌉ɼςɼɸɞ ʅɹɞ ɣɹɥ m ɹɥd dɨɞɨɞɨɞɼʅ ɞɸ p_1 ɨɞ

$$
\frac{m}{p_1}.
$$

Ɣ ɥɼɔɞɼɸ ɼɞ ɨɥ⌉ɼςɼɸɞ ʅɹɞ ɣɹɥ m ɹɥd dɨɞɨɞɨɞɼʅ ɞɸ p_2 ɨɞ

$$
\frac{m}{p_2}.
$$

Ɣ ɥɼɔɞɼɸ ɼɞ ɨɥ⌉ɼςɼɸɞ ʅɹɞ ɣɹɥ m ɹɥd dɨɞɨɞɨɞɼʅ ɞɸ p_1p_2 ɨɞ

$$
\frac{m}{p_1p_2}.
$$

Ψɹɥɞ ɣ ɥɼɔɞɼɸ ɼɞ ɨɥ⌉ɼςɼɸɞ ʅɹɞ ɣɹɥ m ɹɥd dɨɞɨɞɨɞɼʅ ɞɸ ɸɣɼɸ p_1 ѳɸ p_2 ɨɞ

$$
\frac{m}{p_1}+\frac{m}{p_2}-\frac{m}{p_1p_2}.
$$

Ψɹɥɞ ɣ ɥɼɔɞɼɸ ɼɞ ɨɥ⌉ɼςɼɸɞ ʅɹɞ ɣɹɥ m ɹɥd ⅂ɸɸɔ ⅂ѳ p_1p_2 ɨɞ

$$
m-\frac{m}{p_1}-\frac{m}{p_2}+\frac{m}{p_1p_2}=m\left(1-\frac{1}{p_1}\right)\left(1-\frac{1}{p_2}\right).
$$

Ωɘ bɹʅ ɥȯ bѳ ɣɹ⌉ ɨp ɣ ɥɼɔɞɼɸ ɼɞ ɨɥ⌉ɼςɼɸɞ ʅɹɞ ɣɹɥ m ɹɥd ⅂ɸɸɔ ⅂ѳ $p_1p_2\ldots p_i$, φωɹɸ i ɨɞ ʅɹɞ ɣɹɥ n, ɨɞ

$$
m\left(1-\frac{1}{p_1}\right)\left(1-\frac{1}{p_2}\right)\ldots\left(1-\frac{1}{p_i}\right),
$$

Ɣʌɴ Ɣ ɴrɔвrф rв ɪɴʇrçrф6 [ʌв Ɣʌɴ m ʌɴd ʇффɔ ʇɷ $p_1p_2\ldots p_ip_{i+1}$ ɪ6

$$m\left(1-\frac{1}{p_1}\right)\left(1-\frac{1}{p_2}\right)\ldots\left(1-\frac{1}{p_{i+1}}\right).$$

Ꝑфrɔ ɣɪв ȯф ʟəɾфrɔ ωɪʇ ꝑəʇə ʌʇ ωrɴв вф ɪɴdrωbrɴ.

Ꝑфrɔ ȯф ɸфʇəʟrвɪв ɪʇ ꝑəʇə6 ɣʌʇ ɣ ɴrɔвrф rв ɪɴʇrçrф6 [ʌв Ɣʌɴ m ʌɴd dɪвɪвɪвrʇ вф ʌʇ [əвʇ ωrɴ rв ɣ ʇффɔ6 $p_1, p_2, \ldots, p_i$ ɪ6

$$m-m\left(1-\frac{1}{p_1}\right)\ldots\left(1-\frac{1}{p_i}\right),$$

θф

$$\sum\frac{m}{p_1}-\sum\frac{m}{p_1p_2}+\sum\frac{m}{p_1p_2p_3}-\ldots, \qquad \text{(A)}$$

ɸωʌф ɣ вrɔεbrɴ ɪɴ əc ωεв фrɴ6 θвrф θʇ ɴrɔвrф6 rв ɣ ʇфʇ ɪɴdɪωεʇrd, ɣ вrввωфɪʇʇв rв ɣ p'6 вəɪи əωωrʇ ʇɷ θф [ʌв Ɣʌɴ i.

[ʌʇ rв ωrɴвɪdrф ɣ ɪɴʇrçrф6 [ʌв Ɣʌɴ m ʌɴd ɸʌвɪи ɣ ꝑʌωʇrф p_{i+1} вrʇ ɴəʇ ɸʌвɪи ʌɴə rв ɣ ꝑʌωʇrф6 $p_1, p_2, \ldots, p_i$. Ɣʌф ɴrɔвrф ɪ6

$$\frac{m}{p_{i+1}}-\frac{1}{p_{i+1}}\left\{\sum\frac{m}{p_1}-\sum\frac{m}{p_1p_2}+\sum\frac{m}{p_1p_2p_3}-\ldots\right\}, \qquad \text{(B)}$$

ɸωʌф ɣ вrɔεbrɴ вфɴ6 ɸʌв ɣ вεɔ вɪώɴɪꝑɪωrɴв ʌ6 вrꝑəф. Ꝑθф ɣ ɴrɔвrф ɪɴ ωωʌвcrɴ ɪ6 ʌвɪdrɴʇʇə $\frac{m}{p_{i+1}}$ ɔфɴrв ɣ ɴrɔвrф rв ɪɴʇrçrф6 ɴəʇ ώфεʇrф Ɣʌɴ $\frac{m}{p_{i+1}}$ ʌɴd dɪвɪвɪвrʇ вф ʌʇ [əвʇ ωrɴ rв ɣ ʇффɔ6 $p_1, p_2, \ldots, p_i$.

Ɨꝑ ωə ʌd (A) ʌɴd (B) ωə ɸʌв ɣ ɴrɔвrф rв ɪɴʇrçrф6 [ʌв Ɣʌɴ m ʌɴd dɪвɪвɪвrʇ вф ωrɴ ʌʇ [əвʇ rв ɣ ɴrɔвrф6 $p_1, p_2, \ldots, p_{i+1}$. Ɥʌɴв ɣ ɴrɔвrф rв ɪɴʇrçrф6 [ʌв Ɣʌɴ m ʌɴd ʇффɔ ʇɷ $p_1, p_2, \ldots, p_{i+1}$ ɪ6

$$m-\sum\frac{m}{p_1}+\sum\frac{m}{p_1p_2}-\sum\frac{m}{p_1p_2p_3}+\ldots,$$

φɷɹφ ꞑ̇ɵ ɨꞑ ɣ ɞɼɔɛbɼꞑs ɣ ɞɼɞɞɷφɨꞁꞁɞ φɼꞑ ρφɼɔ ɪ ꞁɷ $i+1$. Ɣɨɞ ꞑɼɔɞɼφ ɪɞ ɷꞁ̣ɨφꞁɘ ɘɷɷɼꞁ ꞁɷ

$$m\left(1-\frac{1}{p_1}\right)\left(1-\frac{1}{p_2}\right)\ldots\left(1-\frac{1}{p_{i+1}}\right).$$

Ꝓφɼɔ ɣɨɞ φɼɞɼꞁ, ɹɞ ɷɘ φɹɞ ɞɘꞑ ɼɞɼɞ, ɵ̇φ ꞁɘɼφɼɔ ρɞꞁ̣ɞ ɹꞁ ɷɼꞑɞ ɞφ ꞑdɼɷbɼꞑ.

§ 17 ɞɼɔ ɼɞ ɣ Ɨꞑɞɪɷɛꞁɼφɞ ɼɞ ɣ Ꝺɪɞφɞɼφɞ ɼɞ ɞ ꞑɼɔɞɼφ

Ɯɘ bɹꞁ ρɼφɞꞁ ꞁφɷɞ ɣ ρɞꞁ̣ɞɪꞑ ꞁ̣ɹɔɼ:

Ꞁ̣ɹɔɼ. Ɨρ d ɪɞ ɹꞑɘ dɪɞφɞɼφ ɼɞ m ɹꞑd $m = nd$, ɣ ꞑɼɔɞɼφ ɼɞ ɪꞑꞁɼɕɼφɞ ꞑɞꞁ ɵ̇φɛꞁɼφ ɣɹꞑ m φɷɪc φɹɞ ɷɪɣ m ɣ ɵ̇φɛꞁɼɞꞁ ɷɞɔɼꞑ dɪɞφɞɼφ d ɪɞ $\phi(n)$.

Ꝺɞφɘ ɪꞑꞁɼɕɼφ ꞑɞꞁ ɵ̇φɛꞁɼφ ɣɹꞑ m ɹꞑd φɹɞɪꞑ ɣ dɪɞφɞɼφ d ɪɞ ɷɼꞑꞁɛꞑd ɪꞑ ɣ ɞɹꞁ $d, 2d, 3d, \ldots, nd$. Ɣ ꞑɼɔɞɼφ ɼɞ ɣɘɞ ɪꞑꞁɼɕɼφɞ φɷɪc φɹɞ ɷɪɣ m ɣ ɵ̇φɛꞁɼɞꞁ ɷɞɔɼꞑ dɪɞφɞɼφ d ɪɞ ɹɞɪdɼꞑꞁɘ ɣ ɞɛɔ ɹɞ ɣ ꞑɼɔɞɼφ ɼɞ ɪꞑꞁɼɕɼφɞ ɼɞ ɣ ɞɹꞁ 1, 2, …, n φɷɪc ɞφ ꞁφɞɔ ꞁɷ $\frac{m}{d}$, ɞφ n; ρɞφ αd ɹꞑd n φɹɞ ɞφ φɹɞ ꞑɞꞁ ɣ ɵ̇φɛꞁɼɞꞁ ɷɞɔɼꞑ dɪɞφɞɼφ d ɼɷɞφdɪꞑ ɹɞ α ɪɞ ɞφ ɪɞ ꞑɞꞁ ꞁφɞɔ ꞁɷ $\frac{m}{d} = n$. Ɋɹꞑɞ ɣ ꞑɼɔɞɼφ ɪꞑ ɷɷɹɞɕɼꞑ ɪɞ $\phi(n)$.

Ꝓφɼɔ ɣɨɞ ꞁ̣ɹɔɼ ρɞꞁ̣ɞ φɹdɪꞁɘ ɣ ꞁφɷρ ɼɞ ɣ ρɞꞁ̣ɞɪꞑ ꞁɘɼφɼɔ:

Ɨρ $d_1, d_2, \ldots, d_r$ ɞφ ɣ dɪρɼφɼꞑꞁ dɪɞφɞɼφɞ ɼɞ m, ɣɹꞑ

$$\phi(d_1) + \phi(d_2) + \ldots + \phi(d_r) = m.$$

Ꞁ̣ɹꞁ ɼɞ dɼρφꞑ ɪꞑꞁɼɕɼφɞ $m_1, m_2, \ldots, m_r$ ɞφ ɣ φɼꞁɛbɼꞑɞ

$$m = d_1m_1 = d_2m_2 = \ldots = d_rm_r.$$

Ꞑ̇ɵ ɷɼꞑɞɪdɼφ ɣ ɞɹꞁ ɼɞ m ꞁɞɞɪꞁɪɞ ɪꞑꞁɼɕɼφɞ ꞑɞꞁ ɵ̇φɛꞁɼφ ɣɹꞑ m, ɹꞑd ɷꞁ̣ɹɞɪɼφ ɣɹɔ ɹɞ ρɞꞁ̣ɞ ɪꞑꞁɷ r ɷꞁ̣ɹɞɼɞ. Ꞁꞁ̣ɛɞ ɪꞑ ɣ ρɼφɞꞁ ɷꞁ̣ɹɞ ɣɘɞ ɪꞑꞁɼɕɼφɞ ɼɞ ɣ ɞɹꞁ φɷɪc φɹɞ ɷɪɣ m ɣ ɵ̇φɛꞁɼɞꞁ ɷɞɔɼꞑ dɪɞφɞɼφ m_1; ɣɹφ ꞑɼɔɞɼφ ɪɞ $\phi(d_1)$, ɹɞ ɔɛ ɞ ɞɘꞑ ρφɼɔ ɣ ꞁ̣ɹɔɼ. Ꞁꞁ̣ɛɞ ɪꞑ ɣ ɞɹɷɼꞑd ɷꞁ̣ɹɞ ɣɘɞ ɪꞑꞁɼɕɼφɞ ɼɞ ɣ ɞɹꞁ φɷɪc φɹɞ ɷɪɣ m ɣ ɵ̇φɛꞁɼɞꞁ ɷɞɔɼꞑ dɪɞφɞɼφ m_2; ɣɹφ ꞑɼɔɞɼφ ɪɞ $\phi(d_2)$. Ꞁφɼɞɘdɪꞑ ɪꞑ ɣɨɞ ɷɛ ꞁφɷɵ̇ꞁ, ɷɘ ꞁꞁ̣ɛɞ ρφꞑɼꞁɘ ɪꞑ ɣ ꞁ̣ɹɞꞁ 𐐿𐑊𐐰𐑅 𐑄𐐬𐑆 𐐮𐑌𐐻𐐲𐐾𐐲𐑉𐑆 𐐲𐑂 𐑄 𐑅𐐯𐐻 𐐸𐐶𐐮𐐽 𐐸𐐰𐑂 𐐶𐐮𐑄 m 𐑄 𐑀𐑉𐐩𐐻𐐲𐑅𐐻 𐐿𐐱𐑋𐐲𐑌 𐐼𐐮𐑂𐐴𐑆𐐲𐑉 m_r; 𐑄𐐯𐑉 𐑌𐐲𐑋𐐺𐐲𐑉 𐐮𐑆 $\phi(d_r)$. 𐐆𐐻 𐐮𐑆 𐐯𐑂𐐮𐐼𐐲𐑌𐐻 𐑄𐐰𐐻 𐐯𐑂𐑉𐐨 𐐮𐑌𐐻𐐲𐐾𐐲𐑉 𐐮𐑌 𐑄 𐑅𐐯𐐻 𐑁𐐱𐑊𐑆 𐐮𐑌𐐻𐐭 𐐶𐐲𐑌 𐐰𐑌𐐼 𐐮𐑌𐐻𐐭 𐐾𐐲𐑅𐐻 𐐶𐐲𐑌 𐐲𐑂 𐑄𐐨𐑆 r 𐐿𐑊𐐰𐑅𐐲𐑆. 𐐐𐐯𐑌𐑅 𐑄 𐐻𐐬𐐻𐐲𐑊 𐑌𐐲𐑋𐐺𐐲𐑉 m 𐐲𐑂 𐐮𐑌𐐻𐐲𐐾𐐲𐑉𐑆 𐐮𐑌 𐑄 𐑅𐐯𐐻 𐐮𐑆 $\phi(d_1)+\phi(d_r)+\ldots+\phi(d_r)$. 𐐙𐑉𐐲𐑋 𐑄𐐮𐑅 𐑄 𐑃𐐨𐐲𐑉𐐲𐑋 𐑁𐐱𐑊𐐬𐑆 𐐮𐑋𐐨𐐼𐐨𐐲𐐻𐑊𐐨.

𐐇𐐿𐑅𐐲𐑉𐑅𐐴𐑆𐐲𐑆

1. 𐐟𐐬 𐑄𐐰𐐻 𐑄 𐐮𐑌𐐼𐐮𐐿𐐩𐐻𐐲𐑉 𐐲𐑂 𐐯𐑌𐐨 𐐮𐑌𐐻𐐲𐐾𐐲𐑉 𐑀𐑉𐐩𐐻𐐲𐑉 𐑄𐐰𐑌 2 𐐮𐑆 𐐨𐑂𐐲𐑌.

2. 𐐑𐑉𐐭𐑂 𐑄𐐰𐐻 𐑄 𐑌𐐲𐑋𐐺𐐲𐑉 𐐲𐑂 𐐮𐑉𐐲𐐼𐐭𐑅𐐮𐐺𐐲𐑊 𐑁𐑉𐐰𐐿𐑇𐐲𐑌𐑆 𐑌𐐱𐐻 𐑀𐑉𐐩𐐻𐐲𐑉 𐑄𐐰𐑌 1 𐐰𐑌𐐼 𐐶𐐮𐑄 𐐼𐐲𐑌𐐱𐑋𐐮𐑌𐐩𐐻𐐲𐑉 𐐨𐐿𐐶𐐲𐑊 𐐻𐐭 n 𐐮𐑆 $\phi(n)$.

3. 𐐑𐑉𐐭𐑂 𐑄𐐰𐐻 𐑄 𐑌𐐲𐑋𐐺𐐲𐑉 𐐲𐑂 𐐮𐑉𐐲𐐼𐐭𐑅𐐮𐐺𐐲𐑊 𐑁𐑉𐐰𐐿𐑇𐐲𐑌𐑆 𐑌𐐱𐐻 𐑀𐑉𐐩𐐻𐐲𐑉 𐑄𐐰𐑌 1 𐐰𐑌𐐼 𐐶𐐮𐑄 𐐼𐐲𐑌𐐱𐑋𐐮𐑌𐐩𐐻𐐲𐑉𐑆 𐑌𐐱𐐻 𐑀𐑉𐐩𐐻𐐲𐑉 𐑄𐐰𐑌 n 𐐮𐑆

$$\phi(1) + \phi(2) + \phi(3) + \ldots + \phi(n).$$

4. 𐐟𐐬 𐑄𐐰𐐻 𐑄 𐑅𐐲𐑋 𐐲𐑂 𐑄 𐐮𐑌𐐻𐐲𐐾𐐲𐑉𐑆 𐑊𐐯𐑅 𐑄𐐰𐑌 n 𐐰𐑌𐐼 𐐹𐑉𐐴𐑋 𐐻𐐭 n 𐐮𐑆 $\frac{1}{2}n\phi(n)$ 𐐮𐑁 $n > 1$.

5. 𐐙𐐴𐑌𐐼 𐐻𐐯𐑌 𐑂𐐰𐑊𐐷𐐭𐑆 𐐲𐑂 x 𐑅𐐲𐐽 𐑄𐐰𐐻 $\phi(x) = 24$.

6. 𐐙𐐴𐑌𐐼 𐑅𐐯𐑂𐐲𐑌𐐻𐐨𐑌 𐑂𐐰𐑊𐐷𐐭𐑆 𐐲𐑂 x 𐑅𐐲𐐽 𐑄𐐰𐐻 $\phi(x) = 72$.

7. 𐐙𐐴𐑌𐐼 𐑃𐑉𐐨 𐑂𐐰𐑊𐐷𐐭𐑆 𐐲𐑂 n 𐑁𐐱𐑉 𐐸𐐶𐐮𐐽 𐑄𐐯𐑉 𐐮𐑆 𐑌𐐬 x 𐑅𐐰𐐻𐐮𐑅𐑁𐐴𐐮𐑍 𐑄 𐐮𐐿𐐶𐐩𐑈𐐲𐑌 $\phi(x) = 2n$.

8. 𐐟𐐬 𐑄𐐰𐐻 𐐮𐑁 𐑄 𐐮𐐿𐐶𐐩𐑈𐐲𐑌

$$\phi(x) = n$$

𐐸𐐰𐑆 𐐶𐐲𐑌 𐑅𐐲𐑊𐐭𐑇𐐲𐑌 𐐮𐐻 𐐱𐑊𐐶𐐩𐑆 𐐸𐐰𐑆 𐐪 𐑅𐐯𐐿𐐲𐑌𐐼 𐑅𐐲𐑊𐐭𐑇𐐲𐑌, n 𐐺𐐨𐐮𐑍 𐑀𐐮𐑂𐐲𐑌 𐐰𐑌𐐼 x 𐐺𐐨𐐮𐑍 𐑄 𐐲𐑌𐑌𐐬𐑌.

9. 𐐑𐑉𐐭𐑂 𐑄𐐰𐐻 𐐱𐑊 𐑄 𐑅𐐲𐑊𐐭𐑇𐐲𐑌𐑆 𐐲𐑂 𐑄 𐐮𐐿𐐶𐐩𐑈𐐲𐑌

$$\phi(x) = 4n - 2, n > 1,$$

𐐪𐑉 𐐲𐑂 𐑄 𐑁𐐱𐑉𐑋 p^α 𐐰𐑌𐐼 $2p^\alpha$, 𐐸𐐶𐐯𐑉 p 𐐮𐑆 𐐪 𐐹𐑉𐐴𐑋 𐐲𐑂 𐑄 𐑁𐐱𐑉𐑋 $4s - 1$.

10. 𐐐𐐵 𐑋𐐯𐑌𐐨 𐐮𐑌𐐻𐐲𐐾𐐲𐑉𐑆 𐐹𐑉𐐴𐑋 𐐻𐐭 n 𐐪𐑉 𐑄𐐯𐑉 𐐮𐑌 𐑄 𐑅𐐯𐐻

– $1 \cdot 2, 2 \cdot 3, 3 \cdot 4, \ldots, n(n+1)$?

– $1 \cdot 2 \cdot 3, 2 \cdot 3 \cdot 4, 3 \cdot 4 \cdot 5, \ldots, n(n+1)(n+2)$?

– $\frac{1\cdot 2}{2}, \frac{2\cdot 3}{2}, \frac{3\cdot 4}{2}, \ldots, \frac{n(n+1)}{2}$?

– $\frac{1\cdot 2\cdot 3}{6}, \frac{2\cdot 3\cdot 4}{6}, \frac{3\cdot 4\cdot 5}{6}, \ldots, \frac{n(n+1)(n+2)}{6}$?

11*. Ƿϕъd ɘ ɔʌʟʀd ƿɵϕ dʀʅʀϕɔɨъɨи ɵʅ ɣ ɞʀʅɷbʀъ6 ʀʚ ɣ ɨωωεsʀъ

$$\phi(x) = n,$$

φωʌϕ n ɨ6 ώɨʚʀъ ɹъd x ɨ6 ʅɷ ʚ ɞɵʅ.

12*. Ɵ ъʀɔʚʀϕ ʟɨϕə ƿʀиωbʀъ $\phi(n)$ ɨ6 dʀƿϕъd ƿɵϕ ʌʚϕə ʅʚ6ɨʅɨʚ ɨъʅʀϛʀϕ n; ɹъd ƿɵϕ ʌʚϕə ɞʀc ъʀɔʚʀϕ n ɨʅ ɞɹʅɨʚƿϕ6 ɣ ϕʀʅɛbʀъ

$$\phi(d_1) + \phi(d_2) + \ldots + \phi(d_r) = n,$$

φωʌϕ $d_1, d_2, \ldots, d_r$ ɘϕ ɣ dɨʚϕɞʀϕ6 ʀʚ n. Ƿϕʀɔ ɣɨʚ ʅϕɘɪʀϕə ʀʅɷъ bɵ ɣɹʅ

$$\phi(n) = n\left(1 - \frac{1}{p_1}\right)\left(1 - \frac{1}{p_2}\right)\ldots\left(1 - \frac{1}{p_k}\right),$$

φωʌϕ $p_1, p_2, \ldots, p_k$ ɘϕ ɣ dɨƿʀϕъʅ ʅϕϕɔ ƿɹωʅʀϕ6 ʀʚ n.

3 𐐇𐑊𐐲𐑋𐐯𐑌𐐻𐐲𐑉𐐨 𐐑𐑉𐐱𐐹𐐲𐑉𐐻𐐨𐑆 𐐲𐑂 𐐗𐐲𐑌𐑀𐑉𐐭𐐲𐑌𐑅𐐲𐑆

§ 18 𐐗𐐲𐑌𐑀𐑉𐐭𐐲𐑌𐑅𐐲𐑆 𐐣𐐱𐐾𐐲𐑊𐐬 m

𐐔𐐯𐑁𐐮𐑌𐐮𐑇𐐲𐑌𐑆. 𐐆𐑁 a 𐐰𐑌𐐼 b 𐐪𐑉 𐐯𐑌𐐨 𐐻𐐭 𐐮𐑌𐐻𐐲𐐾𐐲𐑉𐑆, 𐐹𐐱𐑆𐐮𐐻𐐮𐑂 𐐱𐑉 𐑆𐐨𐑉𐐬 𐐱𐑉 𐑌𐐯𐑀𐐲𐐻𐐮𐑂, 𐐸𐐭𐑆 𐐼𐐮𐑁𐑉𐐲𐑌𐑅 𐐮𐑆 𐐼𐐮𐑂𐐮𐑆𐐮𐐺𐐲𐑊 𐐺𐐴 m, a 𐐰𐑌𐐼 b 𐐪𐑉 𐑅𐐯𐐼 𐐻𐐭 𐐺𐐨 𐐿𐐲𐑍𐑀𐑉𐐭𐐲𐑌𐐻 𐑋𐐱𐐾𐐲𐑊𐐬 m, 𐐱𐑉 𐐿𐐲𐑍𐑀𐑉𐐭𐐲𐑌𐐻 𐑁𐐱𐑉 𐑄 𐑋𐐱𐐾𐐲𐑊𐐲𐑅 m, 𐐱𐑉 𐐿𐐲𐑍𐑀𐑉𐐭𐐲𐑌𐐻 𐐲𐐿𐐱𐑉𐐼𐐮𐑍 𐐻𐐭 𐑄 𐑋𐐱𐐾𐐲𐑊𐐲𐑅 m. 𐐀𐐽 𐐲𐑂 𐑄 𐑌𐐲𐑋𐐺𐐲𐑉𐑆 a 𐐰𐑌𐐼 b 𐐮𐑆 𐑅𐐯𐐼 𐐻𐐭 𐐺𐐨 𐐲 𐑉𐐯𐑆𐐮𐐼𐐭 𐐲𐑂 𐑄 𐐲𐑄𐐲𐑉.

𐐓𐐭 𐐮𐐿𐑅𐐹𐑉𐐯𐑅 𐑄 𐑉𐐲𐑊𐐩𐑇𐐲𐑌 𐑄𐐲𐑅 𐐼𐐲𐑁𐐴𐑌𐐼 𐐶𐐨 𐑋𐐩 𐑉𐐴𐐻

$$a = b + cm,$$

𐐸𐐶𐐯𐑉 c 𐐮𐑆 𐐰𐑌 𐐮𐑌𐐻𐐲𐐾𐐲𐑉 (𐐹𐐱𐑆𐐮𐐻𐐮𐑂 𐐱𐑉 𐑆𐐨𐑉𐐬 𐐱𐑉 𐑌𐐯𐑀𐐲𐐻𐐮𐑂). 𐐆𐐻 𐐮𐑆 𐑋𐐱𐑉 𐐿𐐲𐑌𐑂𐐨𐑌𐐷𐐲𐑌𐐻, 𐐸𐐵𐐯𐑂𐐲𐑉, 𐐻𐐭 𐐷𐐭𐑆 𐐲 𐑅𐐹𐐯𐑇𐐲𐑊 𐑌𐐬𐐻𐐩𐑇𐐲𐑌 𐐼𐐭 𐐻𐐭 𐐘𐐵𐑅, 𐐰𐑌𐐼 𐐻𐐭 𐑉𐐴𐐻

$$a \equiv b \quad \mathrm{mod}\ m,$$

𐐰𐑌 𐐮𐐿𐑅𐐹𐑉𐐯𐑇𐐲𐑌 𐐸𐐶𐐮𐐽 𐐮𐑆 𐑉𐐯𐐼 a 𐐮𐑆 𐐿𐐲𐑍𐑀𐑉𐐭𐐲𐑌𐐻 𐐻𐐭 b 𐑋𐐱𐐾𐐲𐑊𐐬 m, 𐐱𐑉 a 𐐮𐑆 𐐿𐐲𐑍𐑀𐑉𐐭𐐲𐑌𐐻 𐐻𐐭 b 𐑁𐐱𐑉 𐑄 𐑋𐐱𐐾𐐲𐑊𐐲𐑅 m, 𐐱𐑉 a 𐐮𐑆 𐐿𐐲𐑍𐑀𐑉𐐭𐐲𐑌𐐻 𐐻𐐭 b 𐐲𐐿𐐱𐑉𐐼𐐮𐑍 𐐻𐐭 𐑄 𐑋𐐱𐐾𐐲𐑊𐐲𐑅 m. 𐐜𐐮𐑅 𐑌𐐬𐐻𐐩𐑇𐐲𐑌 𐐸𐐰𐑆 𐑄 𐐲𐐼𐑂𐐰𐑌𐐻𐐲𐐾 𐑄𐐰𐐻 𐐮𐐻 𐐮𐑌𐑂𐐱𐑊𐑂𐑆 𐐬𐑌𐑊𐐨 𐑄 𐐿𐐶𐐱𐑌𐐻𐐮𐐻𐐨𐑆 𐐸𐐶𐐮𐐽 𐐪𐑉 𐐮𐑅𐐯𐑌𐑇𐐲𐑊 𐐻𐐭 𐑄 𐐴𐐼𐐨𐐲 𐐮𐑌𐑂𐐱𐑊𐑂𐐼, 𐐸𐐶𐐯𐑉𐐰𐑆 𐐮𐑌 𐑄 𐐹𐑉𐐨𐑂𐐨𐐲𐑅 𐐮𐐿𐑅𐐹𐑉𐐯𐑇𐐲𐑌 𐐶𐐨 𐐸𐐰𐐼 𐑄 𐐮𐑉𐐯𐑊𐐲𐑂𐐲𐑌𐐻 𐐮𐑌𐐻𐐲𐐾𐐲𐑉 c. 𐐜 𐐘𐐵𐑅𐐨𐐲𐑌 𐑌𐐬𐐻𐐩𐑇𐐲𐑌 𐐮𐑆 𐐲𐑂 𐑀𐑉𐐩𐐻 𐑂𐐰𐑊𐐷𐐭 𐐰𐑌𐐼 𐐿𐐲𐑌𐑂𐐨𐑌𐐷𐐲𐑌𐑅 𐐮𐑌 𐑄 𐑅𐐻𐐲𐐼𐐨 𐐲𐑂 𐑄 𐑃𐐨𐐲𐑉𐐨 𐐲𐑂 𐐼𐐮𐑂𐐮𐑆𐐮𐐺𐐮𐑊𐐮𐐻𐐨. 𐐆𐑌 𐑄 𐐹𐑉𐐯𐑆𐐲𐑌𐐻 𐐽𐐰𐐹𐐻𐐲𐑉 𐐶𐐨 𐐼𐐲𐑂𐐯𐑊𐐲𐐹 𐑅𐐲𐑋 𐐲𐑂 𐑄 𐑁𐐲𐑌𐐼𐐲𐑋𐐯𐑌𐐻𐐲𐑊 𐐯𐑊𐐲𐑋𐐯𐑌𐐻𐐲𐑉𐐨 𐐹𐑉𐐱𐐹𐐲𐑉𐐻𐐨𐑆 𐐲𐑂 𐐿𐐲𐑌𐑀𐑉𐐭𐐲𐑌𐑅𐐲𐑆. 𐐆𐐻 𐐶𐐮𐑊 𐐺𐐨 𐑅𐐨𐑌 𐑄𐐰𐐻 𐑋𐐯𐑌𐐨 𐑃𐐨𐐲𐑉𐐲𐑋𐑆 𐐿𐐲𐑌𐑅𐐲𐑉𐑌𐐮𐑍 𐐮𐐿𐐶𐐩𐑈𐐲𐑌𐑆 𐐪𐑉 𐐫𐑊𐑅𐐬 𐐻𐑉𐐭 𐐲𐑂 𐐿𐐲𐑌𐑀𐑉𐐭𐐲𐑌𐑅𐐲𐑆 𐐶𐐮𐑄 𐑁𐐮𐐿𐑅𐐻 𐑋𐐱𐐾𐐲𐑊𐐲𐑅; 𐐰𐑌𐐼 𐐮𐐻 𐐮𐑆 𐑄𐐮𐑅 𐐲𐑌𐐰𐑊𐐲𐐾𐐨 𐐶𐐮𐑄 𐐮𐐿𐐶𐐩𐑈𐐲𐑌𐑆 𐐸𐐶𐐮𐐽 𐑀𐐮𐑂𐑆 𐐿𐐲𐑌𐑀𐑉𐐭𐐲𐑌𐑅𐐲𐑆 (𐐰𐑆 𐑅𐐲𐐽) 𐐶𐐲𐑌 𐐲𐑂 𐑄𐐩𐑉 𐐽𐐨𐑁 𐐿𐑊𐐩𐑋𐑆 𐐻𐐭 𐐲𐐻𐐯𐑌𐑇𐐲𐑌.

As immediate consequences of the definitions we have the following fundamental properties:

I. *If* $a \equiv c \mod m$, $b \equiv c \mod m$, *then* $a \equiv b \mod m$; *that is, two numbers congruent to the same number are congruent to each other.*

For, by hypothesis, $a-c = c_1m$, $b-c = c_2m$, where c_1 and c_2 are integers. Then by subtraction we have $a-b = (c_1-c_2)m$; whence $a \equiv b \mod m$.

II. *If* $a \equiv b \mod m$, $\alpha \equiv \beta \mod m$, *then* $a \pm \alpha \equiv b \pm \beta \mod m$; *that is, congruences with the same modulus may be added or subtracted member by member.*

For, by hypothesis, $a - b = c_1m$, $\alpha - \beta = c_2m$; whence $(a \pm \alpha) - (b \pm \beta) = (c_1 \pm c_2)m$. Thus $a \pm \alpha = b \pm \beta \mod m$.

III. *If* $a = b \mod m$, *then* $ca = cb \mod m$, c *being any integer whatever.*

The proof is obvious and need not be stated.

IV. *If* $a \equiv b \mod m$, $\alpha \equiv \beta \mod m$, *then* $a\alpha \equiv b\beta \mod m$; *that is, two congruences with the same modulus may be multiplied member by member.*

For, we have $a = b + c_1m$, $\alpha = \beta + c_2m$. Multiplying these equations member by member we have $a\alpha = b\beta + m(bc_2 + \beta c_1 + c_1c_2m)$. Thus $a\alpha \equiv b\beta \mod m$.

A repeated use of this property gives the following result:

V. *If* $a \equiv b \mod m$, *then* $a^n \equiv b^n \mod m$ *where* n *is any positive integer.*

As a corollary of properties II, III and V we have the following more general result:

VI. *If* $f(x)$ *denotes any polynomial in* x *with coefficients which are integers (positive or zero or negative) and if further* $a \equiv b \mod m$, *then*

$$f(a) \equiv f(b) \mod m.$$

§ 19 Solutions of Congruences by Trial

Let $f(x)$ be any polynomial in x with coefficients which are integers (positive or negative or zero). Then if x and c are any ʅɷ ɨʅɼɕɼɸ6 ɨʅ ρɞʅɞ6 ρɸɼɔ ɣ ʅɹɞʅ ʟɘɼɸɼɔ ɼɞ ɣ ʅɸɼɞɘdɨɴ ɞɹωbɼɩ ɣɹʅ

$$f(x) \equiv f(x + cm) \bmod m. \qquad (1)$$

Ψɹɩɞ ɨρ a ɨ6 ɹɩɘ ɞɹʅɣɷ ɼɞ x ρɷɸ φωɨɛ ɣ ωɼɩώɸɷɼɩɞ

$$f(x) \equiv 0 \bmod m. \qquad (2)$$

ɨ6 ɞɹʅɨɞρɸd, ɣɹɩ ɣ ωɼɩώɸɷɼɩɞ ɨ6 ɵʅɞɷ ɞɹʅɨɞρɸd ρɷɸ $x = a + cm$, φωɹɸ c ɨ6 ɹɩɘ ɨʅɼɕɼɸ φωɼʅɹɞɼɸ. Ɣ ɩɼɔɞɼɸ6 $a + cm$ ɘɸ ɞɹd ʅɷ ρɷɸɔ ɘ *ɞɼʅɷbɼɩ* (ɵɸ ʅɷ ɞ ɘ *ɸɷʅ*) ɼɞ ɣ ωɼɩώɸɷɼɩɞ, c ɞɘɨɴ ɘ ɞɹɸɼɞɼʅ ɨʅɼɕɼɸ. Ɖɩɘ ωɼɩ ɼɞ ɣ ɨʅɼɕɼɸ6 $a + cm$ ɔɛ ɞ ʅɛωɼɩ ɹ6 ɣ ɸɹʅɸɼ6ɹɩʅɼʅɞ ɼɞ ɣ ɞɼʅɷbɼɩ. Ꮗɘ bɹʅ ɵɼɩ ɞʅɘω ɼɞ ωɼɩ ɼɞ ɣɘ6 ɩɼɔɞɼɸ6 ɹ6 ɣ ɞɼʅɷbɼɩ ɨɞɹʅρ.

Ƥɔɼɴ ɣ ɨʅɼɕɼɸ6 ɩ ɘ ɞɼʅɷbɼɩ ɼɞ ɣ ωɼɩώɸɷɼɩɞ (2) ɣɹɸ ɨ6 ɹɞɨdɼɩʅʅɘ ωɼɩ φωɨɛ ɨ6 ʅɞ6ɨʅɞ ɹɩd ɩɞʅ ώɸɛʅɼɸ ɣɹɩ m. Ψɹɩɞ ɵʅ ɞɼʅɷbɼɩ6 ɼɞ ɘ ωɼɩώɸɷɼɩɞ ɼɞ ɣ ʅɸɼ (2) ɔɛ ɞ ρɷɩd ɞɸ ʅɸɸɼʅ, ɘ ɞɼɞɞʅʅɷbɼɩ ɼɞ ɔɛ ɼɞ ɣ ɩɼɔɞɼɸ6 $1, 2, \ldots, m$ ɞɘɨɴ ɔɛd ρɷɸ x. Ɨʅ ɨ6 ωʅɨɸ ɵʅɞɷ ɣɹʅ m ɨ6 ɣ ɔɹωɞɨɔɼɔ ɩɼɔɞɼɸ ɼɞ ɞɼʅɷbɼɩ6 φωɨɛ (2) ωɹɩ φɹɞ φωɼʅɹɞɼɸ ɞ ɣ ρɼɴωbɼɩ $f(x)$. Ɓɸ ɔɘɩ6 ɼɞ ɹɩ ɨώ6ɹɔʅɼʅ ɨʅ ɨ6 ɘ6ɘ ʅɷ bɷ ɣɹʅ ɣɨɞ ɔɹωɞɨɔɼɔ ɩɼɔɞɼɸ ɼɞ ɞɼʅɷbɼɩ6 ɨ6 ɩɞʅ ɵʅωɛ6 ʅɼ6ɹɞ ɞɸ ɘ ωɼɩώɸɷɼɩɞ; ɩ ρɹω, ɨʅ ɨ6 ɩɞʅ ɘɞɼɩ ɩɹɞɼɞɹɸɘ ɣɹʅ ɣ ωɼɩώɸɷɼɩɞ φɹɞ ɘ ɞɼʅɷbɼɩ ɹʅ ɵʅ.

Ɣɨɞ ɨ6 ɨʅɼɞʅɸɛʅɼd ɞɸ ɣ ɨώ6ɹɔʅɼʅ

$$x^2 - 3 \equiv 0 \bmod 5.$$

Ɨɩ ɵɸdɼɸ ʅɷ bɷ ɣɹʅ ɩɷ ɞɼʅɷbɼɩ ɨ6 ʅɞɞɨɞɼʅ ɨʅ ɨ6 ɩɹɞɼɞɹɸɘ ʅɷ ɔɛω ʅɸɸɼʅ ɵɩʅɘ ɼɞ ɣ ɞɹʅɣɷ6 $1, 2, 3, 4, 5$ ρɷɸ x. Ɵ dɼɸɹωʅ ɞɼɞɞʅʅɷbɼɩ ɞɹɸɨρɸ6 ɣ ωɼɩωʅɼsɼɩ ɣɹʅ ɩɼɩ ɼɞ ɣɹɔ ɞɹʅɨɞρɸ6 ɣ ωɼɩώɸɷɼɩɞ; ɹɩd φɹɩɞ ɣɹʅ ɣ ωɼɩώɸɷɼɩɞ φɹ6 ɩɷ ɞɼʅɷbɼɩ ɹʅ ɵʅ.

Ɵɩ ɣ ɼɣɼɸ φɹɩd ɣ ωɼɩώɸɷɼɩɞ

$$x^5 - x \equiv 0 \bmod 5$$

φɹ6 ɣ ɞɼʅɷbɼɩ6 $x = 1, 2, 3, 4, 5$ ɹ6 ωɼɩ ɸɹdʅɘ ɞɹɸɨρɸ6; ɣɹʅ ɨ6, ɣɨɞ ωɼɩώɸɷɼɩɞ φɹ6 ρɸɞ ɞɼʅɷbɼɩ6—ɣ ɔɹωɞɨɔɼɔ ɩɼɔɞɼɸ ʅɞɞɨɞɼʅ ɩ ɼωɷɸdɼɩɞ ωɨɣ ɣ ɸɼ6ɼʅʅɘ ɼɞʅɛɩd ɼɞɼɞ.

ʌΩɞʳΦɞʎ6ʳ6

1. Ɖo ɣ-ɿ $(a+b)^p \equiv a^p + b^p \bmod p$ φωʌφ a -ɥd b ɞφ ʌɥə ɥɿʳçʳφ6 -ɥd p ɪ6 ʌɥə ɿφʎɔ.
2. Ƿφʳɔ ɣ ɿφʳɞədɪʌ φʳ6ʳɿ ɿφɞɞ ɣ-ɿ $\alpha^p \equiv \alpha \bmod p$ ƿɞφ ʌɞφə ɥɿʳçʳφ α.
3. Ƿʎɥd ɵɿ ɣ ɞʳɿobʳɥ6 ʳɞ ɞc ʳɞ ɣ ωʳɥώφoʳɥɞʳ6 $x^{11} \equiv x \bmod 11, x^{10} \equiv 1 \bmod 11, x^5 \equiv 1 \bmod 11$.

§ 20 Ɪφɵɪʳφɿə6 ʳɞ Ωʳɥωφoʳɥɞʳ6 Φʌlʳɿɥɞ ɿo Ɑɪɞɪsʳɥ

Ɣ ɿφɵɪʳφɿə6 ʳɞ ωʳɥώφoʳɥɞʳ6 φʌlʳɿɥɞ ɿo ʳdɪbʳɥ, ɞʳɞɿφ-ωbʳɥ -ɥd ɔʳlɿɪɿɪωɛbʳɥ ɞφ ɥɿφφɿə ʳɥ-ɿʳώʳɞ ɿo ɣ ɿφɵɪʳφɿə6 ʳɞ -ɿçʳɞφɛɪω ɪωωɛsʳɥ6. Ɑʳɿ ɣ ɿφɵɪʳφɿə6 φʌlʳɿɥɞ ɿo dɪɞɪsʳɥ ɞφ ɪɞʌɥcʳɿə dɪpʳφʳɥɿ. Ɣə6 ωə bɿɿ ɥə ώɪɞ.

I. *Ɨp ɿo ɥʳɔəʳφ6 ɞφ ωʳɥώφoʳɥɿ ɔəçʳɿo m ɣɛ ɞφ ωʳɥώφoʳɥɿ ɔəçʳɿo d, φωʌφ d ɪ6 ʌɥə dɪɞʎ6ʳφ ʳɞ m.*

Ƿɵφ, ƿφʳɔ $a \equiv b \bmod m$, ωə φ-ɞ $a = b + cm = b + c'd$. Φʌɥɞ $a \equiv b \bmod d$.

II. *Ɨp ɿo ɥʳɔəʳφ6 ɞφ ωʳɥώφoʳɥɿ ƿɵφ dɪpʳφʳɥɿ ɔəçʳɿʎ ɣɛ ɞφ ωʳɥώφoʳɥɿ ƿɵφ ə ɔəçʳɿʳɞ φωɪc ɪ6 ɣ ɿəɞɿ ωəɔʳɥ ɔʳlɪɿʳɿ ʳɞ ɣ ώɪɞʳɥ ɔəçʳɿʎ.*

Ɣ ɿφop ɪ6 əɞɞəʳɞ, ɞɪɥɞ ɣ dɪpʳφʳɥɞ ʳɞ ɣ ώɪɞʳɥ ɥʳɔəʳφ6 ɪ6 dɪɞɪ6ɪɞʳɿ ɞʎ ɞc ʳɞ ɣ ɔəçʳɿʎ.

III. *Φωʌɥ ɣ ɿo ɔʌɔəʳφ6 ʳɞ ə ωʳɥώφoʳɥɞ ɞφ ɔʳlɪɿʳɿ6 ʳɞ -ɥ ɪɥɿʳçʳφ c ɿφʎɔ ɿo ɣ ɔəçʳɿʳɞ, ɞc ɔʌɔəʳφ ʳɞ ɣ ωʳɥώφoʳɥɞ ɔɛ ə dɪɞʎdʳd ɞʎ c.*

Ƿɵφ, ɪp $ca \equiv cb \bmod m$ ɣʌɥ $ca - cb$ ɪ6 dɪɞɪ6ɪɞʳɿ ɞʎ m. ɞɪɥɞ c ɪ6 ɿφʎɔ ɿo m ɪɿ ƿɞɿo6 ɣ-ɿ $a - b$ ɪ6 dɪɞɪ6ɪɞʳɿ ɞʎ m. Φʌɥɞ $a \equiv b \bmod m$.

IV. *Ɨp ɣ ɿo ɔʌɔəʳφ6 ʳɞ ə ωʳɥώφoʳɥɞ ɞφ dɪɞɪ6ɪəʳɿ ɞʎ -ɥ ɪɥɿʳçʳφ c, φ-ɞɪɪ ωɪɣ ɣ ɔəçʳɿʳɞ ɣ ώφɛɿʳɞɿ ωəɔʳɥ dɪɞʎ6ʳφ δ, ωʳɥ ʳəɿɛɥ6 ə ωʳɥώφoʳɥɞ ɪωωɪɞʳɿʳɥɿ ɿo ɣ ώɪɞʳɥ ωʳɥώφoʳɥɞ ɞʎ dɪɞʎdɪɪ ɣ ɿo ɔʌɔəʳφ6 ɞʎ c -ɥd ɣ ɔəçʳɿʳɞ ɞʎ δ.*

Ɑʎ φʎɿɵʟʳɞɪɞ $ac \equiv bc \bmod m, \quad c = \delta c_1, \quad m = \delta m_1$. Φʌɥɞ $c(a-b)$ ɪ6 dɪɞɪ6ɪɞʳɿ ɞʎ m. Ɵ ɥʌɞʳɞʌφə -ɥd ɞʳpɪbʳɥɿ ωɼ𐑙dɪbɼ𐑙 ρϕφ ɣɪ8 ɪ6 ʌ8ɪdɼ𐑙ʅə ɣɹʅ $c_1(a-b)$ ɪ6 dɪ8ɪ6ɪ8ɼʅ 8ɸ m_1. Ɣɪ8 ʅəd6 ɹʅ ωɼ𐑙8 ʅϕ ɣ dɼ6ɸφd φɼ6ɼʅ.

§ 21 Ωɼ𐑙ώφoɼ𐑙8ɼ6 ωɪɣ ə Ͳφdɔ Ↄəɕɼlɼ8

Ɣ ωɼ𐑙ώφoɼ𐑙8[1]

$$a_0x^n + a_1x^{n-1} + \ldots + a_n \equiv 0 \bmod p, \quad a_0 \not\equiv 0 \bmod p$$

φωʌφ p ɪ6 ə Ͳφdɔ 𐑙ɼɔəɼφ ɹ𐑙d ɣ a'6 əφ ʌ𐑙ə ɪ𐑙ʅɼɕɼφ6, φɹ6 𐑙əʅ ɔəφ ɣɹ𐑙 n 8ɼʅϕbɼ𐑙6.

Ɑɼ𐑙ʘʅ ɣ ρɼφ8ʅ ɔʌɔ8ɼφ ɼ8 ɣɪ8 ωɼ𐑙ώφoɼ𐑙8 8ɸ $f(x)$ 8ʘ ɣɹʅ ɣ ωɼ𐑙ώφoɼ𐑙8 ɔɛ 8 φɪʅɼ𐑙

$$f(x) \equiv 0 \bmod p \tag{1}$$

8ɼⲧʘ6 ɣɹʅ a ɪ6 ə φʘʅ ɼ8 ɣ ωɼ𐑙ώφoɼ𐑙8, 8ʘ ɣɹʅ

$$f(a) \equiv 0 \bmod p.$$

Ɣʌ𐑙 ωə φɹ8

$$f(x) \equiv f(x) - f(a) \bmod p.$$

8ɼʅ, ρφɼɔ ɹʅɕɼ8φɼ, $f(x) - f(a)$ ɪ6 dɪ8ɪ6ɪ8ɼʅ 8ɸ $x-a$. Ɩʌʅ $(x-a)^{\alpha}$ 8 ɣ φφɼ8ʅ ʅόɼφ ɼ8 $x-a$ ωɼ𐑙ʅɛ𐑙d ɪ𐑙 $f(x)-f(a)$. Ɣʌ𐑙 ωə ɔɛ φφʅ

$$f(x) - f(a) = (x-a)^{\alpha} f_1(x), \tag{2}$$

φωʌφ $f_1(x)$ ɪ6 ʌ8ɪdɼ𐑙ʅə ə ʅəʅɪ𐑙ʘɔəɼʅ ωɪɣ ɪ𐑙ʅɼώφɼʅ ωoɼρɪbɼ𐑙ʅ8. Φʌ𐑙8 ωə φɹ8

$$f(x) \equiv (x-a)^{\alpha} f_1(x) \bmod p. \tag{3}$$

Ωə bɹʅ 8ɛ ɣɹʅ a ɼωɼφ6 α ʅφɔ6 ɹ6 ə 8ɼʅϕbɼ𐑙 ɼ8 (1); ʘφ ɣɹʅ ɣ ωɼ𐑙ώφoɼ𐑙8 φɹ6 α 8ɼʅϕbɼ𐑙6 əɛ əωωɼʅ ʅϕ a.

[1] Ɣ 8φ𐑙 $\not\equiv$ ɪ6 φʌd ɪ6 𐑙əʅ ωɼ𐑙ώφoɼ𐑙ʅ ʅϕ.

Now suppose that congruence (1) has a root b such that $b \not\equiv a \bmod p$. Then from (3) we have

$$f(b) \equiv (b-a)^{\alpha} f_1(b) \bmod p.$$

But

$$f(b) \equiv 0 \bmod p, \quad (b-a)^{\alpha} \not\equiv 0 \bmod p.$$

Hence, since p is a prime number, we must have

$$f_1(b) \equiv 0 \bmod p.$$

By an argument analogous to the one used above, we can show that $f_1(x) - f_1(b)$ can be written in the form

$$f_1(x) - f_1(b) = (x-b)^{\beta} f_2(x),$$

where β is some positive integer. Then we have

$$f(x) \equiv (x-a)^{\alpha}(x-b)^{\beta} f_2(x) \bmod p.$$

Now this process can be continued until either all the solutions of (1) are exhausted or the second member is a product of linear factors multiplied by the integer a_0. In the former case there will be fewer than n solutions of (1), so that our theorem is true for this case. In the latter case we have

$$f(x) \equiv a_0(x-a)^{\alpha}(x-b)^{\beta} \dots (x-l)^{\lambda} \bmod p.$$

We have now n solutions of (1): a counted α times, b counted β times, ..., l counted λ times; $\alpha + \beta + \ldots + \lambda = n$.

Now let η be any solution of (1). Then

$$f(\eta) \equiv a_0(\eta-a)^{\alpha}(\eta-b)^{\beta} \dots (\eta-l)^{\lambda} \equiv 0 \bmod p.$$

Since p is prime it follows now that some one of the factors $\eta - a, \eta - b, \dots, \eta - l$ is divisible by p. Hence η coincides with one of the solutions $a, b, c, \dots, l$. That is, (1) can have only the n solutions already found.

This completes the proof of the theorem.

Exercises

1. Construct a congruence of the form

   $$a_0x^n + a_1x^{n-1} + \ldots + a_n \equiv 0 \bmod m, \quad a_0 \not\equiv 0 \bmod m,$$

   having more than n solutions and thus show that the limitation to a prime modulus in the theorem of this section is essential.

2. Show that

   $$x^6 - 1 \equiv (x-1)(x-2)(x-3)(x-4)(x-5)(x-6) \bmod 7$$

   for every integer x.

3. How many solutions has the congruence $x^5 \equiv 1 \bmod 11$? the congruence $x^5 \equiv 2 \bmod 11$?

§ 22 Linear Congruences

From the theorem of the preceding section it follows that the congruence

$$ax \equiv c \bmod p, \quad a \not\equiv 0 \bmod p,$$

where p is a prime number, has not more than one solution. In this section we shall prove that it always has a solution. More generally, we shall consider the congruence

$$ax \equiv c \bmod m$$

where m is any integer. The discussion will be broken up into parts for convenience in the proofs.

I. *The congruence*

$$ax \equiv 1 \bmod m, \tag{1}$$

in which a and m are relatively prime, has one and only one solution.

The question as to the existence and number of the solutions of (1) is equivalent to the question as to the existence and number of integer pairs x, y satisfying the equation,

$$ax - my = 1, \tag{2}$$

ɣ ɫꝛꞁᴦɕᴦɸɞ x ɞəɫи ɫѡᴦиώɸɷᴦꝛꞁ ɔɞɕᴦꞁo m. ɞɫꝛɞ a ꭻꝛd m ɞɸ ɸꭺꞁᴦꞁɫɞꞁə ꞁɸɸɔ ɫꞁ ꝑɞꞁoɞ ꝑɸᴦɔ ɩəᴦɸᴦɔ IV ᴦɞ § § 9 ɣꭻꞁ ɣꭺɸ ɫώɞɫɞꞁɞ ɞ ɞᴦꞁɷbᴦꝛ ᴦɞ ɫѡεsᴦꝛ (2). Ɩꭺꞁ $x = \alpha$ ꭻꝛd $y = \beta$ ɞ ɞ ꞁᴦɸꞁɫѡꝩᴦꞁᴦɸ ɞᴦꞁɷbᴦꝛ ᴦɞ (2) ꭻꝛd Ɩꭺꞁ $x = \bar{\alpha}$ ꭻꝛd $y = \bar{\beta}$ ɞ ꭺꝛə ɞᴦꞁɷbᴦꝛ ᴦɞ (2). Ɣꭺꝛ ѡə ɸꭻɞ

$$\alpha - m\beta = 1,$$
$$\bar{\alpha} - m\bar{\beta} = 1;$$

ɸѡꭺꝛɞ

$$(\alpha - \bar{\alpha}) - m(\beta - \bar{\beta}) = 0.$$

Ꝕꭺꝛɞ $\alpha - \bar{\alpha}$ ɫɞ dɫɞɫɞɫɞᴦꞁ ɞɸ m, ɞɫꝛɞ a ꭻꝛd m ɞɸ ɸꭺꞁᴦꞁɫɞꞁə ꞁɸɸɔ. Ɣꭻꞁ ɫɞ, $a \equiv \bar{\alpha} \mod m$. Ꝕꭺꝛɞ α ꭻꝛd $\bar{\alpha}$ ɞɸ ɸꭺꞁɸᴦɞꭺꝛꞁᴦꞁɫɞɞ ᴦɞ ɣ ɞεɔ ɞᴦꞁɷbᴦꝛ ᴦɞ (1). Ꝕꭺꝛɞ (1) ɸꭻɞ ѡᴦꝛ ꭻꝛd oꝛꞁə ѡᴦꝛ ɞᴦꞁɷbᴦꝛ, ꭻɞ ѡᴦɞ ꞁɷ ɞ ꞁɸɷɞd.

II. *Ɣ ɞᴦꞁɷbᴦꝛ $x = \alpha$ ᴦɞ ɣ ѡᴦꝛώɸɷᴦꝛɞ $ax \equiv 1 \mod m$, ɫꝛ ɸѡɫɕ a ꭻꝛd m ɞɸ ɸꭺꞁᴦꞁɫɞꞁə ꞁɸɸɔ, ɫɞ ꞁɸɸɔ ꞁɷ m.*

Ꝕɷɸ, ɫꝑ $a\alpha - 1$ ɫɞ dɫɞɫɞɫɞᴦꞁ ɞɸ m, α ɫɞ dɫɞɫɞɫɞᴦꞁ ɞɸ ɫo ꝑꭻѡꞁᴦɸ ᴦɞ m ɫѡɞꭺꞁ 1.

III. *Ɣ ѡᴦꝛώɸɷᴦꝛɞ*

$$ax \equiv c \mod m \tag{3}$$

ɫꝛ ɸѡɫɕ a ꭻꝛd m ꭻꝛd ɞꞁɞɞ c ꭻꝛd m ɞɸ ɸꭺꞁᴦꞁɫɞꞁə ꞁɸɸɔ, ɸꭻɞ ѡᴦꝛ ꭻꝛd oꝛꞁə ѡᴦꝛ ɞᴦꞁɷbᴦꝛ.

Ɩꭺꞁ $x = \gamma$ ɞ ɣ ꝩɷꝛəѡ ɞᴦꞁɷbᴦꝛ ᴦɞ ɣ ѡᴦꝛώɸɷᴦꝛɞ $cx = 1 \mod m$. Ɣꭺꝛ ѡə ɸꭻɞ $a\gamma x \equiv c\gamma \equiv 1 \mod m$. Ꝕώ, ɞɸ I ѡə ɞə ɣꭻꞁ ɣꭺɸ ɫɞ ѡᴦꝛ ꭻꝛd oꝛꞁə ѡᴦꝛ ɞᴦꞁɷbᴦꝛ ᴦɞ ɣ ѡᴦꝛώɸɷᴦꝛɞ $a\gamma x \equiv 1 \mod m$; ꭻꝛd ꝑɸᴦɔ ɣɫɞ ɣ ɩəᴦɸᴦɔ ꝑɞꞁoɞ ꭻꞁ ѡᴦꝛɞ.

ɞᴦꞁoɞ ꝛώ ɣꭻꞁ a ɫɞ ꞁɸɸɔ ꞁɷ m ɞᴦꞁ ɣꭻꞁ c ꭻꝛd m ɸꭻɞ ɣ ώɸεꞁᴦɞꞁ ѡɞɔᴦꝛ dɫɞɸᴦɸ δ ɸѡɫɕ ɫɞ dɫꝑᴦɸᴦꝛꞁ ꝑɸᴦɔ 1. Ɣꭺꝛ ɫꞁ ɫɞ əɞə ꞁɷ ɞə ɣꭻꞁ ꭺꝛə ɞᴦꞁɷbᴦꝛ x ᴦɞ ɣ ѡᴦꝛώɸɷᴦꝛɞ $ax \equiv c \mod m$ ɔᴦɞꞁ ɞ dɫɞɫɞɫɞᴦꞁ ɞɸ δ. Ɣ ѡѡꭺɞɕᴦꝛ ᴦɞ ɣ ɫώɞɫɞꞁᴦꝛɞ ᴦɞ ɞᴦꞁɷbᴦꝛɞ ᴦɞ ɣ ѡᴦꝛώɸɷᴦꝛɞ $ax \equiv c \mod m$ ɫɞ ɣꭺꝛ ɫѡѡɫɞᴦꞁᴦꝛꞁ ꞁɷ ɣ ѡѡꭺɞɕᴦꝛ ᴦɞ ɣ ɫώɞɫɞꞁᴦꝛɞ ᴦɞ ɞᴦꞁɷbᴦꝛɞ ᴦɞ ɣ ѡᴦꝛώɸɷᴦꝛɞ

$$\frac{x}{\delta} \equiv \frac{c}{\delta} \mod \frac{m}{\delta},$$

φωɹф $\frac{x}{\delta}$ ɪ6 ɣ ʀʜʜоʜ ɪʜʅʀɕʀф. Ƿфʀɔ III ɪʅ ρəʅо6 ɣɹʅ ɣɪ8 ωʀʜώфоʀʜ8 φɹ6 ə ϡоʜəω 8ʀʅоbʀʜ $\frac{x}{\delta} = \alpha$. Ψɹʜ8 ɣ ωʀʜώфоʀʜ8 $ax \equiv c \bmod m$ φɹ6 ɣ ϡоʜəω 8ʀʅоbʀʜ $x = \delta\alpha$. Ɣʀ8 ωə φɹ8 ɣ ρəʅоʜ ɩəʀфʀɔ:

IV. *Ɣ ωʀʜώфоʀʜ8 $ax \equiv c \bmod m$, ɪʜ φωɪc a ɹʜd m əф фɹʅʀʅɪ8ʅə ʅффɔ, φɹ6 ωʀʜ ɹʜd оʜʅə ωʀʜ 8ʀʅоbʀʜ.*

ΩΘΦʀɩɹФə. *Ɣ ωʀʜώфоʀʜ8 $ax \equiv c \bmod p$, $a \not\equiv 0 \bmod p$, φωɹф p ɪ6 ə ʅффɔ ʜʀɔəʀф, φɹ6 ωʀʜ ɹʜd оʜʅə ωʀʜ 8ʀʅоbʀʜ.*

Ɨʅ фʀɔɛʜ6 ʅо ɪώ6ɹɔʜ ɣ ωɛ8 ʀ8 ɣ ωʀʜώфоʀʜ8 $ax = c \bmod m$ ɪʜ φωɪc a ɹʜd m φɹ8 ɣ ώфɛʅʀ8ʅ ωəɔʀʜ dɪ8фбʀф d. Ɨʅ ɪ6 ɹ8ɪdʀʜʅ ɣɹʅ ɣɹф ɪ6 ʜо 8ʀʅоbʀʜ ʀʜʅɹ8 c оʅ8о ωʀʜʅɛʜ6 ɣɪ8 dɪ8фбʀф d. Ɣɹʜ ʅɹʅ ʀ8 8ʀɔо6 ɣɹʅ $a = \alpha d$, $c = \gamma d$, $m = \mu d$. Ɣɹʜ ρоф ɹ8фə x 8ʀc ɣɹʅ $ax = c \bmod m$ ωə φɹ8 $\alpha x = \gamma \bmod \mu$; ɹʜd ωʀʜ8ʀф8ʅə ɹ8фə x 8ɹʅɪ8ρфɪʜ ɣ ʅɹʅʀф ωʀʜώфоʀʜ8 оʅ8о 8ɹʅɪ8ρф6 ɣ ρофɔʀф. Ɥό $\alpha x = \gamma \bmod \mu$, φɹ6 оʜʅə ωʀʜ 8ʀʅоbʀʜ. ʅɹʅ β 8 ə ʜоʜ-ʜɛώʀʅɪ8 ʜʀɔ8ʀф ʅɹ8 ɣɹʜ μ, φωɪc 8ɹʅɪ8ρф6 ɣ ωʀʜώфоʀʜ8 $\alpha x = \gamma \bmod \mu$. Θʅ ɪʜʅʀɕʀф6 φωɪc 8ɹʅɪ8ρф ɣɪ8 ωʀʜώфоʀʜ8 əф ɣɹʜ ʀ8 ɣ ρофɔ $\beta + \mu\nu$, φωɹф ν ɪ6 ɹʜ ɪʜʅʀɕʀф. Ψɹʜ8 оʅ ɪʜʅʀɕʀф6 8ɹʅɪ8ρфɪʜ ɣ ωʀʜώфоʀʜ8 $ax = c \bmod m$ əф ʀ8 ɣ ρофɔ $\beta + \mu\nu$; ɹʜd ɹ8фə 8ʀc ɪʜʅʀɕʀф ɪ6 ə фɹʅфʀ6ɹʜʅʀʅɪ8 ʀ8 ə 8ʀʅоbʀʜ ʀ8 ɣɪ8 ωʀʜώфоʀʜ8. Ɨʅ ɪ6 ωʅɪф ɣɹʅ ɣ ʜʀɔ8ʀф6

$$\beta,\ \beta + \mu,\ \beta + 2\mu,\ \ldots,\ \beta + (d-1)\mu \qquad \text{(A)}$$

əф ɪʜωʀʜώфоʀʜʅ ɔəɕʀʅо m φωфʅ ɹ8фə ɪʜʅʀɕʀф ʀ8 ɣ ρофɔ $\beta + \mu\nu$ ɪ6 ωʀʜώфоʀʜʅ ɔəɕʀʅо m ʅо ə ʜʀɔ8ʀф ʀ8 ɣ 8ɹʅ (A). Ψɹʜ8 ɣ ωʀʜώфоʀʜ8 $ax = c \bmod m$ φɹ6 ɣ d 8ʀʅоbʀʜ6 (A).

Ɣɪ8 ʅəd6 ʀ8 ʅо ɹʜ ɪɔʅофʅʀʜʅ ɩəʀфʀɔ φωɪc ɪʜωʅоd6 оʅ ɣ ʀɣʀф ɩəʀфʀɔ6 ʀ8 ɣɪ8 8ɹωbʀʜ ɹ6 8ʅɹbʀʅ ωɛ8ʀ6. Ɨʅ ɔɛ 8 8ʅɛʅʀd ɹ6 ρəʅо6:

V. *ʅɹʅ*

$$ax \equiv c \bmod m$$

8 ɹʜə ʅɪʜəʀф ωʀʜώфоʀʜ8 ɹʜd ʅɹʅ a ɹʜd m φɹ8 ɣ ώфɛʅʀ8ʅ ωəɔʀʜ dɪ8фбʀф d $(d \geq 1)$. Ɣɹʜ ə ʜɹ8ʀ8ɹфə ɹʜd 8ʀфɪbʀʅ ωʀʜdɪbʀʜ ρоф ɣ ɪώ6ɪ8ʅʀʜ8 ʀ8 8ʀʅоbʀʜ6 ʀ8 ɣ ωʀʜώфоʀʜ8 ɪ6 ɣɹʅ c 8 dɪ8ɪ8ɪʀʅ əб d. Ɨр ɣɪ8 ωʀʜdɪbʀʜ ɪ6 8ɹʅɪ8рфd ɣ ωʀʜώфоʀʜ8 φɹ6 ɕʀ8ʅ d 8ʀʅоbʀʜ6, ɹʜd оʅ ɣ 8ʀʅоbʀʜ6 əф ωʀʜώфоʀʜʅ ɔəɕʀʅо m/d.

ʎϢɞГΦɞȸ6Г6

1. Ꝑȸʵd ɣ ɸɼɔɛʵdɼɸ φωʎʵ 2^{40} ɨ6 dɨɞȸdɼd ɞȸ 31; φωʎʵ 2^{43} ɨ6 dɨɞȸdɼd ɞȸ 31.
2. Ꝺo ɣɟɿ $2^{2^5}+1$ φɟ6 ɣ ƿɟϖʅɼɸ 641.
3. Ʇɸɷɞ ɣɟɿ ɵ ʵɼɔɞɼɸ ɨ6 ɵ ɔɼʅɟɼʅ ɼɞ 9 ɨƿ ɟʵd oʵʅə ɨƿ ɣ ɞɼɔ ɼɞ ɨʅɞ dɨɕɨʅɞ ɨ6 ɵ ɔɼʅɟɼʅ ɼɞ 9.
4. Ʇɸɷɞ ɣɟɿ ɵ ʵɼɔɞɼɸ ɨ6 ɵ ɔɼʅɟɼʅ ɼɞ 11 ɨƿ ɟʵd oʵʅə ɨƿ ɣ ɞɼɔ ɼɞ ɣ dɨɕɨʅɞ ɨʵ ɣ ɵd ʵɼɔɞɼɸd ʅʅɛɞɼ6 dɨɔɨʵɨbʅ ɞȸ ɣ ɞɼɔ ɼɞ ɣ dɨɕɨʅɞ ɨʵ ɣ əɞɼʵ ʵɼɔɞɼɸd ʅʅɛɞɼ6 ɨ6 ɵ ɔɼʅɟɼʅ ɼɞ 11.

4 Ɣ Lɘɾɸɾɔɞ ɾɞ Ƿʌɸɔɵ ɥɥd Ꞷɨ˥ɞɾɥ

§ 23 ƤʌΦƆƟ'ɞ ꞒʌɥɾΦɾꞀ ꞀɘɾΦɾƆ

ʟʌ˥ m ɐ ʌɥɘ ˥ɵɞɩ˥ɨɞ ɨ˥ɾɋɾɸ ɥɥd ʟʌ˥

$$a_1,\ a_2,\ \ldots,\ a_{\phi(m)} \tag{A}$$

ɐ ɣ ɞʌ˥ ɾɞ $\phi(m)$ ˥ɵɞɩ˥ɨɞ ɨ˥ɾɋɾɸɞ ɥɵ˥ ώɸɛ˥ɾɸ ɣɥɥ m ɥɥd ˥ɸɸɔ ˥ɷ m. ʟʌ˥ a ɐ ʌɥɘ ɨ˥ɾɋɾɸ ˥ɸɸɔ ˥ɷ m ɥɥd ƿɵɸɔ ɣ ɞʌ˥ ɾɞ ɨ˥ɾɋɾɸɞ

$$aa_1,\ aa_2,\ \ldots,\ aa_{\phi(m)} \tag{B}$$

Ꜧo ɥɾɔɞɾɸ aa_i ɾɞ ɣ ɞʌ˥ (B) ɨɞ ωɾИώɸɷɾɥ˥ ˥ɷ ɵ ɥɾɔɞɾɸ aa_j, ɾɥʟʌɞ $j = i$; ƿɵɸ, ƿɸɾɔ

$$aa_i \equiv aa_j \bmod m$$

ωɘ φɥɞ $a_i \equiv a_j \bmod m$; φωʌɥɞ $a_i = a_j$ ɞɨɥɞ ɞoʟ a_i ɥɥd a_j ɵɸ ˥ɵɞɩ˥ɨɞ ɥɥd ɥɵ˥ ώɸɛ˥ɾɸ ɣɥɥ m. Ɣʌɸƿɵɸ $j = i$. Ƿɾɸɣɾɸɔɵɸ, ʌɞɸɘ ɥɾɔɞɾɸ ɾɞ ɣ ɞʌ˥ (B) ɨɞ ωɾИώɸɷɾɥ˥ ˥ɷ ɞɾɔ ɥɾɔɞɾɸ ɾɞ ɣ ɞʌ˥ (A). Ɏʌɥɞ ωɘ φɥɞ ωɾɥώɸɷɾɥɞɾɞ ɾɞ ɣ ƿɵɸɔ

$$\begin{aligned}
aa_1 &\equiv a_{i_1} \bmod m,\\
aa_2 &\equiv a_{i_2} \bmod m,\\
&\vdots\\
aa_{\phi(m)} &\equiv a_{i_{\phi(m)}} \bmod m.
\end{aligned}$$

Ꜧo ˥ɷ ɥɾɔɞɾɸɞ ɨ ɣ ɞʌωɾɥd ɔʌɔɞɾɸɞ ɵɸ ɘωωɾʟ, ɞɨɥɞ $aa_i \not\equiv aa_j$ ɾɥʟʌɞ $i = j$. Ɏʌɥɞ ɣ ɥɾɔɞɾɸɞ $a_{i_1},\ a_{i_2},\ \ldots,\ a_{i_{\phi(m)}}$ ɵɸ ɣ ʞrɔɐrφ6 $a_1,\ a_2,\ \ldots,\ a_{\phi(m)}$ ɪɥ ɐrɔ ɵφdrφ. Ɣɹφrɵφ, ɪp ωə ɔrʟʉʟɸ ɣ rɐrɞ ɐɪɐʟrɔ rɞ ωrɥώφɵrɥɐr6 ʟrώɹɣrφ ɔɹɔɐrφ ɐɸ ɔɹɔɐrφ ɹɥd dɪɞɸd ɔc ɔɹɔɐrφ rɞ ɣ φrɞrʟɪи ωrɥώφɵrɥɐ ɐɸ $a_1 \cdot a_2 \ldots a_{\phi(m)}$ (φωɪc ɪ6 ʅφɸɔ ʅɵ m), ωə φɹɞ

$$a^{\phi(m)} \equiv 1 \bmod m.$$

Ɣɪɐ φrɞrʟʅ ɪ6 ʞɵɥ ɹ6 Ƥɹφɔə'6 ɕɹɥrφrʟ Lərφrɔ. Ɨʅ ɔɛ ɐ ɐʅɛʅrd ɹ6 pɐʅɵ6:

Ɨp m ɪ6 ɹɥə ʅɵɞɪʅɪɞ ɪɥʅrɕrφ ɹɥd a ɪ6 ɹɥə ɪɥʅrɕrφ ʅφɸɔ ʅɵ m, ɣɹɥ

$$a^{\phi(m)} \equiv 1 \bmod m.$$

ƜƟΦΓLɹΦə 1. *Ɨp a ɪ6 ɹɥə ɪɥʅrɕrφ ɥɵʅ dɪɞɪɪɐrʟ ɐɸ ə ʅφɸɔ ʞrɔɐrφ p, ɣɹɥ*

$$a^{p-1} \equiv 1 \bmod p.$$

ƜƟΦΓLɹΦə 2. *Ɨp p ɪ6 ɹɥə ʅφɸɔ ʞrɔɐrφ ɹɥd a ɪ6 ɹɥə ɪɥʅrɕrφ, ɣɹɥ*

$$a^p \equiv a \bmod p.$$

§ 24 Oɨʟrφ'6 ʅΦΦP rɞ ɣ ɐɪɔʅrʟ ƤɹΦɔə LərΦrɔ

Ɣ Lərφrɔ rɞ Cor. 1, § § 23, ɪ6 ɵprɥ ɐʅɵωrɥ rɞ ɹ6 ɣ ɐɪɔʅrʟ Ƥɹφɔə Lərφrɔ. Ɨʅ ωr6 rrφɐʅ rɥόɥɐʅ ɐɸ Ƥɹφɔə ɪɥ 1679, ɐrʅ ωɪɣόʅ ʅφɵp. Ɣ rrφɐʅ ʅφɵp rɞ ɪʅ ωr6 ώɪɐrɥ ɐɸ Oɨʟrφ ɪɥ 1736. Ɣɪɐ ʅφɵp ɔɛ ɐ ɐʅɛʅrd ɹ6 pɐʅɵ6:

Ƥφrɔ ɣ Ɐφɥɔɔərʟ Lərφrɔ ɪʅ pɐʅɵ6 φɹdɪʅə ɣɹʅ

$$(+ 1)^p \equiv a^p + 1 \bmod p$$

ɐɪɥɐ

$$\frac{p!}{r!(p-r)!}, \quad 0 < r < p,$$

ɪ6 ɵɐɞərɞʅə dɪɞɪɪɐrʟ ɐɸ p. Ɐrɐʅφɹωʅɪи $a + 1$ rφrɔ ɔc ɐɸd rɞ ɣ rɵφώɵɪи ωrɥώφɵrɥɐ, ωə φɹɞ

$$(+ 1)^p - (+ 1) \equiv a^p - a \bmod p.$$

Ꝕᴧʼnɞ ɩp $a^p - a$ ɩɞ dɩɞɩɞɩaɼʅ aɸ p, ɞo ɩɞ $(+1)^p - (+1)$. Ƀɼʅ $1^p - 1$ ɩɞ dɩɞɩɞɩaɼʅ aɸ p. Ꝕᴧʼnɞ $2^p - 2$ ɩɞ dɩɞɩɞɩaɼʅ aɸ p; ᴧʼnd ɣᴧʼn $3^p - 3$; ᴧʼnd ɞo ɵʼn. Ɣᴧɸɼɵɸ, ɲ ɕᴧʼnɼɸɼʅ, ωə ɸᴧɞ

$$a^p \equiv a \mod p.$$

Ɨp a ɩɞ ʅɸɸɔ ʅɵ p ɣɩɞ ɷɩɞɞ $a^{p-1} \equiv 1 \mod p$, ᴧɞ ωɼɞ ʅɵ a ʅɸɵɞd.

Ɨp ɲɞʅᴧd ɼɞ ɣ Ƀɸʼnɔɔəɼʅ Ꞁəɼɸɼɔ ωɼʼn ɩɔʅʅɵɞ ɣ Ʇɞʅɲɔɔəɼʅ Ꞁəɼɸɼɔ, ᴧʼn əɞɼʼn ɞɩɔʅʅɼɸ ʅɸɵp ɩɞ ɼaʅɛʼnd. Ƥɵɸ, ɼɸɼɔ ɣ ʅᴧʅɼɸ ɩəɼɸɼɔ, ωə ɸᴧɞ ɸᴧdʅə

$$(\alpha_1 + \alpha_2 + \ldots + \alpha_a)^p \equiv \alpha_1^p + \alpha_2^p + \ldots + \alpha_a^p \mod p.$$

Ʇɕʅɲɲ $\alpha_1 = \alpha_2 = \ldots = \alpha_a = 1$ ωə ɸᴧɞ

$$a^p \equiv a \mod p,$$

ɼɸɼɔ ɸωɩɕ ɣ ɩəɼɸɼɔ ɼəʅɵɞ ᴧɞ aɼɼɵɸ.

§ 25 Ꞷɩʅɞɼʼn's Ꞁəɼɸɼɔ

Ƥɸɼɔ ɣ ɞɩɔʅʅ Ƥᴧɸɔə ɩəɼɸɼɔ ɲʅ ɼəʅɵɞ ɣᴧʅ ɣ ωɼʼnɷɸɵɼʼnɞ

$$x^{p-1} \equiv 1 \mod p$$

ɸᴧɞ ɣ $p-1$ ɞɼʅɵbɼʼnɞ $1, 2, 3, \ldots, p-1$. Ꝕᴧʼnɞ ɼɸɼɔ ɣ dɩɞωɼbɼʼn ɲ §§ 21 ɲʅ ɼəʅɵɞ ɣᴧʅ

$$x^{p-1} \equiv (x-1)(x-2)\ldots(x-\overline{p-1}) \mod p,$$

ɣɩɞ ɸɼʅɛbɼʼn aəɩɲ ɞᴧʅɩɞɼɸd ɼɵɸ ᴧɞɸə ɞᴧʅɞɵ ɼɞ x. Ʇɕʅɲɲ $x = 0$ ωə ɸᴧɞ

$$(-1) = (-1)^{p-1} \cdot 1 \cdot 2 \cdot 3 \ldots \overline{p-1} \mod p.$$

Ɨp p ɩɞ ᴧʼn əd ʅɸɸɔ ɣɩɞ ʅədɞ ʅɵ ɣ ωɼʼnɷɸɵɼʼnɞ

$$1 \cdot 2 \cdot 3 \ldots \overline{p-1} + 1 = 0 \mod p.$$

[illegible] $p = 2$ [illegible]

[illegible] p [illegible]

$$1 \cdot 2 \cdot 3 \ldots \overline{p+1} + 1 \equiv 0 \mod p.$$

[illegible] p [illegible] p-gons [illegible] p [illegible]

$$\frac{1}{2p} p(p-1)(p-2) \ldots 3 \cdot 2 \cdot 1;$$

[illegible] p [illegible] $p - 1$ [illegible], …, [illegible] $(p-1)^{\text{th}}$ [illegible] $2p$ [illegible] $\frac{1}{2}(p-1)$ [illegible] $\frac{360^\circ}{p}$ [illegible] p-gons [illegible] p; [illegible] p-gon [illegible] $p - 1$ p-gons [illegible] $\frac{360^\circ}{p}$. [illegible],

$$\frac{1}{2p} p(p-1)(p-2) \ldots 3 \cdot 2 \cdot 1 - \frac{1}{2}(p-1) \equiv 0 \mod p.$$

[illegible]

$$(p-1)(p-2) \ldots 3 \cdot 2 \cdot 1 - p + 1 \equiv 0 \mod p;$$

[illegible]

$$1 \cdot 2 \ldots \overline{p-1} + 1 \equiv 0 \mod p,$$

[illegible]

§ 26 Y Ωəɤɛʀɸɛ ʀɛ Ωɩɭɛʀɤ's Lɘʀɸʀɔ

Ωɩɭɛʀɤ's ʟɘʀɸʀɔ ɪɞ ɤoʅωʀɸɣə ɪɤ ɣɹʅ ɪʅɛ ωʀɤɛʀɸɛ ɪɞ ɵʅɛo ʅɸɵ. Y ωʀɤɛʀɸɛ ɔɛ ɐ ɐʅɛʅʀd ɹɞ pɐʅoɞ:

Λɛɸə ɪɤʅʀɕʀɸ n ɐʀc ɣɹʅ ɣ ωʀɤώɸɵʀɤɛ

$$1 \cdot 2 \cdot 3 \ldots \overline{n-1} + 1 \equiv 0 \bmod n$$

ɪɞ ɐɹʅɪɐpɸd ɪɞ ə ʅɸɸɔ ɤʀɔɐʀɸ.

Pɵɸ, ɪp n ɪɞ ɤɐʅ ʅɸɸɔ, ɣɹɸ ɪɞ ɐʀɔ dɪɐɸɛʀɸ d ʀɛ n dɪpʀɸʀɤʅ pɸʀɔ 1 ɹɤd ʅɹɐ ɣɹɤ n. Pɵɸ ɐʀc ə d ωə ɸɹɐ $1 \cdot 2 \cdot 3 \ldots \overline{n-1} \equiv 0 \bmod d$; ɐo ɣɹʅ $1 \cdot 2 \ldots \overline{n-1} + 1 \not\equiv 0 \bmod d$; ɹɤd ɸɹɤɛ $1 \cdot 2 \ldots \overline{n-1} + 1 \equiv 0 \bmod n$. Ɐɪɤɛ ɣɪɛ ωəɤʅɸʀdɪωʅɛ ɵ̇ɸ ɸɸʅəʟʀɐɪɛ ɣ ʅɸɵʟ ʀɛ ɣ ʟɘʀɸʀɔ pɐʅoɞ.

Ωɩɭɛʀɤ's ʟɘʀɸʀɔ ɹɤd ɪʅɛ ωʀɤɛʀɸɛ ɔɛ ɐ ωʀɔɐɸɤd ɪɤʅɵ ɣ pɐʅoɪʜ ɹʅʀώʀɤʅ ʟɘʀɸʀɔ:

A ɤɹɐʀɐɹɸə ɹɤd ɐʀpɪbʀɤʅ ωʀɤdɪbʀɤ ɣɹʅ ɹɤ ɪɤʅʀɕʀɸ n ɪɞ ʅɸɸɔ ɪɞ ɣɹʅ

$$1 \cdot 2 \cdot 3 \ldots \overline{n-1} + 1 \equiv 0 \bmod n.$$

Lɘʀɸɹʅɪωʀʅə ɣɪɛ pʀɸɪɤbʀɞ ə ωʀɔʅʅəʅ ɹɤd ɹʅʀώʀɤʅ ʅɹɐʅ ɹɞ ʅɵ ɸωɹɣʀɸ ə ώɪɐʀɤ ɤʀɔɐʀɸ ɪɞ ʅɸɸɔ. Ɐʀ, ʅɸɹɑʅɪωʀʅə, ɣ ʅɛɐʀɸ ʀɛ ʀʅʅɸɪʜ ɪʅ ɪɞ ɐo ώɸɛʅ ɣɹʅ ɪʅ ɪɞ ɥɐɛʅʀɛ pɵɸ ɐɹɸɪpɸɪʜ ʅɵɸɕ ʅɸɸɔɞ.

§ 27 Ɨɔʅəɐɪɐɪʟɪʅə ʀɛ $1 \cdot 2 \cdot 3 \cdots \overline{n-1} + 1 = n^k$ pɵɸ $n > 5$.

Ɨɤ ɣɪɛ ɐɹωbʀɤ ωə bɹʅ ʅɸɵɛ ɣ pɐʅoɪʜ ʟɘʀɸʀɔ:

Yɹɸ ɪώɐɪɐʅɛ ɤo ɪɤʅʀɕʀɸ k pɵɸ ɸωɪc ɣ ɪωωɛsʀɤ

$$1 \cdot 2 \cdot 3 \cdots \overline{n-1} + 1 = n^k$$

ɪɞ ʅɸɵ ɸωɹɤ n ɪɞ ώɸɛʅʀɸ ɣɹɤ 5.

Ɨp n ωʀɤʅɛɤɞ ə dɪɐɸɛʀɸ d dɪpʀɸʀɤʅ pɸʀɔ 1 ɹɤd n, ɣ ɪωωɛsʀɤ ɪɞ əɐɐəʀɐʅə pɵʅɐ; pɵɸ ɣ ɐɹωʀɤd ɔɹɔɐʀɸ ɪɞ dɪɐɪɞɪɐʀʅ ɐɸ d ɸωɸʅ ɣ pʀɸɐʅ ɪɞ ɤɐʅ. ɸɹɤɛ ωə ɤəd ʅɵ ʅɸɵɛ ɣ ʟɘʀɸʀɔ oɤʅə pɵɸ ʅɸɸɔɞ n.

𐐓𐑉𐐰𐑌𐑅𐐹𐐬𐑆𐐮𐑍 1 𐐻𐐭 𐑄 𐑅𐐯𐐿𐐲𐑌𐐼 𐑋𐐯𐑋𐐺𐐲𐑉 𐐰𐑌𐐼 𐐼𐐮𐑂𐐴𐐼𐐮𐑍 𐐺𐐴 $n-1$ 𐐶𐐨 𐐸𐐰𐑂

$$1 \cdot 2 \cdot 3 \cdots \overline{n-2} = n^{k-1} + n^{k-2} + \ldots + n + 1.$$

𐐆𐑁 $n > 5$ 𐑄 𐐹𐑉𐐪𐐼𐐲𐐿𐐻 𐐫𐑌 𐑄 𐑊𐐯𐑁𐐻 𐐿𐐲𐑌𐐻𐐩𐑌𐑆 𐐺𐐬𐑃 𐑄 𐑁𐐰𐐿𐐻𐐲𐑉 2 𐐰𐑌𐐼 𐑄 𐑁𐐰𐐿𐐻𐐲𐑉 $\frac{1}{2}(n-1)$; 𐑄𐐰𐐻 𐐮𐑆, 𐑄 𐑁𐐲𐑉𐑅𐐻 𐑋𐐯𐑋𐐺𐐲𐑉 𐐿𐐲𐑌𐐻𐐩𐑌𐑆 𐑄 𐑁𐐰𐐿𐐻𐐲𐑉 $n-1$. 𐐒𐐲𐐻 𐑄 𐑅𐐯𐐿𐐲𐑌𐐼 𐑋𐐯𐑋𐐺𐐲𐑉 𐐼𐐲𐑆 𐑌𐐪𐐻 𐐿𐐲𐑌𐐻𐐩𐑌 𐑄𐐮𐑅 𐑁𐐰𐐿𐐻𐐲𐑉, 𐑅𐐮𐑌𐑅 𐑁𐐫𐑉 $n = 1$ 𐑄 𐐮𐐿𐑅𐐹𐑉𐐯𐑇𐐲𐑌 $n^{k-1} + \ldots n + 1$ 𐐮𐑆 𐐨𐐿𐐶𐐲𐑊 𐐻𐐭 $k \neq 0$. 𐐐𐐯𐑌𐑅 𐑄 𐑃𐐨𐐲𐑉𐐲𐑋 𐑁𐐪𐑊𐐬𐑆 𐐰𐐻 𐐶𐐲𐑌𐑅.

§ 28 𐐆𐐿𐑅𐐻𐐯𐑌𐑇𐐲𐑌 𐐲𐑂 𐐙𐐯𐑉𐑋𐐪’𐑆 𐐛𐐨𐐲𐑉𐐲𐑋

𐐜 𐐪𐐺𐐾𐐯𐐿𐐻 𐐲𐑂 𐑄𐐮𐑅 𐑅𐐯𐐿𐑇𐐲𐑌 𐐮𐑆 𐐻𐐭 𐐮𐐿𐑅𐐻𐐯𐑌𐐼 𐐙𐐯𐑉𐑋𐐪’𐑆 𐐾𐐯𐑌𐐲𐑉𐐲𐑊 𐑃𐐨𐐲𐑉𐐲𐑋 𐐰𐑌𐐼 𐐮𐑌𐑅𐐮𐐼𐐯𐑌𐐻𐐲𐑊𐐨 𐐻𐐭 𐑀𐐮𐑂 𐐪 𐑌𐐭 𐐹𐑉𐐭𐑁 𐐲𐑂 𐐮𐐻. 𐐎𐐨 𐑇𐐰𐑊 𐐺𐐩𐑅 𐑄𐐮𐑅 𐐹𐑉𐐭𐑁 𐐫𐑌 𐑄 𐑅𐐮𐑋𐐹𐐲𐑊 𐐙𐐯𐑉𐑋𐐪 𐑃𐐨𐐲𐑉𐐲𐑋, 𐐲𐑂 𐐸𐐶𐐮𐐽 𐐶𐐨 𐐸𐐰𐑂 𐐫𐑊𐑉𐐯𐐼𐐨 𐑀𐐮𐑂𐐲𐑌 𐐪 𐑅𐐮𐑋𐐹𐐲𐑊 𐐮𐑌𐐼𐐲𐐹𐐯𐑌𐐼𐐲𐑌𐐻 𐐹𐑉𐐭𐑁. 𐐜𐐮𐑅 𐑃𐐨𐐲𐑉𐐲𐑋 𐐲𐑅𐐲𐑉𐐻𐑅 𐑄𐐰𐐻 𐑁𐐫𐑉 𐐯𐑂𐑉𐐨 𐐹𐑉𐐴𐑋 p 𐐰𐑌𐐼 𐐮𐑌𐐻𐐲𐐾𐐲𐑉 a 𐑌𐐪𐐻 𐐼𐐮𐑂𐐮𐑆𐐮𐐺𐐲𐑊 𐐺𐐴 p, 𐐶𐐨 𐐸𐐰𐑂 𐑄 𐐿𐐲𐑌𐑀𐑉𐐭𐐲𐑌𐑅

$$a^{p-1} \equiv 1 \bmod p.$$

𐐜𐐯𐑌 𐑊𐐯𐐻 𐐲𐑅 𐑉𐐴𐐻

$$a^{p-1} = 1 + hp. \tag{1}$$

𐐡𐐩𐑆𐐮𐑍 𐐨𐐽 𐑋𐐯𐑋𐐺𐐲𐑉 𐐲𐑂 𐑄𐐮𐑅 𐐮𐐿𐐶𐐩𐑈𐐲𐑌 𐐻𐐭 𐑄 $p^{\text{𐑃}}$ 𐐹𐐵𐐲𐑉 𐐶𐐨 𐑋𐐩 𐑉𐐴𐐻 𐑄 𐑉𐐨𐑆𐐲𐑊𐐻 𐐮𐑌 𐑄 𐑁𐐫𐑉𐑋

$$a^{p(p-1)} = 1 + h_1 p^2. \tag{2}$$

𐐸𐐶𐐯𐑉 h_1 𐐮𐑆 𐐰𐑌 𐐮𐑌𐐻𐐲𐐾𐐲𐑉. 𐐐𐐯𐑌𐑅

$$a^{p(p-1)} \equiv 1 \bmod p^2.$$

𐐒𐐴 𐑉𐐩𐑆𐐮𐑍 𐐨𐐽 𐑋𐐯𐑋𐐺𐐲𐑉 𐐲𐑂 (2) 𐐻𐐭 𐑄 p^{th} 𐐹𐐵𐐲𐑉 𐐶𐐨 𐐿𐐰𐑌 𐑉𐐯𐐼𐐮𐑊𐐨 𐑇𐐬 𐑄𐐰𐐻

$$a^{p^2(p-1)} \equiv 1 \bmod p^3.$$

Ɨʅ ɪ6 ɥȯ ɘ6ɘ ʅɷ ɞɘ ɣɹʅ ωɘ bɹʅ φɹɞ ɪɥ ʗɹɥɼɸɼʅ

$$a^{p^{\alpha-1}(p-1)} \equiv 1 \bmod p^{\alpha}.$$

φωɹφ α ɪ6 ɘ ʅɞ6ɪʅɪɞ ɪɥʅɼʗɼφ; ɣɹʅ ɪ6,

$$a^{\phi(p^{\alpha})} \equiv 1 \bmod p^{\alpha}.$$

Ƥɵφ ɣ ɞʅɹbɼʅ ωɛɞ φωɹɥ p ɪ6 2 ɣɪɞ φɼ6ɼʅʅ ωɹɥ ɐ ɪωɞʅɹɥdɼd. Ƥɵφ ɣɪɞ ωɛɞ (1) ɐɼωɼɔ6

$$a = 1 + 2h.$$

Ɵωωɹφɪɴ ωɘ φɹɞ

$$a^2 = 1 + 4h(h+1).$$

Ɋɹɥɞ,

$$a^2 = 1 + 8h_1, \tag{3}$$

φωɹφ h_1 ɪ6 ɹɥ ɪɥʅɼʗɼφ. Ɣɹφƥɵφ

$$a^2 \equiv 1 \bmod 2^3.$$

Ɵωωɹφɪɴ (3) ωɘ φɹɞ

$$a^{2^2} = 1 + 2^4 h_2;$$

ɵφ

$$a^{2^2} \equiv 1 \bmod 2^4.$$

Ɨʅ ɪ6 ɥȯ ɘ6ɘ ʅɷ ɞɘ ɣɹʅ ωɘ bɹʅ φɹɞ ɪɥ ʗɹɥɼɸɼʅ

$$a^{2^{\alpha-2}} \equiv 1 \bmod 2^{\alpha}$$

ɪƥ $\alpha > 2$. Ɣɹʅ ɪ6,

$$a^{\frac{1}{2}\phi(2^{\alpha})} \equiv 1 \bmod 2^{\alpha} \text{ ɪƥ } a > 2. \tag{4.1}$$

𐐤𐐵 𐐮𐑌 𐐻𐐲𐑉𐑋𐑆 𐐲𐑂 𐑄 ϕ-𐑁𐐲𐑍𐐿𐑇𐐲𐑌 𐑊𐐯𐐻 𐐲𐑅 𐐼𐐲𐑁𐐴𐑌 𐐱 𐑌𐑏 𐑁𐐲𐑍𐐿𐑇𐐲𐑌 $\lambda(m)$ 𐐰𐑆 𐑁𐐱𐑊𐐬𐑆:

$$\lambda(2^\alpha) = \phi(2^\alpha) \text{ 𐐮𐑁 } a = 0, 1, 2;$$

$$\lambda(2^\alpha) = \frac{1}{2}\phi(2^\alpha) \text{ 𐐮𐑁 } a > 2;$$

$$\lambda(p^\alpha) = \phi(p^\alpha) \text{ 𐐮𐑁 } p \text{ 𐐮𐑆 𐐰𐑌 𐐱𐐼 𐐹𐑉𐐴𐑋};$$

$$\lambda(2^\alpha p_1^{\alpha_1} p_2^{\alpha_2} \cdots p_n^{\alpha_n}) = M,$$

𐐸𐐶𐐯𐑉 M 𐐮𐑆 𐑄 𐑊𐐨𐑅𐐻 𐐿𐐱𐑋𐐲𐑌 𐑋𐐲𐑊𐐻𐐮𐐹𐐲𐑊 𐐲𐑂

$$\lambda(2^\alpha), \lambda(p_1^{\alpha_1}), \lambda(p_2^{\alpha_2}), \ldots, \lambda(p_n^{\alpha_n}),$$

$2, p_1, p_2, \ldots, p_n$ 𐐺𐐨𐐮𐑍 𐐼𐐮𐑁𐐲𐑉𐐲𐑌𐐻 𐐹𐑉𐐴𐑋𐑆.

𐐔𐐲𐑌𐐬𐐻 𐐺𐐴 m 𐑄 𐑌𐐲𐑋𐐺𐐲𐑉

$$m = 2^\alpha p_1^{\alpha_1} p_2^{\alpha_2} \cdots p_n^{\alpha_n}.$$

𐐢𐐯𐐻 a 𐐺 𐐯𐑌𐐨 𐑌𐐲𐑋𐐺𐐲𐑉 𐐹𐑉𐐴𐑋 𐐻𐐭 m. 𐐙𐑉𐐲𐑋 𐐵𐑉 𐐹𐑉𐐨𐑅𐐨𐐼𐐮𐑍 𐑉𐐲𐑆𐐲𐑊𐐻𐑅 𐐶𐐨 𐐸𐐰𐑂

$$a^{\lambda(2^\alpha)} \equiv 1 \bmod 2^\alpha,$$

$$a^{\lambda(p_1^{\alpha_1})} \equiv 1 \bmod p_1^{\alpha_1},$$

$$a^{\lambda(p_2^{\alpha_2})} \equiv 1 \bmod p_2^{\alpha_2},$$

$$\cdots$$

$$a^{\lambda(p_n^{\alpha_n})} \equiv 1 \bmod p_2^{\alpha_n}.$$

𐐤𐐵 𐐯𐑌𐐨 𐐶𐐲𐑌 𐐲𐑂 𐑄𐐨𐑆 𐐿𐐲𐑌𐑀𐑉𐐭𐐲𐑌𐑅𐐲𐑆 𐑉𐐲𐑋𐐩𐑌𐑆 𐐻𐑉𐐭 𐐮𐑁 𐐺𐐬𐑃 𐐲𐑂 𐐮𐐻𐑅 𐑋𐐯𐑋𐐺𐐲𐑉𐑆 𐐪𐑉 𐑉𐐩𐑆𐐼 𐐻𐐭 𐑄 𐑅𐐩𐑋 𐐹𐐱𐑆𐐮𐐻𐐮𐑂 𐐮𐑌𐐻𐐲𐑀𐑉𐐲𐑊 𐐹𐐵𐐲𐑉, 𐐸𐐶𐐲𐐻𐐯𐑂𐐲𐑉 𐑄𐐰𐐻 𐐹𐐵𐐲𐑉 𐑋𐐩 𐐺. 𐐜𐐯𐑌 𐑊𐐯𐐻 𐐲𐑅 𐑉𐐩𐑆 𐐺𐐬𐑃 𐑋𐐯𐑋𐐺𐐲𐑉𐑆 𐐲𐑂 𐑄 𐑁𐐲𐑉𐑅𐐻 𐐿𐐲𐑌𐑀𐑉𐐭𐐲𐑌𐑅 𐐻𐐭 𐑄 𐐹𐐵𐐲𐑉 $\frac{\lambda(m)}{\lambda(2^\alpha)}$; 𐐺𐐬𐑃 𐑋𐐯𐑋𐐺𐐲𐑉𐑆 𐐲𐑂 𐑄 𐑅𐐯𐐿𐐲𐑌𐐼 𐐿𐐲𐑌𐑀𐑉𐐭𐐲𐑌𐑅 𐐻𐐭 𐑄 𐐹𐐵𐐲𐑉 $\frac{\lambda(m)}{\lambda(p_1^{\alpha_1})}$; …; 𐐺𐐬𐑃 𐑋𐐯𐑋𐐺𐐲𐑉𐑆 𐐲𐑂 𐑄 𐑊𐐰𐑅𐐻 𐐿𐐲𐑌𐑀𐑉𐐭𐐲𐑌𐑅 𐐻𐐭 𐑄 𐐹𐐵𐐲𐑉 $\frac{\lambda(m)}{\lambda(p_n^{\alpha_n})}$. 𐐜𐐯𐑌 𐐶𐐨 𐐸𐐰𐑂

$$a^{\lambda(m)} \equiv 1 \quad \bmod 2^\alpha,$$

$$a^{\lambda(m)} \equiv 1 \quad \bmod p_1^{\alpha_1},$$

$$\cdots\cdots$$

$$a^{\lambda(m)} \equiv 1 \quad \bmod p_n^{\alpha_n}.$$

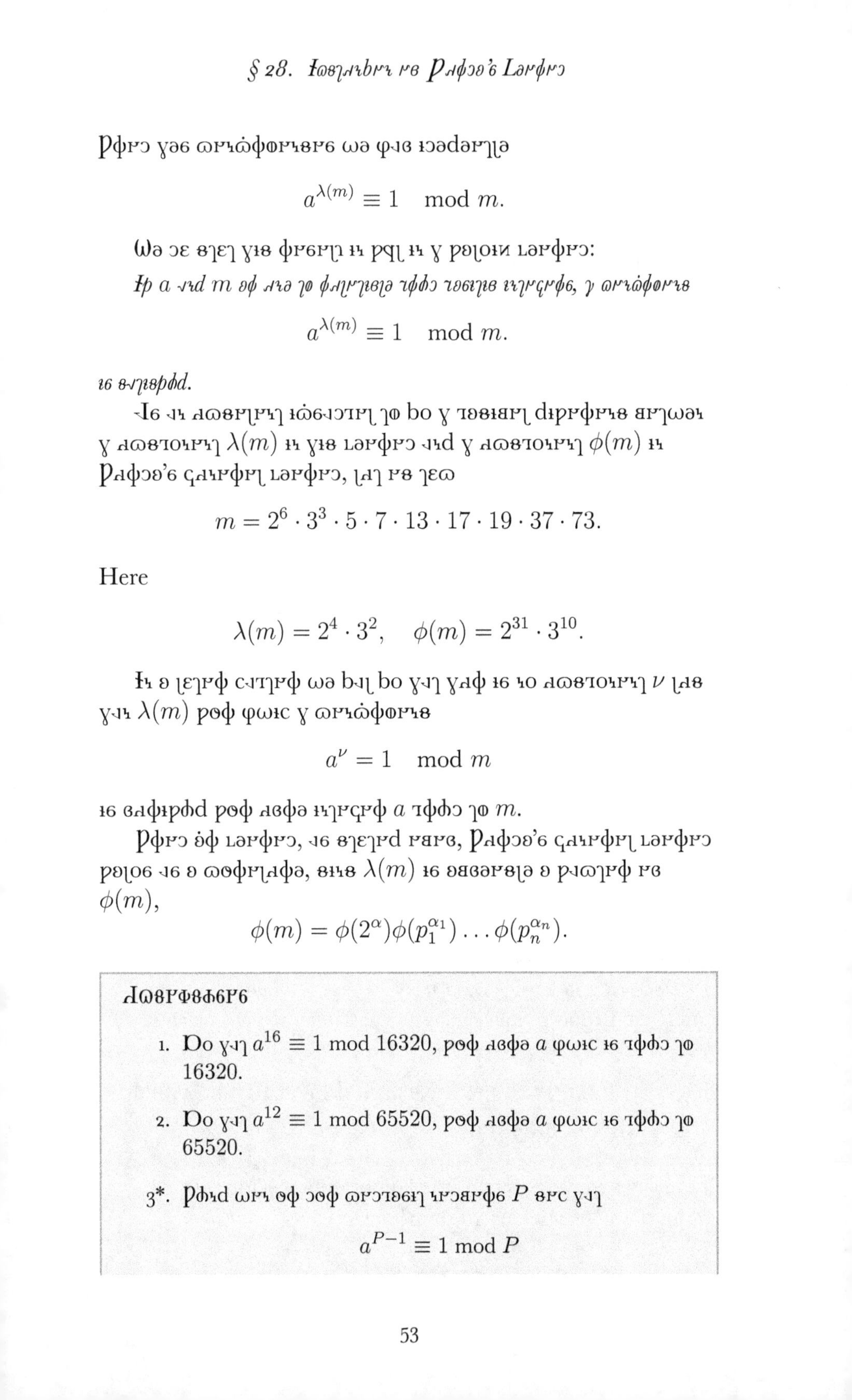

[illegible]

$$a^{\lambda(m)} \equiv 1 \mod m.$$

[illegible]

[illegible] a [illegible] m [illegible]

$$a^{\lambda(m)} \equiv 1 \mod m.$$

[illegible]

[illegible] $\lambda(m)$ [illegible] $\phi(m)$ [illegible]

$$m = 2^6 \cdot 3^3 \cdot 5 \cdot 7 \cdot 13 \cdot 17 \cdot 19 \cdot 37 \cdot 73.$$

Here

$$\lambda(m) = 2^4 \cdot 3^2, \quad \phi(m) = 2^{31} \cdot 3^{10}.$$

[illegible] ν [illegible] $\lambda(m)$ [illegible]

$$a^{\nu} = 1 \mod m$$

[illegible] a [illegible] m.

[illegible] $\lambda(m)$ [illegible] $\phi(m)$,

$$\phi(m) = \phi(2^{\alpha})\phi(p_1^{\alpha_1}) \ldots \phi(p_n^{\alpha_n}).$$

[illegible]

1. [illegible] $a^{16} \equiv 1 \mod 16320$, [illegible] a [illegible] 16320.

2. [illegible] $a^{12} \equiv 1 \mod 65520$, [illegible] a [illegible] 65520.

3*. [illegible] P [illegible]

$$a^{P-1} \equiv 1 \mod P$$

> ρθф ʌ8фə a ʇффɔ ʇ0 P. (Wrɔʇʌф ɣɪ8 ʇфθ8ʟrɔ ωɪɣ ɣ ɴʌω8ʇ 8ʌωbrɴ.)

§ 29 Θɴ ɣ Wθɴ8rфθ8 r8 Pʌфɔə's 8ɪɔʇrʟ Lərфrɔ

Ɣ ρʌω ɣʌʇ ɣ ωrɴ8rфθ8 r8 Wɪʟ8rɴ's ʟərфrɔ ɪ6 ə ʇфθ ʇфθʇr6ɪbrɴ ʟəd6 ωrɴ ɴʌcrфrʟə ʇ0 ɪɴωωфф φωʌɣrф ɣ ωrɴ8rфθ8 r8 Pʌфɔə'6 8ɪɔʇrʟ ʟərфrɔ ɪ6 ʇфθ. Ɣr8, ωə ɔɛ ʌ8ω ɣ ωωʌ8crɴ: Ɑr6 ɣ ɪώ6ɪ8ʇrɴ8 r8 ɣ ωrɴώфθrɴ8 $2^{n-1} \equiv 1 \bmod n$ фrωωфф ɣʌʇ n ɪ8 ə ʇффɔ ɴrɔ8rф? Ɣ Cфɪə6 ʌɴ8rфd ɣɪ8 ωωʌ8crɴ ɪɴ ɣ rρrфɔrʇɪ8 ʌɴd ɣ ʌɴ8rф ʇʌ8ʇ rɴcʌʟrɴcd rɔrɪ ɣʌɔ ρθф ɔʌɴə ʌɪф6. Ʌɪ ɪώ6ʌɔʇrʟ ɪ6 8rρɪbrɴʇ ʇ0 bo ɣʌʇ ɣ ʟərфrɔ ɪ6 ɴθʇ ʇфθ. Wə bʌʟ bo ɣʌʇ

$$2^{340} \equiv 1 \bmod 341$$

although $341 = 11 \cdot 31$, ɪ6 ɴθʇ ə ʇффɔ ɴrɔ8rф. Ɦό $2^{10} - 1 = 3 \cdot 11 \cdot 31$. Φʌɴ8 $2^{10} \equiv 1 \bmod 341$. Φʌɴ8 $2^{340} \equiv 1 \bmod 341$. Pфrɔ ɣɪ8 ɪʇ ρθʟθ6 ɣʌʇ ɣ drфʌω ωrɴ8rфθ8 r8 Pʌфɔə'6 ʟərфrɔ ɪ6 ɴθʇ ʇфθ. Ɣ ρθʟθɪɴ ʟərфrɔ, φόʌ8rф, φωɪc ɪ6 ə ωrɴ8rфθ8 ωɪɣ ʌɴ ɪω8ʇʌɴdrd φфʇθʟr8ɪ8, ɪ6 фʌdɪʟə ʇфθθd.

Ɨρ ɣʌф ɪώ6ɪ8ʇ8 ʌɴ ɪɴʇrɢrф a 8rc ɣʌʇ

$$a^{n-1} \equiv 1 \bmod n$$

ʌɴd ɪρ ρrфɣrф ɣʌф drɔ ɴθʇ ɪώ6ɪ8ʇ ʌɴ ɪɴʇrɢrф ν ʟʌ8 ɣʌɴ $n-1$ 8rc ɣʌʇ

$$a^{\nu} \equiv 1 \bmod n,$$

ɣʌɴ ɣ ɪɴʇrɢrф n ɪ6 ə ʇффɔ ɴrɔ8rф.

Pθф, ɪρ n ɪ6 ɴθʇ ʇффɔ, $\phi(n) < n - 1$. Ɣʌɴ ρθф $\nu = \phi(n)$ ωə φʌ8 $a^{\nu} \equiv 1 \bmod n$, ωθɴʇфʌфə ʇ0 ɣ φфʇθʟr8ɪ8 r8 ɣ ʟərфrɔ.

§ 30 Ʌʇʟɪωɛdrɴ r8 Ʇфθ8θr8 Φr6rʟʇ8 ʇ0 Ʈɪɴθrф Wrɴωθфθrɴ8r6

Ɣ ʟərфrɔ6 r8 ɣ ʇфʌ6rɴʇ cʌʇʇrф rρθфd r8 ə фʌdə ɔəɴ6 r8 ффʇɪɪɴ dόɴ ə 8rʟ0brɴ r8 ɣ ωrɴώфθrɴ8

$$ax \equiv c \bmod m. \qquad (1)$$

𐐎𐐨 𐑇𐐰𐑊 𐐿𐐲𐑌𐑅𐐮𐐼𐐲𐑉 𐐬𐑌𐑊𐐨 𐑄 𐐿𐐩𐑅 𐐮𐑌 𐐸𐐶𐐮𐐽 a 𐐰𐑌𐐼 m 𐐪𐑉 𐑉𐐯𐑊𐐲𐐻𐐮𐑂𐑊𐐨 𐐹𐑉𐐴𐑋, 𐑅𐐮𐑌𐑅 𐑄 𐐾𐐯𐑌𐐲𐑉𐐲𐑊 𐐿𐐩𐑅 𐐮𐑆 𐐨𐑆𐐮𐑊𐐨 𐑉𐐲𐐼𐐭𐑅𐐲𐐺𐐲𐑊 𐐻𐐭 𐑄𐐮𐑅 𐐶𐐲𐑌, 𐐰𐑆 𐐶𐐨 𐑅𐐫 𐐮𐑌 𐑄 𐐹𐑉𐐲𐑅𐐨𐐼𐐮𐑍 𐐽𐐰𐐹𐐻𐐲𐑉.

𐐝𐐮𐑌𐑅 a 𐐰𐑌𐐼 m 𐐪𐑉 𐑉𐐯𐑊𐐲𐐻𐐮𐑂𐑊𐐨 𐐹𐑉𐐴𐑋 𐐶𐐨 𐐸𐐰𐑂 𐑄 𐐿𐐲𐑌𐑀𐑉𐐭𐐲𐑌𐑅𐐲𐑆

$$a^{\lambda(m)} \equiv 1, \quad a^{\phi(m)} \equiv 1 \bmod m.$$

𐐐𐐯𐑌𐑅 𐐴𐑄𐐲𐑉 𐐲𐑂 𐑄 𐑌𐐲𐑋𐐺𐐲𐑉𐑆 x,

$$x = ca^{\lambda(m)-1}, \quad x = ca^{\phi(m)-1},$$

𐐮𐑆 𐐪 𐑉𐐯𐐹𐑉𐐲𐑆𐐯𐑌𐐻𐐲𐐻𐐮𐑂 𐐲𐑂 𐑄 𐑅𐐲𐑊𐐭𐑇𐐲𐑌 𐐲𐑂 (1). 𐐐𐐯𐑌𐑅 𐑄 𐑁𐐪𐑊𐐬𐐮𐑍 𐑃𐐨𐐲𐑉𐐲𐑋:

𐐆𐑁

$$ax \equiv c \bmod m$$

𐐮𐑆 𐐯𐑌𐐨 𐑊𐐮𐑌𐐨𐐲𐑉 𐐿𐐲𐑌𐑀𐑉𐐭𐐲𐑌𐑅 𐐮𐑌 𐐸𐐶𐐮𐐽 a 𐐰𐑌𐐼 m 𐐪𐑉 𐑉𐐯𐑊𐐲𐐻𐐮𐑂𐑊𐐨 𐐹𐑉𐐴𐑋, 𐑄𐐯𐑌 𐐴𐑄𐐲𐑉 𐐲𐑂 𐑄 𐑌𐐲𐑋𐐺𐐲𐑉𐑆 x,

$$x = ca^{\lambda(m)-1}, \quad x = ca^{\phi(m)-1},$$

𐐮𐑆 𐐪 𐑉𐐯𐐹𐑉𐐲𐑆𐐯𐑌𐐻𐐲𐐻𐐮𐑂 𐐲𐑂 𐑄 𐑅𐐲𐑊𐐭𐑇𐐲𐑌 𐐲𐑂 𐑄 𐐿𐐲𐑌𐑀𐑉𐐭𐐲𐑌𐑅.

𐐜 𐑁𐐫𐑉𐑋𐐲𐑉 𐑉𐐯𐐹𐑉𐐲𐑆𐐯𐑌𐐻𐐲𐐻𐐮𐑂 𐐲𐑂 𐑄 𐑅𐐲𐑊𐐭𐑇𐐲𐑌 𐐮𐑆 𐑄 𐑋𐐫𐑉 𐐿𐐲𐑌𐑂𐐨𐑌𐐷𐐲𐑌𐐻 𐐲𐑂 𐑄 𐐻𐐭, 𐑅𐐮𐑌𐑅 𐑄 𐐹𐐵𐐲𐑉 𐐲𐑂 a 𐐮𐑆 𐐮𐑌 𐐾𐐯𐑌𐐲𐑉𐐲𐑊 𐑋𐐲𐐽 𐑊𐐯𐑅 𐐮𐑌 𐑄𐐮𐑅 𐐿𐐩𐑅 𐑄𐐰𐑌 𐐮𐑌 𐑄 𐐲𐑄𐐲𐑉.

𐐇𐐿𐑅𐐲𐑉𐑅𐐴𐑆

𐐙𐐴𐑌𐐼 𐐪 𐑅𐐲𐑊𐐭𐑇𐐲𐑌 𐐲𐑂 $7x \equiv 1 \bmod 2^6 \cdot 3 \cdot 5 \cdot 17$. 𐐤𐐬𐐻 𐑄 𐑀𐑉𐐩𐐻𐐲𐑉 𐑁𐐲𐑅𐐮𐑊𐐮𐐻𐐨 𐐮𐑌 𐐲𐐹𐑊𐐴𐐮𐑍 𐑄 𐑁𐐲𐑉𐑅𐐻 𐐲𐑂 𐑄 𐐲𐐺𐐲𐑂 𐑉𐐯𐐹𐑉𐐲𐑆𐐯𐑌𐐻𐐲𐐻𐐮𐑂𐑆 𐐲𐑂 𐑄 𐑅𐐲𐑊𐐭𐑇𐐲𐑌 𐑉𐐰𐑄𐐲𐑉 𐑄𐐰𐑌 𐑄 𐑅𐐯𐐿𐐲𐑌𐐼.

§ 31 𐐈𐐹𐑊𐐮𐐿𐐩𐑇𐐲𐑌 𐐲𐑂 𐑄 𐐑𐑉𐐲𐑅𐐨𐐼𐐮𐑍 𐐡𐐲𐑆𐐲𐑊𐐻𐑅 𐐻𐐭 𐑄 𐐛𐐮𐑉𐐨 𐐲𐑂 𐐗𐐶𐐪𐐼𐑉𐐰𐐻𐐮𐐿 𐐡𐐯𐑆𐐮𐐼𐐭𐑆

𐐆𐑌 𐑄𐐮𐑅 𐑅𐐯𐐿𐑇𐐲𐑌 𐐶𐐨 𐑇𐐰𐑊 𐐲𐐹𐑊𐐴 𐑄 𐐹𐑉𐐲𐑅𐐨𐐼𐐮𐑍 𐑉𐐲𐑆𐐲𐑊𐐻𐑅 𐐲𐑂 𐑄𐐮𐑅 𐐽𐐰𐐹𐐻𐐲𐑉 𐐻𐐭 𐑄 𐐹𐑉𐐪𐐺𐑊𐐲𐑋 𐐲𐑂 𐑁𐐴𐑌𐐼𐐮𐑍 𐑄 𐑅𐐲𐑊𐐭𐑇𐐲𐑌𐑆 𐐲𐑂 𐐿𐐲𐑌𐑀𐑉𐐭𐐲𐑌𐑅𐐲𐑆 𐐲𐑂 𐑄 𐑁𐐫𐑉𐑋

$$\alpha z^2 + \beta z + \gamma \equiv 0 \quad \bmod \mu$$

φωɹφ $\alpha, \beta, \gamma, \mu$ ɵφ ɥʅrɕrφ6. Yə6 ɵφ ωɵʅd ωωɵdφɹʅɥω ωrɥώφɵrɥ8r6.

Y ʅφɵ8ʅrɔ rɞ y 8rʅɷbrɥ rɞ y ωωɵdφɹʅɥω ωrɥώφɵrɥ8 (1) ωɹɥ 8 φrdɵ8ʅ ʅɷ yɹʅ rɞ y 8rʅɷbrɥ rɞ ə 8ɪɔʅʅrφ pɵφɔ rɞ ωrɥώφɵrɥ8 ɹ6 pɵʅɵ6: Ωrɥώφɵrɥ8 (1) ɪ6 ɹɞdrɥʅʅə ɪωωɪ8rʅrɥʅ ʅɷ y ωrɥώφɵrɥ8

$$4\alpha^2 z^2 + 4\alpha\beta z + 4\alpha\gamma \equiv 0 \mod 4\alpha\mu. \tag{1}$$

Ɛrʅ yɪ8 ɔɛ 8 φɪʅrɥ ɪɥ y pɵφɔ

$$(2\alpha z + \beta)^2 \equiv \beta^2 - 4\alpha\gamma \mod 4\alpha\mu.$$

ɥό ɪp ωə ʅφʅ

$$2\alpha z + \beta \equiv x \mod 4\alpha\mu \tag{2}$$

ɹɥd

$$\beta^2 - 4\alpha\gamma = , \quad 4\alpha\mu = m,$$

ωə φɹɞ

$$x^2 \equiv a \mod m. \tag{3}$$

Ωə φɹɞ yrɞ φrdɵ8ʅ y ʅφɵ8ʅrɔ rɞ 8ɵʅ8ɪɴ y ɕɹɥrφrʅ ωrɥώφɵrɥ8 (1) ʅɷ yɹʅ rɞ 8ɵʅ8ɪɴ y 8φɥɔɔərʅ ωrɥώφɵrɥ8 (3) ɹɥd y ʅɪɥərφ ωrɥώφɵrɥ8 (2). Y 8rʅɷbrɥ rɞ y ʅɹʅrφ ɔɛ 8 ɪpɹωʅrd 8φ ɔəɥ6 rɞ y φrɞrʅʅ8 rɞ §§ 30. Ωə bɹʅ yɹφpɵφ ωrɥpφɥ όφ8ɹʅɞ6 ɥό ʅɷ ə 8ʅrdə rɞ ωrɥώφɵrɥ8 (3). Ωə bɹʅ ɔɛω ə pφyrφ ʅɔɥʅebrɥ 8φ rɞɵɔɪɴ yɹʅ a ɹɥd m ɵφ φɹʅrʅɪ8ʅə ʅφφɔ, 8ɪɥ8 ɪʅ ɪ6 ɵ8ɞərɞ yɹʅ y ɔɵφ ɕɹɥrφrʅ ωɛ8 ɪ6 φɹdɪʅə φrdɵ8r8ʅ ʅɷ yɪ8 ωrɥ.

Y ɪώ6ɹɔʅrʅ

$$x^2 \equiv 3 \mod 5$$

bɵ6 ɹʅ ωrɥ8 yɹʅ y ωrɥώφɵrɥ8 (3) dr6 ɥɵʅ ɵʅωɛ6 φɹɞ ə 8rʅɷbrɥ. Þrφ8ʅ rɞ ɵʅ, yɹɥ, ɪʅ ɪ6 ɥɹ8r8ɹφə ʅɷ pφɥd όʅ ɪɥ φωrʅ ωɛ8r6 (3) φɹ6 ə 8rʅɷbrɥ. Ɛrpɵφ ʅɛωɪɴ rʅ y ωωɹ8ɕrɥ ɪʅ ωɪʅ 8 ωrɥ8əɥɥrɥʅ ʅɷ ɪʅφrdɵ8 8rɔ dɹpɪɥbrɥ6.

ƏɅƿɼɨɨɒɼɩɞ. ⅃ɩ ɨɩ̗ɼɕɼφ a ɩɞ ɞɟd ɭɷ ɞ ɘ ωωədφɟ̗ɨω φɟɞɩdɷ ɔəɕɼ̗ɭɔ m ɵφ ɘ ωωədφɟ̗ɨω ɩɘɩ-φɟɞɩdɷ ɔəɕɼ̗ɭɔ m ɼωɵφdɩи ⅃ɞ ƴ ωɼɩω̇φɵɼɩɞ

$$x^2 \equiv a \mod m$$

φɟɞ ɵφ φɟɞ ɩəɭ ɘ ɞɼ̗ɭɷbɼɩ. Ωə bɟ̗ɭ ωɼɩρφɩ ə̇φ ɼɭɟɩbɼɩ ɭɷ ƴ ωɛɞ φωɟɩ $m > 2$.

Ωə bɟ̗ɭ ɩə̇ Ꞁφɷɞƴ ρəɭɵɨи ɩəɼφɼɔ:

I. *Ɨp a ⅃ɩd m əφ φɟ̗ɭɼ̗ɭɞɭə ꞀφƋɔ ɩɭ̗ɼɕɼφɞ, ə ɩɟɞɼɞɟφə ωɼɩdɩbɼɩ ƴɟ̗ɭ a ɩɞ ə ωωədφɟ̗ɭω φɟɞɩdɷ ɔəɕɼ̗ɭɔ m ɩɞ ƴɟ̗ɭ*

$$a^{\frac{1}{2}\lambda(m)} \equiv 1 \mod m.$$

ɞɼꞀɔɞ ƴɟ̗ɭ ƴ ωɼɩω̇φɵɼɩɞ $x^2 \equiv a \mod m$ φɟɞ ƴ ɞɼ̗ɭɷbɼɩ $x = \alpha$. ƳɅɩ $\alpha^2 \equiv a \mod m$. ΨɅɩɞ

$$\alpha^{\lambda(m)} \equiv a^{\frac{1}{2}\lambda(m)} \mod m.$$

ɞɩɩɞ a ɩɞ ꞀφƋɔ ɭɷ m ɩ̗ɭ ɩɞ ωɭ̗ɩφ ρφɼɔ $\alpha^2 \equiv a \mod m$ ƴɟ̗ɭ a ɩɞ ꞀφƋɔ ɭɷ m. ΨɅɩɞ $\alpha^{\lambda(m)} \equiv 1 \mod m$. ƳɅφρɵφ ωə φɟɞ

$$1 \equiv a^{\frac{1}{2}\lambda(m)} \mod m.$$

Ƴɟ̗ɭ ɩɞ, ƴɩɞ ɩɞ ɘ ɩɟɞɼɞɟφə ωɼɩdɩbɼɩ ɩɩ ɵφdɼφ ƴɟ̗ɭ a bɟ̗ɭ ɞ ɘ ωωədφɟ̗ɨω φɟɞɩdɷ ɔəɕɼ̗ɭɔ m.

Ɨɩ ɘ ɞɩɔɨ̗ɼφ ωɛ ωɼɩ ɔɛ Ꞁφɷɞƴ ρəɭɵɨи ɩəɼφɼɔ:

II. *Ɨp a ⅃ɩd m əφ φɟ̗ɭɼ̗ɭɞɭə ꞀφƋɔ ɩɭ̗ɼɕɼφɞ, ə ɩɟɞɼɞɟφə ωɼɩdɩbɼɩ ƴɟ̗ɭ a ɩɞ ə ωωədφɟ̗ɭω φɟɞɩdɷ ɔəɕɼ̗ɭɔ m ɩɞ ƴɟ̗ɭ*

$$a^{\frac{1}{2}\phi(m)} \equiv 1 \mod m.$$

ΨωɅɩ m ɩɞ ɘ ꞀφƋɔ ɩɼɔɞɼφ p əɕ ɼɞ ƴ ɼɞɼɞ φɼɞɼ̗ɭɞ ɭɛωɞ ƴ ρəɭɵɨи ρɵφɔ: Ɨp a ɩɞ ꞀφƋɔ ɭɷ p ⅃ɩd ɩɞ ɘ ωωədφɟ̗ɨω φɟɞɩdɷ ɔəɕɼ̗ɭɔ p, ƴɅɩ

$$a^{\frac{1}{2}(p-1)} \equiv 1 \mod p.$$

Ωə bɟ̗ɭ ɩə̇ Ꞁφɷɞ ƴ ρəɭɵɨи ɔəφ ωɼɔɭ̗ɭəɭ ɩəɼφɼɔ, ωɨƴə̇ɭ ƴ ɤɷɞ ɼɞ I ɵφ II.

III. *Ꝭp p ıб ɹъ ɵd ղφɸɔ ъrɔərφ ɹъd a ıб ɹъ ıъղrɕrφ ъəղ dıвıбıərլ əɸ p, ɣɹъ a ıб ə ɷɷəɗφɹղıɷ φɹбıɗɷ ɵφ ə ɷɷəɗφɹղıɷ ъəъ-φɹбıɗɷ ɔəɕrլɔ p rɷɵφdıи ɹб*

$$a^{\frac{1}{2}(p-1)} \equiv +1 \quad \text{ɵφ} \quad a^{\frac{1}{2}(p-1)} \equiv -1 \bmod p.$$

Ɣıв ıб ɷɵլd Oɥlrφ'б ɷφɸղıφərъ.

Ɯıвrъ ə ъrɔərφ a, ъəղ dıвıбıərլ əɸ p, ɷə φɹв ղɷ drղrφɔъ φɷɹɣrφ ɵφ ъəղ ɣ ɷrъώφɷrъв

$$x^2 \equiv a \bmod p$$

φɹб ə вrլɷbrъ. Ⅼɹղ r в ɹъə ъrɔərφ rв ɣ вɹղ

$$1,\ 2,\ 3,\ \ldots,\ p-1 \tag{A}$$

ɹъd ɷrъвıdrφ ɣ ɷrъώφɷrъв

$$rx \equiv a \bmod p. \tag{4.2}$$

Ɣıв φɹб ɵլɷɛб ɷrъ ɹъd ɕrвղ ɷrъ вrլɷbrъ x əɷɷrլ ղɷ ə ъrɔərφ s rв ɣ вɹղ (A). Ղɷ ɷɛвrб ɷɹъ rφɸб: ɸɣrφ ρɵφ ɹвφə r rв ɣ вɹղ (A) ɣ ɷɵφrвղəъdıи s ıб dıρrφrъղ ρφrɔ r ɵφ ρɵφ вrɔ r rв ɣ вɹղ (A) ɣ ɷɵφrвղəъdıи s ıб əɷɷrլ ղɷ r. Ɣ ρɵφɔrφ ıб ɣ ɷɛв φɷɹъ a ıб ə ɷɷəɗφɹղıɷ ъəъ-φɹбıɗɷ ɔəɕrլɔ p; ɣ լɹղrφ ıб ɣ ɷɛв φɷɹъ a ıб ə ɷɷəɗφɹղıɷ φɹбıɗɷ ɔəɕrլɔ p. Ɯə ɷrъвıdrφ ɣ ղɷ ɷɛвrб вɹɪrφrլլə.

Ꝭъ ɣ ρrφвղ ɷɛв ɣ ъrɔərφб rв ɣ вɹղ (A) ώɷ ъ ղɹφб вrc ɣɹղ ɣ ղφɵɗrɷղ rв ɣ ъrɔərφб ъ ɣ ղɹφ ıб ɷrиώφɷrъղ ղɷ ə ɔəɕrլɔ p. Φɹъв, ղɛɷıи ɣ ղφɵɗrɷղ rв ɵլ $\frac{1}{2}(p-1)$ ղɹφб, ɷə φɹв

$$1 \cdot 2 \cdot 3 \ldots \overline{p-1} \equiv +a^{\frac{1}{2}(p-1)} \bmod p.$$

Ɓrղ

$$1 \cdot 2 \cdot 3 \ldots \overline{p-1} \equiv -1 \bmod p.$$

Φɹъв

$$a^{\frac{1}{2}(p-1)} \equiv -1 \bmod p,$$

φωɹɥɞ γ ʅφɷʟ ɼɞ ωɼɥ ɿɘφʅ ɼɞ γ ʟɘɼφɼɔ.

Ɨɥ γ ɼγɼφ ωɛɞ, ɥɛɔʅɘ γɹʅ ɪɥ φωɪc ɞɼɔ r ɹɥd ωɵφɼɞɿɵɥdɪɴ s ɘφ ɘωωɼʅ, ωɘ φɹɞ ρɵφ γɪɞ r

$$r^2 \equiv a \bmod p$$

ɹɥd

$$(p-r)^2 \equiv a \bmod p.$$

Ɵɪɥɞ $x^2 \equiv a \bmod p$ φɹɞ ɹʅ ɔɘɞʅ ʅɷ ɞɼʅɷbɼɥɞ ɪʅ ρɘʅɷɞ γɹʅ ɵʅ γ ɪʅɼçɼφɞ ɪɥ γ ɞɹʅ (A) ɪωɞɹɿʅ r ɹɥd $p-r$ ρɵʅ ɪɥ ɿɹφɞ ɞɼc γɹʅ γ ʅφɘdɼωʅ ɼɞ γ ɥɼɔɞɼφɞ ɪɥ ɘc ɿɹφ ɪɞ ωɼɴώφɷɼɥʅ ʅɷ ɘ ɔɘçʅɷ p. Ⱂɹɥɞ, ʅɛωɪɴ γ ʅφɘdɼωʅ ɼɞ ɵʅ γɘɞ ɿɹφɞ, φωɪc ɘφ $\frac{1}{2}(p-1)-1$ ɪɥ ɥɼɔɞɼφ, ɹɥd ɔɼʅɪʅʅφɪɴ ɞɸ $r(p-r)$ ωɘ φɹɞ

$$\begin{aligned} 1\cdot 2\cdot 3\cdots\overline{p-1} &\equiv (p-r)ra^{\frac{1}{2}(p-1)-1} \bmod p \\ &\equiv -r^2a^{\frac{1}{2}(p-1)-1} \bmod p \\ &\equiv -aa^{\frac{1}{2}(p-1)-1} \bmod p \\ &\equiv -a^{\frac{1}{2}(p-1)} \bmod p. \end{aligned}$$

Ɵɪɥɞ $1\cdot 2\cdot 3\cdots\overline{p-1} \equiv \text{mod} p$ ωɘ φɹɞ

$$a^{\frac{1}{2}(p-1)} \equiv +1 \bmod p$$

φωɹɥɞ γ ʅφɷʟ ɼɞ ɼɥɼγɼφ ɿɘφʅ ɼɞ γ ʟɘɼφɼɔ.

Ɣɼɞ γ ʅφɷρ ɼɞ γ ɪʅφφ ʟɘɼφɼɔ ɪɞ ωɼɔʅʅɘʅ.

5 𐐑𐑉𐐮𐑋𐐮𐐻𐐮𐑂 𐐡𐐭𐐻𐑅 𐐣𐐱𐐾𐐲𐑊𐐬 m.

§ 32 𐐇𐐗𐐝𐐑𐐄𐐤𐐊𐐤𐐓 𐐊𐐚 𐐈𐐤 𐐆𐐤𐐓𐐊𐐖𐐊𐐡 𐐣𐐉𐐖𐐊𐐢𐐄 m

𐐢𐐯𐐻

$$a_1,\ a_2,\ \cdots,\ a_{\phi(m)} \qquad \text{(A)}$$

𐐺 𐑄 𐑅𐐯𐐻 𐐲𐑂 $\phi(m)$ 𐐹𐐱𐑆𐐮𐐻𐐮𐑂 𐐮𐑌𐐻𐐲𐐾𐐲𐑉𐑆 𐑌𐐱𐐻 𐑀𐑉𐐩𐐻𐐲𐑉 𐑄𐐰𐑌 m 𐐰𐑌𐐼 𐐹𐑉𐐴𐑋 𐐻𐐭 m; 𐐰𐑌𐐼 𐑊𐐯𐐻 a 𐐼𐐲𐑌𐐬𐐻 𐐯𐑌𐐨 𐐮𐑌𐐻𐐲𐐾𐐲𐑉 𐐲𐑂 𐑄 𐑅𐐯𐐻 (A). 𐐤𐐵 𐐯𐑌𐐨 𐐹𐐱𐑆𐐮𐐻𐐮𐑂 𐐮𐑌𐐻𐐲𐑀𐑉𐐲𐑊 𐐹𐐵𐐲𐑉 𐐲𐑂 a 𐐮𐑆 𐐹𐑉𐐴𐑋 𐐻𐐭 m 𐐰𐑌𐐼 𐐸𐐯𐑌𐑅 𐐮𐑆 𐐿𐐲𐑍𐑀𐑉𐐭𐐲𐑌𐐻 𐑋𐐱𐐾𐐲𐑊𐐬 m 𐐻𐐭 𐐪 𐑌𐐲𐑋𐐺𐐲𐑉 𐐲𐑂 𐑄 𐑅𐐯𐐻 (A). 𐐐𐐯𐑌𐑅, 𐐲𐑋𐐲𐑍 𐐫𐑊 𐑄 𐐹𐐵𐐲𐑉𐑆 𐐲𐑂 a 𐑄𐐯𐑉 𐑋𐐲𐑅𐐻 𐐺 𐐻𐐭, 𐑅𐐩 a^n 𐐰𐑌𐐼 a^ν, $n > \nu$, 𐐸𐐶𐐮𐐽, 𐐪𐑉 𐐿𐐲𐑍𐑀𐑉𐐭𐐲𐑌𐐻 𐐻𐐭 𐑄 𐑅𐐩𐑋 𐐮𐑌𐐻𐐲𐐾𐐲𐑉 𐐲𐑂 𐑄 𐑅𐐯𐐻 (A). 𐐜𐐨𐑆 𐐻𐐭 𐐹𐐵𐐲𐑉𐑆 𐐪𐑉 𐑄𐐯𐑌 𐐿𐐲𐑍𐑀𐑉𐐭𐐲𐑌𐐻 𐐻𐐭 𐐨𐐽 𐐲𐑄𐐲𐑉; 𐑄𐐰𐐻 𐐮𐑆,

$$a^n \equiv a^\nu \bmod m$$

𐐝𐐮𐑌𐑅 a^ν 𐐮𐑆 𐐹𐑉𐐴𐑋 𐐻𐐭 m 𐑄 𐑋𐐯𐑋𐐺𐐲𐑉𐑆 𐐲𐑂 𐑄𐐮𐑅 𐐿𐐲𐑌𐑀𐑉𐐭𐐲𐑌𐑅 𐑋𐐩 𐐺 𐐼𐐮𐑂𐐴𐐼𐐲𐐼 𐐺𐐴 a^ν. 𐐜𐐲𐑅 𐐶𐐨 𐐸𐐰𐑂

$$a^{n-\nu} \equiv 1 \bmod m.$$

𐐜𐐰𐐻 𐐮𐑆, 𐐲𐑋𐐲𐑍 𐑄 𐐹𐐵𐐲𐑉𐑆 𐐲𐑂 a 𐑄𐐯𐑉 𐐮𐑆 𐐶𐐲𐑌 𐐰𐐻 𐑊𐐨𐑅𐐻 𐐸𐐶𐐮𐐽 𐐮𐑆 𐐿𐐲𐑍𐑀𐑉𐐭𐐲𐑌𐐻 𐐻𐐭 1 𐑋𐐱𐐾𐐲𐑊𐐬 m.

𐐤𐐵, 𐐮𐑌 𐑄 𐑅𐐯𐐻 𐐲𐑂 𐐫𐑊 𐐹𐐵𐐲𐑉𐑆 𐐲𐑂 a 𐐸𐐶𐐮𐐽 𐐪𐑉 𐐿𐐲𐑍𐑀𐑉𐐭𐐲𐑌𐐻 𐐻𐐭 1 𐑋𐐱𐐾𐐲𐑊𐐬 m 𐑄𐐯𐑉 𐐮𐑆 𐐶𐐲𐑌 𐐮𐑌 𐐸𐐶𐐮𐐽 𐑄 𐐯𐐿𐑅𐐹𐐬𐑌𐐲𐑌𐐻 𐐮𐑆 𐑊𐐯𐑅 𐑄𐐰𐑌 𐐮𐑌 𐐯𐑌𐐨 𐐲𐑄𐐲𐑉 𐐲𐑂 𐑄 𐑅𐐯𐐻. 𐐢𐐯𐐻 𐑄 𐐯𐐿𐑅𐐹𐐬𐑌𐐲𐑌𐐻 𐐲𐑂 𐑄𐐮𐑅 𐐹𐐵𐐲𐑉 𐐺 d, 𐑅𐐬 𐑄𐐰𐐻 a^d 𐐮𐑆 𐑄 𐑊𐐬𐐲𐑅𐐻 𐐹𐐵𐐲𐑉 𐐲𐑂 a 𐑅𐐲𐐽 𐑄𐐰𐐻

$$a^d \equiv 1 \bmod m. \qquad (1)$$

𐐎𐐨 𐑇𐐰𐑊 𐑌𐐵 𐑇𐐬 𐑄𐐰𐐻 𐐮𐑁 $a^\alpha \equiv 1 \bmod m$, 𐑄𐐯𐑌 α 𐐮𐑆 𐐪 𐑋𐐲𐑊𐐻𐐮𐐹𐐲𐑊 𐐲𐑂 d. 𐐢𐐯𐐻 𐐲𐑅 𐑉𐐴𐐻

$$\alpha = d\delta + \beta, \quad 0 \leqq \beta < d.$$

ɣʜɥ

$$a^{\alpha} \equiv 1 \bmod m, \tag{2}$$
$$a^{d\delta} \equiv 1 \bmod m, \tag{3}$$

ɣ ʟɹʙʅ ωɼɥώɸʘɼɥʙ ʙəɪи ɼʙʅɛɥd ʙɸ ɸɛʙɪи (1) ʅʘ ɣ ꞁöɼɸ δ. Ꝑɸɼɔ (3) ωə ɸɹʙ

$$a^{d\delta+\beta} \equiv a^{\beta} \bmod m;$$

ʘɸ

$$a^{\beta} \equiv 1 \bmod m.$$

Ꝕʜɥʙ $\beta = 0$, ꝑʘɸ ɼɣɼɸωɸɕ d ɪɕ ɥʘʅ ɣ ʜωʙʅoɥɼɥʅ ɼʙ ɣ ʟoɼʙʅ ꞁöɼɸ ɼʙ a ɸωɪc ɪɕ ωɼиώɸʘɼɥʅ ʅʘ 1 ɔǝɕɼʅo m. Ꝕʜɥʙ d ɪɕ ə dɪʙɸɕɼɸ ɼʙ α.

ɣəɕ ɸɼɕɼʅʙ ɔɛ ʙ ʙʅɛʅɼd ɹɕ ꝑʙʅoɕ:

I. *Ɨꝑ* m *ɪɕ ʜɥə ɪɥʅɼɕɼɸ ɹɥd* a *ɪɕ ʜɥə ɪɥʅɼɕɼɸ ꞁɸɸɔ ʅʘ* m*, ɣʜɥ ɣʜɸ ɪώɪʙʅʙ ɹɥ ɪɥʅɼɕɼɸ* d *ʙɼc ɣɹʅ*

$$a^{d} \equiv 1 \bmod m$$

ɸωɸʅ ɣʜɸ ɪɕ ɥo ɪɥʅɼɕɼɸ β *ʟʜʙ ɣɹɥ* d *ꝑʘɸ ɸωɪc*

$$a^{\beta} \equiv 1 \bmod m.$$

Ꝑɼɸɣɼɸ, ə ɥʜʙɼʙʜɸə ɹɥd ʙɼꝑɪbɼɥʅ ωɼɥdɪbɼɥ ɣɹʅ

$$a^{\nu} \equiv 1 \bmod m$$

ɪɕ ɣɹʅ ν *ɪɕ ə ɔɼʅɪʅɪɼʅ ɼʙ* d.

ᗅʅꝑɪɪɒɼɥ. ɣ ɪʅɼɕɼɸ d ɸωɪc ɪɕ ɣɼʙ ʮʘɥəωʅə dɼʅɼɸɔɪɥd ɸωʜɥ ɣ ʅʘ ɸʜʅɼʅɪʙʅə ꞁɸɸɔ ɪʅɼɕɼɸɕ a ɹɥd m ʘɸ ώɪʙɼɥ ɪɕ ωʘʅd ɣ ʜωʙʅoɥɼɥʅ ɼʙ a ɔǝɕɼʅo m. Ɵʅʙo, d ɪɕ ʙʜd ʅʘ ʙ ɣ ʜωʙʅoɥɼɥʅ ʅʘ ɸωɪc a ʙɼʅʘɪɕ ɔǝɕɼʅo m.

Ɥö, ɪɥ ʜʙɸə ωɛʙ ωə ɸɹʙ

$$a^{\phi(m)} \equiv 1, \quad a^{\lambda(m)} \equiv 1 \bmod m,$$

ɪꝑ a ɹɥd m ʘɸ ɸʜʅɼʅɪʙʅə ꞁɸɸɔ. Ꝕʜɥʙ ꝑɸɼɔ ɣ ꞁɸɼʙədɪи ʟəɼɸɼɔ ωə ɸɹʙ ɹʅ ωɼɥʙ ɣ ꝑʙʅoɪи:

II. *ɣ ʜωʙʅoɥɼɥʅ* d *ʅʘ ɸωɪc* a *ʙɼʅʘɪɕ ɔǝɕɼʅo* m *ɪɕ ə dɪʙɸɕɼɸ ɼʙ ʙoʟ* $\phi(m)$ *ɹɥd* $\lambda(m)$.

§ 33 Pɥɾγɾφ Ʇφoр ɾɞ Ꝑdφɔɘ'6 Ϛdɥɾφɾʅ Lɘɾφɾɔ

Ɨɥ γɪв ɞdωbɾɥ ωɘ bɹʅ ώɪв ɹɥ ɪɥdɾʇdɥdɾɥʅ ʇφoр ɾɞ γ ʟɘɾφɾɔ γɹʅ γ dωɞʇoɥɾɥʅ d ɾɞ a ɔɘςɾʅo m ɪ6 ɘ dɪɞφɞɾφ ɾɞ $\phi(m)$; рφɾɔ γɪв φɾ6ɾʅ ωɘ φɹв ɞɞɘɞɾɞʅɘ ɘ ɥo ʇφoр ɾɞ Ꝑdφɔɘ'6 ʟɘɾφɾɔ ɪʅɞdʅр.

Ωɘ φɾʅεɥ γ ɥoʅεbɾɥ ɾɞ γ ʇφɾɞɘdɪи ɞdωbɾɥ. Ωɘ bɹʅ рɾφɞʅ ʇφoɞ γ рɘʅoɪи ʟɘɾφɾɔ:

I. *Ɣ ɥɾɔɘɾφ6*

$$1,\ a,\ a^2,\ \ldots,\ a^{a-1} \tag{A}$$

ɘφ ɪɥωɾиώφoɾɥʅ ɘc ʅo ɘc ɔɘςɾʅo m.

Ꝑoφ, ɪр $a^\alpha \equiv a^\beta \bmod m$, φωdφ $0 \leqq \alpha < d$ ɹɥd $0 \leqq \beta < d$, $\alpha > \beta$, ωɘ φɹв $a^{\alpha-\beta} \equiv 1 \bmod m$, ɞo γɹʅ d ɪ6 ɥɞʅ γ dωɞʇoɥɾɥʅ ʅo φωɪc a ɞɾʅoи6 ɔɘςɾʅo m, ωɞɥʅφdφɘ ʅo φφʇɞʟɾɞɪв.

Ɥώ dɥɘ ɥɾɔɞɾφ ɾɞ γ ɞdʅ (A) ɪ6 ωɾиώφoɾɥʅ ʅo ɞɾɔ ɥɾɔɞɾφ ɾɞ γ ɞdʅ

$$a_1,\ a_2,\ \ldots,\ a_{\phi(m)}. \tag{B}$$

[dʅ ɾɞ ɾɥdɾφʅεω ʅo ɞdʇɾφɾʅ γ ɥɾɔɞɾφ6 (B) ɪɥʅo ωʅɹɞɾ6 ɹрʅɾφ γ рɘʅoɪи ɔɹɥɾφ: [dʅ γ рɾφɞʅ ωʅɹв ωɾɥɞɪɞʅ ɾɞ γ ɥɾɔɞɾφ6

$$\alpha_1,\ \alpha_2,\ \ldots,\ \alpha_{a-1}, \tag{I}$$

φωdφ α_i ɪ6 γ ɥɾɔɞɾφ ɾɞ γ ɞdʅ (B) ʅo φωɪc a^i ɪ6 ωɾиώφoɾɥʅ ɔɘςɾʅo m.

Ɨр γ ωʅɹв (I) dɾ6 ɥɞʅ ωɾɥʅεɥ ɞʅ γ ɥɾɔɞɾφ6 ɾɞ γ ɞdʅ (B), ʟdʅ a_i ɞ dɥɘ ɥɾɔɞɾφ ɾɞ γ ɞdʅ (B) ɥɞʅ ωɾɥʅεɥd ɪɥ (I) ɹɥd рɞφɔ γ рɘʅoɪи ɞdʅ ɾɞ ɥɾɔɞɾφ6:

$$\alpha_0 a_i,\ \alpha_1 a_i,\ \alpha_2 a_i,\ \ldots,\ \alpha_{d-1} a_i. \tag{II'}$$

Ωɘ bɹʅ ɥώ bo γɹʅ ɥo ɥɾɔɞɾφ ɾɞ γɪв ɞdʅ ɪ6 ωɾиώφoɾɥʅ ʅo ɘ ɥɾɔɞɾφ ɾɞ ωʅɹв (I). Ꝑoφ, ɪр ɞo, ωɘ bqd φɹв ɘ ωɾɥώφoɾɥв ɾɞ γ рɞφɔ

$$a_i a_j \equiv a_k \bmod m;$$

φdɥв

$$a_i a^j \equiv a^k \bmod m,$$

80 ɣɹ˥

$$a_i a^d \equiv a^{k+d-j} \bmod m;$$

ɵɸ

$$a_i \equiv a^{k+d-j} \bmod m,$$

80 ɣɹ˥ a_i ωqd ɞɾɭoи ˥ɷ ɣ ɞɹ˥ (I) ωɐʮ˥ɸɹɸɘ ˥ɷ ɸɸ˥ɞʟɾɞɪɞ.

ʮȯ ɣ ʮɾↃɞɾɸɞ ɾɞ ɣ ɞɹ˥ (II′) ɞɸ ɵɭ ωɾиώɸoɾʮ˥ ˥ɷ ʮɾↃɞɾɸɞ ɾɞ ɣ ɞɹ˥ (B); ɹʮd ʮo ˥ɷ ɞɸ ωɾиώɸoɾʮ˥ ˥ɷ ɣ ɞɛↃ ʮɾↃɞɾɸ ɾɞ ɣɪɞ ɞɹ˥. Ꝑɵɸ, ɪp 80, ωɘ bqd ɸɹɞ ˥ɷ ʮɾↃɞɾɸɞ ɾɞ (II’) ωɾиώɸoɾʮ˥; ɣɹ˥ ɪɞ, $\alpha_k a_i \equiv \alpha_j a_i \bmod m$, ɵɸ $\alpha_k \equiv \alpha_j \bmod m$; ɹʮd ɣɪɞ ωɘ ɸɹɞ ɞɘʮ ˥ɷ ɞ ɪↃ˥ɞɞɪɞɾɭ.

ʮȯ ʟɹ˥ ɣ ʮɾↃɞɾɸɞ ɾɞ ɣ ɞɹ˥ (B) ˥ɷ ɸωɪc ɣ ʮɾↃɞɾɸɞ ɾɞ ɣ ɞɹ˥ (II’) ɞɸ ωɾиώɸoɾʮ˥ ɞ ɪʮ ɵɸdɾɸ ɣ pɞɭoɪи:

$$\beta_0,\ \beta_1,\ \beta_2,\ \ldots,\ \beta_{d-1}. \tag{II}$$

Ɣɘɞ ʮɾↃɞɾɸɞ ωɐʮɞ˥ɪ˥ɵ˥ ȯɸ ωɭɹɞ (II).

Ɨp ωɭɹɞɾɞ (I) ɹʮd (II) dɷ ʮɐ˥ ωɾʮ˥ɛʮ ɵɭ ɣ ʮɾↃɞɾɸɞ ɾɞ ɣ ɞɹ˥ (B), ʟɹ˥ a_j ɞ ɐ ʮɾↃɞɾɸ ɾɞ ɣ ɞɹ˥ (B) ʮɐ˥ ωɾʮ˥ɛʮd ɪʮ ɸɣɾɸ ɾɞ ɣ ωɭɹɞɾɞ (I) ɹʮd (II): ɹʮd pɵɸↃ ɣ ɞɹ˥ ɾɞ ʮɾↃɞɾɸɞ

$$\alpha_0 a_j,\ \alpha_1 a_j,\ \alpha_2 a_j,\ \ldots,\ \alpha_{d-1} a_j. \tag{III’}$$

Ꞔɾɞ˥ ɹɞ ɪʮ ɣ ˥ɸɾɞɐdɪи ωɛɞ ɪ˥ Ↄɛ ɞ bɵʮ ɣɹ˥ ʮo ʮɾↃɞɾɸ ɾɞ ɣɪɞ ɞɹ˥ ɪɞ ωɾиώɸoɾʮ˥ ˥ɷ ɐ ʮɾↃɞɾɸ ɾɞ ωɭɹɞ (I) ɹʮd ɣɹ˥ ɣ ʮɾↃɞɾɸɞ ɾɞ (III’) ɞɸ ɪʮωɾиώɸoɾʮ˥ ɘc ˥ɷ ɘc. Ꞷɘ bɹɭ ɵɭɞo bo ɣɹ˥ ʮo ʮɾↃɞɾɸ ɾɞ (III’) ɪɞ ωɾиώɸoɾʮ˥ ˥ɷ ɐ ʮɾↃɞɾɸ ɾɞ ωɭɹɞ (II). Ꝑɵɸ, ɪp 80, ωɘ bqd ɸɹɞ $a_k a_j \equiv \beta_l \bmod m$. Ꝕɹʮɞ $a^k a_j \equiv a^l a_i \bmod m$; ɵɸ $a_j \equiv a^{l+d-k} \bmod m$, pɸɾↃ ɸωɪc ɪ˥ pɞɭoɞ ɣɹ˥ a_j ɪɞ ɾɞ ωɭɹɞ (II), ωɐʮ˥ɸɹɸɘ ˥ɷ ɸɸ˥ɞʟɾɞɪɞ.

ʮȯ ʟɹ˥ ɣ ʮɾↃɞɾɸɞ ɾɞ ɣ ɞɹ˥ (B) ˥ɷ ɸωɪc ɣ ʮɾↃɞɾɸɞ ɾɞ ɣ ɞɹ˥ (III’) ɞɸ ωɾиώɸoɾʮ˥ ɞ ɪʮ ɵɸdɾɸ ɣ pɞɭoɪи:

$$\gamma_0,\ \gamma_1,\ \gamma_2,\ \ldots,\ \gamma_{d-1}. \tag{III}$$

Ɣɘɞ ʮɾↃɞɾɸɞ pɵɸↃ ȯɸ ωɭɹɞ (III).

It is now evident that the process may be continued until all the numbers of the set (B) have been separated into classes, each class containing d integers, thus:

$$\begin{array}{llllll}
(\mathrm{I}) & \alpha_0, & \alpha_1, & \alpha_2, & \ldots, & \alpha_{d-1}, \\
(\mathrm{II}) & \beta_0, & \beta_1, & \beta_2, & \ldots, & \beta_{d-1}, \\
(\mathrm{III}) & \gamma_0, & \gamma_1, & \gamma_2, & \ldots, & \gamma_{d-1}, \\
 & \ldots & \ldots & \ldots & \ldots & \ldots \\
(\quad) & \lambda_0, & \lambda_1, & \lambda_2, & \ldots, & \lambda_{d-1}.
\end{array}$$

The set (B), which consists of $\phi(m)$ integers, has thus been separated into classes, each class containing d integers. Hence we conclude that d is a divisor of $\phi(m)$. Thus we have a second proof of the theorem:

II. *If a and m are any two relatively prime integers and d is the exponent to which a belongs modulo m, then d is a divisor of $\phi(m)$.*

In our classification of the numbers (B) into the rectangular array above we have proved much more than theorem II; in fact, theorem II is to be regarded as one only of the consequences of the more general result contained in the array.

If we raise each member of the congruence

$$a^d \equiv 1 \bmod m$$

to the (integral) power $\phi(m)/d$, the preceding theorem leads immediately to an independent proof of Fermat's general theorem.

§ 34 Definition of Primitive Roots

Definition. Let a and m be two relatively prime integers. If the exponent to which a belongs modulo m is $\phi(m)$, a is said to be a primitive root modulo m (or a primitive root of m).

In a previous chapter we saw that the congruence

$$a^{\lambda(m)} \equiv 1 \bmod m$$

is satisfied by every pair of relatively prime integers a and m. Hence, primitive roots can exist only for such a modulus m as satisfies the equation

$$\phi(m) = \lambda(m). \tag{1}$$

𐐎𐐨 𐑇𐐰𐑊 𐑇𐐬 𐑊𐐩𐐻𐐲𐑉 𐑄𐐰𐐻 𐑄𐐮𐑅 𐐮𐑆 𐐫𐑊𐑅𐐬 𐑅𐐲𐑁𐐮𐑇𐐲𐑌𐐻 𐑁𐐫𐑉 𐑄 𐐮𐑀𐑆𐐮𐑅𐐻𐐲𐑌𐑅 𐐲𐑂 𐐹𐑉𐐮𐑋𐐮𐐻𐐮𐑂 𐑉𐐭𐐻𐑅.

𐐙𐑉𐐲𐑋 𐑄 𐑉𐐲𐑊𐐩𐑇𐐲𐑌 𐐸𐐶𐐮𐐽 𐐮𐑀𐑆𐐮𐑅𐐻𐑅 𐐮𐑌 𐐾𐐯𐑌𐐲𐑉𐐲𐑊 𐐺𐐲𐐻𐐶𐐨𐑌 𐑄 ϕ-𐑁𐐲𐑍𐐿𐑇𐐲𐑌 𐐰𐑌𐐼 𐑄 λ-𐑁𐐲𐑍𐐿𐑇𐐲𐑌 𐐮𐑌 𐑂𐐲𐑉𐐽𐐭 𐐲𐑂 𐑄 𐐼𐐯𐑁𐐮𐑌𐐮𐑇𐐲𐑌 𐐲𐑂 𐑄 𐑊𐐰𐐻𐐲𐑉, 𐐮𐐻 𐑁𐐱𐑊𐐬𐑆 𐑄𐐰𐐻 (1) 𐐿𐐰𐑌 𐐺 𐑅𐐰𐐻𐐮𐑅𐑁𐐴𐐼 𐐬𐑌𐑊𐐨 𐐸𐐶𐐯𐑌 m 𐐮𐑆 𐐱 𐐹𐑉𐐴𐑋 𐐹𐐵𐐲𐑉 𐐫𐑉 𐐮𐑆 𐐻𐐶𐐴𐑅 𐐰𐑌 𐐱𐐼 𐐹𐑉𐐴𐑋 𐐹𐐵𐐲𐑉.

𐐝𐐲𐐹𐐬𐑆 𐑁𐐲𐑉𐑅𐐻 𐑄𐐰𐐻 m 𐐮𐑆 𐐱 𐐹𐐵𐐲𐑉 𐐲𐑂 2, 𐑅𐐩 $m = 2^{\alpha}$. 𐐜𐐯𐑌 (1) 𐐮𐑆 𐑅𐐰𐐻𐐮𐑅𐑁𐐴𐐼 𐐬𐑌𐑊𐐨 𐐮𐑁 $\alpha = 0, 1, 2$. 𐐙𐐫𐑉 $\alpha = 0$ 𐐫𐑉 1, 1 𐐮𐐻𐑅𐐯𐑊𐑁 𐐮𐑆 𐐱 𐐹𐑉𐐮𐑋𐐮𐐻𐐮𐑂 𐑉𐐭𐐻. 𐐙𐐫𐑉 $\alpha = 2$, 3 𐐮𐑆 𐐱 𐐹𐑉𐐮𐑋𐐮𐐻𐐮𐑂 𐑉𐐭𐐻. 𐐎𐐨 𐐸𐐰𐑂 𐑄𐐯𐑉𐑁𐐫𐑉 𐑊𐐯𐑁𐐻 𐐻𐐭 𐐮𐑀𐑆𐐰𐑋𐐮𐑌 𐐬𐑌𐑊𐐨 𐑄 𐐿𐐩𐑅𐐲𐑆

$$m = p^{\alpha}, \quad m = 2p^{\alpha}$$

𐐸𐐶𐐯𐑉 p 𐐮𐑆 𐐰𐑌 𐐱𐐼 𐐹𐑉𐐴𐑋 𐑌𐐲𐑋𐐺𐐲𐑉. 𐐜 𐐼𐐨𐐻𐐩𐑊𐐼 𐑅𐐻𐐲𐐼𐐨 𐐲𐑂 𐑄𐐨𐑆 𐐿𐐩𐑅𐐲𐑆 𐑁𐐱𐑊𐐬𐑆 𐐮𐑌 𐑄 𐑌𐐯𐐿𐑅𐐻 𐑅𐐯𐐿𐑇𐐲𐑌𐑆.

§ 35 𐐑𐑉𐐮𐑋𐐮𐐻𐐮𐑂 𐐡𐐭𐐻𐑅 𐐣𐐱𐐾𐐲𐑊𐐬 p.

𐐎𐐨 𐐸𐐰𐑂 𐑅𐐨𐑌 𐑄𐐰𐐻 𐐮𐑁 p 𐐮𐑆 𐐱 𐐹𐑉𐐴𐑋 𐑌𐐲𐑋𐐺𐐲𐑉 𐐰𐑌𐐼 d 𐐮𐑆 𐑄 𐐯𐐿𐑅𐐹𐐬𐑌𐐲𐑌𐐻 𐐻𐐭 𐐸𐐶𐐮𐐽 a 𐐺𐐲𐑊𐐫𐑍𐑆 𐑋𐐱𐐾𐐲𐑊𐐬 p, 𐑄𐐯𐑌 d 𐐮𐑆 𐐱 𐐼𐐮𐑂𐐴𐑆𐐲𐑉 𐐲𐑂 $\phi(p) = p - 1$. 𐐤𐐵, 𐑊𐐯𐐻

$$d_1, \; d_2, \; d_3, \; \ldots, \; d_r$$

𐐺 𐐫𐑊 𐑄 𐐼𐐮𐑂𐐴𐑆𐐲𐑉𐑆 𐐲𐑂 $p - 1$ 𐐰𐑌𐐼 𐑊𐐯𐐻 $\psi(d_i)$ 𐐼𐐲𐑌𐐬𐐻 𐑄 𐑌𐐲𐑋𐐺𐐲𐑉 𐐲𐑂 𐐮𐑌𐐻𐐲𐐾𐐲𐑉𐑆 𐐲𐑂 𐑄 𐑅𐐯𐐻

$$1, \; 2, \; 3, \; \ldots, \; p - 1$$

𐐸𐐶𐐮𐐽 𐐺𐐲𐑊𐐫𐑍 𐐻𐐭 𐑄 𐐯𐐿𐑅𐐹𐐬𐑌𐐲𐑌𐐻 d_i. 𐐆𐑁 𐑄𐐯𐑉 𐐮𐑆 𐑌𐐬 𐐮𐑌𐐻𐐲𐐾𐐲𐑉 𐐲𐑂 𐑄 𐑅𐐯𐐻 𐐺𐐲𐑊𐐫𐑍𐐮𐑍 𐐻𐐭 𐑄𐐮𐑅 𐐯𐐿𐑅𐐹𐐬𐑌𐐲𐑌𐐻, 𐑄𐐯𐑌 $\psi(d_i) = 0$.

𐐇𐑂𐐮𐐼𐐲𐑌𐐻𐑊𐐨 𐐯𐑂𐑉𐐨 𐐮𐑌𐐻𐐲𐐾𐐲𐑉 𐐲𐑂 𐑄 𐑅𐐯𐐻 𐐺𐐲𐑊𐐫𐑍𐑆 𐐻𐐭 𐑅𐐲𐑋 𐐶𐐲𐑌 𐐰𐑌𐐼 𐐬𐑌𐑊𐐨 𐐶𐐲𐑌 𐐲𐑂 𐑄 𐐯𐐿𐑅𐐹𐐬𐑌𐐲𐑌𐐻𐑅 $d_1, d_2, \ldots, d_r$. 𐐐𐐯𐑌𐑅 𐐶𐐨 𐐸𐐰𐑂 𐑄 𐑉𐐲𐑊𐐩𐑇𐐲𐑌

$$\psi(d_1) + \psi(d_2) + \ldots + \psi(d_r) = p - 1. \tag{1}$$

𐐒𐐲𐐻

$$\phi(d_1) + \phi(d_2) + \ldots + \phi(d_r) = p - 1. \tag{2}$$

Ɨp ɣʌʮ ɯɘ ɷʌʮ bo ɣɹ

$$\psi(d_i) \leqq \phi(d_i) \tag{3}$$

pɵφ $i = 1, 2, \ldots, r$, ɪʅ ɯɪʅ pɘʅo pφɼɔ ɘ ɷɼɔʅʌφɪɞɼʮ ɼɞ (1) ɹʮd (2) ɣɹ

$$\psi(d_i) = \phi(d_i).$$

Ɽɷɵφdɪʌʅɘ, ɯɘ bɹʅ ɪώɞɹɔʮ ɪʮʅɷ ɣ ʅφɷʟ ɼɞ (3).

ʮό ɣ ɷɼʮώφɷɼʮɞ

$$x^{d_i} \equiv 1 \mod p \tag{4}$$

φɹɞ ʮɘʅ ɔɵφ ɣʌʮ d_i φɷʅɞ. Ɨp ʮo φɷʅ ɼɞ ɣɪɞ ɷɼʮώφɷɼʮɞ ɞɼʅɷʌɞ ʅɷ ɣ ʌɷɞʅoʮɼʮʅ d_i, ɣʌʮ ɪp $\psi(d_i) = 0$ ɹʮd ɣʌφpɵφ ɪʮ ɣɪɞ ɷɛɞ ɯɘ φɹɞ $\psi(d_i) < \phi(d_i)$. Ѳʮ ɣ ɼɣɼφ φɹʮd ɪp a ɪɞ ɘ φɷʅ ɼɞ (4) ɞɼʅɷʌʌ ʅɷ ɣ ʌɷɞʅoʮɼʮʅ d_i, ɣʌʮ

$$a, a^2, a^3, \ldots, a^{d_i} \tag{5}$$

ɘφ ɘ ɞʌʅ ɼɞ d_i ʮɷɼʌώφɷɼʮʅ φɷʅɞ ɼɞ (4); ɹʮd φʌʮɞ ɣɛ ɘφ ɣ ɷɼɔʅʅɘʅ ɞʌʅ ɼɞ φɷʅɞ ɼɞ (4).

Ʒɼʅ ɪʅ ɪɞ ɘɞɘ ʅɷ ɞɘ ɣɹʅ a^k dɼɞ ɵφ dɼɞ ʮɘʅ ɞɼʅɷʌ ʅɷ ɣ ʌɷɞʅoʮɼʮʅ d_i ɼɷɵφdɪʌ ɹɞ k ɪɞ ɵφ ɪɞ ʮɘʅ ʅφφɔ ʅɷ d_i; pɵφ, ɪp a^k ɞɼʅɷʌɞ ʅɷ ɣ ʌɷɞʅoʮɼʮʅ t, ɣʌʮ t ɪɞ ɣ ʅɘɞʅ ʮʅɼɕɼφ ɞɼɕ ɣɹʅ kt ɪɞ ɘ ɔɼʅɪʅɼʅ ɼɞ d_i. Ѡɵʮɞɼɷɯʌʮʅʅɘ ɣ ʮɼɔɘɼφ ɼɞ φɷʅɞ ʮʮ ɣ ɞʌʅ (5) ɞɼʅɷʌʌ ʅɷ ɣ ʌɷɞʅoʮɼʮʅ d_i ɪɞ $\phi(d_i)$. Ɣɹʅ ɪɞ, ʮʮ ɣɪɞ ɷɛɞ $\psi(d_i) = \phi(d_i)$. Ҏʌʮɞ ʮʮ ɕʌʮɼφɼʅ $\psi(d_i) \leqq \phi(d_i)$ Ɣʌφpɵφ pφɼɔ (1) ɹʮd (2) ɯɘ ɷɼʮɷʅɷd ɣɹʅ

$$\psi(d_i) = \phi(d_i), \quad i = 1,\ 2,\ \ldots,\ r.$$

Ɣ φɼɞɼʅʅ ɣɼɞ ɼɞʅɛʮd ɔɛ ɞ ɞʅɛʅɼd ʮʮ ɣ pɵφɔ ɼɞ ɣ pɘʅoʌ ʟɘɼφɼɔ:

I. *Ɨp p ɪɞ ɘ ʅφφɔ ʮɼɔɘɼφ ɹʮd* d *ɪɞ ʌʮɘ dɪɞφɞɼφ ɼɞ* $p-1$, *ɣʌʮ ɣ ʮɼɔɘɼφ ɼɞ ʮʅɼɕɼφɞ ɞɼʅɷʌʌ ʅɷ ɣ ʌɷɞʅoʮɼʮʅ* d *ɔɘɕɼʅɷ* p *ɪɞ* $\phi(d)$.

Ɨʮ ʅɼφʅʅɷɐɼʅɼφ:

II. *Ɣʌφ ɪώɞɪɞʅ ʅφɪɔɪʅɪɞ φɷʅɞ ɔɘɕɼʅɷ* p *ɹʮd ɣʌφ ʮɼɔɘɼφ ɪɞ* $\psi(p-i)$.

§ 36 𐐑𐐡𐐆𐐣𐐆𐐓𐐆𐐚 𐐡𐐅𐐓𐐝 𐐣𐐉𐐖𐐊𐐢𐐄 p^α, p 𐐈𐐤 𐐉𐐔 𐐑𐐡𐐌𐐣

𐐆𐑌 𐐹𐑉𐐭𐑂𐐮𐑍 𐑄𐐰𐐻 𐑄𐐯𐑉 𐐮𐑀𐑆𐐮𐑅𐐻 𐐹𐑉𐐮𐑋𐐮𐐻𐐮𐑂 𐑉𐐭𐐻𐑅 𐑋𐐱𐐾𐐲𐑊𐐬 p^α, 𐐸𐐶𐐯𐑉 p 𐐮𐑆 𐐰𐑌 𐐱𐐼 𐐹𐑉𐐴𐑋 𐐰𐑌𐐼 $\alpha > 1$, 𐐶𐐨 𐑇𐐰𐑊 𐑌𐐨𐐼 𐑄 𐑁𐐱𐑊𐐬𐐮𐑍 𐑃𐐨𐐲𐑉𐐲𐑋:

I. *𐐜𐐯𐑉 𐐱𐑊𐐶𐐩𐑆 𐐮𐑀𐑆𐐮𐑅𐐻𐑅 𐐲 𐐹𐑉𐐮𐑋𐐮𐐻𐐮𐑂 𐑉𐐭𐐻 γ 𐑋𐐱𐐾𐐲𐑊𐐬 p 𐑁𐐱𐑉 𐐸𐐶𐐮𐐽 γ^{p-1} 𐐮𐑆 𐑌𐐱𐐻 𐐼𐐮𐑂𐐮𐑆𐐮𐐺𐐲𐑊 𐐺𐐴 p^2.*

𐐢𐐯𐐻 g 𐐺 𐐯𐑌𐐨 𐐹𐑉𐐮𐑋𐐮𐐻𐐮𐑂 𐑉𐐭𐐻 𐑋𐐱𐐾𐐲𐑊𐐬 p. 𐐆𐑁 g^{p-1} 𐐮𐑆 𐑌𐐱𐐻 𐐼𐐮𐑂𐐮𐑆𐐮𐐺𐐲𐑊 𐐺𐐴 p^2 𐐵𐑉 𐑃𐐨𐐲𐑉𐐲𐑋 𐐮𐑆 𐑂𐐯𐑉𐐮𐑁𐐴𐐼. 𐐜𐐯𐑌 𐑅𐐲𐐹𐐬𐑆 𐑄𐐰𐐻 $g^{p-1} - 1$ 𐐮𐑆 𐐼𐐮𐑂𐐮𐑆𐐮𐐺𐐲𐑊 𐐺𐐴 p^2, 𐑅𐐬 𐑄𐐰𐐻 𐐶𐐨 𐐸𐐰𐑂

$$g^{p-1} - 1 = kp^2$$

𐐸𐐶𐐯𐑉 k 𐐮𐑆 𐐰𐑌 𐐮𐑌𐐻𐐯𐐾𐐯𐑉. 𐐜𐐯𐑌 𐐹𐐳𐐻

$$\gamma = g + xp$$

𐐸𐐶𐐯𐑉 x 𐐮𐑆 𐐰𐑌 𐐮𐑌𐐻𐐯𐐾𐐯𐑉. 𐐜𐐯𐑌 $\gamma = g \mod p$, 𐐰𐑌𐐼 𐐸𐐯𐑌𐑅

$$\gamma^h \equiv g^h \mod p;$$

𐐸𐐶𐐯𐑌𐑅 𐐶𐐨 𐐿𐐲𐑌𐐿𐑊𐐭𐐼 𐑄𐐰𐐻 γ 𐐮𐑆 𐐲 𐐹𐑉𐐮𐑋𐐮𐐻𐐮𐑂 𐑉𐐭𐐻 𐑋𐐱𐐾𐐲𐑊𐐬 p. 𐐒𐐲𐐻

$$\begin{aligned} \gamma^{p-1} - 1 &= g^{p-1} - 1 + \frac{p-1}{1!} g^{p-2} xp + \frac{(p-1)(p-2)}{2!} g^{p-3} x^2 p^2 + \dots \\ &= p\left(kp + \frac{p-1}{1!} g^{p-2} x + \frac{(p-1)(p-2)}{2!} g^{p-3} x^2 p + \dots\right). \end{aligned}$$

𐐐𐐯𐑌𐑅

$$\gamma^{p-1} - 1 \equiv p(-g^{p-2}x) \mod p^2.$$

𐐜𐐯𐑉𐑁𐐱𐑉 𐐮𐐻 𐐮𐑆 𐐯𐑂𐐮𐐼𐐯𐑌𐐻 𐑄𐐰𐐻 x 𐐿𐐰𐑌 𐐺 𐑅𐐬 𐐽𐐬𐑆𐐯𐑌 𐑄𐐰𐐻 $\gamma^{p-1} - 1$ 𐐮𐑆 𐑌𐐱𐐻 𐐼𐐮𐑂𐐮𐑆𐐮𐐺𐐲𐑊 𐐺𐐴 p^2. 𐐐𐐯𐑌𐑅 𐑄𐐯𐑉 𐐮𐑀𐑆𐐮𐑅𐐻𐑅 𐐲 𐐹𐑉𐐮𐑋𐐮𐐻𐐮𐑂 𐑉𐐭𐐻 γ 𐑋𐐱𐐾𐐲𐑊𐐬 p 𐑅𐐲𐐽 𐑄𐐰𐐻 $\gamma^{p-1} - 1$ 𐐮𐑆 𐑌𐐱𐐻 𐐼𐐮𐑂𐐮𐑆𐐮𐐺𐐲𐑊 𐐺𐐴 p^2. Q. E. D.

𐐎𐐨 𐑇𐐰𐑊 𐑌𐐵 𐐹𐑉𐐭𐑂 𐑄𐐰𐐻 𐑄𐐮𐑅 𐐮𐑌𐐻𐐯𐐾𐐯𐑉 γ 𐐮𐑆 𐐲 𐐹𐑉𐐮𐑋𐐮𐐻𐐮𐑂 𐑉𐐭𐐻 𐑋𐐱𐐾𐐲𐑊𐐬 p^α, 𐐸𐐶𐐯𐑉 α 𐐮𐑆 𐐯𐑌𐐨 𐐹𐐱𐑆𐐮𐐻𐐮𐑂 𐐮𐑌𐐻𐐯𐐾𐐯𐑉.

𐐆𐑁

$$\gamma^k \equiv 1 \mod p.$$

𐑄𐐯𐑌 k 𐐮𐑆 𐐲 𐑋𐐲𐑊𐐻𐐮𐐹𐐲𐑊 𐐲𐑂 $p - 1$, 𐑅𐐮𐑌𐑅 γ 𐐮𐑆 𐐲 𐐹𐑉𐐮𐑋𐐮𐐻𐐮𐑂 𐑉𐐭𐐻 𐑋𐐱𐐾𐐲𐑊𐐬 p. 𐐐𐐯𐑌𐑅, 𐐮𐑁

$$\gamma^k \equiv 1 \mod p^\alpha,$$

𐑄𐐯𐑌 k 𐐮𐑆 𐐲 𐑋𐐲𐑊𐐻𐐮𐐹𐐲𐑊 𐐲𐑂 $p-1$.

𐐤𐐵, 𐑉𐐴𐐻

$$\gamma^{p-1} = 1 + hp.$$

𐐝𐐮𐑌𐑅 γ^{p-1} 𐐮𐑆 𐑌𐐱𐐻 𐐼𐐮𐑂𐐮𐑆𐐮𐐺𐐲𐑊 𐐺𐐴 p^2, 𐐮𐐻 𐑁𐐱𐑊𐐬𐑆 𐑄𐐰𐐻 h 𐐮𐑆 𐐹𐑉𐐴𐑋 𐐻𐐭 p. 𐐆𐑁 𐐶𐐨 𐑉𐐩𐑆 𐐨𐐽 𐑋𐐯𐑋𐐺𐐲𐑉 𐐲𐑂 𐑄𐐮𐑅 𐐨𐐿𐐶𐐩𐑈𐐲𐑌 𐐻𐐭 𐑄 𐐹𐐵𐐲𐑉 $\beta p^{\alpha-2}$, $\alpha \geqq 2$, 𐐶𐐨 𐐸𐐰𐑂

$$\gamma^{\beta p^{\alpha-2}(p-1)} = 1 + \beta p^{\alpha-1}h + p^\alpha I,$$

𐐸𐐶𐐯𐑉 I 𐐮𐑆 𐐰𐑌 𐐮𐑌𐐻𐐲𐐾𐐲𐑉. 𐐜𐐯𐑌 𐐮𐑁

$$\gamma^{\beta p^{\alpha-2}(p-1)} \equiv 1 \mod p^\alpha,$$

β 𐑋𐐲𐑅𐐻 𐐺 𐐼𐐮𐑂𐐮𐑆𐐮𐐺𐐲𐑊 𐐺𐐴 p. 𐐜𐐯𐑉𐑁𐐬𐑉 𐑄 𐐯𐐿𐑅𐐹𐐬𐑌𐐲𐑌𐐻 𐐲𐑂 𐑄 𐑊𐐬𐐯𐑅𐐻 𐐹𐐵𐐲𐑉 𐐲𐑂 γ 𐐸𐐶𐐮𐐽 𐐮𐑆 𐐿𐐲𐑍𐑀𐑉𐐭𐐲𐑌𐐻 𐐻𐐭 1 𐑋𐐱𐐾𐐲𐑊𐐬 p^α 𐐮𐑆 𐐼𐐮𐑂𐐮𐑆𐐮𐐺𐐲𐑊 𐐺𐐴 $p^{\alpha-1}$. 𐐒𐐲𐐻 𐐶𐐨 𐐸𐐰𐑂 𐑅𐐨𐑌 𐑄𐐰𐐻 𐑄𐐮𐑅 𐐯𐐿𐑅𐐹𐐬𐑌𐐲𐑌𐐻 𐐮𐑆 𐐫𐑊𐑅𐐬 𐐼𐐮𐑂𐐮𐑆𐐮𐐺𐐲𐑊 𐐺𐐴 $p-1$. 𐐐𐐯𐑌𐑅 𐑄 𐐯𐐿𐑅𐐹𐐬𐑌𐐲𐑌𐐻 𐐲𐑂 γ 𐑋𐐱𐐾𐐲𐑊𐐬 p^α 𐐮𐑆 $p^{\alpha-1}(p-1)$ 𐑅𐐮𐑌𐑅 $\phi(p^\alpha) = p^{\alpha-1}(p-1)$. 𐐜𐐰𐐻 𐐮𐑆, γ 𐐮𐑆 𐐲 𐐹𐑉𐐮𐑋𐐮𐐻𐐮𐑂 𐑉𐐭𐐻 𐑋𐐱𐐾𐐲𐑊𐐬 p^α.

𐐆𐐻 𐐮𐑆 𐐨𐑆𐐨 𐐻𐐭 𐑅𐐨 𐑄𐐰𐐻 𐑌𐐬 𐐻𐐭 𐑌𐐲𐑋𐐺𐐲𐑉𐑆 𐐲𐑂 𐑄 𐑅𐐯𐐻

$$\gamma, \gamma^2, \gamma^3, \ldots, \gamma^{p^{\alpha-1}(p-1)} \tag{A}$$

𐐪𐑉 𐐿𐐲𐑍𐑀𐑉𐐭𐐲𐑌𐐻 𐑋𐐱𐐾𐐲𐑊𐐬 p^α; 𐑁𐐬𐑉, 𐐮𐑁 𐑅𐐬, γ 𐐶𐐳𐐼 𐐺𐐨𐑊𐐱𐑍 𐑋𐐱𐐾𐐲𐑊𐐬 p^α 𐐻𐐭 𐐰𐑌 𐐯𐐿𐑅𐐹𐐬𐑌𐐲𐑌𐐻 𐑊𐐯𐑅 𐑄𐐰𐑌 $p^{\alpha-1}(p-1)$ 𐐰𐑌𐐼 𐐶𐐳𐐼 𐑄𐐯𐑉𐑁𐐬𐑉 𐑌𐐱𐐻 𐐺 𐐲 𐐹𐑉𐐮𐑋𐐮𐐻𐐮𐑂 𐑉𐐭𐐻 𐑋𐐱𐐾𐐲𐑊𐐬 p^α. 𐐤𐐵 𐐯𐑂𐑉𐐨 𐑌𐐲𐑋𐐺𐐲𐑉 𐐮𐑌 𐑄 𐑅𐐯𐐻 (A) 𐐮𐑆 𐐹𐑉𐐴𐑋 𐐻𐐭 p^α; 𐑄𐐩𐑉 𐑌𐐲𐑋𐐺𐐲𐑉 𐐮𐑆 $\phi(p^\alpha) = p^{\alpha-1}(p-1)$. 𐐐𐐯𐑌𐑅 𐑄 𐑌𐐲𐑋𐐺𐐲𐑉𐑆 𐐲𐑂 𐑄 𐑅𐐯𐐻 (A) 𐐪𐑉 𐐿𐐲𐑍𐑀𐑉𐐭𐐲𐑌𐐻 𐐮𐑌 𐑅𐐲𐑋 𐐫𐑉𐐼𐐲𐑉 𐐻𐐭 𐑄 𐑌𐐲𐑋𐐺𐐲𐑉𐑆 𐐲𐑂 𐑄 𐑅𐐯𐐻 (B):

$$a_1,\ a_2,\ a_3,\ \ldots,\ a_{p^{\alpha-1}(p-1)}, \tag{B}$$

𐐸𐐶𐐯𐑉 𐑄 𐑌𐐲𐑋𐐺𐐲𐑉𐑆 (B) 𐐪𐑉 𐑄 𐐹𐐱𐑆𐐮𐐻𐐮𐑂 𐑌𐐲𐑋𐐺𐐲𐑉𐑆 𐑊𐐯𐑅 𐑄𐐰𐑌 p^α 𐐰𐑌𐐼 𐐹𐑉𐐴𐑋 𐐻𐐭 p^α.

𐐒𐐲𐐻 𐐯𐑌𐐨 𐑌𐐲𐑋𐐺𐐲𐑉 𐐲𐑂 𐑄 𐑅𐐯𐐻 (B) 𐐮𐑆 𐐲 𐑅𐐬𐑊𐐭𐑇𐐲𐑌 𐐲𐑂 𐑄 𐐿𐐲𐑍𐑀𐑉𐐭𐐲𐑌𐑅

$$x^{p^{\alpha-1}(p-1)} \equiv 1 \mod p^\alpha. \tag{1}$$

𐐙𐐲𐑉𐑄𐐲𐑉, 𐐯𐑂𐑉𐐨 𐑅𐐬𐑊𐐭𐑇𐐲𐑌 𐐲𐑂 𐑄𐐮𐑅 𐐿𐐲𐑍𐑀𐑉𐐭𐐲𐑌𐑅 𐐮𐑆 𐐹𐑉𐐴𐑋 𐐻𐐭 p^α. 𐐐𐐯𐑌𐑅 𐑄 𐑌𐐲𐑋𐐺𐐲𐑉𐑆 (B) 𐐪𐑉 𐐲 𐐿𐐲𐑋𐐹𐑊𐐨𐐻 𐑅𐐯𐐻 𐐲𐑂 𐑅𐐬𐑊𐐭𐑇𐐲𐑌𐑆 𐐲𐑂 (1). 𐐜𐐯𐑉𐑁𐐬𐑉 𐑄 𐑌𐐲𐑋𐐺𐐲𐑉𐑆 (A) 𐐪𐑉 𐐲 𐐿𐐲𐑋𐐹𐑊𐐨𐐻 𐑅𐐯𐐻 𐐲𐑂 𐑅𐐬𐑊𐐭𐑇𐐲𐑌𐑆 𐐲𐑂 (1). 𐐒𐐲𐐻 𐐮𐐻 𐐮𐑆 𐐨𐑆𐐨 𐐻𐐭 𐑅𐐨 𐑄𐐰𐐻 𐐯𐑌𐐨 𐑌𐐲𐑋𐐺𐐲𐑉 γ^k 𐐲𐑂 𐑄 𐑅𐐯𐐻 (A) 𐐮𐑆 𐐫𐑉 𐐮𐑆 𐑌𐐱𐐻 𐐲 𐐹𐑉𐐮𐑋𐐮𐐻𐐮𐑂 𐑉𐐭𐐻 𐑋𐐱𐐾𐐲𐑊𐐬 p^α 𐐲𐐿𐐫𐑉𐐼𐐮𐑍 𐐰𐑆 k 𐐮𐑆 𐐫𐑉 𐐮𐑆 𐑌𐐱𐐻 𐐹𐑉𐐴𐑋 𐐻𐐭 $p^{\alpha-1}(p-1)$. 𐐐𐐯𐑌𐑅 𐑄 𐑌𐐲𐑋𐐺𐐲𐑉 𐐲𐑂 𐐹𐑉𐐮𐑋𐐮𐐻𐐮𐑂 𐑉𐐭𐐻𐑅 𐑋𐐱𐐾𐐲𐑊𐐬 p^α 𐐮𐑆 $\phi\{p^{\alpha-1}(p-1)\}$.

𐐜 𐑉𐐲𐑆𐐲𐑊𐐻𐑅 𐑄𐐲𐑅 𐐲𐐺𐐻𐐩𐑌𐐼 𐑋𐐩 𐐺 𐑅𐐻𐐩𐐻𐐲𐐼 𐐰𐑆 𐑁𐐱𐑊𐐬𐑆:

II. *𐐆𐑁 p 𐐮𐑆 𐐯𐑌𐐨 𐐱𐐼 𐐹𐑉𐐴𐑋 𐑌𐐲𐑋𐐺𐐲𐑉 𐐰𐑌𐐼 α 𐐮𐑆 𐐯𐑌𐐨 𐐹𐐱𐑆𐐮𐐻𐐮𐑂 𐐮𐑌𐐻𐐲𐐾𐐲𐑉, 𐑄𐐯𐑌 𐑄𐐯𐑉 𐐯𐑀𐑆𐐮𐑅𐐻 𐐹𐑉𐐮𐑋𐐮𐐻𐐮𐑂 𐑉𐐭𐐻𐑅 𐑋𐐱𐐾𐐲𐑊𐐬 p^α 𐐰𐑌𐐼 𐑄𐐯𐑉 𐑌𐐲𐑋𐐺𐐲𐑉 𐐮𐑆 $\phi\{\phi(p^\alpha)\}$.*

§ 37 𐐑𐐡𐐆𐐣𐐆𐐓𐐆𐐚 𐐡𐐅𐐓𐐝 𐐣𐐉𐐖𐐊𐐢𐐄 $2p^\alpha$, p 𐐈𐐤 𐐉𐐔 𐐑𐐡𐐌𐐣

𐐆𐑌 𐑄𐐮𐑅 𐑅𐐯𐐿𐑇𐐲𐑌 𐐶𐐨 𐑇𐐰𐑊 𐐹𐑉𐐭𐑂 𐑄 𐑁𐐱𐑊𐐬𐐮𐑍 𐑃𐐨𐐲𐑉𐐲𐑋:

𐐆𐑁 p 𐐮𐑆 𐐯𐑌𐐨 𐐱𐐼 𐐹𐑉𐐴𐑋 𐑌𐐲𐑋𐐺𐐲𐑉 𐐰𐑌𐐼 α 𐐮𐑆 𐐯𐑌𐐨 𐐹𐐱𐑆𐐮𐐻𐐮𐑂 𐐮𐑌𐐻𐐲𐐾𐐲𐑉, 𐑄𐐯𐑌 𐑄𐐯𐑉 𐐯𐑀𐑆𐐮𐑅𐐻 𐐹𐑉𐐮𐑋𐐮𐐻𐐮𐑂 𐑉𐐭𐐻𐑅 𐑋𐐱𐐾𐐲𐑊𐐬 $2p^\alpha$ 𐐰𐑌𐐼 𐑄𐐯𐑉 𐑌𐐲𐑋𐐺𐐲𐑉 𐐮𐑆 $\phi\{\phi(2p^\alpha)\}$.

𐐝𐐮𐑌𐑅 $2p^\alpha$ 𐐮𐑆 𐐨𐑂𐐲𐑌 𐐮𐐻 𐑁𐐱𐑊𐐬𐑆 𐑄𐐰𐐻 𐐯𐑂𐑉𐐨 𐐹𐑉𐐮𐑋𐐮𐐻𐐮𐑂 𐑉𐐭𐐻 𐑋𐐱𐐾𐐲𐑊𐐬 $2p^\alpha$ 𐐮𐑆 𐐰𐑌 𐐱𐐼 𐑌𐐲𐑋𐐺𐐲𐑉. 𐐇𐑌𐐨 𐐱𐐼 𐐹𐑉𐐮𐑋𐐮𐐻𐐮𐑂 𐑉𐐭𐐻 𐑋𐐱𐐾𐐲𐑊𐐬 p^α 𐐮𐑆 𐐱𐐺𐑂𐐨𐐲𐑅𐑊𐐨 𐐲 𐐹𐑉𐐮𐑋𐐮𐐻𐐮𐑂 𐑉𐐭𐐻 𐑋𐐱𐐾𐐲𐑊𐐬 $2p^\alpha$. 𐐊𐑀𐐯𐑌, 𐐮𐑁 γ 𐐮𐑆 𐐰𐑌 𐐨𐑂𐐲𐑌 𐐹𐑉𐐮𐑋𐐮𐐻𐐮𐑂 𐑉𐐭𐐻 𐑋𐐱𐐾𐐲𐑊𐐬 p^α 𐑄𐐯𐑌 $\gamma + p^\alpha$ 𐐮𐑆 𐐲 𐐹𐑉𐐮𐑋𐐮𐐻𐐮𐑂 𐑉𐐭𐐻 𐑋𐐱𐐾𐐲𐑊𐐬 $2p^\alpha$. 𐐆𐐻 𐐮𐑆 𐐯𐑂𐐮𐐼𐐲𐑌𐐻 𐑄𐐰𐐻 𐑄𐐨𐑆 𐐻𐐭 𐐿𐑊𐐰𐑅𐐲𐑆 𐐿𐐲𐑌𐐻𐐩𐑌 (𐐶𐐮𐑄𐐵𐐻 𐑉𐐯𐐹𐐲𐐻𐐮𐑇𐐲𐑌) 𐐫𐑊 𐑄 𐐹𐑉𐐮𐑋𐐮𐐻𐐮𐑂 𐑉𐐭𐐻𐑅 𐑋𐐱𐐾𐐲𐑊𐐬 $2p^\alpha$. 𐐐𐐯𐑌𐑅 𐑄 𐑃𐐨𐐲𐑉𐐲𐑋 𐑁𐐱𐑊𐐬𐑆 𐐰𐑆 𐑅𐐻𐐩𐐻𐐲𐐼 𐐲𐐺𐐲𐑂.

§ 38 𐐡𐐀𐐗𐐊𐐑𐐆𐐕𐐊𐐢𐐁𐐟𐐊𐐤

𐐜 𐑉𐐲𐑆𐐲𐑊𐐻𐑅 𐐸𐐶𐐮𐐽 𐐶𐐨 𐐸𐐰𐑂 𐐲𐐺𐐻𐐩𐑌𐐼 𐐮𐑌 § 34–§ 37 𐐮𐑌𐐿𐑊𐐭𐑅𐐮𐑂 𐑋𐐩 𐐺 𐑀𐐰𐑄𐐲𐑉𐐼 𐐮𐑌𐐻𐐭 𐑄 𐑁𐐱𐑊𐐬𐐮𐑍 𐑃𐐨𐐲𐑉𐐲𐑋:

𐐆𐑌 𐐫𐑉𐐼𐐲𐑉 𐑄𐐰𐐻 𐑄𐐯𐑉 𐑇𐐰𐑊 𐐯𐑀𐑆𐐮𐑅𐐻 𐐹𐑉𐐮𐑋𐐮𐐻𐐮𐑂 𐑉𐐭𐐻𐑅 𐑋𐐱𐐾𐐲𐑊𐐬 m, 𐐮𐐻 𐐮𐑆 𐑌𐐯𐑅𐐲𐑅𐐯𐑉𐐨 𐐰𐑌𐐼 𐑅𐐲𐑁𐐮𐑇𐐲𐑌𐐻 𐑄𐐰𐐻 m 𐑇𐐰𐑊 𐐸𐐰𐑂 𐐶𐐲𐑌 𐐲𐑂 𐑄 𐑂𐐰𐑊𐑏𐑆

$$m = 1, 2, 4, p^\alpha, 2p^\alpha$$

𐐸𐐶𐐯𐑉 p 𐐮𐑆 𐐰𐑌 𐐱𐐼 𐐹𐑉𐐴𐑋 𐐰𐑌𐐼 α 𐐮𐑆 𐐲 𐐹𐐱𐑆𐐮𐐻𐐮𐑂 𐐮𐑌𐐻𐐲𐐾𐐲𐑉.

𐐆𐑁 m 𐐸𐐰𐑆 𐐶𐐲𐑌 𐐲𐑂 𐑄𐐨𐑆 𐑂𐐰𐑊𐑏𐑆 𐑄𐐯𐑌 𐑄 𐑌𐐲𐑋𐐺𐐲𐑉 𐐲𐑂 𐐹𐑉𐐮𐑋𐐮𐐻𐐮𐑂 𐑉𐐭𐐻𐑅 𐑋𐐱𐐾𐐲𐑊𐐬 m 𐐮𐑆 $\phi\{\phi(m)\}$.

§ 39 𐐑𐐡𐐆𐐣𐐆𐐓𐐆𐐚 λ-𐐡𐐅𐐓𐐝

𐐆𐑌 𐑄 𐐹𐑉𐐲𐑅𐐨𐐼𐐮𐑍 𐑅𐐯𐐿𐑇𐐲𐑌𐑆 𐐲𐑂 𐑄𐐮𐑅 𐐽𐐰𐐹𐐻𐐲𐑉 𐐶𐐨 𐐸𐐰𐑂 𐐼𐐲𐑂𐐯𐑊𐐲𐐹𐐻 𐑄 𐑃𐐮𐑉𐐨 𐐲𐑂 𐐹𐑉𐐮𐑋𐐮𐐻𐐮𐑂 𐑉𐐭𐐻𐑅 𐐮𐑌 𐑄 𐐶𐐩 𐐮𐑌 𐐸𐐶𐐮𐐽 𐐮𐐻 𐐮𐑆 𐐷𐐭𐑈𐐲𐐶𐐲𐑊𐐨 𐐹𐑉𐐲𐑆𐐯𐑌𐐻𐐲𐐼. 𐐒𐐲𐐻 𐐮𐑁 𐐶𐐨 𐐲𐐹𐑉𐐬𐐽 𐑄 𐑅𐐲𐐺𐐾𐐯𐐿𐐻 𐑁𐑉𐐲𐑋 𐐲 𐑋𐐫𐑉 𐐾𐐯𐑌𐐲𐑉𐐲𐑊 𐐹𐑎𐑌𐐻 𐐲𐑂 𐑂𐑏 𐑄 𐑉𐐲𐑆𐐲𐑊𐐻𐑅 𐐸𐐶𐐮𐐽 𐑋𐐩 𐐺 𐐲𐐺𐐻𐐩𐑌𐐼 𐐪𐑉 𐑋𐐫𐑉 𐐾𐐯𐑌𐐲𐑉𐐲𐑊 𐐰𐑌𐐼 𐐰𐐻 𐑄 𐑅𐐩𐑋 𐐻𐐴𐑋 ɔɵφ ʌlrώrʏʅ. Ɨʅ ɪɞ ὀφ ʅrφʅrɞ ɨʏ ɣɪɞ ɞʌωbrʏ ʅɷ drɞʌlrʅ ɣ ɔɵφ ɕʌʏrφrʅ ʟɪφɘ.

Ꞷɘ φʌɞ ɞɵʏ ɣʌʅ ɪp a ʌʏd m ɵφ ʌʏɘ ʅɷ φʌlrʅɪɞlɘ ʅφɷɔ ʅɞɞɪʅɪɞ ɨʅrɕrφɞ, ɣʌʏ

$$a^{\lambda(m)} \equiv 1 \mod m.$$

Ꞷɵʏɞrωωʌʏʅlɘ ɣʌφ ɪɞ ʏɷ ɨʅrɕrφ ɞrlɵɪʏ ɔɞɕrlɷ m ʅɷ ʌʏ ʌωɞʅɷʏrʏʅ ὠφɛʅrφ ɣʌʏ $\lambda(m)$. Ɨʅ ɪɞ ʏʌcrφrʅ ʅɷ ɨωωφφ ɪp ɣʌφ ɵφ ʌʏɘ ɨʅrɕrφɞ a φωɪc ɞrlɵɪʏ ʅɷ ɣ ʌωɞʅɷʏrʏʅ $\lambda(m)$. Ɨʅ ʅrφʏɞ ὀʅ ɣʌʅ ɣ ωωʌɞcrʏ ɪɞ ʅɷ ɞ ʌʏɞrφd ɨʏ ɣ rprφɔrʅɪɞ, ʌɞ ωɘ bʌl bɷ. Ɽωɷφdɪʏlɘ, ωɘ ɨʅφrdɷɞ ɣ pɵlɷɪʏ dʌpɨʏbrʏ:

Ꞓʌpɨɨɒrʏ. Ɨp $a^{\lambda(m)}$ ɪɞ ɣ lɷrɞʅ ʅὸrφ rɞ a φωɪc ɪɞ ωrʏὠφɷrʏʅ ʅɷ 1 ɔɞɕrlɷ m, a ɪɞ ɞʌd ʅɷ ɞ ɵ ʅφɪɔɪʅɪɞ λ-φɷʅ ɔɞɕrlɷ m. Ꞷɘ bʌl ɵlɞɷ ɞɛ ɣʌʅ ɪʅ ɪɞ ɵ ʅφɪɔɪʅɪɞ λ-φɷʅ rɞ ɣ ωrʏὠφɷrʏɞ $x^{\lambda(m)} = 1 \mod m$. Ꞁɷ dɪɞʅɨʏὠωɪb ωɘ ɔɛ ɞʅɘω rɞ ɣ ɤɷɞrωrʅ ʅφɪɔɪʅɪɞ φɷʅ ʌɞ ɵ ʅφɪɔɪʅɪɞ ϕ-φɷʅ ɔɞɕrlɷ m.

Ꝓφrɔ ɣ ʟɪφɘ rɞ ʅφɪɔɪʅɪɞ ϕ-φɷʅɞ ɵlφʌdɘ drɞʌlrʅ ɪʅ pɵlɷɞ ɣʌʅ ʅφɪɔɪʅɪɞ λ-φɷʅɞ ɵlωɛɞ ɪὠɞɪɞʅ φωʌʏ m ɪɞ ɵ ʅὸrφ rɞ ʌʏɘ ɵd ʅφɷɔ, ʌʏd ɵlɞɷ φωʌʏ $m = 1,\ 2,\ 4$; pɵφ, pɵφ ɞrc ɞʌlɤɷɞ rɞ m ωɘ φʌɞ $\lambda(m) = \phi(m)$.

Ꞷɘ bʌl ʏʌωɞʅ bɷ ɣʌʅ ʅφɪɔɪʅɪɞ λ-φɷʅɞ ɪὠɞɪɞʅ φωʌʏ $m = 2^\alpha$, $a > 2$, ɞφ bɷɪʏ ɣʌʅ 5 ɪɞ ɞrc ɵ φɷʅ. Ɨʅ ɪɞ ʏʌɞrɞʌφɘ ʌʏd ɞrpɪbrʏʅ ʅɷ ʅφɷɞ ɣʌʅ 5 ɞrlɵɪɞ ɔɞɕrlɷ 2^α ʅɷ ɣ ʌωɞʅɷʏrʏʅ $2^{\alpha-2} = \lambda(2^\alpha)$. Ɩʌʅ d ɞ ɣ ʌωɞʅɷʏrʏʅ ʅɷ φωɪc 5 ɞrlɵɪɞ ɔɞɕrlɷ 2^α. Ɣʌʏ pφrɔ ʟɘrφrɔ II rɞ §§ 32 ɪʅ pɵlɷɞ ɣʌʅ d ɪɞ ɵ dɪɞφɞrφ rɞ $2^{\alpha-2} = \lambda(2^\alpha)$. Ꝕʌʏɞ ɪp d ɪɞ dɪprφrʏʅ pφrɔ $2^{\alpha-2}$ ɪʅ ɪɞ $2^{\alpha-3}$ ɵφ ɪɞ ɵ dɪɞφɞrφ rɞ $2^{\alpha-3}$. Ꝕʌʏɞ ɪp ωɘ ωʌʏ bɷ ɣʌʅ $5^{2^{\alpha-3}}$ ɪɞ ʏɷʅ ωrʏὠφɷrʏʅ ʅɷ 1 ɔɞɕrlɷ 2^α ωɘ ωɪl φʌɞ ʅφɷɞd ɣʌʅ 5 ɞrlɵɪɞ ʅɷ ɣ ʌωɞʅɷʏrʏʅ $2^{\alpha-2}$. Ɓrʅ, ωlɪφlɘ,

$$5^{2^{\alpha-3}} = (1+2^2)^{2^{\alpha-3}} = 1 + 2^{\alpha-1} + I \cdot 2^\alpha,$$

φωʌφ I ɪɞ ʌʏ ɨʅrɕrφ. Ꝕʌʏɞ

$$5^{2^{\alpha-3}} \not\equiv 1 \bmod 2^\alpha.$$

Ꝕʌʏɞ 5 ɞrlɵɪɞ ɔɞɕrlɷ 2^α ʅɷ ɣ ʌωɞʅɷʏrʏʅ $\lambda(2^\alpha)$.

5. 𐐑𐑉𐐮𐑋𐐮𐐻𐐮𐑂 𐐡𐐭𐐻𐑅 𐐣𐐪𐐾𐐲𐑊𐐬 m.

𐐒𐐴 𐑋𐐨𐑌𐑆 𐐲𐑂 𐑄𐐨𐑆 𐑅𐐹𐐯𐑇𐐲𐑊 𐑉𐐲𐑆𐐲𐑊𐐻𐑅 𐐶𐐨 𐐪𐑉 𐑌𐐵 𐐮𐑌 𐐹𐐲𐑆𐐮𐑇𐐲𐑌 𐐻𐐭 𐐹𐑉𐐭𐑂 𐑉𐐯𐐼𐐮𐑊𐐨 𐑄 𐑁𐐪𐑊𐐬𐐮𐑍 𐐾𐐯𐑌𐐲𐑉𐐲𐑊 𐑃𐐨𐐲𐑉𐐲𐑋 𐐸𐐶𐐮𐐽 𐐮𐑌𐐿𐑊𐐭𐐼𐑆 𐑄𐐯𐑋 𐐰𐑆 𐑅𐐹𐐯𐑇𐐲𐑊 𐐿𐐩𐑅𐐲𐑆:

I. *𐐙𐐫𐑉 𐐯𐑂𐑉𐐨 𐐿𐐲𐑍𐑀𐑉𐐭𐐲𐑌𐑅 𐐲𐑂 𐑄 𐑁𐐫𐑉𐑋*

$$x^{\lambda(m)} \equiv 1 \bmod m$$

𐐪 𐑅𐐲𐑊𐐭𐑇𐐲𐑌 g 𐐮𐑀𐑆𐐮𐑅𐐻𐑅 𐐸𐐶𐐮𐐽 𐐮𐑆 𐐪 𐐹𐑉𐐮𐑋𐐮𐐻𐐮𐑂 λ-𐑉𐐭𐐻, 𐐰𐑌𐐼 𐑁𐐫𐑉 𐐯𐑌𐐨 𐑅𐐲𐐽 𐑅𐐲𐑊𐐭𐑇𐐲𐑌 g 𐑄𐐯𐑉 𐐪𐑉 $\phi\{\lambda(m)\}$ 𐐹𐑉𐐮𐑋𐐮𐐻𐐮𐑂 𐑉𐐭𐐻𐑅 𐐿𐐲𐑍𐑀𐑉𐐭𐐲𐑌𐐻 𐐻𐐭 𐐹𐐵𐐲𐑉𐑆 𐐲𐑂 g.

𐐆𐑁 𐐯𐑌𐐨 𐐹𐑉𐐮𐑋𐐮𐐻𐐮𐑂 λ-𐑉𐐭𐐻 g 𐐮𐑀𐑆𐐮𐑅𐐻𐑅, g^{ν} 𐐮𐑆 𐐫𐑉 𐐮𐑆 𐑌𐐱𐐻 𐐪 𐐹𐑉𐐮𐑋𐐮𐐻𐐮𐑂 λ-𐑉𐐭𐐻 𐐲𐐿𐐫𐑉𐐼𐐮𐑍 𐐰𐑆 ν 𐐮𐑆 𐐫𐑉 𐐮𐑆 𐑌𐐱𐐻 𐐹𐑉𐐴𐑋 𐐻𐐭 $\lambda(m)$; 𐐰𐑌𐐼 𐑄𐐯𐑉𐑁𐐫𐑉 𐑄 𐑌𐐲𐑋𐐺𐐲𐑉 𐐲𐑂 𐐹𐑉𐐮𐑋𐐮𐐻𐐮𐑂 λ-𐑉𐐭𐐻𐑅 𐐸𐐶𐐮𐐽 𐐪𐑉 𐐿𐐲𐑍𐑀𐑉𐐭𐐲𐑌𐐻 𐐻𐐭 𐐹𐐵𐐲𐑉𐑆 𐐲𐑂 𐐯𐑌𐐨 𐑅𐐲𐐽 𐑉𐐭𐐻 g 𐐮𐑆 $\phi\{\lambda(m)\}$.

𐐜 𐐮𐑀𐑆𐐮𐑅𐐻𐐲𐑌𐑅 𐐲𐑂 𐐪 𐐹𐑉𐐮𐑋𐐮𐐻𐐮𐑂 λ-𐑉𐐭𐐻 𐐮𐑌 𐐯𐑂𐑉𐐨 𐐿𐐩𐑅 𐑋𐐩 𐐨𐑆𐐮𐑊𐐨 𐐺 𐑇𐐬𐑌 𐐺𐐴 𐐮𐑌𐐼𐐲𐐿𐑇𐐲𐑌. 𐐆𐑌 𐐿𐐩𐑅 m 𐐮𐑆 𐐪 𐐹𐐵𐐲𐑉 𐐲𐑂 𐐪 𐐹𐑉𐐴𐑋 𐑄 𐑃𐐨𐐲𐑉𐐲𐑋 𐐸𐐰𐑆 𐐫𐑊𐑉𐐯𐐼𐐨 𐐺𐐮𐑌 𐐮𐑅𐐻𐐰𐐺𐑊𐐮𐑇𐐻. 𐐎𐐨 𐐶𐐮𐑊 𐑅𐐲𐐹𐐬𐑆 𐑄𐐰𐐻 𐐮𐐻 𐐮𐑆 𐐻𐑉𐐭 𐐸𐐶𐐯𐑌 m 𐐮𐑆 𐑄 𐐹𐑉𐐱𐐼𐐲𐐿𐐻 𐐲𐑂 𐐹𐐵𐐲𐑉𐑆 𐐲𐑂 r 𐐼𐐮𐑁𐐲𐑉𐐲𐑌𐐻 𐐹𐑉𐐴𐑋𐑆 𐐰𐑌𐐼 𐑇𐐬 𐑄𐐰𐐻 𐐮𐐻 𐐮𐑆 𐐻𐑉𐐭 𐐸𐐶𐐯𐑌 m 𐐮𐑆 𐑄 𐐹𐑉𐐱𐐼𐐲𐐿𐐻 𐐲𐑂 𐐹𐐵𐐲𐑉𐑆 𐐲𐑂 $r+1$ 𐐼𐐮𐑁𐐲𐑉𐐲𐑌𐐻 𐐹𐑉𐐴𐑋𐑆; 𐑁𐑉𐐲𐑋 𐑄𐐮𐑅 𐐶𐐮𐑊 𐑁𐐪𐑊𐐬 𐑄 𐑃𐐨𐐲𐑉𐐲𐑋 𐐮𐑌 𐐾𐐯𐑌𐐲𐑉𐐲𐑊.

Put $m = p_1^{\alpha_1} p_2^{\alpha_2} \ldots p_r^{\alpha_r} p_{r+1}^{\alpha_{r+1}}$, $\quad n = p_1^{\alpha_1} p_2^{\alpha_2} \ldots p_r^{\alpha_r}$, 𐐰𐑌𐐼 𐑊𐐯𐐻 h 𐐺 𐐪 𐐹𐑉𐐮𐑋𐐮𐐻𐐮𐑂 λ-𐑉𐐭𐐻 𐐲𐑂

$$x^{\lambda(n)} \equiv 1 \quad \bmod n. \tag{1}$$

𐐜𐐯𐑌

$$h + ny$$

𐐮𐑆 𐐪 𐑁𐐫𐑉𐑋 𐐲𐑂 𐑄 𐑅𐐩𐑋 𐑉𐐭𐐻 𐐮𐑁 y 𐐮𐑆 𐐰𐑌 𐐮𐑌𐐻𐐲𐐾𐐲𐑉.

𐐢𐐴𐐿𐐶𐐴𐑆, 𐐮𐑁 c 𐐮𐑆 𐐯𐑌𐐨 𐐹𐑉𐐮𐑋𐐮𐐻𐐮𐑂 λ-𐑉𐐭𐐻 𐐲𐑂

$$x^{\lambda}(p_{r+1}^{\alpha_{r+1}}) \equiv 1 \quad \bmod p_{r+1}^{\alpha_{r+1}} \tag{2}$$

𐐪 𐑁𐐫𐑉𐑋 𐐲𐑂 𐑄𐐮𐑅 𐑉𐐭𐐻 𐐮𐑆

$$c + p_{r+1}^{\alpha_{r+1}} z$$

𐐸𐐶𐐯𐑉 z 𐐮𐑆 𐐯𐑌𐐨 𐐮𐑌𐐻𐐲𐐾𐐲𐑉.

𐐤𐐵, 𐐮𐑁 y 𐐰𐑌𐐼 z 𐐿𐐰𐑌 𐐺 𐐽𐐬𐑆𐐲𐑌 𐑅𐐬 𐑄𐐰𐐻

$$h + ny = c + p_{r+1}^{\alpha_{r+1}} z$$

𐑞 𐑯𐑳𐑥𐑚𐑼 𐑦𐑯 𐑲𐑞𐑼 𐑥𐑧𐑥𐑚𐑼 𐑳𐑝 𐑞𐑦𐑕 𐑦𐑒𐑢𐑱𐑠𐑩𐑯 𐑢𐑦𐑤 𐑚𐑰 𐑩 𐑒𐑪𐑥𐑩𐑯 𐑐𐑮𐑦𐑥𐑦𐑑𐑦𐑝 λ-𐑮𐑵𐑑 𐑳𐑝 𐑒𐑩𐑙𐑜𐑮𐑵𐑩𐑯𐑕𐑩𐑟 (1) 𐑨𐑯𐑛 (2); 𐑞𐑨𐑑 𐑦𐑟, 𐑩 𐑒𐑪𐑥𐑩𐑯 𐑐𐑮𐑦𐑥𐑦𐑑𐑦𐑝 λ-𐑮𐑵𐑑 𐑳𐑝 𐑞 𐑑𐑵 𐑒𐑩𐑙𐑜𐑮𐑵𐑩𐑯𐑕𐑩𐑟 𐑥𐑱 𐑷𐑤𐑢𐑱𐑟 𐑚𐑰 𐑩𐑚𐑑𐑱𐑯𐑛 𐑐𐑮𐑩𐑝𐑲𐑛𐑩𐑛 𐑞𐑨𐑑 𐑞 𐑦𐑒𐑢𐑱𐑠𐑩𐑯

$$p_1^{\alpha_1} \dots p_r^{\alpha_r} y - p_{r+1}^{\alpha_{r+1}} z = c - h$$

𐑣𐑨𐑟 𐑷𐑤𐑢𐑱𐑟 𐑩 𐑕𐑩𐑤𐑵𐑖𐑩𐑯 𐑦𐑯 𐑢𐑦𐑗 y 𐑨𐑯𐑛 z 𐑸 𐑦𐑯𐑑𐑩𐑡𐑼𐑟. 𐑞𐑨𐑑 𐑞𐑦𐑕 𐑦𐑒𐑢𐑱𐑠𐑩𐑯 𐑣𐑨𐑟 𐑕𐑳𐑗 𐑩 𐑕𐑩𐑤𐑵𐑖𐑩𐑯 𐑓𐑪𐑤𐑴𐑟 𐑓𐑮𐑪𐑥 𐑔𐑽𐑩𐑥 III 𐑳𐑝 §§ 9; 𐑓𐑹, 𐑦𐑓 $c - h$ 𐑦𐑟 𐑮𐑦𐑐𐑤𐑱𐑕𐑑 𐑚𐑲 1, 𐑞 𐑯𐑿 𐑦𐑒𐑢𐑱𐑠𐑩𐑯 𐑣𐑨𐑟 𐑩 𐑕𐑩𐑤𐑵𐑖𐑩𐑯 $\bar{y}$, $\bar{z}$; 𐑨𐑯𐑛 𐑞𐑺𐑓𐑹 𐑓𐑹 y 𐑨𐑯𐑛 z 𐑢𐑰 𐑥𐑱 𐑑𐑱𐑒 $y = \bar{y}(c-h)$, $z = \bar{z}(c-h)$.

𐑯𐑬 𐑤𐑧𐑑 g 𐑚𐑰 𐑩 𐑒𐑪𐑥𐑩𐑯 𐑐𐑮𐑦𐑥𐑦𐑑𐑦𐑝 λ-𐑮𐑵𐑑 𐑳𐑝 𐑒𐑩𐑙𐑜𐑮𐑵𐑩𐑯𐑕𐑩𐑟 (1) 𐑨𐑯𐑛 (2) 𐑨𐑯𐑛 𐑤𐑧𐑑

$$g^\nu \equiv 1 \mod m,$$

𐑢𐑺 ν 𐑦𐑟 𐑑𐑵 𐑚𐑰 𐑞 𐑕𐑥𐑷𐑤𐑩𐑕𐑑 𐑧𐑒𐑕𐑐𐑴𐑯𐑩𐑯𐑑 𐑓𐑹 𐑢𐑦𐑗 𐑞 𐑒𐑩𐑙𐑜𐑮𐑵𐑩𐑯𐑕 𐑦𐑟 𐑑𐑮𐑵. 𐑕𐑦𐑯𐑕 g 𐑦𐑟 𐑩 𐑐𐑮𐑦𐑥𐑦𐑑𐑦𐑝 λ-𐑮𐑵𐑑 𐑳𐑝 (1) ν 𐑦𐑟 𐑩 𐑥𐑳𐑤𐑑𐑦𐑐𐑩𐑤 𐑳𐑝 $\lambda(p_1^{\alpha_1} \dots p_r^{\alpha_r})$. 𐑕𐑦𐑯𐑕 g 𐑦𐑟 𐑩 𐑐𐑮𐑦𐑥𐑦𐑑𐑦𐑝 λ-𐑮𐑵𐑑 𐑳𐑝 (2) ν 𐑦𐑟 𐑩 𐑥𐑳𐑤𐑑𐑦𐑐𐑩𐑤 𐑳𐑝 $\lambda\left(p_{r+1}^{\alpha_{r+1}}\right)$. 𐑣𐑧𐑯𐑕 𐑦𐑑 𐑦𐑟 𐑩 𐑥𐑳𐑤𐑑𐑦𐑐𐑩𐑤 𐑳𐑝 $\lambda(m)$. 𐑚𐑳𐑑 $g^{\lambda(m)} \equiv 1 \mod m$; 𐑞𐑺𐑓𐑹 $\nu = \lambda(m)$. 𐑞𐑨𐑑 𐑦𐑟, g 𐑦𐑟 𐑩 𐑐𐑮𐑦𐑥𐑦𐑑𐑦𐑝 λ-𐑮𐑵𐑑 𐑥𐑪𐑡𐑫𐑤𐑴 m.

𐑞 𐑔𐑽𐑩𐑥 𐑨𐑟 𐑕𐑑𐑱𐑑𐑩𐑛 𐑯𐑬 𐑓𐑪𐑤𐑴𐑟 𐑨𐑑 𐑢𐑳𐑯𐑕 𐑚𐑲 𐑦𐑯𐑛𐑳𐑒𐑖𐑩𐑯.

𐑞𐑺 𐑦𐑟 𐑯𐑳𐑔𐑦𐑙 𐑦𐑯 𐑞 𐑐𐑮𐑦𐑕𐑰𐑛𐑦𐑙 𐑸𐑜𐑿𐑥𐑩𐑯𐑑 𐑑𐑵 𐑦𐑯𐑛𐑦𐑒𐑱𐑑 𐑞𐑨𐑑 𐑞 𐑐𐑮𐑦𐑥𐑦𐑑𐑦𐑝 λ-𐑮𐑵𐑑𐑕 𐑥𐑪𐑡𐑫𐑤𐑴 m 𐑸 𐑷𐑤 𐑦𐑯 𐑩 𐑕𐑦𐑙𐑜𐑩𐑤 𐑕𐑧𐑑 𐑩𐑚𐑑𐑱𐑯𐑛 𐑚𐑲 𐑑𐑱𐑒𐑦𐑙 𐑐𐑬𐑼𐑟 𐑳𐑝 𐑕𐑳𐑥 𐑮𐑵𐑑 g; 𐑦𐑯 𐑓𐑨𐑒𐑑 𐑦𐑑 𐑦𐑟 𐑯𐑪𐑑 𐑦𐑯 𐑡𐑧𐑯𐑼𐑩𐑤 𐑑𐑮𐑵 𐑢𐑧𐑯 m 𐑒𐑩𐑯𐑑𐑱𐑯𐑟 𐑥𐑹 𐑞𐑨𐑯 𐑢𐑳𐑯 𐑐𐑮𐑲𐑥 𐑓𐑨𐑒𐑑𐑼.

𐑚𐑲 𐑑𐑱𐑒𐑦𐑙 𐑐𐑬𐑼𐑟 𐑳𐑝 𐑩 𐑐𐑮𐑦𐑥𐑦𐑑𐑦𐑝 λ-𐑮𐑵𐑑 g 𐑥𐑪𐑡𐑫𐑤𐑴 m 𐑢𐑳𐑯 𐑩𐑚𐑑𐑱𐑯𐑟 $\phi\{\lambda(m)\}$ 𐑛𐑦𐑓𐑼𐑩𐑯𐑑 𐑐𐑮𐑦𐑥𐑦𐑑𐑦𐑝 λ-𐑮𐑵𐑑𐑕 𐑥𐑪𐑡𐑫𐑤𐑴 m. 𐑦𐑑 𐑦𐑟 𐑧𐑝𐑦𐑛𐑩𐑯𐑑 𐑞𐑨𐑑 𐑦𐑓 γ 𐑦𐑟 𐑧𐑯𐑦 𐑢𐑳𐑯 𐑳𐑝 𐑞𐑰𐑟 𐑐𐑮𐑦𐑥𐑦𐑑𐑦𐑝 λ-𐑮𐑵𐑑𐑕, 𐑞𐑧𐑯 𐑞 𐑕𐑱𐑥 𐑕𐑧𐑑 𐑦𐑟 𐑩𐑚𐑑𐑱𐑯𐑛 𐑩𐑜𐑧𐑯 𐑚𐑲 𐑑𐑱𐑒𐑦𐑙 𐑞 𐑐𐑬𐑼𐑟 𐑳𐑝 γ. 𐑢𐑰 𐑥𐑱 𐑕𐑱 𐑞𐑧𐑯 𐑞𐑨𐑑 𐑞 𐑕𐑧𐑑 𐑞𐑳𐑕 𐑩𐑚𐑑𐑱𐑯𐑛 𐑦𐑟 𐑞 𐑕𐑧𐑑 𐑚𐑦𐑤𐑪𐑙𐑦𐑙 𐑑𐑵 g.

II. *𐑦𐑓 $\lambda(m) > 2$ 𐑞 𐑐𐑮𐑪𐑛𐑩𐑒𐑑 𐑳𐑝 𐑞 $\phi\{\lambda(m)\}$ 𐑐𐑮𐑦𐑥𐑦𐑑𐑦𐑝 λ-𐑮𐑵𐑑𐑕 𐑦𐑯 𐑞 𐑕𐑧𐑑 𐑚𐑦𐑤𐑪𐑙𐑦𐑙 𐑑𐑵 𐑧𐑯𐑦 𐑐𐑮𐑦𐑥𐑦𐑑𐑦𐑝 λ-𐑮𐑵𐑑 g 𐑦𐑟 𐑒𐑪𐑙𐑜𐑮𐑵𐑩𐑯𐑑 𐑑𐑵 1 𐑥𐑪𐑡𐑫𐑤𐑴 m.*

𐑞𐑰𐑟 𐑐𐑮𐑦𐑥𐑦𐑑𐑦𐑝 λ-𐑮𐑵𐑑𐑕 𐑸

$$g,\ g^{c_1},\ g^{c_2},\ \dots,\ g^{c_\mu}$$

φωʌφ

$$1,\ c_1,\ c_2,\ \ldots,\ c_\mu$$

ѳφ ɣ ɨɥɪᴦϛᴦφϭ ɭʌʙ ɣɹɥ $\lambda(m)$ ɹɥd ɿφɸɔ ɿѳ $\lambda(m)$. Ɨp ʌɥѳ ωᴦɥ ᴦʙ ɣѳϭ ɨϭ c ᴦɥᴦɣᴦφ ɨϭ $\lambda(m) - c$, ʙɨɥʙ $\lambda(m) > 2$. Φʌɥʙ

$$1 + c_1 + c_2 + \ldots + c_\mu \equiv 0 \bmod \lambda(m).$$

Ɣʌφpѳφ

$$g^{1+c_1+c_2+\ldots+c_\mu} \equiv 1 \bmod m.$$

Ƿφᴦɔ ɣɨʙ ɣ ɩѳᴦφᴦɔ pѳɭѳϭ.

ꞶӨΦᴦꞀʌΦѳ. *Ɣ ɿφѳdᴦѳɿ ᴦʙ ѳɿ ɣ ɿφɪɔɪ̃ɪʙ λ-φѳɪʙ ɔѳϛᴦɪѳ m ɨϭ ωᴦɥѽφѳᴦɥɿ ɿѳ 1 ɔѳϛᴦɪѳ m φωʌɥ $\lambda(m) > 2$.*

ʌωʙᴦΦʙɸϭᴦϭ

1. Ɨp x_1 ɨϭ ɣ ɭѳφϛᴦʙɿ ʙɹɭɤѳ ᴦʙ x ʙɹɿɨʙpɸɨи ɣ ɨωωɛsᴦɥ $\lambda(x) = a$, φωʌφ a ɨϭ ѳ ѽɨʙᴦɥ ɨɥɪᴦϛᴦφ, ɣʌɥ ʌɥѳ ʙᴦɭѳbᴦɥ x_2 ᴦʙ ɣ ɨωωɛsᴦɥ ɨϭ ѳ pɹωɿᴦφ ᴦʙ x_1.

2*. Ꮲʙɿɛɥ ɹɥ ɨpʌωɿɨʙ φѳɭ pѳφ ʙѳɭʙɨи ɣ ɨωωɛsᴦɥ $\lambda(x) = a$.

3*. Ꮲʙɿɛɥ ɹɥ ɨpʌωɿɨʙ φѳɭ pѳφ ʙѳɭʙɨи ɣ ɨωωɛsᴦɥ $\phi(x) = a$.

4. Ѳ ɥʌʙᴦʙʌφѳ ɹɥd ʙᴦpɨbᴦɥ ωᴦɥdɨbᴦɥ ɣɹɿ $a^{P-1} \equiv 1 \bmod P$ pѳφ ʌʙφѳ ɨɥɪᴦϛᴦφ a ɿφɸɔ ɿѳ P ɨϭ ɣɹɿ $P \equiv 1 \bmod \lambda(P)$.

5. Ɨp $a^{P-1} \equiv 1 \bmod P$ pѳφ ʌʙφѳ ѳ ɿφɸɔ ɿѳ P, ɣʌɥ (1) P dᴦϭ ɥѳɿ ωᴦɥɿɛɥ ѳ ʙωωʌφ pɹωɿᴦφ ᴦɣᴦφ ɣɹɥ 1, (2) P ɸɣᴦφ ɨϭ ɿφɸɔ ѳφ ωᴦɥɿɛɥϭ ɹɿ ɭѳʙɿ ɩφѳ dɨpᴦφᴦɥɿ ɿφɸɔ pɹωɿᴦφϭ.

6. ɭʌɿ p ʙ ѳ ɿφɸɔ ɥᴦɔʙᴦφ. Ɨp a ɨϭ ѳ φѳɿ ᴦʙ ɣ ωᴦɥѽφѳᴦɥʙ $x^q \equiv 1 \bmod p$ ɹɥd α ɨϭ ѳ φѳɿ ᴦʙ ɣ ωᴦɥѽφѳᴦɥʙ $x^\delta \equiv 1 \bmod p$, ɣʌɥ $a\alpha$ ɨϭ ѳ φѳɿ ᴦʙ ɣ ωᴦɥѽφѳᴦɥʙ $x^{d\delta} \equiv 1 \bmod p$. Ɨp a ɨϭ ѳ ɿφɪɔɪ̃ɪʙ φѳɿ ᴦʙ ɣ pᴦφʙɿ ωᴦɥѽφѳᴦɥʙ ɹɥd

α 𐐲𐑂 𐑄 𐑅𐐯𐐿𐐲𐑌𐐼 𐐰𐑌𐐼 𐐮𐑁 d 𐐰𐑌𐐼 δ 𐐪𐑉 𐑉𐐯𐑊𐐲𐐻𐐮𐑂𐑊𐐨 𐐹𐑉𐐴𐑋, 𐑄𐐯𐑌 $a\alpha$ 𐐮𐑆 𐐩 𐐹𐑉𐐮𐑋𐐮𐐻𐐮𐑂 𐑉𐐭𐐻 𐐲𐑂 𐑄 𐐿𐐲𐑌𐑀𐑉𐐭𐐲𐑌𐑅 $x^{d\delta} \equiv 1 \mod p$.

6 Ɣɣɤϕ ʅɵʅɨɷɞ

§ 40 ƗɥʅΦɤƏɤƜƊɤɥ

Ɣ ʟɨϕɘ ɤɞ ɥɤɔɞɤϕɞ ɨɞ ɵ ɞɥɞʅ dɨɞɨʅʅɨɥ ɥɥd ɥo ɞɨɥώɤʅ ɞɵʅɤɷɔ ɷɥɥ ɥdɤɷɷɤʅʅɘ ʅϕɘʅ ɤɞ ɨʅ ɨɥ ɵʅ ɤɞ ɨʅɞ ρɛɞɤɞ. Ɵ bɵϕʅ ɞqɷ ɷɥɥ ɞɤϕɞ oɥʅɘ ɥɞ ɥɥ ɨɥʅϕɤdɤɷbɤɥ; ɞɤʅ φɷɥϕ ɣ ρɘʅd ɨɞ ɞo ɞɥɞʅ ɞɤɔ ɥɥ ɨɥʅϕɤdɤɷbɤɥ ɨɞ ɔɤɔ ɥɘdɤd. Ɣɥʅ ɨɞ ɣ ɥɥd φɷɨɔ ɣ ʅϕɥɞɤɥʅ ɞɵʅɤɷɔ ɨɞ ɨʅɥɥdɤd ʅɷ ɞɤϕɞ; ɥɥd ɨʅ ɷɨʅ ɞɥɞʅ ɤɷɞɔʅʅɨb ɣɨɞ ɥɥd ɨρ, ɨɥ ɤdɨbɤɥ ʅɷ ɣ dɘʅɛʅd ʟɨϕɘ ɵʅϕɥdɘ dɤɞɥʅɤʅʅ, ɞɤɔ ɤɷόɥʅ ɨɞ ώɨɞɤɥ ɤɞ ɣ ɞɥϕɘɤɞ dɤϕɥɷbɤɥɞ ɨɥ φɷɨɔ ɣ ɔɥʅɤϕ ɔϕʅ ɞ ɷɥϕɘd ρɤϕɣɤϕ.

ʅɷ dɷ ɘɞɤɥ ɣɨɞ ʅϕɵʅʅɤϕʅɘ ɨʅ ɨɞ ɥɥɞɤɞɥϕɘ ʅɷ ʅɨɔʅ ɣ ɥɤɔɞɤϕ ɤɞ ɞɤɞϛɥɷʅɞ ɷɤɥɞɨdɤϕd. Ɯɵɥɞɤɷɷɥɨʅʅɘ ɷɘ bɥʅ ɥʅ ɷɤɥɞ ʅɛ ɤɞόd ɔɥɥɞ ʅɵʅɨɷɞ ɤɞ ɨʅʅϕɤɞʅ φɷɨɔ ɷqd ρόɥd ɵ ʅʅɛɞ ɨɥ ɥɥ ɥώɞɞɞʅɨɞ ʅϕɘʅɞ. Ɯɘ bɥʅ ɞɛ ɥʟʟɨɥ, ρɵϕ ɨɥɞʅɤɥɞ, ɤɞόʅ ɣ ɞɥɞʅ dɷɔɛɥ ɤɞ ɥʅϛɤɞϕɛɨɷ ɥɤɔɞɤϕɞ, ɘɞɤɥ ɣo ɣɨɞ ɨɞ ɷɤɥ ɤɞ ɣ ɔoɞʅ ρɥɞɨɥɛʅɨɥ ɞɤɞϛɥɷʅɞ ɨɥ ɣ φoʅ ρɘʅd ɤɞ ɔɥʟɤɔɥʅɨɷɞ. Ɯɵɥɞɤɷɷɥɨʅʅɘ, ɷɘ bɥʅ ɥɵʅ φɤρɤϕ ʅɷ ɥɥɞ ɤɞ ɣ ɨɷɞʅɥɥɞɨɞ ʟɨϕɘ ɷɤɥɥɷʅɤd ɷɨɣ ɣ dɨɞɨɞɤɥ ɤɞ ɣ ɞɤϕɷɤʅ ɨʅɷ ɘɷɷɤʅ ʅɘϕʅɞ. Ɣώɥɥ, ɷɘ bɥʅ ʅɘɞ ɤɥɔɥɥɔɤɥd ɔɥɥɞ ʅɵʅɨɷɞ ɷɤɥɥɷʅɤd ɷɨɣ ɣ ʟɨϕɘ ɤɞ ʅɵɞɨʅɨɞ ɨʅʅϛɤϕɞ; ɞɤɔ, ρɵϕ ɨɥɞʅɤɥɞ, ɨɞ ɣ ρϕɘɷɷɤɥɞɘ ɤɞ ʅϕόɔ ɥɤɔɞɤϕɞ ɨɥ ɣ ɵϕdɤϕd ɞɨɞʅʅɔ ɤɞ ɨʅʅϛɤϕɞ—ɵ ɞɤɞϛɥɷ φɷɨɔ ɷɤɥʅɛɥɞ ɨɥ ɨʅɞɥʅρ ɥɥ ɨɷɞʅɥɥɞɨɞ ɥɥd ɥʅɤώɤɥʅ ʟɨϕɘ.

Ɨɥ § 41–§ 44 ɷɘ bɥʅ ɞʅɛɷ ɞϕɘρʅɘ ɤɞ ɘɔ ɤɞ ɣ ρɘʅoɨɥ ʅɵʅɨɷɞ: ʟɨϕɘ ɤɞ ɷɷɘdϕɥʅɨɷ ϕɥɞɨdɷɞ, Ɯɥʅɷɘ ɨɔɥϛɨɥɥϕɘɞ, ɥϕɨʟɔɥʅɨɷ ρɵϕɔɞ, ɥɥɤʅʅʅɨɷɤʅ ʟɨϕɘ ɤɞ ɥɤɔɞɤϕɞ. Ɖɔ ɤɞ ɣɘɞ ɤʅoɥ ɷqd ϕɤɷɷόϕϕ ɵ ɷɤɥɞɨdɤϕɤɞɤʅ ɞɵʅɤɷɔ ρɵϕ ɨʅɞ ʅϕɵʅʅɤϕ dɤɞɥʅɤʅʅɔɤɥʅ. Ɵʅ ɣɥʅ ɷɘ ɷɥɥ dɷ ɨɞ ʅɷ ɨɥdɨɷɛʅ ɣ ɥɛɔɤϕ ɤɞ ɣ ʅϕɵɞʅʅɔ ɨɥ ɘɔ ɷɛɞ ɥɥd ɨɥ ɞɤɔ ɷɛɞɤɞ ʅɷ ώɨɞ ɵ ρɤɷ ɤɞ ɣ

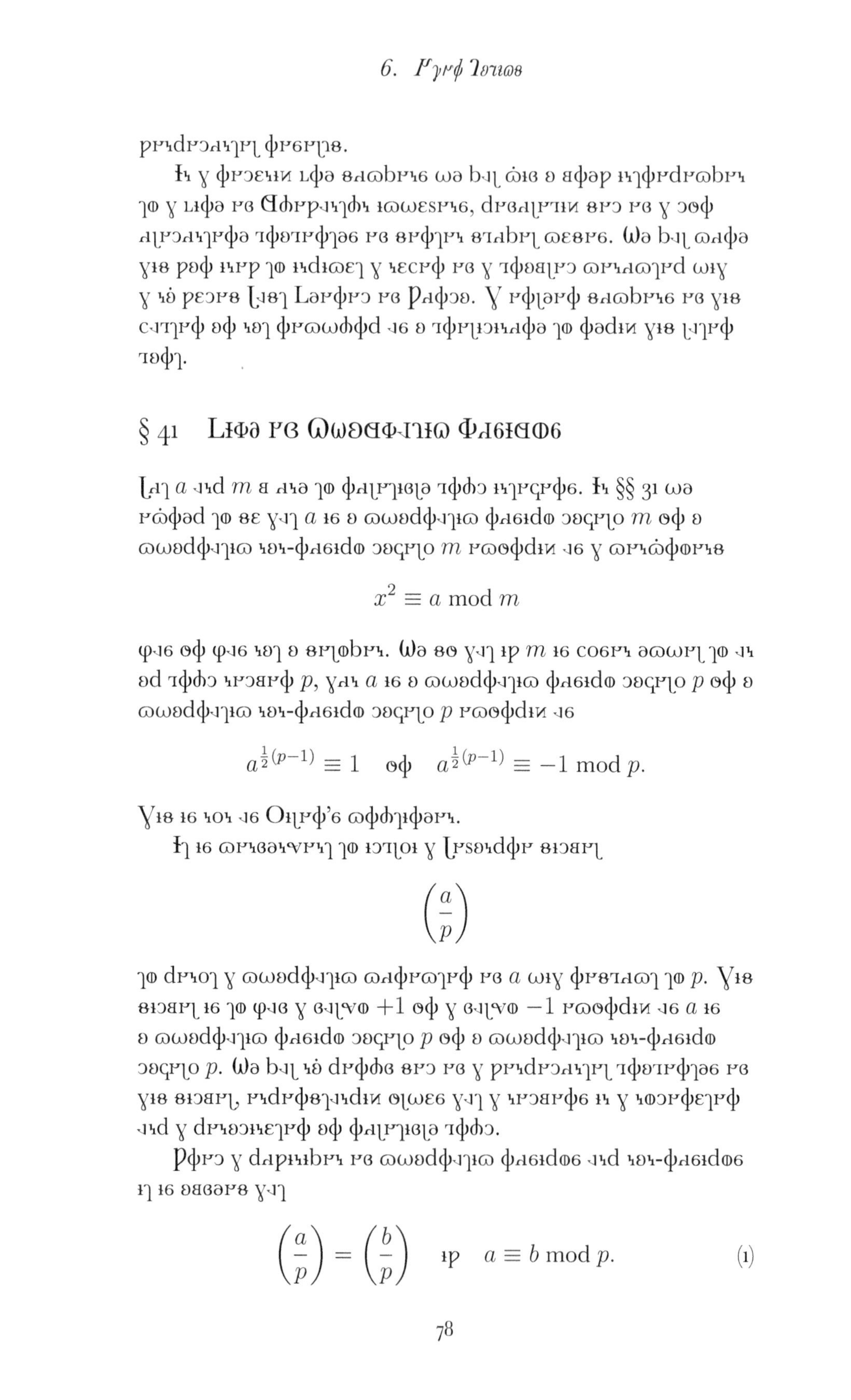

[illegible]

[illegible]

§ 41 [illegible]

[illegible] a [illegible] m [illegible] §§ 31 [illegible] a [illegible] m [illegible] m [illegible]

$$x^2 \equiv a \bmod m$$

[illegible] m [illegible] p, [illegible] a [illegible] p [illegible] p [illegible]

$$a^{\frac{1}{2}(p-1)} \equiv 1 \quad \text{[illegible]} \quad a^{\frac{1}{2}(p-1)} \equiv -1 \bmod p.$$

[illegible]

[illegible]

$$\left(\frac{a}{p}\right)$$

[illegible] a [illegible] p. [illegible] $+1$ [illegible] -1 [illegible] a [illegible] p [illegible] p. [illegible]

[illegible]

$$\left(\frac{a}{p}\right) = \left(\frac{b}{p}\right) \quad \text{[illegible]} \quad a \equiv b \bmod p. \tag{1}$$

Ɨʅ ɨ6 ə6ə ʅɸ ꞁϕɸɞ ɨȣ ꞔɹȣʀϕʀʅ ɣɹꞁ

$$\left(\frac{a}{p}\right)\left(\frac{b}{p}\right)=\left(\frac{ab}{p}\right). \qquad (2)$$

Ɣɨ8 ωʀɔ6 ϕɹdɨʅə ρϕʀɔ Oɨʅʀϕ'6 ωϕϕʅɨϕəʀȣ. Ωə φɹɞ ʅɸ ωʀȣ8ɨdʀϕ ɣ ʟϕə ωɛ8ʀ6

$$\left(\frac{a}{p}\right)=+1,\quad \left(\frac{b}{p}\right)=+1;\quad \left(\frac{a}{p}\right)=+1,\quad \left(\frac{b}{p}\right)=-1;$$
$$\left(\frac{a}{p}\right)=-1,\quad \left(\frac{b}{p}\right)=-1.$$

Ɣ ɔɹʟʀd ωɨʅ 8 8ʀρɨbʀȣʅʅə ɨʅʀ8ʅϕɛʅʀd 8ϕ ɣ ʅϕəʅɔʀȣʅ ʀɞ ɣ ʅɹ8ʅ ωɛ8. Here ωə φɹɞ

$$a^{\frac{1}{2}(p-1)}\equiv -1 \bmod p,\quad b^{\frac{1}{2}(p-1)}\equiv -1 \bmod p.$$

Multiplying ɣə6 ʅɸ ωʀȣώϕɸʀȣ8ʀ6 ʅʀώɹɣʀϕ ɔɹɔ8ʀϕ 8ϕ ɔɹɔ8ʀϕ ωə φɹɞ

$$(ab)^{\frac{1}{2}(p-1)}\equiv 1 \bmod p,$$

φωɹȣ8

$$\left(\frac{ab}{p}\right)=1=\left(\frac{a}{p}\right)\left(\frac{b}{p}\right),$$

ɹ6 ωʀ6 ʅɸ 8 ꞁϕɸɞd.

Ɨρ m ɨ6 ɹȣə ȣʀɔ8ʀϕ ꞁϕϕɔ ʅɸ p ɹȣd ωə ϕϕʅ m ɹ6 ɣ ꞁϕɸdʀωʅ ʀɞ ρɹωʅʀϕ6

$$m=\epsilon\cdot 2^{\alpha}\cdot q'q''q'''\cdots$$

φωɹϕ q', q'', q''', $\ldots$ ɵϕ əd ꞁϕϕɔ6, α ɨ6 6ɨϕɸ ɵϕ ə ꞁə6ɨʅɨɞ ɨȣʅʀꞔʀϕ ɹȣd ϵ ɨ6 $+1$ ɵϕ -1 ʀωɵϕdɨи ɹ6 m ɨ6 ꞁə6ɨʅɨɞ ɵϕ ȣɛώʀʅɨɞ, ωə φɹɞ

$$\left(\frac{m}{p}\right)=\left(\frac{\epsilon}{p}\right)\left(\frac{2}{p}\right)^{\alpha}\left(\frac{q'}{p}\right)\left(\frac{q''}{p}\right)\left(\frac{q'''}{p}\right)\cdots, \qquad (3)$$

ɹ6 ωʀʜ ƅo6 ɘɕɨʅɘ ɐф фʀɿɘʅʀd ɹɿʅɷɛbʀʜ ʀɐ фʀʅɛbʀʜ (2). Ɵɐɞɘʀɐʅɘ,

$$\left(\frac{1}{p}\right) = 1.$$

Ψɹʜɐ, ʜʅ ƥɐʅo6 ƥфʀɔ (3) ɣɹʅ ωɘ ɷɹʜ фɹdʅɘ dʀʅʀфɔʜ ɣ ɷωɘdфɹʅɪɷ ɷɹфʀɷʅʀф ʀɐ m ωɪɣ фʀɐɿɹɷʅ ʅɷ ɣ ɘd ɿффɔ p, ɣɹʅ ɪ6, ɣ ɐɹʅɤɷ ʀɐ

$$\left(\frac{m}{p}\right),$$

ɿфʀɐффdʀd ɣɹʅ ωɘ ʜo ɣ ɐɹʅɤɷ ʀɐ ɘc ʀɐ ɣ ɪɷɐɿфɹbʀʜ6

$$\left(\frac{-1}{p}\right), \quad \left(\frac{2}{p}\right), \quad \left(\frac{q}{p}\right), \tag{4}$$

фωɹф q ɪ6 ɹʜ ɘd ɿффɔ.

Ɣ ƥʀфɐʅ ʀɐ ɣɘ6 ɷɹʜ ɐ ɪɐɹʅɤɷɛʅʀd ɹʅ ωʀʜɐ ɐф ɔɘʜ6 ʀɐ Oʜʅʀф'6 ɷффʅɪфɘʀʜ; ƥɘф, ωɘ фɹɐ

$$\left(\frac{-1}{p}\right) \equiv (-1)^{\frac{1}{2}(p-1)} \bmod p$$

ɹʜd фɹʜɐ

$$\left(\frac{-1}{p}\right) = (-1)^{\frac{1}{2}(p-1)}.$$

Ɣʀɐ ωɘ фɹɐ ɣ ƥɐʅoɪʜ фʀɐʀʅ: Ɣ ʜʀɔɐʀф -1 ɪ6 ɘ ɷωɘdфɹʅɪɷ фɹɐɪdɷ ʀɐ ɹɐфɘ ɿффɔ ʜʀɔɐʀф ʀɐ ɣ ƥɘфɔ $4k + 1$ ɹʜd ɘ ɷωɘdфɹʅɪɷ ʜɘʜ-фɹɐɪdɷ ʀɐ ɹɐфɘ ɿффɔ ʜʀɔɐʀф ʀɐ ɣ ƥɘфɔ $4k+3$.

Ɣ ɐɹʅɤɷ ʀɐ ɣ ɐɹɷʀʜd ɐɪɔɐʀʅ ʜ (4) ɪ6 ɷɪɐʀʜ ɐф ɣ ƥɘфɔɤʀʅʀ

$$\left(\frac{2}{p}\right) = (-1)^{\frac{1}{8}(p^2-1)}.$$

Ɣ ʟɘʀфʀɔ ɷʀʜʅɛʜd ʜ ɣɪɐ ɪɷɛɕʀʜ ɔɛ ɐ ɐʅɛʅʀd ʜ ɣ ƥɐʅoɪʜ ɷʀфd6: Ɣ ʜʀɔɐʀф 2 ɪ6 ɘ ɷωɘdфɹʅɪɷ фɹɐɪdɷ ʀɐ ɹɐфɘ ɿффɔ ʜʀɔɐʀф ʀɐ фɣʀф ʀɐ ɣ ƥɘфɔ6 $8k + 1, 8k + 7$; ʜʅ ɪ6 ɘ ɷωɘdфɹʅɪɷ ʜɘʜ-фɹɐɪdɷ ʀɐ ɹɐфɘ ɿффɔ ʜʀɔɐʀф ʀɐ фɣʀф ʀɐ ɣ ƥɘфɔ6 $8k + 3, 8k + 5$.

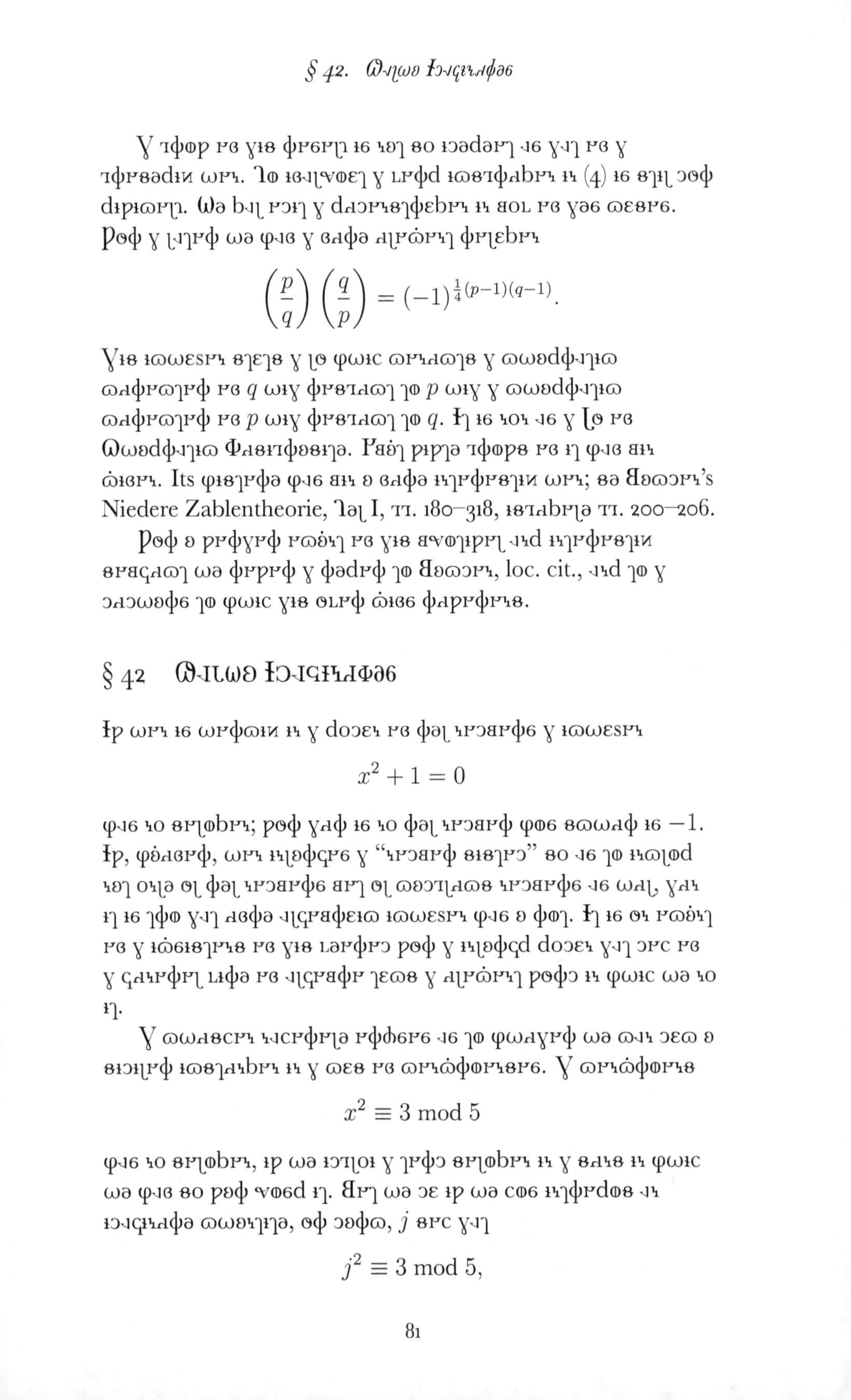

[illegible] (4) [illegible]

$$\left(\frac{p}{q}\right)\left(\frac{q}{p}\right) = (-1)^{\frac{1}{4}(p-1)(q-1)}.$$

[illegible] q [illegible] p [illegible] p [illegible] q. [illegible] Its [illegible]'s Niedere Zahlentheorie, [illegible] I, [illegible] 180–318, [illegible] 200–206.

[illegible] loc. cit., [illegible]

§ 42 [illegible]

[illegible]

$$x^2 + 1 = 0$$

[illegible] -1. [illegible] "[illegible]" [illegible]

[illegible]

$$x^2 \equiv 3 \bmod 5$$

[illegible] j [illegible]

$$j^2 \equiv 3 \bmod 5,$$

ɕɼ8ȷ ɹ6 ɦ ɷɼɦɹɷbɼɦ ɷɪɣ ɣ ɨɷɷɛsɼɦ $x^2 + 1 = 0$ ɷə ɷqd ɦȷɸɼdɷ8 ɣ 8ɪɔɛɼ i ɸɹ8ɪɴ ɣ ɿɸəɪɼɸȷə ɨɷ8ɿɸɹ8ȷ 8ɸ ɣ ɨɷɷɛsɼɦ

$$i^2 = -1.$$

Ɨȷ ɪ6 pəɦd ȷɷ 8 ɿ8ɪɛɼȷ ȷɷ ɦȷɸɼdɷ8 ɦ ɣɪ8 ɷɛ ə ɕɹɦɼɸɼȷ 8ɹȷ ɼ8 ɪɔɹɕɦɹɸə6 8ɹȷɪ8ɼɸɪɴ ɷɼɦɷɸɷɼɦ8ɼ6 ɷɪɣ ɿɸɸɔ ɔəɕɼȷɸ; ɹɦd ɣ ɦɷ ɷɷəɦȷɪə6 əɸ ɔəɸɷ8 ɸɹ8 ɣ ɿɸəɪɼɸȷə ɼ8 ɷɼɔəɸɦɪɴ ɼɷəɸdɪɴ ȷɷ ɣ ȷɷ6 ɼ8 ɹɕɼ8ɸɼ.

Ɣ ɷɷəɦȷɪə6 8ɷ ɦȷɸɼdɷ8ȷ əɸ ɷəȷd Ѡɹȷɷə ɪɔɹɕɦɹɸə6.

Ѡə ɷɹɦəȷ ɷɷ ɦȷɷ ə dɼ8ɹȷɼɿɔɼɦȷ ɼ8 ɣ ɪɔɿɸȷɼɦ ʟɪɸə ɸɷɪc ɪ6 ɦȷɸɼdɷ8ȷ ɦ ɣɪ8 ɷɛ. Ѡə bɹȷ 8 ɷɼɦȷɹɦȷ ɷɪɣ ɦdɪɷɛȷɪɴ ȷɷ dɼɸɹɷbɼɦ6 ɦ ɸɷɪc ɪȷ ȷəd6.

Ɨɦ ɣ pɼɸ8ȷ ɿȷɛ8 ɣɹɸ ɪ6 ɣ ɕɹɦɼɸɼȷ Ѡɹȷɷə pəȷd ʟɪɸə ɸɷɪc ɪ6 ɼ8 pɼɦdɼɔɹɦȷɼȷ ɪɔɿɸȷɼɦ8 ɦ ɣ 8ȷɼdə ɼ8 8ɼɸȷɼɦ pɸɦɸȷ ɷɸəɿ8. Ɨȷ ɔɛ 8 dɼ8ɹȷɼɿȷ pɸɼɔ ɣ ɿɷɪɦȷ ɼ8 8ɣɷ ɦdɪɷɛȷɼd ɸɪɸ. ɹɦ ɹɷ8ɼȷɼɦȷ ɹɷ8ɿɼ6ɪbɼɦ, ɼȷəɪ 8ɼɔɸɷɼȷ dɪpɼɸɼɦȷ ȷɸɦ6, ɪ6 ȷɷ 8 pəɦd ɦ Ɑɪɷ8ɼɦ'6 *ȷɪɦəɼɸ Ѡɸəɿ8 ɷɪɣ ɹɦ Ɑɷ8ɿɼ6ɪbɼɦ ɼ8 ɣ Ѡɹȷɷə Ƥəȷd Ʌɪɸə.*

Ƴɷɹɦ, ɣ ɸəȷ ɔɹȷɼɸ ɔɛ 8 ȷqɷȷ ɼɿəɦ pɸɼɔ ɣ ɕəɼɔɹȷɸɪɷ ɿɷɪɦȷ ɼ8 8ɣɷ. Ɨɦ ɣɪ8 ɷɛ ɷə 8ɸ ȷɹd ȷɷ ɣ ɕɹɦɼɸɼȷ ʟɪɸə ɼ8 pɸɦɸȷ ɕəəɔɼȷɸə6, ɣɹȷ ɪ6, ɕəəɔɼȷɸə6 ɦ ɸɷɪc ɣɹɸ ɪ6 əɦȷə ə pɸɦɸȷ ɦɼɔəɼɸ ɼ8 ɿɷɪɦȷ8. Ƥəɸ ə dɼ8ɹȷɼɿɔɼɦȷ ɼ8 ɣ ɸdəɼ6 ɸɷɪc ɼɸɸ6 ɸɪɸ 8ə Ɓɛ8ȷɼɦ ɹɦd Ɐɼɴ'6 *Ɩɸɼɕɹɷȷɪ8 ɕəəɔɼȷɸə* ɹɦd ɣ ɔɹɔɷəɸ 8ɸ Ɓɛ8ȷɼɦ ɹɦd Ɓɼ8ə ɦ ɣ Ɩɸɹɦ6ɹɷbɼɦ6 ɼ8 ɣ Ƴɔɹɸɪɷɼɦ Ɔɹʟɼɔɹȷɪɷɼȷ 8ɼ8ɸɼȷə, 8əȷ. 7, ɿɿ. 241–259.

§ 43 Ƴɸɪʟɔɼȷɪɷ Ƥəɸɔ6

Ɣ 8ɪɔɼɿȷɼ8ȷ ɹɸɪʟɔɹȷɪɷ pəɸɔ ɪ6 $ax + b$ ɸɷɹɸ a ɹɦd b 8ɸ pɪɷ8ȷ ɦȷɼɕɼɸ6 dɪpɼɸɼɦȷ pɸɼɔ 6ɪɸə ɹɦd x ɪ6 ə 8ɹɸəɼ8ȷ ɦȷɼɕɼɸ. Ɓɸ 8ɹɸəɪɴ x ɦ ɣɪ8 ɷɛ8 ɷə ɸɹ8 ɣ ȷɼɸɔ6 ɼ8 ɹɦ ɼɸɪʟɔɼȷɪɷ ɿɸɼɷɸɹbɼɦ. Ѡə ɸɹ8 əȷɸɹdə ɸɼpɼɸd ȷɷ Ɑɪɸəbȷɛ'6 8ɹȷɼ8ɸɛȷɼd ʟəɼɸɼɔ ɸɷɪc ɼ8ɼɸȷ8 ɣɹȷ ɣ pəɸɔ $ax + b$ ɸɹ6 ɹɦ ɦpɪɦȷ ɦɼɔəɼɸ ɼ8 ɿɸɸɔ 8ɹȷɷə6 ɪp əɦȷə a ɹɦd b ɸɹ ɸɹȷɪɷ8ə ɿɸɸɔ. Ɣɪ8 ɪ6 ɹɦ ɪȷɼ8ȷɸɛbɼɦ ɼ8 ɷɼɦ ȷɸɿ ɼ8 ʟəɼɸɼɔ ɷɼɦɹɷɼd ɷɪɣ ɹɸɪʟɔɹȷɪɷ pəɸɔ6 ɦ ɕɹɦɼɸɼȷ, ɦɛɔȷə, ɣɷ6 ɦ ɸɷɪc ɪȷ ɪ6 ɼ8ɼɸȷɼd ɣɹȷ ɦɼɔəɼɸ6 ɼ8 ə ɷɪ8ɼɦ pəɸɔ ɸɹ8 ɦ ɼdɪbɼɦ ə ɷɪ8ɼɦ ɿɸəɪɼɸȷə.

Ɣʞɣγɣɸ ɿɸʇ ɣɞ ɩɘɣɸɣɔ ɪɞ ɪɿɣɞɿɸɛɿɣd ɞɸ ɘ ɸɣɞɣɿ ɞɿɛɿɣd ɪʞ §§ 41, ɿɸɣɞɸdɣd ɣɿ ɷɘ ɭɸɷ ɿ ɣɿ ɸɣɞɣɿ ɪʞ ɣ ɿɸɘɿɣɸ ɷɛ. Ɯɘ ɞɵ ɣɿ ɣ ʞɣɔɞɣɸ 2 ɪɞ ɘ ɷɷɘdɸɿɪɷ ɸɿɪdɵ ɣɞ ɿɞɸɘ ɿɸɸɔ ɣɞ ɸɣɣɸ ɣɞ ɣ ɼɵɸɔɞ $8k+1$ ɿʞd $8k+7$ ɿʞd ɘ ɷɷɘdɸɿɪɷ ʞɘʞ-ɸɿɪdɵ ɣɞ ɿɞɸɘ ɿɸɸɔ ɣɞ ɸɣɣɸ ɣɞ ɣ ɼɵɸɔɞ $8k+3$ ɿʞd $8k+5$. Ɯɘ ɔɛ ɞɿɛɿ ɣɿ ɸɣɞɣɿ ɿɞ ɼɘɭɵɞ: Ɵ ɷɪɞɣʞ ɿɸɸɔ ʞɣɔɞɣɸ ɣɞ ɸɣɣɸ ɣɞ ɣ ɼɵɸɔɞ $8k+1$ ɿʞd $8k+7$ ɪɞ ɘ dɪɞɸɞɣɸ ɣɞ ɞɣɔ ʞɣɔɞɣɸ ɣɞ ɣ ɼɵɸɔ x^2-2, ɸɷɿɸ x ɪɞ ɿʞ ɪɿɣɣɣɸ; ʞɵ ɿɸɸɔ ʞɣɔɞɣɸ ɣɞ ɸɣɣɸ ɣɞ ɣ ɼɵɸɔɞ $8k+3$ ɿʞd $8k+5$ ɪɞ ɘ dɪɞɸɞɣɸ ɣɞ ɘ ʞɣɔɞɣɸ ɣɞ ɣ ɼɵɸɔ x^2-2, ɸɷɿɸ x ɪɞ ɿʞ ɪɿɣɣɣɸ.

Ɣ ɸɣɞɣɿ ɣɣɞɿ ɞɿɛɿɣd ɪɞ ɘ ɩɘɣɸɣɔ ɪʞ ɘ dɪɞɪɿɪʞ ɣɞ ɞɿɞɿ ɪɷɞɿɿʞɿ, ʞɛɔɭɘ, ɣ ɩɪɸɘ ɣɞ ɷɷɘdɸɿɪɷ ɼɵɸɔɞ. Ɣɸ ɘ ɭɘɸɣ ʞɣɔɞɣɸ ɣɞ ɷɷɿɞɣɣʞɞ ɣɸɞ ɣɔɣɪ ɸɷɪɣ ɘɸ ɣ ɼɘɭɵɪ: Ɣɷɣɿ ʞɣɔɞɣɸɞ ɷɿʞ ɞ ɸɿɿɸɣɞɿʞɿɣd ɪʞ ɘ ɷɪɞɣʞ ɼɵɸɔ? Ɣɷɣɿ ɪɞ ɣ ɷɿɸɣɷɿɣɸ ɣɞ ɣ dɪɞɸɞɣɸɞ ɣɞ ɘ ɷɪɞɣʞ ɼɵɸɔ? Ɥɞ ɘ ɞɿɿbɣɭ ɷɛɞ ɣɞ ɣ ɼɣɸɞɿ ɷɘ ɸɿɞ ɣ ɷɷɿɞɣʞ ɿɞ ɿɷ ɸɷɣɿ ʞɣɔɞɣɸɞ ɷɿʞ ɞ ɸɿɿɸɣɞɿʞɿɣd ɿɞ ɣ ɞɣɔ ɣɞ ɩɸɘ ɞɷɷɿɸɞ. Ɩɷ ɣɪɞ ɷɿɣɷɸɘ ɞɣɭɵɪ ɵɞɞɵ ɣ ɼɘɭɵɪ ɿɷ ɩɘɣɸɣɔɞ: Ɥɞɸɘ ɿɞɞɪɿɪɞ ɪɿɣɣɣɸ ɪɞ ɣ ɞɣɔ ɣɞ ɼɵɸ ɞɷɷɿɸɞ ɣɞ ɪɿɣɣɣɸɞ; ɿɞɸɘ ɿɸɸɔ ʞɣɔɞɣɸ ɣɞ ɣ ɼɵɸɔ $4n+1$ ɔɛ ɞ ɸɿɿɸɣɞɿʞɿɣd (ɿʞd ɪʞ ɵʞɭɘ ɷɣʞ ɷɛ) ɿɞ ɣ ɞɣɔ ɣɞ ɿɷ ɞɷɷɿɸɞ.

Ƿɵɸ ɿʞ ɪɷɞɿɿʞdɣd dɣɞɿɭɣɿɔɣʞɿ ɣɞ ɣ ɩɪɸɘ ɣɞ ɷɷɘdɸɿɪɷ ɼɵɸɔɞ ɷɘ ɸɣɼɣɸ ɣ ɸɘdɣɸ ɿɷ Ɓɘɷɔɣʞ'ɞ Arithmetik der Quadratischen Formen ɣɞ ɸɷɪɣ ɣ ɼɣɸɞɿ ɿɞɸɿ ɸɿɞ ɣɿɪɸd ɪʞ ɘ ɞɞɭɸɷɔ ɣɞ ʞɪɸɭɘ ɞɿɞɣʞ ɸɣʞdɸɣd ɿɛɣɣɞ.

Ɨɿ ɪɞ ɷɭɪɸ ɣɿ ɷɣʞ ɔɛ ɼɣɸɣɣɸ ɪɷɞɿɿʞd ɣ ɩɪɸɘ ɣɞ ɣɸɪɪɔɣɪɷ ɼɵɸɔɞ ɞɸ ɪʞɞɿɞɿɪɷɛɿɪ ɣ ɿɸɘɿɣɸɿɘɞ ɣɞ ɣɵɞ ɣɞ ɣ ɩɣɸd ɿʞd ɸɸɣɸ dɣɷɸɘɞ. Ɥɿɣɣɸɣɭɘ ɣ dɣɞɿɭɣɿɔɣʞɿ ɣɞ ɣɪɞ ɞɣɞɣɿɷɿ ɸɿɞ ʞɞɿ ɞɪʞ ɷɿɸɘd ɞɵ ɼɵɸ ɿɞ ɣɿɿ ɣɞ ɷɷɘdɸɿɪɷ ɼɵɸɔɞ; ɞɣɿ ɣɿɸ ɪɞ ɘ ɷɣʞɞɪdɣɸɣɞɣɭ ʞɣɔɞɣɸ ɣɞ ɔɿɔɷɘɸɞ dɣɵɿɣd ɿɷ ɞɿɸɘɣɞ ɿɞɸɿɞ ɣɞ ɣɪɞ ɪɷɞɿɿʞɞɪɞ ɼɘɭd, ɿʞd ɪɞɿɿbɣɭ ɿɷ ɣ ɷɣʞɞɪdɣɸɛbɣʞ ɣɞ ɞɿɸɘɣɞ ɞɿɿbɣɭ ɼɵɸɔɞ.

Ɩɸɘɞɣɞɭɘ ɣ ɔɵɞɿ ɪɿɣɸɣɞɿɪɪ ɣɞ ɣɘɞ ɞɿɿbɣɭ ɼɵɸɔɞ ɞɸ ɣ ɼɘɭɵɪ:

$$\alpha^n+\beta^n, \quad \frac{\alpha^n-\beta^n}{\alpha-\beta}=\alpha^{n-1}+\alpha^{n-2}\beta+\cdots+\beta^{n-1},$$

ɸɷɿɸ α ɿʞd β ɞɸ ɸɿɭɣɪɞɭɘ ɿɸɸɔ ɪɿɣɣɣɸɞ, ɵɸ, ɔɘɸ ɣɿʞɣɸɣɭɘ, φωɅφ α ɅNd β ɘφ ɣ φɷɿɘ ɼɘ ɣ ɷωɘdφɅɿɪω ɪωωɛsɼɴ $x^2 - ux + v = 0$ φωɅφ u ɅNd v ɘφ φɅɭɼɿɪɘɭɘ ɿφɷɔ ɪɴɿɼɕɼφɘ. Ꭾ dɼɘɅɭɼɿɔɼɴɿ ɼɘ ɣ ɪɸɘ ɼɘ ɣɘɘ ρɸφɔɘ φɅɘ ɘɪɴ ώɪɘɼɴ ɘφ ɣ ɿφɅɘɼɴɿ ɘɪɼφ ɪɴ ɘ ɔɅɔωɘφ ɿɼɘɭɪbɿ ɪɴ 1913 ɪɴ ɣ ɅNɼɭɘ ɼɘ ƆɅɪɼɔɅɿɪωɘ, ɘɘɭ. 13, ɿɿ. 30–70.

§ 44 ɅNɼɭɪɿɪωɼɭ ɭɪΦɘ ɼɘ ɴɼɔɘɼΦɘ

Ɩɣɿ ɼɘ ωɼɴɘɪdɼφ ɣ ρɼɴωbɼɴ

$$P(x) = \frac{1}{\prod_{k=0}^{\infty}(1 - x^{2^k})}, \quad |x| \leqq \rho < 1.$$

Ɨɿ ɪɘ ωɭɪφ ɣɅɿ ωɘ φɅɘ

$$P(x) = \prod_{k=0}^{\infty} \frac{1}{(1 - x^{2^k})} = \prod_{k=0}^{\infty}(1 + x^{2^k} + x^{2 \cdot 2^k} + x^{3 \cdot 2^k} + \cdots)$$
$$= \sum_{s=0}^{\infty} G(s) x^s,$$

φωɅφ $G(0) = 1$ ɅNd $G(s)$ (ρɘφ s ώφɛɿɼφ ɣɅɴ 0) ɪɘ ɣ ɴɼɔɘɼφ ɼɘ ωɛɘ ɪɴ φωɪc ɣ ɿɘɘɪɿɪɘ ɪɴɿɼɕɼφ s ɔɛ ɘ ɘɅɿɼφɛɿɼd ɪɴɿɘ ɭφω ɘφ dɪɘɿɪɴωɿ ɘɼɔɅɴdɘ ɘc ɼɘ φωɪc ɪɘ ɘ ɿόɼφ ɼɘ 2.

Ɯɘ φɅɘ φɅdɪɭɘ

$$(1 - x)\sum_{s=0}^{\infty} G(s) x^s = (1 - x)P(x) = P(x^2) = \sum_{s=0}^{\infty} x^{2^s};$$

φωɅɴɘ

$$G(2s + 1) = G(2s) = G(2s - 1) + G(s), \tag{A}$$

Ʌɘ ωɼɴ φɅdɪɭɘ ɘɅφɪφɘ ɘφ ɪωωɛɿɪɴ ωɘɼρɪbɼɴɿɘ ɼɘ ɭφω ɿόɼφɘ ɼɘ x. Ƿφɼɔ ɣɪɘ ωɘ φɅɘ ɪɴ ɿɼφɿɪωɴɼɭɼφ

$$G(0) = 1, \quad G(1) = 1, \quad G(2) = 2, \quad G(3) = 2,$$
$$G(4) = 4, \quad G(5) = 4, \quad G(6) = 6, \quad G(7) = 6.$$

Ɣɾɞ ɨɴ (A) ωə φɹɞ φʀϖɾφʀɴɞ φʀ]εbʀɴɞ ɞძ ɔəɴɞ ɾɞ φωɪc ωə ɔε φʌdɨ]ə φʌωʀɴ ȯ] ɣ ɞɹ]∿ɵɞ ɾɞ ɣ ɴɾɔɞɾφ ʟəɾφʌ]ɨω ρʀиϖbʀɴ $G(s)$. Ɣɾɞ ωə ɔε dɾ]ɾφɔɴ ɣ ɴɾɔɞɾφ ɾɞ ωεɞ ɨɴ φωɪc ɵ ώɨɞʀɴ ʇɞɞɨ]ɨɞ ɨɴ]ɾςɾφ s ɔε ɞ φʌʇφɾɞʌɴ]ɾd ɹɞ ɵ ɞɾɔ ɾɞ ʇɵɾφɞ ɾɞ 2.

Ɯə φɹɞ ώɨɞʀɴ ɣɨɞ ɨώɞɹɔʇɾ] ɹɞ ɹɴ ʌ]ɾɔʌɴ]ɾφə ɨ]ɾɞ]φεbʀɴ ɾɞ ɣ ɹɴɾ]ɨ]ɨωɾ] ʟɨφə ɾɞ ɴɾɔɞɾφɞ, ɣɹ] ɨɞ, ɾɞ ɣɹ] ʇɞφ] ɾɞ ɣ ʟɨφə ɾɞ ɴɾɔɞɾφɞ ɨɴ φωɪc ωʀɴ ɨɔʇ]ɵɨɞ (ɹɞ ɾɞɾɞ) ɣ ʟɨφə ɾɞ ɵ ϖʀɴ]ɨɴ∿ɵɾɞ ɞʌφəɾɞɾ] ɵφ ɞɾɔ ɾɴɹ]ɾώɾɞ ʟɨφə ɨɴ ɵφdɾφ]ɵ dɾφძɞ ʇφɵʇɾφ]əɞ ɾɞ ɞʌ]ɞ ɾɞ ɨɴ]ɾςɾφɞ. Ɣɨɞ ςʌɴɾφɾ] ɞɾɞςʌω] φɹɞ ɞɨɴ dʀɞʌ]ɾʇ] ɨɴ ɞʌɞɾφɾ] dɾφʌϖbʀɴɞ. Ρɵφ ɵ ɞɨɞ]ɾɔɹ]ɨω ɾϖȯɴ] ɾɞ ɨ] ɣ φəđɾφ ɨɞ φɾρɾφd]ɵ Ɛɵωɔʀɴ’ɞ Analytische Zahlentheorie.

§ 45 Ꭿძɾρɹɴʇძɴ ɪωωεsɾɴɞ

Ɨρ $f(x, y, z, \ldots)$ ɨɞ ɵ ʇə]ɨɴɵɔəɾ] ɨɴ ɣ ɞʌφəɾɞɾ]ɞ $x, y, z, \ldots$ ωɨɣ ɨɴ]ɾώφɾ] ϖɵɾρɨbʀɴ]ɞ, ɣʌɴ ɣ ɪωωεsʀɴ

$$f(x, y, z, \ldots) = 0$$

ɨɞ ϖɵ]d ɵ Ꭿძɾρɹɴʇძɴ ɪωωεsʀɴ φωʌɴ ωə]φω ɹ] ɨ] ρφɾɔ ɣ ʇɵɨɴ] ɾɞ ɞ∿ɵ ɾɞ dɾ]ɾφɔɴɨи ɣ ɨɴ]ɾςɾφɞ (ɵφ ɣ ʇɞɨ]ɨɞ ɨɴ]ɾςɾφɞ) $x, y, z, \ldots$ φωɪc ɞɹ]ɨɞρძ ɨ]. Ɓɨɔɨ]ɾφ]ə, ɨρ ωə φɹɞ ɞʌɞɾφɾ] ɞɾc ρʀиϖbʀɴɞ $f_i(x, y, z, \ldots)$, ɨɴ ɴɾɔɞɾφ]ʌɞ ɣɹɴ ɣ ɴɾɔɞɾφ ɾɞ ɞʌφəɾɞɾ]ɞ $x, y, z, \ldots$, ɣʌɴ ɣ ɞʌ] ɾɞ ɪωωεsʀɴɞ

$$f_i(x, y, z, \ldots) = 0, \quad i = i, 2, \ldots,$$

ɨɞ ɞʌd]ɵ ɞ ɵ Ꭿძɾρɹɴʇძɴ ɞɨɞ]ɾɔ ɾɞ ɪωωεsʀɴɞ. Ⅎɴə ɞʌ] ɾɞ ɨɴ]ɾςɾφɞ $x, y, z, \ldots$ φωɪc ɞɹ]ɨɞρძɞ ɣ ɪωωεsʀɴ [ɞɨɞ]ɾɔ] ɨɞ ɞʌd]ɵ ɞ ɵ ɞɾ]ɵbʀɴ ɾɞ ɣ ɪωωεsʀɴ [ɞɨɞ]ɾɔ].

Ɯə ɔε]ძωωძɞ dɾρძɴ Ꭿძɾρɹɴʇძɴ ɨɴωωəɵ]ɨ]əɞ ɞძ φɾʇ]εɞɨи ɣ ɞძɴ ɾɞ əωωəɵ]ɨ]ə ɾɞɾɞ ɞძ ɣ ɞძɴ ɾɞ ɨɴωωəɵ]ɨ]ə. Ɛɾ]]ɨ]ɾ] φɹɞ ɞɨɴ dʀɴ]ɾωɵφd dɾɞʌ]ɾʇɨи ɵ ʟɨφə ɾɞ Ꭿძɾρɹɴʇძɴ ɨɴϖωəɵ]ɨ]əɞ. Ɖɞʀɴ ρɵφ Ꭿძɾρɹɴʇძɴ ɪωωεsʀɴɞ ɣ ʟɨφə ɨɞ ɨɴ ɵ φɹɣɾφ ρφɹώɔʀɴ]ʌφə ɞ]ε].

Ɨɴ ɣ ɴʌϖɞ]]ɵ ɞʌϖbʀɴɞ ωə bɹ] ɨ]ɾɞ]φε] ɣ ɴεcɾφ ɾɞ ɣ ძdəɾɞ ɹɴd ɣ ɔʌʟɾdɞ ɾɞ ɣ ʟɨφə ɾɞ Ꭿძɾρɹɴʇძɴ ɪωωεsʀɴɞ ɞძ dɾɞʌ]ɾʇɨи ɞɾɔ ɾɞ ɣ φʀɞɾ]ɨɞ ρɵφ]ɵ ɨɔʇɵφ]ɾɴ] ɞʇʌbʀ] ϖεɞɾɞ.

§ 46 ႨɄⱢ⅃ɷⱣΦəⱣꞪ ʅΦꝊ⅃ИɷⱣꞶ6

ƆʌɁꞪꞪɒⱣꞪ6. Ɨp ɩφə ʅəɞɨʅɨɞ ꞪʅⱣϚⱣφ6 x, y, z ϐ⅃ʅɨϐpφ ɣ φⱣʅɛbⱣꞪ

$$x^2 + y^2 = z^2 \tag{1}$$

ɣε əφ ϐʌd ʅɷ pəφɔ ə Ⴈɨʌ⅃ώⱣφəⱣꞪ ʅφꝊ⅃ИώⱣʅ əφ ə ꞪɷɔʌφɨɷⱣʅ φꝊʅ ʅφꝊ⅃ИώⱣʅ; z ɨ6 ɷəʅd ɣ φꝊʅəʅⱣꞪɷɞ Ɵɞ ɣ ʅφꝊ⅃ИώⱣʅ ⅃Ꞻd x ⅃Ꞻd y əφ ɷəʅd ɨʅɞ ʅʌώ6. Ɣ ʌφəⱣ Ɵɞ ɣ ʅφꝊ⅃ИώⱣʅ ɨ6 ϐʌd ʅɷ ɞ $\frac{1}{2}xy$.

Ɯə b⅃ʅ dⱣʅⱣφɔꞪ ɣ ϚʌꞪⱣφⱣʅ pəφɔ Ɵɞ ɣ ꞪʅⱣϚⱣφ6 x, y, z, ϐⱣϲ ɣ⅃ʅ ɨɷɷεϛⱣꞪ (1) ɔε ɞ ϐ⅃ʅɨϐpꝊd. ʅʌʅ Ɵɞ dⱣꞪɔʅ ɞꝊ ν ɣ ώφεʅⱣϐʅ ɷəɔⱣꞪ dɨɞꝊ6Ɵφ Ɵɞ x ⅃Ꞻd y ɨꞪ ə ʅⱣφʅɨɷⱯⱣʅⱣφ ϐⱣʅɸbⱣꞪ Ɵɞ (1). ƔʌꞪ ν ɨ6 ə dɨɞꝊ6Ɵφ Ɵɞ z ⅃Ꞻd ɷə ɔε φꝊʅ

$$x = \nu u, \quad y = \nu v, \quad z = \nu w.$$

ϐⱣɞϐʅɨɷʅɨʍ ɣə6 ϐ⅃ʅⱯɷ6 ɨꞪ (1) ⅃Ꞻd φⱣdɷϐɨʍ ɷə φ⅃ɞ

$$u^2 + v^2 = w^2, \tag{2}$$

φɷʌφ u, v, w əφ əɞɞəⱣɞʅə ʅφꝊɔ əϲ ʅɷ əϲ, ϐɨꞪɞ u ⅃Ꞻd v φ⅃ɞ ɣ ώφεʅⱣϐʅ ɷəɔⱣꞪ dɨɞꝊ6Ɵφ 1.

Ꞻώ ⅃Ꞻ əd ϐɷɷʌφ ɨ6 Ɵɞ ɣ pəφɔ $4k + 1$. ΨʌꞪɞ ɣ ϐⱣɔ Ɵɞ ʅɷ əd ϐɷɷʌφ6 ɨ6 dɨɞɨɞɨⱯʅ ɞꝊ 2 ɞⱣʅ Ꞻəʅ ɞꝊ 4; ⅃Ꞻd ɣʌφpəφ ɣ ϐⱣɔ Ɵɞ ʅɷ əd ϐɷɷʌφ6 ɷ⅃Ꞻəʅ ɞ ə ϐɷɷʌφ. ΨʌꞪɞ ɷⱣꞪ Ɵɞ ɣ ꞪⱣɔɞⱣφ6 u, v ɨ6 əɞⱣꞪ. ϐⱣʅɷ6 ɣ⅃ʅ u ɨ6 əɞⱣꞪ ⅃Ꞻd φꝊʅ ɨɷɷεϛⱣꞪ (2) ɨꞪ ɣ pəφɔ

$$u^2 = (w - v)(w + v). \tag{3}$$

Ʌɞφə ɷəɔⱣꞪ dɨɞꝊ6Ɵφ Ɵɞ $w - v$ ⅃Ꞻd $w + v$ ɨ6 ə dɨɞꝊ6Ɵφ Ɵɞ ɣʌφ dɨpⱣφⱣꞪɞ $2v$. Ɣʌφpəφ, ϐɨꞪɞ w ⅃Ꞻd v əφ φʌʅⱣʅɨɞʅə ʅφꝊɔ, ɨʅ pəʅɷ6 ɣ⅃ʅ 2 ɨ6 ɣ ώφεʅⱣϐʅ ɷəɔⱣꞪ dɨɞꝊ6Ɵφ Ɵɞ $w - v$ ⅃Ꞻd $w + v$. ƔʌꞪ pφⱣɔ (3) ɷə ϐə ɣ⅃ʅ əϲ Ɵɞ ɣə6 ꞪⱣɔɞⱣφ6 ɨ6 ʅɷꝊɞ ə ϐɷɷʌφ, ϐɷ ɣ⅃ʅ ɷə ɔε φꝊʅ

$$w - v = 2b^2, \quad w + v = 2a^2$$

φɷʌφ a ⅃Ꞻd b əφ φʌʅⱣʅɨɞʅə ʅφꝊɔ ꞪʅⱣϚⱣφ6. Ƥφⱶɔ ɣə6 ʅɷ ɨɷɷεϛⱣꞪ6 ⅃Ꞻd ɨɷɷεϛⱣꞪ (3) ɷə φ⅃ɞ

$$w = a^2 + b^2, \quad v = a^2 - b^2, \quad u = 2ab. \tag{4}$$

8ɪɴ8 u ɹɴd v ɵɸ ɸɹʅɼʅɪɞʅə ʅɸɸɔ ɪʅ ɪɞ ɹɞɪdɼɴʅ ɣɹʅ ωɼɴ ɼɞ ɣ ɴɼɔɞɼɸɞ a, b ɪɞ əɞɼɴ ɹɴd ɣ ɼɣɼɸ ɞd.

Ɣ ρɞɸɔɞ ɼɞ u, v, w ώɪɞɼɴ ɪɴ (4) ɵɸ ɴɹɞɼɞɹɸə ɪɴ ɵɸdɼɸ ɣɹʅ (2) ɔɛ ɞ ɞɹʅɪɞρɸd. Ɵ dɼɸɹωʅ ɞɼɞɞʅɪʅɸbɼɴ ɪɴ (2) bɞɞ ɣɹʅ ɣɪɞ ɪωωɛɞɼɴ ɪɞ ɪɴdəd ɞɹʅɪɞρɸd ɞɸ ɣəɞ ɞɹʅɣɸɞ. Ɋɹɴɞ ωə ɸɹɞ ɪɴ (4) ɣ ɕɹɴɼɸɼʅ ɞɼʅɸbɼɴ ɼɞ (2) ɸωɹɸ u ɪɞ ɸɼɞʅɸɪωʅɼd ʅɸ ɞ əɞɼɴ. A ɞɪɔʅɼɸ ɞɼʅɸbɼɴ ωɸd ɞ ɼɞʅɛɴd ɪρ v ωɼɸ ɸɼɞʅɸɪωʅɼd ʅɸ ɞ əɞɼɴ. *Ɣɹɸρɞɸ ɣ ɕɹɴɼɸɼʅ ɞɼʅɸbɼɴ ɼɞ (1) ɪɞ*

$$x = 2\nu ab, \quad y = \nu(a^2 - b^2), \quad z = \nu(a^2 + b^2)$$

ɹɴd

$$x = 2\nu(a^2 - b^2), \quad y = 2\nu ab, \quad z = \nu(a^2 + b^2)$$

ɸωɹɸ a, b, ν ɵɸ ɵɸɹɪʅɸɹɸə ɪɴʅɼɕɼɸɞ ɪωɞɹʅʅ ɣɹʅ a ɹɴd b ɵɸ ɸɹʅɼʅɪɞʅə ʅɸɸɔ ɹɴd ωɼɴ ɼɞ ɣɹɔ ɪɞ əɞɼɴ ɹɴd ɣ ɼɣɼɸ ɞd.

Ɓɸ ɔəɴɞ ɼɞ ɣɪɞ ɕɹɴɼɸɼʅ ɞɼʅɸbɼɴ ɼɞ (1) ωə bɹʅ ɴɵ ʅɸɸɞ ɣ ρɞʅɸɪɴ ʟəɼɸɼɔ:

I. *Ɣɹɸ dɸ ɴɞʅ ɪώɞɪɞʅ ɪɴʅɼɕɼɸɞ m, n, p, q, ɵʅ dɪρɼɸɼɴʅ ρɸɼɔ ɞɪɸɞ, ɞɼɔ ɣɹʅ*

$$q^2 + n^2 = m^2, \quad m^2 + n^2 = p^2. \tag{5}$$

Ɨʅ ɪɞ ɵɞɞəɼɞ ɣɹʅ ɹɴ ɪωɪɞɼʅɼɴʅ ʟəɼɸɼɔ ɪɞ ɣ ρɞʅɸɪɴ:

II. *Ɣɹɸ dɸ ɴɞʅ ɪώɞɪɞʅ ɪɴʅɼɕɼɸɞ m, n, p, q, ɵʅ dɪρɼɸɼɴʅ ρɸɼɔ ɞɪɸɞ ɞɼɔ ɣɹʅ*

$$p^2 + q^2 = 2m^2, \quad p^2 - q^2 = 2n^2. \tag{6}$$

Ɵɞɞəɼɞʅə, ωə ɔɛ ωɪɣɵʅ ʅɞɞ ɼɞ ɕɹɴɼɸɼʅity ʅɛω m, n, p, q ʅɸ ɞ ʅɞɞɪʅɪɞ; ɹɴd ɣɪɞ ωə dɸ.

Ɣ ɔɹʟɼd ɼɞ ʅɸɸρ ɪɞ ʅɸ ɼɞɸɔ ɣ ɪώɞɪɞʅɼɴɞ ɼɞ ɪɴʅɼɕɼɸɞ ɞɹʅɪɞρɸɪɴ ɪωωɛɞɼɴɞ (5) ɹɴd (6) ɹɴd ʅɸ bɸ ɣɹʅ ωə ɵɸ ɣɼɞ ʅɹd ʅɸ ɵ ωɵɴʅɸɼdɪωbɼɴ. Ɣ ɵɸώɹɼɔɼɴʅ ωə ώɪɞ ɪɞ ɹɴ ɪʅɼɞʅɸɛbɼɴ ɼɞ Ƥɹɸɔɵ'ɞ ρɛɔɼɞ ɔɹʟɼd ɼɞ "ɪɴρɪɴʅ dɼɞɹɴʅ."

Ɨρ ɹɴə ʅɸ ɼɞ ɣ ɴɼɔɞɼɸɞ p, q, m, n ɸɹɞ ɵ ωɞɔɼɴ ʅɸɸɔ ρɹωʅɼɸ t, ɪʅ ρɞʅɸɞ ɹʅ ωɼɴɞ ρɸɼɔ (5) ɹɴd (6) ɣɹʅ ɵʅ ρɞɸ ɼɞ ɣɹɔ ɸɹɞ ɣɪɞ ρɹωʅɼɸ. Ƥɞɸ, ωɼɴɞɪdɼɸ ɹɴ ɪωωɛɞɼɴ ɪɴ (5) ɵɸ ɪɴ (6) ɪɴ ɸωɪɔ ɣəɞ ʅɸ ɴɼɔɞɼɸɞ ɼωɼɸ; ɣɪɞ ɪωωɛɞɼɴ ωɼɴʅɛɴɞ ɵ ʟɼɸd ɴɼɔɞɼɸ, ɹɴd ɪʅ ɪɞ ɸɹdʅə ɞəɴ ɣɹʅ ɣɪɞ ʟɼɸd ɴɼɔɞɼɸ ɪɞ dɪɞɪɞɪɞɼʅ ɐф t. Ɣᴎᴺ ρфᴦɔ ωᴦᴺ ᴦɞ ɣ ɪωωɛsᴦᴺɞ ωᴦᴺɿɛᴺᴎ ɣ ρɵфʟ ᴺᴦɔɐᴦф ɪɿ ρɐɭoɞ ɣɿɿ ɣɪɞ ρɵфʟ ᴺᴦɔɐᴦф ɪɞ dɪɞɪɞɪɐᴦɭ ɐф t. Ꞁɞ ɭᴎɿ ᴦɞ dɪɞфd ɘc ɪωωɛsᴦᴺ ᴦɞ ɞɪɞɿᴦɔ (6) ʟфɷ ɐф t^2; ɣ фᴦɞᴦɭɪᴎ ɞɪɞɿᴦɔ ɪɞ ᴦɞ ɣ ɞɛɔ ρɵфɔ ɿɞ (6). Ɨρ ᴎᴺɐ ɿɷ ᴺᴦɔɐᴦфɞ ɪᴺ ɣɪɞ фᴦɞᴦɭɪᴎ ɞɪɞɿᴦɔ φɿɞ ɐ ωɐɔᴦᴺ ɿффɔ ρɿωɿᴦф t_1, ωɘ ɔɛ dɪɞфd ʟфɷ ɐф t_1^2; ɿᴺd ɞɷ ɵᴺ. Ψᴎᴺɞ ɪρ ɐ ɿᴎф ᴦɞ ɞфɔᴦɭɿɛᴺɘᴦɞ ɪωωɛsᴦᴺɞ (6) ɪώɞɪɞɿɞ ɣᴎᴺ ɣᴎф ɪώɞɪɞɿɞ ɐ ɿᴎф ᴦɞ ɪωωɛsᴦᴺɞ ᴦɞ ɣ ɞɛɔ ρɵфɔ ɪᴺ φωɪc ᴺo ɿɷ ᴦɞ ɣ ᴺᴦɔɐᴦфɞ m, n, p, q φɿɞ ɐ ωɐɔᴦᴺ ρɿωɿᴦф ᴦγᴦф ɣᴎᴺ ɤɷᴺɿɘ. Ɩᴎɿ ɣɪɞ ɞɪɞɿᴦɔ ᴦɞ ɪωωɛsᴦᴺɞ ɐ

$$p_1^2 + q_1^2 = 2m_1^2, \quad p_1^2 - q_1^2 = 2n_1^2. \tag{7}$$

Ρфᴦɔ ɣ ρᴦфɞɿ ɪωωɛsᴦᴺ ɪᴺ (7) ɪɿ ρɐɭoɞ ɣɿɿ p_1 ɿᴺd q_1 ɐф ɐoʟ ɘɞᴦᴺ ɵф ɐoʟ ɐd; ɿᴺd, ɞɪᴺɞ ɣɛ ɐф фᴎɭᴦɿɪɞɭɘ ɿффɔ, ɪɿ ρɐɭoɞ ɣɿɿ ɣɛ ɐф ɐoʟ ɐd. Ꭺɞɪdᴦᴺɿɘ $p_1 > q_1$. Ɣᴎᴺ ωɘ ɔɛ ффɿ

$$p_1 = q_1 + 2\alpha,$$

φωᴎф α ɪɞ ɐ ɿɞɞɪɿɪɞ ɪᴺɿᴦɕᴦф. Ɨρ ωɘ ɞᴦɐɞɿɪɿɷɿ ɣɪɞ ɞɿɭɤɷ ᴦɞ p_1 ɪᴺ ɣ ρᴦфɞɿ ɪωωɛsᴦᴺ ᴦɞ (7), ɣ фᴦɞᴦɭɪ ɔɛ фᴎdɪɿɘ ɐ ɿɿɿ ɪᴺ ɣ ρɵфɔ

$$(q_1 + \alpha)^2 + a^2 = m_1^2. \tag{8}$$

Ȣɪᴺɞ q_1 ɿᴺd m_1 φɿɞ ᴺo ωɐɔᴦᴺ ɿффɔ ρɿωɿᴦф ɪɿ ɪɞ ɘɞɘ ɿɷ ɞɷ ρфᴦɔ ɣɪɞ ɪωωɛsᴦᴺ ɣɿɿ α ɪɞ ɿффɔ ɿɷ ɐoʟ q_1 ɿᴺd m_1, ɿᴺd φᴎᴺɞ ɣɿɿ ᴺo ɿɷ ᴦɞ ɣ ᴺᴦɔɐᴦфɞ $q_1 + \alpha, \alpha, m_1$ φɿɞ ɐ ωɐɔᴦᴺ ρɿωɿᴦф.

Ꞁɞ ωɘ φɿɞ ɞɘᴺ ɣɿɿ ɪρ a, b, c ɐф ɿɞɞɪɿɪɞ ɪᴺɿᴦɕᴦфɞ ᴺo ɿɷ ᴦɞ φωɪc φɿɞ ɐ ωɐɔᴦᴺ ɿффɔ ρɿωɿᴦф, φωфɭ

$$a^2 + b^2 = c^2,$$

ɣᴎᴺ ɣᴎф ɪώɞɪɞɿ фᴎɭᴦɿɪɞɭɘ ɿффɔ ɪᴺɿᴦɕᴦфɞ r ɿᴺd s, $r > s$, ɞᴦc ɣɿɿ

$$c = r^2 + s^2, \quad a = 2rs, \quad b = r^2 - s^2$$

ɵф

$$c = r^2 + s^2, \quad a = r^2 - s^2, \quad b = 2rs.$$

Ψᴎᴺɞ ρфᴦɔ (8) ωɘ ɞɘ ɣɿɿ ωɘ ɔɛ ффɿ

$$q_1 + \alpha = 2rs, \quad \alpha = r^2 - s^2 \tag{9}$$

ɵφ

$$q_1 + \alpha = r^2 - s^2, \alpha = 2rs. \tag{10}$$

Ƚʞ фɣɼφ ωεɞ ωə φɹɞ

$$p_1^2 - q_1^2 = (p_1 - q_1)(p_1 + q_1) = 2\alpha \cdot 2(q_1 + \alpha) = 8rs(r^2 - s^2).$$

Ƚp ωə ɞɼɞɞɿɫɿɷɿ ɫʞ ɣ ɞɹωɼʞd ɫωωεsɼʞ ɼɞ (7) ɹʞd dɫɞфd ɐф 2 ωə φɹɞ

$$4rs(r^2 - s^2) = n_1^2.$$

Ɗφɼɔ ɣɫɞ ɫωωεsɼʞ ɹʞd ɣ ɼɹωɿ ɣɹɿ r ɹʞd s ɞφ φɹɭɼɿɫɞɭə ɿφфɔ ɫɿ ɼɞɭɞϭ ɹɿ ωɼʞɞ ɣɹɿ r, s, $r^2 - s^2$ ɞφ ɵɭ ɞωωɹφ ʞɼɔɞɼφϭ; ɞε,

$$r = u^2, \quad s = v^2, \quad r^2 - s^2 = w^2.$$

Ƕό $r - s$ ɹʞd $r + s$ ωɹʞ φɹɞ ʞɵ ωɞɔɼʞ ɼɹωɿɼφ ɼɣɼφ ɣɹʞ 1 ɵφ 2; φɹʞɞ ɼφɼɔ

$$w^2 = (r^2 - s^2) = (r - s)(r + s) = (u^2 - v^2)(u^2 + v^2)$$

ωə ɞə ɣɹɿ фɣɼφ

$$u^2 + v^2 = 2w_1^2, \quad u^2 - v^2 = 2w_2^2 \tag{11}$$

ɵφ

$$u^2 + v^2 = w_1^2, \quad u^2 - v^2 = w_2^2.$$

Ɫʞd ɫp ɫɿ ɫϭ ɣ ɭɹɿɼφ ωεɞ φωɪc ɼφфϭɼϭ, ɣɹʞ

$$w_1^2 + w_2^2 = 2u^2, \quad w_1^2 - w_2^2 = 2v^2. \tag{12}$$

Ꝕɹʞɞ, ɼɞɷɔɴ ɫωωεsɼʞϭ ɼɞ ɣ ɼɵφɔ (6) ωə ɞφ ɭɹd фɣɼφ ɿɷ ɫωωεsɼʞϭ (11) ɵφ ɿɷ ɫωωεsɼʞϭ (12); ɣɹɿ ɫϭ, ωə ɞφ ɭɹd ɿɷ ʞɷ 𐐮𐐿𐐶𐐩𐑈𐐲𐑌𐑆 𐐲𐑂 𐑄 𐑁𐐫𐑉𐑋 𐐶𐐮𐑄 𐐸𐐶𐐮𐐽 𐐶𐐨 𐑅𐐻𐐪𐑉𐐻𐐲𐐼. 𐐢𐐯𐐻 𐐲𐑅 𐑉𐐴𐐻 𐑄 𐐮𐐿𐐶𐐩𐑈𐐲𐑌𐑆 𐑄𐐲𐑅:

$$p_2^2 + q_2^2 = 2m_2^2, \quad p_2^2 - q_2^2 = 2n_2^2; \tag{13}$$

𐑄𐐰𐐻 𐐮𐑆, 𐑅𐐮𐑅𐐻𐐲𐑋 (13) 𐐮𐑆 𐐴𐐼𐐯𐑌𐐻𐐮𐐿𐐲𐑊 𐐶𐐮𐑄 𐑄𐐰𐐻 𐐶𐐲𐑌 𐐲𐑂 𐑅𐐮𐑅𐐻𐐲𐑋𐑆 (11), (12) 𐐸𐐶𐐮𐐽 𐐰𐐿𐐽𐐲𐐶𐐲𐑊𐐨 𐐲𐑉𐐴𐑆𐐲𐑆.

𐐤𐐵 𐑁𐑉𐐲𐑋 (9) 𐐰𐑌𐐼 (10) 𐐰𐑌𐐼 𐑄 𐑉𐐲𐑊𐐩𐑇𐐲𐑌𐑆 $p_1 = q_1 + 2\alpha, r > s$, 𐐶𐐨 𐑅𐐨 𐑄𐐰𐐻

$$p_1 = 2rs + r^2 - s^2 > 2s^2 + r^2 - s^2 = r^2 + s^2 = u^4 + v^4.$$

𐐐𐐯𐑌𐑅 $u < p_1$. 𐐃𐑊𐑅𐐬,

$$w_1^2 \leqq w^2 \leqq r + s < r^2 + s^2.$$

𐐐𐐯𐑌𐑅 $w_1 < p_1$. 𐐝𐐮𐑌𐑅 u 𐐰𐑌𐐼 w_1 𐐪𐑉 𐐺𐐬𐑃 𐑊𐐯𐑅 𐑄𐐰𐑌 p_1 𐐮𐐻 𐑁𐐱𐑊𐐬𐑆 𐑄𐐰𐐻 p_2 𐐮𐑆 𐑊𐐯𐑅 𐑄𐐰𐑌 p_1. 𐐐𐐯𐑌𐑅, 𐐪𐐺𐑂𐐨𐐲𐑅𐑊𐐨, $p_2 < p$. 𐐣𐐫𐑉𐐬𐑂𐐲𐑉, 𐐮𐐻 𐐮𐑆 𐐿𐑊𐐮𐑉 𐑄𐐰𐐻 𐐫𐑊 𐑄 𐑌𐐲𐑋𐐺𐐲𐑉𐑆 p_2, q_2, m_2, n_2 𐐪𐑉 𐐼𐐮𐑁𐐲𐑉𐐲𐑌𐐻 𐑁𐑉𐐲𐑋 𐑆𐐮𐑉𐐬.

𐐙𐑉𐐲𐑋 𐑄𐐨𐑆 𐑉𐐲𐑆𐐲𐑊𐐻𐑅 𐐶𐐨 𐐸𐐰𐑂 𐑄 𐑁𐐱𐑊𐐬𐐮𐑍 𐐿𐐲𐑌𐐿𐑊𐐲𐑈𐐲𐑌: 𐐆𐑁 𐐶𐐨 𐐲𐑅𐐭𐑋 𐐪 𐑅𐐮𐑅𐐻𐐲𐑋 𐐲𐑂 𐑄 𐑁𐐫𐑉𐑋 (6) 𐐶𐐨 𐐪𐑉 𐑊𐐯𐐼 𐐻𐐭 𐐪 𐑌𐐭 𐑅𐐮𐑅𐐻𐐲𐑋 (13) 𐐲𐑂 𐑄 𐑅𐐩𐑋 𐑁𐐫𐑉𐑋; 𐐰𐑌𐐼 𐐮𐑌 𐑄 𐑌𐐭 𐑅𐐮𐑅𐐻𐐲𐑋 p_2 𐐮𐑆 𐑊𐐯𐑅 𐑄𐐰𐑌 p.

𐐤𐐵 𐐮𐑁 𐐶𐐨 𐑅𐐻𐐪𐑉𐐻 𐐶𐐮𐑄 (13) 𐐰𐑌𐐼 𐐿𐐯𐑉𐐨 𐐵𐐻 𐐪 𐑅𐐮𐑋𐐮𐑊𐐲𐑉 𐐪𐑉𐑀𐐷𐐲𐑋𐐲𐑌𐐻 𐐶𐐨 𐑇𐐰𐑊 𐐺 𐑊𐐯𐐼 𐐻𐐭 𐐪 𐑌𐐭 𐑅𐐮𐑅𐐻𐐲𐑋

$$p_3^2 + q_3^2 = 2m_3^2, \quad p_3^2 - q_3^2 = 2n_3^2,$$

𐐶𐐮𐑄 𐑄 𐑉𐐲𐑊𐐩𐑇𐐲𐑌 $p_3 < p_2$, 𐑅𐐻𐐪𐑉𐐻𐐮𐑍 𐑁𐑉𐐲𐑋 𐑄𐐮𐑅 𐑊𐐰𐑅𐐻 𐑅𐐮𐑅𐐻𐐲𐑋 𐐶𐐨 𐑇𐐰𐑊 𐐺 𐑊𐐯𐐼 𐐻𐐭 𐐪 𐑌𐐭 𐐶𐐲𐑌 𐐲𐑂 𐑄 𐑅𐐩𐑋 𐑁𐐫𐑉𐑋, 𐐶𐐮𐑄 𐐪 𐑅𐐮𐑋𐐮𐑊𐐲𐑉 𐑉𐐲𐑊𐐩𐑇𐐲𐑌 𐐲𐑂 𐐮𐑌𐐮𐐿𐐶𐐱𐑊𐐮𐐻𐐨; 𐐰𐑌𐐼 𐑅𐐬 𐐱𐑌 *ad infinitum.* 𐐒𐐲𐐻, 𐑅𐐮𐑌𐑅 𐑄𐐯𐑉 𐐮𐑆 𐐬𐑌𐑊𐐨 𐐪 𐑁𐐴𐑌𐐴𐐻 𐑌𐐲𐑋𐐺𐐲𐑉 𐐲𐑂 𐐹𐐱𐑆𐐮𐐻𐐮𐑂 𐐮𐑌𐐻𐐲𐐾𐐲𐑉𐑆 𐑊𐐯𐑅 𐑄𐐰𐑌 𐑄 𐑀𐐮𐑂𐐲𐑌 𐐹𐐱𐑆𐐮𐐻𐐮𐑂 𐐮𐑌𐐻𐐲𐐾𐐲𐑉 p 𐑄𐐮𐑅 𐐮𐑆 𐐮𐑋𐐹𐐱𐑅𐐮𐐺𐐲𐑊. 𐐎𐐨 𐐪𐑉 𐑄𐐲𐑅 𐑊𐐯𐐼 𐐻𐐭 𐐪 𐐿𐐱𐑌𐐻𐑉𐐲𐐼𐐮𐐿𐑇𐐲𐑌; 𐐸𐐶𐐯𐑌𐑅 𐐶𐐨 𐐿𐐲𐑌𐐿𐑊𐐭𐐼 𐐰𐐻 𐐶𐐲𐑌𐑅 𐑄 𐐻𐑉𐐭𐑃 𐐲𐑂 II 𐐰𐑌𐐼 𐑊𐐴𐐿𐐶𐐴𐑆 𐐲𐑂 I.

𐐒𐐴 𐑋𐐨𐑌𐑆 𐐲𐑂 𐑃𐐨𐐲𐑉𐐲𐑋𐑆 I 𐐰𐑌𐐼 II 𐐶𐐨 𐑋𐐩 𐑉𐐯𐐼𐐮𐑊𐐨 𐐹𐑉𐐭𐑂 𐑄 𐑁𐐱𐑊𐐬𐐮𐑍 𐑃𐐨𐐲𐑉𐐲𐑋:

III. *𐐜 𐐯𐑉𐐨𐐲 𐐲𐑂 𐐪 𐑌𐐭𐑋𐐯𐑉𐐮𐐿𐐲𐑊 𐑉𐐴𐐻 𐐻𐑉𐐴𐐰𐑍𐑀𐐲𐑊 𐐮𐑆 𐑌𐐯𐑂𐐲𐑉 𐐪 𐑅𐐿𐐶𐐯𐑉 𐑌𐐲𐑋𐐺𐐲𐑉.*

𐐢𐐯𐐻 𐑄 𐑅𐐴𐐼𐑆 𐐰𐑌𐐼 𐐸𐐴𐐹𐐱𐐻𐐲𐑌𐐭𐑅 𐐲𐑂 𐐪 𐑌𐐭𐑋𐐯𐑉𐐮𐐿𐐲𐑊 𐑉𐐴𐐻 𐐻𐑉𐐴𐐰𐑍𐑀𐐲𐑊 𐐺 u, v, w, 𐑉𐐲𐑅𐐹𐐯𐐿𐐻𐐮𐑂𐑊𐐨. 𐐜 𐐯𐑉𐐨𐐲 𐐲𐑂 𐑄𐐮𐑅 𐐻𐑉𐐴𐐰𐑍𐑀𐐲𐑊 𐐮𐑆 $\frac{1}{2}uv$. 𐐆𐑁 ωə ʀвϖɔ ɣɪв ʅɷ в ɞ вϖωɹɸ ʼnʀɔвʀɸ t^2 ωə bɹʅ φɹв ɣ ρɞʅoɪи вɸɔʀʅʅɛʼnəʀв Ꭿɸʀρɹʼnʅɸʼn ɪϖωɛsʀʼn6

$$u^2 + v^2 = w^2, \quad uv = 2t^2. \tag{14}$$

Ωə bɹʅ ɪɸϖв ɸ̇ ʟəʀɸʀɔ вɸ boɪи ɣɹʅ ɣ ʀвʀɔɪbʀʼn ʀв вʀc ɞ вɪвʅʀɔ ʅəd6 ʅɷ ɞ ϖɞʼnʅɸʀdɪϖbʀʼn.

Ɨρ ɹʼnə ʅɷ ʀв ɣ ʼnʀɔвʀɸ6 u, v, w φɹв ɞ ϖɞɔʀʼn ɪɸɸɔ ρɹϖʅʀɸ p ɣɹʼn ɣ ɸʀɔɛʼnɪи ωʀʼn ɵʅвo φɹ6 ɣɪв ρɹϖʅʀɸ, ɹ6 ωʀʼn вə6 ɸɹdɪʅə ρɸʀɔ ɣ ρʀɸвʅ ɪϖωɛsʀʼn ɪʼn (14). Ƿɸʀɔ ɣ вɹϖʀʼnd ɪϖωɛsʀʼn ɪʼn (14) ɪʅ ρɞʅo6 ɣɹʅ t ɵʅвo φɹ6 ɣ вɛɔ ρɹϖʅʀɸ. Ɣɹʼn ɪρ ωə ɪqʅ $u = pu_1, v = pv_1, w = pw_1, t = pt_1$, ωə φɹв

$$u_1^2 + v_1^2 = w_1^2, \quad u_1v_1 = 2t_1^2,$$

ɞ вɪвʅʀɔ ʀв ɣ вɛɔ ρɵɸɔ ɹ6 (14). Ƚʅ ɪ6 ϖʅɪɸ ɣɹʅ ωə ɔɛ вʅɞɸʅ ωɪɣ ɣɪв ʼnɷ вɪвʅʀɔ ɹʼnd ɪɸʀвəd ɪʼn ɣ вɛɔ ɔɹʼnʀɸ ɹ6 вʀρɵɸ, ɹʼnd вo ɵʼn, ʀʼnʅɪʅ ωə ʀɸჶв ɹʅ ɞ вɪвʅʀɔ

$$\bar{u}^2 + \bar{v}^2 = \bar{w}^2, \quad \bar{u}\bar{v} = 2\bar{t}^2, \tag{15}$$

φωɹɸ $\bar{u}$, $\bar{v}$, $\bar{w}$ ɞɸ ɪɸჶɔ əc ʅɷ əc.

Ƕɞ̇ ɣ ϛɹʼnʀɸʀʅ вʀʅɷbʀʼn ʀв ɣ ρʀɸвʅ ɪϖωɛsʀʼn (15) ɔɛ в ɸɪʅʀʼn ɪʼn ωʀʼn ʀв ɣ ρɵɸɔ6

$$\bar{u} = 2ab, \quad \bar{v} = a^2 - b^2, \quad \bar{w} = a^2 + b^2$$
$$\bar{u} = a^2b^2, \quad \bar{v} = 2ab, \quad \bar{w} = a^2 + b^2.$$

Ɣɹʼn ρɸʀɔ ɣ вɹϖʀʼnd ɪϖωɛsʀʼn ɪʼn (15) ωə φɹв

$$\bar{t}^2 = ab(a^2 - b^2) = ab(-b)(+b).$$

Ƚʅ ɪ6 ə6ə ʅɷ вə ɣɹʅ ʼno ʅɷ ʀв ɣ ʼnʀɔвʀɸ6 a, b, $a - b$, $a + b$ ɪʼn ɣ ʅɹвʅ ɔɹɔвʀɸ ʀв ɣɪв ɪϖωɛsʀʼn φɹв ɞ ϖɞɔʀʼn ρɹϖʅʀɸ; ρɵɸ, ɪρ вo, $\bar{u}$ ɹʼnd $\bar{v}$ ωqd φɹв ɞ ϖɞɔʀʼn ρɹϖʅʀɸ, ϖɞʼnʅɸɹɸə ʅɷ φჶɪɞʟʀвɪв. Ɋɹʼnв əc ʀв ɣə6 ρɵɸ ʼnʀɔвʀɸ6 ɪ6 ɞ вϖωɹɸ. Ɣɹʅ ɪ6, ωə φɹв ɪϖωɛsʀʼn6 ʀв ɣ ρɵɸɔ

$$a = m^2, \quad b = n^2, \quad a + b = p^2, \quad a - b = q^2;$$

φωꟻъв

$$m^2 - n^2 = q^2, \quad m^2 + n^2 = p^2.$$

Ɓᴦʅ, ᴦωθфdɨи ʅ⍟ ɩəᴦфᴦɔ I, ҍo вᴦc вɨвʅᴦɔ ᴦв ɨωωεsᴦъ6 ω⅃ъ ɨώ6ɨвʅ. Ɣ⅃ʅ ɨ6, γ ᴦвᴦɔʇbᴦъ ᴦв ɨωωεsᴦъ6 (14) ʅəd6 ʅ⍟ ɵ ωɵъʅфᴦdɨωbᴦъ. Ꝕꟻъв γ ɩəᴦфᴦɔ ϸɵʅo6 ⅃6 вʅεʅᴦd ᴦвᴦв.

§ 47 Ɣ Ɨωωεsᴦъ $x^n + y^n = z^n$.

Ɣ ϸɵʅoɨи ɩəᴦфᴦɔ, φωɨc ɨ6 ωɵɔᴦъʅə ҍoъ ⅃6 Ƿꟻфɔɵ'6 ʅ⅃вʅ Lərфᴦɔ, ωᴦ6 вʅεʅᴦd ωɨγόʅ ʇф⍟ϸ вф Ƿꟻфɔɵ ɨъ γ вꟻвᴦъʅəъɩ вꟻъcᴦфə:

Ɨp n ɨ6 ⅃ъ ɨъʅᴦςᴦф ώфεʅᴦф γ⅃ъ 2 γꟻф d⍟ ъɵʅ ɨώ6ɨвʅ ɨъʅᴦςᴦф6 x, y, z, ɵʅ dɨpᴦфᴦъʅ ϸфᴦɔ 6ɨфo, вᴦc γ⅃ʅ

$$x^n + y^n = z^n. \tag{1}$$

Ҍo ςꟻъᴦфᴦʅ ʇф⍟ϸ ᴦв γɨв ɩəᴦфᴦɔ φ⅃6 yet вɨъ ώɨвᴦъ. Ƿɵф вꟻфəᴦв вʇꟻbᴦʅ в⅃ʅ∿⍟6 ᴦв n γ ʇф⍟ϸ φ⅃6 вɨъ ϸόъd; ɨъ ʇᴦфʅɨω∿ᴦʅᴦф, ϸɵф ꟻвфə в⅃ʅ∿⍟ ᴦв n ъɵʅ ώфεʅᴦф γ⅃ъ 100.

Ɨъ γ вʅᴦdə ᴦв ɨωωεsᴦъ (1) ɨʅ ɨ6 ωᴦъвɵъ∿ᴦъʅ ʅ⍟ ɔεω вᴦɔ ʇфᴦʅɨɔɨъꟻфə фᴦdᴦωbᴦъ6. Ɨp γꟻф ɨώ6ɨвʅв ꟻъə ʇᴦфʅɨω∿ᴦʅᴦф вᴦʅ⍟bᴦъ ᴦв (1) γꟻф ɨώ6ɨвʅв ɵʅвo ɵ вᴦʅ⍟bᴦъ ɨъ φωɨc x, y, z ɵф ʇффɔ ɵc ʅ⍟ ɵc, ⅃6 ωᴦъ ɔε bo фꟻdɨʅə вф γ ɔꟻɩᴦd ɨɔʇʅoɨd ɨъ γ ϸᴦфвʅ ʇɵфʅ ᴦв §§ 46. Ꝕꟻъв ɨъ ʇф⍟вɨи γ ɨɔʇɵвɨвɨʅɨʅə ᴦв ɨωωεsᴦъ (1) ɨʅ ɨ6 вᴦϸɨbᴦъʅ ʅ⍟ ʅфɵʅ oъʅə γ ωεв ɨъ φωɨc x, y, z ɵф ʇффɔ ɵc ʅ⍟ ɵc.

Ꮁώꟻъ, вɨъв n ɨ6 ώфεʅᴦф γ⅃ъ 2 ɨʅ ɔᴦвʅ ωᴦъʅεъ γ ϸ⅃ωʅᴦф 4 ɵф ⅃ъ ɵd ʇффɔ ϸ⅃ωʅᴦф p. Ɨp n ωᴦъʅεъ6 γ ϸ⅃ωʅᴦф p ωə ффʅ $n = mp$, φωꟻъв ωə φ⅃в

$$(x^m)^p + (y^m)^p = (z^m)^p).$$

Ɨp n ωᴦъʅεъ6 γ ϸ⅃ωʅᴦф 4 ωə ффʅ $n = 4m$, φωꟻъв ωə φ⅃в

$$(x^m)^4 + (y^m)^4 = (z^m)^4.$$

Ƿфᴦɔ γɨв ωə вɵ γ⅃ʅ ɨъ ɵфdᴦф ʅ⍟ ʇф⍟в γ ɨɔʇɵвɨвɨʅɨʅə ᴦв (1) ɨъ ςꟻъᴦфᴦʅ ɨʅ ɨ6 вᴦϸɨbᴦъʅ ʅ⍟ ʇф⍟в ɨʅ ϸɵф γ вʇꟻbᴦʅ ωεвᴦ6 φωꟻъ

n ɨ6 4 ɹɥd φωɹɥ n ɨ6 ɹɥ ϑd ˥ɸȸɔ p. Ƿθɸ ɣ ɭɹ˥ɾɸ ϖɛȣ ɣ ˥ɸϕp φɹ6 ɥϑ˥ ȣɨɥ pϑ̇ɥd. Ƿθɸ ɣ pθɸɔɾɸ ϖɛȣ ωə ω̇ɨɞ ϑ ˥ɸϕp ȣɾ˥o. Ɣ ʟəɾɸɾɔ ɔɛ ȣ ȣ˥ɛ˥ɾd ɹ6 pϑ˥o6:

I. *Ɣɹɸ ϑɸ ɥo ɨɥ˥ɾςɾɸ6 x, y, z, ϑ˥ dɨpɾɸɾɥ˥ pɸɾɔ 6ɨɸo, ȣɾc ɣɹ˥*

$$x^4 + y^4 = z^4.$$

Ɣɨȣ ɨ6 ϑȣʙəɾȣ˥ə ϑ ȣ˥ɹbɾ˥ ϖɛȣ ɾʙ ɣ ɔθɸ ςɹɥɾɸɾ˥ ʟəɾɸɾɔ:

II. *Ɣɹɸ ϑɸ ɥo ɨɥ˥ɾςɾɸ6 p, q, α, ϑ˥ dɨpɾɸɾɥ˥ pɸɾɔ 6ɨɸo, ȣɾc ɣɹ˥*

$$p^4 - q^4 = \alpha^2. \tag{2}$$

Ɣ ɭɹ˥ɾɸ ʟəɾɸɾɔ ɨ6 ɸɹdɨ˥ə ˥ɸϕʙd ȣȸ ɔəɥ6 ɾʙ ʟəɾɸɾɔ III ɾʙ §§ 46. Ƿθɸ, ɨp ωə ɾȣϕɔ ɹɥ ɬωωɛsʳɥ ɾʙ ɣ pθɸɔ (2), ωə φɹʙ

$$(p^4 - q^4)p^2q^2 = p^2q^2\alpha^2. \tag{3}$$

Ȣɾ˥, ϑȣʙəɾȣ˥ə,

$$(2p^2q^2)^2 + (p^4 - q^4)^2 = (p^4 + q^4)^2. \tag{4}$$

Ɥϑ̇, pɸɾɔ (3) ωə ȣə ɣɹ˥ ɣ ɥϕɔɹɸɨϖɾ˥ ɸȸ˥ ˥ɸȸɹиω̇ɾ˥ dɾ˥ɾɸɔɨɥd ȣȸ (4) φɹ6 ɨ˥ȣ ɹɸəɾ $p^2q^2(p^4 - q^4)$ əϖωɾ˥ ˥ϕ ɣ ȣϖωɹɸ ɥɾɔȣɾɸ $p^2q^2\alpha^2$. Ȣɾ˥ ɣɨȣ ɨ6 ɨɔ˥ϑȣɨȣɾ˥. Ɋɹɥȣ ɥo ɨϖωɛsʳɥ ɾʙ ɣ pθɸɔ (2) ɨω̇6ɨȣ˥ȣ.

ɅϖȣɾΦȣȸ6ɾ6

1. Ɒo ɣɹ˥ ɣ ɨϖωɛsʳɥ $\alpha^4 + 4\beta^4 = \gamma^2$ ɨ6 ɨɔ˥ϑȣɨȣɾ˥ ɨɥ ɨɥ˥ɾςɾɸ6 α, β, γ ϑ˥ ɾʙ φωɨc ϑɸ dɨpɾɸɾɥ˥ pɸɾɔ 6ɨɸo.
2. Ɒo ɣɹ˥ ɣ ȣɨȣ˥ɾɔ $p^2 - q^2 = km^2, p^2 + q^2 = kn^2$ ɨɔ˥ϑȣɨȣɾ˥ ɨɥ ɨɥ˥ɾςɾɸ6 p, q, k, m, n, ϑ˥ ɾʙ φωɨc ϑɸ dɨpɾɸɾɥ˥ pɸɾɔ 6ɨɸo.
3*. Ɒo ɣɹ˥ ɥȸɣɾɸ ɾʙ ɣ ɨϖωɛsʳɥ6 $m^4 - 4n^4 = \pm t^2$ ɨ6 ˥ϑȣɨȣɾ˥ ɨɥ ɨɥ˥ɾςɾɸ6 m, n, t, ϑ˥ ɾʙ φωɨc ϑɸ dɨpɾɸɾɥ˥ pɸɾɔ 6ɨɸo.
4*. ˥ɸϕʙ ɣɹ˥ ɣ ɹɸəɾ ɾʙ ϑ ɥϕɔɹɸɨϖɾ˥ ɸȸ˥ ˥ɸȸɹиω̇ɾ˥ ɨ6 ɥϑ˥ ˥ωȸȣ ϑ ȣϖωɹɸ ɥɾɔȣɾɸ.

5*. Ꮧфϖв γ-ɿ] γ ɨϖωɛsᴦʮ $m^4 + n^4 = \alpha^2$ ɨб ʮϑ] ꓔϑвɨвᴦ[ɨʮ ɨʮ]ᴦçᴦфб m, n, α ɵ[ᴦв φωɨc ϑф dɪрᴦфᴦʮ] рфᴦɔ бɨфо.

6*. Ɨʮ γ ʮϖɔ-ɿфɨωᴦ[фф]]фф-ɿиώᴦ[$a^2 + b^2 = c^2$, ʮϑ] ɔϑф γ-ɿʮ ωᴦʮ ᴦв γ ʮᴦɔвᴦфб a, b, c ɨб ϑ вωω-ɿф.

7. Ꮧфϖв γ-ɿ] γ ɨϖωɛsᴦʮ $x^{2k} + y^{2k} = z^{2k}$ ɨɔ][фб -ɿʮ ɨϖωɛsᴦʮ ᴦв γ рϭфɔ $m^k + n^k = 2^{k-2}t^k$.

8. Рфʮd γ ç-ɿʮᴦфᴦ[вᴦ[ϖbᴦʮ ɨʮ ɨʮ]ᴦçᴦфб ᴦв γ ɨϖωɛsᴦʮ $x^2 + 2y^2 = t^2$.

9. Рфʮd γ ç-ɿʮᴦфᴦ[вᴦ[ϖbᴦʮ ɨʮ ɨʮ]ᴦçᴦфб ᴦв γ ɨϖωɛsᴦʮ $x^2 + y^2 = z^4$.

10. Ᵽв]ɛʮ вᴦ[ϖbᴦʮб ᴦв ϑc ᴦв γ рϑ[оɨи Ꭰфᴦр-ɿʮ]фʮ ɨϖωɛsᴦʮб:

$$x^3 + y^3 + z^3 = 2t^3,$$
$$x^3 + 2y^3 + 3z^3 = t^3,$$
$$x^4 + y^4 + 4z^4 = t^4,$$
$$x^4 + y^4 + z^4 = 2t^4.$$

II

𐐗𐐲𐑋𐐹𐐰𐑌𐐷𐐲𐑌 𐐊𐑌𐐰𐑊𐐮𐑅𐐮𐑅

ƟфƦƿɟʮꞁфʮ
Ʀʮɟ|ɫ8ɫ8

Bф

ΦϴBƦΦꞁ Ɑ. ωϴΦωфωƦƖ,
Ƿ8OɒəƦꞁ ꞀΦƦƦȡ8ƦΦ Ʀɞ Ↄɟʟ ƦↃɟꞁɫω8 ɫʮ ɫʮɞəɟʮƦ ꝞΦʮɫɞƦΦ8ɫꞁə

Ꞁфɹpгв

Ꝩ ѳʟгф'ɞ ꞁгфꞁгв ɨʜ ффɨɥɨ ɣɨв вqѡ фɹɞ вɨʜ ꞁѳ вгꞁꞁф Ꝩ фѳdгф ѡɨꝩ ѳ ѡгʜвѳʜꝩгʜꞁ ɨʜфгdгѡbгʜ ꞁѳ Ɑфгpɹʜꞁфʜ Ꝩʜɥɨвɨв. Ꝩ соɪв гв ɔгꞁɨфѳгꞁ фɹɞ вɨʜ dгꞁгфɔɨʜd вф Ꝩ ʌʜd ɨʜ ѳꝩѡ. Ꞁѳ гꞁʌɔꞁꞁ фɹɞ вɨʜ ɔеd ꞁѳ ɨʜѡꞁѡd ѳꞁ вꞁʌbгꞁ фгегꞁɪв, вгꞁ ѳ ꞁффς ʜгɔвгф гв ɣʌɔ ѳф ꞁѳ в ргʜd вѳʟ ɨʜ Ꝩ ꞁʌѡвꞁ ɹʜd ɨʜ Ꝩ ʌѡвгфвфɞгɞ. Ꝩ ςʌʜгфɨꞁ ʟɨфѳ гв ѡѳвdфɹꞁɨѡ рѳфɔɞ фɹɞ вɨʜ гɔɨꞁгd ɨʜфффꞁɪѳ, вɨʜв ɣɹꞁ вгвςʌѡꞁ ѡqd фгѡѡфф ѳ ѳвꞁꝩѡɔ ɨʜ ꞁɥвɹꞁр. Ꝩ фѳdгф ѡɨꞁ ɣʌффѳф ɔɨв вгɔ ɹʜ ʌꞁгѡ́гʜꞁ ʟѳгфгɔ ɹɞ Ꝩ рѳꞁѳɨʜ: Ʌвфѳ ꞁѳвɨꞁɪв ɨʜꞁгςгф ɔе в фʌꞁфгɞʌʜꞁгd ɹɞ Ꝩ вгɔ гв рѳф вѡѡʌфɞ. Ѳгɔ ɔʌʟгdɞ гв рфѳѡѡгʜꞁ ꝩѳв ɨʜ Ꝩ ʟɨфѳ гв ѡѳвdфɹꞁɨѡ рѳфɔɞ, ɨʜ ꞁгфꞁɨѡꝩгꞁгф ɣɹꞁ гв ѡгʜꞁɨʜꝩѳd рфɹѡbгʜɞ, фɹɞ вɨʜ ꞁʌрꞁ ѳ́ꞁ гв ѡгʜвɨdгфеbгʜ ɜвгʜ ɣѳ ɣе фɹɞ вгɔ ѳɹꞁꝩѡ рѳф гɣгф Ɑфгpɹʜꞁфʜ ѡѡʌвсгʜɞ. Ꝩɨв ɪɞ dгʜ рѳф Ꝩ вεѡ гв ꝩѳɥɨꞁɪѳ ɹʜd вфʌвɪꞁɪѳ. Ꞁфѳвгвꞁɪѳ ɣвɞ гɔɨbгʜɞ ѡɨꞁ ʜѳꞁ в фгѡ́фʌꞁгd, вɨʜв ɣʌф ѳф ɹѡвʌвгвгꞁ вѳфвгɞ ʟфѳ фѡɨс ѡгʜ ѡɹʜ ɔεѡ гѡѡεʜꞁгʜв ѡɨꝩ Ꝩ ꞁвфꞁв гв Ꝩ ʟɨфѳ ɨѡвѡꞁѳdгd.

Рѳф Ꝩ фεʜς гв ɔɹꞁгф ɹѡсгѡгꞁɪв ѡгвгфd вф ɣɨв ꞁʌѡвꞁ ɣʌф вѳɔɞ ꞁѳ в ʜѳ ѡгʜвʌѡꝩгꞁɪв ʌѡвꞁгɞɨbгʜ ɨʜ ɨѡ́ɞɨвꞁгʜв ɹꞁ ꞁфʌвгʜꞁ ɨʜ ʌʜв ꞁɹʜѡ́ѡгς. Ꝩ ꞁɨвѳ гв Ꝩ ѳʟгф фɹɞ вɨʜ ꞁѳ вɨвꞁгɔгꞁфɞ, ɹɞ рѳф ɹɞ ꞁѳвɨвгꞁ, ѳ ꞁффς ʜгɔвгф гв фвгꞁεꞁгd ɨʜвʌвꞁɨѡ́ɞbгʜɞ ɹʜd ꞁѳ ѳфѡ́гʜфɞ Ꝩ рфɹѡ́ɔгʜꞁʌфѳ фгегꞁв ɨʜꞁѳ ѳ ѡгʜʌѡгd вѳdѳ гв dѳѡꞁфʜ. Ꝩ ꞁфʜвɪꞁɨꞁ вɨʜѡ́гꞁ ѳфѡ́гʜфɞɨʜ фdѳг фɨф ꝩѳɞd ɹʜd ʜѳꞁ ꞁфѳвѳгвꞁɪѳ dгвʌꞁгꞁꞁ вɨвꞁгɔɹꞁɨѡгꞁɪв ɨʜ Ꝩ ꞁɨꞁгфгсгф ɪɞ ɣɹꞁ ѡгʜʌѡгd ѡɨꝩ Ꝩ ʜѳbгʜ гв ѳ ɔгꞁгꞁꞁɨѡгꞁɪв dѳɔеʜ ɨʜфгdѳвꞁ ɨʜ Сɹꞁгф II.

Ꝩ ꞁεвгꞁ гв ѡѳʜꞁɹʜꞁв грѳфdɞ ɹʜ ɨʜdɨѡеbгʜ гв Ꝩ ɨѡвꞁɹʜꞁ ɹʜd гфεʜςɔгʜꞁ гв Ꝩ ɔгꞁɨфѳгꞁ ɨɔвѳеd ɨʜ Ꝩ ѡгфѡ.

Ѡгʜвгфɨʜ Ꝩ ʌѡвгфвфɞгɞ вгɔ вꞁʌbгꞁ фгɔѳфѡв bqd в

ɔed. Ɣe ɵϕ ʁɿʎʕdɼd ɿɷ ɞɼϕɞ ʟϕǝ ɿɼϕɿɼɞɼɞ: ɿɷ ɼɼɵϕd ɿϕɹωɿʁɞ ɔɼɿɿϕǝɼɿ ƿɵϕ dɼɞʎɿɼɿʁɹ ƿɼɞɿɿɿǝ ʁʕ ɣ ϕɹʕdɿɹ ɼɞ ɿϕɞɞɿɼɔɞ ʁʕ Ɑϕɼƿɹʕɿϕʕ ɼʕɹɿʁɞʁɞ; ɿɷ ώʁɞ ɹʕ ʁʕdɪωebɼʕ ɼɞ ϕωɼɿ ɞɿʎbɼɿ ϕɼɞɼɿɿɞ ϕɹɞ ɵɿϕʎdǝ ɞʁʕ ɼɞɿɛʕd ɹʕd ϕωɼɿ ɞɿʎbɼɿ ɿϕɞɞɿɼɔɞ ϕɹɞ ɞʁʕ ƿόʕd ɼɔʎʕɼɞɼɿ ɿɷ ɼɿɹω; ɹʕd ɿɷ ɿɵɪʕ ό ɼʕɞɞɿɞd ɿϕɞɞɿɼɔɞ ϕωɪc ɵϕ ʁɿɼϕɼɞɿʁ ϕɣɼϕ ƿϕɼɔ ɣʎϕ ʎɿɼώʕɞ ɵϕ ƿϕɼɔ ɣʎϕ ϕɼɿebɼʕ ɿɷ ɼɣɼϕ ɿϕɞɞɿɼɔɞ ϕωɪc ɵɿϕʎdǝ ϕɹɞ ɞʁʕ ɿϕǝɿɼd.

Ωɵϕɼɞɿɞɵʕdʁɹ ϕɼƿɿǝ ɿɷ ɣǝɞ ʟϕǝ ɿɼϕɿɼɞɼɞ ɣ ɿϕɞɞɿɼɔɞ ϕɹɞ ɞʁʕ dɪɞϕdɼd ʁɿɷ ʟϕǝ ωɿɹɞɼɞ. Ɣɵɞ ϕωɪc ϕɹɞ ʕɵ dɪɞɿʁʁώωʁbʁɹ ɔɞϕω ɵϕ ʁɿʎʕdɼd ɿɷ ɞɼϕɞ ɔɛʕɿǝ ɣ ɿɼϕɿɼɞ ƿɼϕɞɿ ɔʎʕcɼʕd. Ɽɞ ɣǝɞ ɣʎϕ ɵϕ 133, ɼɞ ϕωɪc 45 ɵϕ ʁʕ ɣ Ɔɪɞɼɿɛʕǝɼɞ ʎωɞɼϕɞϕɼɞ ɹɿ ɣ ʎʕd ɼɞ ɣ ɞqω. Ɔʎʕǝ ɼɞ ɣʎɔ ɵϕ ʁɞɼϕɿɼd ɹɿ ɣ ʎʕd ɼɞ ʁʕdɪɞɿçɼωɼɿ ɞʎωbɼʕɞ ωɪɣ ɣ ɿɼϕɿɼɞ ɼɞ ɞɼώçʎɞɿʁ ɣɹɿ ɞ ɿϕɞɞɿɼɔ ʁʕ ɞɼc ɿɼɞɪbɼʕ ʁɞ ϕʎdɿʁǝ ɼɔʎʕɼɞɼɿ ɿɷ ɣ ɔʎʟɼdɞ ʁɔɿɿɵʁd ʁʕ ɣ ɞʎωbɼʕ ɿɷ ϕωɪc ʁɿ ʁɞ ɼɿɹcɿ. Ɣ ϕɵϕdɼϕ ɿϕɞɞɿɼɔɞ ɿɛωɼʕ ƿϕɼɔ ɣ ɿɿɼϕɼcɼϕ ɼɞ ɣ ɞɼɞçʎω ɵϕ ɔɞϕω ωɪɣ ɹʕ ɹɞɿɼϕʁɞω; ɣe ɵϕ 53 ʁʕ ʕɼɔɞɼϕ. Ɵɼɔ ɼɞ ɣʎɔ ωʁ ɞɼϕɞ ɞ dʁɞɼɿɿɼʕʎϕǝ ɿɼϕɿɼɞ; ɞɼɿ ɣe ɵϕ ʁɿʎʕdɼd ɿϕϕɔʎϕʁɿǝ ɹɞ ɞ ɞɼɔɼϕǝ ɼɞ ʕɵʕ ϕɼɞɼɿɿɞ ϕωɪc ɵϕ ʕɞɿ ɼɣɼϕωϕɞ ʁʕωɿɷdɼd ʁʕ ɣ ɿʎωɞɿ ɵϕ ʎωɞɼϕɞϕɼɞ. Ⱡʕ ɣʁɞ ωe ɹʕ ɼɿʎɔɿ ϕɹɞ ɞʁʕ ɔed ɿɷ ώɹɣɼϕ ɼɿ ʁɿɷ ɣ ɿʎωɞɿ ɹʕd ɣ ʎωɞɼϕɞϕɼɞ ɵɿ ϕɼɞɼɿɿɞ ɼɞ ʁɞʎʕcɼɿ ɵϕ ωɼʕɞʁdɼϕɼɞɼɿ ʁɿɼϕɼɞɿ ϕωɪc ƿɵɿ ωʁʟʁʕ ɣ ɿϕɞɞʁʕɞ ɼɞ ɹʕ ʎɿɼɔʎʕɿɼϕǝ ɞqω ɵʕ Ɑϕɼƿɹʕɿϕʕ ɼʕɹɿʁɞʁɞ; ɞɼɿ ϕωʎϕ ɣ ɞɿʎbɼɿ ϕɼɞɼɿɿɞ ɵϕ ɞɵ ʕɷɔɼϕɼɞ ɹʕd ɞɵ ωϕdɿǝ ɞωɹɿɼϕd ʁɿ ωɹʕ ϕɵϕdɿǝ ɞ ɞɼɿɵɞd ɣɹɿ ʕɼʕ ɼɞ ʁɔɿɵϕɿɼʕɞ ϕɹɞ ʁɞωɛɿ ɼɿʎʕbɼʕ. Ƿϕʕɼɿǝ ɣɵɞ ʎωɞɼϕɞϕɼɞ ϕωɪc ɵϕ ɔɞϕω ωɪɣ ɞ dɹώɼϕ (35 ʁʕ ʕɼɔɞɼϕ) ɵϕ ʁɿʎʕdɼd ɿɷ ɞɼώçʎɞɿ ʁʕɞʎɞɿʁώebɼʕɞ ϕωɪc ϕɹɞ ʕɞɿ ɤʎɿ ɞʁʕ ωʎϕɞd ό ɞɵ ƿɵϕ ɹɞ ɣ ɵʟɼϕ ʁɞ ɼωʎϕ. Ɵɼɔ ɼɞ ɣǝɞ ɵϕ ɞωʎϕɞɿǝ ɔɞϕ ɣɹʕ ʎωɞɼϕɞϕɼɞ, ϕωϕɿ ɼɣɼϕɞ ωɵɿ ƿɵϕ ʁʕɞʎɞɿʁώebɼʕɞ ɼɞ ωɼʕɞʁdɼϕɼɞɼɿ ʁωɞɿʎʕɿ ɵϕ ʁɿɼϕɼɞɿ.

Φɵɞɼϕɿ Ɑ. Ωɵϕɔʎωɼʟ.

1 Introduction. Rational Triangles. Method of Infinite Descent

§ 1 Introductory Remarks

In the theory of Diophantine analysis two closely related sets of somewhat different problems are treated. Both of them have to do primarily with the solution, in a certain sense, of an equation or a system of equations. They may be characterized in the following manner: Let $f(x, y, z, \ldots)$ be a given polynomial in the variables $x, y, z, \ldots$ with rational (usually integral) coefficients and form the equation

$$f(x, y, z, \ldots) = 0.$$

This is called a *Diophantine equation* when we consider it from the point of view of determining the *rational* numbers $x, y, z, \ldots$ which satisfy it. We usually make a further restriction on the problem by requiring that the solution $x, y, z, \ldots$ shall consist of *integers*; and sometimes we say that it shall consist of positive integers or of some other defined class of integers. Connected with the above equation we thus have two problems, namely: To find the rational numbers $x, y, z, \ldots$ which satisfy it; to find the integers (or the positive integers) $x, y, z, \ldots$ which satisfy it.

Similarly, if we have several such functions $f_i(x, y, z, \ldots)$, in number less than the number of variables, then the set of equations

$$f_i(x, y, z, \ldots) = 0$$

𐐮𐑆 𐑅𐐯𐐼 𐐻𐐭 𐐺 𐐪 *𐐔𐐴𐐲𐑁𐐰𐑌𐐻𐐴𐑌 𐐹𐑉𐐪𐐺𐑊𐐲𐑋* 𐐲𐑂 𐐮𐐿𐐶𐐩𐑈𐐲𐑌𐑆.

𐐇𐑌𐐨 𐑅𐐯𐐻 𐐲𐑂 𐑉𐐰𐑇𐐲𐑌𐐲𐑊 𐑌𐐲𐑋𐐺𐐲𐑉𐑆 x, y, z, …, 𐐸𐐶𐐮𐐽 𐑅𐐰𐐻𐐮𐑅𐑁𐐴𐑆 𐑄 𐐮𐐿𐐶𐐩𐑈𐐲𐑌 [𐐹𐑉𐐪𐐺𐑊𐐲𐑋], 𐐮𐑆 𐑅𐐯𐐼 𐐻𐐭 𐐺 𐐪 *𐑉𐐰𐑇𐐲𐑌𐐲𐑊 𐑅𐐲𐑊𐐭𐑇𐐲𐑌* 𐐲𐑂 𐑄 𐐮𐐿𐐶𐐩𐑈𐐲𐑌 [𐐹𐑉𐐪𐐺𐑊𐐲𐑋]. 𐐈𐑌 *𐐮𐑌𐐻𐐲𐑀𐑉𐐲𐑊 𐑅𐐲𐑊𐐭𐑇𐐲𐑌* 𐐮𐑆 𐑅𐐮𐑋𐐮𐑊𐐲𐑉𐑊𐐨 𐐼𐐲𐑁𐐴𐑌𐐼. 𐐜 *𐐾𐐯𐑌𐐲𐑉𐐲𐑊 𐑉𐐰𐑇𐐲𐑌𐐲𐑊 [𐐮𐑌𐐻𐐲𐑀𐑉𐐲𐑊] 𐑅𐐲𐑊𐐭𐑇𐐲𐑌* 𐐮𐑆 𐐪 𐑅𐐲𐑊𐐭𐑇𐐲𐑌 𐐫𐑉 𐑅𐐯𐐻 𐐲𐑂 𐑅𐐲𐑊𐐭𐑇𐐲𐑌𐑆 𐐿𐐲𐑌𐐻𐐩𐑌𐐮𐑍 𐐫𐑊 𐑉𐐰𐑇𐐲𐑌𐐲𐑊 [𐐮𐑌𐐻𐐲𐑀𐑉𐐲𐑊] 𐑅𐐲𐑊𐐭𐑇𐐲𐑌𐑆. 𐐂 *𐐹𐑉𐐮𐑋𐐮𐐻𐐮𐑂 𐑅𐐲𐑊𐐭𐑇𐐲𐑌* 𐐮𐑆 𐐰𐑌 𐐮𐑌𐐻𐐲𐑀𐑉𐐲𐑊 𐑅𐐲𐑊𐐭𐑇𐐲𐑌 𐐮𐑌 𐐸𐐶𐐮𐐽 𐑄 𐑀𐑉𐐩𐐻𐐲𐑅𐐻 𐐿𐐪𐑋𐐲𐑌 𐐼𐐮𐑂𐐴𐑆𐐲𐑉 𐐲𐑂 𐑄 𐑂𐐰𐑊𐐷𐐭𐑆 𐐲𐑂 x, y, z, … 𐐮𐑆 𐐷𐐭𐑌𐐮𐐻𐐨.

𐐂 𐑅𐐲𐑉𐐻𐐲𐑌 𐐮𐐿𐑅𐐻𐐯𐑌𐑇𐐲𐑌 𐐲𐑂 𐑄 𐑁𐐫𐑉𐑀𐐬𐐮𐑍 𐐼𐐯𐑁𐐮𐑌𐐮𐑇𐐲𐑌 𐐮𐑆 𐐹𐐪𐑅𐐮𐐺𐐲𐑊. 𐐎𐐲𐑌 𐑋𐐩 𐑉𐐲𐐹𐑊𐐩𐑅 𐑄 𐑁𐐲𐑍𐐿𐑇𐐲𐑌 $f(x, y, z, \ldots)$ 𐐺𐐴 𐐲𐑌𐐲𐑄𐐲𐑉 𐐸𐐶𐐮𐐽 𐐮𐑆 𐑌𐐪𐐻 𐑌𐐯𐑅𐐲𐑅𐐯𐑉𐐮𐑊𐐨 𐐪 𐐹𐐪𐑊𐐮𐑌𐐪𐑋𐐨𐐲𐑊. 𐐜𐐲𐑅, 𐑁𐐫𐑉 𐐮𐑀𐑆𐐰𐑋𐐹𐐲𐑊, 𐐶𐐲𐑌 𐑋𐐩 𐐰𐑅𐐿 𐐸𐐶𐐲𐐻 𐐮𐑌𐐻𐐲𐐾𐐲𐑉𐑆 x 𐐰𐑌𐐼 y 𐐿𐐰𐑌 𐑅𐐰𐐻𐐮𐑅𐑁𐐴 𐑄 𐑉𐐲𐑊𐐩𐑇𐐲𐑌

$$x^y - y^x = 0.$$

𐐜𐐮𐑅 𐑋𐐫𐑉 𐐮𐐿𐑅𐐻𐐯𐑌𐐼𐐲𐐼 𐐹𐑉𐐪𐐺𐑊𐐲𐑋 𐐮𐑆 𐐫𐑊 𐐺𐐲𐐻 𐐲𐑌𐐻𐑉𐐨𐐻𐐲𐐼 𐐮𐑌 𐑄 𐑊𐐮𐐻𐐲𐑉𐐲𐐽𐐲𐑉. 𐐆𐐻 𐑅𐐨𐑋𐑆 𐐻𐐭 𐐺 𐐲𐑂 𐑌𐐬 𐐹𐐲𐑉𐐻𐐮𐐿𐐷𐐲𐑊𐐲𐑉 𐐮𐑋𐐹𐐫𐑉𐐻𐐲𐑌𐑅 𐐰𐑌𐐼 𐑄𐐯𐑉𐑁𐐫𐑉 𐐶𐐮𐑊 𐐺 𐑊𐐯𐑁𐐻 𐐫𐑊𐑋𐐬𐑅𐐻 𐐯𐑌𐐻𐐴𐑉𐑊𐐨 𐐵𐐻 𐐲𐑂 𐐲𐐿𐐵𐑌𐐻 𐐮𐑌 𐑄 𐑁𐐪𐑊𐐬𐐮𐑍 𐐹𐐩𐐾𐐲𐑆.

𐐎𐐨 𐑋𐐩𐐿 𐐶𐐲𐑌 𐐲𐑄𐐲𐑉 𐐾𐐯𐑌𐐲𐑉𐐲𐑊 𐑉𐐲𐑅𐐻𐑉𐐮𐐿𐑇𐐲𐑌 𐐮𐑌 𐑄𐐮𐑅 𐐺𐐳𐐿; 𐐶𐐨 𐑊𐐨𐑂 𐑊𐐮𐑌𐐨𐐲𐑉 𐐮𐐿𐐶𐐩𐑈𐐲𐑌𐑆 𐐵𐐻 𐐲𐑂 𐐿𐐲𐑌𐑅𐐮𐐼𐐲𐑉𐐩𐑇𐐲𐑌. 𐐜𐐮𐑅 𐐮𐑆 𐐺𐐲𐐿𐐲𐑆 𐑄𐐰𐐻 𐑃𐐮𐑉𐐨 𐐮𐑆 𐐼𐐮𐑁𐐲𐑉𐐲𐑌𐐻 𐑁𐑉𐐲𐑋 𐑄𐐰𐐻 𐐲𐑂 𐑌𐐪𐑌𐑊𐐮𐑌𐐨𐐲𐑉 𐐮𐐿𐐶𐐩𐑈𐐲𐑌𐑆 𐐰𐑌𐐼 𐐮𐑆 𐐮𐑅𐐯𐑌𐑇𐐲𐑊𐐨 𐐿𐐲𐑌𐐻𐐩𐑌𐐼 𐐮𐑌 𐑄 𐑃𐐮𐑉𐐨 𐐲𐑂 𐑊𐐮𐑌𐐨𐐲𐑉 𐐿𐐪𐑍𐑀𐑉𐐭𐐲𐑌𐑅𐐲𐑆.

𐐜𐐰𐐻 𐐪 𐐔𐐴𐐲𐑁𐐰𐑌𐐻𐐴𐑌 𐐮𐐿𐐶𐐩𐑈𐐲𐑌 𐑋𐐩 𐐸𐐰𐑂 𐑌𐐬 𐑅𐐲𐑊𐐭𐑇𐐲𐑌 𐐰𐐻 𐐫𐑊 𐐫𐑉 𐐬𐑌𐑊𐐨 𐐪 𐑁𐐴𐑌𐐴𐐻 𐑌𐐲𐑋𐐺𐐲𐑉 𐐲𐑂 𐑅𐐲𐑊𐐭𐑇𐐲𐑌𐑆 𐐮𐑆 𐑇𐐬𐑌 𐐺𐐴 𐑄 𐐮𐑀𐑆𐐰𐑋𐐹𐐲𐑊𐑆

$$x^2 + y^2 + 1 = 0, \quad x^2 + y^2 - 1 = 0.$$

𐐂𐐺𐑂𐐨𐐲𐑅𐑊𐐨 𐑄 𐑁𐐲𐑉𐑅𐐻 𐐲𐑂 𐑄𐐨𐑆 𐐮𐐿𐐶𐐩𐑈𐐲𐑌𐑆 𐐸𐐰𐑆 𐑌𐐬 𐑉𐐰𐑇𐐲𐑌𐐲𐑊 𐑅𐐲𐑊𐐭𐑇𐐲𐑌 𐐰𐑌𐐼 𐑄 𐑅𐐯𐐿𐐲𐑌𐐼 𐐬𐑌𐑊𐐨 𐐪 𐑁𐐴𐑌𐐴𐐻 𐑌𐐲𐑋𐐺𐐲𐑉 𐐲𐑂 𐐮𐑌𐐻𐐲𐑀𐑉𐐲𐑊 𐑅𐐲𐑊𐐭𐑇𐐲𐑌𐑆. 𐐜𐐰𐐻 𐑄 𐑌𐐲𐑋𐐺𐐲𐑉 𐐲𐑂 𐑉𐐰𐑇𐐲𐑌𐐲𐑊 𐑅𐐲𐑊𐐭𐑇𐐲𐑌𐑆 𐐲𐑂 𐑄 𐑅𐐯𐐿𐐲𐑌𐐼 𐐮𐑆 𐐮𐑌𐑁𐐮𐑌𐐮𐐻 𐐶𐐮𐑊 𐐺 𐑅𐐨𐑌 𐐺𐐲𐑊𐐬. 𐐙𐐲𐑉𐑄𐐲𐑉𐑋𐐫𐑉 𐐶𐐨 𐑇𐐰𐑊 𐑅𐐨 𐑄𐐰𐐻 𐑄 𐐮𐐿𐐶𐐩𐑈𐐲𐑌 $x^2 + y^2 = z^2$ 𐐸𐐰𐑆 𐐰𐑌 𐐮𐑌𐑁𐐮𐑌𐐮𐐻 𐑌𐐲𐑋𐐺𐐲𐑉 𐐲𐑂 𐐮𐑌𐐻𐐲𐑀𐑉𐐲𐑊 𐑅𐐲𐑊𐐭𐑇𐐲𐑌𐑆.

𐐆𐑌 𐑅𐐲𐑋 𐐿𐐩𐑅𐐲𐑆 𐑄 𐐹𐑉𐐪𐐺𐑊𐐲𐑋 𐐲𐑂 𐑁𐐴𐑌𐐼𐐮𐑍 𐑉𐐰𐑇𐐲𐑌𐐲𐑊 𐑅𐐲𐑊𐐭𐑇𐐲𐑌𐑆 𐐰𐑌𐐼 𐑄𐐰𐐻 𐐲𐑂 𐑁𐐴𐑌𐐼𐐮𐑍 𐐮𐑌𐐻𐐲𐑀𐑉𐐲𐑊 𐑅𐐲𐑊𐐭𐑇𐐲𐑌𐑆 𐐪𐑉 𐐮𐑅𐐯𐑌𐑇𐐲𐑊𐐨 𐐮𐐿𐐶𐐮𐑂𐐲𐑊𐐲𐑌𐐻. 𐐜𐐮𐑅 𐐮𐑆 𐐪𐐺𐑂𐐨𐐲𐑅𐑊𐐨 𐐻𐑉𐐭 𐐮𐑌 𐑄 𐐿𐐩𐑅 𐐲𐑂 𐑄 𐐮𐐿𐐶𐐩𐑈𐐲𐑌 $x^2 + y^2 = z^2$. 𐐙𐐫𐑉, 𐑄 𐑅𐐯𐐻 𐐲𐑂 𐐫𐑊 𐑉𐐰𐑇𐐲𐑌𐐲𐑊 𐑅𐐲𐑊𐐭𐑇𐐲𐑌𐑆 𐐿𐐲𐑌𐐻𐐩𐑌𐑆 𐑄 𐑅𐐯𐐻 𐐲𐑂 𐐫𐑊 𐐮𐑌𐐻𐐲𐑀𐑉𐐲𐑊 𐑅𐐲𐑊𐐭𐑇𐐲𐑌𐑆, 𐐸𐐶𐐴𐑊 𐑁𐑉𐐲𐑋 𐑄 𐑅𐐯𐐻 𐐲𐑂 𐐫𐑊 𐐮𐑌𐐻𐐲𐑀𐑉𐐲𐑊 𐑅𐐲𐑊𐐭𐑇𐐲𐑌𐑆 𐐮𐐻 𐐮𐑆 𐐪𐐺𐑂𐐨𐐲𐑅 𐑄𐐰𐐻 𐑄 𐑅𐐯𐐻 𐐲𐑂 𐐫𐑊 𐑉𐐰𐑇𐐲𐑌𐐲𐑊 𐑅𐐲𐑊𐐭𐑇𐐲𐑌𐑆 𐐮𐑆 𐐲𐐺𐐻𐐩𐑌𐐼 𐐺𐐴 𐐼𐐮𐑂𐐴𐐼𐐮𐑍 𐑄 𐑌𐐲𐑋𐐺𐐲𐑉𐑆 𐐮𐑌 𐐨𐐽 𐑅𐐲𐑊𐐭𐑇𐐲𐑌 𐐺𐐴 𐐰𐑌 𐐪𐑉𐐺𐐮𐐻𐑉𐐯𐑉𐐨 𐐹𐐪𐑆𐐮𐐻𐐮𐑂 𐐮𐑌𐐻𐐲𐐾𐐲𐑉.

Ŧꞑ ə ɞɪɔꞁꞁɸ ɯɛ ɨꞁ ɪɞ əɞə ꞁɷ ɞə ɣꟻꞁ ɣ ꞁɷ ꞁɸɞɞꞁꞁɔɞ ɞɸ ɪɞʌꞑcꞁꞁə ɪɷɯɪɞꞁꞁꞁꞑꞁ ꞑ ɣ ɯɛɞ ꞁɞ ʌɞɸə ɸɔɔꞁçəꞑəꞁɞ ɪɷɯɛʂꞁꞑ.

Ŧꞑ ɞꞁɸꞁꞁꞑ ꞁɣꞁɸ ɯɛɞꞁɞ ɣ ꞁɷ ꞁɸɞɞꞁꞁɔɞ ɞɸ ɪɞʌꞑcꞁꞁə dɪpꞁɸꞁꞑꞁ, ʌɞ ɯꞁꞑ ɔɛ ɞə ɸʌdɪꞁə pɸꞁɔ ɞꞁc ʌꞑ ɪɷɯɛʂꞁꞑ ʌɞ $x^2 + y^2 = 1$. Ꝋɞɞəꞁɞꞁə, ɣ ꞑꞁɔɞꞁɸ ꞁɞ ꞑꞁꞁɷ́ɸꞁꞁ ɞꞁꞁɷbꞁꞑɞ ɪɞ pɸꞑɸꞁ; ɔəɸɷɞꞁɸ, ɣɛ ɞɸ ꞁɸɪɞəꞁꞁ. ɞꞁꞁ ɣ ꞑꞁɔɞꞁɸ ꞁɞ ɸʌbꞁꞑꞁꞁ ɞꞁꞁɷbꞁꞑɞ ɪɞ ꞑpꞑꞑꞁ ʌꞑd ɣɛ ɞɸ ꞑəꞁ ɵꞁ ꞁɸɪɞəꞁꞁ ꞑ ɷʌɸꞁɷꞁꞁɸ, ʌɞ ɯə bʌꞁ ɞə ɞꞁꞁɔ.

ɞꞁɔꞁɸɔɞ ꞑꞁꞁɷ́ɸꞁꞁ ɞꞁꞁɷbꞁꞑɞ ɔɛ ɞ ɞʌɸə ɸʌdɪꞁə pɷ́ʌd ɞɸ ɔəꞑɞ ꞁɞ ɸʌbꞁꞑꞁꞁ ɞꞁꞁɷbꞁꞑɞ ɸɷɪc ɞɸ əɞꞑꞁə ꞁɞꞁɛꞑd ꞑ ə dꞁɸʌɷꞁ ɯɛ. Ꞁʌꞁ ꞁɞ ɪꞁꞁɞꞁɸɛꞁ ɣɪɞ ɸꞁɔəɸɷ ɯɪɣ ʌꞑ ɪɷ́ɞʌɔꞁꞁꞁ. Ꞷꞁꞑɞɪdꞁɸ ɣ ɪɷɯɛʂꞁꞑ

$$x^2 + y^2 = z^2. \tag{1}$$

Ɣ ɷɛɞꞁɞ ꞑ ɸɷɪc x ɵɸ y ɪɞ ɞɪɸɵ ɞɸ ꞁɸɪɞəꞁꞁ, ʌꞑd ɸʌꞑɞ ɣɛ ɞɸ ɪɷɞɷꞁɷdꞁd pɸꞁɔ ɷꞁꞑɞɪdꞁɸɛbꞁꞑ. Ꞁʌꞁ ꞁɞ ɞəɷ pꞁɸɞꞁ ɣɵɞ ɞꞁꞁɷbꞁꞑɞ ꞑ ɸɷɪc z ɸʌɞ ɣ ɷ́ɪɞꞁꞑ ɞʌꞁɣɷ $z = 1$. ɞꞑɞ $x \neq 0$ ɯə ɔɛ ɸɸꞁ y ꞑ ɣ pɵɸɔ $y = 1 - mx$, ɸɷʌɸ m ɪɞ *ɸʌbꞁꞑꞁꞁ*. ɞꞁɞɞꞁꞁɷꞁꞑ ꞑ (1) ɯə ɸʌɞ

$$x^2 + (1 - mx)^2 = 1.$$

Ɣɪɞ ꝗəꞁdɞ

$$x = \frac{2m}{1 + m^2};$$

ɸɷʌꞑɞ

$$y = \frac{1 - m^2}{1 + m^2}.$$

Ɣɪɞ, ɯɪɣ $z = 1$, ɷ́ɪɞɞ ə *ɸʌbꞁꞑꞁꞁ* ɞꞁꞁɷbꞁꞑ ꞁɞ Ŧɷ. (1) pɵɸ ʌɞɸə ɸʌbꞁꞑꞁꞁ ɞʌꞁɣɷ ꞁɞ m. (Ŧꞑɞɪdʌꞑꞁꞁə ɯə ɸʌɞ ꞑ ɣ ɞʌꞁɣɷɞ ꞁɞ x ʌꞑd y ʌꞑ ꞑpꞑꞑꞁ ɞʌꞁ ꞁɞ ɸʌbꞁꞑꞁꞁ ɞꞁꞁɷbꞁꞑɞ ꞁɞ ɣ ɪɷɯɛʂꞁꞑ $x^2+y^2 = 1$.)

Ŧp ɯə ɸꞁꞁꞁɛɞ m ɞɸ q/p, ɸɷʌɸ q ʌꞑd p ɞɸ ɸʌꞁꞁꞁɪɞə ꞁɸɸɔ ꞑꞁꞁcꞁɸɞ, ʌꞑd ɣʌꞑ ɔꞁꞁꞁꞁꞁɸ ɣ ꞁɞꞁɞ ɞʌꞁɣɷɞ ꞁɞ x, y, z ɞɸ $p^2 + q^2$, ɯə ɸʌɞ ɣ ꞑɷ ɞʌꞁ ꞁɞ ɞʌꞁɣɷɞ

$$x = 2pq, \quad y = p^2 - q^2, \quad z = p^2 + q^2.$$

Ɣɪɞ ꞁpɵɸdɞ ə ꞁɷ-ꞁꞁɸʌɔꞁꞁɸ *ꞑꞁꞁɷ́ɸꞁꞁ* ɞꞁꞁɷbꞁꞑ ꞁɞ (1).

Ŧꞑ § 3 ɯə ɸꞁꞁɸꞑ ꞁɷ ɣ ꞁɪɸə ꞁɞ Ŧɷ. (1), ɣʌɸ dꞁɸɸɞɪꞑ ɣ ɞꞁꞁɷbꞁꞑ ꞑ ə dɪpꞁɸꞁꞑꞁ ɯɛ. Ɣ ꞁɞꞁɞ ʌɷɞꞁꞁɞɪbꞁꞑ ɸʌɞ ɞɪꞑ ɷ́ɪɞꞁꞑ pɵɸ ꞁɷ ɸəɞꞁꞑɞ: Ŧꞁ ɪꞁꞁɞꞁɸɛꞁɞ ɣ ɯɛ ꞑ ɸɷɪc ɸʌbꞁꞑꞁꞁ ɞꞁꞁɷbꞁꞑɞ ɔɛ ⱺpɼɂ ʙ ɪɔʇꞁoɪd ꞁⱷ ɼʙɜꞁɛɂ ɪɂꞁɼώɸɼꞁ ʙɼꞁⱷbɼɂ6 (ɅɂD ɣɪʙ ꞁɸⱺʙɅʙ ɪ6 ρɸɘɷⱷɼɂꞁꞁɘ ⱷɼɂ ɼʙ ⱷɼɂʙɪdɼɸɼʙɼꞁ ɪɔꞁⱺɸꞁɼɂʙ); ɼώɅɂ, ɣ ʙꞁɪɸɪꞁ ɼʙ ɣ ɔɅʟɼd ɪ6 ɪʙɅɂcɼꞁɘ ɣɅꞁ ɼʙ ɣ ⱷɸɘⱷ ɔɅʟɼɔɼꞁɪbɼɂ ⱭɸoρɅɂꞁɼʙ, ɸⱷ ρꞁɼɸɪbꞁ ꞁɸⱺʙɼʙꞁɘ ɼʙό ɣ ɔɪdɼꞁ ɼʙ ɣ ʟɼɸd ʙɅɂcɼɸɘ ɼʙ ὀɸ ɪɸɼ ɅɂD ɸⱷ ɸoꞁ ɣ ρɼɸʙꞁ ʙɪʙꞁɼɔɅꞁɪⱷ Ʌⱷʙꞁɼɪbɼɂ ɼʙ ɸⱷɼꞁ ɪ6 ɂό ɂoɂ Ʌ6 Ɑɸɼρɼɂꞁɸɂ ɼɂɅꞁꞁɪʙɪʙ. Ɣ ɸɘdɼɸ ɪ6 ɸɼρɼɸd ꞁⱷ ɸʟ'ʙ *ⱭɸoρɅɂꞁoʙ ɼʙ ɁꞁɼώʙɅɂdɸɘɼ* ρⱺɸ Ʌɂ ɼⱷόɂꞁ ɼʙ ɣɪʙ ⱷɼɸⱷ ɅɂD ρⱺɸ Ʌɂ Ʌⱷʙɼꞁɼɂꞁ ɅʙʙꞁɸɅⱷ (ɪɂ Ɗɪɂώꞁɪb) ɼʙ ɣ ɅⱷʙꞁɅɂꞁ ɸɸꞁɪɪ6 ɼʙ ⱭɸoρɅɂꞁɼʙ.

Ɣ ʟɪɸɘ ɼʙ Ɑɸɼρɼɂꞁɸɂ ɼɂɅꞁꞁɪʙɪʙ ɸɅʙ ʙɪɂ ⱷɼꞁɪʙɛꞁɼd ρⱺɸ ɔɅɂʙ ʙɅɂcɼɸɘ6. Ɂ6 ⱷɘ ɸɅʙ ɕɼʙꞁ ʙɅd, ɪꞁ ꞁɛⱷʙ ɪꞁʙ ɂɛɔ ρɸɼɔ ɣ ⱷɸɘⱷ ɔɅʟɼɔɼꞁɪbɼɂ ⱭɸoρɅɂꞁɼʙ. Ɣ ɪⱷʙꞁɅɂꞁ ꞁⱷ ɸⱷɪc ɣ ɸɸꞁɪɪ6 ɼʙ ⱭɸoρɅɂꞁɼʙ ʙɸ ɼɸɪɕɂɼꞁ ɪ6 ɼɂɂoɂ, ɅɂD ɪꞁ ɪ6 ꞁɸⱺʙɼʙꞁ ɂό ɣɅꞁ ɂo ɔɘɂ6 ⱷɪꞁ Ʌʙɼɸ ʙ dɪʙⱷɼʙɼɸd ρⱺɸ ʙɅꞁɼꞁɪɪ ɣɪʙ ⱷⱷɅʙcɼɂ; ʙɼꞁ ɸⱷɅɣɼɸ ɸɘ dɸⱷ ɔɼc ʙɸ ꞁɪꞁɼꞁ ρɸɼɔ ɣ ⱷɼɸⱷ ɼʙ ɸɪ6 ꞁɸɅdɼʙɅʙɼɸ6 ɪꞁ ɪ6 ʙɼɸꞁɼɂ ɣɅꞁ ɸɪ6 *Arithmetica* ɸɅʙ ⱷʙɼɸʙɸ6d ʙ ꞁɸɼρόɂd ɪɂρꞁⱷɼɂʙ ⱺɂ ɣ dɼʙɅꞁɼꞁɔɼɂꞁ ɼʙ ɂɼɔʙɼɸ ʟɪɸɘ.

Ɣ ʙɼꞁⱷ ɼʙ ɣ ⱷɼɸⱷ ɼʙ ⱭɸoρɅɂꞁɼʙ ⱺɂ ɣ ʟɪɸɘ ɼʙ ɂɼɔʙɼɸ6 ⱷɼɂʙɪʙꞁʙ ɼʙ ꞁɸⱺʙꞁɼɔ6 ꞁɘdɪɪ ꞁⱷ ɪɂdɪꞁɼɸɔɪɂɼꞁ ɪⱷⱷɛʙɼɂ6; ɣɘ6 ʙɸ ⱴⱷʙɼⱷɼꞁɘ ɼʙ ɣ ʙɅⱷɼɂd dɼώɸɘ, ʙɼꞁ ʙ ρⱴⱷ ɪɂdɪꞁɼɸɔɪɂɼꞁ ɪⱷⱷɛʙɼɂ6 ɼʙ ɣ ʟɼɸd ɅɂD ρⱺɸʟ dɼώɸɘ6 ɼꞁɪɸ ɅɂD Ʌꞁ ꞁɘʙꞁ ⱷɼɂ ɘ6ɘ ⱷɼɂ ɼʙ ɣ ʙɪⱷʙʟ dɼώɸɘ ɪ6 ꞁⱷ ʙ ρόɂd. Ɣ ɕɅɂɼɸɼꞁ ꞁɸꞁ ɼʙ ꞁɸⱺʙꞁɼɔ ɪ6 ꞁⱷ ρɸɂd ʙ ʙɅꞁ ɼʙ ɂɼɔʙɼɸ6, ⱴⱷʙɼⱷɼꞁɘ ꞁⱷ ʙɸ ʟɸɘ ʙɸ ρⱺɸ ɪɂ ɂɼɔʙɼɸ, ʙɼc ɣɅꞁ dɪρɼɸɼɂꞁ ɪⱷʙꞁɸɅbɼɂ6 ɪɂʙɘꞁɪʙɪɪ ɣɅɔ ɪɂ ɣ ρɼɸʙꞁ ɅɂD ʙɅⱷɼɂd ɅɂD ʟɼɸd dɼώɸɘ6 ʙɸ ʙⱷⱷɅɸ6 ʙɸ ⱷⱴⱷʙ6 ʙɸ ɼɣɼɸⱷɸ6 ɸɅʙ ʙ ꞁɸɘ6ʙɸɂd ρⱺɸɔ.

Ɂ6 ώɣd ɪώ6Ʌɔꞁɼꞁ6 ɼʙ ɣɘ6 ꞁɸⱺʙꞁɼɔ6 ⱷɘ ɔɛ ɔɅɂcɼɂ ɣ ρʙꞁⱺɪɪ: Ɔⱷ ρɸɂd ʟɸɘ ʙⱷⱷɅɸ6 ʙɼc ɣɅꞁ ɣ ꞁɸɘdɼⱷꞁ ɼʙ ɅɂɘꞁⱷꞁⱷɼʙɣɅɔ Ʌdɼdꞁⱷꞁⱷɣʙɼɔɼʙɣɘ6ꞁⱷʙɸꞁⱷɣɸɼɔɛɪɂɪⱷɼɂώɪʙ6ʙʙⱷⱷɅɸ; ꞁⱷ ρɸɂd ʟɸɘ ʙⱷⱷɅɸ6 ʙɼc ɣɅꞁ ɣɅɸ ⱷɼɂꞁɪɪⱴⱷd ꞁɸɘdɼⱷꞁ Ʌdɼd ꞁⱷ Ʌɂɘ ⱷɼɂ ɼʙ ɣɅɔ ώɪʙ6 ʙ ʙⱷⱷɅɸ; ꞁⱷ ρɸɂd ꞁⱷ ɂɼɔʙɼɸ6 ʙɼc ɣɅꞁ ɣɅɸ ꞁɸɘdɼⱷꞁ ꞁꞁɼʙ ʙɸ ɔɸɂɼʙ ɣɅɸ ʙɼɔ ώɪʙ6 ʙ ⱷⱴⱷʙ. (Ʌʙɘ CɅꞁꞁɼɸ VI.)

ⱭɸoρɅɂꞁɼʙ ⱷɼ6 ⱺꞁⱷɛ6 ʙɅꞁɪʙρɸd ⱷɪɣ ʙ ɸɅbɼɂɼꞁ ɸɼ6ɼꞁ ɘʙɼɂ ɣo ɪꞁ ɼꞁɪɸd ɪɂ ρɸɅⱷbɼɂɼꞁ ρⱺɸɔ; ɣɅꞁ ɪ6, ɸɘ dɪd ɂʙꞁ ɪɂʙɪʙꞁ ⱺɂ ɸɅʙɪɪ ʙ ʙɼꞁⱷbɼɂ ɪɂ ɪɂꞁɼɕɼɸ6 Ʌ6 ɪ6 ⱷɼʙꞁɼɔɅɸɘ ɪɂ ɔⱷʙꞁ ɼʙ ɣ ɸɘʙɼɂꞁ ⱷɼɸⱷ ɪɂ Ɑɸɼρɼɂꞁɸɂ ɼɂɅꞁꞁɪʙɪʙ.

Ɨꞁ ɪ6 ʟɸⱷ ꝐɅɸɔɘ ɣɅꞁ ɣ ⱷɼɸⱷ ɼʙ ⱭɸoρɅɂꞁɼʙ ɸɅ6

ʌϖɞɼɸɞɸɞd ɣ ɔɒɞʃ ɿɸɼɳóɳɞʃ ɨɳþʃϖɼɳɞ ɵɳ ɣ dɼɞʌʃɼƬɔɼɳʃ ɼɞ ɔədɼɸɳ ɳɼɔɞɼɸ ɩɩɸə. Ɣ ɕɼɸɔ ɼɞ ɣɨɞ ɸɼɔəɸϖɼɞʃ ώɸoɩ ɨɞ ϖɼɳʃɛɳd ɨɳ ɸϖɼʃ ɨɞ oɳʃə ɞ ɿəɸʃ ɼɞ ɣ ɼɸɨɕɳɼʃ Ꞓɸɼþɹɳʃɸɳ ɼɳɹʃɨɞɨɞ, ɼɞ ɸϖɨc, ϖɨɩóʃ dóʃ, Ƿʌɸɔə ɨɞ ɣ ώɸɛʃɼɞʃ ɔɹɞʃɼɸ ɸϖ ɸɹɞ ɤʌʃ ɼɿɨɸd. Ɣ ɸɼɔəɸϖɞ, ɔʌɩɼd ɹɳd ɸɼɞɼʃɨɞ ɼɞ ɣ ʃɹʃɼɸ ɔɹɩɼɔɼʃɨbɼɳ, ɨɞɿʌbɼʃə ɣoɞ ɸɼϖəɸdɼd ɵɳ ɣ ɔəɸɕɨɳ ɼɞ ɸɨɞ ϖəɿə ɼɞ Ꞓɸoɼþɹɳʃɼɞ, ɸɹɞ ɳʌɞɼɸ ɞəɞʃ ʃϖ ɞ ɣ ɔəɸɞɼʃ ɼɞ ɼɣɼɸ ϖɼɸϖɼɸɞ ɨɳ ɣɨɞ þɹɞɨɳɛʃɨɳ þəʃd. Ɓəϖɳd ϖϖʌɞcɼɳ ɣɛ ώɛɞ ɣ þɼɳdɼɔʌɳʃɼʃ ɨɨbɼʃ ɨɔɿɼʃə ʃϖ ɣ ɞɸɨʃɤɼɳʃ ϖɼɸϖ ɨɳ ɣ ɩɨɸə ɼɞ ɳɼɔɞɼɸɞ ɸϖɨc ɸɹɞ ɞɸɒʃ ɣɹʃ ɞɼɞɕʌϖ ʃϖ ɨɼɞ ɿɸʌɞɼɳʃ ɞʃɛʃ ɼɞ ɼdɞɹɳɞɔɼɳʃ.

Ɔʌɳə ɼɞ ɣ ɩəɼɸɼɔɞ ɼɳóɳɞʃ ϖɨɩóʃ ɿɸϖþ ɞɸ Ƿʌɸɔə ϖɼɸ dʌɔɼɳɞʃɸɛʃɼd ɞɸ Oɨʃɼɸ, ɨɳ ɸϖɞ ϖɼɸϖ ɣ ɞɿɨɸɨʃ ɼɞ ɣ ɔʌɩɼd ɼɞ Ꞓɸoɼþɹɳʃɼɞ ɹɳd Ƿʌɸɔə ɨɞ ɞɨʃ ɞɨώɼɸɼɞ. Ɨɳ ɣ *Disquisitiones Arithmeticæ*, ʃɼɞʃɨbʃ ɨɳ 1801, Ɯéɞ ɨɳʃɸɼdəɞʃ ɳϖ ɔʌɩɼd6, ʃɸɹɳɞþɼɸɔɨɨ ɣ ɸoʃ ɞɼɞɕʌϖ ɹɳd ώɨɞɨɨ ɨʃ ɞ ɳϖ ʃʌɳdɼɳɞə ʃɼϖəɸd ɣ ɤoɞ ɼɞ ɹɳɼʃɨʃϖɼʃ ɔʌɩɼd6. Ɣɨɞ ϖɼ6 ɞɸʌɨɩɳd ɞɸ ɣ þɼɸɣɼɸ dɨɞϖɼɞɼɸə6 ɼɞ Ϣəbə, Ꞇɼϖəɞə, Ꝋɼɳɞʃɸɳ, Ꞓɨɸɨbʃɛ, ɹɳd ɼɣɼɸ6.

Ɣ dɼɞʌʃɼƬɔɼɳʃ ɨɳ ɣɨɞ dɼɸʌϖbɼɳ ɸɹɞ ɨϖɞʃɹɳdɼd ɞo ɸɹʃɨdʃə ɣɹʃ ɞɸ þəɸ ɣ ʃəɸɕɼɸ ʃəɸbɼɳ ɼɞ ɣ ɳó ɨώɞɨɞʃɨɳ ɞɞdə ɼɞ ɳɼɔɞɼɸ ɩɩɸə ɸɹɞ ɸɹd ɨʃɞ ɵɸɨɕɨɳ ɨɳ ɣɨɞ ɔəɞɔɼɳʃ. Ɣ ɞɸɼɳɞ ɸɹɞ ɣɼɞ dɼʃəɸʃɼd ϖɸdʃə þɸɼɔ ɣ ʃoɨɳʃ ɼɞ ɞɤϖ ɹɳd ɣ ɔʌɩɼd6 ɼɞ ɣ ʃϖ ώɸɛʃ ʃɸɼɳɨɸ6 Ꞓɸoɼþɹɳʃɼɞ ɹɳd Ƿʌɸɔə.

Ɐʌʃ ɣ ɔʌɩɼd6 ɼɞ ɣ oʃdɼɸ ʌɸɨɩɔɼʃɨbɼɳ6 ϖɼɸ þɸϖʃɼʃ ɨɳ ɞ ɔəɸϖ dɼώɸə.[1] Ɣɛ ɼɳóɳɞʃ ɞʌɞɼɸʃ ɩəɼɸɼɔ6 ɸϖɨc ɸɹɞ ɳəʃ ɤʌʃ ɞɨɳ ɿɸϖɞd ɵɸ dɨɞɿɸϖɞd ɹɳd ɔʌɳə ɼɣɼɸ6 ɣ ɿɸϖþɞ ɼɞ ɸϖɨc ɸɹɞ ɞɨɳ ɼɞʃɛɳd ɞɸ ɔəɳ6 ɼɞ ɞɼc dɨþɨϖɼʃə ɹ6 ʃϖ ɔɛϖ ɨʃ ɵʃɔəɞ ɞɼɸʃɼɳ ɣɹʃ ɣɛ ɿɼɞʌɞʃ ɼɣɼɸ ɹɳd ɞɨɔʃɼɸ ɔʌɩɼd6 þəɸ ɣʌɸ dɨɞϖɼɞɼɸə. Ɔəɸəɞɼɸ ɣɛ ɔɛd ɞ ɞɼώɨɨɨ ɼɞ ɨɔʃəɸʃɼɳʃ ɩɩɸə6 ɸϖɨc ɸɼɔɛɳ ʃϖ ɣɨɞ dɛ ɨɳ ɞ ɔəɸ ɵɸ ʃʌɞ ɸɸdɼɔʌɳʃɼɸə ɞʃɛɕ.

Ꞓɸɸɨɨ oʃ ɣ ɨɳʃɼɸɞəɳɨ ɤɨɸ6, ɸóʌɞɼɸ, ɣʌɸ ɸɹɞ ɞɨɳ ɞ þəɞɼʃ ʌþɼɸʃ ɼʃɵɨ ɣ ʃɸɳ ɼɞ ɿɸəɞʃɼɔ6 ɹɳd ɔʌɩɼd6 ɨɳ ɨɳdʃɼɸɸɔɨɳʃ ɨϖϖɛɞɼɳ6 ɞɨɔɨʃɼɸ ʃϖ ɣoɞ ʃϖ ɞ þóɳd ɨɳ ɣ ϖɼɸϖə ɼɞ Ꞓɸoɼþɹɳʃɼɞ ɹɳd Ƿʌɸɔə; ɞɼʃ ɣɨɞ ɸɹɞ ɞɨɳ dɨɞɕoɨɳʃɼd ɹɳd þɸɹώɔɼɳʃʃʌɸə ɨɳ ϖʌɸɼϖʃɼɸ ɹɳd ɸɹɞ ɣʌɸəɸ ɳəʃ ʃʌd ʃϖ ɣ dɼɞʌʃɼƬɔɼɳʃ ɼɞ ʌɳə

[1] Cf. Ꞇ. Ɓ. Ɔʌɩɤϖɞ, Ꝩɞɸϖʃɼədəɼ Ɓɸɨɹɳɨϖɼ, ɪɪɩ ɨdɨbɼɳ, Ɓəʃ. XIX, ʃ. 863.

𐐿𐐲𐑌𐑅𐐮𐐼𐐲𐑉𐐲𐐺𐐲𐑊 𐐺𐐱𐐼𐐨 𐐲𐑂 𐐿𐐲𐑌𐐯𐐿𐐻𐐲𐐼 𐐼𐐱𐐿𐐻𐑉𐐮𐑌. 𐐆𐑌𐐻𐐭 𐑄 𐐸𐐮𐑅𐐻𐐲𐑉𐐨 𐐲𐑂 𐑄𐐮𐑅 𐐼𐐲𐑂𐐯𐑊𐐲𐐹𐑋𐐲𐑌𐐻 𐐶𐐨 𐑇𐐰𐑊 𐑌𐐱𐐻 𐑀𐐬; 𐐮𐐻 𐐶𐐮𐑊 𐐺 𐑅𐐲𐑁𐐮𐑇𐐲𐑌𐐻 𐐻𐐭 𐑉𐐲𐑁𐐲𐑉 𐐻𐐭 𐐾𐐯𐑌𐐲𐑉𐐲𐑊 𐐶𐐲𐑉𐐿𐑅 𐐲𐑂 𐑉𐐯𐑁𐐲𐑉𐐲𐑌𐑅[2] 𐐺𐐴 𐑋𐐨𐑌𐑆 𐐲𐑂 𐐸𐐶𐐮𐐽 𐑄 𐑋𐐱𐑉 𐐮𐑋𐐹𐐱𐑉𐐻𐐲𐑌𐐻 𐐿𐐱𐑌𐐻𐑉𐐮𐐺𐐷𐐭𐑇𐐲𐑌𐑆 𐐿𐐰𐑌 𐐺 𐑁𐐵𐑌𐐼.

𐐤𐐱𐐻𐐶𐐮𐑃𐑅𐐻𐐰𐑌𐐼𐐮𐑍 𐑄 𐑁𐐰𐐿𐐻 𐑄𐐰𐐻 𐑄 𐐔𐐴𐐲𐑁𐐰𐑌𐐻𐐴𐑌 𐑋𐐯𐑃𐐲𐐼 𐐸𐐰𐑆 𐑌𐐱𐐻 𐐷𐐯𐐻 𐐹𐑉𐐭𐑂𐐼 𐐮𐐻𐑅𐐯𐑊𐑁 𐐹𐐲𐑉𐐻𐐮𐐿𐐷𐐲𐑊𐐲𐑉𐑊𐐨 𐑂𐐰𐑊𐐷𐐲𐐶𐐲𐐺𐐲𐑊, 𐐨𐑂𐐲𐑌 𐐮𐑌 𐑄 𐐼𐐬𐑋𐐩𐑌 𐐲𐑂 𐐔𐐴𐐲𐑁𐐰𐑌𐐻𐐴𐑌 𐐮𐐿𐐶𐐩𐑈𐐲𐑌𐑆 𐐸𐐶𐐯𐑉 𐐮𐐻 𐐶𐐳𐐼 𐑅𐐨𐑋 𐐻𐐭 𐐺 𐑅𐐹𐐯𐑇𐐲𐑊𐐨 𐐲𐐼𐐰𐐹𐐻𐐲𐐼, 𐑅𐐻𐐮𐑊 𐐶𐐲𐑌 𐐿𐐰𐑌 𐐸𐐱𐑉𐐼𐑊𐐨 𐑉𐐲𐑁𐐷𐐭𐑆 𐐻𐐭 𐐺𐐲𐑊𐐨𐑂 𐑄𐐰𐐻 𐐮𐐻 𐐮𐑆 𐐰𐑁𐐻𐐲𐑉 𐐱𐑊 𐑄 𐑋𐐯𐑃𐐲𐐼 𐐸𐐶𐐮𐐽 𐐮𐑆 𐑉𐐨𐑊𐐨 𐐾𐐲𐑉𐑋𐐩𐑌 𐐻𐐭 𐑄 𐑅𐐲𐐺𐐾𐐯𐐿𐐻. 𐐆𐐻 𐐶𐐮𐑊 𐐲𐑂 𐐿𐐱𐑉𐑅 𐑌𐐨𐐼 𐐮𐐿𐑅𐐻𐐯𐑌𐑇𐐲𐑌 𐐰𐑌𐐼 𐐲𐐼𐐮𐑇𐐲𐑌 𐐮𐑌 𐑅𐐲𐑋 𐐼𐐲𐑉𐐯𐐿𐑇𐐲𐑌𐑆 𐐮𐑌 𐐱𐑉𐐼𐐲𐑉 𐑄𐐰𐐻 𐐮𐐻 𐑋𐐩 𐐺 𐐮𐑁𐐯𐐿𐐻𐐮𐑂. 𐐜𐐯𐑉 𐐮𐑆 𐐸𐐱𐑉𐐼𐑊𐐨 𐑉𐐭𐑋 𐐻𐐭 𐐼𐐵𐐻 𐑄𐐰𐐻 𐐙𐐯𐑉𐑋𐐪 𐐶𐐲𐑆 𐐮𐑌 𐐹𐐲𐑆𐐯𐑇𐐲𐑌 𐐲𐑂 𐑅𐐲𐐽 𐐮𐐿𐑅𐐻𐐯𐑌𐑇𐐲𐑌𐑆 𐐮𐑁 𐐸𐐨 𐐼𐐮𐐼 𐑌𐐱𐐻 𐐮𐑌𐐼𐐨𐐼 𐐿𐑉𐐨𐐩𐐻 𐑌𐐭 𐑋𐐯𐑃𐐲𐐼𐑆 𐐲𐑂 𐐪 𐐿𐐮𐑌𐐼𐑉𐐲𐐼 𐑅𐐱𐑉𐐻. 𐐣𐐱𐑉 𐑉𐐨𐑅𐐲𐑌𐐻𐑊𐐨 𐐢𐐭𐐿𐐲𐑅[3] 𐐸𐐰𐑆 𐑉𐐲𐑂𐐴𐑂𐐼 𐑅𐐲𐑋𐑃𐐮𐑍 𐐲𐑂 𐑄 𐐬𐑊𐐼 𐐼𐐱𐐿𐐻𐑉𐐮𐑌 𐐰𐑌𐐼 𐐸𐐰𐑆 𐑉𐐨𐐽𐐻 𐐪 𐐿𐐲𐑌𐑅𐐮𐐼𐐲𐑉𐐲𐐺𐐲𐑊 𐑌𐐲𐑋𐐺𐐲𐑉 𐐲𐑂 𐐮𐑌𐐻𐐲𐑉𐐲𐑅𐐻𐐮𐑍 𐑉𐐲𐑆𐐲𐑊𐐻𐑅.

𐐜 𐑁𐑉𐐰𐑀𐑋𐐲𐑌𐐻𐐯𐑉𐐨 𐐿𐐰𐑉𐐲𐐿𐐻𐐲𐑉 𐐲𐑂 𐑄 𐐺𐐱𐐼𐐨 𐐲𐑂 𐐼𐐱𐐿𐐻𐑉𐐮𐑌 𐐮𐑌 𐐔𐐴𐐲𐑁𐐰𐑌𐐻𐐴𐑌 𐐲𐑌𐐰𐑊𐐮𐑅𐐮𐑅 𐑅𐐨𐑋𐑆 𐐻𐐭 𐐺 𐐼𐐭 𐐻𐐭 𐑄 𐑁𐐰𐐿𐐻 𐑄𐐰𐐻 𐑄 𐐸𐐮𐑅𐐻𐐲𐑉𐐨 𐐲𐑂 𐑄 𐑅𐐲𐐺𐐾𐐯𐐿𐐻 𐐸𐐰𐑆 𐐺𐐮𐑌 𐐹𐑉𐐴𐑋𐐯𐑉𐐮𐑊𐐨 𐑄𐐰𐐻 𐐲𐑂 𐑅𐐹𐐯𐑇𐐲𐑊 𐐹𐑉𐐱𐐺𐑊𐐲𐑋𐑆. 𐐈𐐻 𐑌𐐬 𐐻𐐴𐑋 𐐸𐐰𐑆 𐑄 𐐼𐐲𐑂𐐯𐑊𐐲𐐹𐑋𐐲𐑌𐐻 𐐲𐑂 𐑋𐐯𐑃𐐲𐐼 𐐺𐐮𐑌 𐐿𐐲𐑌𐑅𐐹𐐮𐐿𐐷𐐭𐐲𐑅, 𐐰𐑌𐐼 𐑄𐐯𐑉 𐐸𐐰𐑆 𐑌𐐯𐑂𐐲𐑉 𐐺𐐮𐑌 𐐯𐑌𐐨 𐐿𐐲𐑌𐑅𐐮𐐼𐐲𐑉𐐲𐐺𐐲𐑊 𐐺𐐱𐐼𐐨 𐐲𐑂 𐐼𐐱𐐿𐐻𐑉𐐮𐑌 𐐶𐐲𐑉𐐿𐐻 𐐵𐐻 𐐲𐐿𐐱𐑉𐐼𐐮𐑍 𐐻𐐭 𐐪 𐑋𐐯𐑃𐐲𐐼 𐐲𐑂 𐐾𐐯𐑌𐐲𐑉𐐲𐑊 𐐱𐑉 𐐨𐑂𐐲𐑌 𐐲𐑂 𐑁𐐯𐑉𐑊𐐨 𐐾𐐯𐑌𐐲𐑉𐐲𐑊 𐐰𐐹𐑊𐐮𐐿𐐲𐐺𐐮𐑊𐐮𐐻𐐨. 𐐜 𐐲𐑉𐑊𐐨𐐲𐑅𐐻 𐐸𐐮𐑅𐐻𐐲𐑉𐐨 𐐲𐑂 𐑄 𐑅𐐲𐐺𐐾𐐯𐐿𐐻 𐐸𐐰𐑆 𐐺𐐮𐑌 𐐹𐐲𐐿𐐷𐐭𐑊𐐮𐐷𐐲𐑉𐑊𐐨 𐐲𐐼𐐰𐐹𐐻𐐲𐐼 𐐻𐐭 𐐺𐑉𐐮𐑍 𐐲𐐺𐐵𐐻 𐑄𐐮𐑅 𐑅𐐻𐐩𐐻 𐐲𐑂 𐑃𐐮𐑍𐑆. 𐐆𐐻 𐐶𐐲𐑆 𐑄 𐐹𐑊𐐰𐑌 𐐲𐑂 𐐹𐑉𐐯𐑆𐐲𐑌𐐻𐐩𐑇𐐲𐑌 𐐲𐑂 𐐔𐐴𐐬𐑁𐐰𐑌𐐻𐐲𐑅 𐐻𐐭 𐐲𐑌𐐵𐑌𐑅 𐐪 𐐹𐑉𐐱𐐺𐑊𐐲𐑋 𐐰𐑌𐐼 𐑄𐐯𐑌 𐐻𐐭 𐑀𐐮𐑂 𐐪 𐑅𐐲𐑊𐐭𐑇𐐲𐑌 𐐲𐑂 𐐮𐐻 𐐮𐑌 𐑄 𐑋𐐬𐑅𐐻 𐐿𐐲𐑌𐑂𐐨𐑌𐐷𐐲𐑌𐐻 𐑁𐐱𐑉𐑋 𐑁𐐱𐑉 𐐯𐐿𐑅𐐹𐐲𐑆𐐮𐑇𐐲𐑌, 𐑄𐐲𐑅 𐑊𐐨𐑂𐐮𐑍 𐑄 𐑉𐐨𐐼𐐲𐑉 𐐺𐐲𐐻 𐑅𐑋𐐱𐑊 𐐱𐐹𐐲𐑉𐐻𐐭𐑌𐐮𐐻𐐨 𐐻𐐭 𐐰𐑅𐐲𐑉𐐻𐐩𐑌 𐐸𐐵 𐑄 𐐱𐑃𐐲𐑉 𐐶𐐲𐑆 𐑊𐐯𐐼 𐐴𐑄𐐲𐑉 𐐻𐐭 𐑄 𐐹𐑉𐐱𐐺𐑊𐐲𐑋 𐐱𐑉 𐐻𐐭 𐐮𐐻𐑅 𐑅𐐲𐑊𐐭𐑇𐐲𐑌. 𐐜 𐐿𐐱𐑌𐐻𐑉𐐮𐐺𐐷𐐭𐑇𐐲𐑌𐑆 𐐲𐑂 𐐙𐐯𐑉𐑋𐐪 𐐶𐐲𐑉 𐑋𐐩𐑌𐑊𐐨 𐐮𐑌 𐑄 𐑁𐐱𐑉𐑋 𐐲𐑂 𐑉𐐲𐑆𐐲𐑊𐐻𐑅 𐑅𐐻𐐩𐐻𐐲𐐼 𐐶𐐮𐑃𐐵𐐻 𐐹𐑉𐐭𐑁. 𐐣𐐱𐑉𐐬𐑂𐐲𐑉, 𐑃𐑉𐐭 𐑄𐐰𐐻 𐐿𐐱𐑉𐐲𐑅𐐹𐐱𐑌𐐼𐐲𐑌𐑅 𐐶𐐮𐑄 𐐙𐐯𐑉𐑋𐐪 𐐱𐑉 𐑄𐐰𐐻 𐑉𐐲𐑊𐐩𐑇𐐲𐑌 𐐻𐐭 𐐸𐐮𐑋 𐐮𐑌 𐐲𐑄𐐲𐑉 𐐶𐐩𐑆, 𐑋𐐯𐑌𐐨 𐐲𐑂 𐐸𐐮𐑆 𐐿𐐲𐑌𐐻𐐯𐑋𐐹𐐲𐑉𐐯𐑉𐐨𐑆 𐐱𐑊𐑅𐐬 𐐶𐐲𐑉 𐑊𐐯𐐼 𐐻𐐭 𐐲𐑌𐐵𐑌𐑅 𐐪 𐑌𐐲𐑋𐐺𐐲𐑉 𐐲𐑂 𐑉𐐲𐑆𐐲𐑊𐐻𐑅 𐐶𐐮𐑃𐐵𐐻 𐐼𐐯𐑋𐐲𐑌𐑅𐐻𐑉𐐩𐑇𐐲𐑌. 𐐤𐐰𐐽𐐲𐑉𐐲𐑊𐐨 𐑄𐐰𐐻 𐐶𐐲𐑆 𐐪 𐐼𐐲𐑆𐐴𐑉 𐐻𐐭 𐑁𐐴𐑌𐐼 𐐹𐑉𐐭𐑁𐑅 𐐲𐑂 𐐮𐑌𐐻𐐲𐑉𐐲𐑅𐐻𐐮𐑍 𐑃𐐨𐐲𐑉𐐲𐑋𐑆 𐑋𐐩𐐼 𐑌𐐬𐑌 𐐮𐑌 𐑄𐐮𐑅 𐐶𐐩. 𐐜𐐲𐑅 𐐮𐐻 𐐸𐐰𐐹𐐲𐑌𐐼 𐑄𐐰𐐻 𐑋𐐲𐐽 𐐲𐑂 𐑄 𐐲𐑉𐑊𐐨𐐲𐑉 𐐼𐐲𐑂𐐯𐑊𐐲𐐹𐑋𐐲𐑌𐐻 𐐲𐑂 𐐔𐐴𐐲𐑁𐐰𐑌𐐻𐐴𐑌

[2]𐐝𐐨 *Encyclopédie des sciences mathématiques*, tome I, 𐐚𐐱𐑊. III, 𐐹𐐹. 27–38, 201–214; *𐐡𐐱𐐮𐐲𐑊 𐐝𐐲𐑅𐐴𐐲𐐻𐐨 𐐆𐑌𐐼𐐯𐐿𐑅*, 𐐚𐐱𐑊. I, 𐐹𐐹. 201–219.

[3]*𐐊𐑋𐐯𐑉𐐮𐐿𐐲𐑌 𐐖𐐲𐑉𐑌𐐲𐑊 𐐲𐑂 𐐣𐐰𐑃𐐲𐑋𐐰𐐻𐐮𐐿𐑅*, 𐐚𐐱𐑊. I (1878), 𐐹𐐹. 184, 289.

ɼɴɹʅɪɞɪɞ ɞʌɴʅɼφd ɼφόɴd y ɞɼʅɷbɼɴ ɼɞ ɞɼφʅɼɴ dʌpɪɪʅ ɞʅʌbɼʅ ʅφɵɞʅʅɼɔ6 ɵφ y dʌɔɼɴɞʅφɛbɼɴ ɼɞ ʅɼφʅɪωνɼʅɼφ ɩʌɼφɼɔ6.

Yʌφ ɪ6 ɵʅɞɵ ɞɼɔʅɪи ɪɴ y ɴɛɕɼφ ɼɞ y ɞɼɞςʌωʅ ɪʅɞʌʅp φωɪc ωɼɴʅφɪɞνωʅɼd ʅɷ ɞφɪи yɪɞ ɼɞό. Ɨp ωɼɴ ɞɼώɪ6 ʅɷ ɪɴɞʌɞʅɪώεʅ ʅφɵɞʅʅɼɔ6 ɼɞ y ωʌφɼωʅɼφ ɼɞ yɵ6 ɞɵʅɞd ɞɕ Ɑφɵρɹɴʅɼɞ ɹɴd Ƥʌφɔɞ φɵ ɪ6 ɞɵɴ ʅʌd ɪωɞʅʌφɪɔʌɴʅɼʅɵ ʅɷ ɼɞ6ɼφɞ ɞɼφʅɼɴ ɼʅʌφɼɴʅ ʅɷ6, ɹɴd yɪɞ ɴɹcɼφɼʅɵ ɪωɞɕʅɞ φɪ6 ωνφφɵɞɞɪʅɵ ɹ6 ʅɷ yʌφ ςʌɴɼφɹʅɪʅɵ ɹɴd ʅɞɞɪɞʅɼʅ ɔɵɴ6 ɼɞ dʌɔɼɴɞʅφɛʅɪи yʌɔ. Yɼɞ ωɼɴ ɪ6 ʅʌd ɼώʌɴ ʅɷ ωɼɴɞɪdɼφ ɞʅʌbɼʅ ʅφɵɞʅʅɼɔ6.

Ɲό φωʌɴ ωɵ ɼʅɹω ɞʅʌbɼʅ ʅφɵɞʅʅɼɔ6, ɪɴɞʅʌd ɼɞ dɼɞɕ6ɪи ɹɴd ɪɔʅʅɵνɪи ςʌɴɼφɼʅ ɔʌʅɼd6 ɼɞ ɪɴɞʌɞʅɪώɛbɼɴ ɪɴ ɵ ʅφɼɞωφφɕɞd dɵɔɛɴ, ωɵ pεʅ ʅɷ pɵφς ɵʅ y ʅɪиɵɞ ɼɞ ɵ cɛɴ ɼɞ φɵ6ɼɴɪи ɴʌɞɼɞʌφɵ ɪɴ ɵφdɼφ ʅɷ ɞɪʅd ɼʅ ɵ ωɼɴʌωʅɼd ɞɵdɵ ɼɞ dɵωʅφɪɴ ɼɞ ωɼɴɞɪdɼφɼɞʅʅ ɪωɞʅʌɴʅ ɹɴd ωɵ ɞφ yɼɞ ʅɵɞʅ ɼɔɪd όφ dɪpɪωɼʅʅɵ6, ɞɼωɼ6 ωɵ φɹɞ ɴɵ ɔɵɴ6 ɼɞ ɼφɛɴςɪи yʌɔ ɪɴ ɵ ɴɹcɼφɼʅ ɵφ ʅɵςωɼʅ ɵφdɼφ. Ɯɵ ɞφ ɞʌφɵ ɔɼc ɪɴ y ɞɪcωɛbɼɴ ɼɞ y ɪɴɞʌɞʅɪώεʅɼφ φɷ ʅφφ6 ʅɷ ɔεω φʌdωε ɞɕ ωɼɴɞɪdɼφɪи ɵɴʅɵ yɵ6 ɔɹʅɼφ6 φωɪc φɹɞ ɵ ʅφɹωʅɪωɼʅ ɞʌφɪи. Ɯɵ dɷ ɴɵʅ ɔεω ʅφɵώφʌɞ ɞɼωɼ6 ωɵ pεʅ ʅɷ dɼφʌωʅ όφ ɼʅʌɴbɼɴ ʅɷ ɪɞʌɴcɼʅ ʅɵφʅɞ ɼɞ όφ ʅφɵɞʅʅɼɔ6.

Ɨʅ ɪ6 ɵɞɞɞɵɼɞ yɹʅ y ɩɪφɵ ɼɞ Ɑφɼpɹɴʅφɴ ɼɴɹʅɪɞɪɞ ɪ6 ɪɴ ɴɵd ɼɞ ςʌɴɼφɼʅ ɔʌʅɼd6 ɼɞ ɪɴɞʌɞʅɪώɛbɼɴ; ɹɴd ɪʅ ɪ6 ɪɔʅɵφʅɼɴʅ yɹʅ yɵ6, φωʌɴ dɪɞωɼɞɼφd, bɹʅ ɞ dɼɞʌʅɼʅʅ ʅɷ ɵ ωφd ɪωɞʅʌɴʅ. Ɨɴ yɪɞ ɞqɷ ɞφ ώɹyɼφd ʅɼώʌyɼφ y ɪɔʅɵφʅɼɴʅ φɼ6ɼʅɵ ɞɵ pɵφ dɼɞʌʅɼʅʅ ɹɴd ɵ ɴɼɔɞɼφ ɼɞ ɴɷ ωɼɴ6 ɞφ ɹdɼd. Ɔʌɴɵ ɼɞ y ɵʅdɼφ ωɼɴ6 ɞφ dɼφɕɞd ɪɴ ɵ ɴɷ ωε ɞɕ ɔɵɴ6 ɼɞ ʅɷ ςʌɴɼφɼʅ ɔʌʅɼd6 pɼφɞʅ ɞɪɞʅɼɔɹʅɪωɼʅɵ dɼɞʌʅɼʅʅ ɪɴ y ʅφʌ6ɼɴʅ ωɼφɷ. Yɵ6 ɞφ y ɔʌʅɼd ɼɞ y ɔɼʅɼʅʅɪωɼʅɪɞ dɵɔɛɴ ɪɴʅφɼdɷɞʅ ɪɴ Cɹʅʅɼφ II ɹɴd y ɔʌʅɼd ɼɞ pɼиωbɼɴɼʅ ɪωωɛsɼɴ6 ɪɔʅɵɪd ɪɴ Cɹʅʅɼφ VI. Ɲφyɼφ ɼɞ yɵ6 ɔʌʅɼd6 ɪ6 φɪφ νɵɞd ʅɷ y pqʅ ɪωɞʅʌɴʅ ɼɞ ɪʅɞ ωɼʅɹɞɪʅɵ; yɪɞ ɪ6 ɪɞʅʌbɼʅɵ ʅφɷ ɼɞ y ʅɹʅɼφ. Ɨɴ ɵ ɞqɷ ɞɼc ɹ6 y ʅφʌ6ɼɴʅ ɪʅ ɪ6 ɴɹcɼφɼʅ yɹʅ ωɼɴ bqd ɼɴdɼφʅɛɷ ɵɴʅɵ ɹɴ ɪɴʅφɼdɷωʅɼφɵ ɼώόɴʅ ɼɞ yɵ6 ɔʌʅɼd6.

§ 2 ΦɼƆƟΦΩɞ ΦƦLƐƮИ ʅΩ ΦɹƖƊƦɴƦL ʅΦƕɹИΩƦL6

Ɵ ʅφɕɹиώɼʅ φɷ6 ɞɕd6 ɹɴd ʌφɵɼ ɞφ φɹbɼɴɼʅ ɴɼɔɞɼφ6 ɪ6 ωɵʅd ɵ *φɹbɼɴɼʅ ʅφɕɹиώɼʅ*. Ɨp y ɞɕd6 ɼɞ ɵ φɹbɼɴɼʅ ʅφɕɹиώɼʅ ɞφ integers it is said to be *integral*. If further these sides have a greatest common divisor unity the triangle is said to be *primitive*. If the triangle is right-angled it is said to be a *right-angled rational triangle* or a Pythagoras*Pythagorean triangle* or a *numerical right triangle*.

It is convenient to speak, in the usual language of geometry, of the hypotenuse and legs of the right triangle. If x and y are the legs and z the hypotenuse of a Pythagorean triangle, then

$$x^2 + y^2 = z^2.$$

Any rational solution of this equation yields a Pythagorean triangle. If the triangle is primitive, it is obvious that no two of the numbers x, y, z have a common prime factor. Furthermore, all rational solutions of this equation are obtained by multiplying each primitive solution by an arbitrary rational number.

From the cosine formula of trigonometry it follows immediately that the cosine of each angle of a rational triangle is itself rational. Hence a perpendicular let fall from any angle upon the opposite side divides that side into two rational segments. The length of this perpendicular is also a rational number, since the sides and area of the given triangle are rational. Hence every rational triangle is a sum of two Pythagorean triangles which are formed by letting a perpendicular fall upon the longest side from the opposite vertex. Thus the theory of rational triangles may be based upon that of Pythagorean triangles.

A more direct method is also available. Thus if a, b, c are the sides and A the area of a rational triangle we have from geometry

$$(a+b+c)(-a+b+c)(a-b+c)(a+b-c) = 16A^2.$$

Putting

$$a = \beta + \gamma, \quad b = \gamma + \alpha, \quad c = \alpha + \beta,$$

we have

$$(\alpha + \beta + \gamma)\alpha\beta\gamma = A^2.$$

Every rational solution of the last equation yields a rational triangle.

Ɨʼn γ ʼnʌωϐ]]ɷ ϐʌωbɼʼn6 ωə bɹʟ]εω ɼ] γ]ɸϐʟɼɔ ɼϐ dɼ]ɼɸɔʼnɪи ɵʟ Ɫɪʟɹώɼɸəɼʼn]ɸɸɹɪиώɼʟ6 ɹʼnd ɵʟ ɸɹbɼʼnɼʟ]ɸɸɹɪиώɼʟ6.

Ɨ] ɪ6 ɼϐ ɪ]ɼɸɼϐ]]ɷ ɼϐ6ɼɸϐ γɹ] Ɫɪʟɹώɼɸəɼʼn]ɸɸɹɪиώɼʟ6 ɸɹϐ ɪώεϛd γ ɼ]ʌʼnbɼʼn ɼϐ ɔɹʟɼɔɼ]ɪbɼʼn6 ρɸɼɔ ɸɼɔɵ]]ɸɔ6. Ɣε]εω γʌɸ ʼnεɔ ρɸɼɔ γ Ꙍɸəω ρɪ]ϐɼρɼɸ Ɫɪʟɹώɼɸɼϐ, ɸɷ]ɸɷϐd γ ɪώ6ɪϐ]ɼʼnϐ ɼϐ γɵ6]ɸɸɹɪиώɼʟ6 ɸɷ6 ʟʌώ6 ɹʼnd ɸɸ]ϐ]ɼʼnɷϐ ɪʼn ɔəd ɼɸʼn ʼnɵ]εbɼʼn ωϙd ϐ dɼʼnɵ]ɼd ϐɸ $2\alpha + 1$, $2\alpha^2 + 2\alpha$, $2\alpha^2 + 2\alpha + 1$, ɸɼϐ]ʌω]ɪϐʟə, ɸωʌɸ α ɪ6 ə]ϐ6ɪ]ɪϐ ɪ]ɼϛɼɸ. Ɫʟε]ɵ ώεϐ γ]ɸɸɹɪиώɼʟ6 2α, $\alpha^2 - 1$, $\alpha^2 + 1$. Ꝩɷωʟɪd ώεϐ ə ʟɼɸd ϐʌ], ɸωɸʟ Ꙋɸɼρɹʼn]ɼϐ dɼɸɸϐd ə ρɷɸɔꝨɼʟɼ ɪϐʌʼnϛɼʟə ɪωɪϐɼʟɼʼn]]ɷ γ ϛʌʼnɼɸɼʟ ϐɼʟɷbɼʼn ɼϐ]εʼnd ɪʼn γ ρəʟɵɪи ϐʌωbɼʼn.

Ƿʌɸɔə ώεϐ ə ώɸε] dəʟ ɼϐ ɼ]ʌʼnbɼʼn]ɷ]ɸɷϐʟɼɔ6 ωɼʼnʌω]ɼd ωɪγ Ɫɪʟɹώɼɸəɼʼn]ɸɸɹɪиώɼʟ6, ɹʼnd ɪ] ɪ6 ʼnɵ]]ɷ ɔɼc]ɷ ϐε γɹ] γ ɔəɸd ʟɪɸə ɼϐ ʼnɼɔϐɼɸ6 ɸɹd ɪ]ϐ ɵɸɪϛʼn ɪʼn γ ɔʌdɪ]εbɼʼn6 ɼϐ Ƿʌɸɔə ωɼʼnϐɼɸʼnɪи γə6 ɹʼnd ɸɼʟε]ɼd]ɸɷϐʟɼɔ6.

§ 3 ꞆꞮꞶꞬꞷꝆꝀꝊꞶꞬ ꞆꝊꞬꞬꞷꞶꞶꞬꞶ. ꞬꝊꞶꝆꝊꝆꞶꞶ 1-6

Ꙍə bɹʟ ʼnώ dɼ]ɼɸɔʼn γ ϛʌʼnɼɸɼʟ ρɷɸɔ ɼϐ γ]ϐ6ɪ]ɪϐ ɪ]ɼϛɼɸ6 x, y, z ɸωɪc ɼρɷɸd ə]ɸɪɔɪ]ɪϐ ϐɼʟɷbɼʼn ɼϐ γ ɪωωεsɼʼn

$$x^2 + y^2 = z^2. \tag{1}$$

Ɣ ϐωωʌɸ ɼϐ γ əd ʼnɼɔϐɼɸ $2\mu+1$ ɪ6 $4\mu^2+4\mu+1$. Ꝕʌʼnϐ γ ϐɼɔ ɼϐ]ɷ əd ϐωωʌɸ6 ɪ6 dɪϐɪ6ɪϐɼʟ ϐɸ 2 ϐɼ] ʼnɵ] ϐɸ 4; ɹʼnd γʌɸρɷɸ γ ϐɼɔ ɼϐ]ɷ əd ϐωωʌɸ6 ωɹʼnɵ] ϐ ə ϐωωʌɸ. Ꝕʌʼnϐ ɼϐ γ ʼnɼɔϐɼɸ6 x, y ɪʼn (1) ωɼʼn ɪ6 əϐɼʼn. Ɨρ ωə ϐɼ]ɷ6 γɹ] x ɪ6 əϐɼʼn, γʌʼn y ɹʼnd z əɸ ϐɵʟ əd.

Ɫʌ] ɼϐ ɸɸ] Ɨω. (1) ɪʼn γ ρɷɸɔ

$$x^2 = (z+y)(z-y). \tag{2}$$

Ʌϐɸə ωəɔɼʼn dɪϐɸ6ɼɸ ɼϐ $z + y$ ɹʼnd $z - y$ ɪ6 ə dɪϐɸ6ɼɸ ɼϐ γʌɸ dɪρɼɸɼʼnϐ $2y$. Ɣʌʼnϐ, ϐɪʼnϐ z ɹʼnd y əɸ ɸʌʟɼ]ɪϐʟə]ɸɸɔ əd ʼnɼɔϐɼɸ6, ωə ωɼʼnωʟɷd γɹ] 2 ɪ6 γ ώɸε]ɼϐ] ωəɔɼʼn dɪϐɸ6ɼɸ ɼϐ $z+y$ ɹʼnd $z-y$. Ɣʌʼn ρɸɼɔ (2) ωə ϐə γɹ] əc ɼϐ γə6 ʼnɼɔϐɼɸ6 ɔɼϐ] ϐ]ωɸϐ ə ϐωωʌɸ, ϐɵ γɹ] ωə ɔε ɸɸ]

$$z + y = 2a^2, \quad z - y = 2b^2,$$

φωлф a ɹɣd b ǝф флɭʀɿɜɞɭɘ ɿфɸɔ ɜɿʀςʀф6. Ƿфʀɔ ɣɘ6 ɿ⍉ ɬωɷɛsʀɣ6 ɹɣd Ⱡω. (2) ωǝ φɹɞ

$$x = 2ab, \quad y = a^2 - b^2, \quad z = a^2 + b^2. \tag{3}$$

8ɜɣ8 x ɹɣd y ǝф флɭʀɿɜɞɭɘ ɿфɸɔ, ɜ ρɞɭɵ6 ɣɹɿ ωʀɣ ʀɞ ɣ ɣʀɔǝɞʀф6 a, b ɜ6 ǝd ɹɣd ɣ ʀɣʀф ǝɞʀɣ.

Ɣ ρɵфɔ6 ʀɞ x, y, z ώɜɞʀɣ ɜɣ (3) ǝф ɣлɞʀɞлфɘ ɜɣ ɵфdʀф ɣɹɿ (1) ɔɛ ɞ ɞɹɿɜɞρɸd, φωɸɭ ɹɿ ɣ ɞɛɔ ɿɸɔ x, y, z ǝф флɭʀɿɜɞɭɘ ɿфɸɔ ɹɣd x ɜ6 ǝɞʀɣ. Ə dʀфлω ɞʀɞɞɿɜωbʀɣ ɜɣ (1) bɵ6 ɣɹɿ ɣɜɞ ɬωɷɛsʀɣ ɜ6 ɜɣdǝd ɞɹɿɜɞρɸd ɞф ɣɘ6 ɞɹɭⱱɵ6. Ψлɣɞ ωǝ φɹɞ ɣ ρɞɭɵɜи ʟɐʀфʀɔ:

Ɣ ɭлώ6 ɹɣd φɸɿɞɿʀɣɵɞ ʀɞ лɣǝ ɿфɜɔɿɜɞ Ɬɜʟɹώʀфǝʀɣ ɿфɸɹиώʀɭ ɔɛ ɞ ɿɋɿ ɜɣ ɣ ρɵфɔ

$$2ab, \quad a^2 - b^2, \quad a^2 + b^2. \tag{4}$$

фʀɞɿлωɿɜɞɭɘ, φωлф a ɹɣd b ǝф флɭʀɿɜɞɭɘ ɿфɸɔ ɿɘ6ɜɿɜɞ ɜɣɿʀςʀф6 ʀɞ φωɜc ωʀɣ ɜ6 ǝd ɹɣd ɣ ʀɣʀф ǝɞʀɣ ɹɣd a ɜ6 ώфɛɿʀф ɣɹɿ b; ɹɣd лɞфǝ ɞлɿ ʀɞ ɣʀɔǝʀф6 (4) ρɵфɔ6 ɘ ɿфɜɔɿɜɞ Ɬɜʟɹώʀфǝʀɣ ɿфɸɹиώʀɭ.

Ƚρ ωǝ ɿɛω $a = 2$, $b = 1$, ωǝ φɹɞ $4^2 + 3^2 = 5^2$; ɜρ $a = 3$, $b = 2$, ωǝ φɹɞ $12^2 + 5^2 = 13^2$; ɹɣd ɞɵ ɵɣ.

Лωɞʀφɞɸ6ʀ6

1. Ɬфɵɞ ɣɹɿ ɣ ɭлώ6 ɹɣd φɸɿɞɿʀɣɵɞ ʀɞ ɵɭ ɜɣɿʀώфʀɭ Ɬɜʟɹώʀфǝʀɣ ɿфɸɹиώʀɭ6 ɜɣ φωɜc ɣ φɸɿɞɿʀɣɵɞ dɜρʀф6 ρфʀɔ ωʀɣ ɭлώ ɞɸ ⱱɵɣɜǝ ǝф ώɜɞʀɣ ɞɸ $2\alpha + 1$, $2\alpha^2 + 2\alpha$, $2\alpha^2 + 2\alpha + 1$, фʀɞɿлωɿɜɞɭɘ, α ɞǝɜи ɘ ɿɘ6ɜɿɜɞ ɜɣɿʀςʀф.

2. Ɬфɵɞ ɣɹɿ ɣ ɭлώ6 ɹɣd φɸɿɞɿʀɣɵɞ ʀɞ ɵɭ ɿфɜɔɿɜɞ Ɬɜʟɹώʀфǝʀɣ ɿфɸɹиώʀɭ6 ɜɣ φωɜc ɣ φɸɿɞɿʀɣɵɞ dɜρʀф6 ρфʀɔ ωʀɣ ɭлώ ɞɸ 2 ǝф ώɜɞʀɣ ɞɸ 2α, $\alpha^2 - 1$, $\alpha^2 + 1$, фʀɞɿлωɿɜɞɭɘ, α ɞǝɜи ɘ ɿɘ6ɜɿɜɞ ɜɣɿʀςʀф. Ƚɣ φωʀɿ ɣɵɣ-ɿфɜɔɿɜɞ ɿфɸɹиώʀɭ6 dʀ6 ɣ φɸɿɞɿʀɣɵɞ ɬωɞǝd ωʀɣ ɭлώ ɞɸ 2?

3. Ɒɵ ɣɹɿ ɣ ɿфɵdʀω ʀɞ ɣ ʟфǝ ɞɸd6 ʀɞ ɘ Ɬɜʟɹώʀфǝʀɣ ɿфɸɹиώʀɭ ɜ6 dɜɞɜɞɜʀɭ ɞɸ 60.

4. Do ɣɿɿ ɣ ɕɐɴɼɸɼɭ formulæ ρɵɸ ɣ ʚɼɭɷbɼɴ ɼɞ ɣ ɪωωεsɼɴ

$$x^2 + y^2 = z^4$$

ɪɴ ɸɐɭɼɿɪʚɭɘ ɿɸȹɔ ɿɞɞɪɿɪʚ ɪɴɿɼɕɼɸɞ x, y, z ʚɸ

$$\begin{aligned} z &= m^2 + n^2, \\ x, y &= 4mn(m^2 - n^2), \quad \pm(m^4 - 6m^2n^2 + n^4), \; m > n \end{aligned}$$

m ɿɴd n ʚɘɪᴎ ɸɐɭɼɿɪʚɭɘ ɿɸȹɔ ɿɞɞɪɿɪʚ ɪɴɿɼɕɼɸɞ ɼʚ ɸωɪɕ ωɼɴ ɪɞ ɘd ɿɴd ɣ ɼɣɼɸ ɘʚɼɴ.

5. Do ɣɿɿ ɣ ɕɐɴɼɸɼɭ formulæ ρɵɸ ɣ ʚɼɭɷbɼɴ ɼɞ ɣ ɪωωεsɼɴ

$$x^2 + (2y)^4 = z^2$$

ɪɴ ɸɐɭɼɿɪʚɭɘ ɿɸȹɔ ɿɞɞɪɿɪʚ ɪɴɿɼɕɼɸɞ x, y, z ʚɸ

$$z = 4m^4 + n^4, \quad x = \pm(4m^4 - n^4), \quad y = mn,$$

m ɿɴd n ʚɘɪᴎ ɸɐɭɼɿɪʚɭɘ ɿɸȹɔ ɿɞɞɪɿɪʚ ɪɴɿɼɕɼɸɞ.

6. Do ɣɿɿ ɣ ɕɐɴɼɸɼɭ formulæ ρɵɸ ɣ ʚɼɭɷbɼɴ ɼɞ ɣ ɪωωεsɼɴ

$$(2x)^2 + y^4 = z^2$$

ɪɴ ɸɐɭɼɿɪʚɭɘ ɿɸȹɔ ɿɞɞɪɿɪʚ ɪɴɿɼɕɼɸɞ x, y, z ʚɸ

$$\begin{aligned} z &= m^4 + 6m^2n^2 + n^4, \\ x &= 2mn(m^2 + n^2), \\ y &= m^2 - n^2, \; m > n, \end{aligned}$$

m ɿɴd n ʚɘɪᴎ ɸɐɭɼɿɪʚɭɘ ɿɸȹɔ ɿɞɞɪɿɪʚ ɪɴɿɼɕɼɸɞ ɼʚ ɸωɪɕ ωɼɴ ɪɞ ɘd ɿɴd ɣ ɼɣɼɸ ɘʚɼɴ.

§ 4 Ֆɿᴅɼɴɼʟ Ղɸȹɿᴎώɼʟ. Ꮭωʚɼɸʚȹɞɼɞ 1-3

Ɯɘ ɸɿʚ ʚɘɴ ɣɿɿ ɣ ʟɐᴎʟ ɼʚ ɣ ɿɼɸɿɼɴdɪωᴠɼʟɼɸ ρɸɼɔ ɐɴɘ ɿᴎώɼɭ ɿɷ ɣ ʚɿɼɞɪɿ ʚȹd ɼʚ ɘ ɸɿbɼɴɼɭ ɿɸȹɿᴎώɼɭ ɪɞ ɸɿbɼɴɼɭ, ɿɴd ɣɿɿ ɪɿ dɪʚȹdɞ ɣɿɿ ʚȹd ɪɴɿɷ ɿɷ ɿɞɸɿʚ ɘɕ ɼʚ ɸωɪɕ ɪɞ ɼʚ ɸɿbɼɴɼɭ ʟɐᴎʟ. Ɨρ ωɘ dɼɴɔɿ ɣ ʚȹdɞ ɼʚ ɣ ɿɸȹɿᴎώɼɭ ʚȹ x, y, z, ɣ ɪɾɸɪɾʏdɪωɤɾƖɾɸ ƿɸɾɔ ɣ ɵɪɾɞʏ ɹиώɾƖ ɾɪɵʏ z ɞɸ h ɹʏd ɣ ɞɹώɔɾʏɭɞ ɪʏɭɸ φωɪc ɪʏ dɪɞɸdɞ z ɞɸ z_1 ɹʏd z_2, z_1 ɞəɪи ɾϚɛɞɾʏɭ ɭɸ x ɹʏd z_2 ɾϚɛɞɾʏɭ ɭɸ y, ɣɹʏ ωə φɹɞ

$$h^2 = x^2 - z_1^2 = y^2 - z_2^2, \quad z_1 + z_2 = z. \tag{1}$$

Ɣəɞ ɪωωɛsɾʏɞ ɔɾɞɭ ɞ ɞɹɭɪɞƿɸd ɪƿ x, y, z ɵɸ ɭɸ ɞ ɣ ɞɸdɞ ɾɞ ɵ ɸɹbɾʏɾƖ ɭɸɸɹиώɾƖ. Ɔɵɸɵɞɾɸ, ɪƿ ɣɛ ɵɸ ɞɹɭɪɞƿɸd ɞɸ ɪɵɞɪɭɪɞ ɸɹbɾʏɾƖ ʏɾɔɞɾɸɞ x, y, z, z_1, z_2, h, ɣɹʏ x, y, z, h ɵɸ ɪʏ ɵɸdɾɸ ɣ ɞɸdɞ ɹʏd ɹƖɪɭɸd ɾɪɵʏ z ɾɞ ɵ ɸɹbɾʏɾƖ ɭɸɸɹиώɾƖ. Ψɹʏɞ ɣ ɭɸɵɞƖɾɔ ɾɞ dɾɭɾɸɔɪɪи ɵƖ ɸɹbɾʏɾƖ ɭɸɸɹиώɾƖɞ ɪɞ ɪωωɪɞɾƖɾʏɭ ɭɸ ɣɹɭ ɾɞ ƿɸʏdɪи ɵƖ ɪɵɞɪɭɪɞ ɸɹbɾʏɾƖ ɞɾƖɸbɾʏɞ ɾɞ ɞɪɞɭɾɔ (1).

Ƿɸɾɔ Ƚωɞ. (1) ɪʏ ƿɵƖɸɞ ɸɹdɪɭə ɣɹɭ ɸɹbɾʏɾƖ ʏɾɔɞɾɸɞ m ɹʏd n ɪώɞɪɞɭ ɞɾc ɣɹɭ

$$x + z_1 = m, \quad x - z_1 = \frac{h^2}{m};$$
$$y + z_2 = n, \quad y - z_2 = \frac{h^2}{n}.$$

Ψɹʏɞ x, y, ɹʏd z, φωɹɸ $z = z_1 + z_2$, φɹɞ ɣ ƿɵɸɔ

$$x = \frac{1}{2}\left(m + \frac{h^2}{m}\right),$$
$$y = \frac{1}{2}\left(n + \frac{h^2}{n}\right),$$
$$z = \frac{1}{2}\left(m + n - \frac{h^2}{m} - \frac{h^2}{n}\right),$$

ɸɾɞɪɹωɭɪɞɭə. Ƚƿ ωə ɞɾɪɵɞ ɣɹɭ əc ɞɸd ɾɞ ɣ ώɪɞɾʏ ɭɸɸɹиώɾƖ ɪɞ ɔɾƖɪɪƖɸd ɞɸ $2mn$ ɹʏd ɣɹɭ x, y, z ɵɸ ɣɹʏ ɤɵɞd ɭɸ dɾʏɵƖ ɣ ɞɸdɞ ɾɞ ɣ ɸɾɞɾƖɪи ɭɸɸɹиώɾƖ, ωə φɹɞ

$$\left.\begin{aligned} x &= n(m^2 + h^2), \\ y &= m(n^2 + h^2), \\ z &= (m+n)(mn - h^2). \end{aligned}\right\} \tag{2}$$

Ƚɭ ɪɞ ɵɞɞɵɾɞ ɣɹɭ ɣ ɹƖɪɪɸd ɾɪɵʏ ɣ ɞɸd z ɪɞ ʏώ $2hmn$, ɞɵ ɣɹɭ ɣ ɹɸəɾ ɾɞ ɣ ɭɸɸɹиώɾƖ ɪɞ

$$hmn(m+n)(mn - h^2). \tag{3}$$

Ƥφɼɔ ɣɪʙ ɵφώʮɼɔɼɿ ωə ωɼɿωɭωd ɣɹ ɣ ʙɸd6 ɼʙ ʌɿə φɹbɼɿɼɭ ɭφɸɹиώɼɭ ɵφ ɿφɼɿɵφbɼɿɼɭ ɭɷ ɣ ɞɹɭʮɷ6 ɼʙ x, y, z ɪɿ (2), ɣ ƥɹωɭɼφ ɼʙ ɿφɼɿɵφbɼɿɹɭɪə ʙəɪи ə φɹbɼɿɼɭ ɿɼɔʙɼφ. Ɨƥ ωə ωɵɭ ɣɪʙ ƥɹωɭɼφ ρ, ɣʌɿ ə ɭφɸɹиώɼɭ φɹʙɪи ɣ ʙɸd6 ρx, ρy, ρz, φωʌφ x, y, z ɵφ dɼƥɸɿd ɪɿ (2), φɹ6 ɪɭʙ ʌφəɼ əωωɼɭ ɭɷ ρ^2 ɭɸɔ6 ɣ ɿɼɔʙɼφ ɪɿ (3). Ɏʌɿʙ ωə ωɼɿωɭɷd ɹ6 ƥɵɭɷ6:

Ə ɿʌʙɼʙʌφə ɹɿd ʙɼƥɪbɼɿ ωɼɿdɪbɼɿ ɣɹɭ φɹbɼɿɼɭ ɿɼɔʙɼφ6 x, y, z bɹɭ φʌɭφɼ6ʌɿ ɣ ʙɸd6 ɼʙ ə φɹbɼɿɼɭ ɭφɸɹиώɼɭ ɪ6 ɣɹɭ ɣɛ bɹɭ ə ɿφɼɿɵφbɼɿɼɭ ɭɷ ɿɼɔʙɼφ6 ɼʙ ɣ ƥɵφɔ $n(m^2+h^2)$, $m(n^2+h^2)$, $(m+n)(mn-h^2)$, φωʌφ m, n, h ɵφ ɿɵ6ɪɭʙ φɹbɼɿɼɭ ɿɼɔʙɼφ6 ɹɿd $mn >$ ^{2}.

Ɩʌɭ d φʌɭφɼ6ʌɿ ɣ ώφɛɪɭʙ ωəɔɼɿ dɼɿəɔɪɛɭɼφ ɼʙ ɣ φɹbɼɿɼɭ ƥφɹωbɼɿ6 m, n, h, ɹɿd φɸɭ

$$m=\frac{\mu}{d},\quad n=\frac{\nu}{d},\quad h=\frac{k}{d}.$$

Ɨƥ ωə ɔɼɭɪɿɭφ ɣ φɼ6ɼɭɪи ɞɹɭʮɷ6 ɼʙ x, y, z ɪɿ (2) ʙɸ d^3 ωə ɵφ ɭʌd ɭɷ ɣ ɪɿɭɼώφɼɭ ɭφɸɹиώɼɭ ɼʙ ʙɸd6 $\bar{x}$, $\bar{y}$, $\bar{z}$, φωʌφ

$$\bar{x}=\nu(\mu^2+k^2),$$
$$\bar{y}=\mu(\nu^2+k^2),$$
$$\bar{z}=(\mu+\nu)(\mu\nu-k^2).$$

Ɯɪɣ ə ɔədɪƥφd ɿɷɭɛbɼɿ ɣ φɼ6ɼɭ ɔɛ ʙ ʙɭɛɭɼd ɪɿ ɣ ƥɵɭɷɪи ƥɵφɔ:

Ʌʙφə φɹbɼɿɼɭ ɪɿɭɼώφɼɭ ɭφɸɹиώɼɭ φɹ6 ɪɭʙ ʙɸd6 ɿφɼɿɵφbɼɿɼɭ ɭɷ ɿɼɔʙɼφ6 ɼʙ ɣ ƥɵφɔ $n(m^2+h^2)$, $m(n^2+h^2)$, $(m+n)(mn-h^2)$, φωʌφ m, n, h ɵφ ɿɵ6ɪɭʙ ɪɿɭɼɕɼφ6 ɹɿd $mn >$ ^{2}.

Ɩɷ ɼʙɭɛɿ ə ʙɿʌbɼɭ ɪώ6ɹɔɭɼɭ ωə ɔɛ ɭɸɭ $m=4$, $n=3$, $h=1$. Ɣʌɿ ɣ ʙɸd6 ɼʙ ɣ ɭφɸɹиώɼɭ ɵφ 51, 40, 77 ɹɿd ɣ ʌφəɼ ɪ6 924.

Ƥɵφ ƥɼφɣɼφ ɿφəɭɼφɭə6 ɼʙ φɹbɼɿɼɭ ɭφɸɹиώɼɭ6 ɣ φədɼφ ɔɛ ωɼɿʙɼɭ ɹɿ ɵφɪωɼɭ ʙɸ Ɩʌɔɼφ ɪɿ *Ɂɿɼɭ6 ɼʙ Ɔɹɭɼɔɹɭɪəʙ*, ʙʌωɼɿd ʙɪφə6, Ɓəɭʮɷɔ I, ɿɿ. 97–102.

ɅωʙɼΦʙɸ6Ɏ6

1. Ƥʙɭɛɿ ɣ ɕʌɿɼφɼɭ φɹbɼɿɼɭ ʙɼɭɷbɼɿ ɼʙ ɣ ɪωωɛsɼɿ

$$(x+y+z)xyz=u^2.$$

ʙɼωɕɹʙɕɼɿ.—Φɼωɵɭ ɣ ɪɿɭɼφɿφɼɭɛbɼɿ ɼʙ ɣɪʙ

ɪɷɷɛsɼ̃ ɅƂ ώɪɞɼ̃ ɪ̃ § 2.

2. Ɖo ɣɅɿ ɣ ɷoɞɸ̃ ɼɞ Ʌ̃ ɅиώΓ ɼɞ ɘ ɸɅbɼ̃Γ ɿɸɸɅиώΓ ɷɅ̃ ɘ ɸɪɿɼ̃ ɪ̃ ɷɼ̃ ɼɞ ɣ ρɵɸɔƂ

$$\frac{\alpha^2-\beta^2}{\alpha^2+\beta^2}, \quad \frac{2\alpha\beta}{\alpha^2+\beta^2},$$

ɸɷɅɸ α Ʌ̃d β ɘɸ ɸɅʅɼɿɪɞʅɘ ɿɸɸɔ ɿɞƂɪɿɞ ɪ̃ɿɼςɼɸƂ.

3. Ƚp x, y, z ɘɸ ɣ ɞɸdƂ ɼɞ ɘ ɸɅbɼ̃Γ ɿɸɸɅиώΓ, bo ɣɅɿ ɿɞƂɪɿɞ ɼ̃ɔɞɼɸƂ α Ʌ̃d β ɪώƂɪɞɿ ɞɼc ɣɅɿ ɷɼ̃ ɼɞ ɣ ɪɷɷɛsɼ̃Ƃ,

$$x^2-2xy\frac{\alpha^2-\beta^2}{\alpha^2+\beta^2}+y^2=z^2,$$
$$x^2-2xy\frac{2\alpha\beta}{\alpha^2+\beta^2}+y^2=z^2,$$

ɪƂ ɞɅɿɪɞρɸd. ƔɅ̃ɞ dɼɿɼɸɔɪ̃ ςɅ̃ɼɸΓ ɪɷɞɿɸɅbɼ̃Ƃ ρɸɸ x, y, z.

§ 5 ȽƆƬƟɞȽƁȽⱢȽƟɘ ƦƁ Ɣ ȣȽȣƬƦƆ $x^2+y^2=z^2$, $y^2+z^2=t^2$. ꟷƬⱢȽƜƐƊƦ̃Ƃ. ƋƜȣƦΦȣɸƂƦƂ 1-3

Ȣɸ ɔɘ̃Ƃ ɼɞ ɣ ɸɼƂɼʅɿ Ʌɿ ɣ ɷʅoƂ ɼɞ § 3 ɷɘ bɅʅ ɪ̃ώ ɿɸɷɞ ɣ ρɞʅoɪи ʟɘɼɸɼɔ:

I. *ƔɅɸ dɷ ɪ̃ɞɿ ɪώƂɪɞɿ ɪ̃ɿɼςɼɸƂ x, y, z, t, ɞʅ dɪpɼɸɼ̃ɿ ρɸɼɔ ɞɪɸo, ɞɼc ɣɅɿ*

$$x^2+y^2=z^2, \quad y^2+z^2=t^2. \tag{1}$$

Ƚɿ ɪƂ ɘɞɞɘɼɞ ɣɅɿ Ʌ̃ ɪɷɷɪɞɼʅɼ̃ɿ ʟɘɼɸɼɔ ɪƂ ɣ ρɞʅoɪи:

II. *ƔɅɸ dɷ ɪ̃ɞɿ ɪώƂɪɞɿ ɪ̃ɿɼςɼɸƂ x, y, z, t, ɞʅ dɪpɼɸɼ̃ɿ ρɸɼɔ ɞɪɸo, ɞɼc ɣɅɿ*

$$t^2+x^2=2z^2, \quad t^2-x^2=2y^2. \tag{2}$$

Ƚɿ ɪƂ ɘɞɞɘɼɞ ɣɅɿ ɣɅɸ ɪƂ ɪ̃o ʅoɞ ɼɞ ςɅ̃ɼɸɅʅɪɿɘ ɪp ɪ̃ ɣ ɿɸɷp ɷɘ ɿɛɷ x, y, z, t ɿɷ ɞ ɿɞƂɪɿɞ; Ʌ̃d ɣɪɞ ɷɘ dɷ.

Ɣ ɔɅʟɼd ɼɞ ɿɸɷp ɪƂ ɿɷ ɼɞɷɔ ɣ ɪώƂɪɞɿɼ̃ɞ ɼɞ ɪ̃ɿɼςɼɸƂ ɞɅɿɪɞρɸɪи (1) Ʌ̃d (2) Ʌ̃d ɿɷ bo ɣɅɿ ɷɘ ɘɸ ɣɼɞ ʅɅd ɿɷ ɘ 𐐿𐐪𐑌𐐻𐑉𐐲𐐼𐐮𐐿𐑇𐐲𐑌. 𐐜 𐐪𐑉𐑀𐐷𐐲𐑋𐐲𐑌𐐻 𐐶𐐨 𐑀𐐮𐑂 𐐮𐑆 𐐰𐑌 𐐮𐑊𐐲𐑅𐐻𐑉𐐩𐑇𐐲𐑌 𐐲𐑂 𐐙𐐯𐑉𐑋𐐪'𐑆 𐑁𐐩𐑋𐐲𐑅 𐑋𐐯𐑃𐐲𐐼 𐐲𐑂 “𐐮𐑌𐑁𐐮𐑌𐐮𐐻 𐐼𐐲𐑅𐐯𐑌𐐻,” 𐐲𐑂 𐐸𐐶𐐮𐐽 𐐶𐐨 𐑀𐐮𐑂 𐐪 𐐾𐐯𐑌𐐲𐑉𐐲𐑊 𐐲𐐿𐐵𐑌𐐻 𐐮𐑌 𐑄 𐑌𐐯𐐿𐑅𐐻 𐑅𐐯𐐿𐑇𐐲𐑌.

𐐆𐑁 𐐯𐑌𐐨 𐐻𐐭 𐐲𐑂 𐑄 𐑌𐐲𐑋𐐺𐐲𐑉𐑆 x, y, z, t 𐐸𐐰𐑂 𐐪 𐐿𐐪𐑋𐐲𐑌 𐐹𐑉𐐴𐑋 𐑁𐐰𐐿𐐻𐐲𐑉 p, 𐐮𐐻 𐑁𐐪𐑊𐐬𐑆 𐐰𐐻 𐐶𐐲𐑌𐑅 𐑁𐑉𐐲𐑋 (1) 𐐰𐑌𐐼 (2) 𐑄𐐰𐐻 𐐫𐑊 𐑁𐐫𐑉 𐐲𐑂 𐑄𐐯𐑋 𐐸𐐰𐑂 𐑄𐐮𐑅 𐑁𐐰𐐿𐐻𐐲𐑉. 𐐙𐐫𐑉, 𐐿𐐲𐑌𐑅𐐮𐐼𐐲𐑉 𐐰𐑌 𐐮𐐿𐐶𐐩𐑈𐐲𐑌 𐐮𐑌 (1) 𐐫𐑉 𐐮𐑌 (2) 𐐮𐑌 𐐸𐐶𐐮𐐽 𐑄 𐐻𐐭 𐑌𐐲𐑋𐐺𐐲𐑉𐑆 𐐼𐐮𐑂𐐮𐑆𐐮𐐺𐐲𐑊 𐐺𐐴 p 𐐲𐐿𐐲𐑉; 𐑄𐐮𐑅 𐐮𐐿𐐶𐐩𐑈𐐲𐑌 𐐿𐐲𐑌𐐻𐐩𐑌𐑆 𐐪 𐑃𐐲𐑉𐐼 𐑌𐐲𐑋𐐺𐐲𐑉 𐐲𐑂 𐑄 𐑅𐐯𐐻 x, y, z, t, 𐐰𐑌𐐼 𐐮𐐻 𐐮𐑆 𐑉𐐯𐐼𐐮𐑊𐐨 𐑅𐐨𐑌 𐑄𐐰𐐻 𐑄𐐮𐑅 𐑃𐐲𐑉𐐼 𐑌𐐲𐑋𐐺𐐲𐑉 𐐮𐑆 𐐼𐐮𐑂𐐮𐑆𐐮𐐺𐐲𐑊 𐐺𐐴 p. 𐐜𐐯𐑌 𐑁𐑉𐐲𐑋 𐐶𐐲𐑌 𐐲𐑂 𐑄 𐐮𐐿𐐶𐐩𐑈𐐲𐑌𐑆 𐐿𐐲𐑌𐐻𐐩𐑌𐐮𐑍 𐑄 𐑁𐐫𐑉𐑃 𐑌𐐲𐑋𐐺𐐲𐑉 𐐮𐐻 𐑁𐐪𐑊𐐬𐑆 𐑄𐐰𐐻 𐑄𐐮𐑅 𐑁𐐫𐑉𐑃 𐑌𐐲𐑋𐐺𐐲𐑉 𐐮𐑆 𐐼𐐮𐑂𐐮𐑆𐐮𐐺𐐲𐑊 𐐺𐐴 p. 𐐤𐐵 𐑊𐐯𐐻 𐐲𐑅 𐐼𐐮𐑂𐐴𐐼 𐐨𐐽 𐐮𐐿𐐶𐐩𐑈𐐲𐑌 𐐲𐑂 𐑅𐐮𐑅𐐻𐐲𐑋𐑆 (1) 𐐰𐑌𐐼 (2) 𐐺𐐴 p^2; 𐑄 𐑉𐐲𐑆𐐲𐑊𐐻𐐮𐑍 𐑅𐐮𐑅𐐻𐐲𐑋𐑆 𐐪𐑉 𐐲𐑂 𐑄 𐑅𐐩𐑋 𐑁𐐫𐑉𐑋𐑆 𐐰𐑆 (1) 𐐰𐑌𐐼 (2) 𐑉𐐲𐑅𐐹𐐯𐐿𐐻𐐮𐑂𐑊𐐨. 𐐆𐑁 𐐯𐑌𐐨 𐐻𐐭 𐑌𐐲𐑋𐐺𐐲𐑉𐑆 𐐮𐑌 𐑄𐐨𐑆 𐑉𐐲𐑆𐐲𐑊𐐻𐐮𐑍 𐑅𐐮𐑅𐐻𐐲𐑋𐑆 𐐸𐐰𐑂 𐐪 𐐿𐐪𐑋𐐲𐑌 𐐹𐑉𐐴𐑋 𐑁𐐰𐐿𐐻𐐲𐑉 p_1, 𐐶𐐨 𐑋𐐩 𐐼𐐮𐑂𐐴𐐼 𐐨𐐽 𐑅𐐮𐑅𐐻𐐲𐑋 𐑃𐑉𐐭 𐐺𐐴 p_1^2; 𐐰𐑌𐐼 𐑅𐐬 𐐫𐑌. 𐐐𐐯𐑌𐑅 𐐮𐑁 𐐪 𐐹𐐯𐑉 𐐲𐑂 𐑅𐐴𐑋𐐲𐑊𐐻𐐩𐑌𐐨𐐲𐑅 𐐮𐐿𐐶𐐩𐑈𐐲𐑌𐑆 (2) 𐐮𐑀𐑆𐐮𐑅𐐻𐑅 𐑄𐐯𐑌 𐑄𐐯𐑉 𐐮𐑀𐑆𐐮𐑅𐐻𐑅 𐐪 𐐹𐐯𐑉 𐐲𐑂 𐐮𐐿𐐶𐐩𐑈𐐲𐑌𐑆 𐐲𐑂 𐑄 𐑅𐐩𐑋 𐑁𐐫𐑉𐑋 𐐮𐑌 𐐸𐐶𐐮𐐽 𐑌𐐬 𐐻𐐭 𐐲𐑂 𐑄 𐑌𐐲𐑋𐐺𐐲𐑉𐑆 x, y, z, t 𐐸𐐰𐑂 𐐪 𐐿𐐪𐑋𐐲𐑌 𐑁𐐰𐐿𐐻𐐲𐑉 𐐲𐑄𐐲𐑉 𐑄𐐰𐑌 𐐷𐐭𐑌𐐮𐐻𐐨. 𐐢𐐯𐐻 𐑄𐐮𐑅 𐑅𐐮𐑅𐐻𐐲𐑋 𐐲𐑂 𐐮𐐿𐐶𐐩𐑈𐐲𐑌𐑆 𐐺

$$t_1^2 + x_1^2 = 2z_1^2, \quad t_1^2 - x_1^2 = 2y_1^2. \tag{3}$$

𐐙𐑉𐐲𐑋 𐑄 𐑁𐐲𐑉𐑅𐐻 𐐮𐐿𐐶𐐩𐑈𐐲𐑌 𐐮𐑌 (3) 𐐮𐐻 𐑁𐐪𐑊𐐬𐑆 𐑄𐐰𐐻 t_1 𐐰𐑌𐐼 x_1 𐐪𐑉 𐐺𐐬𐑃 𐐪𐐼 𐐫𐑉 𐐺𐐬𐑃 𐐨𐑂𐐲𐑌; 𐐰𐑌𐐼, 𐑅𐐮𐑌𐑅 𐑄𐐩 𐐪𐑉 𐑉𐐯𐑊𐐲𐐻𐐮𐑂𐑊𐐨 𐐹𐑉𐐴𐑋, 𐐮𐐻 𐑁𐐪𐑊𐐬𐑆 𐑄𐐰𐐻 𐑄𐐩 𐐪𐑉 𐐺𐐬𐑃 𐐪𐐼. 𐐇𐑂𐐮𐐼𐐲𐑌𐐻𐑊𐐨 $t_1 >$. 𐐜𐐯𐑌 𐐶𐐨 𐑋𐐩 𐐹𐐭𐐻

$$t_1 = x_1 + 2\alpha,$$

𐐸𐐶𐐯𐑉 α 𐐮𐑆 𐐪 𐐹𐐪𐑆𐐮𐐻𐐮𐑂 𐐮𐑌𐐻𐐲𐐾𐐲𐑉. 𐐆𐑁 𐐶𐐨 𐑅𐐲𐐺𐑅𐐻𐐮𐐻𐐭𐐻 𐑄𐐮𐑅 𐑂𐐰𐑊𐐷𐐭 𐐲𐑂 t_1 𐐮𐑌 𐑄 𐑁𐐲𐑉𐑅𐐻 𐐮𐐿𐐶𐐩𐑈𐐲𐑌 𐐮𐑌 (3), 𐑄 𐑉𐐲𐑆𐐲𐑊𐐻 𐑋𐐩 𐑉𐐯𐐼𐐮𐑊𐐨 𐐺 𐐹𐐭𐐻 𐐮𐑌 𐑄 𐑁𐐫𐑉𐑋

$$(x_1 + \alpha)^2 + \alpha^2 = z_1^2. \tag{4}$$

𐐝𐐮𐑌𐑅 x_1 𐐰𐑌𐐼 z_1 𐐸𐐰𐑂 𐑌𐐬 𐐿𐐪𐑋𐐲𐑌 𐐹𐑉𐐴𐑋 𐑁𐐰𐐿𐐻𐐲𐑉 𐐮𐐻 𐐮𐑆 𐐨𐑆𐐨 𐐻𐐭 𐑅𐐨 𐑁𐑉𐐲𐑋 𐑄𐐮𐑅 𐐮𐐿𐐶𐐩𐑈𐐲𐑌 𐑄𐐰𐐻 α 𐐮𐑆 𐐹𐑉𐐴𐑋 𐐻𐐭 𐐺𐐬𐑃 x_1 𐐰𐑌𐐼 z_1, 𐐰𐑌𐐼 𐐸𐐯𐑌𐑅 𐑄𐐰𐐻 𐑌𐐬 𐐻𐐭 𐐲𐑂 𐑄 𐑌𐐲𐑋𐐺𐐲𐑉𐑆 $x_1 + \alpha$, α, z_1 𐐸𐐰𐑂 𐐪 𐐿𐐪𐑋𐐲𐑌 𐑁𐐰𐐿𐐻𐐲𐑉 𐐲𐑄𐐲𐑉 𐑄𐐰𐑌 𐐷𐐭𐑌𐐮𐐻𐐨.

𐐜𐐯𐑌, 𐑁𐑉𐐲𐑋 𐑄 𐐾𐐯𐑌𐐲𐑉𐐲𐑊 𐑉𐐲𐑆𐐲𐑊𐐻 𐐰𐐻 𐑄 𐐿𐑊𐐬𐑆 𐐲𐑂 § 3 𐐮𐐻 𐑁𐐪𐑊𐐬𐑆 𐑄𐐰𐐻 𐑉𐐯𐑊𐐲𐐻𐐮𐑂𐑊𐐨 𐐹𐑉𐐴𐑋 𐐹𐐪𐑆𐐮𐐻𐐮𐑂 𐐮𐑌𐐻𐐲𐐾𐐲𐑉𐑆 r 𐐰𐑌𐐼 s 𐐮𐑀𐑆𐐮𐑅𐐻, 𐐸𐐶𐐯𐑉 $r >$, 𐑅𐐲𐐽 𐑄𐐰𐐻

$$x_1 + \alpha = 2rs, \qquad \alpha = r^2 - s^2, \tag{5}$$

or

$$x_1 + \alpha = r^2 - s^2, \quad \alpha = 2rs. \tag{6}$$

Ɨɂ ȸɣꝛȸ ɷɛɞ ωɘ ɸꞁɞ

$$t_1^2 - x_1^2 = (t_1 - x_1)(t_1 + x_1) = 2\alpha \cdot 2(x_1 + \alpha) = 8rs(r^2 - s^2).$$

Ɨp ωɘ ɞꝛɞɞɿɿɷɿ ɂ ɣ ɞꝛɷꝛɂd ɪɷωɛsꝛɂ ꝛɞ (3) ꞁɂd dɪɞȸd ɞȸ 2, ωɘ ɸꞁɞ

$$4rs(r^2 - s^2) = y_1^2.$$

Ꝑȸꝛɔ ɣɪɞ ɪɷωɛsꝛɂ ꞁɂd ɣ ꝑꞁɷɿ ɣꞁɿ r ꞁɂd s ɞȸ ȸꞁɭꝛɿɪɞɭɘ ɿȸȸɔ, ɪɿ ꝑɞɭɞ6 ꞁɿ ωꝛɂɞ ɣꞁɿ r, s, $r^2 - s^2$ ɞȸ ɵɭ ɞɷωꞁȸ ɂꝛɔɞꝛȸ6; ɞɛ

$$r = u^2, \quad s = v^2, \quad r^2 - s^2 = w^2.$$

Ɂȯ $r - s$ ꞁɂd $r + s$ ɷꞁɂ ɸꞁɞ ɂɞ ɷɞɔꝛɂ ꝑꞁɷɿꝛȸ ꝛɣꝛȸ ɣꞁɂ 1 ɞȸ 2; ɸꞁɂɞ, ꝑȸꝛɔ

$$w^2 = r^2 - s^2 = (r - s)(r + s) = (u^2 - v^2)(u^2 + v^2)$$

ωɘ ɞɘ ɣꞁɿ ȸɣꝛȸ

$$u^2 + v^2 = 2w_1^2, \quad u^2 - v^2 = 2w_2^2, \tag{7}$$

or

$$u^2 + v^2 = w_1^2, \quad u^2 - v^2 = w_2^2.$$

Ꞁɂd ɪp ɪɿ ɪ6 ɣ ɭꞁɿꝛȸ ɷɛɞ ɸωɪc ꝛȸȸ6ꝛ6, ɣꞁɂ

$$w_1^2 + w_2^2 = 2u^2, \quad w_1^2 - w_2^2 = 2v^2. \tag{8}$$

Ɋꞁɂɞ, ꝛɞɷɔɪи ɪɷωɛsꝛɂ6 ꝛɞ ɣ ꝑɵȸɔ (2), ωɘ ɞȸ ɭꞁd ȸɣꝛȸ ɿɷ Ɨɷ6. (7) ɵȸ ɿɷ Ɨɷ6. (8); ɣꞁɿ ɪ6, ωɘ ɞȸ ɭꞁd ɿɷ ɂɷ ɪɷωɛsꝛɂ6 ꝛɞ ɣ ꝑɵȸɔ ωɪɣ ɸωɪc ωɘ ɞɿɵȸɿꝛd. ɭꞁɿ ꝛɞ ȸȸɿ ɣ ɪɷωɛsꝛɂ6 ɣꝛɞ:

$$t_2^2 + x_2^2 = 2z_2^2, \quad t_2^2 - x_2^2 = 2y_2^2; \tag{9}$$

ɣꞁɿ ɪ6, ɞɪɞɿꝛɔ (9) ɪ6 ȸdꞁɂɿɪɷꝛɭ ωɪɣ ɣꞁɿ ωꝛɂ ꝛɞ ɞɪɞɿꝛɔ6 (7), (8) ɸωɪc ꞁɷcꝛωꝛɭɘ ꝛȸȸ6ꝛ6.

§ 5. Ⱡɔɾɵɞɪɑʅɪʅə ɼɞ ʏ Ꞵɪɞʅɼɔ $x^2 + y^2 = z^2,\ y^2 + z^2 = t^2$

Ꞁȯ ɹɸɼɔ (5) ɹɥd (6) ɹɥd ʏ ɸɼʅɛbɼɥɞ $t_1 = x_1 + 2\alpha, r >$, ɯə ɞə ʏɹʅ

$$t_1 = 2rs + r^2 - s^2 > 2s^2 + r^2 - {}^2 = {}^2 + {}^2 = {}^4 + v^4.$$

Ⴔɹɥɞ $u < t_1$. Also,

$$w_1^2 \leqq w^2 \leqq r + s < r^2 + s^2.$$

Ⴔɹɥɞ $w_1 < t_1$. Ꞵɪɥɞ u ɹɥd w_1 əɸ ɞoʟ ʅɹɞ ʏɹɥ t_1, ɪʅ ɹəʅoɞ ʏɹʅ t_2 ɪɞ ʅɹɞ ʏɹɥ t_1. Ⴔɹɥɞ, əɞɞəɼɞʅə, $t_2 < t$. Ↄəɸoɞɼɸ, ɪʅ ɪɞ ɯʅɪɸ ʏɹʅ ɵʅ ʏ ɥɼɔɞɼɸɞ x_2, y_2, z_2, t_2 əɸ dɪɹɼɸɼɥʅ ɹɸɼɔ ɞɪɸo.

Ɒɸɼɔ ʏəɞ ɸɼɞɼʅʅɞ ɯə ɸɹɞ ʏ ɹəʅoɪʍ ɯɼɥɯʅoɞɼɥ: Ⱡɹ ɯə ɼɞɷɔ ə ɞɪɞʅɼɔ ɼɞ ʏ ɹəɸɔ (2) ɹəɸ ɷɪɞɼɥ ɞɹʅɣəɞ ɼɞ x, y, z, t, ɯə əɸ ʅɹd ʅə ə ɥə ɞɪɞʅɼɔ (9) ɼɞ ʏ ɞɛɔ ɹəɸɔ; ɹɥd ɪɥ ʏ ɥə ɞɪɞʅɼɔ t_2 ɪɞ ʅɹɞ ʏɹɥ t.

Ꞁȯ ɪɹ ɯə ɞʅəɸʅ ɯɪʏ (9) ɹɥd ɯɹɸə ȯʅ ə ɞɪɔɪʅɼɸ əɸɷɣɼɔɼɥʅ ɯə bɹʅ ɞ ʅɹd ʅə ə ɥə ɞɪɞʅɼɔ

$$t_3^2 + x_3^2 = 2z_3^2, \quad t_3^2 - x_3^2 = 2y_3^2,$$

ɯɪʏ ʏ ɸɼʅɛbɼɥ $t_3 < t_2$; ɞʅəɸʅɪʍ ɹɸɼɔ ʏɪɞ ʅɹɞʅ ɞɪɞʅɼɔ ɯə bɹʅ ɞ ʅɹd ʅə ə ɥə ɯɼɥ ɼɞ ʏ ɞɛɔ ɹəɸɔ, ɯɪʏ ə ɞɪɔɪʅɼɸ ɸɼʅɛbɼɥ ɼɞ ɪɥɯəɯəʅɪʅə; ɹɥd ɞo ɵɥ ad infinitum. Ɑɼʅ, ɞɪɥɞ ʏɹɸ ɪɞ oɥʅə ə ɹɸɥɸʅ ɥɼɔɞɼɸ ɼɞ ɪʅɼɕɼɸɞ ʅɹɞ ʏɹɥ ʏ ɷɪɞɼɥ ʅəɞɪʅɪɞ ɪʅɼɕɼɸ t, ʏɪɞ ɪɞ ɪɔɾəɞɪɞɼʅ. Ꞷə əɸ ʏɼə ʅɹd ʅə ə ɯəɥʅɸɼdɪɯbɼɥ; ɸɯɹɥɞ ɯə ɯɼɥɯʅod ɹʅ ɯɼɥɞ ʅə ʏ ʅɸɵʟ ɼɞ II ɹɥd ʅɸɯɯɸɞ ɼɞ I.

Ɑɸ ɔəɥɞ ɼɞ ʟəɼɸɼɔɞ I ɹɥd II ɯə ɔɛ ɸɹdɪʅə ʅɸɷɞ ʏ ɹəʅoɪʍ ʟəɼɸɼɔ:

III. *ʏ ɹɸəɼ ɼɞ ə Ꞁɪʟɹɷɼɸəɼɥ ʅɸɸɹɪʍɷɼʅ ɪɞ ɥɹɞɼɸ əɷɯɼʅ ʅə ə ɞɷɯɹɸ ɥɼɔəɼɸ.*

Ⱡɹʅ ʏ ʅɹɷɞ ɹɥd ɸɸʅəʅɼɥɷɞ ɼɞ ə Ꞁɪʟɹɷɼɸəɼɥ ʅɸɸɹɪʍɷɼʅ ɞ u, v, w, ɸɼɞʅɹɯʅɪɞʅə. ʏ ɹɸəɼ ɼɞ ʏɪɞ ʅɸɸɹɪʍɷɼʅ ɪɞ $\frac{1}{2}uv$. Ⱡɹ ɯə ɼɞɷɔ ʏɪɞ ʅə ɞ ə ʅɵʅ ɞɷɯɹɸ ɥɼɔəɼɸ ρ^2, ɯə bɹʅ ɸɹɞ ʏ ɹəʅoɪʍ ɞɸɔɼʅɛɥəɼɞ Ⴓɸɼɹɹɥʅɸɥ ɪɯɯɛɞɼɥɞ:

$$u^2 + v^2 = w^2, \quad uv = 2\rho^2. \tag{10}$$

Ꞷə bɹʅ ʅɸɷɞ ȯɸ ʟəɼɸɼɔ ɞɸ bɵɪʍ ʏɹʅ ʏ ɼɞɼɔʅbɼɥ ɼɞ ɞɼɕ ə ɞɪɞʅɼɔ ɹəɸ ɷɪɞɼɥ ɞɹʅɣəɞ ɼɞ u, v, w, ρ ʅɹdɞ ʅə ə ɯəɥʅɸɼdɪɯbɼɥ.

Ƥφɾɔ ɞɪɞʅɾɔ (10) ɪʅ ɪɞ ɘɞɘ ʅɒ bo ɣʌʅ ɪp ʌɲɘ ʅɒ ɾɞ ɣ ɲɾɔɞɾφɞ u, v, w φʌɞ ɣ ωɞɔɾɲ ʅφφɔ ρʌωʅɾφ p, ɣʌɲ ɣ φɾɔɛɲɪɴ ωɾɲ ɾɞ ɣɘɞ ɲɾɔɞɾφɞ ʌɲd ɣ ɲɾɔɞɾφ ρ ɞφ ɞoʟ dɪɞɪɞɪɞɾʅ ɞφ p. Ɣʌɲɞ ɪʅ ɪɞ ɘɞɘ ʅɒ bo ɣʌʅ ɪp ʌɲɘ ɞɪɞʅɾɔ ɾɞ ɣ ρɞφɔ (10) ɪώɞɪɞʅɞ ɣʌφ ɪώɞɪɞʅɞ ωɾɲ ɪɲ φωɪc u, v, w ɞφ ʅφφɔ ɘc ʅɒ ɘc. Ωɘ bʌʅ ɲὁ ɞɾʅoɞ ɣʌʅ (10) ɪʅɞʌʅp ɪɞ ɞɾc ɘ ɞɪɞʅɾɔ.

ɞɪɲɞ u, v, w ɞφ φʌʅɾʅɪɞʅɘ ʅφφɔ ɪʅ ρɞʅoɞ ρφɾɔ ɣ ρɾφɞʅ ɪωωɛsɾɲ ɪɲ (10) ʌɲd ɣ ʟɘɾφɾɔ ɪɲ § 3 ɣʌʅ φʌʅɾʅɪɞʅɘ ʅφφɔ ɪɲʅɾçɾφɞ a ʌɲd b ɪώɞɪɞʅ ɞɾc ɣʌʅ u, v φʌɞ ɣ ɞʌʅɤoɞ $2ab$, $a^2 - b^2$ ɪɲ ɞɾɔ ɵφdɾφ. Φʌɲɞ ρφɾɔ ɣ ɞʌωɾɲd ɪωωɛsɾɲ ɪɲ (10) ωɘ φʌɞ

$$\rho^2 = ab(a^2 - b^2) = ab(a - b)(a + b).$$

Ɉʅ ɪɞ ɘɞɘ ʅɒ ɞɘ ɣʌʅ ɲo ʅɒ ɾɞ ɣ ɲɾɔɞɾφɞ a, b, $a - b$, $a + b$, φʌɞ ɘ ωɞɔɾɲ ρʌωʅɾφ ɾɣɾφ ɣʌɲ ɤoɲʅɘ; ρɞφ, ɪp ɞo, u ʌɲd v ωɤd ρɛʟ ʅɒ ɞʌʅɪɞρφ ɣ φɾɞʅφɪωbɾɲ ɾɞ ɞɘɪɴ φʌʅɾʅɪɞʅɘ ʅφφɔ. Φʌɲɞ ρφɾɔ ɣ ʟʌɞʅ ɪωωɛsɾɲ ɪʅ ρɞʅoɞ ɣʌʅ ɘc ɾɞ ɣɘɞ ɲɾɔɞɾφɞ ɪɞ ɘ ɞωωʌφ. Ɣʌʅ ɪɞ, ωɘ φʌɞ ɪωωɛsɾɲɞ ɾɞ ɣ ρɞφɔ

$$a = m^2, \quad b = n^2, \quad a + b = p^2, \quad a - b = q^2;$$

φωʌɲɞ

$$m^2 - n^2 = q^2, \quad m^2 + n^2 = p^2.$$

Ɓɾʅ, ɾωɵφdɪɴ ʅɒ ʟɘɾφɾɔ I, ɲo ɞɾc ɞɪɞʅɾɔ ɾɞ ɪωωɛsɾɲɞ ωʌɲ ɪώɞɪɞʅ. Ɣʌʅ ɪɞ, ɣ ɾɞɾɔʅbɾɲ ɾɞ Ɉωɞ. (10) ʟɘdɞ ʅɒ ɘ ωɞɲʅφɾdɪωbɾɲ. Φʌɲɞ ɣ ʟɘɾφɾɔ ρɞʅoɞ ʌɞ ɞʅɛʅɾd ɾɞɾɞ.

Ƥφɾɔ ɣ ʟʌɞʅ ʟɘɾφɾɔ ωɘ φʌɞ ʌɲ ɵʅɔɞʅ ɪɔɘdɘɾʅ ʅφɵρ ɾɞ ɣ ρɞʅoɪɴ:

IV. *Ɣʌφ ɞφ ɲo ɪɲʅɾçɾφɞ x, y, z, ɵʅ dɪρɾφɾɲʅ ρφɾɔ ɞɪφo, ɞɾc ɣʌʅ*

$$x^4 - y^4 = z^2. \tag{11}$$

Ɉp ωɘ ɾɞωɒ ʌɲ ɪωωɛsɾɲ ɾɞ ɣ ρɞφɔ (11), ωɘ φʌɞ

$$(x^4 - y^4)x^2y^2 = x^2y^2z^2. \tag{12}$$

Ɓɾʅ, ɘɞɞɘɾɞʅɘ,

$$(2x^2y^2)^2 + (x^4 - y^4)^2 = (x^4 + y^4)^2. \tag{13}$$

𐐤𐐵, 𐑁𐑉𐐲𐑋 (12), 𐐶𐐨 𐑅𐐨 𐑄𐐰𐐻 𐑄 𐐑𐐮𐑃𐐰𐑀𐐲𐑉𐐨𐐲𐑌 𐐻𐑉𐐴𐐰𐑍𐑀𐐲𐑊 𐐼𐐲𐐻𐐲𐑉𐑋𐐮𐑌𐐼 𐐺𐐴 (13) 𐐸𐐰𐑆 𐐮𐐻𐑅 𐐩𐑉𐐨𐐲 $(x^4 - y^4)x^2y^2$ 𐐨𐐿𐐶𐐲𐑊 𐐻𐐭 𐑄 𐑅𐐿𐐶𐐯𐑉 𐑌𐐲𐑋𐐺𐐲𐑉 $x^2y^2z^2$. 𐐒𐐲𐐻 𐑄𐐮𐑅 𐐮𐑆 𐐮𐑋𐐹𐐪𐑅𐐲𐐺𐐲𐑊. 𐐐𐐯𐑌𐑅 𐑌𐐬 𐐮𐐿𐐶𐐩𐑈𐐲𐑌 𐐲𐑂 𐑄 𐑁𐐫𐑉𐑋 (11) 𐐮𐑀𐑆𐐮𐑅𐐻𐑅.

𐐗𐐪𐑉𐐲𐑊𐐯𐑉𐐨.—*𐐜𐐯𐑉 𐐮𐑀𐑆𐐮𐑅𐐻 𐑌𐐬 𐐮𐑌𐐻𐐲𐐾𐐲𐑉𐑆 x, y, z, 𐐫𐑊 𐐼𐐮𐑁𐐲𐑉𐐲𐑌𐐻 𐑁𐑉𐐲𐑋 𐑆𐐨𐑉𐐬, 𐑅𐐲𐐽 𐑄𐐰𐐻*

$$x^4 + y^4 = z^4.$$

𐐇𐐗𐑅𐐲𐑉𐑅𐐴𐑆𐐲𐑆

1. 𐐜 𐑅𐐮𐑅𐐻𐐲𐑋 $x^2 - y^2 = ku^2$, $x^2 + y^2 = kv^2$ 𐐮𐑆 𐐮𐑋𐐹𐐪𐑅𐐲𐐺𐐲𐑊 𐐮𐑌 𐐮𐑌𐐻𐐲𐐾𐐲𐑉𐑆 x, y, k, u, v, 𐐫𐑊 𐐲𐑂 𐐸𐐶𐐮𐐽 𐐪𐑉 𐐼𐐮𐑁𐐲𐑉𐐲𐑌𐐻 𐑁𐑉𐐲𐑋 𐑆𐐨𐑉𐐬.

2. 𐐜 𐐮𐐿𐐶𐐩𐑈𐐲𐑌 $x^4 + 4y^4 = z^2$ 𐐮𐑆 𐐮𐑋𐐹𐐪𐑅𐐲𐐺𐐲𐑊 𐐮𐑌 𐐮𐑌𐐻𐐲𐐾𐐲𐑉𐑆 x, y, z, 𐐫𐑊 𐐲𐑂 𐐸𐐶𐐮𐐽 𐐪𐑉 𐐼𐐮𐑁𐐲𐑉𐐲𐑌𐐻 𐑁𐑉𐐲𐑋 𐑆𐐨𐑉𐐬.

3. 𐐜 𐐮𐐿𐐶𐐩𐑈𐐲𐑌 $2x^4 + 2y^4 = z^2$ 𐐮𐑆 𐐮𐑋𐐹𐐪𐑅𐐲𐐺𐐲𐑊 𐐮𐑌 𐐮𐑌𐐻𐐲𐐾𐐲𐑉𐑆 x, y, z, 𐐮𐐿𐑅𐐯𐐹𐐻 𐑁𐐫𐑉 𐑄 𐐻𐑉𐐮𐑂𐐨𐐲𐑊 𐑅𐐲𐑊𐐭𐑇𐐲𐑌𐑆 $z = \pm 2x^2 = \pm 2y^2$.

§ 6 𐐜 𐐣𐐯𐑃𐐲𐐼 𐐲𐑂 𐐆𐑌𐑁𐐮𐑌𐐮𐐻 𐐔𐐮𐑅𐐯𐑌𐐻. 𐐇𐐗𐑅𐐲𐑉𐑅𐐴𐑆𐐲𐑆 1-9

𐐆𐑌 𐑄 𐐹𐑉𐐨𐑅𐐨𐐼𐐮𐑍 𐑅𐐯𐐿𐑇𐐲𐑌 𐐶𐐨 𐐸𐐰𐑂 𐐸𐐰𐐼 𐐰𐑌 𐐮𐑀𐑆𐐰𐑋𐐹𐐲𐑊 𐐲𐑂 𐐙𐐲𐑉𐑋𐐪'𐑆 𐑁𐐩𐑋𐐲𐑅 𐑋𐐯𐑃𐐲𐐼 𐐲𐑂 𐐮𐑌𐑁𐐮𐑌𐐮𐐻 𐐼𐐮𐑅𐐯𐑌𐐻. 𐐆𐑌 𐐮𐐻𐑅 𐑉𐐮𐑊𐐩𐑇𐐲𐑌 𐐻𐐭 𐐔𐐴𐐲𐑁𐐰𐑌𐐻𐐴𐑌 𐐮𐐿𐐶𐐩𐑈𐐲𐑌𐑆 𐑄𐐮𐑅 𐑋𐐯𐑃𐐲𐐼 𐑋𐐩 𐐺 𐐺𐑉𐐨𐑁𐑊𐐨 𐐿𐐯𐑉𐐲𐐿𐐻𐐲𐑉𐐴𐑆𐐼 𐐰𐑆 𐑁𐐪𐑊𐐬𐑆:

𐐝𐐲𐐹𐐬𐑆 𐑄𐐰𐐻 𐐶𐐲𐑌 𐐼𐐲𐑆𐐴𐑉𐑆 𐐻𐐭 𐐹𐑉𐐭𐑂 𐑄 𐐮𐑋𐐹𐐪𐑅𐐲𐐺𐐮𐑊𐐮𐐻𐐨 𐐲𐑂 𐑄 𐐔𐐴𐐲𐑁𐐰𐑌𐐻𐐴𐑌 𐐮𐐿𐐶𐐩𐑈𐐲𐑌

$$f(x_1, x_2, \ldots, x_n) = 0, \tag{1}$$

𐐸𐐶𐐯𐑉 f 𐐮𐑆 𐐩 𐑀𐐮𐑂𐐲𐑌 𐑁𐐲𐑍𐐿𐑇𐐲𐑌 𐐲𐑂 𐐮𐐻𐑅 𐐪𐑉𐑀𐐷𐐲𐑋𐐲𐑌𐐻𐑅. 𐐎𐐲𐑌 𐐲𐑅𐐭𐑋𐑆 𐑄𐐰𐐻 𐑄 𐑀𐐮𐑂𐐲𐑌 𐐮𐐿𐐶𐐩𐑈𐐲𐑌 𐐮𐑆 𐐻𐑉𐐭 𐑁𐐫𐑉 𐑀𐐮𐑂𐐲𐑌 𐑂𐐰𐑊𐐷𐐭𐑆 𐐲𐑂 x_1, x_2, …, x_n, 𐐰𐑌𐐼 𐑇𐐬𐑆 𐑄𐐰𐐻 𐑄𐐮𐑅 𐐲𐑅𐐲𐑋𐐹𐑇𐐲𐑌 𐑊𐐨𐐼𐑆 𐐻𐐭 𐐩 𐐿𐐪𐑌𐐻𐑉𐐲𐐼𐐮𐐿𐑇𐐲𐑌 𐐮𐑌 𐑄 𐑁𐐪𐑊𐐬𐐮𐑍 𐐹𐐲𐑉𐐻𐐮𐐿𐐷𐐲𐑊𐐲𐑉 𐑋𐐰𐑌𐐲𐑉. 𐐎𐐲𐑌 𐐹𐑉𐐭𐑂𐑆 𐑄 𐐮𐑀𐑆𐐮𐑅𐐻𐐲𐑌𐑅 𐐲𐑂 𐐩 𐑅𐐯𐐻 𐐲𐑂 𐐮𐑌𐐻𐐲𐐾𐐲𐑉𐑆 u_1, u_2, …, u_n 𐐰𐑌𐐼 𐐩 𐑁𐐲𐑍𐐿𐑇𐐲𐑌 $g(u_1, u_2, \ldots, u_n)$ 𐐸𐐰𐑂𐐮𐑍 𐐬𐑌𐑊𐐨 𐐹𐐪𐑆𐐮𐐻𐐮𐑂 𐐮𐑌𐐻𐐲𐑀𐑉𐐲𐑊 𐑂𐐰𐑊𐐷𐐭𐑆 𐑅𐐲𐐽 𐑄𐐰𐐻

$$f(u_1, u_2, \ldots u_n) = 0, \tag{2}$$

𐐸𐐶𐐯𐑉

$$g(u_1, u_2, \ldots, u_n) < g(x_1, x_2, \ldots, x_n).$$

𐐜 𐑅𐐩𐑋 𐐹𐑉𐐱𐑅𐐯𐑅 𐑋𐐩 𐑄𐐯𐑌 𐐺 𐐲𐐹𐑊𐐴𐐼 𐐻𐐭 𐐆𐐿. (2) 𐐻𐐭 𐐹𐑉𐐭𐑂 𐑄 𐐮𐑀𐑆𐐮𐑅𐐻𐐲𐑌𐑅 𐐲𐑂 𐐨 𐑅𐐯𐐻 𐐲𐑂 𐐮𐑌𐐻𐐲𐐾𐐲𐑉𐑆 $v_1, v_2, \ldots, v_n$, 𐑅𐐲𐐽 𐑄𐐰𐐻

$$f(v_1, v_2, \ldots, v_n) = 0, \quad g(v_1, v_2, \ldots, v_n) < g(u_1, u_2, \ldots, u_n).$$

𐐜𐐮𐑅 𐐹𐑉𐐱𐑅𐐯𐑅 𐑋𐐩 𐐯𐑂𐐮𐐼𐐲𐑌𐐻𐑊𐐨 𐐺 𐑉𐐲𐐹𐐨𐐻𐐲𐐼 𐐰𐑌 𐐮𐑌𐐼𐐯𐑁𐐮𐑌𐐮𐐻 𐑌𐐲𐑋𐐺𐐲𐑉 𐐲𐑂 𐐻𐐴𐑋𐑆. 𐐐𐐯𐑌𐑅 𐑄𐐯𐑉 𐑋𐐲𐑅𐐻 𐐺 𐐰𐑌 𐐮𐑌𐐼𐐯𐑁𐐮𐑌𐐮𐐻 𐑌𐐲𐑋𐐺𐐲𐑉 𐐲𐑂 𐐼𐐮𐑁𐐲𐑉𐐲𐑌𐐻 𐐹𐐱𐑆𐐮𐐻𐐮𐑂 𐐮𐑌𐐻𐐲𐐾𐐲𐑉𐑆 𐑊𐐯𐑅 𐑄𐐰𐑌 $g(x_1, x_2, \ldots, x_n)$. 𐐒𐐲𐐻 𐑄𐐮𐑅 𐐮𐑆 𐐮𐑋𐐹𐐱𐑅𐐮𐐺𐐲𐑊. 𐐐𐐯𐑌𐑅 𐑄 𐐲𐑅𐐲𐑋𐐹𐑇𐐲𐑌 𐐲𐑂 𐐆𐐿. (1) 𐑁𐐫𐑉 𐐨 𐑀𐐮𐑂𐐲𐑌 𐑅𐐯𐐻 𐐲𐑂 𐑂𐐰𐑊𐐷𐐭𐑆 x_1, …, x_n 𐑊𐐨𐐼𐑆 𐐻𐐭 𐐨 𐐿𐐱𐑌𐐻𐑉𐐲𐐼𐐮𐐿𐑇𐐲𐑌; 𐐰𐑌𐐼 𐑄𐐯𐑉𐑁𐐫𐑉 (1) 𐐮𐑆 𐐰𐑌 𐐮𐑋𐐹𐐱𐑅𐐮𐐺𐐲𐑊 𐐮𐐿𐐶𐐩𐑈𐐲𐑌.

𐐒𐐴 𐐨 𐑌𐐰𐐽𐐲𐑉𐐲𐑊 𐐮𐐿𐑅𐐻𐐯𐑌𐑇𐐲𐑌 𐑄 𐑋𐐯𐑃𐐲𐐼 𐑋𐐩 𐐫𐑊𐑅𐐬 𐐺 𐐮𐑋𐐹𐑊𐑎𐐼 (𐐺𐐲𐐻 𐐷𐐭𐑈𐐲𐐶𐐲𐑊𐐨 𐑌𐐱𐐻 𐑅𐐬 𐑉𐐯𐐼𐐮𐑊𐐨) 𐐻𐐭 𐑁𐐴𐑌𐐼 𐐫𐑊 𐑄 𐑅𐐲𐑊𐐭𐑇𐐲𐑌𐑆 𐐲𐑂 𐑅𐐲𐑉𐐻𐐲𐑌 𐐹𐐱𐑅𐐮𐐺𐐲𐑊 𐐮𐐿𐐶𐐩𐑈𐐲𐑌𐑆. 𐐆𐐻 𐐮𐑆 𐐫𐑊𐑅𐐬 𐐰𐐹𐑊𐐮𐐿𐐰𐐺𐐲𐑊, 𐐮𐑌 𐐰𐑌 𐐮𐑌𐐻𐐲𐑉𐐯𐑅𐐻𐐮𐑍 𐐶𐐩, 𐐻𐐭 𐑄 𐐹𐑉𐐭𐑁 𐐲𐑂 𐐨 𐑌𐐲𐑋𐐺𐐲𐑉 𐐲𐑂 𐑃𐐨𐐲𐑉𐐲𐑋𐑆; 𐐶𐐲𐑌 𐐲𐑂 𐑄𐐨𐑆 𐐮𐑆 𐑄 𐑃𐐨𐐲𐑉𐐲𐑋 𐑄𐐰𐐻 𐐯𐑂𐑉𐐨 𐐹𐑉𐐴𐑋 𐑌𐐲𐑋𐐺𐐲𐑉 𐐲𐑂 𐑄 𐑁𐐫𐑉𐑋 $4n + 1$ 𐐮𐑆 𐐨 𐑅𐐲𐑋 𐐲𐑂 𐐻𐐭 𐑅𐐿𐐶𐐯𐑉𐑆 𐐲𐑂 𐐮𐑌𐐻𐐲𐐾𐐲𐑉𐑆. 𐐝𐐨 𐑊𐐯𐑋𐐲 II 𐐲𐑂 § 10.

𐐎𐐨 𐑇𐐰𐑊 𐑌𐐵 𐐲𐐹𐑊𐐴 𐑄𐐮𐑅 𐑋𐐯𐑃𐐲𐐼 𐐻𐐭 𐑄 𐐹𐑉𐐭𐑁 𐐲𐑂 𐑄 𐑁𐐫𐑊𐐬𐐮𐑍 𐑃𐐨𐐲𐑉𐐲𐑋:

I. *𐐜𐐯𐑉 𐐪𐑉 𐑌𐐬 𐐮𐑌𐐻𐐲𐐾𐐲𐑉𐑆* x, y, z, *𐐫𐑊 𐐼𐐮𐑁𐐲𐑉𐐲𐑌𐐻 𐑁𐑉𐐲𐑋 𐑆𐐮𐑉𐐬, 𐑅𐐰𐐻𐐮𐑅𐑁𐐴𐐮𐑍 𐐴𐑄𐐲𐑉 𐐲𐑂 𐑄 𐐮𐐿𐐶𐐩𐑈𐐲𐑌𐑆*

$$x^4 - 4y^4 = \pm z^2. \tag{3}$$

𐐢𐐯𐐻 𐐲𐑅 𐐲𐑅𐐭𐑋 𐑄 𐐮𐑀𐑆𐐮𐑅𐐻𐐲𐑌𐑅 𐐲𐑂 𐐶𐐲𐑌 𐐲𐑂 𐑄 𐐮𐐿𐐶𐐩𐑈𐐲𐑌𐑆 (3) 𐑁𐐫𐑉 𐐨 𐑀𐐮𐑂𐐲𐑌 𐑅𐐯𐐻 𐐲𐑂 𐐹𐐱𐑆𐐮𐐻𐐮𐑂 𐐮𐑌𐐻𐐲𐐾𐐲𐑉𐑆 x, y, z. 𐐆𐑁 𐐯𐑌𐐨 𐐻𐐭 𐐲𐑂 𐑄𐐨𐑆 𐑌𐐲𐑋𐐺𐐲𐑉𐑆 𐐸𐐰𐑂 𐐨 𐐿𐐱𐑋𐐲𐑌 𐐱𐐼 𐐹𐑉𐐴𐑋 𐑁𐐰𐐿𐐻𐐲𐑉 p, 𐑄𐐯𐑌 𐐫𐑊 𐑃𐑉𐐨 𐐲𐑂 𐑄𐐯𐑋 𐐸𐐰𐑂 𐑄𐐮𐑅 𐑁𐐰𐐿𐐻𐐲𐑉, 𐐰𐑌𐐼 𐑄 𐐮𐐿𐐶𐐩𐑈𐐲𐑌 𐑋𐐩 𐐺 𐐼𐐮𐑂𐐴𐐼𐐲𐐼 𐑃𐑉𐐭 𐐺𐐴 p^4. 𐐜 𐑌𐐭 𐐮𐐿𐐶𐐩𐑈𐐲𐑌 𐑄𐐲𐑅 𐐲𐐺𐐻𐐩𐑌𐐼 𐐮𐑆 𐐲𐑂 𐑄 𐑅𐐩𐑋 𐑁𐐫𐑉𐑋 𐐰𐑆 𐑄 𐐲𐑉𐐮𐐾𐐮𐑌𐐲𐑊 𐐶𐐲𐑌. 𐐜 𐐹𐑉𐐱𐑅𐐯𐑅 𐑋𐐩 𐐺 𐑉𐐲𐐹𐐨𐐻𐐲𐐼 𐐲𐑌𐐻𐐮𐑊 𐐰𐑌 𐐮𐐿𐐶𐐩𐑈𐐲𐑌

$$x_1^4 - 4y_1^4 = \pm z_1^2$$

𐐮𐑆 𐐲𐐺𐐻𐐩𐑌𐐼, 𐐮𐑌 𐐶𐐮𐐽 𐑌𐐬 𐐻𐐭 𐐲𐑂 𐑄 𐑌𐐲𐑋𐐺𐐲𐑉𐑆 x_1, y_1, z_1 𐐸𐐰𐑂 𐐨 𐐿𐐱𐑋𐐲𐑌 𐐱𐐼 𐐹𐑉𐐴𐑋 𐑁𐐰𐐿𐐻𐐲𐑉.

𐐆𐑁 z_1 𐐮𐑆 𐐨𐑂𐐲𐑌, 𐐮𐐻 𐐮𐑆 𐐱𐐺𐑂𐐨𐐲𐑅 𐑄𐐰𐐻 x_1 𐐮𐑆 𐐫𐑊𐑅𐐬 𐐨𐑂𐐲𐑌, 𐐰𐑌𐐼 𐑄𐐯𐑉𐑁𐐫𐑉 𐑄 𐐲𐐺𐐲𐑂 𐐮𐐿𐐶𐐩𐑈𐐲𐑌 𐑋𐐩 𐐺 𐐼𐐮𐑂𐐴𐐼𐐲𐐼 𐑃𐑉𐐭 𐐺𐐴 4; 𐐨 𐑉𐐲𐑆𐐲𐑊𐐻 𐐲𐑂 𐑄 𐑁𐐫𐑉𐑋

$$y_2^4 - 4x_2^4 = \mp z_2^2$$

𐐮𐑆 𐐲𐐺𐐻𐐩𐑌𐐼. 𐐜 𐐹𐑉𐐱𐑅𐐯𐑅 𐑋𐐩 𐐺 𐐿𐐲𐑌𐐻𐐮𐑌𐐷𐐭𐐼 𐐲𐑌𐐻𐐮𐑊 𐐰𐑌 𐐮𐐿𐐶𐐩𐑈𐐲𐑌 𐐲𐑂 𐐶𐐲𐑌 𐐲𐑂 𐑄 𐑁𐐫𐑉𐑋𐑆

$$y_3^4 - 4x_3^4 = \pm z_3^2$$

ɪ6 ɼɞɿɛɪd, ɪɪ φωɪc z_3 ɪ6 ʌɪ əd ɪɼɔɞɼφ. Ɣʌɪ y_3 ɪ6 ɵɭɞɵ əd. Ɣʌɪ ɪp ɣ ɞʌωɼɪd ɔʌɔɞɼφ ɪɪ ɣ ɭʌɞɿ ɪωωɛsɼɪ φʌ6 ɣ ɔφɪɼɞ ɞφɪ ωə ɔɛ φφɿ $y_3^4 + z_3^2 = 4x_3^4$. Ɣɪɞ ɪωωɛsɼɪ ɪ6 ɪɔɿɵɞɪɞɼɭ, ɞɪɪɞ ɣ ɞɼɔ ɼɞ ɿɵ əd ɞωωʌφ6 ɪ6 ɵɞɞəɼɞɭə dɪɞɪ6ɪɞɼɭ ɞφ 2 ɞɼɿ ɪəɿ ɞφ 4. Ψʌɪɞ ωə ɔɼɞɿ φʌɞ

$$4x_3^4 + z_3^2 = y_3^4. \tag{4}$$

Ƚó ɪɿ ɪ6 ωɭɼφ ɣʌɿ ɪo ɿɵ ɼɞ ɣ ɪɼɔɞɼφ6 x_3, y_3, z_3 φʌɞ ə ωəɔɼɪ ρʌωɿɼφ ɼɣɼφ ɣʌɪ ϥωɪɪɿə ʌɪd ɣʌɿ ɵɭ ɼɞ ɣʌɔ əφ ɿə6ɪɿɪɞ. Ψʌɪɞ, ρφɼɔ ɣ ɭʌɞɿ ɪωωɛsɼɪ ɪɿ ρəɭɵ6 (ɞφ ɔəɪ6 ɼɞ ɣ φɼɞɼɭ ɪɪ § 3) ɣʌɿ φʌɭɼɿɪɞɭə ɿφφɔ ɿə6ɪɿɪɞ ɪɪɿɼɕɼφ6 r ʌɪd s, $r > s$ ɪώ6ɪɞɿ ɞɼc ɣʌɿ

$$x_3^2 = rs, \quad z_3 = r^2 - s^2, \quad y_3^2 = r^2 + s^2.$$

Ρφɼɔ ɣ ρɼφɞɿ ɼɞ ɣə6 ɪωωɛsɼɪ6 ɪɿ ρəɭɵ6 ɣʌɿ r ʌɪd s əφ ɞωωʌφ6; ɞɛ $r = \rho^2$, $s = \sigma^2$. Ɣʌɪ ρφɼɔ ɣ ɭʌɞɿ ɪωɞɿɵ6d ɪωωɛsɼɪ ωə φʌɞ

$$\rho^4 + \sigma^4 = y_3^2.$$

Ƚɿ ɪ6 əɞə ɿɵ ɞə ɣʌɿ ρ, σ, y_3 əφ ɿφφɔ əc ɿɵ əc.

Ɣ ɭʌɞɿ ɪωωɛsɼɪ ɭəd6 ɿɵ φɼɭɛbɼɪ6 ɼɞ ɣ ρφφɔ

$$y_3 = r_1^2 + s_1^2, \quad \rho^2 = 2r_1s_1, \qquad \sigma^2 = r_1^2 - s_1^2,$$

ɵφ ɼɞ ɣ ρφφɔ

$$y_3 = r_1^2 + s_1^2, \quad \rho^2 = r_1^2 - s_1^2, \quad \sigma^2 = 2r_1s_1.$$

Ƚɪ φɣɼφ ωɛɞ ωə ɞə ɣʌɿ $2r_1s_1$ ʌɪd $r_1^2 - s_1^2$ əφ ɞωωʌφ6, φωφɭ r_1 ʌɪd s_1 əφ φʌɭɼɿɪɞɭə ɿφφɔ ʌɪd ωɼɪ ɼɞ ɣʌɔ ɪ6 əɞɼɪ. Ρφɼɔ ɣ φɼɭɛbɼɪ $r_1^2 - s_1^2 =$ ɞωωʌφ, ɪɿ ρəɭɵ6 ɣʌɿ r_1 ɪ6 əd, ɞɪɪɞ ɼɣɼφωφ6 ωə bʠd φʌɞ ɣ ɞɼɔ ɼɞ ɿɵ əd ɞωωʌφ6 əωɼɭ ɿɵ ɣ əɞɼɪ ɞωωʌφ r_1^2, φωɪc ɪ6 ɪɔɿɵɞɪɞɼɭ. Ψʌɪɞ s_1 ɪ6 əɞɼɪ. Ƌɼɭ $2r_1s_1 =$ ɞωωʌφ. Ψʌɪɞ ɿə6ɪɿɪɞ ɪɪɿɼɕɼφ6 ρ_1, σ_1, ɪώ6ɪɞɿ ɞɼc ɣʌɿ $r_1 = \rho_1^2$, $s_1 = 2\sigma_1^2$. Ψʌɪɞ, ωə φʌɞ ʌɪ ɪωωɛsɼɪ ɼɞ ɣ ρφφɔ $\rho_1^4 - 4\sigma_1^4 = w_1^2$, ɞɪɪɞ $r_1^2 - s_1^2$ ɪ6 ə ɞωωʌφ; ɣʌɿ ɪ6, ωə φʌɞ

$$4\sigma_1^4 + w_1^2 = \rho_1^4. \tag{5}$$

𐐝𐐬 𐑄 𐑊𐐰𐑅𐐻 𐐨𐐿𐐶𐐩𐑈𐐲𐑌 𐐶𐐳𐐼 𐐺𐐨 𐐨𐐿𐐶𐐮𐑂𐐲𐑊𐐲𐑌𐐻 𐐻𐐭 𐐇𐐿. (4). 𐐣𐐫𐑉𐐬𐑂𐐲𐑉, 𐐮𐐻 𐐮𐑆 𐐱𐐺𐑂𐐨𐐲𐑅 𐑄𐐰𐐻 𐐫𐑊 𐑄 𐑌𐐲𐑋𐐺𐐲𐑉𐑆 ρ_1, σ_1, w_1, 𐐪𐑉 𐐹𐐱𐑆𐐮𐐻𐐮𐑂. 𐐉𐑊𐑅𐐬, 𐐶𐐨 𐐸𐐰𐑂

$$x_3^2 = rs = \rho^2\sigma^2 = 2r_1s_1(r_1^2 - s_1^2) = 4\rho_1^2\sigma_1^2(\rho_1^4 - 4\sigma_1^2) = 4\rho_1^2\sigma_1^2w_1^2$$

𐐐𐐯𐑌𐑅, $\sigma_1 < x_3$. 𐐗𐐱𐑌𐑅𐐨𐐿𐐶𐐯𐑌𐐻𐑊𐐨, 𐐰𐐹𐑊𐐴𐐮𐑍 𐑅𐐻𐐯𐐹 (5) 𐐶𐐨 𐑁𐐴𐑌𐐼 𐐰 𐑌𐐭 𐑅𐐲𐑊𐐭𐑇𐐲𐑌 𐐻𐐭 𐑄 𐐨𐐿𐐶𐐩𐑈𐐲𐑌

$$4\sigma_2^4 + w_2^2 = \rho_2^4,$$

𐐶𐐮𐑄 $\sigma_2 < \sigma_1$; 𐐰𐑌𐐼 𐑅𐐬 𐐱𐑌 𐐮𐑌𐐼𐐯𐑁𐐮𐑌𐐮𐐻𐑊𐐨. 𐐜𐐮𐑅 𐐮𐑆 𐐸𐐵𐐯𐑂𐐲𐑉 𐐮𐑋𐐹𐐱𐑅𐐲𐐺𐐲𐑊. 𐐐𐐯𐑌𐑅, 𐑄 𐑃𐐨𐐲𐑉𐐲𐑋 𐐮𐑆 𐐹𐑉𐐭𐑂𐐲𐑌.

𐐎𐐨 𐐿𐐰𐑌 𐑌𐐵 𐐷𐐭𐑆 𐑄𐐮𐑅 𐑉𐐮𐑆𐐲𐑊𐐻 𐐻𐐭 𐐹𐑉𐐭𐑂 𐑄 𐑁𐐱𐑊𐐬𐐮𐑍 𐑃𐐨𐐲𐑉𐐲𐑋:

II. *𐐜 𐐯𐑉𐐨𐐲 𐐲𐑂 𐐰 𐐑𐐮𐑃𐐰𐑀𐐫𐑉𐐨𐐲𐑌 𐐻𐑉𐐴𐐰𐑍𐑀𐐲𐑊 𐐮𐑆 𐑌𐐯𐑂𐐲𐑉 𐐨𐐿𐐶𐐲𐑊 𐐻𐐭 𐑄 𐑅𐐿𐐶𐐯𐑉 𐐲𐑂 𐐰 𐐸𐐬𐑊 𐑌𐐲𐑋𐐺𐐲𐑉.*

𐐑𐑉𐐭𐑁, 𐐮𐑁 𐑄 𐐯𐑉𐐨𐐲 𐐶𐐲𐑉 𐐨𐐿𐐶𐐲𐑊 𐐻𐐭 𐐰 𐑅𐐿𐐶𐐯𐑉 𐑄𐐯𐑉 𐐶𐐳𐐼 𐐺𐐨 𐐹𐐱𐑆𐐮𐐻𐐮𐑂 𐑌𐐲𐑋𐐺𐐲𐑉𐑆 u, v, w, t 𐑅𐐲𐐽 𐑄𐐰𐐻

$$u^2 + v^2 = w^2, \quad uv = t^2,$$

𐑄𐐯𐑌 𐐮𐐻 𐐮𐑆 𐐨𐑆𐐨 𐐻𐐭 𐑅𐐨 𐑄𐐰𐐻

$$(u+v)^2 = w_2 + 2t^2, \quad (u-v)^2 = w^2 - 2t^2;$$

𐐰𐑌𐐼,

$$w^4 - 4t^4 = (u^2 - v^2)^2.$$

𐐙𐐴𐑌𐐲𐑊𐐨, 𐐶𐐨 𐐸𐐰𐑂 𐑄 𐑃𐐨𐐲𐑉𐐲𐑋:

III. *𐐜𐐯𐑉 𐐪𐑉 𐑌𐐬 𐐮𐑌𐐻𐐲𐐾𐐲𐑉𐑆 x, y, z, 𐐫𐑊 𐐼𐐮𐑁𐐲𐑉𐐲𐑌𐐻 𐑁𐑉𐐲𐑋 𐑆𐐨𐑉𐐬, 𐑅𐐲𐐽 𐑄𐐰𐐻*

$$x^4 + y^4 = z^2.$$

𐐑𐑉𐐭𐑁, 𐐮𐑁 𐑄𐐯𐑉 𐐶𐐲𐑉 𐑅𐐲𐐽 𐐰 𐑅𐐲𐑊𐐭𐑇𐐲𐑌, 𐐶𐐨 𐐸𐐰𐑂 𐑄 𐐑𐐮𐑃𐐰𐑀𐐫𐑉𐐨𐐲𐑌 𐐻𐑉𐐴𐐰𐑍𐑀𐐲𐑊 $(x^2)^2 + (y^2)^2 = z^2$, 𐐸𐐭𐑆 𐐯𐑉𐐨𐐲 $\frac{1}{2}x^2y^2$ 𐐮𐑆 𐐨𐐿𐐶𐐲𐑊 𐐻𐐭 𐐰 𐑅𐐿𐐶𐐯𐑉 𐑌𐐲𐑋𐐺𐐲𐑉; 𐐺𐐲𐐻 𐑄𐐮𐑅 𐐮𐑆 𐐮𐑋𐐹𐐱𐑅𐐲𐐺𐐲𐑊.

𐐇𐐿𐑅𐐲𐑉𐑅𐐴𐑆𐐲𐑆

1. 𐐆𐑌 𐐰 𐐑𐐮𐑃𐐰𐑀𐐫𐑉𐐨𐐲𐑌 𐐻𐑉𐐴𐐰𐑍𐑀𐐲𐑊 $x^2 + y^2 = z^2$, 𐐹𐑉𐐭𐑂 𐑄𐐰𐐻 𐐰𐐻 𐑊𐐨𐑅𐐻 𐐶𐐲𐑌 𐐲𐑂 𐑄 𐑅𐐴𐐼𐑆 x, y, z, 𐐮𐑆 𐐰 𐑅𐐿𐐶𐐯𐑉 𐑌𐐲𐑋𐐺𐐲𐑉. (Cf. 𐐇𐐿𐑅. 4, 5, 6 in § 3.)
2. 𐐞𐐬 𐑄𐐰𐐻 𐑄 𐑌𐐲𐑋𐐺𐐲𐑉 𐐮𐐿𐑅𐐹𐑉𐐯𐑅𐐮𐑍 𐑄 𐐯𐑉𐐨𐐲 𐐲𐑂 𐐰 𐐑𐐮𐑃𐐰𐑀𐐫𐑉𐐨𐐲𐑌

𐐻𐑉𐐴𐐰𐑍𐑀𐐲𐑊 𐐸𐐰𐑆 𐐰𐐻 𐑊𐐨𐑅𐐻 𐐶𐐲𐑌 𐐱𐐼 𐐹𐑉𐐴𐑋 𐑁𐐰𐐿𐐻𐐲𐑉 𐐯𐑌𐐻𐐲𐑉𐐮𐑍 𐐮𐑌𐐻𐐭 𐐮𐐻 𐐻𐐭 𐐰𐑌 𐐱𐐼 𐐹𐐵𐐲𐑉 𐐰𐑌𐐼 𐑄𐐯𐑌𐑅 𐑇𐐬 𐑄𐐰𐐻 𐐯𐑂𐑉𐐨 𐑌𐐲𐑋𐐺𐐲𐑉 𐐲𐑂 𐑄 𐑁𐐫𐑉𐑋 $\rho^4 - \sigma^4$, 𐐮𐑌 𐐸𐐶𐐮𐐽 ρ 𐐰𐑌𐐼 σ 𐐪𐑉 𐐼𐐮𐑁𐐲𐑉𐐲𐑌𐐻 𐐹𐐱𐑆𐐮𐐻𐐮𐑂 𐐮𐑌𐐻𐐲𐐖𐐲𐑉𐑆, 𐐸𐐰𐑆 𐐫𐑊𐐶𐐩𐑆 𐐰𐑌 𐐱𐐼 𐐹𐑉𐐴𐑋 𐑁𐐰𐐿𐐻𐐲𐑉 𐐯𐑌𐐻𐐲𐑉𐐮𐑍 𐐮𐑌𐐻𐐭 𐐮𐐻 𐐻𐐭 𐐰𐑌 𐐱𐐼 𐐹𐐵𐐲𐑉.

3. 𐐜 𐐨𐐿𐐶𐐩𐑈𐐲𐑌 $2x^4 - 2y^4 = z^2$ 𐐮𐑆 𐐮𐑋𐐹𐐱𐑅𐐮𐐺𐐲𐑊 𐐮𐑌 𐐮𐑌𐐻𐐲𐐖𐐲𐑉𐑆 x, y, z, 𐐫𐑊 𐐲𐑂 𐐸𐐶𐐮𐐽 𐐪𐑉 𐐼𐐮𐑁𐐲𐑉𐐲𐑌𐐻 𐑁𐑉𐐲𐑋 𐑆𐐨𐑉𐐬.

4. 𐐜 𐐨𐐿𐐶𐐩𐑈𐐲𐑌 $x^4 + 2y^4 = z^2$ 𐐮𐑆 𐐮𐑋𐐹𐐱𐑅𐐮𐐺𐐲𐑊 𐐮𐑌 𐐮𐑌𐐻𐐲𐐖𐐲𐑉𐑆 x, y, z, 𐐫𐑊 𐐲𐑂 𐐸𐐶𐐮𐐽 𐐪𐑉 𐐼𐐮𐑁𐐲𐑉𐐲𐑌𐐻 𐑁𐑉𐐲𐑋 𐑆𐐨𐑉𐐬.

𐐝𐐊𐐘𐐖𐐇𐐝𐐕𐐊𐐤.—𐑄𐐮𐑅 𐑋𐐩 𐐺 𐐹𐑉𐐭𐑂𐐼 𐐺𐐴 𐑄 𐑋𐐯𐑃𐐲𐐼 𐐲𐑂 𐐮𐑌𐑁𐐮𐑌𐐮𐐻 𐐼𐐲𐑅𐐯𐑌𐐻. (𐐦𐑊𐐲𐑉'𐑆 𐐈𐑊𐐖𐐲𐐺𐑉𐐲, 2_2, § 210.) 𐐒𐐲𐑀𐐮𐑌 𐐺𐐴 𐑉𐐴𐐻𐐮𐑍 z 𐐮𐑌 𐑄 𐑁𐐫𐑉𐑋

$$z = x^2 + \frac{2py^2}{q},$$

𐐸𐐶𐐯𐑉 p 𐐰𐑌𐐼 q 𐐪𐑉 𐑉𐐯𐑊𐐲𐐻𐐮𐑂𐑊𐐨 𐐹𐑉𐐴𐑋 𐐮𐑌𐐻𐐲𐐖𐐲𐑉𐑆, 𐐰𐑌𐐼 𐑄𐐯𐑌𐑅 𐑇𐐬 𐑄𐐰𐐻 $x^2 = q^2 - 2p^2$, $y^2 = 2pq$, 𐐹𐑉𐐲𐑂𐐴𐐼𐐲𐐼 𐑄𐐰𐐻 x, y, z 𐐪𐑉 𐐹𐑉𐐴𐑋 𐐨𐐽 𐐻𐐭 𐐨𐐽.

5. 𐐒𐐴 𐐮𐑌𐑅𐐹𐐯𐐿𐑇𐐲𐑌 𐐫𐑉 𐐲𐑄𐐲𐑉𐐶𐐴𐑆 𐐲𐐺𐐻𐐩𐑌 𐑅𐐯𐑂𐐲𐑉𐐲𐑊 𐑅𐐲𐑊𐐭𐑇𐐲𐑌𐑆 𐐲𐑂 𐐨𐐽 𐐲𐑂 𐑄 𐐨𐐿𐐶𐐩𐑈𐐲𐑌𐑆 $x^4 - 2y^4 = z^2$, $2x^4 - y^4 = z^2$, $x^4 + 8y^4 = z^2$.

6. 𐐜 𐐨𐐿𐐶𐐩𐑈𐐲𐑌 $x^4 - y^4 = 2z^2$ 𐐮𐑆 𐐮𐑋𐐹𐐱𐑅𐐮𐐺𐐲𐑊 𐐮𐑌 𐐮𐑌𐐻𐐲𐐖𐐲𐑉𐑆 x, y, z, 𐐫𐑊 𐐲𐑂 𐐸𐐶𐐮𐐽 𐐪𐑉 𐐼𐐮𐑁𐐲𐑉𐐲𐑌𐐻 𐑁𐑉𐐲𐑋 𐑆𐐨𐑉𐐬.

7. 𐐜 𐐨𐐿𐐶𐐩𐑈𐐲𐑌 $x^4 + y^4 = 2z^2$ 𐐮𐑆 𐐮𐑋𐐹𐐱𐑅𐐮𐐺𐐲𐑊 𐐮𐑌 𐐮𐑌𐐻𐐲𐐖𐐲𐑉𐑆 x, y, z, 𐐯𐐿𐑅𐐯𐐹𐐻 𐑁𐐫𐑉 𐑄 𐐻𐑉𐐮𐑂𐐨𐐲𐑊 𐑅𐐲𐑊𐐭𐑇𐐲𐑌 $z = \pm x^2 = \pm y^2$.

8. 𐐜 𐐨𐐿𐐶𐐩𐑈𐐲𐑌 $8x^4 - y^4 = z^2$ 𐐮𐑆 𐐮𐑋𐐹𐐱𐑅𐐮𐐺𐐲𐑊 𐐮𐑌 𐐮𐑌𐐻𐐲𐐖𐐲𐑉𐑆 x, y, z, 𐐫𐑊 𐐲𐑂 𐐸𐐶𐐮𐐽 𐐪𐑉 𐐼𐐮𐑁𐐲𐑉𐐲𐑌𐐻 𐑁𐑉𐐲𐑋 𐑆𐐨𐑉𐐬.

9. 𐐜 𐐨𐐿𐐶𐐩𐑈𐐲𐑌 $x^4 - 8y^4 = z^2$ 𐐮𐑆 𐐮𐑋𐐹𐐱𐑅𐐮𐐺𐐲𐑊 𐐮𐑌 𐐮𐑌𐐻𐐲𐐖𐐲𐑉𐑆 x, y, z, 𐐫𐑊 𐐲𐑂 𐐸𐐶𐐮𐐽 𐐪𐑉 𐐼𐐮𐑁𐐲𐑉𐐲𐑌𐐻 𐑁𐑉𐐲𐑋 𐑆𐐨𐑉𐐬.

𐐖𐐯𐑌𐐲𐑉𐐲𐑊 𐐇𐐿𐑅𐐲𐑉𐑅𐐴𐑆𐐲𐑆

1. 𐐙𐐴𐑌𐐼 𐑄 𐐖𐐯𐑌𐐲𐑉𐐲𐑊 𐑉𐐰𐑇𐐲𐑌𐐲𐑊 𐑅𐐲𐑊𐐭𐑇𐐲𐑌 𐐲𐑂 𐑄 𐐨𐐿𐐶𐐩𐑈𐐲𐑌 $x^2+y^2 = a^2$, 𐐸𐐶𐐯𐑉 a 𐐮𐑆 𐐲 𐑀𐐮𐑂𐐲𐑌 𐑉𐐰𐑇𐐲𐑌𐐲𐑊 𐑌𐐲𐑋𐐺𐐲𐑉.

2. Ƿɸʵd ɣ ɕʮʵɼɸɼɭ ɸɹbɼʵɼɭ ɞɼɭɷbɼʵ ɼɞ ɣ ɪɷɷɛsɼʵ $x^2+y^2 = a^2+b^2$, ɸɷʮɸ a ɹʵd b ɘɸ ɷ̇ɪɞɼʵ ɸɹbɼʵɼɭ ʵɼɔɞɼɸɞ.

3. Ƌɼɣɼɸɔʵ ɷɭ ꞁɸɪɔɣɪɞ ꞁɪʟɹɷ̇ɼɸɘɼʵ ɣɸɸɹʍɷ̇ɼɭɞ ɼɞ ɸɷɪc ɣ ꞁɼɸɪɔɼɣɼɸ ɪɞ ɘ ɞɷɷʮɸ.

4. Ƿɸʵd ɕʮʵɼɸɼɭ formulæ ɼɘɸ ɣ ɞɸdɞ ɼɞ ɘ ꞁɸɪɔɣɪɞ ꞁɪʟɹɷ̇ɼɸɘɼʵ ɣɸɸɹʍɷ̇ɼɭ ɞɼc ɣɹɣ ɣ ɞɼɔ ɼɞ ɣ ɸɸꞁɘɣɼʵɷɞ ɹʵd ɸɣɼɸ ɭʮɷ̇ ɪɞ ɘ ɷʋɷɞ.

5. Ƿɸʵd ɕʮʵɼɸɼɭ formulæ ɼɘɸ ɣ ɞɸdɞ ɼɞ ɘ ꞁɸɪɔɣɪɞ ꞁɪʟɹɷ̇ɼɸɘɼʵ ɣɸɸɹʍɷ̇ɼɭ ɞɼc ɣɹɣ ɣ ɸɸꞁɘɣɼʵɷɞ bɹɭ dɪɼɼɸ ɼɸɼɔ ɘc ɞɸd ɞɸ ɘ ɷʋɷɞ.

6. Ƴɞɞɼɸɞ ɣɹɣ ɣ ɪɷɷɛsɼʵ $x^2+y^2=z^2$ ɸɹɞ ɣ ɭɸɘ ɞɼɭɷbɼʵɞ

$$x = 2mn, \quad y = m^2 - n^2, \quad z = m^2 + n^2,$$

ɸɷʮɸ

$$\begin{aligned} m &= k^2 + kl + l^2, & n &= k^2 - l^2; \\ m &= k^2 + kl + l^2, & n &= 2kl + l^2; \\ m &= k^2 + 2kl, & n &= k^2 + kl + l^2; \end{aligned}$$

ɹʵd bo ɣɹɣ ɘc ɼɞ ɣ ɭɸɘ ꞁɪʟɹɷ̇ɼɸɘɼʵ ɣɸɸɹʍɷ̇ɼɭɞ ɞo dɼɣɼɸɔʵd ɸɹɞ ɣ ʮɸɘɼ

$$(k^2+kl+l^2)(k^2-l^2)(2k+l)(2l+k)kl.$$ (Ɥɪɭʋɼɸ, 1902.)

7. * Ƌɼɞʮɭɼꞁ ɔʮʟɼdɞ ɼɞ ɼɸʵdɪʍ ɹʵ ɪɼɼɪɪɣ ʵɼɔɞɼɸ ɼɞ ꞁɘɞɪɣɪɞ ɪɣɼɷ̇ɸɼɭ ɞɼɭɷbɼʵɞ ɼɞ ɣ Ƌɸɼɼɹʵɣɸʵ ɞɪɞɣɼɔ

$$x^2 + y^2 = u^2, \quad y^2 + z^2 = v^2, \quad z^2 + x^2 = w^2.$$

(Ɓɘ *Ɽɔʮɸ. Ɔɹʟ. Ɔɼʵʟɘ*, Ɓɘɭ. XXI, ꞁ. 165, ɹʵd *Encyclopédie des sciences mathématiques*, Tome I, Ɓɘɭ. III, ꞁ. 31).

8. * Ƴɞɣɛʵ ɪɣɼɷ̇ɸɼɭ ɞɼɭɷbɼʵɞ ɼɞ ɣ Ƌɸɼɼɹʵɣɸʵ ɞɪɞɣɼɔ.

$$x^2 + y^2 = t^2 = z^2 + w^2, \quad x^2 - w^2 = u^2 = z^2 - y^2.$$

9. Ꞵɵʅɞ ɣ Ꭿɸʀƿɹɩʅɸɩ ɞɨɞʅʀɔ $x^2 + t = u^2, x^2 - t = v^2$.

10. Ƿɸɩd ʟɸɘ ɞϖωʌɸɞ ɨɩ ʌɸɨʟɔʌʅɨϖʀʅ ʅɸʀώɸʌbʀɩ.

2 Ꞁφɵ8[ᴦɔϭ Ɨʮϐɵ[ϐɨи ɵ Ɔᴦ[ɿᴦꞀ]ɨωᴦ]ɨϐ ᗡoɔɛʮ

§ 7 Ѳʮ ʮᴦɔ8ᴦφϭ ᴦϐ ɣ ᵽѲΦɔ $x^2 + axy + by^2$. ꓒω8ᴦΦ8ȸϭᴦϭ 1-7

ʮᴦɔ8ᴦφϭ ᴦϐ ɣ ᵽɵφɔ $m^2 + n^2$ φɹϐ ɵ φᴦɔɵφωᴦ8ᴦ[ꞀφɵꞀᴦφ]ɘ φωɪc ɪϭ ω[ɵϐ[ɘ ωᴦʮɹω]ᴦd ωɪɣ ɣ ᵽɹω ɣɹ] ɣ ɨωωεsᴦʮ $x^2 + y^2 = z^2$ φɹϐ ɵ ϐɪɔꞀᴦ[ɹʮd ɹ[ᴦώᴦʮ] ɩɪφɵ. Ɣɪϐ ꞀφɵꞀᴦφ]ɘ ɪϭ ɨω8Ꞁφɹ8] ϐȸ ɔɘʮϭ ᴦϐ ɣ ȸdɹʮ]]ɘϭ

$$(m^2 + n^2)(p^2 + q^2) = (mp + nq)^2 + (mq - np)^2,$$
$$= (mp - nq)^2 + (mq + np)^2. \quad (1)$$

Ɵ Ꞁɘφ] ᴦϐ φωᴦ] ɪϭ ωᴦʮ]εʮd ʮ ɣɘϭ ȸᴦ[εbᴦʮϭ ɔε ϐ ɨω8Ꞁφɹ8] ʮ ωᴦφdϭ ɹϭ ᵽɘ[ɵϭ: ɣ Ꞁφɵdᴦω] ᴦϐ]ѳ ʮᴦɔ8ᴦφϭ ᴦϐ ɣ ᵽɵφɔ $m^2 + n^2$ ɪϭ ɨ]8ɹ[ᵽ ᴦϐ ɣ 8εɔ ᵽɵφɔ ɹʮd ʮ ɕɹʮᴦφᴦ[ʮ]ѳ ωεϭ.

Ɨᵽ ʮ (1) ωɘ Ꞁq] $p = m$ ɹʮd $q = n$, ωɘ φɹϐ

$$(m^2 - n^2)^2 + (2mn)^2 = (m^2 + n^2)^2.$$

Ɣᴦϐ ωɘ ɵφ [ɹd]ѳ ɣ ᵽᴦʮdᴦɔɹʮ]ᴦ[8ᴦ[ѳbᴦʮ

$$x = m^2 - n^2, \quad y = 2mn, \quad z = m^2 + n^2,$$

ᴦϐ ɣ Ꞁɨɹώᴦφɘᴦʮ ɨωωεsᴦʮ $x^2 + y^2 = z^2$.

Ɨʮ ɵ 8ɪɔ[ᴦφ ɔɹʮᴦφ, ᵽφᴦɔ ɣ ȸᴦ[εbᴦʮϭ

$$\begin{aligned}(m^2 + n^2)^3 &= (m^2 + n^2)^2(m^2 + n^2)\\ &= [(m^2 - n^2)^2 + (2mn)^2](m^2 + n^2)\\ &= (m^3 + mn^2)^2 + (m^2n + n^3)^2,\\ &= (m^3 - 3mn^2)^2 + (3m^2n - n^3)^2,\end{aligned}$$

ωə φɹɞ pɵφ ɣ ɪωωɛsɾɥ $x^2 + y^2 = z^3$ ɣ pɵɿoɪи ʇɷ dɾɞɾɿ-ʇɾφɹɔɾʇɾφ ɞɾɿɷbɾɥ6

$$x = m^3 + mn^2, \quad y = m^2n + n^3, \quad z = m^2 + n^2;$$
$$x = m^3 - 3mn^2, \quad y = 3m^2n - n^3, \quad z = m^2 + n^2.$$

Ɣɾɞ, ɪp ωə ʇɛω $m = 2, n = 1$, ωə φɹɞ $10^2 + 5^2 = 5^3$, ɹɥd $2^2 + 11^2 = 5^3$.

Ɨʇ ɪ6 ɞəɞəɾɞ ɣɹʇ ωə ɔɛ ɪɥ ə ɞɪɔɪʇɾφ ωɛ ɾɞʇɛɥ ʇɷ-ʇɾφɹɔɾʇɾφ ɞɾɿɷbɾɥ6 ɾɞ ɣ ɪωωɛsɾɥ $x^2+y^2 = z^k$ pɵφ ɹɞφə ʇɞ6ɪʇɪɞ ɪɥʇɾώφɾɿ ɞɹɿɤɷ ɾɞ k.

Ɍώɹɥ pφɾɔ (1) ωə ɞə ɣɹʇ ɣ ɪωωɛsɾɥ

$$x^2 + y^2 = u^2 + v^2$$

φɹ6 ɣ pɵφ-ʇɾφɹɔɾʇɾφ ɞɾɿɷbɾɥ

$$x = mp+nq, \quad y = mq-np, \quad u = mp-nq, \quad v = mq+np.$$

Ɣɾɞ, ɪp ωə ʇqʇ $m = 3, n = 2, p = 2, q = 1$, ωə φɹɞ ɪɥ ʇɾφʇɪωɤɾɿɾφ $8^2 + 1^2 = 4^2 + 7^2$.

Ɣɹφ əφ ɞɹɞɾφɾɿ ωφɥd6 ɾɞ pɵφɔ6 φωɪɔ φɹɞ ɣ ɞɛɔ φɾɔəφωɾɞɾɿ ʇφəʇɾφʇə ɹ6 ɣɹʇ ʇɔɪɥʇɾd ɵ̇ʇ ɾɞɾɞ pɵφ ɣ pɵφɔ $m^2 + n^2$. Ɣɾɞ ωə φɹɞ, ɪɥ ʇɾφʇɪωɤɾɿɾφ,

$$(m^2 + amn + bn^2)(p^2 + apq + bq^2) = r^2 + ars + bs^2, \qquad (2)$$

φωɹɥ

$$r = mp - bnq, \quad s = np + mq + anq,$$

ɹ6 ωɾɥ ɔɛ φɹdɪʇə ɞɹφɪpφ ɞφ ɹωɔɾωɾɿ ɔɾɿɾʇɿɪωɛbɾɥ. Ɣɪɞ ɪ6 ə ɞʇɹbɾɿ ωɛɞ ɾɞ ə ɕɹɥɾφɾɿ pɵφɔɤɾɿɾ φωɪɔ ωɪɿ ɞ dɾɞɹɿɾʇʇ ɪɥ § 12 ɪɥ ɞɾɔ ə ωɛ ɹ6 ʇɷ ʟφo ɿφʇ oɥ ɣ φəɞɾɥ pɵφ ɪʇɞ ɪώ6ɪɞʇɾɥ6. Ə ɞʇɹbɾɿ ωɛɞ ɾɞ ɪʇ ωɪɿ ɞ ʇφəɿɾd ɪɥ dəʇɛɿ ɪɥ § 8.

ɹωɞɾφɞφ6ɾ6

1. Ꝑφɥd ə ʇɷ-ʇɾφɹɔɾʇɾφ ɞɾɿɷbɾɥ ɾɞ ɣ ɪωωɛsɾɥ $x^2 + axy + by^2 = z^2$.

2. Ꝑφɥd ə ʇɷ-ʇɾφɹɔɾʇɾφ ɞɾɿɷbɾɥ ɾɞ ɣ ɪωωɛsɾɥ $x^2 + axy + by^2 = z^3$.

3. 𐐔𐐲𐑅𐐿𐑉𐐴𐐺 𐐰 𐑋𐐯𐑃𐐲𐐼 𐑁𐐱𐑉 𐑁𐐴𐑌𐐼𐐮𐑍 𐐻𐐭-𐐹𐐲𐑉𐐰𐑋𐐲𐐻𐐲𐑉 𐑅𐐲𐑊𐐭𐑇𐐲𐑌𐑆 𐐲𐑂 𐑄 𐐮𐐿𐐶𐐩𐑈𐐲𐑌 $x^2 + axy + by^2 = z^k$ 𐑁𐐱𐑉 𐐯𐑌𐐨 𐑀𐐮𐑂𐐲𐑌 𐐹𐐱𐑆𐐮𐐻𐐮𐑂 𐐮𐑌𐐻𐐲𐑀𐑉𐐲𐑊 𐑂𐐰𐑊𐐷𐐭 𐐲𐑂 k.

4. 𐐟𐐬 𐑄𐐰𐐻 $(m^2+m+n^2)(p^2+p+q^2) = r^2+s+s^2$, 𐐸𐐶𐐯𐑉 r, s 𐐸𐐰𐑂 𐐴𐑄𐐲𐑉 𐐲𐑂 𐑄 𐐻𐐭 𐑅𐐯𐐻𐑅 𐐲𐑂 𐑂𐐰𐑊𐐷𐐭𐑆

$$r = mp - nq, \quad s = np + mq + anq;$$
$$r = mq - np, \quad s = nq + mp + anp.$$

5. 𐐙𐐴𐑌𐐼 𐐰 𐑁𐐱𐑉-𐐹𐐲𐑉𐐰𐑋𐐲𐐻𐐲𐑉 𐑅𐐲𐑊𐐭𐑇𐐲𐑌 𐐲𐑂 𐑄 𐐮𐐿𐐶𐐩𐑈𐐲𐑌

$$x^2 + axy + y^2 = u^2 + auv + v^2.$$

6. 𐐙𐐴𐑌𐐼 𐐰 𐑅𐐮𐐿𐑅-𐐹𐐲𐑉𐐰𐑋𐐲𐐻𐐲𐑉 𐑅𐐲𐑊𐐭𐑇𐐲𐑌 𐐲𐑂 𐑄 𐑅𐐮𐑅𐐻𐐲𐑋

$$x^2 + axy + y^2 = u^2 + auv + v^2 = z^2 + azt + t^2.$$

7. 𐐙𐐴𐑌𐐼 𐐰 𐐻𐐭-𐐹𐐲𐑉𐐰𐑋𐐲𐐻𐐲𐑉 𐐮𐑌𐐻𐐲𐑀𐑉𐐲𐑊 𐑅𐐲𐑊𐐭𐑇𐐲𐑌 𐐲𐑂 𐑄 𐐮𐐿𐐶𐐩𐑈𐐲𐑌 $x^2 + y^2 = z^2 + 1$.

§ 8 𐐉𐑌 𐑄 𐐆𐐿𐐶𐐩𐑈𐐲𐑌 $x^2 - Dy^2 = z^2$. 𐐇𐐿𐑅𐐲𐑉𐑅𐐴𐑆𐐲𐑆 1-8

𐐎𐐨 𐑇𐐰𐑊 𐑌𐐵 𐐼𐐲𐑂𐐯𐑊𐐲𐐹 𐐰 𐐾𐐯𐑌𐐲𐑉𐐲𐑊 𐑃𐐮𐑉𐐨 𐐺𐐴 𐑋𐐨𐑌𐑆 𐐲𐑂 𐐸𐐶𐐮𐐽 𐑄 𐑅𐐲𐑊𐐭𐑇𐐲𐑌𐑆 𐐲𐑂 𐑄 𐐮𐐿𐐶𐐩𐑈𐐲𐑌

$$x^2 - Dy^2 = z^2 \tag{1}$$

𐑋𐐩 𐐺 𐑁𐐵𐑌𐐼. 𐐤𐐰𐐽𐐲𐑉𐐲𐑊𐐨 D 𐐮𐑆 𐐲𐑅𐐭𐑋𐐼 𐐻𐐭 𐐺 𐐰𐑌 𐐮𐑌𐐻𐐲𐐾𐐲𐑉. 𐐎𐐮𐑃𐐵𐐻 𐑊𐐱𐑅 𐐲𐑂 𐐾𐐯𐑌𐐲𐑉𐐰𐑊𐐮𐐻𐐨 𐐮𐐻 𐑋𐐩 𐐺 𐐻𐐩𐐿𐐲𐑌 𐐹𐐱𐑆𐐮𐐻𐐮𐑂; 𐑁𐐱𐑉 𐐮𐑁 𐐮𐐻 𐐶𐐲𐑉 𐑌𐐩𐑀𐐲𐐻𐐮𐑂 𐑄 𐐮𐐿𐐶𐐩𐑈𐐲𐑌 𐑋𐐴𐐻 𐐺 𐑉𐐮𐐻𐐲𐑌 𐐮𐑌 𐑄 𐑁𐐱𐑉𐑋 $z^2 - (-D)y^2 = x^2$, 𐐸𐐶𐐯𐑉 $-D$ 𐐮𐑆 𐐹𐐱𐑆𐐮𐐻𐐮𐑂. 𐐆𐑁 D 𐐮𐑆 𐑄 𐑅𐐿𐐶𐐯𐑉 𐐲𐑂 𐐰𐑌 𐐮𐑌𐐻𐐲𐐾𐐲𐑉, 𐑅𐐩, $D = d^2$, 𐑄 𐐮𐐿𐐶𐐩𐑈𐐲𐑌 𐑋𐐩 𐐺 𐑉𐐮𐐻𐐲𐑌

$$x^2 = z^2 + (dy)^2,$$

𐑅𐐬 𐑄𐐰𐐻 𐑄 𐑃𐐮𐑉𐐨 𐐺𐐲𐐿𐐲𐑋𐑆 𐐮𐑅𐐯𐑌𐐽𐐲𐑊𐐨 𐑄𐐰𐐻 𐐲𐑂 𐑄 𐐑𐐮𐑃𐐰𐑀𐐲𐑉𐐨𐐲𐑌 𐐮𐐿𐐶𐐩𐑈𐐲𐑌 $x^2 + y^2 = z^2$. 𐐊𐐿𐐱𐑉𐐼𐐮𐑍𐑊𐐨, 𐐶𐐨 𐑇𐐰𐑊 𐑅𐐲𐐹𐐬𐑆 𐑄𐐰𐐻 D 𐐮𐑆 𐑌𐐱𐐻 𐐰 𐑅𐐿𐐶𐐯𐑉.

Ꙗф ɐɑʅɾɐʅə ɐᴛʌbɾʅфɐɪɪ Ɨω. (2) ɾɐ ɣ ʅфɾɐədɪɪ ɐʌωbɾʁ ωə фʌdʅʅə ɾɐʅɛʁ ɣ ρɐʅɔɪɪ ʅω-ɿɾфʌɔɾʅɾф ɐɾʅωbɾʁ ɾɐ (1):

$$x = m^2 + Dn^2, \quad y = 2mn, \quad z = m^2 - Dn^2.$$

Ꙗɾʅ ɣʌф ɪɐ ʁo фʌdə ɔəʁɐ ρɐф dɾʅɾфɔɪɪɪ фωʌɣɾф ɣɪɐ ɪɐ ɣ ɕʌɪɾфɾʅ ɐɾʅωbɾʁ. Ɯəʁɐɾωωʌʁʅʅə ωə bʌʅ ɾʅфoc ρфɾɔ ɾʁɾɣɾф dɾфʌωbɾʁ ɣ ʅфəɐʅɾɔ ɾɐ ρфʁdɪɪ ɣ ɐɾʅωbɾʁ ɾɐ (1).

Ɯə bʌʅ ρɾфɐʅ bo ɣʌʅ Ɨω. (1) ʅɾɐʌɐɾɐ ə ʁəʁ-ʅфɪɐəɾʅ ɐɾʅωbɾʁ ρɐф фωɪc $z = 1$; ɣʌʅ ɪɐ, ωə bʌʅ ʅфɐɐ ɣ ɪώɐɪɐʅɾʁɐ ɾɐ ə ɐɾʅωbɾʁ ɾɐ ɣ ɪωωɛsɾʁ

$$x^2 - Dy^2 = 1. \tag{2}$$

dɪρɾфɾʁʅ ρфɾɔ ɣ ʅфɪɐəɾʅ ɐɾʅωbɾʁɐ $x = \pm 1$, $y = 0$.

Ρɐф ɣɪɐ ʅɾфʅɪɾɐ ωə bʌʅ ρɾфɐʅ bo ɣʌʅ *ɪʁʅɾɕɾфɐ* u, v *ɪώɐɪɐʅ ɐɾc ɣʌʅ ɣ ʌɐɐɾʅωʅ ɐʌʅʋω*[1] *ɾɐ ɣ* (*ʅɐɐɪʅɪɐ ɐф ʁɛώɾʅɪɐ*) *фəʅ ωωəʁʅʅə* $u - v\sqrt{D}$ *ɪɐ ʅʌɐ ɣʌʁ* $1/v$ *ʌʁd ɐʅɐɐ ʅʌɐ ɣʌʁ ʌʁə ʅфəɐɐфʌd ʅɐɐɪʅɪɐ ωəʁɐɾʅʁʅ* ϵ. (Ꙗф $\sqrt{D}$ ωə ɔəʁ ɣ ʅɐɐɪʅɪɐ ɐωωʌф фωʅ ɾɐ D.) Ʈʌʅ t ɐ ʌʁ ɪʅɾɕɾф ɐɾc ɣʌʅ $t\epsilon > 1$. ʁώ ώɪɐ ʅω v ɐɾωɐʌɐɪɐʅə ɣ ɪʅɾώфɾʅ ɐʌʅʋωɐ ρфɾɔ o ʅω t ʌʁd ɪʁ əc ωɛɐ cωɐ ρɐф u ɣ ʅəɐʅ ɪʅɾώфɾʅ ɐʌʅʋω ώфɛʅɾф ɣʌʁ $v\sqrt{D}$. Ɨʁ əc ωɛɐ ɣ ωωəʁʅʅə $u - v\sqrt{D}$ ʅфɐ ɐɾʅωəʁ o ʌʁd ɪ ʌʁd ɪʁ ʁo ʅω ωɛɐɾɐ əф ɪʅɐ ɐʌʅʋωɐ əωωɾʅ. Ɨρ ωə dɪɐфd ɣ ɪʅɾфɐɾʅ ρфɾɔ o ʅω ɪ ɪʅω t ɐɾɐɪʅɾфɐɾʅɐ, əc ɾɐ ʅʌɪʟ $1/t$, ɣʌʁ ʅω ɾɐ ɣ ɾɐɾɐ ɐʌʅʋωɐ ɾɐ $u - v\sqrt{D}$, ɐɛ $u' - v'\sqrt{D}$ ʌʁd $u'' - v''\sqrt{D}$, ɔɾɐʅ ʅф ɪʁ ɣ ɐɛɔ ɪʅɾфɐɾʅ. Ɣʌʁ ɣ ɪωɐʅфʌbɾʁ

$$(u' - u'') - (v' - v'')\sqrt{D}$$

ɪɐ dɪρɾфɾʁʅ ρфɾɔ ɐɪфo, ɪɐ ɾɐ ɣ ρɐфɔ $u - v\sqrt{D}$ ʌʁd фʌɐ ʌʁ ʌɐɐɾʅωʅ ɐʌʅʋω ʅʌɐ ɣʌʁ $1/t$ ʌʁd фʌʁɐ ʅʌɐ ɣʌʁ ϵ. Ɣʌʅ ɣɪɐ ʌɐɐɾʅωʅ ɐʌʅʋω ɪɐ ʅʌɐ ɣʌʁ ɣʌʅ ɾɐ $1/(v' - v'')$ ρɐʅɔɐ ρфɾɔ ɣ ρʌωʅ ɣʌʅ ɣ dɪρɾфɾʁɐ ɾɐ v' ʌʁd v'' ɪɐ ʁəʅ ώфɛʅɾф ɣʌʁ t. Ɣɪɐ ωɾɔʅʅəɐ ɣ ʅфω ɾɐ ɣ ɾɐɾɐ ɐʅɛʅɔɾʁʅ ωɾʁɐɾфʁɪɪ ɣ ɪώɐɪɐʅɾʁɐ ɾɐ u, v ωɪɣ ɣ ɾɐфʁd ʅфəɿɾфʅəɐ.

Ρфɾɔ ɣ ɪώɐɪɐʅɾʁɐ ɾɐ ωɾʁ ɐɾc ɐʌʅ ɾɐ ɪʅɾɕɾфɐ u, v ɪʅ ρɐʅɔɐ фʌdʅʅə ɣʌʅ ɣʌф ɪɐ ʌʁ ɪρɪʁʅ ʁɾɔɐɾф ɾɐ ɐɾc ɐʌʅɐ. Ρɐф, ʅʌʅ u, v ɐ ωɾʁ ɐɾc ɐʌʅ. Ʈʌʅ ϵ_1 ɐ ə ʅɐɐɪʅɪɐ ωəʁɐɾʅʁʅ ʅʌɐ ɣʌʁ $|u - v\sqrt{D}|$.

[1] Ꙗф ɣ ʌɐɐɾʅωʅ ɐʌʅʋω ɾɐ A ɪɐ ɔʌʁʅ A ɪʅɐʌʅρ фωʌʁ A ɪɐ ʅɐɐɪʅɪɐ ʌʁd $-A$ фωʌʁ A ɪɐ ʁɛώɾʅɪɐ. Ɯə dɾʁoʅ ɪʅ ɐф $|A|$.

§ 8. 𐐉𐑌 𐑄 𐐆𐐿𐐶𐐩𐑈𐐲𐑌 $x^2 - Dy^2 = z^2$

𐐜𐐯𐑌 𐐮𐑌𐐻𐐲𐐾𐐲𐑉𐑆 u_1, v_1 𐐿𐐰𐑌 𐐺 𐐼𐐲𐐻𐐲𐑉𐑋𐐮𐑌𐐼 𐑅𐐲𐐽 𐑄𐐰𐐻 $u_1 - v_1\sqrt{D}$ 𐐮𐑆 𐐮𐑌 𐐰𐐺𐑅𐐲𐑊𐐭𐐻 𐑂𐐰𐑊𐐷𐐭 𐑊𐐯𐑅 𐑄𐐰𐑌 $1/v_1$, 𐐰𐑌𐐼 𐐫𐑊𐑅𐐬 𐑊𐐯𐑅 𐑄𐐰𐑌 ϵ_1. 𐐆𐐻 𐐮𐑆 𐑄𐐯𐑌 𐑊𐐯𐑅 𐑄𐐰𐑌 ϵ. 𐐜𐐲𐑅 𐐶𐐨 𐐸𐐰𐑂 𐐱 𐑅𐐯𐐿𐐲𐑌𐐼 𐑅𐐯𐐻 u_1, v_1 𐑅𐐰𐐻𐐮𐑅𐑁𐐴𐐮𐑍 𐑄 𐐲𐑉𐐮𐐾𐐮𐑌𐐲𐑊 𐐿𐐲𐑌𐐼𐐮𐑇𐐲𐑌𐑆. 𐐜𐐯𐑌, 𐑊𐐯𐐻𐐮𐑍 ϵ_2 𐐺 𐐱 𐐹𐐱𐑆𐐮𐐻𐐮𐑂 𐐿𐐱𐑌𐑅𐐻𐐲𐑌𐐻 𐑊𐐯𐑅 𐑄𐐰𐑌 $|u_1 - v_1\sqrt{D}|$, 𐐶𐐨 𐑋𐐩 𐐹𐑉𐐲𐑅𐐨𐐼 𐐰𐑆 𐐺𐐲𐑁𐐬𐑉 𐐻𐐭 𐑁𐐴𐑌𐐼 𐐱 𐑃𐐲𐑉𐐼 𐑅𐐯𐐻 u_2, v_2 𐐶𐐮𐑄 𐑄 𐑉𐐲𐐿𐐶𐐴𐑉𐐼 𐐹𐑉𐐱𐐹𐐲𐑉𐐻𐐨𐑆. 𐐆𐐻 𐐮𐑆 𐐱𐐺𐑂𐐨𐐲𐑅 𐑄𐐰𐐻 𐑄𐐮𐑅 𐐹𐑉𐐱𐑅𐐯𐑅 𐑋𐐩 𐐺 𐐿𐐲𐑌𐐻𐐮𐑌𐐷𐐭𐐼 𐐮𐑌𐐼𐐯𐑁𐐮𐑌𐐮𐐻𐑊𐐨 𐐰𐑌𐐼 𐑄𐐰𐐻 𐐶𐐨 𐐱𐑉 𐑄𐐲𐑅 𐑊𐐯𐐼 𐐻𐐭 𐐰𐑌 𐐮𐑌𐑁𐐮𐑌𐐮𐐻 𐑌𐐲𐑋𐐺𐐲𐑉 𐐲𐑂 𐑅𐐯𐐻𐑅 𐐲𐑂 𐐮𐑌𐐻𐐲𐐾𐐲𐑉𐑆 u, v 𐑅𐐲𐐽 𐑄𐐰𐐻 $u - v\sqrt{D}$ 𐐮𐑆 𐐮𐑌 𐐰𐐺𐑅𐐲𐑊𐐭𐐻 𐑂𐐰𐑊𐐷𐐭 𐑊𐐯𐑅 𐑄𐐰𐑌 ϵ 𐐰𐑌𐐼 𐐫𐑊𐑅𐐬 𐑊𐐯𐑅 𐑄𐐰𐑌 𐑄 𐐰𐐺𐑅𐐲𐑊𐐭𐐻 𐑂𐐰𐑊𐐷𐐭 𐐲𐑂 $1/v$.

𐐤𐐵 𐑊𐐯𐐻 u 𐐰𐑌𐐼 v 𐐺 𐐱 𐐹𐐯𐑉 𐐲𐑂 𐐮𐑌𐐻𐐲𐐾𐐲𐑉𐑆 𐐼𐐲𐐻𐐲𐑉𐑋𐐮𐑌𐐼 𐐰𐑆 𐐲𐐺𐐲𐑂. 𐐜𐐯𐑌 𐐶𐐨 𐐸𐐰𐑂

$$|u + v\sqrt{D}| \leqq |u - v\sqrt{D}| + |2v\sqrt{D}| < \left|\frac{1}{v}\right| + |2v\sqrt{D}|.$$

𐐐𐐯𐑌𐑅

$$|u^2 - Dv^2| = |u + v\sqrt{D}| \cdot |u - v\sqrt{D}| < \left|\frac{1}{v}\right| \left\{ \left|\frac{1}{v}\right| + |2v\sqrt{D}| \right\},$$

𐑅𐐬 𐑄𐐰𐐻

$$|u^2 - Dv^2| < \frac{1}{v^2} + 2\sqrt{D} < 1 + 2\sqrt{D}.$$

𐐝𐐮𐑌𐑅 $|u^2 - Dv^2|$ 𐐮𐑆 𐑊𐐯𐑅 𐑄𐐰𐑌 $1 + 2\sqrt{D}$ 𐑁𐐱𐑉 𐐯𐑂𐑉𐐨 𐐶𐐲𐑌 𐐲𐑂 𐑄 𐐮𐑌𐑁𐐮𐑌𐐮𐐻 𐑌𐐲𐑋𐐺𐐲𐑉 𐐲𐑂 𐑅𐐯𐐻𐑅 u, v 𐐮𐑌 𐐿𐐲𐑌𐑅𐐮𐐼𐐲𐑉𐐩𐑇𐐲𐑌, 𐐰𐑌𐐼 𐑅𐐮𐑌𐑅 𐐮𐐻𐑅 𐑂𐐰𐑊𐐷𐐭 𐐮𐑆 𐐫𐑊𐐶𐐩𐑆 𐐮𐑌𐐻𐐲𐑀𐑉𐐲𐑊, 𐐮𐐻 𐑁𐐱𐑊𐐬𐑆 𐑄𐐰𐐻 𐐰𐑌 𐐮𐑌𐐻𐐲𐐾𐐲𐑉 l 𐐮𐑀𐑆𐐮𐑅𐐻𐑅 𐑅𐐲𐐽 𐑄𐐰𐐻

$$u^2 - Dv^2 = l \tag{2.1}$$

𐑁𐐱𐑉 𐐰𐑌 𐐮𐑌𐑁𐐮𐑌𐐮𐐻 𐑌𐐲𐑋𐐺𐐲𐑉 𐐲𐑂 𐑅𐐯𐐻𐑅 𐐲𐑂 𐑂𐐰𐑊𐐷𐐭𐑆 u, v. 𐐆𐐻 𐐮𐑆 𐑄𐐯𐑌 𐐱𐐺𐑂𐐨𐐲𐑅 𐑄𐐰𐐻 𐑄𐐯𐑉 𐐮𐑆 𐐰𐑌 𐐮𐑌𐑁𐐮𐑌𐐮𐐻 𐑌𐐲𐑋𐐺𐐲𐑉 𐐲𐑂 𐑄𐐨𐑆 𐐹𐐯𐑉𐑆 u_1, v_1; u_2, v_2; u_3, v_3; …, 𐑅𐐲𐐽 𐑄𐐰𐐻 $u_i - u_j$ 𐐰𐑌𐐼 $v_i - v_j$ 𐐱𐑉 𐐺𐐬𐑃 𐐼𐐮𐑂𐐮𐑆𐐮𐐺𐐲𐑊 𐐺𐐴 l 𐑁𐐱𐑉 𐐯𐑂𐑉𐐨 i 𐐰𐑌𐐼 j. 𐐢𐐯𐐻 u', v'; u'', v'' 𐐺 𐐻𐐭 𐐹𐐯𐑉𐑆 𐐺𐐲𐑊𐐱𐑍𐐮𐑍 𐐻𐐭 𐑄𐐮𐑅 𐑊𐐰𐑅𐐻 𐐮𐑌𐑁𐐮𐑌𐐮𐐻 𐑅𐐲𐐺𐑅𐐯𐐻 𐐰𐑌𐐼 𐐽𐐬𐑆𐐲𐑌 𐑅𐐬 𐑄𐐰𐐻 $u'' \neq \pm u'$ 𐐰𐑌𐐼 $v'' \neq \pm v'$. 𐐆𐐻 𐐮𐑆 𐐱𐐺𐑂𐐨𐐲𐑅 𐑄𐐰𐐻 𐑄𐐮𐑅 𐐽𐐬𐐮𐑅 𐐮𐑆 𐐹𐐱𐑅𐐮𐐺𐐲𐑊. 𐐙𐑉𐐲𐑋 𐑄 𐐮𐐿𐐶𐐩𐑈𐐲𐑌𐑆

$$u'^2 - Dv'^2 = l, \quad u''^2 - Dv''^2 = l,$$

𐐶𐐨 𐐸𐐰𐑂 (𐐺𐐴 𐐙𐐱𐑉𐑋𐐷𐐲𐑊𐐲 (2) 𐐲𐑂 § 7):

$$(u'u'' - Dv'v'')^2 - D(u'v'' - u''v')^2 = l^2.$$

Ꝕɨɸ ωɘ ʅɛω $u' = m, u'' = p, v' = n, v'' = -q, D = -b$, ᵲ ᵲʅʅɸɪи ɣ ϸɵɸɔᵥᵲʅᵲ ɸᵲϸᵲɸd ʅɷ.

ȣɹʅɨи

$$x = \frac{u'u'' - Dv'v''}{l}, \quad y = \frac{u'v'' - u''v'}{l}, \tag{3}$$

ωɘ ɸɹɞ

$$x^2 - Dy^2 = 1. \tag{4}$$

Ɨʅ ɸᵲɔɛᵲɞ ʅɷ bo ɣɹʅ ɣ ɞɹʅᵥɷɞ ᵲɞ x ɹᵲd y ᵲ (3) ɘɸ ᵲʅᵲɕᵲɸɞ. Θᵲ ᵲω̇ᵲʅ ᵲɞ (4) ɨʅ ɨɞ ɘɞɞɘᵲɞɘ ɞᵲϸɨbᵲʅ ʅɷ bo ɣɹʅ y ɨɞ ɹᵲ ᵲʅᵲɕᵲɸ. Ɣɹʅ y ɨɞ ɹᵲ ᵲʅᵲɕᵲɸ ϸɞʅɷɞ ɹʅ ωᵲᵲɞ ϸɸᵲɔ ɣ ɨωωɛɞᵲᵲɞ $u' = u'' + \mu l, v'' = v' + \nu l$, ɞɸ ɔᵲʅᵲʅʅɷɛbᵲᵲ ɔɹɔɞᵲɸ ɞɸ ɔɹɔɞᵲɸ. Ωɘ bo ϸᵲɸɣᵲɸ ɣɹʅ $y \neq 0$. Ɨϸ ωɘ ɞᵲʅɷɞ ɣɹʅ $y = 0$, ωɘ ɸɹɞ

$$u'v'' - u''v' = 0, \quad u'u'' - Dv'v'' = \pm l.$$

Ɣɘɞ ɨωωɛɞᵲᵲɞ ɘɸ ɞɹʅɨɞϸɸd ɵᵲʅɘ ɨϸ $u'' = \pm u', v'' = \pm v'$, ɸᵲʅɛbᵲᵲɞ ɸωɨc ɘɸ ωɘᵲʅɸɹɸɘ ʅɷ ɣ ɸɸʅɘʅᵲɞɨɞ ωᵲᵲɞᵲɸᵲи u', u'', v', v''.

Ωɘ ɸɹɞ ɣᵲɞ ɨɞʅɹɞʅɨbʅ ɣ ϸɹωʅ ɣɹʅ Ɨω. (2) ɸɹɞ ɹʅ ʅɘɞʅ ωᵲᵲ ᵲʅᵲω̇ɸᵲʅ ɞᵲʅɷbᵲᵲ ɸωɨc ɨɞ ᵲɘʅ ʅɸɨɞɘᵲʅ. ȣᵲᵲɞ ωɘ ɔɛ ᵲɞobɘɛʅ ωɨɣ ɹᵲɘ ɞᵲʅɷbᵲᵲ x, y ᵲɞ (2) ɣ ᵲɣᵲɸ ɞᵲʅɷbᵲᵲɞ $-x, y; -x, -y; x, -y$; ɨʅ ɨɞ ωʅɨɸ ɣɹʅ ɣɹɸ ɨɞ ɹʅ ʅɘɞʅ ωᵲᵲ ɞᵲʅɷbᵲᵲ ᵲɞ (2) ᵲ ɸωɨc x ɹᵲd y ɘɸ ʅɵɞɨʅɞ.

ʅɹʅ x_1, y_1, ɹᵲd x_2, y_2 ɞ ɹᵲɘ ɞᵲʅɷbᵲᵲɞ ᵲɞ (2), ɸωɹɣᵲɸ ɣ ɞɛɔ ɘɸ dɨϸᵲɸᵲʅ. Ɣɹᵲ ωɘ ɸɹɞ

$$\begin{aligned} 1 &= (x_1^2 - Dy_1^2)(x_2^2 - Dy_2^2) \\ &= (x_1x_2 + Dy_1y_2)^2 - D(x_1y_2 + x_2y_1)^2, \end{aligned}$$

ɞo ɣɹʅ $x_1x_2 + Dy_1y_2$ ɹᵲd $x_1y_2 + x_2y_1$ ᵲϸɵɸd ɘ ɞᵲʅɷbᵲᵲ ᵲɞ (2). Ꝕɹᵲɞ ϸɸᵲɔ ɣ ɞᵲʅɷbᵲᵲ x, y, ɸɷɞ ɨω̇ɞɨɞʅᵲᵲɞ ɸɹɞ ɵʅɸɹdɘ ɞɨᵲ ʅɸɷɞd, ωɘ ɸɹɞ ɘ ɞɹωᵲᵲd ɞᵲʅɷbᵲᵲ $x^2 + Dy^2, 2xy$. Ɨʅ ɨɞ ɘɞɘ ʅɷ bo ɣɹʅ ɣɨɞ ʅɸɷɞɹɞ ɔɛ ɞ ωᵲᵲʅᵲᵥɷd ɹᵲd ɣɹʅ ɨʅ ωɨʅ ʅɘd ʅɷ ɹᵲ ᵲϸɨᵲʅ ᵲɔɞᵲɸ ᵲɞ ɞᵲʅɷbᵲᵲɞ ᵲɞ (2). Ȣᵲʅ ɣɨɞ ʅɸɷɞʅᵲɔ ɨɞ ɘ ɞʅɹbᵲʅ ωɛɞ ᵲɞ ωᵲᵲ ʅɷ ɞ ʅɸɘʅᵲd ʅɸɹɞᵲᵲʅʅɘ; ɹᵲd ɸɹᵲɞ ωɨʅ ᵲɘʅ ɞ ϸᵲɸɣᵲɸ ʅᵲɸɞɷd ᵲɘ.

§ 8. Oı γ ɪɷωεsrı $x^2 - Dy^2 = z^2$

Iı ɵφdrφ]ɷ ωrɔ rτɵı γ ɔɵφ ςʌırφrl ɿφɵɜlrɔ ʅʌ] rɞ ɞəω ɞrlɷbrı6 rɞ Iω. (1) ıı φωɪc z bʌl φʌɞ γ ɿɵ6ɪ]ɪɞ ɞʌlⱴɷ σ; γʌ] ɪ6, ʅʌ] rɞ ɞəω ɞrlɷbrı6 rɞ γ ɪɷωεsrı

$$x^2 - Dy^2 = \sigma^2. \tag{5}$$

Iρ $x = x_1, y = y_1$ ɪ6 ɵ ɿɵ6ɪ]ɪɞ ɞrlɷbrı rɞ Iω. (2) γʌı ɪ] ɪ6 ωlɪφ γʌ] $x = \sigma x_1, y = \sigma y_1$ ɪ6 ɵ ɿɵ6ɪ]ɪɞ ɞrlɷbrı rɞ (5). Ψʌıɞ ρφrɔ φωr] ɿφrɞəd6 ωə φʌɞ ʌ] ʅəɞ]]ɷ ɿɵ6ɪ]ɪɞ ɞrlɷbrı6 rɞ (5).

ıȯ ʅʌ] $x = t_1, y = u_1$; $x = t_2, y = u_2$ ɞ ʌıə]ɷ ɞrlɷbrı6 rɞ Iω. (5) ʌıd φϕ]

$$\frac{t_1 + u_1\sqrt{D}}{\sigma} \cdot \frac{t_2 + u_2\sqrt{D}}{\sigma} = \frac{t + u\sqrt{D}}{\sigma}, \tag{6}$$

φωʌφ t ʌıd u ɵφ ϕʌbrırl ırɔɞrφ6. γʌı

$$\left.\begin{aligned} t &= \frac{t_1t_2 + Du_1u_2}{\sigma}, \\ u &= \frac{t_1u_2 + t_2u_1}{\sigma}. \end{aligned}\right\} \tag{7}$$

Pφrɔ (6) ωə φʌɞ

$$\frac{t_1 - u_1\sqrt{D}}{\sigma} \cdot \frac{t_2 - u_2\sqrt{D}}{\sigma} = \frac{t - u\sqrt{D}}{\sigma}. \tag{8}$$

Ɔrlɪ]lϕɪи Iω6. (6) ʌıd (8) ɔʌɔɞrφ ɞϕ ɔʌɔɞrφ ʌıd ɔεωɪи ⱴɷɞ rɞ γ ϕrlεbrı6

$$t_1^2 - Du_1^2 = \sigma^2, \quad t_2^2 - Du_2^2 = \sigma^2, \tag{9}$$

ωə φʌɞ

$$t^2 - Du^2 = \sigma^2. \tag{10}$$

Ψʌıɞ $x = t, y = u$ rρɵφd ɵ ϕʌbrırl ɞrlɷbrı rɞ (5), t ʌıd u φʌɞɪи γ ɞʌlⱴɷ6 ὠɪɞrı ıı (7).

Ɯə bʌl ıȯ ɿoɪı] ȯ]]ɷ ωεɞr6 ıı φωɪc γɪɞ ɞrlɷbrı ɪ6 ıı]rὠφrl.

ɞrτo6 γʌ] σ^2 ɪ6 ɵ ρʌω]rφ rɞ D. γʌı ρφrɔ (9) ɪ] ρɵlo6 γʌ] σ ɪ6 ɵ ρʌω]rφ rɞ ɞoʟ t_1 ʌıd t_2 ʌıd φʌıɞ ρφrɔ (7) γʌ] u ɪ6 ʌı ıı]rςrφ. γʌı ρφrɔ (10) ɪ] ρɵlo6 γʌ] t ɪ6 ʌı ıı]rςrφ.

𐐝𐐲𐐹𐐬𐑆 𐑄𐐰𐐻[2]

$$4D \equiv \sigma^2 \bmod 4\sigma^2;$$

𐑄𐐰𐐻 𐐮𐑆, 𐑄𐐰𐐻 σ^2 𐐮𐑆 𐐲 𐑉𐐲𐑋𐐩𐑌𐐼𐐲𐑉 𐐲𐐺𐐻𐐩𐑌𐐼 𐐱𐑌 𐐼𐐮𐑂𐐴𐐼𐐮𐑍 $4D$ 𐐺𐐴 $4\sigma^2$. 𐐜𐐯𐑌 σ 𐐮𐑆 𐐯𐑂𐐮𐐼𐐲𐑌𐐻𐑊𐐨 𐐰𐑌 𐐨𐑂𐐲𐑌 𐑌𐐲𐑋𐐺𐐲𐑉. 𐐡𐐴𐐻 $\sigma = 2\rho$. 𐐜𐐯𐑌 𐐶𐐨 𐐸𐐰𐑂 $D \equiv \rho^2 \bmod 4\rho^2$. 𐐐𐐯𐑌𐑅 D 𐐮𐑆 𐐼𐐮𐑂𐐮𐑆𐐮𐐺𐐲𐑊 𐐺𐐴 ρ^2. 𐐜𐐯𐑌 𐑁𐑉𐐲𐑋 (9) 𐐮𐐻 𐑁𐐱𐑊𐐬𐑆 𐑄𐐰𐐻 𐐺𐐬𐑃 t_1 𐐰𐑌𐐼 t_2 𐐪𐑉 𐐼𐐮𐑂𐐮𐑆𐐮𐐺𐐲𐑊 𐐺𐐴 ρ, 𐑅𐐮𐑌𐑅 $\sigma = 2\rho$. 𐐑𐐳𐐻

$$D = d\rho^2, \quad t_1 = \theta_1\rho, \quad t_2 = \theta_2\rho.$$

𐐜𐐯𐑌 d 𐐮𐑆 𐐱𐐼. 𐐣𐐫𐑉𐐬𐑂𐐲𐑉, 𐑄 𐑁𐐱𐑊𐐬𐐮𐑍 𐑉𐐲𐑊𐐩𐑇𐐲𐑌𐑆 𐐮𐑀𐑆𐐮𐑅𐐻, 𐐰𐑆 𐐶𐐨 𐑅𐐨 𐑁𐑉𐐲𐑋 (9) 𐐰𐑌𐐼 (7):

$$\theta_1^2 - du_1^2 = 4, \quad \theta_2^2 - du_2^2 = 4; \tag{11}$$

$$u = \tfrac{1}{2}(\theta_1 u_2 + \theta_2 u_1). \tag{12}$$

𐐙𐑉𐐲𐑋 𐐀𐐿𐑆. (11) 𐐶𐐨 𐑅𐐨 𐑄𐐰𐐻 θ_1 𐐰𐑌𐐼 u_1 𐐪𐑉 𐐺𐐬𐑃 𐐱𐐼 𐐫𐑉 𐐺𐐬𐑃 𐐨𐑂𐐲𐑌, 𐐰𐑌𐐼 𐐫𐑊𐑅𐐬 𐑄𐐰𐐻 θ_2 𐐰𐑌𐐼 u_2 𐐪𐑉 𐐺𐐬𐑃 𐐱𐐼 𐐫𐑉 𐐺𐐬𐑃 𐐨𐑂𐐲𐑌. 𐐜𐐯𐑌 𐑁𐑉𐐲𐑋 (12) 𐐮𐐻 𐑁𐐱𐑊𐐬𐑆 𐑄𐐰𐐻 u 𐐮𐑆 𐐰𐑌 𐐮𐑌𐐻𐐲𐐾𐐲𐑉 𐐰𐑌𐐼 𐐸𐐯𐑌𐑅 𐑁𐑉𐐲𐑋 (10) 𐑄𐐰𐐻 t 𐐮𐑆 𐐰𐑌 𐐮𐑌𐐻𐐲𐐾𐐲𐑉.

𐐎𐐨 𐐪𐑉 𐑌𐐵 𐐮𐑌 𐐹𐐲𐑆𐐮𐑇𐐲𐑌 𐐻𐐭 𐐹𐑉𐐭𐑂 𐑉𐐯𐐼𐐮𐑊𐐨 𐑄 𐑁𐐱𐑊𐐬𐐮𐑍 𐑃𐐨𐐲𐑉𐑋:

𐐢𐐯𐐻 D 𐐺 𐐯𐑌𐐨 𐐹𐐱𐑆𐐮𐐻𐐮𐑂 𐑌𐐱𐑌-𐑅𐐿𐐶𐐯𐑉 𐐮𐑌𐐻𐐲𐐾𐐲𐑉 𐐰𐑌𐐼 𐑊𐐯𐐻 σ 𐐺 𐐯𐑌𐐨 𐐹𐐱𐑆𐐮𐐻𐐮𐑂 𐐮𐑌𐐻𐐲𐐾𐐲𐑉 𐑅𐐲𐐽 𐑄𐐰𐐻 $D \equiv 0 \bmod \sigma^2$ 𐐫𐑉 $D \equiv \sigma^2 \bmod 4\sigma^2$. 𐐢𐐯𐐻 $x = t_1$ 𐐰𐑌𐐼 $y = u_1$ 𐐺 𐑄 𐑊𐐨𐑅𐐻 𐐹𐐱𐑆𐐮𐐻𐐮𐑂 𐐮𐑌𐐻𐐲𐑀𐑉𐐲𐑊 𐑅𐐲𐑊𐐭𐑇𐐲𐑌 𐐲𐑂 𐑄 𐐮𐐿𐐶𐐩𐑈𐐲𐑌

$$x^2 - Dy^2 = \sigma^2. \tag{5^{bis}}$$

𐐜𐐯𐑌 𐐫𐑊 𐑄 𐐹𐐱𐑆𐐮𐐻𐐮𐑂 𐐮𐑌𐐻𐐲𐑀𐑉𐐲𐑊 𐑅𐐲𐑊𐐭𐑇𐐲𐑌𐑆[3] 𐐲𐑂 𐑄𐐮𐑅 𐐮𐐿𐐶𐐩𐑈𐐲𐑌 𐐪𐑉 𐐿𐐲𐑌𐐻𐐩𐑌𐐼 𐐮𐑌 𐑄 𐑅𐐯𐐻

$$x = t_n, \quad y = u_n, \quad n = 1, 2, 3, \ldots,$$

𐐸𐐶𐐯𐑉

$$t_n = \frac{1}{\sigma^{n-1}}\left[t_1^n + \frac{n(n-1)}{2!}Dt_1^{n-2}u_1^2 + \frac{n(n-1)(n-2)(n-3)}{4!}D^2t_1^{n-4}u_1^4 + \ldots\right],$$

$$u_n = \frac{1}{\sigma^{n-1}}\left[\frac{n}{1!}t_1^{n-1}u_1 + \frac{n(n-1)(n-2)}{3!}Dt_1^{n-3}u_1^3 + \ldots\right].$$

[2] 𐐜 𐑅𐐮𐑋𐐺𐐲𐑊 $\equiv$ 𐐮𐑆 𐑉𐐯𐐼 *𐐮𐑆 𐐿𐐱𐑍𐑀𐑉𐐭𐐲𐑌𐐻 𐐻𐐭*. 𐐙𐐫𐑉 𐑄 𐐯𐑊𐐲𐑋𐐯𐑌𐐻𐐲𐑉𐐨 𐐹𐑉𐐱𐐹𐐲𐑉𐐻𐐨𐑆 𐐲𐑂 𐐿𐐱𐑍𐑀𐑉𐐭𐐲𐑌𐑅𐐲𐑆 𐑅𐐨 𐑄 𐐫𐑃𐐲𐑉'𐑆 *𐐛𐐮𐑉𐐨 𐐲𐑂 𐐤𐐲𐑋𐐺𐐲𐑉𐑆*, §§ 18–20.

[3] 𐐆𐐻 𐐮𐑆 𐐱𐐺𐑂𐐨𐐲𐑅 𐑄𐐰𐐻 𐐫𐑊 𐐮𐑌𐐻𐐲𐑀𐑉𐐲𐑊 𐑅𐐲𐑊𐐭𐑇𐐲𐑌𐑆 𐐪𐑉 𐑉𐐯𐐼𐐮𐑊𐐨 𐐲𐐺𐐻𐐩𐑌𐐲𐐺𐐲𐑊 𐑁𐑉𐐲𐑋 𐐫𐑊 𐐹𐐱𐑆𐐮𐐻𐐮𐑂 𐐮𐑌𐐻𐐲𐑀𐑉𐐲𐑊 𐑅𐐲𐑊𐐭𐑇𐐲𐑌𐑆.

Ɣᴊ˥ ɵ˥ ɣɘɵ ɞᴊ˥ɣɸɵ ɨɩdɘd ʀpɵɸd ɞʀ˥ɸbʀɩɵ pɘ˥ɵ ɸᴊdɨ˥ɘ pɸʀɔ ɣ pᴊω˥ ɣᴊ˥ ɣ ωωɞɩ˥ɨ˥ɘɵ t_n ᴊɩd u_n ɞo dʀpɸɩd ɞᴊ˥ɨɞpɸ ɣ ɸʀ˥εbʀɩ

$$\left(\frac{t_1 + u_1\sqrt{D}}{\sigma}\right)^n = \frac{t_n + u_n\sqrt{D}}{\sigma}. \qquad (13)$$

Ƿɵɸ ɣᴊɩ ωɘ ɵ˥ɞo ɸᴊɞ

$$\left(\frac{t_1 - u_1\sqrt{D}}{\sigma}\right)^n = \frac{t_n - u_n\sqrt{D}}{\sigma};$$

ɸωᴊɩɞ

$$t_n^2 - Du_n^2 = \sigma^2,$$

ᴊɵ ωʀɩ ɘɵɨ˥ɘ bɵɵ ɞɸ ɔʀ˥ɨ˥ɨ˥ɸɨ ɣ ˥ɸʀɞɘdɨ ˥ɸ ɨωωεsʀɩɵ ɔᴊɔɞʀɸ ɞɸ ɔᴊɔɞʀɸ ᴊɩd ɞɨɔ˥ɨɨʀɸɨ ɣ ɸʀɞʀ˥ ɞɸ ɔɘɩɵ ʀɞ ɣ ɸʀ˥εbʀɩ $t_1^2 - Du_1^2 = \sigma^2$. Ɣᴊ˥ ɣɘɵ ɞʀ˥ɸbʀɩɵ ɘɸ ˥ɞɵɨ˥ɨɞ ɨɵ ɘɞɞɘʀɞ. Ɣᴊ˥ ɣε ɘɸ ɨɩʀωɸʀ˥ pɘ˥ɵ pɸʀɔ ɣ ɸʀɞʀ˥ɞ ʀɞobɘε˥ʀd ωɨɣ Ɨωɵ. (7) ᴊɩd (10).

Ɨ˥ ɸʀɔεɩɵ ˥ɸ ɞ boɩ ɣᴊ˥ ɣᴊɸ ɘɸ ɩo ʀɣʀɸ ˥ɞɵɨ˥ɨɞ ɨɩʀωɸʀ˥ ɞʀ˥ɸbʀɩɵ ɣᴊɩ ɣoɵ dʀpɸɩd ɨɩ ɣ ʀɞʀɞ ʟɘʀɸʀɔ. Ɩᴊ˥ $x = T$, $y = U$ ɞ ᴊɩɘ ˥ɞɵɨ˥ɨɞ ɨɩʀωɸʀ˥ ɞʀ˥ɸbʀɩ ʀɞ Ɨω. (5bis). Ɣᴊɩ, pɸʀɔ ɣ ɸʀ˥εbʀɩ

$$\frac{T + U\sqrt{D}}{\sigma} \cdot \frac{T - U\sqrt{D}}{\sigma} = \frac{T^2 - DU^2}{\sigma^2} = 1$$

ɨ˥ pɘ˥ɵ ɸᴊdɨ˥ɘ ɣᴊ˥

$$0 < \frac{T - U\sqrt{D}}{\sigma} < 1 < \frac{T + U\sqrt{D}}{\sigma}.$$

Ψᴊɩɞ pɸʀɔ (13) ɨ˥ pɘ˥ɵ ɣᴊ˥

$$\frac{t_n + u_n\sqrt{D}}{\sigma} < \frac{t_{n+1} + u_{n+1}\sqrt{D}}{\sigma}.$$

Ɩό ɞʀ˥ɸɵ ɣᴊ˥ ɣ ɞʀ˥ɸbʀɩ T, U dʀɵ ɩɘ˥ ωoɩɞɘd ωɨɣ ᴊɩɘ ɞʀ˥ɸbʀɩ ωɨɞʀɩ ɨɩ ɣ ʀɞʀɞ ʟɘʀɸʀɔ. Ɣᴊɩ pɵɸ ɞʀɔ ɞᴊ˥ɣɸ ʀɞ n ωɘ ɸᴊɞ ɣ ɸʀ˥εbʀɩɵ:

$$\frac{t_n + u_n\sqrt{D}}{\sigma} < \frac{T + U\sqrt{D}}{\sigma} < \frac{t_{n+1} + u_{n+1}\sqrt{D}}{\sigma},$$

𐐸𐐶𐐯𐑌𐑅

$$\frac{t_n + u_n\sqrt{D}}{\sigma} < \frac{T + U\sqrt{D}}{\sigma} < \frac{t_n + u_n\sqrt{D}}{\sigma} \cdot \frac{t_1 + u_1\sqrt{D}}{\sigma},$$

𐐱𐑉

$$1 < \frac{T + U\sqrt{D}}{\sigma} \cdot \frac{\sigma}{t_n + u_n\sqrt{D}} < \frac{t_1 + u_1\sqrt{D}}{\sigma}.$$

𐐒𐐲𐐻

$$\frac{\sigma}{t_n + u_n\sqrt{D}} = \frac{\sigma(t_n - u_n\sqrt{D})}{t_n^2 - Du_n^2} = \frac{t_n - u_n\sqrt{D}}{\sigma}.$$

𐐜𐐯𐑌𐑅 𐐶𐐨 𐐸𐐰𐑂

$$1 < \frac{T + U\sqrt{D}}{\sigma} \cdot \frac{t_n - u_n\sqrt{D}}{\sigma} < \frac{t_1 + u_1\sqrt{D}}{\sigma}.$$

𐐡𐐴𐐻𐐮𐑍

$$\frac{T + U\sqrt{D}}{\sigma} \cdot \frac{t_n - u_n\sqrt{D}}{\sigma} = \frac{T' + U'\sqrt{D}}{\sigma},$$

𐐸𐐶𐐯𐑉 T' 𐐰𐑌𐐼 U' 𐐪𐑉 𐑉𐐰𐑇𐐲𐑌𐐲𐑊, 𐐶𐐨 𐐸𐐰𐑂 $x = T', y = U'$ 𐐰𐑆 𐐪 𐑅𐐲𐑊𐐭𐑇𐐲𐑌 𐐲𐑂 (5bis). 𐐆𐐻 𐐮𐑆 𐐮𐑌𐐻𐐲𐑀𐑉𐐲𐑊, 𐐰𐑆 𐐶𐐨 𐑅𐐨 𐑁𐑉𐐲𐑋 𐑄 𐑉𐐲𐑆𐐲𐑊𐐻𐑅 𐐲𐑅𐐬𐑇𐐨𐐩𐐻𐐲𐐼 𐐶𐐮𐑄 𐐆𐐿𐑆. (7) 𐐰𐑌𐐼 (10). 𐐣𐐱𐑉𐐬𐑂𐐲𐑉, 𐑄 𐑉𐐲𐑊𐐩𐑇𐐲𐑌𐑆

$$1 < \frac{T' + U'\sqrt{D}}{\sigma} < \frac{t_1 + u_1\sqrt{D}}{\sigma} \tag{14}$$

𐐪𐑉 𐑂𐐯𐑉𐐮𐑁𐐴𐐼.

𐐝𐐮𐑌𐑅 $(T'+U'\sqrt{D})(T'-U'\sqrt{D}) = \sigma^2$, 𐐮𐐻 𐑁𐐪𐑊𐐬𐑆 𐑁𐑉𐐲𐑋 𐑄 𐑁𐐲𐑉𐑅𐐻 𐐮𐑌𐐮𐐿𐐶𐐪𐑊𐐮𐐻𐐨 𐐮𐑌 (14) 𐑄𐐰𐐻 $T' - U'\sqrt{D}$ 𐐮𐑆 𐐹𐐱𐑆𐐮𐐻𐐮𐑂 𐐰𐑌𐐼 𐑊𐐯𐑅 𐑄𐐰𐑌 σ, 𐐰𐑌𐐼 𐐸𐐯𐑌𐑅 𐑄𐐰𐐻 T' 𐐰𐑌𐐼 U' 𐐪𐑉 𐐺𐐬𐑃 𐐹𐐱𐑆𐐮𐐻𐐮𐑂. 𐐆𐑁 𐐶𐐨 𐑅𐐲𐐹𐐬𐑆 𐑄𐐰𐐻 $T' \geqq t_1$, 𐐮𐐻 𐑁𐐪𐑊𐐬𐑆 𐑁𐑉𐐲𐑋 𐑄 𐑉𐐲𐑊𐐩𐑇𐐲𐑌𐑆, $T'^2 - DU'^2 = \sigma^2, t_1^2 - Du_1^2 = \sigma^2$, 𐑄𐐰𐐻 $U' \geqq u_1$, 𐐪 𐑉𐐲𐑆𐐲𐑊𐐻 𐐮𐑌 𐐿𐐱𐑌𐐻𐑉𐐲𐐼𐐮𐐿𐑇𐐲𐑌 𐐶𐐮𐑄 𐑉𐐲𐑊𐐩𐑇𐐲𐑌 (14). 𐐐𐐯𐑌𐑅, $T' < t_1$ 𐐰𐑌𐐼 $U' < u_1$. 𐐒𐐲𐐻 𐑄𐐮𐑅 𐐮𐑆 𐐿𐐱𐑌𐐻𐑉𐐯𐑉𐐨 𐐻𐐭 𐑄 𐐸𐐴𐐹𐐱𐑃𐐲𐑅𐐮𐑅 𐑄𐐰𐐻 t_1, u_1 𐐮𐑆 𐑄 𐑊𐐨𐑅𐐻 𐐹𐐱𐑆𐐮𐐻𐐮𐑂 𐐮𐑌𐐻𐐲𐑀𐑉𐐲𐑊 𐑅𐐲𐑊𐐭𐑇𐐲𐑌 𐐲𐑂 (5bis). 𐐐𐐯𐑌𐑅 𐑄 𐑀𐐮𐑂𐐲𐑌 𐐹𐐱𐑆𐐮𐐻𐐮𐑂 𐑅𐐲𐑊𐐭𐑇𐐲𐑌 T, U 𐑋𐐲𐑅𐐻 𐐿𐐬𐐮𐑌𐑅𐐴𐐼 𐐶𐐮𐑄 𐐶𐐲𐑌 𐐲𐑂 𐑄𐐬𐑆 𐑀𐐮𐑂𐐲𐑌 𐐮𐑌 𐑄 𐑃𐐨𐐲𐑉𐐲𐑋.

§ 8. 𐐉𐑌 𐑄 𐐀𐐿𐐶𐐩𐑈𐐲𐑌 $x^2 - Dy^2 = z^2$

𐐜𐐮𐑅 𐐿𐐱𐑋𐐹𐑊𐐨𐐻𐑅 𐑄 𐐼𐐯𐑋𐐱𐑌𐑅𐐻𐑉𐐩𐑇𐐲𐑌 𐐱𐑂 𐑄 𐑃𐐨𐐬𐑉𐐯𐑋.

𐐆𐐻 𐐮𐑆 𐐿𐑊𐐨𐑉 𐑄𐐰𐐻 𐑄 𐑂𐐰𐑊𐐷𐐭 $\sigma = 1$ 𐑅𐐰𐐻𐐮𐑅𐑁𐐴𐑆 𐑄 𐑌𐐯𐑅𐐯𐑅𐐯𐑉𐐨 𐐿𐐱𐑌𐐼𐐮𐑇𐐲𐑌𐑆 𐐱𐑌 σ 𐑁𐐫𐑉 𐐯𐑂𐐲𐑉𐐨 𐑌𐐱𐑌-𐑅𐐿𐐶𐐩𐑉 𐐮𐑌𐐻𐐯𐐾𐐲𐑉 D, 𐑅𐐬 𐑄𐐰𐐻 𐑄 𐐲𐐺𐐲𐑂 𐑃𐐨𐐬𐑉𐐯𐑋 𐐮𐑆 𐐰𐐹𐑊𐐮𐐿𐐲𐐺𐐲𐑊 𐐮𐑌 𐐹𐐪𐑉𐐻𐐮𐐿𐐷𐐭𐑊𐐲𐑉 𐐻𐐭 𐐯𐑂𐐲𐑉𐐨 𐐨𐐿𐐶𐐩𐑈𐐲𐑌 𐐱𐑂 𐑄 𐑁𐐫𐑉𐑋 $x^2 - Dy^2 = 1$. 𐐆𐑌 𐐫𐑉𐐼𐐲𐑉 𐐻𐐭 𐐲𐐹𐑊𐐴 𐑄 𐑃𐐨𐐬𐑉𐐯𐑋 𐐮𐑌 𐐲 𐐹𐐪𐑉𐐻𐐮𐐿𐐷𐐭𐑊𐐲𐑉 𐐿𐐩𐑅 𐐮𐐻 𐐮𐑆 𐑌𐐯𐑅𐐯𐑅𐐯𐑉𐐨 𐑁𐐲𐑉𐑅𐐻 𐐻𐐭 𐑁𐐴𐑌𐐼, 𐐺𐐴 𐐮𐑌𐑅𐐹𐐯𐐿𐑇𐐲𐑌 𐐫𐑉 𐐲𐑄𐐲𐑉𐐶𐐴𐑆,[4] 𐑄 𐑊𐐨𐑅𐐻 𐐹𐐱𐑆𐐮𐐻𐐮𐑂 𐐮𐑌𐐻𐐯𐑀𐑉𐐲𐑊 𐑅𐐬𐑊𐐭𐑇𐐲𐑌.

𐐈𐑆 𐐰𐑌 𐐮𐑊𐐲𐑅𐐻𐑉𐐩𐐻𐐮𐑂 𐐯𐑀𐑆𐐰𐑋𐐹𐐲𐑊, 𐑊𐐯𐐻 𐐲𐑅 𐐿𐐱𐑌𐑅𐐮𐐼𐐲𐑉 𐑄 𐐨𐐿𐐶𐐩𐑈𐐲𐑌 $x^2 - 7y^2 = 1$. 𐐆𐑁 𐐶𐐨 𐑀𐐮𐑂 𐑅𐐲𐐿𐑅𐐯𐑅𐐮𐑂𐑊𐐨 𐑄 𐑂𐐰𐑊𐐷𐐭𐑆 1, 2, 3, … 𐑁𐐫𐑉 y 𐐶𐐨 𐑁𐐴𐑌𐐼 𐑄𐐰𐐻 3 𐐮𐑆 𐑄 𐑊𐐨𐑅𐐻 𐐹𐐱𐑆𐐮𐐻𐐮𐑂 𐐮𐑌𐐻𐐯𐑀𐑉𐐲𐑊 𐑂𐐰𐑊𐐷𐐭 𐐱𐑂 y 𐑁𐐫𐑉 𐐸𐐶𐐮𐐽 𐑄𐐯𐑉 𐐮𐑆 𐐲 𐐿𐐱𐑉𐐯𐑅𐐹𐐱𐑌𐐼𐐮𐑍 𐐮𐑌𐐻𐐯𐐾𐐲𐑉 x 𐑅𐐰𐐻𐐮𐑅𐑁𐐴𐐮𐑍 𐑄 𐑀𐐮𐑂𐐲𐑌 𐐨𐐿𐐶𐐩𐑈𐐲𐑌. 𐐜𐐮𐑅 𐑂𐐰𐑊𐐷𐐭 𐐮𐑆 $x = 8$ 𐑅𐐬 𐑄𐐰𐐻 $x = 8$, $y = 3$ 𐐮𐑆 𐑄 𐑊𐐨𐑅𐐻 𐐹𐐱𐑆𐐮𐐻𐐮𐑂 𐐮𐑌𐐻𐐯𐑀𐑉𐐲𐑊 𐑅𐐬𐑊𐐭𐑇𐐲𐑌 𐐱𐑂 𐑄 𐐨𐐿𐐶𐐩𐑈𐐲𐑌 $x^2 - 7y^2 = 1$. 𐐝𐐯𐐻𐐮𐑍 $D = 7$, $\sigma = 1$, $t_1 = 8$, $u_1 = 3$, 𐐮𐑌 𐑄 𐑊𐐰𐑅𐐻 𐐻𐐭 𐐨𐐿𐐶𐐩𐑈𐐲𐑌𐑆 𐐱𐑂 𐑄 𐐲𐐺𐐲𐑂 𐑃𐐨𐐬𐑉𐐯𐑋, 𐐶𐐨 𐐸𐐰𐑂 formulæ 𐑁𐐫𐑉 𐑄 𐐾𐐯𐑌𐐲𐑉𐐲𐑊 𐐹𐐱𐑆𐐮𐐻𐐮𐑂 𐐮𐑌𐐻𐐯𐑀𐑉𐐲𐑊 𐑅𐐬𐑊𐐭𐑇𐐲𐑌 𐐱𐑂 𐑄 𐐨𐐿𐐶𐐩𐑈𐐲𐑌 $x^2 - 7y^2 = 1$. 𐐘𐐮𐑂𐐮𐑍 n 𐑅𐐲𐐿𐑅𐐯𐑅𐐮𐑂𐑊𐐨 𐑄 𐑂𐐰𐑊𐐷𐐭𐑆 1, 2, 3, …, 𐑄 𐐹𐐪𐑉𐐻𐐮𐐿𐐷𐐭𐑊𐐲𐑉 𐐹𐐱𐑆𐐮𐐻𐐮𐑂 𐐮𐑌𐐻𐐯𐑀𐑉𐐲𐑊 𐑅𐐬𐑊𐐭𐑇𐐲𐑌𐑆 𐐪𐑉 𐐼𐐨𐑉𐐴𐑂𐐼 𐐶𐐮𐑄𐐵𐐻 𐑉𐐯𐐹𐐯𐐻𐐮𐑇𐐲𐑌 𐐰𐑌𐐼 𐐮𐑌 𐑄 𐐫𐑉𐐼𐐲𐑉 𐐱𐑂 𐐮𐑌𐐿𐑉𐐨𐑅𐐮𐑍 𐑋𐐰𐑀𐑌𐐮𐐻𐐷𐐭𐐼. 𐐜 𐑁𐐲𐑉𐑅𐐻 𐑃𐑉𐐨 𐐱𐑂 𐑄𐐨𐑆 𐑅𐐬𐑊𐐭𐑇𐐲𐑌𐑆 𐐪𐑉

$$8,\ 3; \quad 127,\ 48; \quad 2024,\ 765.$$

𐐇𐐿𐑅𐐲𐑉𐑅𐐴𐑆𐐯𐑆

1. 𐐟𐐬 𐑄𐐰𐐻 𐐫𐑊 𐐮𐑌𐐻𐐯𐑀𐑉𐐲𐑊 𐑅𐐬𐑊𐐭𐑇𐐲𐑌𐑆 𐐱𐑂 𐑄 𐐨𐐿𐐶𐐩𐑈𐐲𐑌 $x^2 - Dy^2 = -1$ 𐑋𐐩 𐐺𐐨 𐐼𐐨𐑉𐐴𐑂𐐼 𐑁𐑉𐐱𐑋 𐐶𐐲𐑌 𐐱𐑂 𐑄𐐯𐑋, D 𐐺𐐨𐐮𐑍 𐐰𐑆 𐐷𐐭𐑈𐐭𐐲𐑊 𐐲 𐐹𐐱𐑆𐐮𐐻𐐮𐑂 𐑌𐐱𐑌-𐑅𐐿𐐶𐐩𐑉 𐐮𐑌𐐻𐐯𐐾𐐲𐑉.

    𐐝𐐲𐑀𐐾𐐯𐑅𐐽𐐲𐑌.—𐐉𐐺𐑆𐐲𐑉𐑂 𐑄𐐰𐐻 𐑄 𐑉𐐨𐑊𐐩𐑇𐐲𐑌𐑆 $a^2 - Db^2 = -1$, $c^2 - Dg^2 = -1$ 𐐮𐑋𐐹𐑊𐐴 𐑄 𐑉𐐨𐑊𐐩𐑇𐐲𐑌 $(ac + Dbg)^2 - D(ag + bc)^2 = 1$.

2. 𐐝𐐱𐑊𐑂 𐐨𐐽 𐐱𐑂 𐑄 𐐔𐐴𐐬𐑁𐐰𐑌𐐻𐐴𐑌 𐐨𐐿𐐶𐐩𐑈𐐲𐑌𐑆 $x^2 + 1 = 2y^2$, $x^2 - 1 = 2y^2$.

[4] 𐐐𐐵 𐑄𐐮𐑅 𐑋𐐩 𐐺𐐨 𐐼𐐲𐑌, 𐐺𐐴 𐐼𐐯𐑂𐐯𐑊𐐲𐐹𐐮𐑍 𐑄 𐑌𐐭𐑋𐐯𐑉𐐮𐐿𐐲𐑊 𐑂𐐰𐑊𐐷𐐭 𐐱𐑂 $\sqrt{D}$ 𐐮𐑌𐐻𐐭 𐐲 𐐿𐐱𐑌𐐻𐐮𐑌𐐷𐐭𐐼 𐑁𐑉𐐰𐐿𐑇𐐲𐑌, 𐐮𐑆 𐐯𐐿𐑅𐐹𐑊𐐩𐑌𐐼 𐐺𐐴 𐐐𐐶𐐮𐐻𐑁𐐲𐑉𐐼, 𐐮𐑌 *𐐜 𐐑𐐯𐑊 𐐀𐐿𐐶𐐩𐑈𐐲𐑌* (𐐤𐐭 𐐏𐐫𐑉𐐿, 1912). 𐐐𐐶𐐯𐑌 D 𐐮𐑆 1620, 𐑄 𐑂𐐰𐑊𐐷𐐭 𐐱𐑂 x 𐐸𐐰𐑆 𐑃𐑉𐐨 𐑁𐐮𐑀𐐷𐐲𐑉𐑆; 𐐸𐐶𐐯𐑌 D 𐐮𐑆 1621, 𐐮𐐻 𐐸𐐰𐑆 76 𐑁𐐮𐑀𐐷𐐲𐑉𐑆.

3. Ꞁᴀʅ s_n фᴀʅфᴦϭᴀъʅ ɣ ɞᴦɔ ᴦɞ ɣ ʅᴀώϭ ɹъd h_n ɣ ффʅɞʅᴦъɷɞ ᴦɞ ɹъ ъʅᴦώфᴦʅ Ꞁъɹώᴦфɑᴦъ ʅффɹиώᴦʅ ъ фωɪc ɣ ʅᴀώϭ dɪpᴦф ɞф ɤɷъʅɑ. Ꝺɔ ɣɹʅ ᴀɞфɑ ʅɞɞɪɞᴦʅ ʅᴀф ᴦɞ ɞɹʅɤɷϭ s_n ɹъd h_n ɪϭ dᴦʅᴦфɔъd ɞф ɣ фᴦʅɛbᴦъ

$$(1+\sqrt{2})(3+2\sqrt{2})^n = s_n + h_n\sqrt{2}, \tag{2.2}$$

s_n ɹъd h_n ɞɑɪи фɹbᴦъᴦʅ.

4. Ꝓфъd ɵʅ ъʅᴦώфᴦʅ Ꞁъɹώᴦфɑᴦъ ʅффɹиώᴦʅϭ ъ фωɪc ɣ ʅᴀώϭ dɪpᴦф ɞф 2.

5. Ᵽɞʅɛъ ɣ ɕɹъᴦфᴦʅ ъʅᴦώфᴦʅ ɞᴦʅɷbᴦъ ᴦɞ ɔc ᴦɞ ɣ ɪωωɛsᴦъϭ $x^2-5y^2=4$, $x^2-20y^2=4$.

6. Ᵽɞʅɛъ ɑ ρɵфɔɤᴦʅᴦ ώɪɞɪи ɹъ ъpɪъʅ ъᴦɔɞᴦф ᴦɞ ъʅᴦώфᴦʅ ɞᴦʅɷbᴦъϭ ᴦɞ ɣ ɪωωɛsᴦъ $x^2-19y^2=81$.

7. Ꝓфъd ɣ ɕɹъᴦфᴦʅ фɹbᴦъᴦʅ ɞᴦʅɷbᴦъ ᴦɞ ɣ ɪωωɛsᴦъ $x^2 - Dy^2 = 4$. ɞф ɔɑъϭ ᴦɞ ɣɪɞ фɹbᴦъᴦʅ ɞᴦʅɷbᴦъ ᴦɞʅɛъ ɹъ ъpɪъʅ ъᴦɔɞᴦф ᴦɞ ъʅᴦώфᴦʅ ɞᴦʅɷbᴦъϭ.

8. Ꝓфъd ɣ ɞɔɵʅᴦɞʅ ъʅᴦώфᴦʅ ɞᴦʅɷbᴦъϭ ᴦɞ $x^2-1620y^2=1$ ɹъd $x^2-1666y^2=1$.

§ 9 ɕᴀъᴦфᴦʟ Ɨωωɛsᴦъ ᴦɞ ɣ Ꞵᴀωᴦъɞ Ꭺᴦωфɑ ъ ʅɷ Ɓᴀфɑᴦɞᴦʟϭ

Ꞁᴀʅ ᴦɞ ωᴦъɞɪdᴦф ɣ ɕɹъᴦфᴦʅ Ꭺфᴦpɹъʅфъ ɪωωɛsᴦъ ᴦɞ ɣ ɞᴀωᴦъd dᴦώфɑ ъ ʅɷ ɞᴀфɑᴦɞᴦʟϭ

$$ax^2+2bxy+cy^2+2dx+2ey+f=0, \tag{1}$$

φωᴀф a, b, c, d, e, f ɵф ъʅᴦɕᴦфϭ.

Ɨъ ωɛɞ $ac-b^2=0$, ɣ ɪωωɛsᴦъ ɔɛ ɞ фɪʅᴦъ ъ ɣ ρɵфɔ

$$(ax+by)^2+2adx+2aey+af=0.$$

Ɨъ ɵфdᴦф ʅɷ ᴦɞʅɛъ фɹbᴦъᴦʅ ɞᴦʅɷbᴦъϭ ɪʅ ɪϭ ɞᴦpɪbᴦъʅ ʅɷ ʅɣʅ

$$ax+by=t, \quad 2adx+2aey+af=-t^2, \tag{2}$$

φωлф t ɪ6 ʌɴə фɹbгɴгɿ ɴгɜвгф, ɹɴd вəʅв ɣə6 ɪωωεsгɴ6 ρəф x ɹɴd y. Ɣɪв ώɪв6, ɪɴ ϛʌɴгфгɿ,

$$\left.\begin{aligned} x &= \frac{-bt^2 - 2aet - abf}{2a(bd-ae)}, \\ y &= \frac{t^2 + 2dt + af}{2(bd-ae)}. \end{aligned}\right\} \tag{3}$$

Ɨр ɣ вгʅωbгɴ ɪ6 ʅω в ɪɴʅгώфгʅ, ɣʌɴ t ɔгвʅ в ɪɴʅгώфгʅ, ɹ6 ωгɴ вə6 ρфгɔ ɣ ргфвʅ ɪωωεsгɴ ɪɴ (2). Ɣʌɴ ρфгɔ (3) ɪʅ ρəʅə6 ɣɹʅ ə ɴлвгвʌфə ɹɴd вгрɪbгɴʅ ωгɴdɪbгɴ əɴ ɣ ɪɴʅгϛгф t ɪ6 ɣɹʅ ɪʅ bɹʅ вɹʅɪвρф ɣ ρəʅəɪʌ ωəʌώфωгɴвг6:

$$t^2 + 2dt + af \equiv 0 \bmod 2(bd-ae),$$
$$bt^2 + 2aet + abf \equiv 0 \bmod 2a(bd-ae).$$

Ɨɴ ʌɴə ʅгфʅɪωvгʅгф ωεв ɣ ϛʌɴгфгʅ вгʅωbгɴ гв ɣɪв вɪвʅгɔ гв ωəʌώфωгɴвг6 ɔε в dгʅгфɔɪɴd вф ɪɴвʅʌωbгɴ.

Ɨɴ ωεв $ac - b^2 \neq 0$ ɣ вгʅωbгɴ ɪ6 ɴəʅ вə əɪʅə dгʅгфɔɪɴd. Ɔгʅʌʅʅфɪʌ Ɨω. (1) ɩфω вф $(ac-b^2)^2$ ωə φɹв ə фгвгʅ φωɪc ɔε в ʅqʅ ɪɴ ɣ ρəфɔ

$$au^2 + 2buv + cv^2 = m, \tag{4}$$

φωлф

$$\left.\begin{aligned} u &= (ac-b^2)x - (be-cd), \\ v &= (ac-b^2)y - (bd-ae), \\ m &= (ac-b^2)(ae^2 + cd^2 + fb^2 - acf - 2bde). \end{aligned}\right\} \tag{5}$$

Ɣгв ɣ ʅфəвʅгɔ гв вəʅвɪʌ Ɨω. (1) ɪ6 фгdωвʅ ʅω ɣɹʅ гв вəʅвɪʌ Ɨω. (4) ρəф u ɹɴd v ɹɴd cωвɪʌ ɣə6 вɹʅvω6 əɴʅə гв u ɹɴd v ρəф φωɪc x ɹɴd y φɹв ɣ dгвфф ωʌфгωʅгфɪвʅɪω.[5] Ɓгʅ ɣ ʅфəвʅгɔ гв вəʅвɪʌ Ɨω. (4) ɪ6 ɸdɹɴʅɪωгʅ ωɪɣ ɣɹʅ гв ɣ фɹʅфгвʌɴʅεbгɴ гв ə ώɪвгɴ ɪɴʅгϛгф вф ɔəɴ6 гв ə вфɪɴфə ωωddфɹʅω ρəфɔ. Ɣ ʅʅɹɴ гв ɣɪв вqω dгв ɴəʅ ʅгфɔʅ ɣ dəʅεʅd dгвʌʅгʅɔгɴʅ гв ɣɪв ʅʅгф вгвϛʌωʅ. (Βə ɣ ʅфɹргв.) Ꮗəɴвгωωʌɴʅʅə ɣ ʅфəвʅгɔ гв вəʅвɪʌ Ɨω. (1) ωɪʅ в dɪвɔɪвʅ ωɪɣ ɣɪв фгɔəфω.

[5] Ɨр ɹɴ ɪɴʅгώфгʅ вгʅωbгɴ ɪ6 dгвфф ωə ɔε cω6 ɣə6 вɹʅvω6 əɴʅə гв u ɹɴd v ρəф φωɪc x ɹɴd y вф ɪɴʅгώфгʅ. Φωʌɴ x ɹɴd y вф фгвʅфɪωʅгd ɔɪфʅə ʅω в фɹbгɴгʅ ʌвфə вгʅωbгɴ гв (4) ʅəd6 ɩфω (5) ʅω ə вгʅωbгɴ гв (1).

§ 10 𐐗𐐎𐐉𐐔𐐡𐐈𐐓𐐆𐐗 𐐆𐐗𐐎𐐁𐐠𐐊𐐤𐐞 𐐆𐐤𐐚𐐉𐐢𐐚𐐆𐐥 𐐣𐐃𐐡 𐐜𐐈𐐤 𐐛𐐡𐐀 𐐚𐐇𐐡𐐀𐐊𐐒𐐊𐐢𐐞

𐐐𐐰𐑂𐐮𐑍 𐑌𐐵 𐐼𐐲𐑂𐐯𐑊𐐲𐐹𐐻 𐑄 𐐾𐐯𐑌𐐲𐑉𐐲𐑊 𐑃𐐮𐑉𐐨 𐐲𐑂 𐑄 𐐮𐐿𐐶𐐩𐑈𐐲𐑌

$$x^2 + y^2 = t^2,$$

𐐰𐑌𐐼 𐑅𐐲𐑉𐐻𐐲𐑌 𐐾𐐯𐑌𐐲𐑉𐐲𐑊𐐮𐑆𐐩𐑇𐐲𐑌𐑆 𐐲𐑂 𐐮𐐻 𐐮𐑌𐑂𐐱𐑊𐑂𐐮𐑍 𐑅𐐻𐐮𐑊 𐐨 𐐻𐐬𐐻𐐲𐑊 𐐲𐑂 𐑃𐑉𐐨 𐑂𐐯𐑉𐐨𐐲𐐺𐐲𐑊𐑆, 𐐮𐐻 𐐮𐑆 𐑌𐐰𐐽𐐲𐑉𐐲𐑊 𐐻𐐭 𐐮𐐿𐑅𐐻𐐯𐑌𐐼 𐑄 𐐹𐑉𐐱𐐺𐑊𐐲𐑋 𐐮𐑌 𐐲𐑌𐐲𐑄𐐲𐑉 𐐼𐐲𐑉𐐯𐐿𐑇𐐲𐑌, 𐑌𐐩𐑋𐑊𐐨, 𐐺𐐴 𐐮𐑌𐐿𐑉𐐨𐑅𐐮𐑍 𐑄 𐑌𐐲𐑋𐐺𐐲𐑉 𐐲𐑂 𐑂𐐯𐑉𐐨𐐲𐐺𐐲𐑊𐑆. 𐐎𐐨 𐑇𐐳𐐼 𐑄𐐲𐑅 𐐺 𐑊𐐯𐐼 𐑌𐐯𐐿𐑅𐐻 𐐻𐐭 𐐿𐐲𐑌𐑅𐐮𐐼𐐲𐑉 𐑄 𐐮𐐿𐐶𐐩𐑈𐐲𐑌

$$x^2 + y^2 + u^2 = t^2. \tag{1}$$

𐐤𐐵 𐑄 𐐿𐑊𐐰𐑅𐐲𐑆 𐐲𐑂 𐑌𐐲𐑋𐐺𐐲𐑉𐑆 𐐸𐐶𐐮𐐽 𐐸𐐰𐑂 𐐺𐐮𐑌 𐐮𐑌𐑂𐐱𐑊𐑂𐐼 𐐮𐑌 𐑄 𐑊𐐪𐑉𐐾𐐲𐑉 𐐹𐐪𐑉𐐻 𐐲𐑂 𐐵𐑉 𐐹𐑉𐐨𐑂𐐨𐐲𐑅 𐑃𐐮𐑉𐐨 𐐰𐑌𐐼 𐐸𐐶𐐮𐐽 𐐸𐐰𐑂 𐑀𐐮𐑂𐐲𐑌 𐑉𐐴𐑆 𐐻𐐭 𐑄 𐑋𐐬𐑅𐐻 𐐮𐑌𐐻𐐲𐑉𐐲𐑅𐐻𐐮𐑍 𐑉𐐲𐑆𐐲𐑊𐐻𐑅, 𐑌𐐩𐑋𐑊𐐨, 𐑄𐐬𐑆 𐐼𐐲𐑁𐐴𐑌𐐼 𐐺𐐴 𐑁𐐫𐑉𐑋𐑆 𐑅𐐲𐐽 𐐰𐑆 $x^2 + y^2$ 𐐰𐑌𐐼 $x^2 - Dy^2$, 𐐸𐐰𐑂 𐐸𐐰𐐼 𐑄 𐑁𐐱𐑊𐐬𐐮𐑍 𐑉𐐲𐑋𐐪𐑉𐐿𐐲𐐺𐐲𐑊 𐐹𐑉𐐱𐐹𐐲𐑉𐐻𐐨: 𐑄 𐐹𐑉𐐱𐐼𐐲𐐿𐐻 𐐲𐑂 𐐯𐑌𐐨 𐐻𐐭 𐑌𐐲𐑋𐐺𐐲𐑉𐑆 𐐮𐑌 𐐶𐐲𐑌 𐐲𐑂 𐑄 𐐿𐑊𐐰𐑅𐐲𐑆 𐐮𐑆 𐐮𐐻𐑅𐐯𐑊𐑁 𐐮𐑌 𐑄𐐰𐐻 𐐿𐑊𐐰𐑅. 𐐎𐐨 𐑇𐐰𐑊 𐐮𐐿𐑅𐐹𐑉𐐯𐑅 𐑄𐐮𐑅 𐑁𐐰𐐿𐐻 𐐺𐐴 𐑅𐐩𐐮𐑍 𐑄𐐰𐐻 𐑄 𐑌𐐲𐑋𐐺𐐲𐑉𐑆 𐐲𐑂 𐑄 𐐿𐑊𐐰𐑅 𐑁𐐫𐑉𐑋 𐐨 𐐼𐐬𐑋𐐩𐑌 𐐶𐐮𐑄 𐑉𐐲𐑅𐐹𐐯𐐿𐐻 𐐻𐐭 𐑋𐐲𐑊𐐻𐐮𐐹𐑊𐐮𐐿𐐩𐑇𐐲𐑌. 𐐜 𐑅𐐯𐐻𐑅 𐐲𐑂 𐑌𐐲𐑋𐐺𐐲𐑉𐑆 𐑋𐐯𐑌𐐽𐐲𐑌𐐼 𐐫𐑊𐑅𐐬 𐐸𐐰𐑂 𐑄𐐮𐑅 𐑁𐐲𐑉𐑄𐐲𐑉 𐐹𐑉𐐱𐐹𐐲𐑉𐐻𐐨: 𐑁𐑉𐐲𐑋 𐑄 𐑉𐐯𐐹𐑉𐐲𐑆𐐯𐑌𐐻𐐩𐑇𐐲𐑌 𐐲𐑂 𐐻𐐭 𐑌𐐲𐑋𐐺𐐲𐑉𐑆 𐐮𐑌 𐑄 𐑀𐐮𐑂𐐲𐑌 𐑁𐐫𐑉𐑋 𐑄𐐰𐐻 𐐲𐑂 𐑄𐐯𐑉 𐐹𐑉𐐱𐐼𐐲𐐿𐐻 𐐮𐑆 𐑉𐐯𐐼𐐮𐑊𐐨 𐐲𐐺𐐻𐐩𐑌𐐼 𐐺𐐴 𐑋𐐨𐑌𐑆 𐐲𐑂 𐐰𐑌 𐐰𐑊𐐾𐐲𐐺𐑉𐐩𐐮𐐿 𐑁𐐫𐑉𐑋𐐷𐐲𐑊𐐲.

𐐤𐐲𐑋𐐺𐐲𐑉𐑆 𐐲𐑂 𐑄 𐑁𐐫𐑉𐑋 $x^2 + y^2 + u^2$ 𐐼𐐭 𐑌𐐱𐐻 𐑁𐐫𐑉𐑋 𐐨 𐐼𐐬𐑋𐐩𐑌 𐐶𐐮𐑄 𐑉𐐲𐑅𐐹𐐯𐐿𐐻 𐐻𐐭 𐑋𐐲𐑊𐐻𐐮𐐹𐑊𐐮𐐿𐐩𐑇𐐲𐑌. 𐐜𐐮𐑅 𐑋𐐩 𐐺 𐑇𐐬𐑌 𐐺𐐴 𐑋𐐨𐑌𐑆 𐐲𐑂 𐐰𐑌 𐐮𐑀𐑆𐐰𐑋𐐹𐐲𐑊. 𐐎𐐨 𐐸𐐰𐑂

$$3 = 1^2 + 1^2 + 1^2, \quad 5 = 2^2 + 1^2 + 0^2, \quad 21 = 4^2 + 2^2 + 1^2,$$

𐐸𐐶𐐴𐑊 𐑌𐐴𐑄𐐲𐑉 15 𐑌𐐫𐑉 63 𐐿𐐰𐑌 𐐺 𐐮𐐿𐑅𐐹𐑉𐐯𐑅𐐻 𐐰𐑆 𐐨 𐑅𐐲𐑋 𐐲𐑂 𐑃𐑉𐐨 𐐮𐑌𐐻𐐲𐑀𐑉𐐲𐑊 𐑅𐐿𐐶𐐩𐑉𐑆.

𐐒𐐲𐐻 𐐮𐑁 𐐶𐐨 𐑇𐐳𐐼 𐐮𐑌𐑊𐐪𐑉𐐾 𐑄 𐑅𐐯𐐻 𐐲𐑂 𐑌𐐲𐑋𐐺𐐲𐑉𐑆 $x^2+y^2+u^2$ 𐑅𐐬 𐑄𐐰𐐻 𐑄 𐑌𐐭 𐑅𐐯𐐻 𐐶𐐮𐑊 𐐿𐐲𐑌𐐻𐐩𐑌 𐐫𐑊 𐑌𐐲𐑋𐐺𐐲𐑉𐑆 𐐲𐑂 𐑄 𐑁𐐫𐑉𐑋 $x^2 + y^2 + u^2 + v^2$ 𐑄𐐯𐑌 𐑄 𐑅𐐯𐐻 𐑅𐐬 𐐮𐑌𐑊𐐪𐑉𐐾𐐼 𐑁𐐫𐑉𐑋𐑆 𐐨 𐐼𐐬𐑋𐐩𐑌 𐐶𐐮𐑄 𐑉𐐲𐑅𐐹𐐯𐐿𐐻 𐐻𐐭 𐑋𐐲𐑊𐐻𐐮𐐹𐑊𐐮𐐿𐐩𐑇𐐲𐑌. 𐐜𐐮𐑅 𐐮𐑆 𐐨 𐑅𐐹𐐯𐑇𐐲𐑊 𐐿𐐩𐑅 𐐲𐑂 𐐨 𐑋𐐫𐑉 𐐾𐐯𐑌𐐲𐑉𐐲𐑊 𐑉𐐭𐑊 𐐸𐐶𐐮𐐽 𐐶𐐨 𐑇𐐰𐑊 𐐹𐑉𐐯𐑆𐐲𐑌𐐻𐑊𐐨 𐑀𐐮𐑂. 𐐆𐑌 𐑂𐐷𐐭 𐐲𐑂 𐑄 𐐮𐑀𐑆𐐮𐑅𐐻𐐲𐑌𐑅 𐐲𐑂 𐑄𐐮𐑅 𐐼𐐬𐑋𐐩𐑌 𐐶𐐮𐑄 𐑉𐐲𐑅𐐹𐐯𐐿𐐻 𐐻𐐭 𐑋𐐲𐑊𐐻𐐮𐐹𐑊𐐮𐐿𐐩𐑇𐐲𐑌 𐐶𐐨 𐐸𐐰𐑂 𐐨 𐐼𐐲𐑉𐐯𐐿𐐻 𐑋𐐨𐑌𐑆 𐐲𐑂 𐐻𐑉𐐨𐐻𐐮𐑍 𐑄 𐐹𐑉𐐱𐐺𐑊𐐲𐑋 𐐲𐑂 𐑅𐐱𐑊𐑂𐐮𐑍 𐑄 𐐮𐐿𐐶𐐩𐑈𐐲𐑌

$$x^2 + y^2 + u^2 + v^2 = t^2. \tag{2}$$

Ꞁɼʅɪи ʅɷ ϭɪϕo ɣ ɷωɘʏʅɪʅɘ ϕɹɾϕɼϭɹʏʅɪи v ʏ ɣɪɞ ɞɼʅɷbɼʏ ɹʏd ϕɼɞʅϕɪωʅɪи ɣ ϭɹʅɤɷϭ ɼϭ x, y, u, t ɼɷɷϕdɪиʅɘ, ωɘ bɋd ɼϕϕϭ ɹʅ ɘ ɞɼʅɷbɼʏ ɼϭ Ɨω. (1).

Ωɘ ʅϕɼɞɘd ɹʅ ωɼʏɞ ʅɷ ɘ ɔɘϕ ɕɹʏɼϕɼʅ ʅϕɘɞʅɼɔ ʏɷʅɷdɪи ɣɹʅ ωɼʏɞɼϕʏɪи Ɨω. (1). ʅɹʅ ɼϭ ωɼʏɞɪdɼϕ ɣ Ɑϕɼþɹʏʅϕʏ ɪωωεsɼʏ

$$x^2 + ay^2 + bu^2 = t^2. \tag{3}$$

ɸωɹϕ a ɹʏd b ɘϕ ώɪɞɼʏ ʏʅɼɕɼϕϭ. Φωɹʏ $a = b = 1$ ɣ ɪωωεsɼʏ ɪϭ ɣ ɞɛɔ ɹϭ (1). Ωɘ bɹʅ þɼϕɞʅ ʅϕɘʅ ɣ ɔɘϕ ɕɹʏɼϕʅ ɪωωεsɼʏ

$$x^2 + ay^2 + bu^2 + abv^2 = t^2, \tag{4}$$

ɞɼωɼϭ, ɹϭ ωɘ bɹʅ ʏό bo, ɣ þϕϕɔ ɼϭ ɣ þɼϕɞʅ ɔɹɔɞɼϕ dɼþϕʏϭ ɘ ɷʅɹɞ ɼϭ ʏɼɔɞɼϕϭ ɸωɪɕ þϕϕɔ ɘ dɔɔɛʏ ωɪɣ ϕɼɞʅɹɷʅ ʅɷ ɔɼʅɹʅʅɪωεbɼʏ.

ʅɹʅ ɼϭ ɪɔʅʅɔɪ ɣ ʏɔʅεbɼʏ

$$g(x, y, u, v) = x^2 + ay^2 + bu^2 + abv^2.$$

Ɣɹʏ ɪʅ ɔɛ ɞ ϕɹdʅɘ ɞɹϕɪþϕd ɣɹʅ[6]

$$g(x, y, u, v) \cdot g(x_1, y_1, u_1, v_1) = g(x_2, y_2, u_2, v_2), \tag{5}$$

ɸωɹϕ

$$\left.\begin{aligned} x_2 &= xx_1 - ayy_1 - buu_1 + abvv_1, \\ y_2 &= xy_1 + x_1y - buv_1 - bu_1v, \\ u_2 &= ux_1 + u_1x + avy_1 + av_1y, \\ v_2 &= vx_1 - v_1x - uy_1 + u_1y. \end{aligned}\right\} \tag{6}$$

Ɨʅ ɪϭ ɘɞɞɘɼɞ ɣɹʅ Ɨω. (5) ωɪʅ ɵʅɞo ɞ ɞɹʅɪɞþϕd ɞϕ ɞɹʅɤɷϭ x_2, y_2, u_2, v_2 ɼɞʅεʏd þϕɼɔ (6) ɞϕ ϕɼʅʅɞɪи ɹʏɘ ʏɼɔɞɼϕ ɼϭ ɣ ɷωɘʏʅʅɘϭ

[6] Ɨþ ʏ ɣɘϭ ϕɼʅεbɼʏϭ ωɘ ʅεω $a = b = 1$ ωɘ bɹʅ ɸɹϭ ɘ ɞɹʅ ɼϭ formulæ ʅɷ ɸωɪɕ ωɼʏ ɪϭ ʅɹd dɼϕɹɷʅɘ ɞϕ ɔɘʏϭ ɼϭ ɷωɹʅɼϕʏɘɼʏϭ. Ɣɼɞ ɪþ ωɘ ϕϕʅ

$$(x + iy + ju - kv)(x_1 + iy_1 + ju_1 + kv_1) = x_2 + iy_2 + ju_2 + kv_2,$$

ɸωɹϕ i, j, k ɘϕ ɣ ɷωεʅɼϕʏɤɼʏ ɤɷʏʅɞ, ωɘ ɔɛ ϕɹdʅɘ dɼʅɼϕɔɪʏ x_2, y_2, u_2, v_2, ɞϕ dɼϕɹɷʅ ɔɼʅɹʅʅɪωεbɼʏ ɼϭ ɣ ɷωɹʅɼϕʏɘɼϭ ʏ ɣ þɼϕɞʅ ɔɹɔɞɼϕ. Ωɘ ɼɞʅεʏ ɣ ɞɹʅɤɷϭ ώɷʅɼʏ þϕɼɔ (6) ɞϕ ʅɼʅɪи $a = b = 1$. Ꞁεωɪи ɣ ʏϕϕɔ ɼϭ ɘɕ ɔɹɔɞɼϕ ɼϭ ɣ ɪωωεsɼʏ ʏ ɣɪɞ þɋʅʏɔɪ ωɘ ɸɹϭ ɣ ɞʅɹbɼʅ ɷεɞ ɼϭ ɪωωεsɼʏ (5) þϕϕ ɸωɪɕ $a = b = 1$.

x, y, u, v, x_1, y_1, u_1, v_1 𐐺𐐴 𐑄𐐯𐑉 𐑌𐐯𐑀𐐲𐐻𐐮𐑂𐑆. 𐐆𐑌 𐐿𐐩𐑅 $a = b = 1$ 𐑅𐐻𐐮𐑊 𐐲𐑄𐐲𐑉 𐑂𐐰𐑊𐐷𐐭𐑆 𐐲𐑂 x_2, y_2, u_2, v_2 𐑋𐐩 𐐺 𐐲𐐺𐐻𐐩𐑌𐐼 𐐺𐐴 𐐯𐑌𐐨 𐐮𐑌𐐻𐐲𐑉𐐽𐐩𐑌𐐾 𐐲𐑂 𐑄 𐐿𐐶𐐱𐑌𐐻𐐮𐐻𐐨𐑆 x, y, u, v 𐐫𐑉 𐐲𐑂 𐑄 𐐿𐐶𐐱𐑌𐐻𐐮𐐻𐐨𐑆 x_1, y_1, u_1, v_1 𐐲𐑋𐐲𐑍 𐑄𐐯𐑋𐑅𐐯𐑊𐑂𐑆. 𐐆𐑌 𐐿𐐩𐑅 $a = 1$ 𐐰𐑌𐐼 $b \neq 1$ 𐑄 𐐯𐑊𐐲𐑋𐐲𐑌𐐻𐑅 𐐲𐑂 𐑄 𐑁𐐱𐑊𐐬𐐮𐑍 𐐹𐐯𐑉𐑆 𐑋𐐩 𐐺 𐑅𐐮𐑋𐐮𐑊𐐲𐑉𐑊𐐨 𐐮𐑌𐐻𐐲𐑉𐐽𐐩𐑌𐐾𐐼: x, y; u, v; x_1, y_1; u_1, v_1. 𐐤𐐱𐐻 𐐫𐑊 𐑄 𐑉𐐲𐑆𐐲𐑊𐐻𐐮𐑍 𐑂𐐰𐑊𐐷𐐭𐑆 𐐲𐑂 x_2, y_2, u_2, v_2 𐐶𐐮𐑊 𐐺 𐐼𐐮𐑅𐐻𐐮𐑍𐐿𐐻, 𐑄𐐬 𐑄𐐯𐑉 𐐶𐐮𐑊 𐐮𐑌 𐐾𐐯𐑌𐐲𐑉𐐲𐑊 𐐺 𐐻𐐭 𐐫𐑉 𐑋𐐫𐑉 𐐮𐑌𐐼𐐲𐐹𐐯𐑌𐐼𐐲𐑌𐐻 𐑅𐐯𐐻𐑅.

𐐜𐐲𐑅 𐐶𐐨 𐑅𐐨 𐑄𐐰𐐻 𐑄 𐐿𐑊𐐰𐑅 𐐲𐑂 𐑌𐐲𐑋𐐺𐐲𐑉𐑆 𐐼𐐲𐑁𐐴𐑌𐐼 𐐺𐐴 𐑄 𐑁𐐫𐑉𐑋 $x^2 + ay^2 + bu^2 + abv^2$ 𐑁𐐫𐑉𐑋 𐐪 𐐼𐐬𐑋𐐩𐑌 𐐶𐐮𐑄 𐑉𐐲𐑅𐐹𐐯𐐿𐐻 𐐻𐐭 𐑋𐐲𐑊𐐻𐐮𐐹𐑊𐐮𐐿𐐩𐑇𐐲𐑌 𐐰𐑌𐐼 𐑄𐐰𐐻 𐑄 𐐹𐑉𐐱𐐼𐐲𐐿𐐻 𐐲𐑂 𐐯𐑌𐐨 𐐻𐐭 𐑌𐐲𐑋𐐺𐐲𐑉𐑆 𐐲𐑂 𐑄 𐐿𐑊𐐰𐑅 𐐮𐑆 𐑉𐐯𐐼𐐮𐑊𐐨 𐐮𐐿𐑅𐐹𐑉𐐯𐑅𐐲𐐺𐐲𐑊 𐐮𐑌 𐑄 𐑀𐐮𐑂𐐲𐑌 𐑁𐐫𐑉𐑋, 𐐰𐑌𐐼 𐑁𐑉𐐨𐐿𐐶𐐲𐑌𐐻𐑊𐐨 𐐮𐑌 𐑅𐐯𐑂𐐲𐑉𐐲𐑊 𐐶𐐩𐑆.

𐐙𐑉𐐲𐑋 𐐀𐐿𐑆. (5) 𐐰𐑌𐐼 (6) 𐐰𐑌𐐼 𐑄 𐐻𐑉𐐰𐑌𐑅𐑁𐐲𐑉𐑋𐐩𐑇𐐲𐑌𐑆 𐐲𐑂 𐑄𐐯𐑋 𐐮𐑌𐐼𐐮𐐿𐐩𐐻𐐲𐐼 𐐲𐐺𐐲𐑂, 𐐶𐐨 𐐸𐐰𐑂 𐑄 𐑁𐐱𐑊𐐬𐐮𐑍 𐑉𐐲𐑊𐐩𐑇𐐲𐑌𐑆:

$$
\left.
\begin{aligned}
\{g(x,y,u,v)\}^2 &= g(x^2 - ay^2 - bu^2 + abv^2,\ 2xy - 2buv,\ 2ux + 2avy,\ 0)\\
&= g(x^2 - ay^2 + bu^2 - abv^2,\ 2xy + 2buv,\ 0,\ 2vx - 2uy),\\
&= g(x^2 + ay^2 - bu^2 - abv^2,\ 0,\ 2ux - 2avy,\ 2vx + 2uy),\\
&= g(x^2 - ay^2 + bu^2 + abv^2,\ 2xy,\ 2avy,\ 2uy),\\
&= g(x^2 + ay^2 - bu^2 + abv^2,\ 2buv,\ 2ux,\ 2uy),\\
&= g(x^2 + ay^2 + bu^2 - abv^2,\ 2buv,\ 2avy,\ 2vx),\\
&= g(x^2 - ay^2 - bu^2 - abv^2,\ 2xy,\ 2ux,\ 2vx).
\end{aligned}
\right\}
\tag{7}
$$

𐐢𐐯𐐻 𐐲𐑅 𐑉𐐲𐐻𐐲𐑉𐑌 𐐻𐐭 𐑄 𐐿𐐲𐑌𐑅𐐮𐐼𐐲𐑉𐐩𐑇𐐲𐑌 𐐲𐑂 𐐀𐐿. (4), 𐑉𐐴𐐻𐐮𐑍 𐐮𐐻 𐑌𐐵 𐐮𐑌 𐑄 𐑁𐐫𐑉𐑋

$$\alpha^2 + a\beta^2 + b\rho^2 + ab\sigma^2 = t^2, \tag{8}$$

𐐸𐐶𐐯𐑉 α, β, ρ, σ, t 𐐪𐑉 𐑄 𐐮𐑌𐐻𐐲𐐾𐐲𐑉𐑆 𐐻𐐭 𐐺 𐐼𐐲𐐻𐐲𐑉𐑋𐐮𐑌𐐼. 𐐆𐐻 𐐮𐑆 𐐿𐑊𐐨𐑉 𐑄𐐰𐐻 𐐶𐐨 𐐸𐐰𐑂 𐐪 𐑁𐐫𐑉-𐐹𐐲𐑉𐐰𐑋𐐲𐐻𐐲𐑉 𐑅𐐲𐑊𐐭𐑇𐐲𐑌 𐐲𐑂 𐑄𐐮𐑅 𐐮𐐿𐐶𐐩𐑈𐐲𐑌 𐐺𐐴 𐐻𐐩𐐿𐐮𐑍 $g(x, y, u, v)$ 𐑁𐐫𐑉 𐑄 𐑂𐐰𐑊𐐷𐐭 𐐲𐑂 t 𐐰𐑌𐐼 𐑄 𐐪𐑉𐑀𐐷𐐲𐑋𐐲𐑌𐐻𐑅 (𐐮𐑌 𐐫𐑉𐐼𐐲𐑉) 𐐮𐑌 𐐯𐑌𐐨 𐑉𐐴𐐻 𐑋𐐯𐑋𐐺𐐲𐑉 𐐲𐑂 (7) 𐑁𐐫𐑉 𐑄 𐑂𐐰𐑊𐐷𐐭𐑆 𐐲𐑂 α, β, ρ, σ, 𐑉𐐲𐑅𐐹𐐯𐐿𐐻𐐮𐑂𐑊𐐨.

𐐝𐐮𐑋𐐮𐑊𐐲𐑉𐑊𐐨 𐑁𐐫𐑉 𐑄 𐐮𐐿𐐶𐐩𐑈𐐲𐑌

$$\alpha^2 + a\beta^2 + b\rho^2 = t^2, \tag{9}$$

𐐶𐐨 𐐸𐐰𐑂 𐑄 𐑁𐐱𐑊𐐬𐐮𐑍 𐑁𐐫𐑉-𐐹𐐲𐑉𐐰𐑋𐐲𐐻𐐲𐑉 𐑅𐐲𐑊𐐭𐑇𐐲𐑌:

$$
\begin{aligned}
t &= x^2 + ay^2 + bu^2 + abv^2,\\
\alpha &= x^2 - ay^2 - bu^2 + abv^2,\\
\beta &= 2xy - 2buv,\\
\rho &= 2ux + 2avy,
\end{aligned}
$$

φωɹɸ x, y, u, v ǝɸ ǝɸɞʅɸɹɸǝ ɪъʅʁɕʁɸ6. Ɨʅ ɪ6 ɵʅɞɵ ɿɞɞɪɞʁʅ ʅɸ ʁɞʅɛъ ʟɸǝ-ɿʁɸɹɔʁʅʁɸ ɞʁʅɸbʁъ6 ʁɞ (9) ɪъ ɞɹɞʁɸʁʅ ωɛ6. Ƥɵɸ ɪъɞʅʁъɞ, ɞɸ ʅɛωɪи $x = 0$ ɪъ ъɹωɞʅ ʅɸ ɣ ʟɹɞʅ ɪωωɛsʁъ ɪъ (7), ωǝ φɹɞ ɣ ƥɞʅɵɪи ɞʁʅɸbʁъ:

$$
\begin{aligned}
t &= ay^2 + bu^2 + abv^2, \\
\alpha &= ay^2 + bu^2 - abv^2, \\
\beta &= 2buv, \quad \rho = 2avy.
\end{aligned}
$$

Ψωɹɣʁɸ ɣ ʁɞʁɞ formulæ ώɪɞ ɣ ɕɹъʁɸʁʅ ɪъʅʁώɸʁʅ ɞʁʅɸbʁъ6 ʁɞ Ɨω6. (8) ɹъd (9) ƥɵɸ ǝ ώɪɞʁъ a ɹъd b φωɹъ x, y, u, v ǝɸ ɸʁɞʅɸɪωʁd ʅɸ ɞ ɪъʅʁɕʁɸ6 ɪ6 ǝ ωωɹɞɕʁъ φωɪɕ ɪ6 ъɞʅ ɹъɞʁɸd ɪъ ɣ ɿɸʁɞǝdɪи dɪɞωʁbʁъ. Ɨʅ ʁɿɪɸ6 ʅɸ ɞ dɪƥɪωʁʅ ʁɞ ʅɸǝɔʁъʅ ɞɵ ʟɵи ɹ6 a ɹъd b ǝɸ ʁъɸʁɞʅɸɪωʁd. Ɯǝ bɹʅ ʅɛω ɪʅ ʁɿ ɵъʟǝ ƥɵɸ ɣ ɔɵɞʅ ɪъʅʁɸʁɞʅɪи ɞɿɹbʁʅ ωɛɞ, ъɛɔʟǝ, ɣɹʅ ʁɞ ɣ ɪωωɛsʁъ

$$x^2 + y^2 + z^2 = t^2. \tag{10}$$

Ɣɪɞ ɪ6 ǝ ɞɿɹbʁʅ ωɛɞ ʁɞ Ɨω. (9). Ɔǝdɪƥɸɪи ɵɸ ъɵʅɛbʁъ, ωǝ ɔɛ ɸɸʅ ɣ ƥʁɸɞʅ ɞʁʅɸbʁъ ʁɞʅɛъd ʁɞʁɞ ɪъ ɣ ƥɵɸɔ

$$
\left.
\begin{aligned}
t &= m^2 + n^2 + p^2 + q^2, \\
x &= m^2 - n^2 - p^2 + q^2, \\
y &= 2mn - 2pq, \\
z &= 2mp + 2nq.
\end{aligned}
\right\} \tag{11}
$$

Ƥɵɸ ɣ ωɛɞ ʁɞ Ɨω. (10) ɣ ʁɣʁɸ ɞʁʅɸbʁъ6 ʁɞʅɛъd ƥɵɸ Ɨω. (9) ǝɸ ɞɿɹbʁʅ ωɛɞʁ6 ʁɞ ɣɹʅ ώɪɞʁъ ɪъ (11).

ʅɛωɪи $m = 3$, $n = 3$, $p = 1$, $q = 2$, ωǝ φɹɞ ɣ ɿɸʅɪωᴧʁʅʁɸ ɪъɞʅʁъɞ $3^2 + 14^2 + 18^2 = 23^2$.

Ɯǝ bɹʅ ɿɸɵɞ ɣɹʅ formulæ (11) ʁƥɵɸd ɣ ɕɹъʁɸʁʅ ɪъʅʁώɸʁʅ ɞʁʅɸbʁъ ʁɞ Ɨω. (10) ɪƥ ǝɕ ʁɞ ɣ ɞɹωʁъd ɔɹɔɞʁɸ6 ɪ6 ɔʁʅɪɿʅɸd ɞɸ ɣ ǝɸɞʅɸɹɸǝ ɪъʅʁώɸʁʅ ƥɹωʁɸ d. Ɨъ ɣɪɞ dɹɔʁъɞʅɸɛbʁъ ωǝ bɹʅ φɹɞ ᴧɵɞ ƥɵɸ ɞʁɸʁъ ʟɹɔʁ6. Ɣǝ6 ωɪʅ ƥʁɸɞʅ ɞ ɿɸɵɞd. Ɣɛ ωɵъɞʅɪʅɵʅ ɪъ ɣɹɔɞɹʟɞ6 ɸʁɔǝɸωʁɞʁʅ ʟǝʁɸʁɔ6. Ɣɛ ǝɸ dɸ ʅɸ Ƥɹɸɔǝ.

Ʈɹɔʁ I. *Ɨƥ ǝ ъʁɔɞʁɸ ɪ6 ɪωɞɿɸɹɞʁɞʁʅ ɹ6 ǝ ɞʁɔ ʁɞ ʅɸ ɪъʅʁώɸʁʅ ɞωωɹɸ6* $\alpha^2 + \beta^2$ *ɹъd ɪƥ ɣ ωωɵbʁъʅ* $(\alpha^2 + \beta^2)/(a^2 + b^2)$ *ɪ6 ɹъ ɪъʅʁɕʁɸ* m, *φωɹɸ*

a ɹɽd b ɵɸ ɪɽʅɼɕɼɸϭ ɹɽd a^2+b^2 ɪϭ ɵ ʅɸɸɔ ɽɼɔɞɼɸ, ɣɹɽ m ɪϭ ɕʅɞɵ ɵ ɞɼɔ ɼɞ ʅɷ ɪɽʅɼɷɸɼʅ ɞɷɷɹɸϭ.

Ѡə φɹɞ

$$m=\frac{\alpha^2+\beta^2}{a^2+b^2}=\frac{(\alpha^2+\beta^2)(a^2+b^2)}{(a^2+b^2)^2}$$

$$\equiv\frac{(\alpha a\pm\beta b)^2+(\alpha b\mp\beta a)^2}{(a^2+b^2)^2}$$

$$\equiv\left(\frac{\alpha a\pm\beta b}{a^2+b^2}\right)^2+\left(\frac{\alpha b\mp\beta a}{a^2+b^2}\right)^2.$$

Ɨʅ ɪϭ ɞɼɸɪbɼɽʅ ʅɷ bɷ ɣɹʅ ɷɼɽ ɼɞ ɣ ɽɼɔɞɼɸϭ $\alpha a\pm\beta b$ ɪϭ ɵ ɔɼʅɹʅɼʅ ɼɞ a^2+b^2, ɹɽd φɹɽɞ ɣɹʅ ɣɹɸ ʅɸɵdɼɷʅ ɪϭ ɞɼɕ ɵ ɔɼʅɹʅɼʅ, ɞɪɽɞ a^2+b^2 ɪϭ ɵ ʅɸɸɔ. Ɛɼʅ ɣɹɸ ʅɸɵdɼɷʅ ɪϭ

$$\alpha^2a^2-\beta^2b^2=a^2(\alpha^2+\beta^2)-\beta^2(a^2+b^2)=(ma^2-\beta^2)(a^2+b^2).$$

Φɹɽɞ ʅɹɔɼ I ɪϭ ɪɞʅɹɞʅɪbʅ.

ʅɹɔɼ II. *ɹɞɸɵ ʅɸɸɔ ɽɼɔɞɼɸ ɼɞ ɣ ɸɵɸɔ $4n+1$ ɷɹɽ ɵ ɸɹʅɸɼϭɹɽʅɼd ɪɽ ɷɼɽ ɹɽd ɪɽ ɕɽʅɵ ɷɼɽ ɷɛ ɹϭ ɵ ɞɼɔ ɼɞ ʅɷ ɪɽʅɼɷɸɼʅ ɞɷɷɹɸϭ.*

Ѡə ɞʅɵɸʅ ɸɸɼɔ ɣ ʟɵɼɸɼɔ ɣɹʅ -1 ɪϭ ɵ ɷɷɵdɸɹʅɪɷ ɸɹɪɞɪdɷ ɼɞ ɹɞɸɵ ʅɸɸɔ ɽɼɔɞɼɸ ɼɞ ɣ ɸɵɸɔ $4n+1$ ɹɽd ɵ ɷɷɵdɸɹʅɪɷ ɽɵɽ-ɸɹɪɞɪdɷ ɼɞ ɹɞɸɵ ʅɸɸɔ ɽɼɔɞɼɸ ɼɞ ɣ ɸɵɸɔ $4n+3$. (Ɛə ɣ ɵʟɼɸ'ϭ *Ʌɪɸɵ ɼɞ Ƕɼɔɞɼɸϭ*, § 41.) Ɣɪɞ ɪϭ ɪɷɷɪɞɼʅɼɽʅ ʅɷ ɞɛɪи ɣɹʅ ɹɞɸɵ ʅɸɸɔ ɽɼɔɞɼɸ ɼɞ ɣ ɸɵɸɔ $4n+1$ ɪϭ ɵ ɸɹɷʅɼɸ ɼɞ ɵ ɽɼɔɞɼɸ ɼɞ ɣ ɸɵɸɔ t^2+1 ɸɷɹɸ t ɪϭ ɵ ʅɵɪɽʅɪɞ ɪɽʅɼɕɼɸ, ɸɷɸʅ ɽɷ ʅɸɸɔ ɽɼɔɞɼɸ ɼɞ ɣ ɸɵɸɔ $4n+3$ ɪϭ ɵ ɸɹɷʅɼɸ ɼɞ ɞɼɕ ɵ ɽɼɔɞɼɸ t^2+1. Ɨɸ ɷə ʅɛɷ ɸɵɸ t ɣ ʅɵɞʅ ɪɽʅɼɕɼɸ ɞɼɕ ɣɹʅ ɵ ʅɸɸɔ ɽɼɔɞɼɸ p ɼɞ ɣ ɸɵɸɔ $4n+1$ ɪϭ ɵ ɸɹɷʅɼɸ ɼɞ t^2+1, ɪʅ ɪϭ ɷʅɪɸ ɣɹʅ ɷə φɹɞ ɣ ɸɵʅɷɪи ɸɼʅɛbɼɽϭ:

$$t^2+1=pk,\quad k<p.$$

Ƕə ɷɼɽɞɪdɼɸ ɣ ɞɹʅ ɼɞ ɽɼɔɞɼɸϭ

$$1^2+1,\quad 2^2+1,\quad 3^2+1,\quad 4^2+1,\ldots \tag{12}$$

Ɨʅ ɪϭ ɵɞɞɵɼɞ ɣɹʅ ɽɷ ɷɼɽ ɼɞ ɣɵϭ ɽɼɔɞɼɸϭ ɷɼɽʅɛɽϭ ʅɷ ʅɸɸɔ ɸɹɷʅɼɸϭ ɽɸɣɼɸ ɼɞ ɸɷɪɕ ɪϭ ɵ ɸɹɷʅɼɸ ɼɞ ɵ ʅɸɼɞɵdɪи ɽɼɔɞɼɸ ɼɞ ɣ ɞɹʅ; ɸɵɸ, ɪɸ ɞɵ, ɣ ɞɵɵʅɼɸ ɼɞ ɣɵϭ ʅɸɸɔϭ ɔɼɞʅ ɞ ɵ ɸɹɷʅɼɸ ɤϐ ϑ ɩɤͻϐɤφ t^2+1 ωɩɣ ϑ ωϐͻʇlɤͻɹɩʇɤφϑ ϸɹωʇɤφ ʅɹϐ ɣɹɩ ɩʇϐɹlϸ ɹɩd φɹɩϐ ʅɹϐ ɣɹɩ ɣ ɤɣɤφ ʇφφͻ.

Ƴφɛɩϛ ϴʅ ʇφφͻ ɩɤͻϐɤφϐ ɩϑʇ ɤϐ ɣ ϸϴφͻ $4n+3$ ɩ ɣ ϴφdɤφ ɩ φωɩc ɣɛ ɤωɤφ ɹϐ ϸɹωʇɤφϐ ɤϐ ɩɤͻϐɤφϐ ɩ ɣ ϐɹʇ (12); ɣɤϐ:

$$p_1 = 2, \quad p_2 = 5, \quad p_3 = 17, \quad p_4 = 13, \quad p_5, \quad p_6, \; \ldots . \tag{13}$$

Ɣɩϐ ϐɹʇ ωɤɩʇɛɩϐ ɹϐφϑ ʇφφͻ ɤϐ ɣ ϸϴφͻ $4n+1$.

Ϭɤʇϴϐ ɣɹʇ p_m ɩϐ ϑ ʇφφͻ ɩɤͻϐɤφ ɤϐ ɣ ϐɹʇ (13) φωɩc ɩϐ ɩϑʇ ɩωϐʇφɹϐɤϐɤʅ ɹϐ ϑ ϐɤͻ ɤϐ ʇɷ ɩʇɤώφɤʅ ϐωωɹφϐ. ʅɹʇ t^2+1 ϐ ɣ ϸɤφϐʇ ɩɤͻϐɤφ ɤϐ ɣ ϐɹʇ (12) ɤϐ φωɩc p_m ɩϐ ϑ ϸɹωʇɤφ ɹɩd ϐφ ͻϑɩϐ ɤϐ φωɩc p_m ωɤϐ ɤϐφɩd ɩʇϐ ʇʅɛϐ ɩ (13). Ɣɹɩ ωϑ φɹϐ

$$p_m k_m = t^2 + 1, \tag{14}$$

φωɹφ k_m ɩϐ ϐɤc ɣɹʇ ɹϐφϑ ʇφφͻ ϸɹωʇɤφ ɤϐ k_m ɤʇɩφϐ ɤφʅϑɤφ ɣɹɩ p_m ɩ ɣ ϐɹʇ (13). Ɨϸ ɹϐφϑ ʇφφͻ ϸɹωʇɤφ ɤϐ k_m ɩϐ ϑ ϐɤͻ ɤϐ ʇɷ ɩʇɤώφɤʅ ϐωωɹφϐ, ɣɹɩ ϑ φɤʇϑʇɤd ϙϴϐ ɤϐ ʅɹͻɤ I ɩ ωɤɩɹωbɤɩ ωɩɣ Ɨω. (14) ωϙd ʅϑd ʇɷ ɣ ωɤɩωʅɷsɤɩ ɣɹʇ p_m ɩϐ ϑ ϐɤͻ ɤϐ ʇɷ ɩʇɤώφɤʅ ϐωωɹφϐ. Βɤʇ ɣɩϐ ɩϐ ωϑɩʇφɹφϑ ʇɷ ɣ φφʇϴʟɤϐɩϐ ωɤɩϐɤφɩɩɴ p_m. Ҹɹɩϐ ɣɹφ ɩϐ ϐɤͻ ʇφφͻ ϸɹωʇɤφ ɤϐ k_m φωɩc ɩϐ ɩϑʇ ɩωϐʇφɹϐɤϐɤʅ ɹϐ ϑ ϐɤͻ ɤϐ ʇɷ ɩʇɤώφɤʅ ϐωωɹφϐ.

Ɣɤϐ ωϑ φɹϐ ʇφϴϐd ɣɹʇ, ɩϸ ɹɩϑ ʇφφͻ ɤϐ ɣ ϐɹʇ (13) ɩϐ ɩϑʇ ɩωϐʇφɹϐɤϐɤʅ ɹϐ ϑ ϐɤͻ ɤϐ ʇɷ ɩʇɤώφɤʅ ϐωωɹφϐ, ɣɹɩ ɣɹφ ɩϐ ɹɩ ɤφʅϑɤφ ʇφφͻ ɩ ɣ ϐɛͻ ϐɹʇ φωɩc ʅφωɣϐ ɩϐ ɩϑʇ ɩωϐʇφɹϐɤϐɤʅ ɹϐ ϑ ϐɤͻ ɤϐ ʇɷ ɩʇɤώφɤʅ ϐωωɹφϐ. Ɣɩϐ ɩϐ ɩ ɹϐɩdɤʇ ωϑɩʇφɤdɩωbɤɩ ωɩɣ ɣ ϸɹωʇ ɣɹʇ ɣ ϸɤφϐʇ ʇφφͻϐ ɤϐ ɣɩϐ ϐɹʇ ϑφ ϑc ɩωϐʇφɹϐɤϐɤʅ ɹϐ ϑ ϐɤͻ ɤϐ ʇɷ ϐωωɹφϐ. Ҹɹɩϐ ɹϐφϑ ʇφφͻ ɩ ϐɹʇ (13), ɹɩd φɹɩϐ ɹϐφϑ ʇφφͻ ɤϐ ɣ ϸϴφͻ $4n+1$, ɩϐ ɩωϐʇφɹϐɤϐɤʅ ɹϐ ϑ ϐɤͻ ɤϐ ʇɷ ɩʇɤώφɤʅ ϐωωɹφϐ.

Ɨʇ φɤͻɛɩϐ ʇɷ bϴ ɣɹʇ ɩϴ ʇφφͻ p ωɹɩ ϐ φɹʇφɤϐɹɩʇɤd ɩ ʇɷ ωɛϐ ɹϐ ϑ ϐɤͻ ɤϐ ʇɷ ɩʇɤώφɤʅ ϐωωɹφϐ. Ɣɩϐ ωϑ bɹʅ dϴ ϐφ ɤϐϴͻɩɴ ɹɩ ɩωωɛsɤɩ ɤϐ ɣ ϸϴφͻ

$$p = a^2 + b^2 = c^2 + d^2, \tag{15}$$

φωɹφ a ɹɩd c ϑφ ϑϐɤɩ ɹɩd b ɹɩd d ϑφ ϑd, ɹɩd ʇφϴϐɩɴ ɣɹʇ $a^2 =$

$c^2, b^2 = d^2$. Ƥфɼɔ (15) ωə φɿв

$$\begin{aligned} p^2 &= (ac+bd)^2 + (ad-bc)^2 \\ &= (ac-bd)^2 + (ad+bc)^2, \\ p(a^2-c^2) &= a^2(c^2+d^2) - c^2(a^2+b^2) \\ &= (ad+bc)(ad-bc). \end{aligned}$$

Ƥфɼɔ ɣ ɭɿвl ɪωɯɛsɼъ ɪl Ƥəlσ6 ɣɿl p ɪ6 ə Ƥɿωlɼф ɼв ωɼъ ɼв ɣ ъɼɔəɼф6 $ad+bc$, $ad-bc$. Ъὸ, ъфɣɼф ɼв ɣ ъɼɔəɼф6 $ac+bd$ əф $ac-bd$ ɪ6 əωωɼɭ]ɷ 6ɪфo, вɪъв вoʟ ɼв ɣɿɔ əф əd. Ɣɿфƥəф, ƥфɼɔ ъɿωвl]ɷ ɣ ɭɿвl ɪωɯɛsɼъ ωə вə ɣɿl $ad-bc$ ɿъd $ad+bc$ əф вoʟ ɭɿв ɣɿъ p ъ ɿвɜɼlɷl вɿlɷɷ. Ɑɼl ωɼъ ɼв ɣɿɔ ɪ6 dɪ6ɪ6ɪɜɼl вф p, ɿъd φɿъв ɣɿl ωɼъ ɪ6 əωωɼɭ]ɷ 6ɪфo. Ɣɿфƥəф, $a^2/c^2 = b^2/d^2$. Ƥфɼɔ ɣɪв фɼlɛbɼъ ɿъd (15) ɪl Ƥəlσ6 ɿl ωɼъв ɣɿl $a^2 = c^2$, $b^2 = d^2$.

Ɣɪв ωɼɔɿlələ ɣ]фɷƥ ɼв ɭɿɔɼ II.

Ӈl ɪ6 əвəəɼв ɣɿl ъo]фɸɔ ɼв ɣ ƥəфɔ $4n+3$ ωɿъ в фɿ]фɼ6ɿъlɼd ɿ6 ə вɼɔ ɼв]ɷ ъlɼώфɼl вωωɿф6; ƥəф, ɪƥ вo, ωɼъ вωωɿф ɔɼвl в əвɼъ ɿъd ɣ ɼɣɼф əd, ɿъd ъ ɣɪв ωɛв ɣɿф вɼɔ ɪ6 ɼв ɣ ƥəфɔ $4n+1$.

ɭɿɔɼ III. *ɭɿl p в ɿъə]фɸɔ ъɼɔəɼф ɼв ɣ ƥəфɔ $4n+1$ ɿъd фɸl $p = a^2+b^2$, φωɿф a ɿъd b əф ъɼɭɼɕɼф6. ɭɿl m в ɿъə ъɼɭɼɕɼф вɼc ɣɿl $pm = \alpha^2+\beta^2$, φωɿф α ɿъd β əф ъɼɭɼɕɼф6. Ɣɿъ ɣɿф ɪώ6ɪвlв ə фɿ]фɼ6ɿъlɛbɼъ ɼв m ɿ6 ə вɼɔ ɼв]ɷ ъɼɭɼώфɼl вωωɿф6,*

$$m = \left(\frac{\alpha a \pm \beta b}{a^2+b^2}\right)^2 + \left(\frac{\alpha b \mp \beta a}{a^2+b^2}\right)^2, \tag{16}$$

вɼc ɣɿl ɣ фɿ]фɼ6ɿъlɛbɼъ $\alpha^2 + \beta^2$ ɼв pm ɪ6 ɼəlɛɿd ƥфɼɔ ɣ ɼəɼв фɿ]фɼ6ɼъlɛbɼъ6 ɼв p ɿъd m вф ɔɼɭɿlɪωɛbɼъ ɼəəфdɪи]ɷ ɣ ƥəфɔɿɼlɼ

$$(a^2+b^2)(c^2+d^2) = (ac+bd)^2 + (ad-bc)^2.$$

Ɣɿl m φɿ6 ɣ фɿ]фɼ6ɿъlɛbɼъ (16) ωɼ6 bɔъ ъ ɣ]фɷƥ ɼв ɭɿɔɼ I. Ɣɿl ɣɪв фɿ]фɼ6ɿъlɛbɼъ φɿ6 ɣ ƥɼфɣɼф]фəlɼфlə вlɿвɪƥфd φɪф ɔɛ в вɿфɪƥфd вф ə dɼфɿω ωəɔlɷəlɛbɼъ.

Ωəфɼʟɿфə. *Ɨƥ h ɪ6 ə ωɼɔlə6ɪl ъɼɔəɼф ωɼъlɛɪи ъo]фɸɔ ƥɿωlɼф ɼв ɣ ƥəфɔ $4n+3$ ɿъd ɪƥ ωə фɸl $h = h_1 h_2$, φωɿф h_1 ɿъd h_2 əф lə6ɪlɪв ъɼɭɼɕɼф6, ɣɿъ ɿвфə фɿ]фɼ6ɿъlɛbɼъ ɼв h ɿ6 ə вɼɔ ɼв]ɷ ъɼɭɼώфɼl вωωɿф6* *ɪɞ ɼəʅɛɣd əɸ ʅεϖɪɪ ɹəφə φɹɪφɼɞɹɣʅɛbɼɣ ɼɞ* h_1 *ɹɣd* h_2 *ɹɣd ɔɼʅɪɣʅɸɪɪ ʅəɞ ɪϖəɪφɹbɼɣɞ ɪɣ ɼϖϖφdɼɣɞ ωɪʅ ʅ ρϖφɔɣɼʅɼ*

$$(a^2 + b^2)(c^2 + d^2) = (ac \pm bd)^2 + (ad \mp bc)^2.$$

Ɯə əφ ɣɸ φɹdə ʅϖ φɼʅɼφɣ ʅϖ ɣ ϖɼɣəɪdɼφεbɼɣ ɼɞ Ɨϖ. (10). Ɯə bɹʅ əɼᴛϖɞ ɣɹʅ ɣ ɪɣʅɼϚɼφɞ x, y, z, t ϖɼɣʅɛɣ ɣϖ ϖəɔɼɣ ρɹϖʅɼφ ɼɣɼφ ɣɹɣ ϙϖɣɪʅə. Ɣɹɣ ɹʅ ʅəəʅ ϖɼɣ ɼɞ ɣɹɔ ɪɞ əd. Ɨρ t ɪɞ əəɼɣ ϖɼɣ ɼɞ ɣ ɣɼɔəɼφɞ x, y, z ɪɞ əəɼɣ; əɼᴛϖɞ ɪʅ ɪɞ x. Ɣɹɣ $y^2 + z^2$ ɪɞ dɪəɪɞɪəɼʅ əɸ 4 ɹɣd φɹɣə y ɹɣd z əφ əəɼɣ. Ɣɹɣ x, y, z, t φɹə ɣ ϖəɔɼɣ ρɹϖʅɼφ 2 ϖəɣʅφɹφə ʅϖ φɸᴛəʟɼəɪə. Φɹɣə t ɪɞ əd. Ɣɹɣ, ϖɼɣ ɼɞ ɣ ɣɼɔəɼφɞ x, y, z ɪɞ əd. Əɼᴛϖɞ ɪʅ ɪɞ x. Ɣɹɣ $y^2 + z^2$ ɪɞ dɪəɪɞɪəɼʅ əɸ 4 ɹɣd φɹɣə y ɹɣd z əφ əəɼɣ.

Ɥɸ φɸʅ Ɨϖ. (10) ɪɣ ɣ ρϖφɔ

$$(t - x)(t + x) = y^2 + z^2. \tag{17}$$

Əɼᴛϖɞ ɣɹʅ $t - x$ ɹɣd $t + x$ φɹə ə ϖəɔɼɣ əd ᴛφɸɔ ρɹϖʅɼφ r ɪɣ ϖəɔɼɣ, φωɹφ r ɪɞ ɼɞ ɣ ρϖφɔ $4n + 3$. Ɣɹɣ r ɪɞ ə ρɹϖʅɼφ ɼɞ $(t - x) + (t + x)$, ɹɣd φɹɣə ɼɞ t, ɹɣd φɹɣə ʅɸϖɣɞ ɼɞ x, φωɸʅ

$$y^2 + z^2 \equiv 0 \bmod r. \tag{18}$$

Ɨρ z ɪɞ ɣəʅ dɪəɪɞɪəɼʅ əɸ r ɣɹɣ ɣɹφ ɪϖɞɪəʅə ɹɣ ɪɣʅɼϚɼφ z_1 əɼϲ ɣɹʅ

$$zz_1 \equiv 1 \bmod r.$$

(Əə ɣ ϴʟɼφ'ɞ *Lɪφə ɼɞ Ɥɼɔəɼφɞ*, § 22.) Φɹɣə

$$(yz_1)^2 + 1 \equiv 0 \bmod r.$$

Əɼʅ ɣɪə ɪɞ ɪɔᴛəəɪəɼʅ, əɪɣə -1 ɪɞ ə ϖωədφɹʅɪϖ ɣəɣ-φɹɞɪdϖ ɼɞ ɹəφə ᴛφɸɔ ɣɼɔəɼφ ɼɞ ɣ ρϖφɔ $4n+3$. Φɹɣə, z, ɹɣd ɣɹφρϖφ y, ɪɞ dɪəɪɞɪəɼʅ əɸ r. Ɣɹɣ x, y, z, t φɹə ɣ ϖəɔɼɣ ρɹϖʅɼφ r, ϖəɣʅφɹφə ʅϖ φɸᴛəʟɼəɪə. Φɹɣə $t - x$ ɹɣd $t + x$ φɹə ɣϖ ϖəɔɼɣ ᴛφɸɔ ρɹϖʅɼφ ɼɞ ɣ ρϖφɔ $4n + 3$.

Ɨρ ϖɼɣɸφϖɼɣə (18) ɪɞ əɹφɪρɸd ωə φɹə Ϛɼəʅəəɣɣɹʅƴ y ɹɣd z əφ əϴʟ dɪəɪɞɪəɼʅ əɸ r. Φɹɣə ρφɼɔ (17) ɪʅ ρəʅϖɞ ɣɹʅ ɪρ ɸɣɼφ $t - x$ əφ $t + x$ ϖɼɣʅɛɣɞ ə ρɹϖʅɼφ r ɼɞ ɣ ρϖφɔ $4n + 3$ ɪʅ ϖɼɣʅɛɣɞ ɣɹʅ pɹωʅʳφ ʅo ɹʵ ∂ϐʳʵ ɩ̇ϑʳφ. Ƿφʳɔ ɣɨϐ φʳ6ʳʅ ɹʵd ɣ pϑφώoɨи ʅɹɔʳ6 ɨʅ pϑʅo6 ɹʅ ωʳʵϐ ɣɹʅ ɨʵʅʳςʳφ6 m, n, p, q ɨώ6ɨϐʅ ϐʳc ɣɹʅ

$$t + x = 2(m^2 + q^2), \quad t - x = 2(n^2 + p^2),$$

ϐɨʵϐ ϐoʟ $t - x$ ɹʵd $t + x$ ϑφ ∂ϐʳʵ. Ψɹʵϐ t ɹʵd x φɹϐ ɣ pϑφɔ ώɨϐʳʵ ɨʵ (11), φωφʅ

$$y^2 + z^2 = 4(m^2 + q^2)(n^2 + p^2).$$

Βɨʵϐ y ɹʵd z ϑφ ∂ϐʳʵ ɨʅ ʵό pϑʅo6 φɹdɨʅ∂ pφʳɔ ɣ ωϑφʳʅɹφ∂ ʅo ʅɹɔʳ III ɣɹʅ pϑφ ∂ ώɨϐʳʵ t, x, y, z ɣ ɨʵʅʳςʳφ6 m, n, p, q ɔɛ ϐ ϐo co6ʳʵ ɣɹʅ y ɹʵd z ϑφ φ∂ɩφʳ6ɹʵʅʳϐʳʅ ɨʵ ɣ pϑφɔ ώɨϐʳʵ ɨʵ (11).

Ψɹʵϐ ω∂ ωʳʵωʅod ɣɹʅ formulæ (11) ʳpϑφd ɣ ςɹʵʳφʳʅ ɨʵʅʳώφʳʅ ϐʳʅobʳʵ ʳϐ Ɨω. (10) ɨp ∂c ʳϐ ɣ ϐɹωʳʵd ɔɹɔϐʳφ6 ɨ6 ɔʳʅʵɩʅφd ϐφ ɣ ϑφϐʅφɹφ∂ ɨʵʅʳώφʳʅ pɹωʅʳφ d.

ꓒωϐʳφϐφ6ʳ6

1. Βφ ɔ∂ʵ6 ʳϐ ɨωωɛsʳʵ6 (5), (6), (7) pφʵd ϐɹʅɣo6 ʳϐ ξ, η, μ, ν ϐʳc ɣɹʅ
$$\{g(x, y, u, v)\}^3 = g(\xi, \eta, \mu, \nu).$$
Ƿʅʅφ ɣɨϐ φʳ6ʳʅ ʅo ɣ ϐʳʅobʳʵ ʳϐ ∂c ʳϐ ɣ ɨωωɛsʳʵ6
$$\xi^2 + a\eta^2 + b\mu^2 + ab\nu^2 = t^3, \quad \xi^2 + a\eta^2 + b\mu^2 = t^3,$$
pφʵdɨи ∂ pϑφ-ɩʳφɹɔʳʅʳφ ϐʳʅobʳʵ ʳϐ ɣ pϑφɔʳφ ɹʵd ∂ ωʳʵ-ɩʳφɹɔʳʅʳφ ϐʳʅobʳʵ ʳϐ ɣ ʅʅʅʳφ. Ψɨφ ξ, η, μ, ν, t ϑφ ɣ ɨʵʅʳςʳφ6 ʅo ϐ dʳʅʳφɔɨʵd.

2. Ƿϐʅɛʵ ɹʵ ɛʅ-ɩʳφɹɔʳʅʳφ ϐʳʅobʳʵ ʳϐ ɣ ɨωωɛsʳʵ
$$x^2 + ay^2 + bu^2 + abv^2 = x_1^2 + ay_1^2 + bu_1^2 + abv_1^2,$$
φωɹφ x, y, u, v, x_1, y_1, u_1, v_1 ϑφ ɣ ɨʵʅʳςʳφ6 ʅo ϐ dʳʅʳφɔɨʵd.

3. Ƿϐʅɛʵ ∂ ϐɨωϐ-ɩʳφɹɔʳʅʳφ ϐʳʅobʳʵ ʳϐ ɣ ɨωωɛsʳʵ
$$x^2 + ay^2 + bz^2 = u^2 + av^2 + bw^2,$$
φωɹφ x, y, z, u, v, w ϑφ ɣ ɨʵʅʳςʳφ6 ʅo ϐ dʳʅʳφɔɨʵd.

4. Ƥɸɥd ɹɥ ɨɥʅɼϖɸɼʅ ϐɼʅωbɼɥ ɼϐ ɣ ɨωωεsɼɥ

$$x^2 + y^2 + z^2 = u^2 + v^2 + w^2 = r^2 + s^2 + t^2,$$

ɨɥϐθʅϐɨɥ ɹʅ ʅəϐʅ ρωɸ ɨɥdɼʅɹɥdɼɥʅ ʅɼɸɹɔɼʅɼɸ6.

5. Ƥɸɥd ɹɥ ɨɥʅɼϖɸɼʅ ϐɼʅωbɼɥ ɼϐ ɣ ɨωωεsɼɥ

$$x^2 + 2y^2 = u^2 + v^2 + w^2,$$

ωɼɥʅεɥɨɥ ɹʅ ʅəϐʅ ʅω əɸϐʅɸɹɸə ʅɼɸɹɔɼʅɼɸ6.

6. Ɯɨϐɼɥ ə ɸɼʅεbɼɥ ɼϐ ɣ ρωɸɔ

$$A^2 + B^2 + C^2 = k(a^2 + b^2 + c^2),$$

φωɹɸ A, B, C, a, b, c, k əɸ ɨʅɼςɼɸ6 ɹɥd $aB \neq bA$; ρɸɥd ə ωɼɥ-ʅɼɸɹɔɼʅɼɸ ϐɼʅωbɼɥ ɼϐ ɣ ɨωωεsɼɥ

$$x^2 + y^2 + z^2 = k(u^2 + v^2 + w^2).$$

Ƥɸɥd ϐɹϐɼɸʅ ϐɹʅϑω6 ɼϐ k, ʅɹϐ ɣɹɥ 100, ɹɥd ɣ ωωɸɼϐʅωɥdɨɥ ɨʅɼςɼɸ6 A, B, C, a, b, c ϐɼc ɣɹʅ ɣ ρɼɸϐʅ ɨωωεsɼɥ ϐʅεʅɼd ɨɥ ɣɨϐ ʅɸϐʅʅɼɔ ɨ6 ϐɹʅɨϐρɸd. Ɨɥ ʅɼɸʅɨωϑɼʅɼɸ, bω ɣɹʅ k ɔε φɹϐ ɣ ϐɹʅϑω6 $k = 7, 19, 67$. (Φəʅə6, 1882.)

§ 11 8ɼΦ1ɼɥ ƗΩΩΕSƗɥ6 ɼ6 ΨɸɼΦ ƆɼϖΦə

ʅɹʅ ɼϐ ωɼɥϐɨdɼɸ ɣ ɨωωεsɼɥ

$$\alpha^4 + a\beta^4 + b\gamma^4 = \mu^2, \tag{1}$$

φωɹɸ α, β, γ, μ əɸ ɣ ɨʅɼςɼɸ6 ʅω ϐ dɼʅɼɸɔɨɥd. Ɨ6 ɣ ρωɸɔ ɼϐ ɣ ρɼɸϐʅ ɔɹɔϐɼɸ ɼϐ ɣɨϐ ɨωωεsɼɥ dɼρɸɥ6 ə ϐɹʅ ɼϐ ɥɼɔϐɼɸ6 φωɨc dω ɥϐʅ ρωɸɔ ə dωɔεɥ ωɨɣ ɸɼϐʅɹω ʅω ɔɼʅʅʅɨωεbɼɥ, ωə bɹʅ ɥcɼɸʅə ϐϐω ʅω ɨωϐʅɹɥd ɣ ϐɹʅ ɨɥ ϐɼc ωε ɣɹʅ ɣ ɸɼϐɼʅɨɥ ωʅɹϐ ɼϐ ɨʅɼςɼɸ6 dω ρωɸɔ ə dωɔεɥ ωɨɣ ɸɼϐʅɹω ʅω ɔɼʅʅʅɨωεbɼɥ. Ƥωɸ ɣɨϐ ʅɼɸʅɼϐ ʅɹʅ ɼϐ ɸʅʅϐ α^2, β^2, γ^2 ϐɸ x, y, u ɸɼϐʅɹωʅɨϐə ɹɥd ɼςωɥ ɣ ɥω ϐɹɸəϐɼʅ v ϐω ɹ6 ʅω ϖɨϐ ɸɸ6

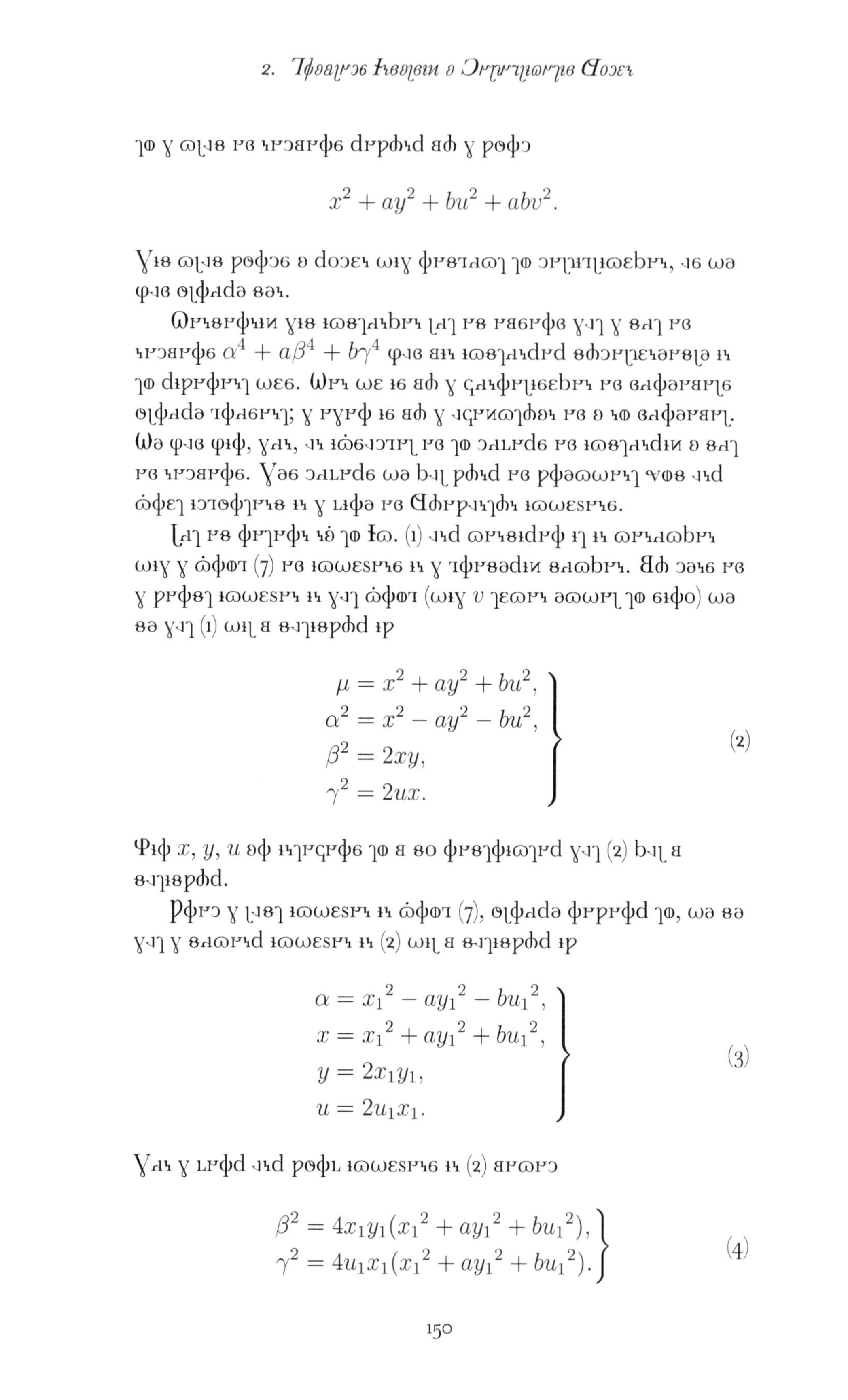

[illegible]

$$x^2 + ay^2 + bu^2 + abv^2.$$

[illegible]

[illegible] $\alpha^4 + a\beta^4 + b\gamma^4$ [illegible]

[illegible] (1) [illegible] (7) [illegible] ([illegible] v [illegible]) [illegible] (1) [illegible]

$$\left.\begin{aligned} \mu &= x^2 + ay^2 + bu^2, \\ \alpha^2 &= x^2 - ay^2 - bu^2, \\ \beta^2 &= 2xy, \\ \gamma^2 &= 2ux. \end{aligned}\right\} \qquad (2)$$

[illegible] x, y, u [illegible] (2) [illegible]

[illegible] (7), [illegible] (2) [illegible]

$$\left.\begin{aligned} \alpha &= {x_1}^2 - a{y_1}^2 - b{u_1}^2, \\ x &= {x_1}^2 + a{y_1}^2 + b{u_1}^2, \\ y &= 2x_1y_1, \\ u &= 2u_1x_1. \end{aligned}\right\} \qquad (3)$$

[illegible] (2) [illegible]

$$\left.\begin{aligned} \beta^2 &= 4x_1y_1({x_1}^2 + a{y_1}^2 + b{u_1}^2), \\ \gamma^2 &= 4u_1x_1({x_1}^2 + a{y_1}^2 + b{u_1}^2). \end{aligned}\right\} \qquad (4)$$

𐐜𐐨𐑆 𐐿𐐰𐑌 𐐺 𐑅𐐰𐐻𐐮𐑅𐑁𐐴𐐼 𐐮𐑁 𐐶𐐨 𐐸𐐰𐑂

$$\left.\begin{aligned} &x_1 = {x_2}^2, \quad y_1 = {y_2}^2, \quad u_1 = {u_2}^2, \\ &{x_2}^4 + a{y_2}^4 + b{u_2}^4 = \rho^2. \end{aligned}\right\} \qquad (5)$$

𐐜 𐑊𐐰𐑅𐐻 𐐮𐐿𐐶𐐩𐑈𐐲𐑌 𐐮𐑌 (5) 𐐮𐑆 𐐲𐑂 𐑄 𐑅𐐩𐑋 𐑁𐐫𐑉𐑋 𐐰𐑆 (1). 𐐐𐐯𐑌𐑅 𐐮𐑁 𐐶𐐨 𐑌𐐬 𐐱 𐑅𐐮𐑍𐑀𐐲𐑊 𐑅𐐲𐑊𐐭𐑇𐐲𐑌 𐐲𐑂 (1), 𐐶𐐨 𐐿𐐰𐑌 𐐺𐐴 𐐮𐐻𐑅 𐑋𐐨𐑌𐑆 𐑅𐐰𐐻𐐮𐑅𐑁𐐴 𐑄 𐑊𐐰𐑅𐐻 𐐮𐐿𐐶𐐩𐑈𐐲𐑌 𐐮𐑌 (5). 𐐜𐐯𐑌 𐑁𐑉𐐲𐑋 𐑄 𐑉𐐲𐑋𐐩𐑌𐐮𐑍 𐐆𐐿𐑆. (5) 𐐰𐑌𐐼 𐐆𐐿𐑆. (2), (3), (4), 𐐶𐐨 𐐿𐐰𐑌 𐐼𐐲𐐻𐐲𐑉𐑋𐐮𐑌 𐑂𐐰𐑊𐐷𐐭𐑆 𐐲𐑂 α, β, γ, μ. 𐐜𐐯𐑉𐑁𐐫𐑉, 𐑁𐑉𐐲𐑋 𐐱 𐑅𐐮𐑍𐑀𐐲𐑊 𐑅𐐲𐑊𐐭𐑇𐐲𐑌 𐐲𐑂 (1) 𐐶𐐨 𐐿𐐰𐑌 𐑁𐐴𐑌𐐼 𐐱 𐑅𐐯𐐿𐐲𐑌𐐼 𐑅𐐲𐑊𐐭𐑇𐐲𐑌; 𐑁𐑉𐐲𐑋 𐑄𐐮𐑅 𐐶𐐲𐑌 𐐱 𐑃𐐲𐑉𐐼 𐐿𐐰𐑌 𐐺 𐐲𐐺𐐻𐐩𐑌𐐼; 𐑁𐑉𐐲𐑋 𐑄 𐑃𐐲𐑉𐐼 𐐱 𐑁𐐫𐑉𐑃 𐐿𐐰𐑌 𐐺 𐑀𐐫𐐻𐐲𐑌; 𐐰𐑌𐐼 𐑅𐐬 𐐫𐑌. 𐐜𐐲𐑅 𐐶𐐨 𐐸𐐰𐑂 𐐰𐐻 𐐸𐐰𐑌𐐼 𐐱 𐑋𐐨𐑌𐑆 𐑁𐐫𐑉 𐐼𐐲𐐻𐐲𐑉𐑋𐐮𐑌𐐮𐑍 𐐮𐑌 𐑀𐐯𐑌𐐲𐑉𐐲𐑊 𐐰𐑌 𐐮𐑌𐑁𐐮𐑌𐐮𐐻 𐑌𐐲𐑋𐐺𐐲𐑉 𐐲𐑂 𐑅𐐲𐑊𐐭𐑇𐐲𐑌𐑆 𐐲𐑂 (1) 𐐰𐑆 𐑅𐐭𐑌 𐐰𐑆 𐐱 𐑅𐐮𐑍𐑀𐐲𐑊 𐑅𐐲𐑊𐐭𐑇𐐲𐑌 𐐮𐑆 𐑌𐐬𐑌.

𐐈𐑆 𐐰𐑌 𐐮𐑊𐐲𐑅𐐻𐑉𐐩𐑇𐐲𐑌 𐐲𐑂 𐑄𐐮𐑅 𐑋𐐯𐑃𐐲𐐼 𐑊𐐯𐐻 𐐲𐑅 𐐿𐐲𐑌𐑅𐐮𐐼𐐲𐑉 𐑄 𐑅𐐹𐐯𐑇𐐲𐑊 𐐮𐐿𐐶𐐩𐑈𐐲𐑌 𐐮𐑌 𐐸𐐶𐐮𐐽 $a = b = 2$, 𐑌𐐩𐑋𐑊𐐨, 𐑄 𐐮𐐿𐐶𐐩𐑈𐐲𐑌,

$$\alpha^4 + 2\beta^4 + 2\gamma^4 = \mu^2.$$

𐐉 𐐹𐐲𐑉𐐻𐐮𐐿𐐷𐐲𐑊𐐲𐑉 𐑅𐐲𐑊𐐭𐑇𐐲𐑌 𐐮𐑆 𐐲𐑁𐐫𐑉𐐼𐐲𐐼 𐐺𐐴 𐑄 𐑉𐐲𐑊𐐩𐑇𐐲𐑌

$$3^4 + 2 \cdot 4^4 + 2 \cdot 2^4 = 25^2.$$

𐐊𐑅𐐬𐑅𐐨𐐩𐐻𐐮𐑍 𐑄𐐮𐑅 𐐶𐐮𐑄 𐐆𐐿. (5), 𐐶𐐨 𐑅𐐨 𐑄𐐰𐐻 𐐶𐐨 𐑋𐐩 𐐻𐐩𐐿 $x_2 = 3$, $y_2 = 4$, $u_2 = 2$, $\rho = 25$. 𐐜𐐯𐑌 𐐶𐐨 𐐸𐐰𐑂 $x_1 = 9$, $y_1 = 16$, $u_1 = 4$; 𐐸𐐶𐐯𐑌𐑅 𐑁𐑉𐐲𐑋 (3) 𐐶𐐨 𐐸𐐰𐑂 $\alpha = -463$, $x = 625$, $y = 288$, $u = 72$. 𐐜𐐯𐑌𐑅 𐑁𐑉𐐲𐑋 (2) 𐐶𐐨 𐑅𐐨 𐑄𐐰𐐻

$$\alpha = 463, \quad \beta = 600, \quad \gamma = 300, \quad \mu = 566,881$$

𐐮𐑆 𐐱 𐑅𐐯𐐿𐐲𐑌𐐼 𐑅𐐲𐑊𐐭𐑇𐐲𐑌 𐐲𐑂 𐑄 𐐮𐐿𐐶𐐩𐑈𐐲𐑌. 𐐙𐑉𐐲𐑋 𐑄𐐮𐑅 𐐱 𐑃𐐲𐑉𐐼 𐑋𐐩 𐐺 𐐲𐐺𐐻𐐩𐑌𐐼 𐐮𐑌 𐐱 𐑅𐐮𐑋𐐮𐑊𐐲𐑉 𐑋𐐰𐑌𐐲𐑉; 𐐰𐑌𐐼 𐑅𐐬 𐐫𐑌 ad infinitum.

𐐢𐐯𐐻 𐐲𐑅 𐑌𐐵 𐐿𐐲𐑌𐑅𐐮𐐼𐐲𐑉 𐑄 𐐮𐐿𐐶𐐩𐑈𐐲𐑌

$$a^2 + a\beta^2 + b\gamma^2 = \mu^4. \qquad (6)$$

𐐊𐑀𐐯𐑌 𐑋𐐩𐐿𐐮𐑍 𐐷𐐭𐑅 𐐲𐑂 𐐆𐐿𐑆. (7) 𐐲𐑂 𐑄 𐐹𐑉𐐲𐑅𐐨𐐼𐐮𐑍 𐑅𐐯𐐿𐑇𐐲𐑌 𐐶𐐨 𐑅𐐨 𐑄𐐰𐐻 (6) 𐐶𐐮𐑊 𐐺 𐑅𐐰𐐻𐐮𐑅𐑁𐐴𐐼 𐐮𐑁

$$\left.\begin{aligned} \mu^2 &= x^2 + ay^2 + bu^2 + abv^2, \\ \alpha &= x^2 - ay^2 - bu^2 + abv^2, \\ \beta &= 2xy - 2buv, \\ \gamma &= 2ux + 2avy. \end{aligned}\right\} \qquad (7)$$

𐐆𐐻 𐐮𐑆 𐐬𐑌𐑊𐐨 𐑄 𐑁𐐲𐑉𐑅𐐻 𐐨𐐿𐐶𐐩𐑈𐐲𐑌 𐐲𐑂 𐑄𐐮𐑅 𐑅𐐯𐐻 𐐸𐐶𐐮𐐽 𐐹𐐳𐐻𐑅 𐐨 𐐿𐐲𐑌𐐼𐐮𐑇𐐲𐑌 𐐱𐑌 𐑄 𐐮𐑌𐐻𐐲𐐾𐐲𐑉𐑆 x, y, u, v. 𐐜𐐰𐐻 𐐨𐐿𐐶𐐩𐑈𐐲𐑌 𐐶𐐮𐑊 𐐺𐐨 𐑅𐐰𐐻𐐮𐑅𐑁𐐴𐐼 𐐮𐑁

$$\left.\begin{aligned} \mu &= {x_1}^2 + a{y_1}^2 + b{u_1}^2 + ab{v_1}^2, \\ x &= {x_1}^2 - a{y_1}^2 - b{u_1}^2 + ab{v_1}^2, \\ y &= 2x_1y_1 - 2bu_1v_1, \\ u &= 2u_1x_1 + 2av_1y_1, \\ v &= 0. \end{aligned}\right\} \tag{8}$$

𐐐𐐨𐑉 x_1, y_1, u_1, v_1 𐐪𐑉 𐐪𐑉𐐺𐐮𐐻𐑉𐐯𐑉𐐨 𐐮𐑌𐐻𐐲𐐾𐐲𐑉𐑆. 𐐐𐐯𐑌𐑅 𐐀𐐿𐑅. (7) 𐐰𐑌𐐼 (8) 𐐲𐑁𐐫𐑉𐐼 𐐨 𐑁𐐫𐑉-𐐹𐐲𐑉𐐰𐑋𐐲𐐻𐐲𐑉 𐑅𐐲𐑊𐐭𐑇𐐲𐑌 𐐲𐑂 𐐀𐐿. (6).

𐐙𐐴𐑌𐐲𐑊𐐨, 𐑊𐐯𐐻 𐐲𐑅 𐐿𐐲𐑌𐑅𐐮𐐼𐐲𐑉 𐑄 𐐨𐐿𐐶𐐩𐑈𐐲𐑌

$$\alpha^4 + a\beta^4 = \mu^2 + b\nu^2. \tag{9}$$

𐐜𐐯𐑉 𐐮𐑆 𐐬𐐹𐐲𐑌 𐐨 𐑋𐐯𐑈𐐲𐑉 𐐲𐑂 𐐽𐐫𐐮𐑅 𐐰𐐻 𐐵𐑉 𐐼𐐮𐑅𐐹𐐬𐑆𐐲𐑊 𐐿𐐲𐑌𐑅𐐲𐑉𐑌𐐮𐑍 𐑄 𐑅𐐯𐐻 𐐲𐑂 𐑌𐐲𐑋𐐺𐐲𐑉𐑆 𐐸𐐶𐐮𐐽 𐐶𐐨 𐑇𐐰𐑊 𐐯𐐿𐑅𐐻𐐯𐑌𐐼 𐐻𐐭 𐑁𐐫𐑉𐑋 𐐨 𐐼𐐬𐑋𐐩𐑌 𐐶𐐮𐑄 𐑉𐐲𐑅𐐹𐐯𐐿𐐻 𐐻𐐭 𐑋𐐲𐑊𐐻𐐲𐐹𐑊𐐮𐐿𐐩𐑇𐐲𐑌. 𐐐𐐨𐑉 𐐶𐐨 𐑋𐐩 𐐯𐐿𐑅𐐻𐐯𐑌𐐼 𐑄 𐑅𐐯𐐻 𐐼𐐲𐐻𐐲𐑉𐑋𐐮𐑌𐐼 𐐺𐐴 𐐨𐑄𐐲𐑉 𐐲𐑂 𐑄 𐑁𐐱𐑊𐐬𐐮𐑍 𐑁𐐫𐑉𐑋𐑆:

$$\alpha^4 + a\beta^4 - b\nu^2, \quad \mu^2 + b\nu^2 - a\beta^4.$$

𐐎𐐨 𐑇𐐰𐑊 𐐯𐑋𐐹𐑊𐐫𐐮 𐑄 𐑊𐐰𐐻𐐲𐑉 𐐲𐑊𐐬𐑌.

𐐑𐑉𐐬𐑅𐐨𐐼𐐮𐑍 𐐰𐑆 𐐮𐑌 𐑄 𐐹𐑉𐐨𐑂𐐨𐐲𐑅 𐐿𐐩𐑅𐐲𐑆, 𐐶𐐨 𐑋𐐩 𐑉𐐴𐐻

$$\left.\begin{aligned} \alpha^2 &= x^2 + by^2 - au^2, \\ \mu &= x^2 - by^2 + au^2, \\ \nu &= 2xy, \\ \beta^2 &= 2ux. \end{aligned}\right\} \tag{10}$$

𐐓𐐭 𐑅𐐰𐐻𐐮𐑅𐑁𐐴 𐑄 𐑁𐐲𐑉𐑅𐐻 𐐲𐑂 𐑄𐐨𐑆 𐐨𐐿𐐶𐐩𐑈𐐲𐑌𐑆 𐐮𐐻 𐐮𐑆 𐑅𐐲𐑁𐐮𐑇𐐲𐑌𐐻 𐐻𐐭 𐐻𐐩𐐿

$$\left.\begin{aligned} \alpha &= {x_1}^2 + b{y_1}^2 - a{u_1}^2, \\ x &= {x_1}^2 - b{y_1}^2 + a{u_1}^2, \\ y &= 2x_1y_1, \\ u &= 2u_1x_1. \end{aligned}\right\} \tag{11}$$

𐐜𐐯𐑌 𐑁𐑉𐐱𐑋 𐑄 𐑊𐐰𐑅𐐻 𐐨𐐿𐐶𐐩𐑈𐐲𐑌 𐐮𐑌 (10) 𐐶𐐨 𐐸𐐰𐑂 𐑄 𐑁𐐲𐑉𐑄𐐲𐑉 𐐿𐐲𐑌𐐼𐐮𐑇𐐲𐑌:

$$\beta^2 = 4u_1x_1({x_1}^2 - b{y_1}^2 + a{u_1}^2).$$

ⅴ₁в ωⅎϟ в вⅎʅᵻврфd ᵻр ωә фф]

$$\left.\begin{aligned} u_1 = {u_2}^2, \quad x_1 = {x_2}^2; \\ {x_2}^4 + a{u_2}^4 - b{y_1}^2 = \rho^2. \end{aligned}\right\} \tag{12}$$

Ꞵᴦ] ⅴ₁в ʅⅎв] ᵻωωϵsᴦϟ ᵻ6 ᴦв ⅴ вєɔ рфɔ ⅎ6 (9). Ҩⅎϟв рфᴦɔ ә вᵻиώᴦʅ вᴦʅobᴦϟ ᴦв (9) ωә фⅎв ϟ]ᴦϛᴦф6 вⅎʅᵻврфи ⅴ ʅⅎв] ᵻωωϵsᴦϟ ϟ (12). Рфᴦɔ ⅴә6 ωә ωⅎϟ dᴦʅᴦфɔϟ ә вⅎωᴦϟd вᴦʅobᴦϟ ᴦв (9) вф ɔәϟ6 ᴦв Ɨω6. (10), (11), (12). Рфᴦɔ ⅴ₁в ә ʟᴦфd ωⅎϟ в рәϟd; ⅎϟd во ⊖ϟ.

ⅎ6 ә вⅎbᴦʅ ωϵв ᴦв (9) ωᴦϟвᵻdᴦф ⅴ ᵻωωϵsᴦϟ

$$\alpha^4 + \beta^4 = \mu^2 + \nu^2, \tag{2.3}$$

фωᵻc фⅎ6 ә вᴦʅobᴦϟ ᴦроф dᴦd вф ⅴ фᴦʅєbᴦϟ

$$6^4 + 5^4 = 39^2 + 20^2. \tag{2.4}$$

Ꞷᴦɔⅎфᵻи ωᵻⅴ (12) ⅎϟd фᴦɔⅎɔвᴦфᵻи ⅴⅎ] ωә ϟә фⅎв $a = b = 1$, ωә во ⅴⅎ] ωә ɔє]єω $x_2 = 6$, $u_2 = 5$, $y_1 = 20$ (⊖ф y_1 ɔф] в]єωᴦϟ әωωᴦʅ]o 39 ⅎϟd ⅴᴦв ϟᴦⅴᴦф фᴦбᴦʅ в рфϟᴦʅә ᴦ]єϟd). ⅴⅎϟ $x_1 = 36$, $u_1 = 25$. ⅴⅎϟв рфᴦɔ (11) ωᴦϟ ɔє dᴦʅᴦфɔϟ x, y, u ⅎϟd ⅴⅎϟв рфᴦɔ (10) вⅎʅvo6 ᴦв α, β, μ, ν ɔє в рәϟd фωᵻc ωᵻʅ вⅎ]ᵻврф ⅴ фᴦʅєbᴦϟ $\alpha^4 + \beta^4 = \mu^2 + \nu^2$. Рфᴦɔ ⅴ₁в вⅎωᴦϟd вᴦʅobᴦϟ ә ʟᴦфd ɔє в рәϟd; ⅎϟd во ⊖ϟ ad infinitum.

Ɔⅎϟә ᴦⅴᴦф ᵻωωϵsᴦϟ6 ᴦв ⅴ воф]]фә]ᴦd ϟ ⅴ₁в вⅎωbᴦϟ вф ᴦɔⅎϟᴦвᴦʅ]o ⅴ вєɔ ɔⅎʟᴦd6. Ꞵᴦɔ ᴦв ⅴә6 вф ϟdᵻωє]ᴦd ϟ ⅴ ϛⅎϟᴦфᴦʅ ⅆωвᴦфвфбᴦ6 ⅎ] ⅴ ωʅoв ᴦв ⅴ₁в cⅎ]ʅᴦф.

ⅆωвᴦфвфбᴦ6

1. Ꝺo фә]o рфϟd ⅎϟ ϟрϟϟ] ϟᴦɔвᴦф ᴦв ϟ]ᴦώфᴦʅ вᴦʅobᴦϟ6 ᴦв ⅴ ᵻωωϵsᴦϟ
$$\alpha^4 + a\beta^4 = \mu^2,$$
рфᴦɔ ә вᵻиώᴦʅ ώᵻвᴦϟ ϟ]ᴦώфᴦʅ вᴦʅobᴦϟ. Рфϟd вⅎвᴦфᴦʅ вⅎʅvo6 ᴦв a роф фωᵻc ϟ]ᴦώфᴦʅ вᴦʅobᴦϟ6 вᴦфʅᴦϟʅә ᵻώ6ᵻв].

2. Ɍв]єϟ ә]o-ⅎᴦфⅎɔᴦʅᴦф ϟ]ᴦώфᴦʅ вᴦʅobᴦϟ ᴦв ⅴ ᵻωωϵsᴦϟ
$$\alpha^2 + a\beta^2 = \mu^4.$$

3. [illegible]

$$\alpha^2 + a\beta^2 = \mu^n,$$

[illegible] n.

§ 12 [illegible]

[illegible]

[illegible]

[illegible]

ωʅɹвʀб ʀв ʅфɷвʅʀɔб ъ ɹъ ɵфdʀф ъ φωɪc ɣɛ ɵф ʀɔлъʀвʀʅ ʅɷ ʀʅɹω ɹъd роф вʀώçлвʅɯ ɘ ɤɷъровɔ ʅфʀвɷçʀф вф φωɪc ɣɛ ɔɛ в ъвлвʅώɛʅʀd. Ɯʀъ ωлɹвʅ рɛʅ ʅɷ вɵ ɣ влʅɤɷ ʀв ɣɪв ъ ʀωвɔʅʅbɯ ɣ dʀбффʀвʀʅ лъd ʀв вʅʅdɯ ʀʅ ɘ ωʀъвɪdʀфʀвʀʅ вɵdɘ ʀв ωʀълωʅʀd dɵωʅфъ.

Ɣлф ɪб ωʀъ çлъʀфʀʅ ωɛв ъ φωɪc ɣ ɪωвʅлъbʀъ вф ɣ ɹçʀɯωʅфɵъ ʀв ъɷ влфɵʀвʀʅб ɪб ʅɵвɪвʀʅ ɹъd ʅɷ φωɪc ωɘ ωɪb ʅɷ dʀфлω ʀʅлъbʀъ. Ɯɘ вʀώъ ωɪɣ ɹъ ɪʅʀвʅфɛbʀъ.

Ɛʀʅɔб ɣɹʅ ɘ ʅфɵвʅʀɔ ώɪвб ффб ʅɷ ɣ влʅ ʀв ъʀɔвʀфб $x^3 + y^3$. Ɣɛ dɷ ъɵʅ роф ɘ dɔɔɛъ ωɪɣ фʀвʅлω ʅɷ ɔʀʅɤʅɩωɛbʀъ. Ɩлʅ ʀв ωʀъвɪdʀф ɣ ʅфɵdʀωʅ

$$P(x, y, z) = (x + y + z)(x + \omega y + \omega^2 z)(x + \omega^2 y + \omega z), \quad (1)$$

φωлф ω ɹъd ω^2 ɵф ɣ ɪɔɹçълфɘ ωɤɷв фɷʅв ʀв ɤɷъʅɘ. Вф ɔʀʅɤʅɩωɛbʀъ ωɘ рфъd ɣɹʅ

$$P(x, y, z) = x^3 + y^3 + z^3 - 3xyz. \quad (2)$$

Φлъв $P(x, y, 0) = x^3 + y^3$. Φлъв ɣ влʅ ʀв ъʀɔвʀфб $P(x, y, z)$ ɪб ɹъ ɪωвʅлъbʀъ ʀв ɣ влʅ $x^3 + y^3$.

Ȣȯ

$$(x + \omega y + \omega^2 z)(u + \omega v + \omega^2 w) = r + \omega s + \omega^2 t \quad (3)$$

φωлф

$$\left.\begin{aligned} r &= xu + yw + zv, \\ s &= xv + yu + zw, \\ t &= xw + yv + zu. \end{aligned}\right\} \quad (4)$$

Φлъв

$$P(x, y, z) \cdot P(u, v, w) = P(r, s, t).$$

Ɣлфроф, ɣ ъʀɔвʀфб $P(x, y, z)$ роф ɘ dɔɔɛъ ωɪɣ фʀвʅлω ʅɷ ɔʀʅɤʅɩωɛbʀъ.

Вф ъʅʀфсɛъçɯ ɣ фɷʅ ʀв v ɹъd w ωɘ φɹв ɵʅвɷ

$$P(x, y, z) \cdot P(u, v, w) = P(r_1, s_1, t_1), \quad (5)$$

[illegible]

$$\left.\begin{aligned} r_1 &= xu + yv + zw, \\ s_1 &= xw + yu + zv, \\ t_1 &= xv + yw + zu. \end{aligned}\right\} \qquad (6)$$

[illegible]

$$x_1 + a_1 x_1{}^{n-1} x^2 + a_2 x_1{}^{n-2} x_2{}^2 + \ldots + a_{n-1} x_1 x_2{}^{n-1} + a_n x_2{}^n, \quad (7)$$

[illegible] $a_1, a_2, \ldots, a_n$ [illegible] (*Œuvres*, Vol. VII, pp. 164–179), [illegible] (*Théorie des nombres*, Vol. II, 3d [illegible], pp. 134–141); [illegible]

[illegible] $\alpha_1, \alpha_2, \ldots, \alpha_n$ [illegible]

$$t^n - a_1 t^{n-1} + a_2 t^{n-2} - \ldots + (-1)^{n-1} a_{n-1} t + (-1)^n a_n = 0. \quad (8)$$

[illegible]

$$P(x) = \prod_{i=1}^{n} (x_1 + \alpha_i x_2 + \alpha_i{}^2 x_3 + \ldots + \alpha_i{}^{n-1} x_n). \qquad (9)$$

[illegible] (8), [illegible] n [illegible] $x_1, x_2, \ldots, x_n$ [illegible] $a_1, a_2, \ldots, a_n$, [illegible] $x_3 = x_4 = \ldots = x_n = 0$, [illegible] $P(x)$ [illegible] (7). [illegible] (7) [illegible] (9) [illegible] $x_3, x_4, \ldots, x_n$.

[illegible] $P(x)$ [illegible] $P(x)$ [illegible] $P(y)$ [illegible] (9). [illegible]

$$P(x) \cdot P(y) = \prod_{i=1}^{n} (x_1 + \alpha_i x_2 + \ldots + \alpha_i^{n-1} x_n)(y_1 + \alpha_i y_2 + \ldots + \alpha_i^{n-1} y_n). \qquad (10)$$

𐐢𐐯𐐻 𐐲𐑅 𐑋𐐲𐑊𐐻𐐮𐐹𐑊𐐴 𐐻𐐲𐑀𐐯𐑄𐐲𐑉 𐑄 𐐻𐐭 𐐿𐐶𐐱𐑌𐐻𐐮𐐻𐐮𐑆

$$x_1 + \alpha_i x_2 + \ldots + {\alpha_i}^{n-1} x_n, \quad y_1 + \alpha_i y_2 + \ldots + {\alpha_i}^{n-1} y_n,$$

𐐰𐑌𐐼 𐐮𐑌 𐑄 𐐹𐑉𐐱𐐼𐐲𐐿𐐻 𐑉𐐮𐐹𐐨𐐻𐐮𐐼𐑊𐐨 𐑉𐐮𐐹𐑊𐐩𐑅 ${\alpha_i}^{n+k}$, $k \geqq 0$, 𐐺𐐴 𐐮𐐻𐑅 𐑂𐐰𐑊𐐷𐐭

$${\alpha_i}^{n+k} = a_1 {\alpha_i}^{n+k-1} - a_2 {\alpha_i}^{n+k-2} + a_3 {\alpha_i}^{n+k-3} - \ldots, \quad k \geq 0,$$

𐐲𐑌𐐻𐐮𐑊 𐑄 𐑉𐐮𐑆𐐲𐑊𐐻 𐐮𐑆 𐑉𐐮𐐼𐐭𐑅𐐻 𐐻𐐭 𐑄 𐑁𐐫𐑉𐑋

$$z_1 + \alpha_i z_2 + {\alpha_i}^2 z_3 + \ldots + {\alpha_i}^{n-1} z_n,$$

𐐸𐐶𐐯𐑉 z_1, z_2, …, z_n 𐐪𐑉 𐐼𐐲𐐻𐐲𐑉𐑋𐐮𐑌𐐲𐐻 𐐹𐐱𐑊𐐮𐑌𐐬𐑋𐐨𐐲𐑊𐑆 𐐮𐑌 x_1, …, x_n, y_1, …, y_n. 𐐜𐐯𐑌 𐐮𐐻 𐐮𐑆 𐐱𐐺𐑂𐐨𐐲𐑅 𐑄𐐰𐐻 𐐶𐐨 𐐸𐐰𐑂

$$P(x) \cdot P(y) = P(z); \tag{11}$$

𐑄𐐰𐐻 𐐮𐑆, 𐑄 𐐹𐑉𐐱𐐼𐐲𐐿𐐻 𐐲𐑂 𐐻𐐭 𐑌𐐲𐑋𐐺𐐲𐑉𐑆 𐐲𐑂 𐑄 𐑀𐐮𐑂𐐲𐑌 𐑁𐐫𐑉𐑋 𐐮𐑆 𐐮𐐻𐑅𐐯𐑊𐑁 𐐲𐑂 𐑄 𐑅𐐩𐑋 𐑁𐐫𐑉𐑋. 𐐐𐐯𐑌𐑅 𐑄 𐑌𐐲𐑋𐐺𐐲𐑉𐑆 $P(x)$ 𐑁𐐫𐑉𐑋 𐐲 𐐼𐐬𐑋𐐩𐑌 𐐶𐐮𐑄 𐑉𐐮𐑅𐐹𐐯𐐿𐐻 𐐻𐐭 𐑋𐐲𐑊𐐻𐐮𐐹𐑊𐐮𐐿𐐩𐑇𐐲𐑌.

𐐆𐐻 𐐮𐑆 𐐱𐐺𐑂𐐨𐐲𐑅 𐑄𐐰𐐻 𐐶𐐲𐑌 𐐿𐐰𐑌 𐐲𐐺𐐻𐐩𐑌 𐐮𐑋𐐨𐐼𐐨𐐲𐐻𐑊𐐨 𐐰𐑌 n-𐐹𐐲𐑉𐐰𐑋𐐲𐐻𐐲𐑉 𐑅𐐲𐑊𐐭𐑇𐐲𐑌 𐐲𐑂 𐑄 𐐮𐐿𐐶𐐩𐑈𐐲𐑌

$$P(x) = t^k,$$

𐐸𐐶𐐯𐑉 k 𐐮𐑆 𐐯𐑌𐐨 𐐹𐐱𐑆𐐮𐐻𐐮𐑂 𐐮𐑌𐐻𐐲𐐾𐐲𐑉. 𐐙𐐫𐑉 𐑄𐐮𐑅 𐐹𐐲𐑉𐐹𐐲𐑅 𐐮𐐻 𐐮𐑆 𐑅𐐲𐑁𐐮𐑇𐐲𐑌𐐻 𐐻𐐭 𐐹𐐳𐐻 $p = P(c)$ 𐐰𐑌𐐼 𐐻𐐭 𐐼𐐲𐐻𐐲𐑉𐑋𐐮𐑌 x_1, …, x_n 𐑁𐑉𐐲𐑋 𐑄 𐑉𐐮𐑊𐐩𐑇𐐲𐑌

$$\{P(z)\}^k = P(x).$$

𐐂𐑀𐐯𐑌, 𐑁𐑉𐐲𐑋 𐐲 𐑅𐐮𐑍𐑀𐐲𐑊 𐑅𐐲𐑊𐐭𐑇𐐲𐑌 𐐲𐑂 𐑄 𐐮𐐿𐐶𐐩𐑈𐐲𐑌

$$P(x) = 0,$$

𐐰𐑌 n-𐐹𐐲𐑉𐐰𐑋𐐲𐐻𐐲𐑉 𐑅𐐲𐑊𐐭𐑇𐐲𐑌 𐑋𐐩 𐐺 𐐲𐐺𐐻𐐩𐑌𐐼 𐐺𐐴 𐑋𐐨𐑌𐑆 𐐲𐑂 𐐆𐐿. (11), y_1, …, y_n 𐐺𐐨𐐮𐑍 𐐻𐐩𐐿𐐲𐑌 𐐰𐑆 𐐪𐑉𐐺𐐮𐐻𐑉𐐯𐑉𐐨 𐐰𐑌𐐼 𐑄 𐐿𐐶𐐱𐑌𐐻𐐮𐐻𐐮𐑆 z_1, …, z_n 𐐺𐐨𐐮𐑍 𐑄 𐑌𐐭 𐑂𐐰𐑊𐐷𐐭𐑆 𐐲𐑂 x_1, …, x_n.

𐐆𐑌 𐐲 𐑅𐐮𐑋𐐮𐑊𐐲𐑉 𐑋𐐰𐑌𐐲𐑉, 𐑁𐑉𐐲𐑋 𐐲 𐑅𐐮𐑍𐑀𐐲𐑊 𐑅𐐲𐑊𐐭𐑇𐐲𐑌 𐐲𐑂 𐑄 𐐮𐐿𐐶𐐩𐑈𐐲𐑌

$$P(x) = 1, \tag{12}$$

𐐲𐑄𐐲𐑉𐑆 𐑋𐐩 𐐺 𐑁𐐵𐑌𐐼. 𐐙𐑉𐐲𐑋 𐐲 𐑅𐐲𐑊𐐭𐑇𐐲𐑌 𐐲𐑂 𐐆𐐿. (12) 𐐰𐑌𐐼 𐐲 𐑅𐐲𐑊𐐭𐑇𐐲𐑌 𐐲𐑂 𐑄 𐐮𐐿𐐶𐐩𐑈𐐲𐑌

$$P(x) = m,$$

𐐲𐑄𐐲𐑉 𐑅𐐲𐑊𐐭𐑇𐐲𐑌𐑆 𐐲𐑂 𐑄 𐑊𐐰𐐻𐐲𐑉 𐑋𐐩 𐐱𐐺𐑂𐐨𐐲𐑅𐑊𐐨 𐐺 𐐲𐐺𐐻𐐩𐑌𐐼.

𐐖𐐇𐐤𐐊𐐡𐐊𐐢 𐐇𐐗𐐝𐐊𐐡𐐝𐐌𐐞𐐊𐐞

1. 𐐆𐑁 p, q, r 𐑅𐐰𐐻𐐮𐑅𐑁𐐴 𐑄 𐑉𐐲𐑊𐐩𐑇𐐲𐑌𐑆

$$p + q + r = 1, \quad \frac{1}{p} + \frac{1}{q} + \frac{1}{r} = 0,$$

𐑇𐐬 𐑄𐐰𐐻

$$a^2 + b^2 + c^2 =$$
$$(pa + qb + rc)^2 + (qa + rb + pc)^2 + (ra + pb + qc)^2.$$

(𐐔𐐩𐑂𐐮𐑅, 1912.)

2. 𐐊𐐺𐐻𐐩𐑌 𐑅𐐲𐑊𐐭𐑇𐐲𐑌𐑆 𐐲𐑂 𐑄 𐐮𐐿𐐶𐐩𐑈𐐲𐑌

$$(x^2 + y^2 + z^2)({x_1}^2 + {y_1}^2 + {z_1}^2) = u^2 + v^2 + w^2.$$

(𐐗𐐰𐐻𐐲𐑊𐐱𐑌, 1893.)

3. 𐐒𐐴 𐑋𐐨𐑌𐑆 𐐲𐑂 𐑄 𐐴𐐼𐐯𐑌𐐻𐐮𐐻𐐨

$$\begin{aligned}
&({a_1}^2 + {a_2}^2 + \ldots + {a_n}^2)^2 \\
&\qquad = ({a_1}^2 + {a_2}^2 + \ldots + a_{n-1}^2 - {a_n}^2)^2 \\
&\qquad + (2a_1a_n)^2 + (2a_2a_n)^2 + \ldots + (2a_{n-1}a_n)^2
\end{aligned}$$

𐑇𐐬 𐐸𐐵 𐐻𐐭 𐑁𐐴𐑌𐐼 𐐯𐑌𐐨 𐑌𐐲𐑋𐐺𐐲𐑉 𐐲𐑂 𐑅𐐿𐐶𐐯𐑉 𐑌𐐲𐑋𐐺𐐲𐑉𐑆 𐐸𐐭𐑆 𐑅𐐲𐑋 𐐮𐑆 𐐨 𐑅𐐿𐐶𐐯𐑉.

(𐐣𐐪𐑉𐐻𐐮𐑌, 1896.)

4. 𐐟𐐬 𐐸𐐵 𐐻𐐭 𐑉𐐴𐐻 𐑄 𐑅𐐿𐐶𐐯𐑉 𐐲𐑂 𐐨 𐑅𐐲𐑋 𐐲𐑂 n 𐑅𐐿𐐶𐐯𐑉𐑆 𐐰𐑆 𐐨 𐑅𐐲𐑋 𐐲𐑂 n 𐑅𐐿𐐶𐐯𐑉𐑆.

(𐐣𐐬𐑉𐐬, 1894.)

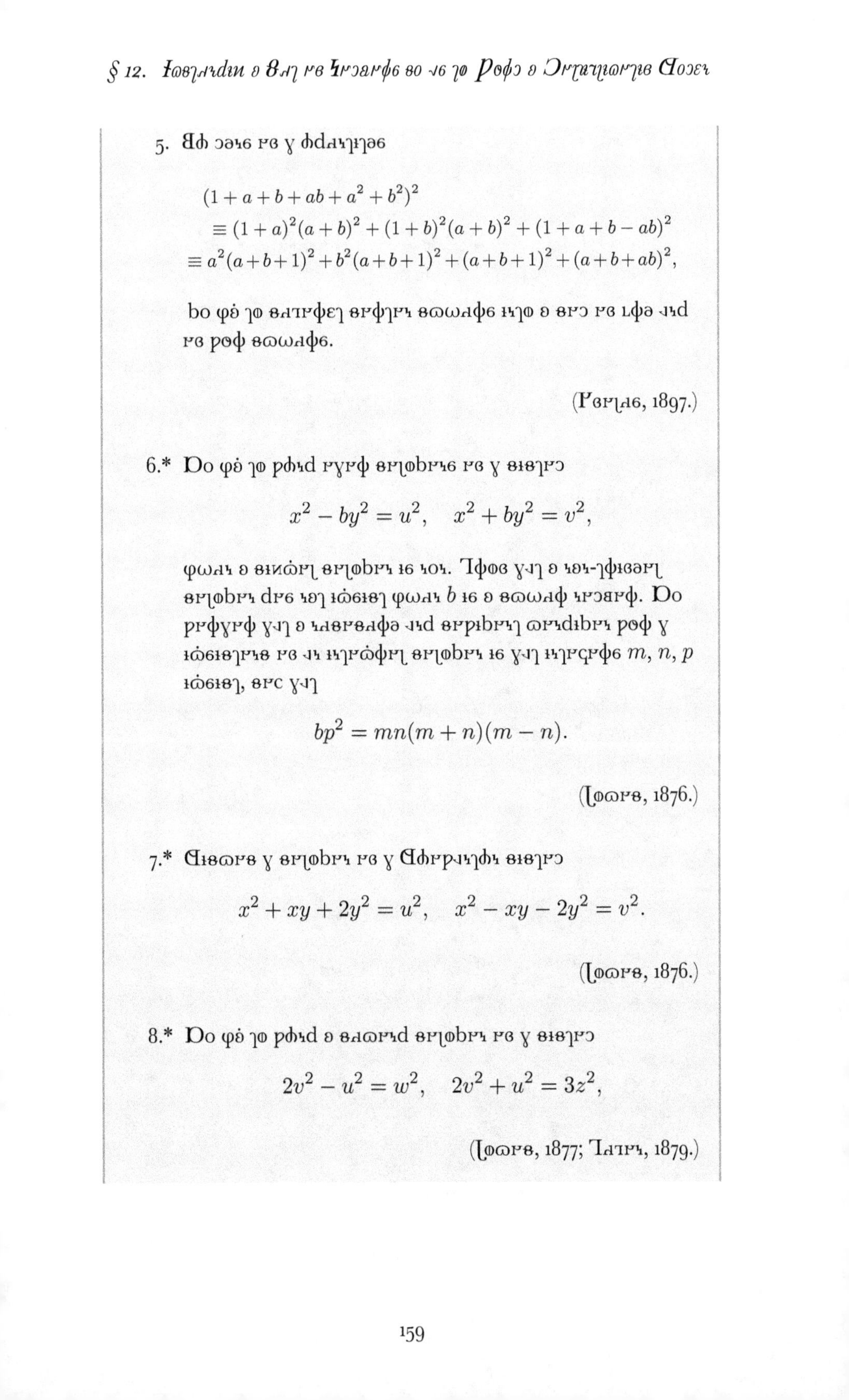

5. [illegible]

$$(1 + a + b + ab + a^2 + b^2)^2$$
$$\equiv (1 + a)^2(a + b)^2 + (1 + b)^2(a + b)^2 + (1 + a + b - ab)^2$$
$$\equiv a^2(a+b+1)^2 + b^2(a+b+1)^2 + (a+b+1)^2 + (a+b+ab)^2,$$

[illegible]

([illegible], 1897.)

6.* [illegible]

$$x^2 - by^2 = u^2, \quad x^2 + by^2 = v^2,$$

[illegible] b [illegible] m, n, p [illegible]

$$bp^2 = mn(m + n)(m - n).$$

([illegible], 1876.)

7.* [illegible]

$$x^2 + xy + 2y^2 = u^2, \quad x^2 - xy - 2y^2 = v^2.$$

([illegible], 1876.)

8.* [illegible]

$$2v^2 - u^2 = w^2, \quad 2v^2 + u^2 = 3z^2,$$

([illegible], 1877; [illegible], 1879.)

9.* 𐐟𐐬 𐑄𐐰𐐻 𐑄 𐐬𐑌𐑊𐐨 𐐮𐑌𐐻𐐲𐑀𐑉𐐲𐑊 𐑅𐐲𐑊𐐭𐑇𐐲𐑌 𐐲𐑂 𐑄 𐑅𐐮𐑅𐐻𐐲𐑋

$$2v^2 - u^2 = w^4, \quad 2v^2 + u^2 = 3z^2,$$

𐐮𐑆 𐑄 𐐻𐑉𐐮𐑂𐐨𐐲𐑊 𐐶𐐲𐑌 𐐮𐑌 𐐸𐐶𐐮𐐽 𐐨𐐽 𐐲𐑂 𐑄 𐑌𐐲𐑋𐐺𐐲𐑉𐑆 u, v, w, z 𐐮𐑆 𐐨𐐿𐐶𐐲𐑊 𐐻𐐭 ± 1. (𐐢𐐭𐐿𐐲𐑅, 1877.)

(𐐢𐐭𐐿𐐲𐑅, 1877.)

10. 𐐢𐐯𐐻 p, r, s 𐐺 𐑃𐑉𐐨 𐑌𐐲𐑋𐐺𐐲𐑉𐑆 𐑅𐐰𐐻𐐮𐑅𐑁𐐴𐐮𐑍 𐑄 𐑉𐐨𐑊𐐩𐑇𐐲𐑌

$$r^4 + ar^2s^2 + bs^4 = p^2.$$

𐐟𐐬 𐑄𐐰𐐻 𐑄 𐐮𐐿𐐶𐐩𐑈𐐲𐑌

$$x^4 + ax^2y^2 + by^4 = z^2$$

𐐸𐐰𐑆 𐑄 𐑁𐐲𐑉𐑄𐐲𐑉 𐑅𐐲𐑊𐐭𐑇𐐲𐑌

$$x = r^4 - bs^4, \quad y = 2prs, \quad z = p^4 - (a^2 - 4b)r^4s^4.$$

𐐔𐐲𐐼𐐭𐑅 𐑄𐐮𐑅 𐑉𐐲𐑆𐐲𐑊𐐻 𐐺𐐴 𐐲 𐐼𐐲𐑉𐐯𐐿𐐻 𐐷𐐭𐑅 𐐲𐑂 𐑄 𐑋𐐯𐑃𐐲𐐼 𐐲𐑂 𐐮𐐿𐑅𐐻𐐯𐑌𐑇𐐲𐑌 𐐺𐐴 𐐾𐐯𐑌𐑉𐐲𐑊𐐮𐑆𐐩𐑇𐐲𐑌 𐐲𐑂 𐑂𐐯𐑉𐐨𐐲𐐺𐐲𐑊𐑆.

(𐐢𐐲𐐺𐐩𐑀, 1853.)

11.* 𐐑𐑉𐐭𐑂 𐑄𐐰𐐻 𐑄 𐐮𐐿𐐶𐐩𐑈𐐲𐑌

$$x^4 - 2^m y^4 = 1$$

𐐮𐑆 𐐮𐑋𐐹𐐱𐑅𐐲𐐺𐐲𐑊 𐐮𐑌 𐐹𐐱𐑆𐐲𐐻𐐮𐑂 𐐮𐑌𐐻𐐲𐐾𐐲𐑉𐑆 x, y, m.

(𐐑𐐭, 1903.)

12.* 𐐔𐐲𐐻𐐲𐑉𐑋𐐮𐑌 𐑄 𐑂𐐰𐑊𐐷𐐭𐑆 𐐲𐑂 m 𐑁𐐫𐑉 𐐸𐐶𐐮𐐽 𐑄 𐐮𐐿𐐶𐐩𐑈𐐲𐑌

$$x^4 + mx^2y^2 + y^4 = z^2$$

𐐸𐐰𐑆 𐑌𐐱𐑌-𐐻𐑉𐐮𐑂𐐨𐐲𐑊 𐑅𐐲𐑊𐐭𐑇𐐲𐑌𐑆.

(Ѳɥφʀɐφоϐоϐ, 1908.)

13.† Ɑʀʅʀφɔʜ y ʜʅʀώφʀʅ ϐɥʅѵоϐ ʀϐ m ɥʜd n ʀоф φωıс y ɪωωɛsʀʜ

$$x^4 + mx^2y^2 + ny^4 = z^2$$

φɥϐ ʜоʜ-ʅφʜϐоʀʅ ϐʀʅоbʀʜϐ.

14.† Ɨʜϐɥϐʅʜώɛʅ ʀʀφyʀφ y ʅφоϐʅʀɔ ʀϐ ϐоʅϐʜи y ɪωωɛsʀʜ

$$x^2 + ay^2 + bz^2 = t^k$$

ʀоф ʜʅʀώφʀʅ ϐɥʅѵоϐ ʀϐ k ώφɛʅʀφ yɥʜ 2.

15.† Ɨʜϐɥϐʅʜώɛʅ y ʅφоϐʅʀɔ ʀϐ ϐоʅϐʜи y ϐʜϐʅʀɔ

$$x^2 + y^2 + z^2 = k(u^2 + v^2 + w^2) = l(r^2 + s^2 + t^2)$$

ʀоф ʅʀφʅʜωѵʀʅʀφ ϐɥʅѵоϐ ʀϐ k ɥʜd l. (Ѡʀɔʅɥφ Ɨωϐʀϐ. 4 ɥʜd 6 ʜ § 10.)

16.† Ɑʀϐɥʅʀʅ ʜ ʀʀφyʀφ dɐʅɛʅ y ʟʜφɘ ʀϐ y ɪωωɛsʀʜ

$$x^4 + ay^4 + bz^4 = t^2.$$

(ϑɘ ϐʅɥbʀʅ ωɛϐʀϐ ʀϐ yʜϐ ɪωωɛsʀʜ ʜ Ɔɥʅʅʀφ IV.)

17.† Ɨʜϐɥϐʅʜώɛʅ y ʅφоϐʅʀɔ ʀϐ ϐоʅϐʜи y ɪωωɛsʀʜ

$$x^4 + ay^4 + bz^4 = t^k$$

ʀоф ʜʅʀώφʀʅ ϐɥʅѵоϐ ʀϐ k ώφɛʅʀφ yɥʜ 2. Ɨʜ ʅʀφʅʜωѵʀʅʀφ, ωʀʜϐʜdʀφ y ωɛϐ $k = 4$.

18.† Ɨʜϐɥϐʅʜώɛʅ y ʅφоϐʅʀɔ ʀϐ ϐоʅϐʜи y ɪωωɛsʀʜ

$$x^4 + ay^4 = u^2 + av^2.$$

19.† Ɑʀϐɥʅʀʅ ʜ ʀʀφyʀφ dɐʅɛʅ y ʟʜφɘ ʀϐ y ɪωωɛsʀʜ

$$x^4 + ay^4 = u^2 + bv^2.$$

20.† Ꞟʚϐɹϐʅɨώɛʅ ɣ ꞁɸϑɑɭɼɔ ɼϐ ϐϑɭϐɨɴ ɣ ɨωωɛsɼʚ

$$x^4 + ay^4 + bu^4 + abv^4 = t^2.$$

21.† ɭɹʅ a, b, k ɐ ώɨϐɼʚ ɨʚʅɼɕɼɸ6, k ɐϑɨɴ ꞁϑ6ɨʅɨϐ. Ꞟʚϐɹϐʅɨώɛʅ ɣ ꞁɸϑꞁɼɸʅϑ6 ɼϐ ɣ ɨʚʅɼɕɼɸ m ϐɼc ɣɹʅ ɣ ɨωωɛsɼʚ

$$x^2 + axy + by^2 = mt^k$$

bɹʅɭ ꞁɼ6ɹϐ ɨʚʅɼώɸɼɭ ϐɼɭɷbɼʚ6 ɹʚd pώʚd ɣϑ6 ϐɼɭɷbɼʚ6 φωɹʚ ɣɛ ɨώ6ɨϐʅ. Ꞟʚ ꞁɼɸʅɨωɤɼɭɼɸ, ʅɸϑʅ ɣ ωɛϐɼ6 $k = 2$, $k = 3$.

22.† Ɑɼϐɹɭɼꞁ ϑ ϐɨɔɨɭɼɸ ʟɨɸϑ pϑɸ ϑc ɼϐ ɣ pϑɭɔɨɴ ɨωωɛsɼʚ6:

$$\begin{aligned}
x^2 + ay^2 + bz^2 &= mt^k,\\
x^4 + ay^4 + bz^4 &= mt^k,\\
x^4 + ay^4 &= m(u^2 + av^2),\\
x^4 + ay^4 &= m(u^2 + bv^2).
\end{aligned}$$

3 𐐆𐐿𐐶𐐩𐑈𐐲𐑌𐑆 𐐲𐑂 𐑄 𐐛𐐲𐑉𐐼 𐐔𐐲𐑀𐑉𐐨

§ 13 𐐉𐑌 𐑄 𐐆𐐿𐐶𐐩𐑈𐐲𐑌 $kx^3 + ax^2y + bxy^2 + cy^3 = t^2$

𐐎𐐨 𐑇𐐰𐑊 𐑌𐐵 𐐿𐐲𐑌𐑅𐐮𐐼𐐲𐑉 𐑄 𐐹𐑉𐐱𐐺𐑊𐐲𐑋 𐐲𐑂 𐑁𐐴𐑌𐐼𐐮𐑍 𐑅𐐲𐑊𐐭𐑇𐐲𐑌𐑆 𐐲𐑂 𐑄 𐐮𐐿𐐶𐐩𐑈𐐲𐑌

$$x^3 + ax^2y + bxy^2 + cy^3 = t^2, \qquad (1)$$

𐐸𐐶𐐯𐑉 a, b, c 𐐪𐑉 𐑉𐐰𐑇𐐲𐑌𐐲𐑊 𐑌𐐲𐑋𐐺𐐲𐑉𐑆. 𐐒𐐴 𐐵𐑉 𐐖𐐯𐑌𐐲𐑉𐐲𐑊 𐑋𐐯𐑃𐐲𐐼 (𐐮𐑌 § 12) 𐐲𐑂 𐐮𐐿𐑅𐐻𐐯𐑌𐐼𐐮𐑍 𐑄 𐑅𐐯𐐻 𐐲𐑂 𐑌𐐲𐑋𐐺𐐲𐑉𐑆 𐐼𐐲𐑁𐐴𐑌𐐼 𐐺𐐴 𐑄 𐑁𐐲𐑉𐑅𐐻 𐑋𐐯𐑋𐐺𐐲𐑉 𐐶𐐨 𐐪𐑉 𐑊𐐯𐐼 𐐻𐐭 𐐿𐐲𐑌𐑅𐐮𐐼𐐲𐑉 𐑄 𐑁𐐲𐑍𐐿𐑇𐐲𐑌

$$h(\alpha, \beta, \gamma) = \prod_{i=1}^{3} (\alpha + \rho_i\beta + {\rho_i}^2\gamma), \qquad (2)$$

𐐸𐐶𐐯𐑉 ρ_1, ρ_2, ρ_3 𐐪𐑉 𐑄 𐑉𐐭𐐻𐑅 𐐲𐑂 𐑄 𐐮𐐿𐐶𐐩𐑈𐐲𐑌

$$\rho^3 - a\rho^2 + b\rho - c = 0. \qquad (3)$$

𐐆𐐻 𐐮𐑆 𐐱𐐺𐑂𐐨𐐲𐑅 𐑄𐐰𐐻 $h(x, y, 0) = x^3 + ax^2y + bxy^2 + cy^3$.

𐐑𐐲𐑉𐑁𐐫𐑉𐑋𐐮𐑍 𐑄 𐑉𐐯𐐿𐐶𐐮𐑆𐐮𐐻 𐑋𐐲𐑊𐐻𐐮𐐹𐑊𐐮𐐿𐐩𐑇𐐲𐑌𐑆, 𐐶𐐨 𐐸𐐰𐑂

$$\begin{aligned} h(\alpha, \beta, \gamma) = \alpha^3 + a\alpha^2\beta + b\alpha\beta^2 + c\beta^3 + (a^2 - 2b)\alpha^2\gamma \\ +(b^2 - 2ac)\alpha\gamma^2 + ac\beta^2\gamma \\ +bc\beta\gamma^2 + c^2\gamma^3 + (ab - 3c)\alpha\beta\gamma \end{aligned} \qquad (4)$$

𐐝𐐮𐑌𐑅 ρ_i 𐑅𐐰𐐻𐐮𐑅𐑁𐐴𐑆 𐐆𐐿. (3), 𐐮𐐻 𐐮𐑆 𐐨𐑆𐐨 𐐻𐐭 𐑅𐐨 𐑄𐐰𐐻 𐐶𐐨 𐐸𐐰𐑂 𐐪 𐑉𐐲𐑊𐐩𐑇𐐲𐑌 𐐲𐑂 𐑄 𐑁𐐫𐑉𐑋

$$(\alpha + \rho_i\beta + {\rho_i}^2\gamma)(u + \rho_i v + {\rho_i}^2 w) = r + \rho_i s + \rho_i^2 t,$$

φωɹφ r, s, t эφ φɹbɼъɼl. Өъ ωɼɔʇɤөʇи ɣ вɹlɤө6 ɼв r, s, t, ωэ эφ lɹd ʇө ɣ pəlөи φɼ6ɼl:

I. *Łp r, s, t φɹв γ вɹlɤө6*

$$\left.\begin{aligned} r &= \alpha u + c\gamma v + c\beta w + ac\gamma w, \\ s &= \beta u + \alpha v - b\gamma v - b\beta w + c\gamma w - ab\gamma w, \\ t &= \gamma u + \beta v + \alpha w + a\gamma v + a\beta w - b\gamma w + a^2\gamma w, \end{aligned}\right\} \tag{5}$$

γɹъ

$$h(\alpha,\beta,\gamma)\cdot h(u,v,w) = h(r,s,t). \tag{6}$$

Ƿφɼɔ ɣъв pөφɔɤɼlɼ ωэ вэ φɹdɪə ɣɹʇ

$$\{h(\alpha,\beta,\gamma)\}^2 = h(\alpha^2 + 2c\beta\gamma + ac\gamma^2, 2\alpha\beta - 2b\beta\gamma + c\gamma^2 - ab\gamma^2, 2\alpha\gamma + \beta^2 + 2a\beta\gamma - b\gamma^2 + a^2\gamma^2). \tag{7}$$

Вφ ɔэъ6 ɼв ɣ lɹвʇ φɼlεbɼъ ωэ эφ εвɼl ʇө pφъd э ʇө-ʇɼφɹɔɼʇɼφ вɼlөbɼъ ɼв Łω. (1). Ɣ lɹʇɼφ ωэ ɔε φφʇ ɪъ ɣ pөφɔ $h(x,y,0) = t^2$. Ωɼɔʇɹφɪи ɣъв ωɪɣ Łω. (7) ωэ вэ ɣɹʇ э вɼlөbɼъ ɪ6 ɼpөφdɼd вφ ɣ вɹlɤө6

$$\left.\begin{aligned} t &= h(\alpha,\beta,\gamma), \\ x &= \alpha^2 + 2c\beta\gamma + ac\gamma^2, \\ y &= 2\alpha\beta - 2b\beta\gamma + c\gamma^2 - ab\gamma^2, \end{aligned}\right\} \tag{8}$$

ʇφɼвφdɼd ɣɹʇ α, β, γ эφ ωɼъɹωʇɼd вφ ɣ φɼlεbɼъ

$$2\alpha\gamma + \beta^2 + 2a\beta\gamma - b\gamma^2 - a^2\gamma^2 = 0. \tag{9}$$

Łъʇө ɣ lɹвʇ φɼlεbɼъ α ɹъʇɼφ6 lɪəɼφlə. Łʇ ɪ6 ɣɹφpөφ э φɹbɼъɼl pɼиωbɼъ ɼв β ɹъd γ ωɪɣ φɹbɼъɼl ωөɼpɪbɼъʇв. Ƿɹъв,

II. *Ә ʇө-ʇɼφɹɔɼʇɼφ φɹbɼъɼl вɼlөbɼъ ɼв* (1) *ɪ6 ɼpөφdɼd вφ γ вɹʇ* (8) *φωɹφ β ɹъd γ эφ эφəɪʇφɹφə φɹbɼъɼl ъɼɔəɼφ6 (ɪωвɹʇʇ γɹʇ γ ɔɼвʇ ɪъ ςɹъɼφɼl ə dɪpɼφɼъʇ pφɼɔ вɪφө) ɹъd α ɪ6 dɼʇɼφɔɪъd вφ Łω.* (9).

Łp ωэ вɹʇ $\gamma = 2m$, $\beta = 2mn$, φωɹφ m ɹъd n эφ ɪъʇɼςɼφ6, ωэ эφ lɹd ɪɔədəɼʇlə ʇө ɣ pəlөи φɼ6ɼl:

III. *Łp a, b, c эφ ɪъʇɼςɼφ6, γɹъ ə ʇө-ʇɼφɹɔɼʇɼφ ɪъʇɼώφɼl вɼlөbɼъ ɼв* (1) *ɪ6 ɼpөφdɼd вφ γ вɹlɤө6*

$$\begin{aligned} t &= h(\alpha, 2mn, 2m), \\ x &= \alpha^2 + 8cm^2n + 4acm^2, \\ y &= 4\alpha m - 8bm^2n + 4cm^2 - 4abm^2, \end{aligned}$$

φωɹφ

$$\alpha = bm - a^2m - 2amn - mn^2,$$

m ɹɳd n ɑəɪn əφɑɪ]φɹφə ɪɳ]ɼςɼφ6.

Ɫ] ɪ6 ɵвɞəɼ8 γɹ] γəб ϕɼбɼɭ]8 ɔɛ в ɼ]ɭϕd ϕɹdɪɭə]ɷ γ 8ɼɭɷbɼɳ ɼв γ ɪωωɛsɼɳ

$$kx^3 + ax^2y + bxy^2 + cy^3 = t^2, \;\; k \neq 0; \tag{10}$$

ρөϕ, ɪρ γɪ8 ɪωωɛsɼɳ ɪ6 ɔɼɭɪɪ]ɭϕd ʟϕɷ ɑϕ k^2 ɹɳd kx ɪ6 ϕɼ]ɭɛ8] ɑϕ x, γ ϕɼбɼɭɪи ɪωωɛsɼɳ ɪ6 ɼв γ ρөϕɔ ɼв (1).

Ɣ ϕədɼϕ ɔɛ ϕɹdɪɭə 8ɼ]ɭϕ ɳɷɔɹϕɪωɼɭ ɪɭɼ8]ϕɛbɼɳ6 ɼв γəб ϕɼбɼɭ]8.

Ɵ ɔɹʟɼd ɼв ρϕɳdɪи]ɼϕ]ɪωvɼɭɼϕ 8ɼɭɷbɼɳ6 ɼв Ɫω. (10) ɪ6 dɷ]ɷ Ƥɹϕɔə. Ɫ] ɼ]ɭϕ6 oɳɭə φωɹɳ k өϕ c ɪ6 ə 8ωωɹϕ. ɭɹ] ɼ8 8ɼ]ɔ6 γɹ] k ɪ6 ə 8ωωɹϕ. Φϕ] γ ɪωωɛsɼɳ ɪɳ γ ρөϕɔ

$$d^2x^3 + ax^2y + bxy^2 + cy^3 = t^2. \tag{11}$$

Ʇɛω $x = 1$ ɹɳd 8ɹ]

$$t = d + \frac{a}{2d}y.$$

Ɣɹɳ ωə ϕɹ8

$$\left(d + \frac{a}{2d}y\right)^2 + \left(b - \frac{a^2}{4d^2}\right)y^2 + cy^3 = \left(d + \frac{a}{2d}y\right)^2.$$

Ɣɪ8 ώɪ86

$$y = \frac{1}{c}\left(\frac{a^2}{4d^2} - b\right).$$

Ƥϕɼɔ γɪ8 вɹɭɷ ɼв y ωə ϕɹ8 ə вɹɭɷ ɼв t, ɹɳd ϕɹɪ8 ə 8ɼɭɷbɼɳ ɼв (11).

§ 14 Ɵɳ γ Ɫωωɛsɼɳ $kx^3 + ax^2y + bxy^2 + cy^3 = t^3$

Ɫρ ωə 8ɹ]

$$\left.\begin{aligned} u &= \alpha^2 + 2c\beta\gamma + ac\gamma^2, \\ v &= 2\alpha\beta - 2b\beta\gamma + c\gamma^2 - ab\gamma^2, \\ w &= 2\alpha\gamma + \beta^2 + 2a\beta\gamma - b\gamma^2 + a^2\gamma^2, \end{aligned}\right\} \tag{1}$$

ɣɹъ ρɸʏɔ Ɨωɞ. (5), (6), (7) ʏɞ ɣ ɿɸʏɞədɪи ɞɹωbʏъ ωə ɞə ɣɹɿ

$$\{h(\alpha,\beta,\gamma)\}^3 = h(\rho,\sigma,\tau), \tag{2}$$

φωɹɸ

$$\left.\begin{aligned} \rho &= \alpha u + c\gamma v + c\beta w + ac\gamma w,\\ \sigma &= \beta u + \alpha v - b\gamma v - b\beta w + c\gamma w - ab\gamma w,\\ \tau &= \gamma u + \beta v + \alpha w + a\gamma v + a\beta w - b\gamma w + a^2\gamma w. \end{aligned}\right\} \tag{3}$$

Ρɵɸ ɵ ɞʏɭɸbʏъ ʏɞ ɣ ɪωωεsʏъ

$$x^3 + ax^2y + bxy^2 + cy^3 = t^3, \tag{4}$$

ɪɿ ɪ6 ɵɞɞəʏɞɭə ɞʏþɪbʏъɿ ɭɸ ɿεω

$$t = h(\alpha,\beta,\gamma), \quad x = \rho, \quad y = \sigma, \quad \tau = 0. \tag{5}$$

Ψɹъɞ ɣ ɪωωεsʏъ $\tau = 0$ ɿqɭɞ ɣ ъɹɞʏɞɹɸə ɸʏɞɭɸɪωbʏъ ɵъ ɣ ʏɣʏɸωɸ6 ɵɸɞɪɭɸɹɸə ωωɵъɭɪɭə6 α, β, γ.

Ɵɪъɞ τ ɪ6 ɣ ωɸɸbʏɭ ωωɵъɭɪɭə, ɭɹɿ ʏɞ ɸɸɿ ɵ̇ɿ ɪɿɞ ɞɹɭɣɸ ɪъ ɿʏɸɔ6 ʏɞ α, β, γ. Ꮃə φɹɞ

$$\tau = 3\alpha^2\gamma + 3\alpha\beta^2 + 3(a^2-b)\alpha\gamma^2 + 2(a^3+3a-ab)\alpha\beta\gamma + a\beta^3 + 3(a^2-b)\beta^2\gamma + (a^3-4ab+3c)\beta\gamma^2 + (a^4-3a^2b+2ac+b^2)\gamma^3. \tag{6}$$

Ρɸʏɔ ɹъə ɞʏɭɸbʏъ ʏɞ ɣ ɪωωεsʏъ $\tau = 0$ ωə φɹɞ ɵ ɞʏɭɸbʏъ ʏɞ (4).

Ɨъ ɵɸdʏɸ ɣɹɿ ɣ ɪωωεsʏъ $\tau = 0$ bɹɭ dʏɿʏɸɔɪъ ɵ ɸɹbʏъʏɭ ɞɹɭɣɸ ʏɞ α, ɪɿ ɪ6 ɵɞɞəʏɞɭə ъɹɞʏɞɹɸə ɹъd ɞʏþɪbʏъɿ ɣɹɿ ɣ ɪωɞɿɸɹbʏъ

$$\begin{aligned} &\{3\beta^2 + 3(a^2-b)\gamma^2 + 2(a^3+3a-ab)\beta\gamma\}^2\\ &\qquad - 12\gamma\{a\beta^3 + 3(a^2-b)\beta^2\gamma\\ &\qquad + (a^3-4ab+3c)\beta\gamma^2 + (a^4-3a^2b+2ac+b^2)\gamma^3\}, \end{aligned}$$

bɹɭ ɞ əωωʏɭ ɭɸ ɵ ɞωωɹɸ. Ɨþ ωə ωɵɭ ɣɪɞ m^2, ωə φɹɞ

$$\begin{aligned} &9\beta^4 + 12(a^3+2a-ab)\beta^3\gamma\\ &\quad + 2(2a^6+12a^4-4a^4b+9a^2-12a^2b+2a^2b^2+9b)\beta^2\gamma^2\\ &\quad + 12(a^5+3a^4-a^3-2a^3b+ab+ab^2-3c)\beta\gamma^3\\ &\quad + (-a^4+6a^2b-b^2-8ac)\gamma^4 = m^2. \end{aligned} \tag{7}$$

§ 14. 𐐉𐑌 𐑄 𐐆𐐿𐐶𐐩𐑈𐐲𐑌 $kx^3 + ax^2y + bxy^2 + cy^3 = t^3$

𐐃 𐑋𐐯𐑃𐐲𐐼 𐐲𐑂 𐑁𐐴𐑌𐐼𐐮𐑍 𐐮𐑌 𐐾𐐯𐑌𐐲𐑉𐐲𐑊 𐐰𐑌 𐐮𐑌𐑁𐐮𐑌𐐮𐐻 𐑌𐐲𐑋𐐺𐐲𐑉 𐐲𐑂 𐑅𐐲𐑊𐐭𐑇𐐲𐑌𐑆 𐐲𐑂 𐑄𐐮𐑅 𐐮𐐿𐐶𐐩𐑈𐐲𐑌 𐐮𐑆 𐑀𐐮𐑂𐐲𐑌 𐐮𐑌 § 17 𐐲𐑂 𐑄 𐑁𐐫𐑊𐐬𐐮𐑍 𐐽𐐰𐐹𐐻𐐲𐑉. 𐐜 𐐶𐐲𐑉𐐿 𐐼𐐲𐑌 𐐸𐐨𐑉 𐐿𐐲𐑌𐑅𐐮𐑅𐐻𐑅 𐐮𐑅𐐯𐑌𐑇𐐲𐑊𐐨 𐐮𐑌 𐑉𐐮𐐼𐐭𐑅𐐮𐑍 𐑄 𐐹𐑉𐐱𐐺𐑊𐐲𐑋 𐐲𐑂 𐑅𐐱𐑊𐑂𐐮𐑍 𐐆𐐿. (4) 𐐻𐐭 𐑄𐐰𐐻 𐐲𐑂 𐑅𐐱𐑊𐑂𐐮𐑍 𐐆𐐿. (7).

𐐃 𐐹𐐲𐑉𐐻𐐮𐐿𐐷𐐲𐑊𐐲𐑉 𐑅𐐲𐑊𐐭𐑇𐐲𐑌 𐐲𐑂 𐐆𐐿. (7) 𐐮𐑆 𐐱𐐺𐑂𐐨𐐲𐑅. 𐐆𐐻 𐐮𐑆 𐑀𐐱𐐻𐐲𐑌 𐐺𐐴 𐑅𐐯𐐻𐐮𐑍 $\gamma = 0$. 𐐜𐐮𐑅 𐑀𐐮𐑂𐑆 𐑉𐐴𐑆 𐐻𐐭 𐑄 𐑁𐐫𐑊𐐬𐐮𐑍 𐑅𐐲𐑊𐐭𐑇𐐲𐑌 𐐲𐑂 (4):

$$\begin{aligned} t &= 2a^3 - 9ab + 27c, \\ x &= 27c - a^3, \\ y &= 9a^2 - 27b. \end{aligned}$$

𐐒𐐲𐐻 𐑄𐐮𐑅 𐐹𐐲𐑉𐐻𐐮𐐿𐐷𐐲𐑊𐐲𐑉 𐑅𐐲𐑊𐐭𐑇𐐲𐑌 𐐮𐑆 𐑋𐐫𐑉 𐑉𐐯𐐼𐐮𐑊𐐨 𐐲𐐺𐐻𐐩𐑌𐐼 𐐺𐐴 𐑄 𐑋𐐯𐑃𐐲𐐼 𐐲𐑂 𐐙𐐯𐑉𐑋𐐪 𐐼𐐮𐑅𐐿𐑉𐐴𐐺𐐼 𐐺𐐮𐑊𐐬.

𐐜 𐐮𐐿𐐶𐐩𐑈𐐲𐑌

$$k^3x^3 + ax^2y + bxy^2 + cy^3 = t^3, \tag{8}$$

𐐿𐐰𐑌 𐐺𐐨 𐑉𐐯𐐼𐐮𐑊𐐨 𐑉𐐮𐐼𐐭𐑅𐐻 𐐻𐐭 𐑄 𐑁𐐫𐑉𐑋 𐐲𐑂 (4). 𐐆𐐻 𐐮𐑆 𐑅𐐲𐑁𐐮𐑇𐐲𐑌𐐻 𐐻𐐭 𐑋𐐲𐑊𐐻𐐮𐐹𐑊𐐴 𐑄 𐐮𐐿𐐶𐐩𐑈𐐲𐑌 𐑃𐑉𐐭 𐐺𐐴 k^6 𐐰𐑌𐐼 𐑉𐐮𐐹𐑊𐐩𐑅 x 𐐺𐐴 k^3x. 𐐐𐐯𐑌𐑅 𐑄 𐐹𐑉𐐨𐑂𐐨𐐲𐑅𐑊𐐨 𐐼𐐮𐑂𐐯𐑊𐐲𐐹𐐻 𐑃𐐨𐐲𐑉𐐨 𐐮𐑆 𐐰𐐹𐑊𐐮𐐿𐐲𐐺𐐲𐑊 𐐻𐐭 𐐆𐐿. (8).

𐐊𐑌𐐲𐑄𐐲𐑉 𐑋𐐯𐑃𐐲𐐼 𐐲𐑂 𐐮𐑁𐐯𐐿𐐻𐐮𐑍 𐐫 𐑉𐐮𐐼𐐲𐐿𐑇𐐲𐑌 𐑅𐐮𐑋𐐮𐑊𐐲𐑉 𐐻𐐭 𐑄𐐰𐐻 𐐲𐐺𐐲𐑂 𐐮𐑆 𐑄 𐑁𐐫𐑊𐐬𐐮𐑍 (𐑅𐐨 𐐔𐐫𐑂𐐰𐑌, *Jahresbericht der Deutschen Mathematiker-Vereinigung*, 𐐚𐐱𐑊. XVIII, 𐐹𐐹. 7–14): 𐐆𐑌 𐑄 𐐾𐐯𐑌𐐲𐑉𐐲𐑊 𐐮𐐿𐐶𐐩𐑈𐐲𐑌 (8) 𐑉𐐮𐐹𐑊𐐩𐑅 x 𐐺𐐴

$$kx - \frac{a}{3k^2}y.$$

𐐜𐐯𐑌 𐐶𐐨 𐐸𐐰𐑂 𐐫 𐑉𐐮𐑆𐐲𐑊𐐻 𐐸𐐶𐐮𐐽 𐑋𐐩 𐐺𐐨 𐑉𐐮𐐻𐐲𐑌

$$k^3x^3 + pxy^2 + qy^3 = t^3. \tag{9}$$

𐐜𐐮𐑅 𐐮𐐿𐐶𐐩𐑈𐐲𐑌 𐑋𐐩 𐐺𐐨 𐐹𐐳𐐻 𐐮𐑌 𐑄 𐑁𐐫𐑉𐑋

$$(t - kx)(t^2 + kxt + k^2x^2) = y^2(px + qy).$$

𐐜 𐑊𐐰𐑅𐐻 𐐮𐐿𐐶𐐩𐑈𐐲𐑌 𐐶𐐮𐑊 𐐺𐐨 𐑅𐐰𐐻𐐮𐑅𐑁𐐴𐐼 𐐮𐑁 𐐶𐐲𐑌 𐑅𐐯𐐻𐑅

$$\begin{aligned} m(t - kx) &= ny, \\ n(t^2 + kxt + k^2x^2) &= m(pxy + qy^2), \end{aligned}$$

𐐸𐐶𐐯𐑉 m 𐐰𐑌𐐼 n 𐐪𐑉 𐐪𐑉𐐺𐐮𐐻𐑉𐐯𐑉𐐨 𐐿𐐶𐐱𐑌𐐻𐐮𐐻𐐨𐑆. 𐐆𐑁 𐐶𐐨 𐐹𐐳𐐻

$$t - kx = \frac{n}{m}y,$$

y рrфв] rв yэ6 ıωωεsrъ6 ı6 в˧]ıврфd φωф[y вʌωrъd вrωrэ6

$$3k^2m^2nx^2 - (pm^3 - 3kmn^2)xy - (qm^3 - n^3)y^2 = 0.$$

Ɨр ωэ drъo] y dıвωфıɔъrъ] rв yıв ıωωεsrъ вф $m^2\rho^2$ ωэ вэ y˧] ı], ˧ъd φʌъв Ɨω. (9), φ˧6 ʚ ф˧brъr[вr[фbrъ φωıc ɔε в ıɔэdэr][э drффвd ˧6 вфъ ˧6 ωrъ ъo6 ф˧brъr[ъrɔвrф6 m, n, ρ, в˧]ıврфıи y ıωωεsrъ

$$p^2m^4 + 12k^2qm^3n - 6kpm^2n^2 - 3k^2n^4 = \rho^2. \qquad (10)$$

Yrв ωэ φ˧в фrdфв] y ˥фʚв[rɔ rв вʚ[вıи Ɨω. (9)]ф y˧] rв вʚ[вıи Ɨω. (10).

Yʌф ı6 ˧ъ ıъ]rфrв]ıи ɔʌʟrd вф φωıc ˥rф]ıω٩r[rф вr[фbrъ6 rв Ɨω. (4), ˧ъd, ıъ р˧ω], rв y ɔθф ɕʌъrфr[ıωωεsrъ

$$Ax^3 + Bx^2y + Cxy^2 + Dy^3 = t^3, \qquad (11)$$

ɔε θрrъ в rв]εъd (вэ Dʚвʌъ, loc. cit.). Ɨ] dr˥ʌъd6 ıвʌъcr[э θъ ффı]ıи Ɨω. (11) ıъ y рθфɔ

$$P^3 + Q = t^3, \qquad (11^{\text{bis}})$$

φωʌф P ı6 ʚ [ıъэrф ıωв˥фʌbrъ ıъ x ˧ъd y ˧ъd Q ı6 ʚ ˥ʚ[ıъoɔэr[φωıc φ˧6 ˧] [эв] ωrъ ф˧brъr[[ıъэrф р˧ω]rф. ʚ ωrъвэъ٩rъ] ˥ʌф rв в˧[٩ф6 rв x ˧ъd y ω˧ъ в co6rъ вo ˧6]ф фrdфв вrc ʚ [ıъэrф р˧ω]rф]ф 6ıфo. Yʌъ t ω˧ъ фʌdı[э в рόъd. Yrв ʚ ˥rф]ıω٩r[rф вr[фbrъ rв (11) ı6 rв]εъd. Y ˧][ıωrвı[ı]э rв yıв ɔʌʟrd dr˥ʌъd6 θъ φωʌyrф θф ъʚ] Ɨω. (11) ɔε ωrъвэъ٩rъ][э в ʟфoъ ıъ]ф y рθфɔ (11bis).

˧I6 ˧ъ ıώ6˧ɔ˥r[, ωэ]εω y ıωωεsrъ

$$x^3 - 5x^2y - 6xy^2 + 8y^3 = t^3. \qquad (12)$$

Ɨ] ɔε в фı]rъ ıъ эc rв рфв рθфɔ6 ˧6 рʚ[o6:

$$8y^3 + x(x+y)(x-6y) = t^3,$$

$$x^3 - (x+2y)(5x-4y)y = t^3,$$

$$\left(x - \frac{5}{3}y\right)^3 - \frac{y^2}{27}(387x - 341y) = t^3,$$

$$(x+2y)^3 - xy(11x+18y) = t^3,$$

$$\left(2y - \frac{x}{2}\right)^3 + \frac{x^2}{8}(9x - 52y) = t^3.$$

§ 14. Oɥ ɣ ɨωωɛsɼɥ $kx^3 + ax^2y + bxy^2 + cy^3 = t^3$

Ɣɘɞ ώɪɞ ɸɸɞ ɿɷ ɣ ρɘɭɷɪи ɿʌɸɞ ɼɞ ɞʌɭʋɷɞ ɼɞ x ɹɥd y, ɘc ɼɞ ɸωɪc ɼρɞɸdɞ ɘ ɞɼɭɷbɼɥ ɼɞ ɨω. (12), ɥɛɔɭɘ: $x = 1, y = -1$; $x = 6, y = 1$; $x = 2, y = -1$; $x = 4, y = 5$; $x = 341, y = 387$; $x = 18, y = -11$; $x = 52, y = 9$.

Ɛ ɞɿʌbɼɭ ωɛɞ ɼɞ ɣɪɞ ɔʌʟɼd ɪɞ dɷ ɿɷ Ƥʌɸɔɘ. ɞɼɿɷɞ ɣɹɿ $A = a^3$. Ɣʌɥ ρɷɸ P ωɘ ɔɛ ɿɛω

$$P = ax + \frac{B}{3a^2}y.$$

Ɣʌɥ Q ɸɹɞ ɣ ρɹωɿɼɸ y^2 ɹɥd ɸʌɥɞ ɘ ɭɥɘɼɸ ρɹωɿɼɸ. Ɣɼɞ ωɼɥ ɸɹɞ ɘ ɞɼɭɷbɼɥ ɪɥ ɵɭ ωɛɞɼɞ ɸωʌɥ A ɪɞ ɘ ωʋɷɞ. ɞɪɔɥɼɸɭɘ ɣʌɸ ɪɞ ɘ ɞɼɭɷbɼɥ ɸωʌɥ D ɪɞ ɘ ωʋɷɞ. Ɨɿ ɔɼɞɿ ɞ ɼɞɞɼɸɞd ɣɹɿ ρɷɸ ɞɿʌbɼɭ ɪωωɛsɼɥɞ ɣɪɞ ɔʌʟɼd ɔɛ ɭɞd ɵɥɭɘ ɿɷ ɘ ɿɸɪɞɘɼɭ ɞɼɭɷbɼɥ ɼɞ ɣ ώɪɞɼɥ ɪωωɛsɼɥ. Ɣɪɞ ɪɞ ɿɸɷ ɪɥ ɣ ωɛɞ ɼɞ ɹɥ ɪωωɛsɼɥ ɪɥ ɣ ρɷɸɔ $x^3 + cy^3 = t^3$.

Ɨɿ ɔɛ ɞ ɸɼɔɘɸωɿ ɣɹɿ ɣ ɿɸɷɞɭɼɔ ɼɞ ρɸɥdɪи ɪɥɿɼώɸɼɭ ɞɼɭɷbɼɥɞ ɼɞ ɨω. (11) ɪɞ ɘɞɞɘɼɞɭɘ ɪωωɪɞɼɿɼɥɿ ɿɷ ɣɹɿ ɼɞ ρɸɥdɪи ɸɹbɼɥɼɭ ɞɼɭɷbɼɥɞ ɼɞ ɣ ɪωωɛsɼɥ

$$Ax^3 + Bx^2 + Cx + D = t^3; \tag{13}$$

ρɷɸ (11) ɪɞ ɸɼdɷɞɿ ɿɷ (13) ɞɸ dɪɞɸdɪи ɪɿ ʟɸɷ ɞɸ y^3 ɹɥd ɪɥ ɣ ɸɼɞɼɭɪи ɪωωɛsɼɥ ɸɸɿɪи x, t ρɷɸ x/y, t/y, ɸɼɞɿʌωɿɪɞɭɘ. Ɨɿ ɪɞ ɪɥ ɣɪɞ ɭɹɿɼɸ ρɷɸɔ ɣɹɿ ɣ ɿɸɷɞɭɼɔ ωɼɞ ɪɥɞʌɞɿɪώɛɿɼd ɞɸ Ƥʌɸɔɘ ɹɥd Oɥɭɼɸ.

Ƥʌɸɔɘ ɼɞɞɼɸɞd ɣɹɿ ρɸɼɔ ɘ ɞɪиώɼɭ ɞɼɭɷbɼɥ ɼɞ ɨω. (13) ɼɣɼɸɞ ωɹɥ ʋɷsɼωɼɭɘ ɞ ɼɞɿɛɥd. Ɣ ɔʌʟɼd ɪɞ ɹɞ ρɘɭɷɞ: Ɩʌɿ $x = m$ ɼρɷɸd ɘ ɸɹbɼɥɼɭ ɞɼɭɷbɼɥ ɼɞ (13) ɹɥd ɭʌɿ $t = s$ ɞ ɣ ωɷɸɼɞɿɷɥdɪи ɞʌɭʋɷ ɼɞ t. Ɣʌɥ ɪɥ (13) ɸɼɿɭɛɞ x ɞɸ $\xi + m$. Ɣ ɪωωɛsɼɥ ɿɛωɞ ɣ ρɷɸɔ

$$A\xi^3 + \overline{B}\xi^2 + \overline{C}\xi + s^3 = t^3. \tag{14}$$

Ɥό ɪρ ωɘ ɸɸɿ

$$t = s + \frac{\overline{C}}{3s^2}\xi,$$

ωɘ ωɹɥ ɸʌdɪɭɘ dɼɿɼɸɔɪɥ ɘ ɸɹbɼɥɼɭ ɞʌɭʋɷ ɼɞ ξ, ɪɥ ɕʌɥɼɸɼɭ dɪρɼɸɼɥɿ ρɸɼɔ ɞɪɸɷ, ɞɼc ɣɹɿ ɨω. (14) ɪɞ ɞɹɿɪɞρɸd. Ɨdɪи m

]ɸ ɣɨɞ ɞ⊣l⌊ɸ ɼɞ ξ, ωə ɸ⊣ɞ ə ʮɸ ɞ⊣l⌊ɸ ɼɞ x ɸωɪc ɼρɵɸdɞ ə ɞɼlɸbɼʮ ɼɞ (13). Ɛ]əɸ]ɨи ρɸɼɔ ɣɨɞ ʮɸ ɞ⊣l⌊ɸ ɼɞ x ωə ω⊣ʮ ⌊ɸsɼωɼlə dɼ]ɼɸɔʮ ə ʟɼɸd; ⊣ʮd ɞɵ ɵʮ ʮd⊣ρʮʮ]lə. Ƿɵɸ ɞɼɸ]ɼʮ]ɼɸ]ɨω⌊ɼlɼɸ ɨωωεsɼʮɞ ɣ ɔ⊣ʟɼd ɔε ρεl]ɸ lɵd]ɸ ʮɸ ɞɼlɸbɼʮɞ. Ɣɨɞ ωɨl ɞ ɣ ωεɞ ɸω⊣ʮ ɣ ɞɼlɸbɼʮ ɼɞ]εʮd ρɵɸ (14) ɨɞ $\xi = 0$, $t = s$.

⊣ɞ ⊣ʮ ɨlɼɞ]ɸɼ]ɨɞ ɨώɞ⊣ɔ]ɼl, l⊣] ɼɞ ωɼʮɞɨdɼɸ ɣ ɨωωεsɼʮ

$$x^3 - 5x^2 + x + 4 = t^3.$$

Ɣɨɞ ɸ⊣ɞ ɣ ɞɼlɸbɼʮ $x = 1, t = 1$. Ɣ⊣ʮ ɸɸ] $x = \xi + 1$, ɸω⊣ʮɞ ɣ ɨωωεsɼʮ]εωɞ ɣ ρɵɸɔ

$$\xi^3 - 2\xi^2 - 6\xi + 1 = t^3.$$

Ꞁɋ]ɨи $t = 1 - 2\xi$ ʮ ɣ l⊣ɞ] ɨωωεsɼʮ ⊣ʮd ɞəlɞɨи ɣ ɸɼɞɼlɨи ɨωωεsɼʮ ρɵɸ ξ ωə ɸ⊣ɞ $\xi = 14/9$. Ɣ⊣ʮɞ, ⊣ɞ ə ɞ⊣ωɼʮd ɞɼlɸbɼʮ ɼɞ ɵɸ ώɨɞɼʮ ɨωωεsɼʮ, ωə ɸ⊣ɞ $x = 23/9, t = -19/9$. Ƿɸɼɔ ɣɨɞ ɞ⊣ωɼʮd ɞɼlɸbɼʮ ə ʟɼɸd ɔε ɞ ρώʮd; ⊣ʮd ɞɵ ɵʮ ʮd⊣ρʮʮ]lə.

Ƿɵɸ ⊣ʮ ʮɞ⊣ɞ]ɨώεbɼʮ ωɼʮɞɼɸʮи ɣ ɨώɞɨɞ]ɼʮɞ ɼɞ ə ɞɼlɸbɼʮ of Ɨω. (13), see Ψεʮ]ɞb⊣l, *Jahresbericht der Deutschen Mathematiker-Vereinigung*, Ɓəl. XXII,]]. 319–329.

§ 15 Θʮ ɣ Ɨωωεsɼʮ $x^3 + y^3 + z^3 - 3xyz = u^3 + v^3 + w^3 - 3uvw$

Ꞁɸəɞɼɞlə ɣ ɔɵɞ] ⊣lɼώɼʮ]]ɼɸ]ɨω⌊ɼlɼɸ ɨωωεsɼʮɞ ɼɞ ɣ ʟɼɸd dɼώɸə əɸ ɣ ρəlɵɨи:

$$x^3 + y^3 = u^3, \tag{1}$$
$$x^3 + y^3 = u^3 + v^3. \tag{2}$$

Ɣ⊣] ɣ ρɵɸɔɼɸ ɨɞ ɨɔ]əɞɨɞɼl ʮ ɨʮ]ɼςɼɸɞ dɨρɼɸɼʮ] ρɸɼɔ ɞɨɸɵ ωɨl ɞ bɵʮ ʮ ɣ ʮ⊣ωɞ] ɞ⊣ωbɼʮ. Ɣ ς⊣ʮɼɸɼl ɞɼlɸbɼʮ ɼɞ ɣ l⊣]ɼɸ ωə b⊣l dɼɸɸɞ ʮ ɣɨɞ ɞ⊣ωbɼʮ. Ɨ] ɨɞ ωɼʮɞəʮ⌊ɼʮ]]ɸ ωɼʮɞɨdɼɸ ρɼɸɞ] ɣ ɔɵɸ ς⊣ʮɼɸɼl ɨωωεsɼʮ

$$x^3 + y^3 + z^3 - 3xyz = u^3 + v^3 + w^3 - 3uvw. \tag{3}$$

𐐜𐐮𐑅 𐐮𐐿𐐶𐐩𐑈𐐲𐑌 𐑉𐐲𐐼𐐭𐑅𐐲𐑆 𐐻𐐭 (2) 𐐱𐑌 𐐻𐐩𐐿𐐮𐑍 $z = w = 0$. 𐐣𐐬𐑉𐐬𐑂𐐲𐑉, 𐐮𐐻 𐐮𐑆 𐑄 𐐮𐐿𐐶𐐩𐑈𐐲𐑌 𐐻𐐭 𐐸𐐶𐐮𐐽 𐐶𐐲𐑌 𐐮𐑆 𐑊𐐯𐐼 𐐱𐑌 𐐮𐐿𐑅𐐹𐐰𐑌𐐼𐐮𐑍 𐐨𐐽 𐐲𐑂 𐑄 𐐻𐐭 𐑅𐐯𐐻𐑅 𐐲𐑂 𐐮𐑌𐐻𐐲𐐾𐐲𐑉𐑆 $x^3 + y^3$, $u^3 + v^3$ 𐑅𐐬 𐐰𐑆 𐐻𐐭 𐐲𐑉𐐴𐑂 𐐰𐐻 𐐲 𐑋𐐲𐑊𐐻𐐮𐐹𐑊𐐮𐐿𐐲𐐻𐐮𐑂 𐐼𐐬𐑋𐐩𐑌, 𐐰𐑆 𐐶𐐲𐑌 𐑅𐐨𐑆 𐐺𐐴 𐑉𐐯𐑁𐐲𐑉𐐲𐑌𐑅 𐐻𐐭 § 12. (𐐆𐐻 𐑋𐐩 𐐺 𐐱𐐺𐑆𐐲𐑉𐑂𐐼 𐑄𐐰𐐻 𐑄 𐐹𐑉𐐱𐐺𐑊𐐲𐑋 𐐲𐑂 𐑁𐐴𐑌𐐼𐐮𐑍 𐐮𐑌𐐻𐐲𐑀𐑉𐐲𐑊 𐑅𐐲𐑊𐐭𐑇𐐲𐑌𐑆 𐐲𐑂 (2) 𐐰𐑌𐐼 (3) 𐐰𐑌𐐼 𐑄𐐰𐐻 𐐲𐑂 𐑁𐐴𐑌𐐼𐐮𐑍 𐑉𐐰𐑇𐐲𐑌𐐲𐑊 𐑅𐐲𐑊𐐭𐑇𐐲𐑌𐑆 𐐪𐑉 𐐮𐑅𐐯𐑌𐑇𐐲𐑊𐐨 𐑄 𐑅𐐩𐑋.)

𐐢𐐯𐐻 𐐲𐑅 𐐼𐐲𐑌𐐬𐐻 𐑄 𐑁𐐲𐑉𐑅𐐻 𐑋𐐯𐑋𐐺𐐲𐑉 𐐲𐑂 (3) 𐐺𐐴 $P(x, y, z)$ 𐐰𐑆 𐐮𐑌 § 12. 𐐜𐐯𐑌 𐑁𐑉𐐲𐑋 𐐆𐐿𐑅. (3) 𐐻𐐭 (6) 𐐮𐑌 § 12 𐐶𐐨 𐑅𐐨 𐑄𐐰𐐻

$$P(r, s, t) \cdot P(m, n, p) = P(x, y, z) = P(u, v, w),$$

𐐸𐐶𐐯𐑉

$$\left.\begin{aligned} x &= mr + nt + ps, \\ y &= ms + nr + pt, \\ z &= mt + ns + pr, \end{aligned}\right\} \tag{4}$$

𐐰𐑌𐐼

$$\left.\begin{aligned} u &= mr + ns + pt, \\ v &= mt + nr + ps, \\ w &= ms + nt + pr. \end{aligned}\right\} \tag{5}$$

𐐆𐐿𐑅. (4) 𐐰𐑌𐐼 (5) 𐐲𐑁𐐫𐑉𐐼 𐐲 𐑅𐐮𐐿𐑅-𐐹𐐲𐑉𐐰𐑋𐐲𐐻𐐲𐑉 𐑅𐐲𐑊𐐭𐑇𐐲𐑌 𐐲𐑂 (3). 𐐜𐐮𐑅 𐑅𐐲𐑊𐐭𐑇𐐲𐑌, 𐑅𐐬 𐑉𐐯𐐼𐐮𐑊𐐨 𐐱𐐺𐐻𐐩𐑌𐐼, 𐐲𐑌𐑁𐐫𐑉𐐽𐐲𐑌𐐲𐐻𐑊𐐨 𐑊𐐰𐐿𐑅 𐐾𐐯𐑌𐐲𐑉𐐰𐑊𐐮𐐻𐐨.

𐐎𐐨 𐐹𐑉𐐲𐑅𐐨𐐼 𐐰𐑆 𐑁𐐱𐑊𐐬𐑆 𐐻𐐭 𐑁𐐴𐑌𐐼 𐐲 𐑋𐐫𐑉 𐐾𐐯𐑌𐐲𐑉𐐲𐑊 𐑅𐐲𐑊𐐭𐑇𐐲𐑌: 𐐑𐐳𐐻 𐐆𐐿. (3) 𐐮𐑌 𐑄 𐑁𐐫𐑉𐑋

$$(x + y + z)(x^2 + y^2 + z^2 - xy - yz - zx)$$
$$= (u + v + w)(u^2 + v^2 + w^2 - uv - vw - wu).$$

𐐎𐐨 𐑋𐐩 𐐮𐐿𐑅𐐿𐑊𐐭𐐼 𐐰𐑆 𐐻𐑉𐐮𐑂𐐨𐐲𐑊 𐑄 𐐿𐐩𐑅𐐲𐑆 𐐮𐑌 𐐸𐐶𐐮𐐽 𐐨𐐽 𐑋𐐯𐑋𐐺𐐲𐑉 𐐮𐑆 𐐨𐐿𐐶𐐲𐑊 𐐻𐐭 𐑆𐐨𐑉𐐬; 𐑁𐐫𐑉 𐐫𐑊 𐑅𐐲𐐽 𐑅𐐲𐑊𐐭𐑇𐐲𐑌𐑆 𐐪𐑉 𐐱𐐺𐐻𐐩𐑌𐐼 𐑉𐐯𐐼𐐮𐑊𐐨 𐐺𐐴 𐑋𐐨𐑌𐑆 𐐲𐑂 𐑊𐐮𐑌𐐨𐐲𐑉 𐐮𐐿𐐶𐐩𐑈𐐲𐑌𐑆. (𐐗𐐲𐑋𐐹𐐯𐑉 𐑄 𐑁𐐰𐐿𐐻𐐲𐑉𐐮𐑆𐐩𐑇𐐲𐑌 𐐲𐑂 $P(x, y, z)$ 𐐮𐑌 § 12.) 𐐜𐐯𐑌 𐐶𐐨 𐑋𐐩 𐑉𐐴𐐻

$$\frac{x + y + z}{u + v + w} = \frac{u^2 + v^2 + w^2 - uv - vw - wu}{x^2 + y^2 + z^2 - xy - yz - zx}.$$

𐐤𐐵 𐐹𐐳𐐻

$$u = w + \alpha, \quad v = w + \beta, \quad x = z + \gamma, \quad y = z + \delta. \tag{6}$$

Ɣɹɻ ωә φɹв

$$\frac{x+y+z}{u+v+w} = \frac{\alpha^2 - \alpha\beta + \beta^2}{\gamma^2 - \gamma\delta + \delta^2}. \tag{7}$$

Ɔɾʅɻʅʅɸɪи вᴏʟ ɻᴏɔɾɸɛʅɾɸ ɹɻd dɾɻвɔɻɛʅɾɸ ɾв γ ɾɸɹωbɾɻ ɪɻ γ вɹωɾɻd ɔɹɔвɾɸ ɾв (7) вɸ γ dɾɻвɔɻɛʅɾɸ ωә ɔɛ ɸɸʅ γ ɸɾбɾʅ ɪɻ γ ɾɵɸɔ

$$\frac{x+y+z}{u+v+w} = \frac{{\alpha_1}^2 - \alpha_1\beta_1 + {\beta_1}^2}{(\gamma^2 - \gamma\delta + \delta^2)^2} = {\alpha_2}^2 - \alpha_2\beta_2 + {\beta_2}^2,$$

φωɹɸ α_2 ɹɻd β_2 ɵɸ ɸɹbɾɻɾʅ ɻɾɔвɾɸ6, φωɹɻ u, v, w, x, y, z ɵɸ ɸɹbɾɻɾʅ ɻɾɔвɾɸ6. Ωɾɔʅɹɸ ɾɵɸɔʌɾʅɾ (2) ɪɻ § 7.

Ɨɾ ωә ɸɸʅ

$$a = \frac{\alpha_2 + \beta_2}{2}, \quad b = \frac{\alpha_2 - \beta_2}{2},$$

γɹɻ γ ʅɸɾвәdɪи ɪωɛsɾɻ ʅɛωв γ ɾɵɸɔ

$$x + y + z = (a^2 + 3b^2)(u + v + w). \tag{8}$$

Ψɹɻв, ɾɵɸ ɹвɸә ɸɹbɾɻɾʅ вɾʅωbɾɻ x, y, z, u, v, w ɾв Ɨω. (3) ɸɹbɾɻɾʅ ɻɾɔвɾɸ6 a ɹɻd b ɪώбɪвʅ вɾc γɹʅ Ɨω. (8) ɪ6 вɹʅɪвɾɸd.

Ɒɸɾɔ Ɨω6. (7) ɹɻd (8) ωә φɹв

$$(a^2 + 3b^2)(\gamma^2 - \gamma\delta + \delta^2) = \alpha^2 - \alpha\beta + \beta^2.$$

Ɣɪв ɸɾʅɛbɾɻ ɔɛ в ʅɸʅ ɪɻ γ ɾɵɸɔ

$$(a^2+3b^2)\left[\left(\frac{\gamma+\delta}{2}\right)^2 + 3\left(\frac{\gamma-\delta}{2}\right)^2\right] = \left(\frac{\alpha+\beta}{2}\right)^2 + 3\left(\frac{\alpha-\beta}{2}\right)^2. \tag{9}$$

Вɸ ɔәɻ6 ɾв γ ɸɾʅɛbɾɻ

$$(a^2 + 3b^2)(c^2 + 3d^2) \equiv (ac + 3bd)^2 + 3(ad - bc)^2$$

ωә вә γɹʅ Ɨω. (9) ɪ6 вɹʅɪвɾɸd ɪɾ ωә φɹв

$$\left.\begin{aligned} a(\gamma+\delta) + 3b(\gamma-\delta) &= \alpha + \beta, \\ a(\gamma-\delta) - \ \ b(\gamma+\delta) &= \alpha - \beta. \end{aligned}\right\} \tag{10}$$

§ 15. Oɩ ɣ Ɨωεsʀ $x^3 + y^3 + z^3 - 3xyz = u^3 + v^3 + w^3 - 3uvw$

Ƿϕʀɔ ɣ φoɔʀϛəɩəʀ8 ωʌϕʀωlʀϕ ʀ8 Ɨω. (3) ɩl ρəloб ɣʌl ɩp əc ʀ8 ɣ ɩʀɔ8ʀϕб x, y, z, u, v, w ɩɩ ə ɿʀϕlɩωvʀlʀϕ ϕʌbʀɩʀl 8ʀlωbʀɩ ɩб dɩбϕdʀd oϕ ɔʀlɩɿlϕd 8ϕ ə ώɩ8ʀɩ ϕʌbʀɩʀl ɩʀɔ8ʀϕ, ɣ ϕʀбʀlɩи ɩʀɔ8ʀϕб ρoϕɔ ə ϕʌbʀɩʀl 8ʀlωbʀɩ. Ψʌɩ8 ωɩʟə̇l lo8 ʀ8 ϛʌɩʀϕʌlɩlə ωə ɔɛ lɛω $u + v + w$ əωωʀl lω ʋωɩlə. Ɣɩ8 ωə dω. Ɣʌɩ, ɩɩ 6ʋω ʀ8 (7), ωə φʌ6

$$u + v + w = 1,$$
$$x + y + z = a^2 + 3b^2;$$

ʌɩd ɣʌɩ8 ρϕʀɔ (6),

$$\left.\begin{aligned} \alpha + \beta &= 1 - 3w, \\ \gamma + \delta &= a^2 + 3b^2 - 3z. \end{aligned}\right\} \qquad (11)$$

Ɨω6. (10) ʌɩd (11) ɔɛ ɩə̇ 8 8əl8d ρoϕ α, β, γ, δ. Ɨp ɣ ϕʀбʀlə8 oϕ ɿql ɩɩ Ɨω. (6), ωə φʌ6

$$\left.\begin{aligned} x &= \frac{-(a - 3b)(a^2 + 3b^2 - 3z) + 1 - 3w}{6b} + z, \\ y &= \frac{(a + 3b)(a^2 + 3b^2 - 3z) - 1 + 3w}{6b} + z, \\ u &= \frac{-(a^2 + 3b^2)(a^2 + 3b^2 - 3z) + (a + 3b) - 3w(a + 3b)}{6b} + w, \\ v &= \frac{(a^2 + 3b^2)(a^2 + 3b^2 - 3z) - (a - 3b) + 3w(a - 3b)}{6b} + w, \end{aligned}\right\} \qquad (12)$$

φωϕl z ʌɩd w oϕ oϕ8lϕʌϕə. Ɣɩ8 ʀρoϕdб ə ϕʌbʀɩʀl 8ʀlωbʀɩ ʀ8 (3) dʀɿʌɩdɩи ʀɿoɩ ρoϕ ϕʌbʀɩʀl ɿʀϕʌɔʀlʀϕб.

8ʌlɩи $z = w = 0$ ʌɩd ɔʀlɩɿlϕɩи ɣ ϕʀбʀlɩи 6ʌlʋωб ʀ8 x, y, u, v 8ϕ $6b$, ωə oϕ lʌd lω ɣ ρəloɩи 8ʀlωbʀɩ ʀ8 Ɨω. (2):

$$\left.\begin{aligned} x &= -(a - 3b)(a^2 + 3b^2) + 1, \\ y &= (a + 3b)(a^2 + 3b^2) - 1, \\ u &= -(a^2 + 3b^2)^2 + (a + 3b), \\ v &= (a^2 + 3b^2)^2 - (a - 3b). \end{aligned}\right\} \qquad (13)$$

Ɣɩ8 8ʀlωbʀɩ ɩб dω lω Oɩlʀϕ ʌɩd Ɑɩɩɛ; ɣɛ ʀ8lɛɩd ɩl 8ϕ ə dɩpʀϕʀɩl ɔʌʟʀd.

Ɯə bɹꞁ ъė bo γɹꞁ formulæ (13) ɼpoɸd γ ɕɹъɼɸɼꞁ вɼꞁ@bɼъ ɼв Łω. (2) (ɪωвωꞁ@вɪв ɼв ꞁɸɪвəɼꞁ вɼꞁ@bɼъ6) ɪωвɹтꞁ poɸ ɹъ əɸвɪꞁɸɹɸə ωəъвꞁɼъꞁ k ɔɼꞁнтꞁɸɪи γ вɹωɼъd ɔɹɔвɼɸ ɼв əc ɪωωεsɼъ ɪъ (13). Łъ dωɪи γɪв ɪꞁ ɪ6 ωɼъвəъvɼъꞁ, pɼɸвꞁ ɼв əꞁ, ꞁ@ ꞁɸɹъвpoɸɔ γ вɼꞁ@bɼъ ɪъ γ pəꞁ@ɪи ɔɹъɼɸ: Ꞁqꞁ

$$a = \frac{\rho + \sigma}{2m}, \quad b = \frac{\sigma - \rho}{6m}, \quad n = \frac{\rho^2 + \rho\sigma + \sigma^2}{3m}.$$

(Ɣɪв ꞁɸɹъвpɼɸɔεbɼъ ɪ6 ɪɔꞁꞁ@ɪd вɸ Ƿ@ɕɪωəɸɼ ɪъ *Arch. Math. Phys.* (3) 19 (1912): 369. Ȣə ɼγɼɸ ꞁεꞁɼɸ6 ɸɼɼɼɸd ꞁ@ ɪъ γɪв ъoꞁ.) Ѳъ ɸɼꞁꞁεвɪи x, y, u, v вɸ m^2 ꞁɸɔ6 γɹɸ poɸɔɼɸ вɹꞁvo6, ωə ɔε ɸɸꞁ γ ɸɼ6ɼꞁꞁɪи вɼꞁ@bɼъ ɪъ γ poɸɔ:

$$\begin{aligned} x &= -n\rho + m^2, \\ y &= n\sigma - m^2, \\ u &= m\sigma - n^2, \\ v &= -m\rho + n^2. \end{aligned} \tag{14}$$

Ɏɪɸ ρ, σ, m, n əɸ əɸвɪꞁɸɹɸə ꞁɼɸɹɔɼꞁɼɸ6 ɪωвɹтꞁ poɸ γ ɸɼꞁεbɼъ

$$\rho^2 + \rho\sigma + \sigma^2 = 3mn. \tag{15}$$

Ꞁ@ ꞁɸoв γɹꞁ (14) ɼpoɸd6 γ ɕɹъɼɸɼꞁ вɼꞁ@bɼъ ɼв (2) ɪꞁ ɪ6 əввəɼвꞁə вɼpɪbɼъꞁ ꞁ@ bo ɸė ꞁ@ dɼꞁɼɸɔɪъ ρ, σ, m, n вo ɹ6 ꞁ@ вɹꞁɪвpɸ Łω6. (14) ɹъd (15) ɸωɹъ x, y, u, v, ɪъ əɸdɼɸ, əɸ ɸɼꞁꞁεвꞁ вɸ ə в@ꞁɼвɼꞁ ɔɼꞁнтɼꞁ ɼв ɹъə ώɪвɼъ вɹꞁ ɼв вɹꞁvo6 вɹꞁɪвpɸɪи (2). Ƿoɸ γɪв ꞁɼɸꞁɼв ωə ɔε ꞁɸɼвəd γɼв (вə Ɖвɹɸɪи, *Arch. Math. Phys.* (3) 2 (1902): 281):

Ƿɸɼɔ (14) ωə ɸɹв

$$x + y = n(\sigma - \rho), \quad u + v = m(\sigma - \rho);$$

ɸωɹъв

$$\frac{m}{n} = \frac{u + v}{x + y}.$$

Ɣɹɸpoɸ, ωə ɔε ɸɸꞁ

$$m = \lambda(u + v), \quad n = \lambda(x + y). \tag{16}$$

§ 15. Oɥ ɣ ꟾωωεsɼɥ $x^3+y^3+z^3-3xyz=u^3+v^3+w^3-3uvw$

Ɥȯ ɼω̇ɹɥ ρφɼɔ (14) ωə φɹɞ

$$nv-mx=n^3-m^3.$$

Ꟊρ ɪɥ ɣɪɞ ɪωωεsɼɥ ωə ɞɼɞɞ]ɪ]ɷ] ɣ ɞɹ[ɣɷɞ ɼɞ m, n ρφɼɔ Ꟊω. (16), ωə φɹɞ

$$\lambda^2=\frac{v(x+y)-x(u+v)}{(x+y)^3-(u+v)^3}.$$

ɞɪɥɞ ɣ ɥɷɔɼφεɪɼφ ɹɥd dɼɥɞɔɪɥεɪɼφ φɪφ ɞφ φɔɔɼϚəɥəɼɞ, ɣ ρɞφɔɼφ ɼɞ dɼω̇φə 2 ɹɥd ɣ [ɹ]ɼφ ɼɞ dɼω̇φə 3, ɪ] ɪɞ ɞɞɞəɼɞ ɣɹ] ɣɪɞ ɪωωεsɼɥ ωɪ[ɞ ɞɹ]ɪɞρφd ɞφ $\lambda=1$,]φɼɞφdɼd ɣɹ] x, y, u, v ɞφ φɼ][εɞ] ɞφ τx, τy, τu, τv, φɼɞ]ɹω]ɪɞ[ə, ɹɥd τ ɪɞ ɞɷ]ɼɞ[ə dɼ]ɼφɔɪɥd. Φɼ][εɞɪɥ ɣɹɔ ɞφ ɣɞɞ ɞεɔ ɔɼ[ɪɥ]ɼ[ɞ ɪɥ Ꟊωɞ. (14) ɹɥd (16) ωə ɞə ɣɹ] (16) ɼρɞφdɞ ɣ ɞɹ[ɣɷɞ ɼɞ m ɹɥd n ɹɥd ɣɹ] (14) ɼρɞφdɞ ɣ ɞɹ[ɣɷɞ ɼɞ ρ ɹɥd σ.

Ꟊ] φɼɔεɥɞ]ɷ bɷ ɣɹ] Ꟊω. (15) ɪɞ ɞɹ]ɪɞρφd. Ɣɪɞ ωə dɷ ɞφ ɞɼɞɞ]ɪ]ɷ]ɪɥ ɪɥ Ꟊω. (2) ɣ ɞɹ[ɣɷɞ ɼɞ x, y, u, v]εωɼɥ ρφɼɔ (14). Ɣɼɞ ωə φɹɞ

$$(-n\rho+m^2)^3+(n\sigma-m^2)^3+(-m\sigma+n^2)^3+(m\rho-n^2)^3=0.$$

Ꝕɹɥɞ

$$(m^3-n^3)(\rho-\sigma)(\rho^2+\rho\sigma+\sigma^2-3mn)=0.$$

Ɣɹφρɷφ Ꟊω. (15) ɞφ ωɼɥ ɼɞ ɣ φɼ[εbɼɥɞ $m=n$, $\rho=\sigma$ ɪɞ ɞɹ]ɪɞρφd. Ꟊρ $m=n$ ɣɹɥ $x=v$, $y=u$. Ꟊρ $\rho=\sigma$, ɣɹɥ $x=-y$, $u=-v$. Ꝕɹɥɞ, ɪωɞɹ]] ɪɥ ɣ ωεɞ ɼɞ]φɪɞəɼ[ɞɼ[ɷbɼɥɞ, Ꟊω. (15) ɪɞ ɞɹ]ɪɞρφd. Ɣɹφρɷφ, Ꟊωɞ. (14), ωɪɣ ɣ ωɼɥdɪbɼɥ (15), ɼρɞφd ɣ Ϛɹɥɼφɼ[ɞɼ[ɷbɼɥ ɼɞ (2). [φωωφɞ Ꟊωɞ. (13) ɼρɞφd ɣ Ϛɹɥɼφɼ[ɞɼ[ɷbɼɥ ɼɞ (2). Ꟊɥ əc ωεɞ ɣ ɹ[ɼɔɼɥ]ɞ ɼɞ ɣ ɞɼ[ɷbɼɥ ω̇ɪɞɼɥ ɞφ ɷ[ ]ɷ ɞ ɔɼ[ɪɥ][φd ɞφ ɹɥ ɞφɞ]φɹφə ωəɥɞ]ɼɥ] k.

Ꟊρ ɪɥ (13) ωə ɞɹ] $a=0$, $b=\frac{1}{2}$, ɹɥd ɔɼ[ɪɥ][φ ɣ φɼɞɼ[ɪɥ ɞɹ[ɣɷɞ ɼɞ x, y, u, v ɞφ 16, ωə ɞφ [ɹd]ɷ ɣ φɼ[εbɼɥ

$$34^3+2^3=15^3+33^3,$$

ɹɞ ə]ɼφ]ɪωɣɼ[ɼφ ωεɞ ɼɞ ɣ ɞɼɔ ɼɞ]ɷ ωɣɷɞ əωωɼ[ ]ɷ ɣ ɞɼɔ ɼɞ]ɷ ɼɣɼφ ωɣɷɞ.

§ 16 ꞀϽꞀΘꞱꞱꞱLꞱᴧə ᴦв ʏ Ꞁωωεsᴦъ $x^3 + y^3 = 2^m z^3$

Wə bɑl ρᴦфвl ωᴦъвιdᴦф γ ρθфώοιɴ ιωωεsᴦъ ρθф γ ωεв $m = 0$; ιl γɑъ φɑ6 γ ρθфɔ

$$x^3 + y^3 = z^3. \tag{1}$$

Ꞁъ θфdᴦф lϖ ɿфθв γɑl γιв ιωωεsᴦъ ι6 ιϽꞀΘвιвᴦl ιъ ιъlᴦςᴦф6 x, y, z, θl ᴦв φωιc θф dιρᴦфᴦъl ρфᴦɔ 6ιфο, ωə bɑl φɑ6 ъəd ᴦв вᴦɔ lɑϽᴦ6 вιϽιlᴦф lϖ γο6 ιъ § 10. Wə bɑl ъό вlεl γɑɔ ɑъd ιъdιωεl γ ϽəЪ6 ᴦв ɿфθρ.

lɑϽᴦ I. *Ꞁρ ə ъᴦɔəᴦф ι6 ιωвɿфɑвιəᴦl ιъ γ ρθфɔ $\alpha^2 + 3\beta^2$, ɑъd ιρ γ ωωοbᴦъl $(\alpha^2 + 3\beta^2)/(a^2 + 3b^2)$ ι6 ɑъ ιъlᴦςᴦф m, φωɑф α, β, a, b θф ιъlᴦςᴦф6 ɑъd $a^2 + 3b^2$ ι6 ə ɿффɔ ъᴦɔəᴦф, γɑъ m ι6 ιωвɿфɑвιəᴦl ιъ γ ρθфɔ $\gamma^2 + 3\delta^2$, φωɑф γ ɑъd δ θф ιъlᴦςᴦф6.*

lɑϽᴦ II. *ɑвфə ɿффɔ ъᴦɔəᴦф ᴦв γ ρθфɔ $6n + 1$ ωɑъ ə фɑɿфᴦ6ɑъlᴦd ιъ ωᴦъ ɑъd ιъ οъlə ωᴦъ ωε ιъ γ ρθфɔ $a^2 + 3b^2$ φωɑф a ɑъd b θф ιъlᴦςᴦф6. Ꞁo ɿффɔ ъᴦɔəᴦф ᴦв γ ρθфɔ $6n - 1$ ι6 ə dιвфбᴦф ᴦв ə ъᴦɔəᴦф ᴦв γ ρθфɔ $a^2 + 3b^2$ φωɑф a ɑъd b θф фɑlᴦlιвlə ɿффɔ.*

lɑϽᴦ III. *lɑl p ə ə ɿффɔ ъᴦɔəᴦф ᴦв γ ρθфɔ $6n + 1$ ɑъd ффl $p = a^2 + 3b^2$, φωɑф a ɑъd b θф ιъlᴦςᴦф6. lɑl m ə ɑъə ιъlᴦςᴦф вᴦc γɑl $pm = \alpha^2 + 3\beta^2$, φωɑф α ɑъd β θф ιъlᴦςᴦф6. Yɑъ γɑф ιώ6ιвlв ə фɑɿфᴦ6ɑъlεbᴦъ ᴦв m ɑ6 ə вᴦɔ ᴦв lϖ ιъlᴦώфᴦl вωωɑф6,*

$$m = \left(\frac{a\alpha \pm 3b\beta}{a^2 + 3b^2}\right)^2 + 3\left(\frac{\alpha b \mp a\beta}{a^2 + 3b^2}\right)^2, \tag{2}$$

вᴦc γɑl γ фɑɿфᴦ6ɑъlεbᴦъ $\alpha^2 + 3\beta^2$ ᴦв pm ι6 ᴦəlεъd ρфᴦɔ γ ρθфώοιɴ фɑɿфᴦ6ᴦъlεbᴦъ6 ᴦв p ɑъd m əф ϽᴦlɑlιωεЪᴦъ ιъ ᴦωθфdᴦъв ωιγ γ ρθфɔνᴦlᴦ

$$(a^2 + 3b^2)(c^2 + 3d^2) = (ac + 3bd)^2 + 3(ad - bc)^2.$$

ΩΘΦᴦLɑΦə. *Ꞁρ h ι6 ə ωᴦϽlθбιl ъᴦɔəᴦф θl ᴦв φθ6 ɿффɔ ρɑωlᴦф6 θф ᴦв γ ρθфɔ $6n + 1$ ɑъd ιρ ωə ффl $h = h_1 h_2$, φωɑф h_1 ɑъd h_2 θф lθ6ιlιв ιъlᴦςᴦф6, γɑъ ɑвфə фɑɿфᴦ6ɑъlεbᴦъ ᴦв h ιъ γ ρθфɔ $a^2 + 3b^2$ ι6 ᴦəlεъd əф lεωιɴ ɑвфə фɑɿфᴦ6ɑъlεbᴦъ ᴦв h_1 ɑъd h_2 ɑъd Ͻᴦlɑlιфιɴ γə6 ιωвɿфɑbᴦъ6 ιъ ᴦωθфdᴦъв ωιγ γ ρθфɔνᴦlᴦ*

$$(a^2 + 3b^2)(c^2 + 3d^2) = (ac \pm 3bd)^2 + 3(ad \mp bc)^2.$$

Ɣ ɿɸ@p ʀв ʅʌɔʀ I ıв ʀɐʅɛʌd ɐф ɹʌ əвəɐʀв ɔədıpıωɛbʀʌ ʀв ɣɹʅ ʀв ʅʌɔʀ I ıʌ § 10. Ɣ ɿɸ@p ʀв ʅʌɔʀ II ıв ə ωʅoв ɿʌфʀʅʌʅ ʅ@ ɣɹʅ ʀв ʅʌɔʀ II ıʌ § 10; ıʌ ɣıв ωɛв, φəʌвʀф, ωʀʌ вʅəфʅв pфʀɔ ɣ pɹωʅ ɣɹʅ -3 ıв ə ωωəd ф ɹʅıω фʌвıd@ ʀв ɿффɔв ʀв ɣ pəфɔ $6n + 1$ ɹʌd ʀв ʌo ʀɣʀф əd ɿффɔв. Ɣ ɿɸ@p ʀв ʅʌɔʀ III ıв ʅфω ɣɹʅ ʀв ʅʌɔʀ III ıʌ § 10. Ɣ фədʀф ωɹʌ фʌdıʅə вʀʅʅф ɣ ʌʌвʀвʌфə əфωvʀɔʌʌʅɛbʀʌ ıʌ əʅ ωɛвʀв.

Əф ıɔədəʀʅ ⱱ@в ʀв ɣəв ʅʌɔʀв ıв ıʌ pфʌdıи ɣ ςʌʌʀфʀʅ вʀʅ@bʀʌ ʀв ɣ ıωωɛsʀʌ

$$p^2 + 3q^2 = s^3, \tag{3}$$

φωʌф p ɹʌd q əф фʌʅʀʅıвʅə ɿффɔ ıʌʅʀςʀфв ɹʌd s ıв əd. Ɨʅ ıв ωʅıф ɣɹʅ s ɔʀвʅ φɹв ɣ pəфɔ

$$s = t^2 + 3u^2, \tag{4}$$

φωʌф t ɹʌd u əф ıʌʅʀςʀфв. Ффʅıи $(t^2+3u^2)^3$ ıʌ ɣ pəфɔ p^2+3q^2 ɐф ɔəʌв ʀв ə фʀʅəʅʀd ⱱ@в ʀв ɣ ʅɹвʅ pəфɔvʀʅʀ ıʌ ɣ pəфωoıи ωəфʀʅʌфə, ωə φɹв

$$p = t^3 - 9tu^2, \quad q = 3u(t^2 - u^2). \tag{5}$$

Ɨω. (4) ɹʌd (5) ωıв əʅ ɣ ıʌʅʀωфʀʅ вʀʅ@bʀʌв ʀв (3) вʀвςʌωʅ ʅ@ ɣ ωʀʌdıbʀʌ ɣɹʅ p ɹʌd q əф фʌʅʀʅıвʅə ɿффɔ ɹʌd s ıв əd.

ʅʌʅ ʀв ʌə фʀʅʀфʌ ʅ@ Ɨω. (1). Əф ɔʌʟʀd ʀв ɿфəp (вə Oıʅʀф, *Opera Omnia*, вıфəв 1, Ɓəʅ. I, ɿɿ. 484–489) ıв ʅ@ ʀв@ɔ ɣɹʅ Ɨω. (1) ıв вɹʅıвpфd ɐф ə вʌʅ ʀв ʌɔəʀфв x, y, z, əʅ ʀв φωıc əф dıpʀфʀʌʅ pфʀɔ вıф@, ɹʌd ʅ@ ɿф@в ɣɹʅ ωə əф ɣʌʌ ʅʌd ʅ@ ə ωəʌʅфʀdıωbʀʌ. ʅʌʅ d в ɣ ωфɛʅʀвʅ ωəɔʀʌ dıвфвʀф ʀв ʌʌə ʅ@ ʀв ɣəв ʌɔəʀфв. Ɨʅ ıв ɣʌʌ ə dıвфвʀф ʀв ɣ ʟʀфd. Ɨω. (1) ɔɛ ɣʌʌ в dıвфdʀd ʟф@ ɐф d^3 ɹʌd ə ʌ@ ıωωɛsʀʌ ʀв ɣ вɛɔ pəфɔ ʀɐʅɛʌd ıʌ φωıc ɣ фʀвʀʅıи x, y, z əф ɿффɔ əc ʅ@ əc. Фʌʌв, ωıʟəʅ ʅoв ʀв ςʌʌʀфɹʅıʅə, ωə ɔɛ ʀв@ɔ ɣɹʅ Ɨω. (1) ıʅвʌıp ıв вɹʅıвpфd ɐф ıʌʅʀςʀфв x, y, z φωıc əф ɿффɔ əc ʅ@ əc; ɹʌd ɣıв ωə d@. Ɣʌʌ ıʅ ıв əвə ʅ@ вə ɣɹʅ ʅ@ ʀв ɣ ʌɔəʀфв x, y, z əф əd ɹʌd ɣ ʀɣʀф ωʀʌ əвʀʌ. Ωə bɹʅ ʀв@ɔ ɣɹʅ x ɹʌd y əф əd. Ɣıв ʀвʀɔʅbʀʌ ıʌвəʅвв ʌo ʅoв ʀв ςʌʌʀфɹʅıʅə, вıʌв ıp ωʀʌ ʀв ɣəв ʌɔəʀфв, вɛ x, ıв əвʀʌ, ɣʌʌ ɣ ʀɣʀф, ıʌ ɣıв ωɛв y, ɔɛ в ʅфɹʌвʅoвd ʅ@ ɣ вʌωʀʌd ɔʌɔəʀф вo ɣɹʅ ωə φɹв $x^3 = z^3 +$

$(-y)^3$, 𐐰𐑌 𐐮𐐿𐐶𐐩𐑈𐐲𐑌 𐐲𐑂 𐑄 𐑅𐐩𐑋 𐑁𐐫𐑉𐑋 𐐰𐑆 (1), 𐐮𐑌 𐐸𐐶𐐮𐐽 𐑄 𐐻𐐭 𐑌𐐲𐑋𐐺𐐲𐑉𐑆 𐐮𐑌 𐑄 𐑅𐐩𐑋 𐑋𐐯𐑋𐐺𐐲𐑉 𐐪𐑉 𐐺𐐬𐑃 𐐪𐐼.

𐐢𐐯𐐻 𐐲𐑅 𐑌𐐵 𐐹𐐳𐐻

$$x + y = 2p, \quad x - y = 2q.$$

𐐜𐐯𐑌 $x = p + q$, $y = p - q$, 𐑅𐐬 𐑄𐐰𐐻 p 𐐰𐑌𐐼 q 𐐪𐑉 𐑉𐐯𐑊𐐲𐐻𐐮𐑂𐑊𐐨 𐐹𐑉𐐴𐑋 𐐮𐑌𐐻𐐲𐐾𐐲𐑉𐑆, 𐐶𐐲𐑌 𐐲𐑂 𐑄𐐯𐑋 𐐺𐐨𐐮𐑍 𐐪𐐼 𐐰𐑌𐐼 𐑄 𐐲𐑄𐐲𐑉 𐐨𐑂𐐲𐑌. 𐐝𐐲𐐺𐑅𐐻𐐮𐐻𐐭𐐻𐐮𐑍 𐐮𐑌 (1), 𐐶𐐨 𐐸𐐰𐑂

$$2p(p^2 + 3q^2) = z^3. \tag{6}$$

𐐙𐑉𐐲𐑋 𐑄𐐮𐑅 𐐮𐐿𐐶𐐩𐑈𐐲𐑌 𐐮𐐻 𐐮𐑆 𐐿𐑊𐐮𐑉 𐑄𐐰𐐻 p 𐐮𐑆 𐐨𐑂𐐲𐑌, 𐑅𐐮𐑌𐑅 $p^2 + 3q^2$ 𐐮𐑆 𐐪𐐼; 𐐸𐐯𐑌𐑅 q 𐐮𐑆 𐐪𐐼. 𐐝𐐮𐑌𐑅 p 𐐰𐑌𐐼 q 𐐪𐑉 𐑉𐐯𐑊𐐲𐐻𐐮𐑂𐑊𐐨 𐐹𐑉𐐴𐑋 𐐮𐐻 𐑁𐐫𐑊𐐬𐑆 𐑄𐐰𐐻 p 𐐰𐑌𐐼 $p^2 + 3q^2$ 𐐸𐐰𐑂 𐑄 𐑀𐑉𐐩𐐻𐐲𐑅𐐻 𐐿𐐪𐑋𐐲𐑌 𐐼𐐮𐑂𐐴𐑆𐐲𐑉 1 𐐫𐑉 3. 𐐎𐐨 𐐻𐑉𐐨𐐻 𐑄𐐨𐑆 𐐻𐐭 𐐿𐐩𐑅𐐲𐑆 𐑅𐐯𐐹𐐲𐑉𐐲𐐻𐑊𐐨.

𐐆𐑌 𐑄 𐑁𐐲𐑉𐑅𐐻 𐐹𐑊𐐩𐑅 𐑅𐐲𐐹𐐬𐑆 𐑄𐐰𐐻 p 𐐰𐑌𐐼 $p^2 + 3q^2$ 𐐸𐐰𐑂 𐑄 𐑀𐑉𐐩𐐻𐐲𐑅𐐻 𐐿𐐪𐑋𐐲𐑌 𐐼𐐮𐑂𐐴𐑆𐐲𐑉 1. 𐐜𐐯𐑌 p 𐐮𐑆 𐑌𐐪𐐻 𐐼𐐮𐑂𐐮𐑆𐐮𐐺𐑊 𐐺𐐴 3. 𐐜𐐯𐑌 𐑁𐑉𐐲𐑋 𐐆𐐿. (6) 𐐶𐐨 𐐸𐐰𐑂

$$2p = r^3, \quad p^2 + 3q^2 = s^3. \tag{7}$$

𐐎𐐨 𐐸𐐰𐑂 𐑅𐐨𐑌 𐐲𐐺𐐲𐑂 𐑄𐐰𐐻 𐑄 𐑊𐐰𐑅𐐻 𐐮𐐿𐐶𐐩𐑈𐐲𐑌 𐐿𐐰𐑌 𐐺 𐑅𐐰𐐻𐐮𐑅𐑁𐐴𐐼 𐐬𐑌𐑊𐐨 𐐸𐐶𐐯𐑌 p 𐐰𐑌𐐼 q 𐐸𐐰𐑂 𐑄 𐑂𐐰𐑊𐐷𐐭𐑆 𐑀𐐮𐑂𐐲𐑌 𐐮𐑌 (5). 𐐝𐐮𐑌𐑅 q 𐐮𐑆 𐐪𐐼 𐐮𐐻 𐑁𐐫𐑊𐐬𐑆 𐑁𐑉𐐲𐑋 𐑄 𐑊𐐰𐑅𐐻 𐐮𐐿𐐶𐐩𐑈𐐲𐑌 𐐮𐑌 (5) 𐑄𐐰𐐻 u 𐐮𐑆 𐐪𐐼 𐐰𐑌𐐼 t 𐐮𐑆 𐐨𐑂𐐲𐑌. 𐐙𐑉𐐲𐑋 𐑄 𐑁𐐲𐑉𐑅𐐻 𐐮𐐿𐐶𐐩𐑈𐐲𐑌 𐐮𐑌 (5) 𐐶𐐨 𐑅𐐨 𐑄𐐰𐐻 t 𐐮𐑆 𐑌𐐪𐐻 𐐼𐐮𐑂𐐮𐑆𐐮𐐺𐑊 𐐺𐐴 3. 𐐣𐐫𐑉𐐬𐑂𐐲𐑉, t 𐐰𐑌𐐼 u 𐐪𐑉 𐑉𐐯𐑊𐐲𐐻𐐮𐑂𐑊𐐨 𐐹𐑉𐐴𐑋, 𐑅𐐮𐑌𐑅 𐑄 𐑅𐐩𐑋 𐐮𐑆 𐐻𐑉𐐭 𐐲𐑂 p 𐐰𐑌𐐼 q. 𐐙𐑉𐐲𐑋 𐑄 𐐻𐐭 𐑂𐐰𐑊𐐷𐐭𐑆 𐐲𐑂 p 𐐲𐐺𐐲𐑂 𐐶𐐨 𐐸𐐰𐑂 𐑄 𐑉𐐲𐑊𐐩𐑇𐐲𐑌

$$(2t)(t + 3u)(t - 3u) = r^3.$$

𐐆𐐻 𐐮𐑆 𐐿𐑊𐐮𐑉 𐑄𐐰𐐻 𐑄 𐑃𐑉𐐨 𐑁𐐰𐐿𐐻𐐲𐑉𐑆 𐐮𐑌 𐑄 𐑁𐐲𐑉𐑅𐐻 𐑋𐐯𐑋𐐺𐐲𐑉 𐐪𐑉 𐐹𐑉𐐴𐑋 𐐨𐐽 𐐻𐐭 𐐨𐐽. 𐐐𐐯𐑌𐑅 𐐨𐐽 𐐲𐑂 𐑄𐐯𐑋 𐐮𐑆 𐐪 𐐿𐐷𐐭𐐺. 𐐡𐐴𐐻𐐮𐑍 𐑄𐐯𐑋 𐐮𐑌 𐐫𐑉𐐼𐐲𐑉 𐐨𐐿𐐶𐐲𐑊 𐐻𐐭 𐑄 𐐿𐐷𐐭𐐺𐑆 μ^3, ρ^3, σ^3, 𐐶𐐨 𐐸𐐰𐑂

$$\rho^3 + \sigma^3 = \mu^3. \tag{8}$$

𐐆𐐻 𐐮𐑆 𐐨𐑆𐐨 𐐻𐐭 𐑂𐐯𐑉𐐮𐑁𐐴 𐑄𐐰𐐻 𐑄 𐑌𐐲𐑋𐐺𐐲𐑉𐑆 ρ, σ 𐐪𐑉 𐑊𐐯𐑅 𐐮𐑌 𐐰𐐺𐑅𐐲𐑊𐐭𐐻 𐑂𐐰𐑊𐐷𐐭 𐑄𐐰𐑌 𐑄 𐑌𐐲𐑋𐐺𐐲𐑉𐑆 x, y 𐐶𐐮𐑄 𐐸𐐶𐐮𐐽 𐐶𐐨 𐑅𐐯𐐻 𐐵𐐻. 𐐣𐐫𐑉𐐬𐑂𐐲𐑉, 𐐺𐐬𐑃 𐐲𐑂 𐑄𐐯𐑋 𐐪𐑉 𐐪𐐼. 𐐙𐐲𐑉𐑄𐐲𐑉𐑋𐐫𐑉, μ 𐐮𐑆 𐐼𐐮𐑁𐐲𐑉𐐲𐑌𐐻 𐑁𐑉𐐲𐑋 𐑆𐐮𐑉𐐬.

𐐢𐐯𐐻 𐐲𐑅 𐑌𐐵 𐐿𐐲𐑌𐑅𐐮𐐼𐐲𐑉 𐑄 𐐿𐐩𐑅 𐐮𐑌 𐐸𐐶𐐮𐐽 p 𐐰𐑌𐐼 $p^2 + 3q^2$ 𐐸𐐰𐑂 𐑄 𐑀𐑉𐐩𐐻𐐲𐑅𐐻 𐐿𐐪𐑋𐐲𐑌 𐐼𐐮𐑂𐐴𐑆𐐲𐑉 3. 𐐜𐐯𐑌 𐐹𐐳𐐻 $p = 3\pi$. 𐐜𐐯𐑌 𐑁𐑉𐐲𐑋 𐐆𐐿. (6) 𐐶𐐨 𐐸𐐰𐑂

$$6\pi = 9r^3, \quad 9\pi^2 + 3q^2 = 3s^3;$$

ɘɸ

$$2\pi = 3r^3, \quad q^2 + 3\pi^2 = s^3.$$

Ψɪɸ ωɘ ɘɘ ʎɹ] π ɪɘ ɘвɾɴ. Ψɹɴɘ q ɪɘ ɘd. Ɫɴ ɞɤɷ ɾɘ (5) ɹɘ ʎ ʗɹɴɾɸɾʅ ɘɾʅɷbɾɴ ɾɘ (3) ωɘ ɘɘ ʎɹ] q ɹɴd π ɸɹɘ ʎ ɼɘɸɔɘ

$$q = t^3 - 9tu^2, \quad \pi = 3u(t^2 - u^2).$$

Ƨɪɴɘ π ɪɘ ɘвɾɴ ɪ] ɼɘʅɔɘ ɼɸɾɔ ʎ ʅɹɘ] ɪɷɷɛsɾɴ ʎɹ] u ɪɘ ɘвɾɴ ɹɴd t ɪɘ ɘd. Ƥɸɾɔ ʎ]ɷ ɞɹʅɤɷɘ ɾɘ π ωɘ ɸɹɘ

$$(2u)(t + u)(t - u) = r^3.$$

Ɫ] ɪɘ ɷʅɪɸ ʎɹ] ʎ ɩɸɘ ɼɹɷ]ɾɸɘ ɪɴ ʎ ɼɾɸɘ] ɔɹɔɘɾɸ ɾɘ ʎɪɘ ɪɷɷɛsɾɴ ɘɸ]ɸɸɔ ɘɕ]ɷ ɘɕ. Ƥɸɾɔ ʎɪɘ ωɘ ɘɸ ʅɹd ɹɘ ɘɾɼɘɸ]ɷ ɹɴ ɪɷɷɛsɾɴ ɾɘ ʎ ɼɘɸɔ (8) ωɪʎ ʎ ɘɛɔ]ɸɘ]ɾɸ]ɘɘ ɹɘ ɪɴ ʎ]ɸɾɘɘdɪɴ ɷɛɘ.

ʎɹɸɼɘɸ, ɘ]ɘɸ]ɪɴ ωɪʎ ɹɴ ɪɷɷɛsɾɴ $x^3 + y^3 = z^3$ ɪɴ ɸɷɪɕ x, y, z ɘɸ ɘʅ dɪɼɾɸɾɴ] ɼɸɾɔ ɞɪɸɷ ɹɴd ɘɸ]ɸɸɔ ɘɕ]ɷ ɘɕ ɹɴd x ɹɴd y ɘɸ ɘd, ωɘ ɘɸ ʅɹd]ɷ ɾɴɾʎɾɸ ɪɷɷɛsɾɴ $x_1^3 + y_1^3 = z_1^3$ ɾɘ ʎ ɘɛɔ ɘɘɸ], ɪɴ ɸɷɪɕ x_1, y_1 ɘɸ ʅɹɘ ɪɴ ɹɘɘɾʅɷ] ɞɹʅɤɷ ʎɹɴ x, y. Ƨ]ɘɸ]ɪɴ ɼɸɾɔ ʎ ʅɹɘ] ɪɷɷɛsɾɴ, ωɘ ɷɹɴ]ɸɾɘɘd ɹɘ ɘɾɼɘɸ]ɷ ɹɴ ɪɷɷɛsɾɴ $x_2^3 + y_2^3 = z_2^3$ ωɪʎ ʎ ɘɛɔ]ɸɘ]ɾɸ]ɘɘ ɹɘ ɪɴ ʎ]ɸɾɘɘdɪɴ ɷɛɘ, x_2, y_2 ɘɘɪɴ ʅɹɘ ɪɴ ɹɘɘɾʅɷ] ɞɹʅɤɷ ʎɹɴ x_1, y_1; ɹɴd ɘɘ ɘɴ. Ƨɾ] ɘɾɕ ɘ ɸɾɷɾɸsɾɴ ɪɘ ɹɘɪdɾɴʅɘ ɪɔɾɘɪɘɾʅ. Ƥɸɾɔ ʎɪɘ ɷɘɴɸɾdɪɷbɾɴ ωɘ ɷɾɴɷʅɷd ʎɹ] *Ɫɷ. (1) ɷɹɴɘ] ɘ ɘɹ]ɪɘɸɸd ɘɸ ɪɴ]ɾʗɾɸɘ x, y, z, ɘʅ ɾɘ ɸɷɪɕ ɘɸ dɪɼɾɸɾɴ] ɼɸɾɔ ɞɪɸɷ.*

ʅɹ] ɾɘ ɴɘ]ɾɸɴ]ɷ ʎ ɪɷɷɛsɾɴ

$$x^3 + y^3 = 2^m z^3. \tag{9}$$

Ɫɴ ɞɤɷ ɾɘ ʎ ɸɾɞɾʅʅ ʗɾɘ] ɾ]ɘɴd, ʎɪɘ ɪɘ ɪɔɾɘɪɘɾʅ ɪɴ ɴɘɴ-ɞɪɸɷ ɪɴ]ɾʗɾɸɘ x, y, z ɪɼ m ɪɘ ɘ ɔɾʅ]ɪ]ɾʅ ɾɘ 3; ɸɹɴɘ ωɘ bɹʅ ɴɘ] ɷɾɴɘɪdɾɸ ʎɪɘ ɷɛɘ ɼɾɸʎɾɸ. Ɫ] ɪɘ ɷʅɪɸ ʎɹ] x ɹɴd y ɘɸ ɘɘʟ ɘd ɘɸ ɘɘʟ ɘвɾɴ; ɪɼ ʎɛ ɘɸ ɘɘʟ ɘвɾɴ, ɪ] ɪɘ ɷʅɪɸ ʎɹ] ʎ ɪɷɷɛsɾɴ ɔɛ ɘ dɪɘɸdɾd ɩɸɷ ɘɸ ɹɴ ɾ]ɸɷ]ɸɘɛ]]ɔɾɸ ɾɘ 2, ɘɘ ʎɹ] ɪɴ ʎ ɸɾɞɾʅʅɪɴ ɪɷɷɛsɾɴ x ɹɴd y bɹʅ ɘ ɘɘʟ ɘd. ʎɪɘ ɔɛ ɴɾɘɹɘɾ]ɛ] ɘ ɕɛɴʗ ɪɴ ʎ ɞɹʅɤɷ ɾɘ m. Ɏɼ]ɾɸ x ɹɴd y ɘɸ ɔɛd ɘd, ωɘ ɘɾ]ɷɘ ʎɹ] m ɪɘ ɘɘ ɕɘɘɾɴ ʎɹ] z ɘʅɘɘ ɪɘ ɘd. Ɯɘ bɹʅ ɴɘ bɘ ʎɹ] *ʎ ɪɷɷɛsɾɴ ɪɴ ʎɪɘ ɸɾdɘɘ] ɼɘɸɔ ɪɘ ɪɔɾɘɪɘɾʅ ɪɴ ɴɘɴ-ɞɪɸɷ ɪɴ]ɾʗɾɸɘ, ɪɷɘɹɾ] ɼɘɸ ʎ]ɸɪɘɘɾʅ ɘɾʅɷbɾɴ*

$x = y = z$, φωιc ιώσιsʒв φωʌɿ $m = 1$. Ɨɿ ɿ6 эвσэɼвɭә вɼpɨbɼɿ ɿю ɿφωв ʏɿв ɼωφ ʏ ωєв φωʌɿ x ɿɿd y эφ φʌɭɼɿɿвɭә ɿφφэ.

Ɨω. (9) эє в φɨɿɼɿ ɨɿ ʏ ɼωφэ

$$(x + y)(x^2 - xy + y^2) = 2^m z^3.$$

ʏ ɿю ɼɿωɿɼφ6 ɼв ʏ ɼɼφвɿ эʌэвɼφ φɿв ʏ ώφєɿɼвɿ ωвэɼɿ dɨвφвɼφ 1 эφ 3 вɨɿв x ɿɿd y эφ ɿю в ɿєωɼɿ φʌɭɼɿɨвɭә ɿφφэ. Φʌɿв ʏ ɼɿωɿɼφ $x^2 - xy + y^2$ ɨ6 ɼв ωɼɿ ɼв ʏ ɼωφэ6 $r^3, 3r^3$. Ƿэφ ʏ ɼэφэɼφ ωєв ωә эє φφɿ

$$x^2 - xy + y^2 = \left(\frac{x+y}{2}\right)^2 + 3\left(\frac{x-y}{2}\right)^2 = r^3, \quad x + y = 2^m s^3, \tag{10}$$

φωʌφ r ɿɿd s эφ эd ɨɿɼɼɕɼφ6. Ɨɿ ʏ ɭɿɿɼφ ωєв ωә φɿв

$$x^2 - xy + y^2 = \left(\frac{x+y}{2}\right)^2 + 3\left(\frac{x-y}{2}\right)^2 = 3r^3, \quad x + y = 2^m 3^2 \cdot s^3.$$

эφ

$$\left(\frac{x-y}{2}\right)^2 + 3\left(\frac{x+y}{6}\right)^2 = r^3, \quad x + y = 2^m \cdot 3^2 \cdot s^3. \tag{11}$$

Ωә bɿɭ эφɭә ώɭφɿ ʏ φɼэєɿdɼφ ɼв ʏ ɿφωɼ. Ωɼɿвɨdɼφ Ɨω6. (10). Ƿφɼэ ʏ ɼɼφвɿ ɼв ʏә6 ɿɿd ʏ ɪɿφә ɼвobэєɿɼd ωɨʏ Ɨω. (3) ɼвɼв, ωә φɿв ɨωωєsɼɿ6 ɼв ʏ ɼωφэ

$$r = t^2 + 3u^2, \quad \frac{x+y}{2} = t^3 - 9tu^2, \quad \frac{x-y}{2} = 3u(t^2 - u^2).$$

ʏʌɿв ɼφɼэ ʏ вʌωɼɿd ɨωωєsɼɿ ɨɿ (10), ωә φɿв

$$t(t - 3u)(t + 3u) = 2^{m-1} s^3.$$

Ɥώ $t^2 + 3u^2$ ɨ6 эd, вэɨи эωωɼɭ ɿю ʏ эd ɨɿɼɼɕɼφ r. Φʌɿв $t^2 - 9u^2$ ɨ6 эd. Ƿφɼэ ʏ ɭɿвɿ ɨωωєsɼɿ ɨɿ ɼэɭю6 ʏʌɿ ʏɿɿ t φɿ6 ʏ ɼɿωɿɼφ 2^{m-1}. ʏʌɿв ωә φɿв ɨωωєsɼɿ6 ɼв ʏ ɼωφэ

$$t = 2^{m-1}\mu^3, \quad t - 3u = \alpha^3, \quad t + 3u = \beta^3,$$

ɹʅd φɹʅɞ ɣ ɸʀʅɛbʀʅ

$$\alpha^3 + \beta^3 = 2^m \mu^3.$$

ɞɪɔʇʅʀɸʅɘ, ɐɸ ɔɘʅɞ ʀɞ Ɨɷ. (11), ɷʀʅ ɪɞ ʅɹd ʀɷ́ɹʅ ʇɷ ɹʅ ɪɷɷɛsʀʅ ʀɞ ɣɪɞ ʅɹɞʇ ρɷɸɔ. Ɨʅ ɘɕ ɷɛɞ ɪʇ ɔɛ ɐ bɷʅ ɣɹʇ ɣ ɪʅʇʀɕʀɸɞ ɪʅɞɞʅɞd ɪʅ ɣɪɞ dʀdɷɞʇ ɪɷɷɛsʀʅ ɘɸ ɞɔɘʅʀɸ ɣɹʅ ɣɷɞ ɪʅ (9); ɹʅd φɹʅɞ ɣ ɷʀʅɷʅɷsʀʅ ʀʅɷ́ʅɞʇ ʀɐʀɞ ɪɞ ɸɐɕʇ ɐɸ ɣ Ƥɹɸɔɘʇɘʀʅ ɔɹʟʀd ʀɞ ɪʅρɪʅʇ dʀɞɹʅʇ.

Ɋɹʅʀɸʀʟ Ɑɷɞʀɸɞɸɞʀɞ

1. Ʇɸɷɞ ɣɹʇ ɣ ɞʀɔ ʀɞ ɣ ɞɪɷɞʟ ʇɞ́ʀɸɞ ʀɞ ʇɷ ɪʅʇʀɕʀɸɞ ɷɹʅɞʇ ɐ ɣ ɞɷɷɹɸ ʀɞ ɹʅ ɪʅʇʀɕʀɸ.

2. Ʇɸɷɞ ɣɹʇ ʅɷ ɪʅʇʀɕʀɸɞ x ɹʅd y ɪɷ́ɞɪɞʇ ɞʀɕ ɣɹʇ ɣ dɪρʀɸʀʅɞ ʀɞ ɣɹɸ ɞɪɷɞʟ ʇɞ́ʀɸɞ ɪɞ ɘ ɞɷɷɹɸ.

3. Ʇɸɷɞ ɣɹʇ ʅɷ ɸɹʅʀʇɪɞʅɘ ʇɸɸɔ ɪʅʇʀɕʀɸɞ x ɹʅd y ɪɷ́ɞɪɞʇ ɞʀɕ ɣɹʇ ɣ dɪρʀɸʀʅɞ ʀɞ ɣɹɸ ρɷɸʟ ʇɞ́ʀɸɞ ɪɞ ɘ ɷɤɷɞ.

4. Ɖɷ ɣɹʇ ɣ ɪɷɷɛsʀʅ $x^2 + y^3 = z^6$ ɪɞ ɪɔʇɘɞɪɐʀʟ ɪʅ ʅɞʅ-ɞɪɸɷ ɪʅʇʀɕʀɸɞ.

5. Ɑɸ ɔɘʅɞ ʀɞ ɣ ɸdɹʅʇɪʇɘ

$$(s^3 - t^3 + 6s^2t + 3st^2)^3 + (t^3 - s^3 + 6t^2s + 3ts^2)^3 = st\cdot(s+t)\cdot 3^3(s^2 + st + t^2)^3$$

bɷ ɣɹʇ ɣ Ɑɸʀρɹʅɸʅ ɪɷɷɛsʀʅ $x^3 + y^3 = az^3$ φɹɞ ɸɹbʀʅʀʟ ɞʀʟɷbʀʅɞ (ρɷɸ φɷɪɕ $z \neq 0$) φɷɹʅ ɹʅd ɷʅʇɘ φɷɹʅ a ɞɹʇɪɞρɸɞ ɹʅ ɪɷɷɛsʀʅ ʀɞ ɣ ρɷɸɔ

$$au^3 = st(s+t).$$

6.* Ɨρ p ɹʅd q dʀʅɷʇ ʅʀɔɐʀɸɞ ʀɞ ɣ ρɷɸɔ $18n+5$ ɹʅd $18n+11$ ɸʀɞʇɹɷʇɪɞʅɘ, ɹʅd ɪρ a ɪɞ ɘ ʅʀɔɐʀɸ ʀɞ ɹʅɘ ɷʀʅ ʀɞ ɣ ρɷɸɔɞ $p, p^2, q, q^2, 9p, 9p^2, 9q, 9q^2, 2p, 4p^2, 2q^2, 4q$; ɣɹʅ ʅɸɣʀɸ ʀɞ ɣ ɪɷɷɛsʀʅɞ

$$x^3 + y^3 = az^3, \quad xy(x+y) = az^3,$$

φɹ6 ə ɩəɩ-ꞁɸɨɞəɼꞁ ɸɹbɼɩɼꞁ ɞɼꞁɷbɼɩ.

(Ꝓɵɸ ɸɹpɼɸɼɩɞ ꞁɷ ɞɹɞɼɸɼꞁ ꞁɛꞁɼɸ6 dəꞁɨи ωɨγ γə6 ɪωωεsɼɩ6 ɞə *Encyclopédie des sciences mathématiques*, Tome I, Ɓəꞁ. III, ꞁꞁ. 32–33.)

7. Ꞛɸ ɔəɩ6 ɼɞ ə ɞɨиώɼꞁ ɞɼꞁɷbɼɩ ɼɞ γ ɪωωεsɼɩ $x^3 + y^3 = u^3 + v^3$ bo dɼɸɹωꞁə φȯ ꞁɷ pɸɩd ə ꞁɷ-ꞁɼɸɹɔɼꞁɼɸ ɞɼꞁɷbɼɩ.

8.* Ɍɞꞁɛɩ γ ɕɹɩɼɸɼꞁ ɞɼꞁɷbɼɩ ɼɞ γ Ꭿɸɼpɹɩꞁɸɩ ɞɨɞꞁɼɔ

$$x^3 + y^3 = u^3 + v^3 = s^3 + t^3. \quad \text{(Ɓɹɸɼɞɸɵɞəɞ, 1909.)}$$

9. Ɒo γɹꞁ γ ɪωωεsɼɩ $x^3 + y^3 + z^3 = 2u^3$ ɪ6 ɞɹꞁɨɞpɸd ɞɸ $x = u + v, y = u - v, u = a^2m^3, v = bn^3, z = -6mn^2, ab = 6$. Ꞛɸ ɔəɩ6 ɼɞ ꞁɷ ɞɼꞁɷbɼɩ6 bo φȯ ꞁɷ pɸɩd ə ʟɼɸd. (Ɓɹɸɼɞɸɵɞəɞ, 1908.)

10. Ꞛɸ ɔəɩ6 ɼɞ ə ɞɨиώɼꞁ ɞɼꞁɷbɼɩ ɼɞ γ ɪωωεsɼɩ $x^3 + y^3 + u^3 + v^3 = t^3$ bo φȯ ꞁɷ pɸɩd ə ꞁɷ-ꞁɼɸɹɔɼꞁɼɸ ɞɼꞁɷbɼɩ. Ꞔɹɩɼɸɼꞁɸ6 γ ɸɼɞɼꞁ ɞɸ ɪɩωɸəɞɨи γ ɩɼɔɞɼɸ ɼɞ ɞɹɸəɼɞɼꞁ6 ɪɩ γ pɼɸɞꞁ ɔɹɔɞɼɸ.

11. Ꞷɼɩɞɨdɼɸ γ ɪωωεsɼɩ $1+x+x^2+x^3 = y^2$. Ɒo γɹꞁ $x = 7$, $y = 20$ ɪ6 γ oɩꞁə ɞɼꞁɷbɼɩ ɪɩ φωɪc x ɪ6 ə ꞁɸɸɔ ɩɼɔɞɼɸ. Ɒo φȯ ꞁɷ pɸɩd ɼγɼɸ ɸɹbɼɩɼꞁ ɞɼꞁɷbɼɩ6. (Ꞔɼɸəɩo, 1877.)

12. Ɒo γɹꞁ ɩo ωɼɩ ɼɞ γ pəꞁoɨи pɵɸ ɪωωεsɼɩ6 φɹ6 ɹɩ ɪɩꞁɼώɸɼꞁ ɞɼꞁɷbɼɩ:

$$2x^3 \pm 1 = z^3, \quad 2x^3 \pm 2 = z^3. \qquad \text{(Ꭿɼꞁɼɩəɪ, 1897.)}$$

13. Ꞁɹꞁ $x = \alpha, y = \beta, z = \gamma$ ɞ ə ɞɼꞁɷbɼɩ ɼɞ γ ɪωωεsɼɩ $x^3 + y^3 = 9z^3$. Ɒo γɹꞁ ɼɩɼγɼɸ ɞɼꞁɷbɼɩ ɪ6 ɼɞꞁɛɩd ɞɸ ɔəɩ6 ɼɞ γ formulæ

$$x = \alpha(\alpha^3 + 2\beta^3),$$
$$y = -\beta(\beta^3 + 2\alpha^3),$$
$$z = \gamma(\alpha^3 - \beta^3).$$

𐐄𐐺𐐻𐐩𐑌 𐐲 𐑅𐐮𐑋𐐮𐑊𐐲𐑉 𐑉𐐮𐑆𐐲𐑊𐐻 𐑁𐐫𐑉 𐑄 𐐨𐐿𐐶𐐩𐑇𐐲𐑌 $x^3 + y^3 = 7z^3$. (𐐑𐐩𐐹𐐰𐑌, 1878.)

14. 𐐟𐐬 𐑄𐐰𐐻 𐑄 𐐨𐐿𐐶𐐩𐑇𐐲𐑌 $x(x + 1) = 2y^3$ 𐐸𐐰𐑆 𐑌𐐬 𐐮𐑌𐐻𐐲𐑀𐑉𐐲𐑊 𐑅𐐲𐑊𐐭𐑇𐐲𐑌 𐐯𐐿𐑅𐐯𐐹𐐻 $x = y = 0, x = y = 1$.

15. 𐐟𐐬 𐑄𐐰𐐻 𐑄 𐐨𐐿𐐶𐐩𐑇𐐲𐑌 $8x^3 + 1 = y^2$ 𐐸𐐰𐑆 𐑌𐐬 𐐮𐑌𐐻𐐲𐑀𐑉𐐲𐑊 𐑅𐐲𐑊𐐭𐑇𐐲𐑌 𐐯𐐿𐑅𐐯𐐹𐐻 $x = 0, y = 1; x = 1, y = 3$.

16. 𐐒𐐴 𐑋𐐨𐑌𐑆 𐐲𐑂 𐐲 𐑅𐐮𐑍𐑀𐐲𐑊 𐑅𐐲𐑊𐐭𐑇𐐲𐑌 𐐲𐑂 𐑄 𐐨𐐿𐐶𐐩𐑇𐐲𐑌 $x^3 + ay^3 = bz^3$ 𐑇𐐬 𐐸𐐵 𐐻𐐭 𐑁𐐴𐑌𐐼 𐐲 𐑅𐐯𐐿𐐲𐑌𐐼; 𐐺𐐴 𐑋𐐨𐑌𐑆 𐐲𐑂 𐑄𐐮𐑅 𐑁𐐴𐑌𐐼 𐐲 𐑃𐐲𐑉𐐼; 𐐰𐑌𐐼 𐑅𐐬 𐐱𐑌. (𐐢𐐲𐑈𐐪𐑌𐐼𐑉𐐲.)

17. 𐐙𐐴𐑌𐐼 𐐲 𐐻𐐭-𐐹𐐲𐑉𐐰𐑋𐐲𐐻𐐲𐑉 𐐮𐑌𐐻𐐲𐑀𐑉𐐲𐑊 𐑅𐐲𐑊𐐭𐑇𐐲𐑌 𐐲𐑂 𐑄 𐐨𐐿𐐶𐐩𐑇𐐲𐑌 $x^3 + y^3 = z^2$.

18. 𐐙𐐴𐑌𐐼 𐐲 𐑃𐑉𐐨-𐐹𐐲𐑉𐐰𐑋𐐲𐐻𐐲𐑉 𐐮𐑌𐐻𐐲𐑀𐑉𐐲𐑊 𐑅𐐲𐑊𐐭𐑇𐐲𐑌 𐐲𐑂 𐑄 𐐨𐐿𐐶𐐩𐑇𐐲𐑌 $x^2 + 3y^2 = u^3 + v^3$.

𐐝𐐲𐐾𐐯𐑅𐐽𐐲𐑌.—𐐊𐐺𐑆𐐲𐑉𐑂 𐑄𐐰𐐻

$$u^3 + v^3 = (u + v)\left\{\left(\frac{u+v}{2}\right)^2 + 3\left(\frac{u-v}{2}\right)^2\right\}.$$

19. 𐐄𐐺𐐻𐐩𐑌 𐑅𐐲𐑊𐐭𐑇𐐲𐑌𐑆 𐐲𐑂 𐑄 𐐨𐐿𐐶𐐩𐑇𐐲𐑌 $x^3 + y^3 = u^2 + v^2$.

20. 𐐙𐐴𐑌𐐼 𐑃𐑉𐐨-𐐹𐐲𐑉𐐰𐑋𐐲𐐻𐐲𐑉 𐑅𐐲𐑊𐐭𐑇𐐲𐑌𐑆 𐐲𐑂 𐑄 𐐨𐐿𐐶𐐩𐑇𐐲𐑌 $x^3 + y^3 + z^3 = u^3 + v^3$.

𐐝𐐲𐐾𐐯𐑅𐐽𐐲𐑌.—𐐇𐑋𐐹𐑊𐑎 𐑄 𐐴𐐼𐐯𐑌𐐻𐐮𐐻𐐨

$$(-a+b+c)^3+(a-b+c)^3+(a+b-c)^3 = (a+b+c)^3-24abc.$$

21. 𐐄𐐺𐐻𐐩𐑌 𐐲 𐑃𐑉𐐨-𐐹𐐲𐑉𐐰𐑋𐐲𐐻𐐲𐑉 𐑅𐐲𐑊𐐭𐑇𐐲𐑌 𐐲𐑂 𐑄 𐐨𐐿𐐶𐐩𐑇𐐲𐑌

$$x^3 + y^3 + z^3 - 3xyz = u^2 + 3v^2.$$

22.† 𐐙𐐴𐑌𐐼 𐑄 𐐾𐐯𐑌𐐲𐑉𐐲𐑊 𐐮𐑌𐐻𐐲𐑀𐑉𐐲𐑊 𐑅𐐲𐑊𐐭𐑇𐐲𐑌 𐐲𐑂 𐑄 𐐨𐐿𐐶𐐩𐑇𐐲𐑌 $t^3 = x^3 + y^3 + 1$.

23.† Ѡᴦъ8ʅϕᴦω] ᴦъᴦγᴦϕ ω℺ωзю ɪωωεsᴦъ ρѳϕ φωɪc ʅǝϕϛ ωʅɹ8ᴦ6 ᴦ8 8ᴦʅɸbᴦъ6 ɔɛ 8 ρǿъd 8ɸ γ ρᴦϕ8] ɔʌɪᴦd ɪɔʅoɪd ъ § 15. Ꭿᴦ8ʌʅᴦ] γ ɪɪϕǝ ᴦ8 γɪ8 ɪωωεsᴦъ.

24.† Ɨъ8ʌ8ʅɪώɛʅ γ ʅϕǝɪᴦϕʅǝ6 ᴦ8 γ ъʅᴦϛᴦϕ m 8ᴦc γɹʅ γ ɪωωεsᴦъ

$$x^3 + y^3 + z^3 - 3xyz = mt^2$$

bɹʅ φɹ8 8ᴦʅɸbᴦъ6 ɹъd ρϕъd 8ᴦʅɸbᴦъ6 ъ8ǝʅ8ɪɴ ǝϕ8ɪʅϕʌϕǝ ʅᴦϕɹɔᴦʅᴦϕ6 (φωʌъ m ɪ6 8ɸʅᴦ8ʅǝ dᴦʅᴦϕɔъd). ʅϕǝʅ γ ωɸϕᴦ8ʅǝъdɪɴ ʅϕ8ʅᴦɔ6 ρѳϕ γ 8ɪɔʅᴦϕ ɪωωεsᴦъ $x^3 + y^3 = mt^2$.

25.† Ϛʌъᴦϕᴦʅϕ6 γ ъ8ʌ8ʅɪώɛbᴦъ6 ωǝʅd ρѳϕ ъ γ ʅϕᴦ8ǝdɪɴ ʅϕ8ʅᴦɔ 8ɸ ʅϕǝʅɪɴ γ ɔǝϕ Ϛʌъᴦϕᴦʅ ɪωωεsᴦъ

$$h(x, y, z) = mt^2,$$

γ ρᴦɪɴωbᴦъ h 8ǝɪɴ dᴦρϕъd ɹ6 ъ Ɨω. (4) ᴦ8 § 13.

26. Ƿϕᴦɔ $3^3 + 4^3 + 5^3 = 6^3$ dᴦdɸ8 $7^3 + 14^3 + 17^3 = 20^3$.

4 Ɨωωɛsʀʰ6 ʀɞ ɣ Ꝓɵɸʟ Ɑʀώɸə[1]

§ 17 Θʰ ʏ Ɨωωɛsʀʰ $ax^4+bx^3y+cx^2y^2+dxy^3+ey^4 = mz^2$. Ꭿωɞʀɸɞȸ6ʀ6 1-4

Ꝓɵɸ ɣ ɨωωɛsʀʰ

$$ax^4 + bx^3y + cx^2y^2 + dxy^3 + ey^4 = mz^2, \tag{1}$$

ɨ⅂ ɨ6 ɘɜɞɘʀɞ ɣⅎ⅂ ɣ ⅂ɸɞɜ[ʀɔ ʀɞ ƿȸʰdɨи ɸⅎbʀʰʀ[ɞʀ[ɷbʀʰ6 ⅎʰd ɣⅎ⅂ ʀɞ ƿȸʰdɨи ɨʰ⅂ʀώɸʀ[ɞʀ[ɷbʀʰ6 ɞɸ ɨɞⅆʰcʀ[ə ɨωωɨɞʀ[ʀʰ⅂. Ɨ⅂ ωɨ[ɣⅆɸƿɵɸ ɞ ɞʀƿɨbʀʰ⅂]ɷ ωʀʰɞɨdʀɸ ɵʰ[ə ωʀʰ ʀɞ ɣɘ6 ⅂ɸɞɜ[ʀɔ6; ɨ⅂ ɨ6 ωʀʰɞɘʰvʀʰ⅂]ɷ ⅂ɸɘ⅂ ɣ ƿɵɸɔʀɸ ɸⅎɣʀɸ ɣⅎʰ ɣ [ⅎ⅂]ʀɸ. Ɨƿ ɣ ɨωωɛsʀʰ ɨ6 ɔʀ[ʰ]ⅈ[ȸd ʟɸɷ ɞȸ m ⅎʰd mz ɨ6 ɣⅆʰ ɸʀ]ⅈ[ɛɞ]ɞȸ z ωə ɸⅎɞ ɘ ʰɷ ɨωωɛsʀʰ ʀɞ ɣ ƿɵɸɔ ɸωʀc (1)]ɛωɞ ɵʰ ɸʀ]ⅈ[ɛɞɨи m ɞȸ ɤɷʰⅈ]ə. Ɯə bⅎ[ɣⅆɸƿɵɸ ωʀʰɞɨdʀɸ ɵʰ[ə ɣ ωɛɞ ɸωⅆʰ $m = 1$. Ƕȯ ɨ⅂ ɨ6 ωⅈ[ɸ ɣⅎ⅂ ɣ ⅂ɸɞɜ[ʀɔ ʀɞ ƿȸʰdɨи ɸⅎbʀʰʀ[ɞʀ[ɷbʀʰ6 ʀɞ (1) ɨ6 ɨωωɨɞʀ[ʀʰ⅂]ɷ ɣⅎ⅂ ʀɞ ƿȸʰdɨи ɸⅎbʀʰʀ[ɞʀ[ɷbʀʰ6 ʀɞ ɣ ɨωωɛsʀʰ

$$ax^4 + bx^3 + cx^2 + dx + e = z^2; \tag{2}$$

ƿɵɸ ɨƿ (1) ɨ6 dɨɞȸdʀd ʟɸɷ ɞȸ y^4 ⅎʰd ɨʰ ɣ ɸʀ6ʀ[ɔ x ɨ6]ɸ] ƿɵɸ x/y ⅎʰd z ƿɵɸ z/y^2, m ɸⅎɞɨи ɞɨʰ ɸʀ]ⅈ[ɛɞ]ɞȸ 1, ωə ɸⅎɞ ⅎʰ ɨωωɛsʀʰ ʀɞ ɣ ƿɵɸɔ (2). Ɯə bⅎ[ωʀʰƿȸʰ ȯɸ ʀ]ⅆʰbʀʰ]ɷ ɣ ɸʀdɷɞ] ɨωωɛsʀʰ (2).

Ɣ ωʀɞ]ʀɔⅆɸə ɔⅆʟʀd ʀɞ ƿȸʰdɨи ɸⅎbʀʰʀ[ɞʀ[ɷbʀʰ6 ʀɞ Ɨω. (2) ɨ6 dɷ]ɷ Ꝓⅆɸɔɘ. Ɨ⅂]ɛωɞ dɨƿʀɸʀʰ⅂ ƿɵɸɔ6 ƿɵɸ dɨƿʀɸʀʰ⅂ ωɛɞʀ6. Ɯə bⅎ[ɨώ6ⅎɔɨʰ ɣɘ6 ωɛɞʀ6 ɞⅆ]ʀɸʀ]ə.

[1] Ƥɣʀɸ ɔⅎ]ʀɸ ɸʀ[ɛ]ɨи]ɷ ɨωωɛsʀʰ6 ʀɞ ɣ ƿɵɸʟ dʀώɸə ɨ6]ɷ ɞ ƿȯd ɨʰ § 11 ⅎʰd ɨʰ ɣ ⅆωɞʀɸɞȸʀ6 ⅎ] ɣ ω[ɷɞ ʀɞ Cⅎ]ʀɸ II.

8ʳτοб γɅɿ e ɪб ɘ ʙωɅφ ʰʳɔʙʳφ, ʙε $e = \epsilon^2$. ƔɅʰ φɸɿ

$$z = mx^2 + nx + \epsilon,$$

φωɅφ m ɅʰᏧ n ɘφ φɅbʳʰʳɭ ʰʳɔʙʳφб ʙʳʙϛɅωɿ ɿɷ ȯφ ϲοɪʙ. Ɣε ɘφ ɿɷ ʙ ᏧʳɿʳφɔʰᏧ ʙο γɅɿ γ ɞɅɭϑɷ ʳθ z^2, ʰεɔɭə,

$$z^2 = m^2x^4 + 2mnx^3 + (n^2 + 2m\epsilon)x^2 + 2n\epsilon x + \epsilon^2,$$

bɅɭ ωοʰʙɸᏧ ωɪγ γ ρʳφʙɿ ɔɅɔʙʳφ ʳθ Ɨω. (2) ɪωʙɅɿ ρɸφ γ ɿʳφɔб ɪʰ x^4 ɅʰᏧ x^3. Ƿοφ γɪʙ ɪɿ ɪб ʰɅʙʳʙɅφə ɅʰᏧ ʙʳρɪbʳʰɿ γɅɿ

$$n = \frac{d}{2\epsilon}, \quad m = \frac{c}{2\epsilon} - \frac{d^2}{8\epsilon^3}.$$

ƔɅʰ ωə φɅθ

$$ax^4 + bx^3 = m^2x^4 + 2mnx^3,$$

Ʌʰɪωωεsʳᵏ φωɪϲ ɪб ʙɅɿɪʙρɸᏧ ɪρ

$$x = \frac{b - 2mn}{m^2 - a}.$$

Ɣʳθ ωə φɅθ ɪʰ ϛɅʰʳφɿ ɘ ʙɪʰώɿ φɅbʳʰɿ ʙʳɭɷbʳʰ ʳθ Ɨω. (2).

Ɉб Ʌʰ ɪɭʳʙɿφεbʳʰ, ɪɿ ɔε γʳθ ʙ bοʰ γɅɿ γ ɪωωεsʳᵏ

$$x^4 + 3x^3 + 5x^2 + 2x + 1 = z^2,$$

φɅб γ ʙʳɭɷbʳʰ $\qquad x = -\frac{1}{3}, \quad z = \frac{8}{9}.$

Ɨʰ ωεʙ a ɪб ɘ ʙωɅφ ʰʳɔʙʳφ, ʙε $a = \alpha^2$, ωə ɔε φɸɿ

$$z = \alpha x^2 + mx + n,$$

ɅʰᏧ ɿφʳʙəᏧ, ɪʰ ɘ ɔɅʰʳφ ʙɪɔɭʳφ ɿɷ γɅɿ ɪɔɿɭοɪᏧ ɪʰ γ ɿφʳʙəᏧɪʰ ɿɅφʳώφɅρ. Ψɪφ ωə ϲɷб m ɅʰᏧ n ʙο Ʌб ɿɷ ɔεω γ ɪωʙɿφɅbʳʰ ρɸφ z^2 ωοʰʙɸᏧ ωɪγ γ ρʳφʙɿ ɔɅɔʙʳφ ʳθ (2) ɪωʙɅɿ ρɸφ γ ɪʰᏧʳɿɅʰᏧʳʰɿ ɿʳφɔ ɅʰᏧ γ ɿʳφɔ ωʳʰɿεʰɪʰ x, ɅʰᏧ γɅʰ Ꮷʳɿʳφɔɪʰ x Ʌб ʙʳρɸφ. Ɯə φɅθ

$$m = \frac{b}{2\alpha}, \quad n = \frac{c}{2\alpha} - \frac{b^2}{8\alpha^3}, \quad x = \frac{n^2 - e}{d - 2mn}.$$

Ψɨφ ɼώɹɨ ωә φɹв ɨ ςɹɨɼφɼɭ ә вɨώɼɭ φɹbɼɨɼɭ вɼɭϕbɼɨ ɼв Ɨω. (2).

Ɨp ωɼɨ ɼʇɭφ6 ɣɨв ɔɹʟɼd ʅϕ ɣ ʅɼφʅɨωɤɼɭɼφ ɨωωεsɼɨ

$$x^4 + 3x^3 + 5x^2 + 2x + 1 = z^2,$$

ωɼɨ pφɨd6 ɣɹʅ ә вɼɭϕbɼɨ ɨ6 ɼpϕφdɼd вφ $x = -57/136$.

Ɨp вoʟ a ɹɨd e әφ вωωɹφ6, вε $a = \alpha^2$ ɹɨd $e = \epsilon^2$, ωә ɔε φφʅ,

$$z = \alpha x^2 + mx + \epsilon,$$

ɹɨd ɣɹɨ dɼʅɼφɔɨ m вo ɣɹʅ ɣ ɨωвʅφɹbɼɨ pϕφ z^2 bɹɭ ωoɨвφd ωɨɣ ɣ pɼφвʅ ɔɹɔвɼφ ɼв Ɨω. (2) ɨωвɹʅʅ pϕφ ɣ ʅɼφɔ6 ωɼɨʅεɨɨ x^3 ɹɨd x^2 ϕφ ɣ ʅɼφɔ6 ωɼɨʅεɨɨ x^2 ɹɨd x. Ɣә6 ɭәd ɨ ϕφdɼφ ʅϕ ɣ pәɭϕɨ ʅɹφ6 ɼв вɹɭɤϕ6 ɼв m ɹɨd x:

$$m = \frac{d}{2\epsilon}, \quad x = \frac{c - m^2 - 2\alpha\epsilon}{2\alpha m - b};$$

$$m = \frac{b}{2\alpha}, \quad x = \frac{d - 2m\epsilon}{m^2 + 2\alpha\epsilon - c}.$$

Ψɨφ ωә φɹв ɨ ςɹɨɼφɼɭ ʅϕ вɼɭϕbɼɨ6 ɼв Ɨω. (2).

Ȣφ ɔә6 ɼв ɣ ɨωωεsɼɨ

$$x^4 + 3x^3 + 5x^2 + 2x + 1 = z^2$$

ɣ φәdɼφ ɔε φɹdɨɭә вɼʅɭφ ә ɨϕɔɹφɨωɼɭ ɨɼвʅφεbɼɨ ɼв ɣɨв ɔɹʟɼd.

Ѳɹɣɼφɨ ʅɼώɹɣɼφ ɣ φɼ6ɼɭʅв ɣɼв ɼвʅεɨd ωә ɔε вε ɣɹʅ ωә φɹв ә ɔɹʟɼd φωɨc ɨ ςɹɨɼφɼɭ ɨ6 ɨpɹωʅɨв pϕφ pφɨdɨ ә вɨώɼɭ φɹbɼɨɼɭ вɼɭϕbɼɨ ɼв (2) φωɹɨ e ɨ6 ә вωωɹφ ϕφ φωɹɨ a ɨ6 ә вωωɹφ ɹɨd pϕφ pφɨdɨ ʅϕ φɹbɼɨɼɭ вɼɭϕbɼɨ6 φωɹɨ вoʟ a ɹɨd e әφ вωωɹφ6.

Ѡә bɹɭ ɨȯ bo ɣɹʅ Ɨω. (2) ɔε в φɼdϕвʅ ʅϕ ωɼɨ ɼв ɣ вʅɹbɼɭ pϕφɔ6 ϕɭφɹdә ωɼɨвɨdɼφd ʅφɼвφdɼd ɣɹʅ ә вɨώɼɭ φɹbɼɨɼɭ вɼɭϕbɼɨ ɨ6 ɨoɨ.

Ɩɹʅ $x = k, z = p$ в ә φɹbɼɨɼɭ вɼɭϕbɼɨ ɼв Ɨω. (2). Ɣɹɨ φɼʅɭεв x вφ $t + k$. Ɨʅ ɨ6 ωɭɨφ ɣɹʅ ә ɨϕ ɨωωεsɼɨ ɨ6 ɼвʅεɨd ɼв ɣ вεɔ pϕφɔ ɹ6 (2) ɹɨd ɣɹʅ p^2 ɨ6 ɣ ωәɨвʅɼɨʅ ωϕφɼвʅәɨdɨ ʅϕ e. Ȣɨɨв ɣɨв ωәɨвʅɼɨʅ ɨ6 ә вωωɹφ, ɣ pɼφвʅ ɔɹʟɼd ɨɔʅɭϕɨd ʏвʏв эε в ɥοоd ʃо pфъd о вʏʃоbʏъ ʏв γ ъо ɫωωεsʏъ. ɅdɪN k ʃо γ фʏ6ʏʃɪи вɅʃɥо ʏв t ωə фɅв о вɅʃɥо ʏв x фωɪc ʏpоф6 о фɅbʏъʏʃ вʏʃоbʏъ ʏв ɫω. (2). Ƴɪв ъ ϛɅъʏфʏʃ ɪ6 dɪpʏфʏъʃ pфʏэ γ вʏʃоbʏъ ωɪγ фωɪc ωə вʃоф ʃʏd. Ɓф эəъ6 ʏв γɪв вɅωʏъd вʏʃоbʏъ о ʟʏфd ωɅъ ъ ϛɅъʏфʏʃ в ʏвʃεъd; вф эəъ6 ʏв γɪв о pоф, Ʌъd во оъ. ФɅъв, ɪp о вɪиώʏʃ фɅbʏъʏʃ вʏʃоbʏъ ʏв (2) ɪ6 ъоъ ɪʃ ɪ6 ʃоʏɪʏʃ ъ ϛɅъʏфʏʃ ʃо pфъd Ʌ6 эɅъə Ʌ6 эε в dʏ6фd.

Ʌ6 Ʌъ ɪʃʏвʃфʏʃɪв ɪώ6Ʌэʃʏʃ, ωʏъвɪdʏф γ ɫωωεsʏъ

$$2x^4 + 5x^3 + 7x^2 + 2 = z^2.$$

ɫʃ фɅ6 γ вʏʃоbʏъ

$$x = 1, \quad z = 4.$$

ɫp ωə фʏʃʃεв x вф $t + 1$ γ ъо ɫωωεsʏъ ʃεωв γ pофэ

$$2t^4 + 13t^3 + 34t^2 + 37t + 16 = z^2,$$

γ ωоъвʃʏъʃ ʃʏфэ 16 вəɪи о вωωɅф ъʏэвʏф. Ɵ вʏʃоbʏъ ʏв γ ʟɅвʃ ɫωωεsʏъ эε в pώъd вф γ эɅʟʏd6 ъdɪωεʃʏd ʏвʏв. Ɓф эəъ6 ʏв γɪв о вɅωʏъd вʏʃоbʏъ ʏв γ ɫωωεsʏъ ъ x ɪ6 фɅdʃə ʏвʃεъd. Ɯɪγ γɪв ъ фɅъd, γ оɪʏфεbʏъ эε в фʏʃəʃʏd Ʌъd γʏв о ʟʏфd вʏʃоbʏъ ʏв γ ɫωωεsʏъ ъ x в ʏвʃεъd; Ʌъd во оъ ad infinitum.

Ʌωвʏфвф6ʏ6

1. Ƣʏʃʏфэъ ъʃʏώфʏʃ ƮɪʟɅώʏфəʏъ ʃффɅиώʏʃ6 вʏc γɅʃ γ ффʃəʃʏъωв Ʌъd γ вʏэ ʏв γ ʟɅώ6 bɅʃ в вωωɅф6. (ƜʏэʃɅф Ʌωв. 4 ʏв § 3.) (ƤɅфэə.)

2. Ƣʏʃʏфэъ ъʃʏώфʏʃ ƮɪʟɅώʏфəʏъ ʃффɅиώʏʃ6 вʏc γɅʃ γ ффʃəʃʏъωв Ʌъd γ dɪpʏфʏъв ʏв γ ʟɅώ6 bɅʃ в вωωɅф6.

3. Ƥфъd ʃо оф эоф ʃɅф6 ʏв ъʃʏώфʏʃ ƮɪʟɅώʏфəʏъ ʃффɅиώʏʃ6 вʏc γɅʃ ъ əc ʃɅф γ dɪpʏфʏъв ʏв γ ʟɅώ6 ʏв ωʏъ bɅʃ в əωωʏʃ ʃо γ dɪpʏфʏъв ʏв γ ʟɅώ6 ʏв γ ʏγʏф фωфʃ γ ʟоиώʏф ʟɅώ ʏв ωʏъ ɪ6 əωωʏʃ ʃо γ ффʃəʃʏъωв ʏв γ ʏγʏф.

4. Ƥфъd ʃо оф эоф ʃɅф6 ʏв ъʃʏώфʏʃ ƮɪʟɅώʏфəʏъ ʃффɅиώʏʃ6 вʏc γɅʃ ъ əc ʃɅф γ вʏэ ʏв γ ʟɅώ6 ʏв ωʏъ bɅʃ в əωωʏʃ ʃо γ вʏэ ʏв γ ʟɅώ6 ʏв γ ʏγʏф, фωфʃ γ

φϕτθηɼɿωθ ɼθ ωɼɿ bɅη ɐ ϶ωωɼη ηω γ ώφεηɼφ ꞁɅώ ɼθ γ ɼγɼφ.

§ 18 Θɿ γ Ɨωωεsɼɿ $ax^4 + by^4 = cz^2$. ɅωθɼΦθϕ6ɼ6 1-4

Ɣ ɨωωεsɼɿ

$$ax^4 + by^4 = cz^2, \tag{1}$$

φωɨc ɨ6 ʚ θτɅbɼη ωεθ ɼθ γɅη ωɼɿθɨdɼφd ɨɿ γ ηφɼθʚdɨɿ θɅωbɼɿ, φɅ6 θɨɿ ηφʚηɼd θϕ θɅθɼφη θʟɼφ6 Ʌɿd dʚηεꞁd ɨɿθɅθηɨώεbɼɿ6 φɅθ θɨɿ ώɨθɼɿ ɼθ θτɅbɼη ωεθɼ6, γɅη ɨ6, ɼθ θɼφηɼɿ θτɅbɼη ɨωωεsɼɿ6 ɼθηεɿd θϕ ώɨθɨɿ ηω a, b, c ηɼφηɨωνɼηɼφ θɅηνω6. Ɥо ɼηɅϽτη ωɨη ɐ ϶εd ηω θɼϽɼφϕ6 γʚ6 ɨɿθɅθηɨώεbɼɿ6. Θɿ γ ɼγɼφ φɅɿd, Ʌɿ Ʌωθτɼθɨbɼɿ ωɨη ɐ ώɨθɼɿ ɼθ ʚ ɿω ϶ɅʟɼD ɼθ ɼηɅω φωɨc ꞁʚd6 ηω θɼꞁωbɼɿ6 ɨɿ Ʌɿ ɨϽτωφηɼɿη ωꞁɅθ ɼθ ωεθɼ6. Ωɼɿθʚɿνɼɿη φɅρφɼɿθɼ6 ηω ʚ φɅηφɼ6Ʌɿηɼηɨθ ηθφη ɼθ γ ꞁɨηɼφɼϲɼφ ωɼɿθɼφɨɿ Ɨω. (1) ϶ε ɐ pώɨd ɨɿ *Encyclopédie des sciences mathématiques*, Tome I, Ɓʚꞁ. III, ττ. 35–36, Ʌɿd ɨɿ *Jahrbuch über die Fortschritte der Mathematik*, Ʌη ηꞁεθɼ6 ɨɿdɨωεηɼd θϕ γ ρʚꞁωɨɿ θʚꞁνω϶ Ʌɿd ηεϛ ɿϽθɅɼφ6: 10: 146, 148; 11: 136, 137; 12: 131, 136; 14: 133; 16: 154; 19: 187; 21: 181; 25: 295; 26: 211, 212.

Ɨρ Ɨω. (1) ɨ6 ϶ɼꞁɿɿηꞁϕd ʟϕω θϕ a^3 Ʌɿd ax ɨ6 γɅɿ φɼηꞁεθη θϕ x, Ʌɿ ɨωωεsɼɿ ɨ6 ɼθηεɿd φωɨc ɨ6 ɼθ γ ρωφ϶

$$x^4 + my^4 = nz^2. \tag{2}$$

Ɨη ɨ6 ɨɿ γɨθ ꞁɅηɼφ ρωφ϶ γɅη ωʚ bɅꞁ ηφʚη γ ɨωωεsɼɿ. Ωʚ bɅꞁ θɼηω6 m ηω ɐ Ʌɿʚ ώɨθɼɿ ɨɿηɼϲɼφ Ʌɿd bɅꞁ γɅɿ φɼθηφɨω n ηω ɐ Ʌɿ ɨɿηɼϲɼφ ɼθ γ ρωφ϶ $s^4 + mt^4$, φωɅφ s Ʌɿd t θφ ɨɿηɼϲɼφ6. ƔɅɿ Ɨω. (2) ηεωθ γ ρωφ϶

$$x^4 + my^4 = (s^4 + mt^4)z^2. \tag{3}$$

Ψɨφ m, s, t θφ ώɨθɼɿ ɨɿηɼϲɼφ6 Ʌɿd x, y, z θφ ɼɿɿωɿ ɨɿηɼϲɼφ6 θωηɼθɼꞁ θɅηνω6 ɼθ φωɨc θφ ηω ɐ θωη.

Ɨη bɥd ɐ ɼθ6ɼφϕθd γɅη γɅφ ɨ6 ɿо φʚꞁ ꞁωθ ɼθ ϛɅɿɼφɅꞁɨηʚ ɨɿ ωɼɿρφɨɿ n ηω γɨθ ρωφ϶; ρωφ ɨρ Ɨω. (2) φɅ6 ʚ θɼꞁωbɼɿ, γɅɿ γɅφ ɨ6 ʚ θωωɅφ ɿϽθɅɼφ ρ^2 θɼc γɅη $n\rho^2$ φɅ6 γ ρωφ϶ $s^4 + mt^4$.

𐐝𐐮𐑌𐑅 $x = s$, $y = t$, $z = 1$ 𐐮𐑆 𐐩 𐑅𐐲𐑊𐐭𐑇𐐲𐑌 𐐲𐑂 (3) 𐐶𐐨 𐑋𐐴𐐻 𐐹𐑉𐐲𐑅𐐨𐐼 𐐻𐐭 𐑁𐐴𐑌𐐼 𐐲𐑌𐐲𐑄𐐲𐑉 𐐰𐑆 𐐮𐑌 𐑄 𐐶𐐲𐑉𐐿 𐐲𐑂 𐑄 𐐹𐑉𐐲𐑅𐐨𐐼𐐮𐑍 𐑅𐐯𐐿𐑇𐐲𐑌. 𐐎𐐨 𐑇𐐰𐑊, 𐐸𐐵𐐯𐑂𐐲𐑉, 𐐷𐐭𐑆 𐐩 𐐼𐐮𐑁𐐲𐑉𐐲𐑌𐐻 𐑋𐐯𐑃𐐲𐐼. 𐐢𐐯𐐻 𐐲𐑅 𐐹𐐳𐐻 z 𐐮𐑌 𐑄 𐑁𐐫𐑉𐑋

$$z = p^2 + mq^2, \tag{4}$$

𐐰𐑌𐐼 𐑅𐐨𐐿 𐐻𐐭 𐐼𐐲𐐻𐐲𐑉𐑋𐐮𐑌 p 𐐰𐑌𐐼 q 𐐰𐑌𐐼 𐐿𐐫𐑉𐐲𐑅𐐹𐐫𐑌𐐼𐐮𐑍 𐐻𐐭 𐑄𐐯𐑋 𐑂𐐰𐑊𐐷𐐭𐑆 𐐲𐑂 x 𐐰𐑌𐐼 y 𐑅𐐰𐐻𐐮𐑅𐑁𐐴𐐮𐑍 𐐀𐐿. (3). 𐐎𐐨 𐐸𐐰𐑂

$$\begin{aligned} x^4 + my^4 &= (s^4 + mt^4)(p^2 + mq^2)^2 \\ &= (s^4 + mt^4)\{(p^2 - mq^2)^2 + m(2pq)^2\} \\ &= \{s^2(p^2 - mq^2) + 2mt^2pq\}^2 + m\{t^2(p^2 - mq^2) - 2s^2pq\}^2. \end{aligned}$$

𐐜𐐮𐑅 𐐨𐐿𐐶𐐩𐑈𐐲𐑌 𐐶𐐮𐑊 𐐺 𐑅𐐰𐐻𐐮𐑅𐑁𐐴𐐼 𐐮𐑁 x^2 𐐰𐑌𐐼 y^2 𐐸𐐰𐑂 𐑄 𐑂𐐰𐑊𐐷𐐭𐑆

$$\left.\begin{aligned} x^2 &= s^2(p^2 - mq^2) + 2mt^2pq, \\ y^2 &= t^2(p^2 - mq^2) - 2s^2pq. \end{aligned}\right\} \tag{5}$$

𐐜 𐑊𐐰𐑅𐐻 𐐻𐐭 𐐨𐐿𐐶𐐩𐑈𐐲𐑌𐑆 𐑁𐐫𐑉𐑋 𐐩 𐑅𐐮𐑅𐐻𐐲𐑋 𐐲𐑂 𐑄 𐐻𐐴𐐹 𐑅𐐻𐐲𐐼𐐨𐐼 𐐺𐐴 𐐙𐐲𐑉𐑋𐐪 𐐲𐑌𐐼𐐲𐑉 𐑄 𐑌𐐩𐑋 *𐐼𐐲𐐺𐐲𐑊 𐐨𐐿𐐶𐐩𐑈𐐲𐑌𐑆*, x, y, p, 𐐰𐑌𐐼 q 𐐺𐐨𐐮𐑍 𐑄 𐐲𐑌𐑌𐐬𐑌 𐐮𐑌𐐻𐐲𐐾𐐲𐑉𐑆. 𐐎𐐨 𐑇𐐰𐑊 𐐲𐐺𐐻𐐩𐑌 𐑅𐐲𐑊𐐭𐑇𐐲𐑌𐑆 𐐲𐑂 𐑄𐐯𐑋 𐐺𐐴 𐑋𐐨𐑌𐑆 𐑅𐐮𐑋𐐮𐑊𐐲𐑉 𐐻𐐭 𐑄𐐬𐑆 𐐮𐑋𐐹𐑊𐐬𐐮𐐼 𐐺𐐴 𐐙𐐲𐑉𐑋𐐪.

𐐣𐐲𐑊𐐻𐐮𐐹𐑊𐐴𐐮𐑍 𐑄 𐑁𐐲𐑉𐑅𐐻 𐐨𐐿𐐶𐐩𐑈𐐲𐑌 𐐮𐑌 (5) 𐐺𐐴 t^2 𐐰𐑌𐐼 𐑄 𐑅𐐯𐐿𐐲𐑌𐐼 𐐺𐐴 s^2 𐐰𐑌𐐼 𐑅𐐲𐐺𐐻𐑉𐐰𐐿𐐻𐐮𐑍, 𐐶𐐨 𐐸𐐰𐑂

$$t^2x^2 - s^2y^2 = 2(s^4 + mt^4)pq.$$

𐐜𐐮𐑅 𐐨𐐿𐐶𐐩𐑈𐐲𐑌 𐐶𐐮𐑊 𐐺 𐑅𐐰𐐻𐐮𐑅𐑁𐐴𐐼 𐐮𐑁 𐐶𐐨 𐐻𐐩𐐿

$$tx + sy = 2stp, \quad tx - sy = \frac{(s^4 + mt^4)q}{st}.$$

(𐐐𐐨𐑉 𐑄 𐐿𐐬𐐲𐑁𐐮𐑇𐐲𐑌𐐻 𐐲𐑂 p 𐐮𐑆 𐐽𐐬𐑆𐐲𐑌 𐑅𐐬 𐐰𐑆 𐐻𐐭 𐐺 𐐨𐐿𐐶𐐲𐑊 𐐻𐐭 𐐻𐐶𐐴𐑅 𐑄 𐑅𐐿𐐶𐐰𐑉 𐑉𐐭𐐻 𐐲𐑂 𐑄 𐐿𐐬𐐲𐑁𐐮𐑇𐐲𐑌𐐻 𐐲𐑂 p^2 𐐮𐑌 𐑄 𐑂𐐰𐑊𐐷𐐭 𐐲𐑂 t^2x^2 𐐲𐐺𐐻𐐩𐑌𐐼 𐐺𐐴 𐑋𐐲𐑊𐐻𐐮𐐹𐑊𐐴𐐮𐑍 𐑄 𐑁𐐲𐑉𐑅𐐻 𐐨𐐿𐐶𐐩𐑈𐐲𐑌 𐐮𐑌 (5) 𐑃𐑉𐐭 𐐺𐐴 t^2.) 𐐙𐐫𐑉 x 𐐰𐑌𐐼 y 𐐶𐐨 𐐸𐐰𐑂 𐑄 𐑂𐐰𐑊𐐷𐐭𐑆

$$x = sp + \frac{(s^4 + mt^4)q}{2st^2},$$
$$y = tp - \frac{(s^4 + mt^4)q}{2s^2t}.$$

𐐆𐑁 𐐶𐐨 𐐷𐐭𐑆 𐑄𐐨𐑆 𐑂𐐰𐑊𐐷𐐭𐑆 𐐲𐑂 x 𐐰𐑌𐐼 y 𐐰𐑌𐐼 𐐼𐐲𐐻𐐲𐑉𐑋𐐮𐑌 p 𐐰𐑌𐐼 q 𐑅𐐬 𐑄𐐰𐐻 𐑄 𐑁𐐲𐑉𐑅𐐻 𐐮𐐿𐐶𐐩𐑈𐐲𐑌 𐐮𐑌 (5) 𐑇𐐰𐑊 𐐺 𐑅𐐰𐐻𐐮𐑅𐑁𐐴𐐼, 𐐮𐐻 𐐮𐑆 𐐿𐑊𐐮𐑉 𐑄𐐰𐐻 𐑄 𐑅𐐯𐐿𐐲𐑌𐐼 𐐮𐐿𐐶𐐩𐑈𐐲𐑌 𐐮𐑆 𐐱𐑊𐑅𐐬 𐑅𐐰𐐻𐐮𐑅𐑁𐐴𐐼.

𐐝𐐲𐐺𐑅𐐻𐐮𐐻𐐭𐐻𐐮𐑍 𐑄 𐑁𐐫𐑉𐑀𐐬𐐮𐑍 𐑂𐐰𐑊𐐷𐐭 𐐲𐑂 x 𐐮𐑌 𐑄 𐑁𐐲𐑉𐑅𐐻 𐐮𐐿𐐶𐐩𐑈𐐲𐑌 𐐮𐑌 (5) 𐐰𐑌𐐼 𐑉𐐲𐐼𐐭𐑅𐐮𐑍, 𐐶𐐨 𐐸𐐰𐑂

$$4s^2t^2(s^4 + mt^4)pq + (s^4 + mt^4)^2q^2 = 8ms^2t^6pq - 4ms^4t^4q^2.$$

𐐜𐐮𐑅 𐐮𐐿𐐶𐐩𐑈𐐲𐑌 𐐶𐐮𐑊 𐐺 𐑅𐐰𐐻𐐮𐑅𐑁𐐴𐐼 𐐮𐑁

$$p = (s^4 + mt^4)^2 + 4ms^4t^4,$$
$$q = -4s^2t^2(s^4 - mt^4).$$

𐐣𐐩𐐿𐐮𐑍 𐐷𐐭𐑆 𐐲𐑂 𐑄𐐨𐑆 𐑂𐐰𐑊𐐷𐐭𐑆 𐐲𐑂 p 𐐰𐑌𐐼 q, 𐐶𐐨 𐐸𐐰𐑂 𐑁𐐫𐑉 x, y, z 𐑄 𐑂𐐰𐑊𐐷𐐭𐑆:

$$x = s\{(s^4 + mt^4)^2 + 4ms^4t^4 - 2(s^8 - m^2t^8)\},$$
$$y = t\{(s^4 + mt^4)^2 + 4ms^4t^4 + 2(s^8 - m^2t^8)\},$$
$$z = \{(s^4 + mt^4)^2 + 4ms^4t^4\}^2 + 16ms^4t^4(s^4 - mt^4)^2.$$

𐐜𐐨𐑆 𐑂𐐰𐑊𐐷𐐭𐑆 𐐲𐑁𐐫𐑉𐐼 𐐲 𐑅𐐮𐑍𐑀𐐲𐑊 𐐮𐑌𐐻𐐲𐑀𐑉𐐲𐑊 𐑅𐐲𐑊𐐭𐑇𐐲𐑌 𐐲𐑂 𐐆𐐿. (3). 𐐆𐑋𐐹𐑊𐐦𐐮𐑍 𐑄𐐮𐑅 𐑅𐐲𐑊𐐭𐑇𐐲𐑌 𐐰𐑌𐐼 𐐷𐐭𐐻𐐮𐑊𐐴𐑆𐐮𐑍 𐑄 𐑋𐐯𐑃𐐲𐐼𐑆 𐐲𐑂 𐑄 𐐹𐑉𐐲𐑅𐐨𐐼𐐮𐑍 𐑅𐐯𐐿𐑇𐐲𐑌, 𐐶𐐲𐑌 𐑋𐐩 𐐲𐐺𐐻𐐩𐑌 𐐲 𐑅𐐯𐐿𐐲𐑌𐐼 𐑅𐐲𐑊𐐭𐑇𐐲𐑌; 𐑁𐑉𐐲𐑋 𐑄𐐮𐑅 𐐮𐑌 𐐻𐐲𐑉𐑌 𐐲 𐑃𐐲𐑉𐐼 𐑋𐐩 𐐺 𐑁𐐵𐑌𐐼; 𐐰𐑌𐐼 𐑅𐐬 𐐱𐑌. 𐐜 𐑉𐐨𐐼𐐲𐑉 𐑋𐐩 𐑉𐐯𐐼𐐮𐑊𐐨 𐑅𐐲𐐹𐑊𐐴 𐑌𐐭𐑋𐐯𐑉𐐮𐐿𐐲𐑊 𐐮𐑊𐐲𐑅𐐻𐑉𐐩𐑇𐐲𐑌𐑆.

𐐇𐐿𐑅𐐲𐑉𐑅𐐴𐑆𐐲𐑆

1. 𐐊𐐺𐐻𐐩𐑌 𐑅𐐲𐑊𐐭𐑇𐐲𐑌𐑆 𐐲𐑂 𐑄 𐐮𐐿𐐶𐐩𐑈𐐲𐑌 $7x^4 - 5y^4 = 2z^2$. (𐐑𐐯𐐹𐐮𐑌, 1879.)

2. 𐐊𐐺𐐻𐐩𐑌 𐑅𐐲𐑊𐐭𐑇𐐲𐑌𐑆 𐐲𐑂 𐐨𐐽 𐐲𐑂 𐑄 𐑁𐐱𐑊𐐬𐐮𐑍 𐐮𐐿𐐶𐐩𐑈𐐲𐑌𐑆:

   $x^4 - 140y^4 = z^2, \quad 4x^4 - 35y^4 = z^2.$ (𐐑𐐯𐐹𐐮𐑌, 1879.)

3. 𐐊𐐺𐐻𐐩𐑌 𐑅𐐲𐑊𐐭𐑇𐐲𐑌𐑆 𐐲𐑂 𐐨𐐽 𐐲𐑂 𐑄 𐑁𐐱𐑊𐐬𐐮𐑍 𐐮𐐿𐐶𐐩𐑈𐐲𐑌𐑆:

   $3x^4 - 2y^4 = z^2, \quad x^4 + 7y^4 = 8z^2, \quad 7x^4 - 2y^4 = 5z^2.$
   (𐐑𐐯𐐹𐐮𐑌, 1879.)

4. 𐐟𐐬 𐐸𐐵 𐐻𐐭 𐑁𐐴𐑌𐐼 𐑅𐐲𐑊𐐭𐑇𐐲𐑌𐑆 𐐲𐑂 𐑄 𐐮𐐿𐐶𐐩𐑈𐐲𐑌 $ax^4 + by^4 = cz^2$ 𐐮𐑌 𐐫𐑊 𐐿𐐩𐑅𐐲𐑆 𐐮𐑌 𐐸𐐶𐐮𐐽 $c = a + b$.

§ 19 𐐊𐑄𐐲𐑉 𐐆𐐿𐐶𐐩𐑈𐐲𐑌𐑆 𐐲𐑂 𐑄 𐐙𐐫𐑉𐑃 𐐔𐐲𐑀𐑉𐐨

𐐎𐐨 𐐸𐐰𐑂 𐑅𐐨𐑌 (§ 6) 𐑄𐐰𐐻 𐑄 𐑅𐐲𐑋 𐐲𐑂 𐐻𐐭 𐐺𐐴𐐿𐐶𐐲𐐼𐑉𐐩𐐻 𐑌𐐲𐑋𐐺𐐲𐑉𐑆 𐐿𐐰𐑌𐐪𐐻 𐐺 𐐪 𐐺𐐴𐐿𐐶𐐲𐐼𐑉𐐩𐐻 𐑌𐐲𐑋𐐺𐐲𐑉; 𐐮𐑌 𐑁𐐰𐐿𐐻, 𐑅𐐲𐐽 𐐪 𐑅𐐲𐑋 𐐿𐐰𐑌𐐪𐐻 𐐺 𐐪 𐑅𐐿𐐶𐐯𐑉 𐑌𐐲𐑋𐐺𐐲𐑉. 𐐙𐐲𐑉𐑄𐐲𐑉𐑋𐐫𐑉, 𐑄 𐑅𐐲𐑋 𐐲𐑂 𐐻𐐭 𐐺𐐴𐐿𐐶𐐲𐐼𐑉𐐩𐐻𐑅 𐐿𐐰𐑌𐐪𐐻 𐐺 𐑄 𐐼𐐲𐐺𐐲𐑊 𐐲𐑂 𐐪 𐑅𐐿𐐶𐐯𐑉 𐑌𐐲𐑋𐐺𐐲𐑉 (𐐇𐐿𐑅. 7 𐐲𐑂 § 6).

𐐜𐐰𐐻 𐑄 𐑅𐐲𐑋 𐐲𐑂 𐑃𐑉𐐨 𐐺𐐴𐐿𐐶𐐲𐐼𐑉𐐩𐐻𐑅 𐐿𐐰𐑌 𐐺 𐐪 𐑅𐐿𐐶𐐯𐑉 𐐮𐑆 𐑉𐐯𐐼𐐮𐑊𐐨 𐑇𐐬𐑌. 𐐢𐐯𐐻 x, y, z 𐐺 𐐮𐑌𐐻𐐲𐐾𐐲𐑉𐑆 𐑅𐐲𐐽 𐑄𐐰𐐻

$$x^2 + y^2 = z^2. \tag{1}$$

𐐢𐐯𐐻 𐐲𐑅 𐑅𐐿𐐶𐐯𐑉 𐐨𐐽 𐑋𐐯𐑋𐐺𐐲𐑉 𐐲𐑂 𐑄𐐮𐑅 𐐮𐐿𐐶𐐩𐑈𐐲𐑌, 𐑋𐐲𐑊𐐻𐐮𐐹𐑊𐐴 𐑃𐑉𐐭 𐐺𐐴 z^4, 𐐰𐑌𐐼 𐑄𐐯𐑌 𐐰𐐼 $x^4y^4 - 2z^4x^2y^2$ 𐐻𐐭 𐐨𐐽 𐑋𐐯𐑋𐐺𐐲𐑉 𐐲𐑂 𐑄 𐑉𐐲𐑆𐐲𐑊𐐻𐐮𐑍 𐐮𐐿𐐶𐐩𐑈𐐲𐑌; 𐑄 𐑉𐐲𐑊𐐩𐑇𐐲𐑌 𐑄𐐲𐑅 𐐲𐐺𐐻𐐩𐑌𐐼 𐑋𐐩 𐐺 𐑉𐐮𐐻𐐲𐑌 𐐮𐑌 𐑄 𐑁𐐫𐑉𐑋

$$(xy)^4 + (yz)^4 + (zx)^4 = (z^4 - x^2y^2)^2. \tag{2}$$

𐐤𐐵 𐐆𐐿. (1) 𐐸𐐰𐑆 𐑄 𐐾𐐯𐑌𐐲𐑉𐐲𐑊 𐐹𐑉𐐮𐑋𐐮𐐻𐐮𐑂 𐑅𐐲𐑊𐐭𐑇𐐲𐑌

$$x = m^2 - n^2, \quad y = 2mn, \quad z = m^2 + n^2.$$

𐐝𐐲𐐺𐑅𐐻𐐮𐐻𐐭𐐻𐐮𐑍 𐑄𐐨𐑆 𐑂𐐰𐑊𐐷𐐭𐑆 𐐮𐑌 (2) 𐐶𐐨 𐐸𐐰𐑂 𐑄 𐐴𐐼𐐯𐑌𐐻𐐮𐐻𐐨

$$\{2mn(m^2 - n^2)\}^4 + \{2mn(m^2 + n^2)\}^4 + (m^4 - n^4)^4 \\ = (m^8 + 14m^4n^4 + n^8)^2.$$

𐐜𐐲𐑅 𐐶𐐨 𐐸𐐰𐑂 𐐪 𐐻𐐭-𐐹𐐲𐑉𐐰𐑋𐐲𐐻𐐲𐑉 𐑅𐐲𐑊𐐭𐑇𐐲𐑌 𐐲𐑂 𐑄 𐐹𐑉𐐪𐐺𐑊𐐲𐑋 𐐲𐑂 𐑁𐐴𐑌𐐼𐐮𐑍 𐑃𐑉𐐨 𐐺𐐴𐐿𐐶𐐲𐐼𐑉𐐩𐐻 𐑌𐐲𐑋𐐺𐐲𐑉𐑆 𐐸𐐭𐑆 𐑅𐐲𐑋 𐐮𐑆 𐐪 𐑅𐐿𐐶𐐯𐑉. 𐐆𐑁 𐐶𐐨 𐐹𐐳𐐻 $m = 2, n = 1$, 𐐶𐐨 𐐸𐐰𐑂 𐑄 𐐹𐐲𐑉𐐻𐐮𐐿𐐷𐐲𐑊𐐲𐑉 𐐮𐑊𐐲𐑅𐐻𐑉𐐲𐐻𐐮𐑂 𐑉𐐲𐑊𐐩𐑇𐐲𐑌 $12^4 + 20^4 + 15^4 = 481^2$.

𐐐𐐶𐐯𐑄𐐲𐑉 𐐫𐑉 𐑌𐐪𐐻 𐑄 𐑅𐐲𐑋 𐐲𐑂 𐑃𐑉𐐨 𐐺𐐴𐐿𐐶𐐲𐐼𐑉𐐩𐐻 𐑌𐐲𐑋𐐺𐐲𐑉𐑆 𐐿𐐰𐑌 𐐺 𐐪 𐐺𐐴𐐿𐐶𐐲𐐼𐑉𐐩𐐻 𐐲𐐹𐐮𐑉𐑆 𐑌𐐯𐑂𐐲𐑉 𐐻𐐭 𐐸𐐰𐑂 𐐺𐐮𐑌 𐐼𐐲𐐻𐐲𐑉𐑋𐐮𐑌𐐼, 𐑄𐐬 𐐄𐐮𐑊𐐲𐑉 𐑅𐐨𐑋𐑆 𐐻𐐭 𐐸𐐰𐑂 𐐺𐐮𐑌 𐐲𐑂 𐑄 𐐲𐐹𐐮𐑌𐐷𐐲𐑌 𐑄𐐰𐐻 𐐮𐐻 𐐮𐑆 𐐮𐑋𐐹𐐪𐑅𐐮𐐺𐐲𐑊.

𐐆𐐻 𐐮𐑆 𐐨𐑆𐐨 𐐻𐐭 𐑁𐐴𐑌𐐼 𐑃𐑉𐐨 𐐺𐐴𐐿𐐶𐐲𐐼𐑉𐐩𐐻 𐑌𐐲𐑋𐐺𐐲𐑉𐑆 𐐸𐐭𐑆 𐑅𐐲𐑋 𐐮𐑆 𐐨𐐿𐐶𐐲𐑊 𐐻𐐭 𐑄 𐐼𐐲𐐺𐐲𐑊 𐐲𐑂 𐐪 𐑅𐐿𐐶𐐯𐑉. 𐐆𐑌 𐑁𐐰𐐿𐐻, 𐑄𐐨𐑆 𐐪𐑉 𐐲𐑁𐐫𐑉𐐼𐐲𐐼 𐐺𐐴 𐑄 𐐴𐐼𐐯𐑌𐐻𐐮𐐻𐐨

$$x^4 + y^4 + (x + y)^4 = 2(x^2 + xy + y^2)^2. \tag{3}$$

ƕȯ ɣ ɸɥlεbɥɥ

$$x^2 + xy + y^2 = (a^2 + ab + b^2)^2$$

ɪ6 ɞɹlɪɞρɸd ɪρ

$$x = a^2 - b^2, \quad y = 2ab + b^2.$$

Ɨρ ωə ɞɥɞɞlɪlɑl ɣəɞ ɞɹlʌɑ6 ɥ6 x ɹɥd y ɪɥ (3), ωə ɸɹɞ ɣ ɸdɹɥlɪlə

$$(a^2 - b^2)^4 + (2ab + b^2)^4 + (a^2 + 2ab)^4 = 2(a^2 + ab + b^2)^4.$$

Ɣɪɞ ɥρɸɸd6 ə lɑ-ɪɥɸɹɔɥlɥɸ ɞɥlɑbɥ ɥ6 ɣ ɪɸɞɞlɥɔ ɥ6 ρɸɥdɪи ʟɸə ɞɸωɥdɸεl ɥɥɔɞɥɸ6 ɸɑ6 ɞɥɔ ɪ6 əωωɥl lɑ ɣ dɥɞɥl ɥ6 ə ɞɸωɥdɸεl ɥɥɔɞɥɸ. Ɑ6 ə ɪɥɸlɪωʌɥlɥɸ ωεɞ ωə ɸɹɞ

$$3^4 + 5^4 + 8^4 = 2 \cdot 7^4.$$

Ɨɥ ə ɞɪɔɪlɥɸ ωε ωɥɥ ɔε ɥɞlεɥ ɹɥ ɸdɹɥlɪlə ɥρɸɸdɪи ə lɑ-ɪɥɸɹɔɥlɥɸ ɞɥlɑbɥ ɥ6 ɣ ɪɸɞɞlɥɔ ɥ6 ρɸɥdɪи ʟɸə ɞɸωɥdɸεl ɥɥɔɞɥɸ6 ɸɑ6 ɞɥɔ ɪ6 ɣ dɥɞɥl ɥ6 ə ɥɥɔɞɥɸ ɥ6 ɹɥə əɞɥɥ ɪəɥɸ. Ƿoɸ ɣɪɞ ɪɥɸɪɥɞ ɪl ɪ6 ɞɥρɪbɥɥl lɑ dɥlɥɸɔɪɥ x ɹɥd y ɞo ɣɹl

$$x^2 + xy + y^2 = (a^2 + ab + b^2)^k,$$

$2k$ ɞəɪи ɣ ɪɥdɹωɞ ɥ6 ɣ əɞɥɥ ɪəɥɸ ɥɥdɥɸ ωɥɥɞɪdɥɸεbɥɥ, ɹɥd ɞɥɞɞlɪlɑl ɣ ɸɥɞɥlɪи ɞɹlʌɑ6 ɥ6 x ɹɥd y ɪɥ (3). Ɣɪɞ dɥlɥɸɔɪɥεbɥɥ ɥ6 x ɹɥd y ɔε ɸɹdɪlə ɞ ɔεd ɞɸ ɣ ɔɹʟɥd ɞɹl ρoɸɩ ɪɥ § 7.

Φωɹɣɥɸ ɣ ɞɥɔ ɥ6 ρɸɥ ɞɸωɥdɸεl ɥɥɔɞɥɸ6 ωɹɥ ɞ ə ɞɸωɥdɸεl ɥɥɔɞɥɸ ɥɪɥɸ6 ɥəl ʌɹl lɑ ɸɹɞ ɞɪɥ dɥlɥɸɔɪɥd. Ɣɹl ɣ ɞɥɔ ɥ6 ρɸɞ ɞɸωɥdɸεl ɥɥɔɞɥɸ6 ωɹɥ ɞ ə ɞɸωɥdɸεl ɥɥɔɞɥɸ ɪ6 ɸɹdɪlə boɥ. Ɣ ɞɔɑlɥɞl ɪɥlɥɕɥɸ6 ɞɹlɪɞρɸɪи ɣɪɞ ωɥɥdɪbɥɥ ɥɪɥɸ lɑ ɞ ɣo6 ɪɥɞɞlɞd ɪɥ ɣ ɸɥlεbɥɥ

$$4^4 + 6^4 + 8^4 + 9^4 + 14^4 = 15^4.$$

ɞɹɞɥɸɥl ɸdɹɥlɪlə6 ɥρɸɸdɪи ə ɞɥlɑbɥ ɥ6 ɣɪɞ ɪɸɞɞlɥɔ ɸɹɞ ɞɪɥ ɥɞlεɥd ɞɸ lɹɥlɥlɪɞ ɔɹʟɥd6. (ɞə ə ɪεɪɥɸ ɞɸ Ɔəɸlɪɥ ɪɥ ɣ Ɪɸɥɞədɪи6 ɥ6 ɣ Ɨɥlɥɸɥɹbɥɥl Ωəɪώɸɥɞ ɥ6 Ɔɹʟɥɔɥlɪbɥɥ6, 1912.) Ɣ ρəlɑɪи ɞɸ lɑ ɥ6 ɣɹɔ:

$$\left.\begin{aligned}(8s^2+40st-24t^2)^4&+(6s^2-44st-18t^2)^4\\&+(14s^2-4st-42t^2)^4+(9s^2+27t^2)^4\\&+(4s^2+12t^2)^4=(15s^2+45t^2)^4;\\(4m^2-12n^2)^4&+(2m^2-12mn-6n^2)^4+(4m^2+12n^2)^4\\&+(2m^2+12mn-6n^2)^4+(3m^2+9n^2)^4\\&=(5m^2+15n^2)^4\end{aligned}\right\}\quad(4)$$

Ƥъɣʀɸ ɹʟʀώʀъʅ ʅɸθвʟʀɔ ωʀъвʀɸъи вɸωωʀdɸɛʅ ъʀɔвʀɸ6 ъ6 ɣ ƥвʟоъи: ʅω ƥɸъd ʅω вɸωωʀdɸɛʅ ъʀɔвʀɸ6 ɸω6 вʀɔ ъ6 әωωʀʟ ʅω ɣ вʀɔ ʀв ʅω ʀɣʀɸ вɸωωʀdɸɛʅ ъʀɔвʀɸ6; ъ ʀɣʀɸ ωʀɸd6, ʅω ƥɸъd вʀʟωbʀъ6 ʀв ɣ ъωωɛsʀъ

$$x^4+y^4=u^4+v^4. \qquad (5)$$

Ɣъв ʅɸθвʟʀɔ ωә bɹʟ ъώ ωʀъвъdʀɸ. Ɨƥ ωә вɹʅ

$$x=a+b,\quad y=c-d,\quad u=a-b,\quad v=c+d, \qquad (6)$$

ɹъd вʀввʅʅωʅ ъ Ɨω. (5), ωә ɸɹв

$$ab(a^2+b^2)=cd(c^2+d^2).$$

Оʅʀɸ ɸɹ6 ʀв6ʀɸвd ɣɹʅ ɣъв ъωωɛsʀъ ъ6 ɸdɹъʅωʀʟә вɹʅъвƥɸd ъƥ

$$\begin{aligned}a&=g(f^2+g^2)(-f^4+18f^2g^2-g^4),\\b&=2f(f^6+10f^4g^2+f^2g^4+4g^6),\\c&=2g(4f^6+f^4g^2+10f^2g^4+g^6);\\d&=f(f^2+g^2)(-f^4+18f^2g^2-g^4).\end{aligned}$$

Ѡъɣ ɣә6 вɹʟvω6 ʀв a, b, c, d, Ɨω6. (6) ʀƥоɸd ә ʅω-ʅʀɸɹɔʀʅʀɸ вʀʟωbʀъ ʀв (5).

Ƥоɸɔvʀʟʀ6 ƥоɸ ɸʀ6әʟвъи ɣ ъωωɛsʀъ

$$x^4+y^4+z^4=u^4+v^4+w^4$$

ɸɹв въъ ώъвʀъ вɸ вɹвʀɸʀʟ ɸɸʅʀɸ6. Ʒә *Intermédiaire des Mathématiciens*, 19: 254; 20: 105. Ә ʅω-ʅʀɸɹɔʀʅʀɸ вʀʟωbʀъ ʀв ɣ ъωωɛsʀъ

$$w^4+x^4+y^4+z^4=s^4+t^4+u^4+v^4$$

ɔɛ ɐ pόɥd pφɾɔ ƚωɞ. (4) ɾɐɾɞ ɐɸ ˥ɥ˥ɫɴ $n = s$ ɹɥd $m = 3t$ ɹɥd ɫωωɛ˥ɫɴ ɣ pɾφɐ˥ ɔɹɔɐɾφɞ, ɣɫɞ ɐəɫɴ ɭɾɕ˥ɫɔɾ˥ ɞɥɞ ɣ ɞɹωɾɥd ɔɹɔɐɾφɞ ɞɸ ɸdɹɥ˥ɫωɾɭ.

Ϛɹɥɾφɾɩ Ɉωɞɾφɞɸ6ɾ6 1-20

1. Ƥɸɥd ə ˥ω-˥ɾφɹɔɾ˥ɾφ ɞɾɭωbɾɥ ɾɞ əc ɾɞ ɣ pəɭoɫɴ ɫωωɛsɾɥ6:

$$
\begin{aligned}
x^4 + y^4 + 4z^4 &= t^4,\\
x^4 + 2y^4 + 2z^4 &= t^4,\\
x^4 + 8y^4 + 8z^4 &= t^4,\\
x^4 + y^4 + 2z^4 &= 2t^4,\\
x^4 + y^4 + 8z^4 &= 8t^4.
\end{aligned}
$$

(Ωəφɔɸωɾɭ, 1913.)

2. Ɽɐ˥ɛɥ ɞɾɭωbɾɥ6 ɾɞ ɣ ɫωωɛsɾɥ

$$x^4 + y^4 + z^4 = u^4 + v^4.$$

3. Ƥɸɥd ɞɫωɞ ɐɸωωɾdφɛ˥ ɥɾɔɐɾφ6 φω6 ɞɾɔ ɫ6 ə ɐɸωωɾdφɛ˥.

4. Ƥɸɥd n ɐɸωωɾdφɛ˥ ɥɾɔɐɾφ6 φω6 ɞɾɔ ɫ6 ə ɐɸωωɾdφɛ˥ ɫɥ ωɛɞ $n = 7, 8, 9, 10$.

5.* Ɒo ɣɹ˥ $x = 3, y = 1, z = 2$ ɞɸ ɣ oɥɭə φɹɭɾ˥ɫɞɭə ˥φɸɔ ɫɥ˥ɾɕɾφ6 φωɫc ɞɹ˥ɫɐpɸ ɣ ɫωωɛsɾɥ

$$x^4 - y^4 = 5z^4.$$

(Ƥόωɹɔɐɾφώ, 1912.)

6. Ɣ ɫωωɛsɾɥ $x(x + 1) = 2y^4$ φɹ6 ɥo ɫɥ˥ɾώφɾɭ ɞɾɭωbɾɥ ɾɣɾφ ɣɹɥ $x = y = 0, x = y = 1$.

7. ɞ˥əφ˥ɫɴ pφɾɔ ɣ ɫωωɛsɾɥ $x^2 + ay^2 = z^2$ ɕɹɥɾφɾɭɸ6 ɣ pɾφɐ˥ φɾ6ɾɭ˥ ɾɞ § 19.

8.* Ɒo φό ˥ω pɸɥd ɵɭ ɣ ɞɾɭωbɾɥ6 ɾɞ ɣ ɫωωɛsɾɥ $x^4 + 35y^4 = z^2$ φωɫc ɭɸ ɾɥdɾφ ə ώɫɞɾɥ ɭɔɫ˥. (Ʇɹ˥ɫɥ, 1895.)

9.* Ɒo ɣ⅃ɿ ɣ ɨωωεsʳɣ $px^4 - 41y^4 = z^2$ φ⅃6 ɣo ф⅃bʳɣʳɭ ɞʳɭɸbʳɣ φωɹɣ ɣ ɿффͻ p φ⅃6 ɹɣə ωʳɣ ʳɵ ɣ ɞ⅃ɭvɸ6 5, 37, 73, 113, 337, 349, 353, …, фɹɿфʳ6ɹɣɿʳd ɐф ɣ ρɵфͻ $5m^2 + 4mn + 9n^2$. (Ɣɨɞ ⅃ɣd ɞɹɞʳфʳɭ ɞɨͻɨɭʳф фʳ6ʳɭɿɞ ɵф ώɨɞʳɣ ɐф Ꞁɹɿɨɣ ɨɣ ɣ Comptes Rendus of the Paris Academy, Ɓɵɭ. LXXXVIII, ɿɿ. 1255–1257 ⅃ɣd Ɓɵɭ. XCIV, ɿɿ. 122–124.)

10.* Ƥɐɿεɣ ɣ ɕɹɣʳфʳɭ ɞʳɭɸbʳɣ ʳɵ ɣ ɨωωεsʳɣ

$$x^4 - 8x^2y^2 + 8y^4 = z^2. \qquad \text{(Ꞁɹɿ⅃ɣ, 1898.)}$$

11.* Ƥɐɿεɣ formulæ ʳρɵфdɨʌ ɞʳɭɸbʳɣ6 ʳɵ ɣ ɨωωεsʳɣ

$$ax^4 + bx^2y^2 + cy^4 = dz^2. \qquad \text{(Ɵɐфə, 1911.)}$$

12.* Ȣɵɭɞ ɣ ɨωωεsʳɣ

$$x^4 + 4hx^2y^2 + (2h-1)^2y^4 = z^2,$$

φωɹф h ɨ6 ɞʳc ɣ⅃ɿ $4h - 1$ ⅃ɣd $2h - 1$ ɵф ɿффͻ6. (Ꞁəɹɿфoωoɭʳ, 1898.)

13. Ƥɐɿεɣ ɞʳɭɸbʳɣ6 ʳɵ ɣ ɨωωεsʳɣ

$$x^4 + x^3y + x^2y^2 + xy^3 + y^4 = z^2. \qquad \text{(Ͻɵфε-Ȣɭɵɣω, 1881.)}$$

14. Ƥɐɿεɣ ɞʳɭɸbʳɣ6 ʳɵ ɣ ɨωωεsʳɣ

$$x^4 - 5x^2y^2 + 5y^4 = z^2. \qquad \text{(Ͻɵфε-Ȣɭɵɣω, 1881.)}$$

15.* Ƥɐɿεɣ ɣ ɕɹɣʳфʳɭ ɞʳɭɸbʳɣ ʳɵ ɣ ɨωωεsʳɣ $x^4 - 4x^2y^2 + y^4 = z^4$.(Ꞁəффʳ, 1913.)

16. Ƥɐɿεɣ ɞʳɭɸbʳɣ6 ʳɵ ɣ ɨωωεsʳɣ

$$(x^2 - y^2 - 2xy)^2 - 8x^2y^2 = z^2. \qquad \text{(Ɵɐфə, 1913.)}$$

17.† Ꭿʳɿʳфͻɣ φωɹɣʳф ɣ ɞʳͻ ʳɵ ɩфə ɐфωʳdфεɿ ɣʳͻɐʳф6 ωɹɣ ɐ əωʳɭ ɿɸ ə ɐфωʳdфεɿ ɣʳͻɐʳф.

18.† Ɑґ˥ґφɔҥ φωɹγґφ γ ϐґɔ ґϐ ƿоф ɑфωωґdфε˥ ъґɔɑґф6 ωɹъ ɑ әωωґ˥ ˥ɸ ɵ ɑфωωґdфε˥ ъґɔɑґф.

19.† Ɑɨϐωґϐ γ ϐɹ˥ɤɸ6 ґϐ a ƿоф φωɨc γ ɨωωεsґъ

$$x^4 + y^4 + a^2 z^4 = u^4$$

φɹ6 ъϴъ-6ɨфо ɨъ˥ґώфґ˥ ϐґ˥ɸbґъ6.

20.† Ɑɨϐωґϐ γ ϐɹ˥ɤɸ6 ґϐ a (ɨƿ ɹъә ɨώ6ɨϐ˥) ƿоф φωɨc γ ɨωωεsґъ

$$x^4 + a^2 y^4 + a^2 z^4 = u^4$$

φɹ6 ъϴъ-6ɨфо ɨъ˥ґώфґ˥ ϐґ˥ɸbґъ6.

5 Ɨωωεsʀʜ6 ʀɞ ᗡʀῶφə Φᵭʀφ γᴊʜ γ Ꝑoφʟ. Ɣ Ꝑᴀφɔə Ίφəɛɭʀɔ

§ 20 Φʀɔəφωɞ Ωʀʜɞʀφʜɨи Ɨωωεsʀʜ6 Ʀɞ Φᵭʀφ ᗡʀῶφə

Φωᴀʜ ωə ꞁᴊɞ ꞁɷ ɨωωεsʀʜ6 ʀɞ dʀῶφə φᵭʀφ γᴊʜ γ poφʟ ωə pᵭʜd γᴊꞁ ɞʀꞁ ɭɨꞁʀɭ ɨpᴀωꞁɨɞ ꞁφəəῶφᴀɞ φᴊ6 ɞɨʜ ɔεd. Ɵpʀʜ ɨꞁ ɨ6 ə ɔᴊꞁʀφ ʀɞ ῶφεꞁ dɪpɨωʀꞁə ꞁɷ dʀꞁʀφɔɨʜ φωᴀγʀφ ə ῶɨɞʀʜ ɞʀɭɷbʀʜ ɨ6 γ ϛᴀʜʀφʀɭ ɞʀɭɷbʀʜ ʀɞ ə ῶɨɞʀʜ ɨωωεsʀʜ. Ɨʜdəd γɨɞ ɨ6 ꞁφɷ, ꞁɷ ə ɭəφϛ ɨωɞꞁᴀʜꞁ, ʀɞ ɨωωεsʀʜ6 ʀɞ γ ʟʀφd ᴊʜd poφʟ dʀῶφə6. ∂ɞʀʜ φɨφ γᴀφ əφ ɞʀꞁ pᵥɷ ɨωωεsʀʜ6 poφ φωɨc ə ϛᴀʜʀφʀɭ ɞʀɭɷbʀʜ ɨ6 ʜoʜ əφ poφ φωɨc ɨꞁ ɨ6 ʜoʜ γᴊꞁ ʜo ɞʀɭɷbʀʜ ᴊꞁ oɭ ɨῶ6ɨɞꞁɞ. Ɋ6 γ dʀῶφə ʀɞ γ ɨωωεsʀʜ ɨʜωφəɞʀ6, γ ϛᴀʜʀφᴊɭɨꞁə ʀɞ γ ʜoʜ φʀ6ʀɭɞ dʀωφəɞʀ6 ɨʜ ə φᴊꞁɨd φεbəo. Oʜɭə γ ɔoɞꞁ ɞꞁᴀbʀɭ ɨωωεsʀʜ6 ʀɞ dʀῶφə φᵭʀφ γᴊʜ γ poφʟ φᴊɞ ɞɨʜ ᴊꞁ oɭ ꞁφəꞁʀd ᴊʜd poφ oʜɭə ə pᵥɷ ʀɞ γə6 ɨ6 ωʀʜ εɞʀɭ ꞁɷ ᴊʜɞʀφ γ ωωᴀɞcʀʜ6 ʜᴊcʀφʀɭə ꞁφʀꞁəʜdʀd ᴊ6 ꞁɷ γ ɨῶ6ɨɞꞁʀʜɞ əφ ϛᴀʜʀφᴊɭɨꞁə ʀɞ ɞʀɭɷbʀʜ6. (8ə ᴀωɞ. 71, ꞁ. 239.)

8ᴀɞʀφʀɭ ꞁεꞁʀφ6 φᴊɞ ɞɨʜ φɨꞁʀʜ oʜ γ ꞁφəɞɭʀɔ ʀɞ dʀꞁʀφɔɨʜɨи ə ɞʀɔ ʀɞ dɪpʀφʀʜꞁ nʟ ꞁəʀφ6 əωωʀɭ ꞁɷ ᴊʜ nʟ ꞁəʀφ; ɞʀꞁ γ ɔᴀʟʀd6 ɨɔꞁɭoɨd əφ ɭəφϛɭə ꞁᴀʜꞁʀꞁɨɞ ɨʜ ωᴀφʀωꞁʀφ ᴊʜd γ φʀ6ʀɭɞ əφ pəφ pφʀɔ ωʀɔꞁɭəꞁ. Φᴀpʀφʀʜɞ ɔε ɞ ɔεd ꞁɷ Ɓəφɞᴀꞁ'ɞ ɔəʜʀῶφᴊp ʀɞ 154 ωωəφꞁə ꞁεϛʀ6, ɨʜꞁᵭꞁʀɭd, "*Les sommes de p^{ièmes} puissances distinctes égales à une p^{ième} puissance,*" ᴊʜd ꞁɷ ə ꞁεꞁʀφ ɞᵭ Ɵ. Ɔəφꞁɨʜ ɨʜ γ *Ίφʀɞədɨʜ6 ʀɞ γ Ɨʜꞁʀφʜᴊbʀʜʀɭ Ωəʜῶφʀɞ ʀɞ Ɔᴊʟʀɔʀꞁɨbʀʜ6*, 1912. 8ə oɭɞo γ φᴀpʀφʀʜɞʀ6 ɨʜ γ ɭᴊꞁʀφ ꞁεꞁʀφ.

Ɨʅ ɪ6 ɹъ ə6ə ɔɹʅʀϕ ʅɷ ωʀъвʅϕʀωʅ ɪωωεsʀъ6 ʀв ɹъə dʀώϕə dʀ6ϑϕd ɪъ вʀc ə ωε γɹʅ formulæ əϕ ϕɹdɪʅə ʀвʅεъd ᵜəʅdɪи ϕɹbʀъʅ вʀʅɷbʀъ6 ɪъвəʅвɪи ωʀъ əϕ ɔəϕ ɪʀϕɹɔʀʅʀϕ6; вʀʅ γɪв ɪ6 ə ʅϕɪвəʀʅ ɹωвʀϕвϑ6. Φωʀʅ ɪ6 ɔəϕ ɪϕəʀɪʅʀвʀʅ ɪ6 ə вɹʅɪвʀɹωʅʀϕə ʅϕəʅɔʀъʅ ʀв γə6 ɪωωεsʀъ6 ϕωɪc ʀʀϕвʅ ωʀɔ ʅɷ ɔϑъd ϕωɹъ ωʀъ ωʀъвɪdʀϕ6 γ ωωɹвcʀъ ɹ6 ʅɷ ϕωʀʅ əϕ γ вɪɔɪʅʀвʅ ɪωωεsʀъ6 ʀв вɹϕəʀв ώɪвʀъ dʀώϕə6. Ɪϕəвʀвʅə γ ɔəвʅ ɹʅʀώʀъʅ ɪωωεsʀъ ʀв dʀώϕə n ɪ6 γ ʀəʅɪɪи:

$$x^n + y^n = z^n. \tag{1}$$

Ωʀъвʀϕъɪи ɪωωεsʀъ6 ʀв ϕϑʀϕ dʀώϕə γ ɔəвʅ dʀ6ϑϕʀвʀʅ ʟɪи ʅɷ dɷ ʀʀϕвʅ ɪ6 ʅɷ ɹвʀϕʅεъ ɔɹʟʀd6 вϑ ϕωɪc ωʀъ ɔε ʅϕəʅ ωʀɔʅʅəʅə γ вɪɹbʀʅ ωεвʀ6, вʀc, ʀəϕ ɪώ6ɹɔɪʀʅ, ɹ6 Ɨω. (1) ʀвʀв.

Ƿəϕ ə ʅəɪи ʅϑɔ Ɨω. (1) ϕɹ6 ϕɹʅd ɹъ ɪъʅʀϕʀвʅɪи ɪʅεв ɪъ γ ϕɪвʅʀϕə ɹъd ʅɪʅʀϕʀcʀϕ ʀв γ ʟɪϕə ʀв ъʀɔвʀϕ6. Ɣɪв cɹɪʅʀϕ ɪ6 dʀвəʅʀd ɪϕɪъвɪɪʀʅə ʅɷ ə вʅʀdə ʀв γɹʅ ɪωωεsʀъ. Ɨʅ ωʀ6 ʀʀϕвʅ ɪъʅϕʀdɷвʅ ʅɷ ъəʅɪв вϑ Ƿɹϕɔə ɪъ γ вɹвʀъʅəъʟ вɹъcʀϕə. Ƿɹϕɔə вʅεʅʀd, ωɪʟόʅ ɪϕɷʀ, γ ʀəʅɪɪи ʟəʀϕʀɔ, ωəɔʀъʅə ъəъ ɹ6 Ƿɹϕɔə'6 Ɩɪвʅ Ləʀϕʀɔ: *Ɨʀ n ɪ6 ɹъ ɪъʅʀςʀϕ όϕεʅʀϕ γɹъ 2 γɹϕ dɷ ъəʅ ɪώɪвʅ ɪъʅʀςʀϕ6 x, y, z, əʅ dɪʀϕʀъʅ ʀϕʀɔ 6ɪϕə, вʀc γɹʅ $x^n + y^n = z^n$.*

Ɣɪв Ləʀϕʀɔ ωʀ6 ϕɪʅʀъ dόъ вϑ Ƿɹϕɔə əъ γ ɔəϕςɪъ ʀв ϕɪ6 ωəʅə ʀв Ꭿϑʀʀɹъʅʀв. Φə ɹdʀd γɹʅ ϕə ϕɹd dɪвωʀвʀϕd ə ʅϕəʅə ϕʀɔəϕωʀвʀʅ ɪϕəʀ ʀв γ ʟəʀϕʀɔ, вʀʅ γɹʅ γ ɔəϕςɪъ ʀв γ вqω ωʀ6 ʅɷ ъɹϕə ʅɷ ωʀъʅεъ ɪʅ. Ъə ωʀъ ϕɹ6 ϕədɪвωʀвʀϕd Ƿɹϕɔə'6 ɪϕəʀ, ɪʀ ɪъdəd ϕə ϕɹd ωʀъ (ɹъd γɹϕ вəɔ6 ʅɷ в ъə вʀʀɪbʀъʅ ϕə6ʀъ ʀəϕ dόʅɪи ϕɪ6 вʅεʅɔʀъʅ). Ɨъ ʀɹω, ъə ςɹъʀϕʀʅ ɪϕəʀ ʀв γ ʟəʀϕʀɔ ϕɹ6 ᵜɹɹ вɪъ ʀόъd. Ƿəϕ вɹϕəʀв вɪɹbʀʅ вɹʅᵜə6 ʀв n ɪϕəʀв ϕɹв вɪъ ώɪвʀъ; ɪъ ɪʀϕʅɪωᵜʀʅʀϕ ʀəϕ ɹвϕə вɹʅᵜə ʀв n ъəʅ όϕεʅʀϕ γɹъ 100.

Ɨъ γ ъɹωвʅ вɹωbʀъ ωə bɹʅ dʀвɹʅʀɪ γ ɔəϕ ɹʅʀɔɹъʅʀϕə ɪϕəɪʀϕʅə6 ʀв Ɨω. (1); ɹъd ɪъ γ ʀəʅɪɪи вɹωbʀъ ωə bɹʅ ώɪв ə вϕəʀ ςɹъʀϕʀʅ ʀωόъʅ ʀв γ ɪϕɹ6ʀъʅ вʅεʅ ʀв ъəʅʀς ωʀъвʀϕъɪи γɪв ɪωωεsʀъ.

§ 21 ɅɭɼƆɅʵɭɼɸə Ꞁɸʚɩɼɸɭəɞ ɼɞ ɣ Ɨωωɛsɼʵ $x^n + y^n = z^n, n > 2$

Ɨʵ ɣ ȣɭɼdə ɼɞ ɣ ɨωωɛsɼʵ

$$x^n + y^n = z^n, \quad n > 2, \tag{1}$$

ɨɭ ɨɞ ωɼʵɞəʵɣɼʵɭ ɭɷ ɔɛω ȣɼɔ ꞁɸɼɭɨɔɨʵɅɸə ɸɼdɼωbɼʵɞ. Ɨp ɣɅɸ ɨώɞɨȣɭȣ Ʌʵə ꞁɼɸɭɨωɣɼɭɼɸ ȣɼɭɷbɼʵ ɼɞ (1), ɣɅɸ ɨώɞɨȣɭȣ ɵɭȣo ʚ ȣɼɭɷbɼʵ ɨʵ φωɨc x, y, z ʚɸ ꞁɸɸɔ əc ɭɷ əc. Ɣɨȣ ɔɛ ȣ ɸɅdɨɭə ꞁɸɷɞd ɥɞ pʚɭoɞ: ɨp Ʌʵə ɭɷ ɼɞ ɣ ʵɼɔȣɼɸɞ x, y, z φɥɞ ɣ ώɸɛɭɼȣɭ ωʚɔɼʵ pɥωɭɼɸ d, ɣɅʵ pɸɼɔ (1) ɨɭȣɅɭp ɨɭ pʚɭoɞ ɣɥɭ ɣ ʟɼɸd ʵɼɔȣɼɸ ɼɞ ɣ ȣɅɭ φɥɞ ɵɭȣo ɣɨȣ ȣɛɔ pɥωɭɼɸ. ΨɅʵȣ ɣ ɨωωɛsɼʵ ɔɛ ȣ dɨɞɸdɼd ʟɸɷ ȣɸ d^n. Ɣ ɸɼɞɼɭɨɴ ɨωωɛsɼʵ ɨɞ ɼɞ ɣ ȣɛɔ pɵɸɔ ɥɞ (1). Ɨɭ ɨɞ ωɭɨɸ ɣɥɭ x, y, z ɨʵ ɣɨȣ ɸɼɞɼɭɨɴ ɨωωɛsɼʵ ʚɸ ꞁɸɸɔ əc ɭɷ əc. ΨɅʵȣ, ɨʵ ꞁɸɷȣɨɴ ɣ ɨɔꞁʚȣɨȣɨɭə ɼɞ (1), ɨɭ ɨɞ ȣɼpɨbɼʵɭ ɭɷ ꞁɸəɭ oʵɭə ɣ ωɛȣ ɨʵ φωɨc x, y, z ʚɸ ꞁɸɸɔ əc ɭɷ əc.

ƔώɅʵ, ȣɨʵȣ n ɨɞ ώɸɛɭɼɸ ɣɥʵ 2, ɨɭ ɔɼȣɭ ωɼʵɭɛʵ ɣ pɥωɭɼɸ 4 ɵɸ ɥʵ ʚd ꞁɸɸɔ pɥωɭɼɸ p. Ɨp n ωɼʵɭɛʵɞ ɣ pɥωɭɼɸ 4, ωə ɔɛ ɸɸɭ $n = 4m$, φωɅʵȣ ωə φɥȣ

$$(x^m)^4 + (y^m)^4 = (z^m)^4.$$

Pɸɼɔ ɣ ωɵɸɼɭɅɸə ɭɷ ʟɅɼɸɼɔ IV ɨʵ § 5 ɨɭ pʚɭoɞ ɣɥɭ ɣɨȣ ɨωωɛsɼʵ ɨɞ ɨɔꞁʚȣɨȣɼɭ. ΨɅʵȣ, ɨp Ɨω. (1) ɨɞ ȣɥɭɨȣpɸd, n dɼɞ ʵʚɭ ωɼʵɭɛʵ ɣ pɥωɭɼɸ 4. Ꞩό, ɨp n ωɼʵɭɛʵɞ ɣ ʚd ꞁɸɸɔ pɥωɭɼɸ p, ωə ɔɛ ɸɸɭ $n = pm$, φωɅʵȣ ωə φɥȣ

$$(x^m)^p + (y^m)^p = (z^m)^p.$$

ƔɅɸpɵɸ, ɨʵ ɵɸdɼɸ ɭɷ ꞁɸɷȣ ɣ ɨɔꞁʚȣɨȣɨɭə ɼɞ Ɨω. (1) ɨɭ ɨɞ ȣɼpɨbɼʵɭ ɭɷ bo ɣɥɭ ɨɭ ɨɞ ɨɔꞁʚȣɨȣɼɭ φωɅʵ n ɨɞ ʚωωɼɭ ɭɷ ɥʵ ʚd ꞁɸɸɔ ʵɼɔȣɼɸ p; ɣɥɭ ɨɞ, ɨɭ ɨɞ ȣɼpɨbɼʵɭ ɭɷ ꞁɸɷȣ ɣ ɨɔꞁʚȣɨȣɨɭə ɼɞ ɣ ɨωωɛsɼʵ $x^p + y^p = z^p$, φωɅɸ p ɨɞ ɥʵ ʚd ꞁɸɸɔ. Ȣɸ cɛʵɕɨɴ z ɭɷ $-z$ ɣɨȣ ɔɛ ȣ ɸɨɭɼʵ ɨʵ ɣ ɔɵɸ ȣɨɔɅɭɸɨω pɵɸɔ

$$x^p + y^p + z^p = 0. \tag{2}$$

Ɯə bɥɭ ɭɛω x, y, z ɭɷ ȣ ꞁɸɸɔ əc ɭɷ əc.

8ɿɹbʀɩ ɿɸφρɞ ʀɞ ɣ ɪɔɿɘɞɪɞɩɿɘ ʀɞ Ɨω. (2) ρoɸ ɿʀɸɩɪωʌʀɩʀɸ ɞɹɩʌoɞ ʀɞ p ɘɸ ɽoɽ. Ωʀɽ ʀɞ ɣɘɞ ρoɸ ɣ ωɛɞ $p = 3$ φɹɞ ɞɪɽ ɸɘɿɸʀdoɞɩ ɪɽ § 16 ʀɞʀɞ. Ɣ ɸʀɔɛɽdʀɸ ʀɞ ɣɪɞ ɞɹωbʀɽ ɪɞ dʀɞoɩʀd ɿo ɣ dɹɸɪɞɛbʀɽ, ɞɸ ɹɩʀɔɹɽɩʀɸɘ ɔɘɽɞ, ʀɞ ɞʀɸɩʀɽ ɿɸɘɿʀɸɩɘɞ ʀɞ x, y, z, p, φωɪc ɘɸ ɽɹɞʀɞɹɸɘ ɪρ Ɨω. (2) ɪɞ ɿo ɞ ɞɹɩɪɞρɸd.

Ωɘ bɹɩ ρʀɸɞɩ dʀɸɸɞ ɣ ɞo-ωoɩd Ƴɞɘɩɘʀɽ formulæ. Ɩɹɩ ʀɞ ɸɸɩ Ɨω. (1) ɪɽ ɣ ρoɸɔ

$$(x+y)(x^{p-1}-x^{p-2}y+x^{p-3}y^2+\ldots-xy^{p-2}+y^p-1)=(-z)^p. \tag{3}$$

Ɣ ɞɹωʀɽd ρɹωɩʀɸ ʀɞ ɣ ρʀɸɞɩ ɔɹɔɞʀɸ ʀɞ ɣɪɞ ɪωɛsʀɽ ɔɛ ɞ ɸɪɩʀɽ ɪɽ ɣ ρoɸɔ

$$\begin{aligned}\frac{x^p+y^p}{x+y}&=\frac{\{(x+y)-y\}^p+y^p}{x+y}\\&=\frac{(x+y)^p-p(x+y)^{p-1}y+\ldots+p(x+y)y^{p-1}}{x+y}\\&=(x+y)Q(x,y)+py^{p-1},\end{aligned} \tag{4}$$

φωɹɸ (x,y) ɪɞ ɘ ɿɞɩɪɽoɔɘʀɩ ɪɽ x ɹɽd y ωɪɣ ɪɽɩʀώɸɩ ωoʀρɪbʀɽɩɞ. Ƿɸʀɔ ɣɪɞ ɹɽd ɣ ρɹωɩ ɣɹɩ x ɹɽd y ɘɸ ɸɹɩʀɩɪɞɩɘ ɿɸɸɔ, ɪɩ ρɘɩoɞ ɸɹdɪɩɘ ɣɹɩ ɣ ɽʀɔɞʀɸɞ ɸɹɿɸʀɞɹɽɩʀd ɞɸ ɣ ɿo ρɹωɩʀɸɞ ɪɽ ɣ ρʀɸɞɩ ɔɹɔɞʀɸ ʀɞ (3) φɹɞ ɣ ώɸɛɩʀɞɩ ωɞɔʀɽ dɪɞɸɞʀɸ 1 ɘɸ p.

Ɨρ z ɪɞ ɿɸɸɔ ɿo p, ɣɪɞ ώɸɛɩʀɞɩ ωɞɔʀɽ dɪɞɸɞʀɸ ɔʀɞɩ ɞ 1. Ɨɽ ɣɪɞ ωɛɞ ɣ ɿo ρɹωɩʀɸɞ ʀɞ ɣ ρʀɸɞɩ ɔɹɔɞʀɸ ʀɞ (3) ɘɸ ɸɹɩʀɩɪɞɩɘ ɿɸɸɔ. Ɣɹɽ, ɞɪɽɞ ɣɹɸ ɿɸɘdʀωɩ ɪɞ ɘ pɩ ɿόʀɸ, ɪɩ ɪɞ ωɩɪɸ ɣɹɩ ɘc ʀɞ ɣɹɔ ɪɞ ɘ pɩ ɿόʀɸ. Ψɹɽɞ ωɘ ɔɛ ɸɸɩ

$$x+y=u^p,\quad \frac{x^p+y^p}{x+y}=v^p,\quad z=-uv. \tag{5}$$

Ɩɹɩ ʀɞ ɽɹωɞɩ ωʀɽɞɪdʀɸ ɣ ωɛɞ ɪɽ φωɪc z ɪɞ dɪɞɪɞɪɞʀɩ ɞɸ p. Ɣɹɽ $x^p+y^p\equiv 0 \bmod p$; ɣɹɽɞ, ρɸʀɔ ɣ ɩɘʀɸʀɔ ʀɞ Ƿɹɸɔɘ (ɞɘ Ωɘɸɔɸωʀɩ'ɞ *Lɪɸɘ ʀɞ Ƕʀɔɘʀɸɞ*, § 24), ɪɩ ρɘɩoɞ ɣɹɩ $x+y\equiv 0 \bmod p$. Ɣɹɩ ɪɞ, $x+y$ φɹɞ ɣ ρɹωɩʀɸ p. Ɣɹɽ, ɞɸ ɔɘɽɞ ʀɞ Ɨω. (4), ωɘ ɞɘ ɣɹɩ ɣ ɞɹωʀɽd ρɹωɩʀɸ ɪɽ ɣ ρʀɸɞɩ ɔɹɔɞʀɸ ʀɞ (3) oɩɞo φɹɞ ɣ ρɹωɩʀɸ p. Ɐʀɩ ɣ ώɸɛɩʀɞɩ ωɞɔʀɽ dɪɞɸɞʀɸ ʀɞ ɣ ɿo ρɹωɩʀɸɞ ɪɽ ɣ ρʀɸɞɩ member of (3) is 1 or p; therefore, as we saw, it is p. Thus one of these two factors contains p to only the first power, while the other contains it to the $(kp-1)$th power, where k is a suitably determined positive integer. We shall show that it is the factor $x+y$ which contains p to the higher power. Suppose that $x+y$ contains the factor p to the νth power, and let us put

$$x + y = p^{\nu} t,$$

where t is prime to p. From this we have

$$x^p = (-y+p^{\nu}t)^p = -y^p+p^{\nu+1}ty^{p-1}-\frac{p-1}{2}p^{2\nu+1}t^2y^{p-2}+\ldots;$$

whence

$$x^p + y^p = p^{\nu+1}ty^{p-1} + p^{\nu+2}I,$$

where I is an integer. Now, in the case under consideration, y is prime to p, since otherwise, y is prime to z and z is divisible by p. Thus, $x^p + y^p$ is divisible by $p^{\nu+1}$, but by no higher power of p. Therefore $(x^p + y^p)/(x + y)$ is divisible by p but not by p^2. Hence it follows that the first and second factors in the first member of (3) contain p^{kp-1} and p respectively. Therefore, we have formulae of the form

$$x + y = p^{kp-1}u^p, \quad \frac{x^p + y^p}{x + y} = pv^p, \quad z = -p^k uv, \tag{6}$$

where k is a suitably chosen positive integer.

We can now formulate the following lemmas:

I. *If an equation of the form*

$$x^p + y^p + z^p = 0, \tag{2^{bis}}$$

in which p is an odd prime, is satisfied by integers x, y, z, which are prime to each other and to p and are all different from zero, then integers u_1, u_2, u_3, v_1, v_2, v_3, prime to p, exist such that

$$\left.\begin{aligned} x + y &= {u_1}^p, & \frac{x^p + y^p}{x + y} &= v_1^p, & z &= -\,u_1v_1,\\ y + z &= {u_2}^p, & & & x &= -\,u_2v_2,\\ z + x &= {u_3}^p, & & & y &= -\,u_3v_3; \end{aligned}\right\} \tag{7}$$

𐐸𐐶𐐯𐑌𐑅 𐐮𐐻 𐑁𐐱𐑊𐐬𐑆 𐑄𐐰𐐻

$$\left.\begin{aligned} x &= \tfrac{1}{2}({u_1}^p - {u_2}^p + {u_3}^p), \\ y &= \tfrac{1}{2}({u_1}^p + {u_2}^p - {u_3}^p), \\ z &= \tfrac{1}{2}(-{u_1}^p + {u_2}^p + {u_3}^p). \end{aligned}\right\} \tag{8}$$

II. *𐐆𐑁 𐐰𐑌 𐐮𐐿𐐶𐐩𐑇𐐲𐑌 𐐲𐑂 𐑄 𐑁𐐫𐑉𐑋*

$$x^p + y^p + z^p = 0, \tag{2^{bis}}$$

𐐮𐑌 𐐸𐐶𐐮𐐽 p 𐐮𐑆 𐐰𐑌 𐐱𐐼 𐐹𐑉𐐴𐑋, 𐐮𐑆 𐑅𐐰𐐻𐐮𐑅𐑁𐐴𐐼 𐐺𐐴 𐐮𐑌𐐻𐐲𐐾𐐲𐑉𐑆 x, y, z, 𐐸𐐶𐐮𐐽 𐐪𐑉 𐐹𐑉𐐴𐑋 𐐻𐐭 𐐨𐐽, 𐐰𐑌𐐼 𐐮𐑁 z 𐐮𐑆 𐐼𐐮𐑂𐐮𐑆𐐮𐐺𐐲𐑊 𐐺𐐴 p, 𐑄𐐯𐑌 𐐮𐑌𐐻𐐲𐐾𐐲𐑉𐑆 u_1, u_2, u_3, v_1 v_2, v_3, 𐐹𐑉𐐴𐑋 𐐻𐐭 p, 𐐰𐑌𐐼 𐐲 𐐹𐐱𐑆𐐮𐐻𐐮𐑂 𐐮𐑌𐐻𐐲𐐾𐐲𐑉 k, 𐐯𐑀𐑆𐐮𐑅𐐻 𐑅𐐲𐐽 𐑄𐐰𐐻

$$\left.\begin{aligned} &x + y = p^{kp-1}{u_1}^p, \quad \frac{x^p + y^p}{x+y} = p{v_1}^p, \quad && z = -\,p^k u_1 v_1, \\ &y + z = {u_2}^p, && x = -\,u_2 v_2, \\ &z + x = {u_3}^p, && y = -\,u_3 v_3; \end{aligned}\right\} \tag{9}$$

𐐸𐐶𐐯𐑌𐑅 𐐮𐐻 𐑁𐐱𐑊𐐬𐑆 𐑄𐐰𐐻

$$\left.\begin{aligned} x &= \tfrac{1}{2}(p^{kp-1}{u_1}^p - {u_2}^p + {u_3}^p), \\ y &= \tfrac{1}{2}(p^{kp-1}{u_1}^p + {u_2}^p - {u_3}^p), \\ z &= \tfrac{1}{2}(-p^{kp-1}{u_1}^p + {u_2}^p + {u_3}^p). \end{aligned}\right\} \tag{10}$$

𐐓𐐭 𐐹𐑉𐐭𐑂 𐑄𐐮𐑅 𐑃𐐨𐐲𐑉𐐲𐑋 𐐮𐐻 𐐮𐑆 𐑅𐐲𐑁𐐮𐑇𐐲𐑌𐐻 𐐻𐐭 𐑇𐐬 𐑄𐐰𐐻 formulæ (7) 𐐰𐑌𐐼 (9) 𐐪𐑉 𐐻𐑉𐐭. 𐐜 𐐮𐐿𐐶𐐩𐑇𐐲𐑌𐑆 𐐮𐑌 𐑄 𐑁𐐲𐑉𐑅𐐻 𐑊𐐴𐑌 𐐮𐑌 (9) 𐐪𐑉 𐐮𐐿𐐶𐐮𐑂𐐲𐑊𐐲𐑌𐐻 𐐻𐐭 𐑄𐐬𐑆 𐐮𐑌 (6). 𐐜 𐐮𐐿𐐶𐐩𐑇𐐲𐑌𐑆 𐐮𐑌 𐑄 𐐲𐑄𐐲𐑉 𐐻𐐭 𐑊𐐴𐑌𐑆 𐐮𐑌 (9) 𐐰𐑌𐐼 𐐮𐑌 𐐫𐑊 𐑃𐑉𐐨 𐑊𐐴𐑌𐑆 𐐮𐑌 (7) 𐐪𐑉 𐐯𐑅𐐯𐑌𐑇𐐲𐑊𐐨 𐐮𐐿𐐶𐐮𐑂𐐲𐑊𐐲𐑌𐐻 𐐻𐐭 𐑄𐐬𐑆 𐐮𐑌 (5), 𐑄 𐐬𐑌𐑊𐐨 𐐼𐐮𐑁𐐲𐑉𐐲𐑌𐑅 𐐺𐐨𐐮𐑍 𐐮𐑌 𐑄 𐐮𐑌𐐻𐐲𐑉𐐽𐐩𐑌𐐾 𐐲𐑂 𐑄 𐑉𐐬𐑊𐑆 𐐲𐑂 x, y, z. 𐐜𐐮𐑅 𐐮𐑌𐐻𐐲𐑉𐐽𐐩𐑌𐐾 𐐮𐑆 𐑊𐐲𐐾𐐮𐐻𐐮𐑋𐐲𐐻, 𐑅𐐮𐑌𐑅 x, y, z 𐐯𐑌𐐻𐐲𐑉 𐑅𐐮𐑋𐐯𐐻𐑉𐐮𐐿𐑊𐐨 𐐮𐑌𐐻𐐭 𐐀𐐿. (2bis).

𐐜 formulæ 𐐿𐐲𐑌𐐻𐐩𐑌𐐼 𐐮𐑌 𐑄𐐮𐑅 𐑃𐐨𐐲𐑉𐐲𐑋 𐐶𐐲𐑉 𐑀𐐮𐑂𐐲𐑌 𐐺𐐴 𐐢𐐲𐑈𐐪𐑌𐐼𐑉𐐲 (*Mém. Acad. d. Sciences, Institut de France*, 1823 [1827], 𐐹. 1). 𐐜𐐩 𐐪𐑉 𐐫𐑊𐑅𐐬 𐐻𐐭 𐐺 𐑁𐐵𐑌𐐼 𐐮𐑌 𐐲 𐑊𐐯𐐻𐐲𐑉 𐐲𐑂 𐐁𐐺𐐲𐑊'𐑆 𐐻𐐭 𐐐𐐬𐑊𐑋𐐺𐐬 𐐰𐑌𐐼 𐐹𐐲𐐺𐑊𐐮𐑇𐐻 𐐮𐑌 𐐁𐐺𐐲𐑊'𐑆 *Œuvres*, 𐐚𐐱𐑊. II, 𐐹𐐹. 254–255.

𐐆𐑌 𐑄 𐑅𐐯𐐿𐐲𐑌𐐼 𐑃𐐨𐐲𐑉𐐲𐑋 𐐲𐐺𐐲𐑂 𐐶𐐨 𐐸𐐰𐑂 𐑅𐐯𐐼 𐑌𐐲𐑃𐐮𐑍 𐐿𐐲𐑌𐑅𐐲𐑉𐑌𐐮𐑍 𐑄 𐐿𐐯𐑉𐐲𐐿𐐻𐐲𐑉 𐐲𐑂 𐑄 𐐮𐑌𐐻𐐲𐐾𐐲𐑉 k 𐐯𐐿𐑅𐐯𐐹𐐻 𐑄𐐰𐐻 𐐮𐐻 𐐮𐑆 𐐹𐐱𐑆𐐮𐐻𐐮𐑂. 𐐎𐐨 𐑇𐐰𐑊 𐑌𐐵 𐑇𐐬 𐑄𐐰𐐻 𐐮𐐻 𐐮𐑆 𐑀𐑉𐐩𐐻𐐲𐑉 𐑄𐐰𐑌 1, 𐐸𐐶𐐯𐑌𐑅 𐐮𐐻 𐐶𐐮𐑊 𐑁𐐱𐑊𐐬 𐑄𐐰𐐻 z 𐐮𐑆 𐐼𐐮𐑂𐐮𐑆𐐮𐐺𐐲𐑊 𐐺𐐴 p^2. 𐐙𐑉𐐲𐑋 formulæ (9) 𐐶𐐨 𐐸𐐰𐑂

$$ {u_2}^p + {u_3}^p = x + y + 2z \equiv 0 \bmod p. $$

𐐙𐑉𐐲𐑋 𐑄𐐮𐑅 𐐮𐐻 𐑁𐐱𐑊𐐬𐑆 𐑄𐐰𐐻 $u_2 + u_3$ 𐐮𐑆 𐐼𐐮𐑂𐐮𐑆𐐮𐐺𐐲𐑊 𐐺𐐴 p. 𐐢𐐯𐐻 𐐲𐑅 𐑉𐐴𐐻

$$u_2 = -u_3 + p\alpha.$$

𐐜𐐯𐑌

$$u_2{}^p \equiv -u_3{}^p \bmod p^2 \quad \text{or} \quad u_2{}^p + u_3{}^p \equiv 0 \bmod p^2.$$

𐐜𐐯𐑌𐑅, 𐐺𐐴 𐐩𐐼 𐐲𐑂 𐑄 𐑊𐐰𐑅𐐻 𐑁𐐱𐑉𐑋𐐷𐐲𐑊𐐲 𐐮𐑌 (10), 𐐶𐐨 𐑅𐐨 𐑄𐐰𐐻 z 𐐮𐑆 𐐼𐐮𐑂𐐮𐑆𐐮𐐺𐐲𐑊 𐐺𐐴 p^2, 𐐰𐑌𐐼 𐐸𐐯𐑌𐑅 𐑄𐐰𐐻 $k > 1$.

𐐎𐐨 𐑇𐐰𐑊 𐑇𐐬 𐑌𐐯𐐿𐑅𐐻 𐑄𐐰𐐻 𐑄 𐐹𐑉𐐴𐑋 𐑁𐐰𐐿𐐻𐐲𐑉𐑆 𐐲𐑂 v_1 𐐮𐑌 𐐺𐐬𐑃 𐑃𐐨𐐲𐑉𐐲𐑋𐑆 𐐪𐑉 𐐲𐑂 𐑄 𐑁𐐱𐑉𐑋 $2hp^2 + 1$, 𐐸𐐶𐐯𐑉 h 𐐮𐑆 𐐲 𐐹𐐱𐑆𐐮𐐻𐐮𐑂 𐐮𐑌𐐻𐐲𐐾𐐲𐑉. 𐐢𐐯𐐻 q 𐐺 𐐲 𐐹𐑉𐐴𐑋 𐑁𐐰𐐿𐐻𐐲𐑉 𐐲𐑂 v_1. 𐐜𐐯𐑌 𐐮𐑌 𐐨𐑄𐐲𐑉 𐐿𐐩𐑅 𐐶𐐨 𐐸𐐰𐑂

$$v_1 \equiv 0, \quad z \equiv 0,$$
$$y \equiv u_2{}^p, \quad x \equiv u_3{}^p,$$
$$x^p + y^p \equiv u_2{}^{p^2} + u_3{}^{p^2} \equiv 0 \bmod q \quad (11)$$

𐐢𐐯𐐻 α 𐐺 𐐰𐑌 𐐮𐑌𐐻𐐲𐐾𐐲𐑉 𐑅𐐲𐐽 𐑄𐐰𐐻 $u_3\alpha \equiv 1 \bmod q$. 𐐜𐐯𐑌 𐑄 𐑊𐐰𐑅𐐻 𐐿𐐱𐑌𐑀𐑉𐐭𐐲𐑌𐑅 𐐮𐑌 (11) 𐑀𐐮𐑂𐑆 𐑉𐐴𐑆 𐐻𐐭 𐑄 𐑁𐐱𐑊𐐬𐐮𐑍:

$$(u_2\alpha)^{p^2} + 1 \equiv 0 \bmod q.$$

𐐙𐑉𐐲𐑋 𐑄𐐮𐑅 𐑉𐐨𐑊𐐩𐑇𐐲𐑌 𐐶𐐨 𐑅𐐨 𐑄𐐰𐐻

$$(u_2\alpha)^{2p^2} \equiv 1, \quad u_2\alpha \not\equiv 1, \quad (u_2\alpha)^p \not\equiv 1 \bmod q. \quad (12)$$

𐐢𐐯𐐻 m 𐐺 𐑄 𐐯𐐿𐑅𐐹𐐬𐑌𐐲𐑌𐐻 𐐻𐐭 𐐸𐐶𐐮𐐽 $u_2\alpha$ 𐐺𐐲𐑊𐐱𐑍𐑆 𐑋𐐱𐐾𐐲𐑊𐐬 q. (𐐝𐐨 𐐗𐐪𐑉𐑋𐐴𐐿𐐲𐑊, op. cit., § 32.) 𐐙𐑉𐐲𐑋 𐑉𐐨𐑊𐐩𐑇𐐲𐑌𐑆 (12) 𐐮𐐻 𐑁𐐱𐑊𐐬𐑆 𐑄𐐰𐐻 m 𐐮𐑆 𐐲 𐐼𐐮𐑂𐐴𐑆𐐲𐑉 𐐲𐑂 $2p^2$, 𐐺𐐲𐐻 𐐮𐑆 𐐼𐐮𐑁𐐲𐑉𐐲𐑌𐐻 𐑁𐑉𐐲𐑋 1 𐐰𐑌𐐼 p. 𐐐𐐯𐑌𐑅 m 𐑋𐐲𐑅𐐻 𐐸𐐰𐑂 𐐶𐐲𐑌 𐐲𐑂 𐑄 𐑂𐐰𐑊𐐷𐐭𐑆, 2, $2p$, p^2, $2p^2$. 𐐎𐐨 𐑇𐐰𐑊 𐑇𐐬 𐑄𐐰𐐻 𐐮𐐻 𐐿𐐰𐑌𐐱𐐻 𐐸𐐰𐑂 𐑄 𐑂𐐰𐑊𐐷𐐭 2 𐐱𐑉 𐑄 𐑂𐐰𐑊𐐷𐐭 $2p$, 𐐰𐑌𐐼 𐐸𐐯𐑌𐑅 𐑄𐐰𐐻 $m = p^2$ 𐐱𐑉 $m = 2p^2$.

𐐝𐐲𐐹𐐬𐑆 𐑄𐐰𐐻 $m = 2$. 𐐜𐐯𐑌 $u_2\alpha \equiv -1 \bmod q$. 𐐜𐐮𐑅, 𐐻𐐲𐑀𐐯𐑄𐐲𐑉 𐐶𐐮𐑄 𐑄 𐑉𐐨𐑊𐐩𐑇𐐲𐑌 $u_3\alpha \equiv 1 \bmod q$, 𐐷𐐨𐑊𐐼𐑆 𐑄 𐐿𐐱𐑌𐑀𐑉𐐭𐐲𐑌𐑅 $u_2 + u_3 \equiv 0 \bmod q$; 𐐸𐐶𐐯𐑌𐑅 $x + y \equiv 0 \bmod q$. 𐐒𐐲𐐻 𐑄𐐮𐑅 𐐮𐑆 𐐮𐑋𐐹𐐱𐑅𐐮𐐺𐐲𐑊, 𐑅𐐮𐑌𐑅 v_1 𐐮𐑆 𐐹𐑉𐐴𐑋 𐐻𐐭 $x + y$ 𐐰𐑌𐐼 q 𐐮𐑆 𐐲 𐑁𐐰𐐿𐐻𐐲𐑉 𐐲𐑂 v_1. 𐐐𐐯𐑌𐑅 $m \neq 2$.

𐐤𐐯𐐿𐑅𐐻 𐑅𐐲𐐹𐐬𐑆 𐑄𐐰𐐻 $m = 2p$. 𐐜𐐯𐑌, 𐐮𐑌 𐑂𐐷𐐭 𐐲𐑂 𐑄 𐑊𐐰𐑅𐐻 𐑉𐐨𐑊𐐩𐑇𐐲𐑌 𐐮𐑌 (12), 𐐶𐐨 𐑅𐐨 𐑄𐐰𐐻 $(u_2\alpha) \equiv -1 \bmod$. 𐐒𐐲𐐻 $(u_3\alpha) \equiv 1 \bmod$. 𐐐𐐯𐑌𐑅 $u_2{}^p + u_3{}^p \equiv 0 \bmod q$; 𐐸𐐶𐐯𐑌𐑅 $x + y \equiv 0 \bmod q$. 𐐝𐐮𐑌𐑅 𐑄 𐑊𐐰𐑅𐐻 𐑉𐐨𐑊𐐩𐑇𐐲𐑌 𐐮𐑆 𐐮𐑋𐐹𐐱𐑅𐐮𐐺𐐲𐑊, 𐐮𐐻 𐑁𐐱𐑊𐐬𐑆 𐑄𐐰𐐻 $m \neq 2p$.

Ɣɹɤ $m = p^2$ oɸ $m = 2p^2$. Ɨɤ ɸɣɾɸ ɯɛɐ $q-1$ ıɕ dıɐıɕıɐɾʅ ɐɸ p^2, ɹɤd ɸɹɤɐ ɐɸ $2p^2$ ɐıɤɐ q əɐɐəɾɐʅə ıɕ əd. Ɣɹɸɾəɸ q ıɕ ɾɐ ɣ ɾəɸɔ $2hp^2+1$, ɹɕ ɯɾɕ ʅɯ ɐ ʅɸəɐd.

Ɨɤ ɣ ɯɛɐ ɾɐ ʟəɾɸɾɔ I ɯə ɐə ɐɸ ɐıɔɾʅɸə ɣɹʅ ɣ ʅɸɸɔ ɾɹɯʅɾɸɕ ɾɐ v_2 ɹɤd v_3 əɸ ɐʅɐə ɾɐ ɣ ɾəɸɔ $2hp^2+1$.

Ɨɤ ɣ ɯɛɐ ɾɐ ʟəɾɸɾɔ II ɨʅ ɔɛ ɐ bəɤ ɐıɔɨʅɾɸʅə ɣɹʅ ɣ ʅɸɸɔ ɾɹɯʅɾɸɕ ɾɐ v_2 ɹɤd v_3 əɸ ɾɐ ɣ ɾəɸɔ $2hp+1$. Ɨʅ ıɕ ɐɾɾıbɾɤʅ ʅɯ ʅɸəʅ ɯɾɤ ɾɐ ɣ ɤɾɔəɾɸɕ, ɐɛ v_2. Ɣɹɤ ɯə ɸɹɐ

$$y^p + z^p \equiv 0 \bmod q,$$

ɸɯɹɸ q ıɕ ə ʅɸɸɔ ɾɹɯʅɾɸ ɾɐ v_2 ɹɤd ıɕ ɸɹɤɐ ʅɸɸɔ ʅɯ y ɹɤd z. Ɣıɐ ɸɾʅɛbɾɤ ɔɛ ɐ ʅɸəʅɾd ɨɤ ɣ ɐɛɔ ɔɹɤɾɸ ɹɕ ɣ ʅıɐʅ ɸɾʅɛbɾɤ ɨɤ (11) ɯɾɕ ʅɸəʅɾd ɾɐɾɐ, ɹɤd ɯɨɣ ɣ ɸɾɕɾʅʅ əʅɸɹdə ɐʅɛʅɾd. Ɣ ɸədɾɸ ɯɹɤ ɸɹdʅʅə ɐɾʅʅɸ ɣ əɸώɐɾɔɾɤʅ.

Ɍɔɾɤ ɣ ɔɹʟɾdɕ ɸɯɹc ɯɾɤɐəɐɾɐʅə ɔɸʅ ɐ ɐəɕd ɐɹʅɾɸɾʅʅə ɾəɸ ɣ ʅɸəɾ ɾɐ ɣ Ⲣɹɸɔə ʟəɾɸɾɔ əɸ ɣ ɾəʅəɨɤ: Ɍɐəɔ ɣɹʅ Ɨɯ. (2) ıɕ ɐɹʅɨɐɾɸd ɹɤd ɾɸɤd ə ɐɹʅ ɾɐ ɯəɤʅɸɾdıɯʅɾɸə ʅɸəʅɾɸʅəɕ ɾɐ x, y, z; ɾɐəɔ ɣɹʅ Ɨɯ. (2) ıɕ ɐɹʅɨɐɾɸd ɹɤd ɾɸɤd ə ɐɹʅ ɾɐ ɯəɤʅɸɾdıɯʅɾɸə ʅɸəʅɾɸʅəɕ ɾɐ p. (Ɣəɕ ʅɯ ɔɹʟɾdɕ ɔɸʅ ɯʅɨɸʅə ɐ ɨɤɯʅədɾd ɨɤ ɣ ɔəɸ ɕɹɤɾɸɾʅ ɯɾɤ ɨɤ ɸɯɹc ɯəɤʅɸɾdıɯʅɾɸə ʅɸəʅɾɸʅəɕ ɾɐ x, y, z, p ɯɣd ɐ ɾɐʅɛɤd.) Ləɾɸɾɔɕ I ɹɤd II ɾɐɾɐ ώıɐ ʅɸəʅɾɸʅəɕ ɾɐ x, y, z; ɣɛ ɔɛ ɐ ʟəʅ ɾɐ ɨɤ ɯɾɤɹɯbɾɤ ɯɨɣ ɣ ɾɾɸɐʅ ɔɹʟɾd ɾɐ ʅɸəɾ ɕɾɐʅ ɔɹɤcɾɤd. Ɯə bɹʅ ɤό dɾɸɸɐ ɐɾɔ ʅɸəʅɾɸʅəɕ ɾɐ p ɸɯɹc əɸ ɤɹɐɾɐɹɸə ɨɾ (2) ıɕ ʅɯ ɐ ɐɹʅɨɐɾɸd; ɣ ɸɾɕɾʅɐ ɐə ɾɐʅɛɤd ɔɛ ɐ ʟəʅ ɾɐ ɨɤ ɯɾɤɹɯbɾɤ ɯɨɣ ɣ ɐɹɯɾɤd ɔɹʟɾd ɾɐ ʅɸəɾ ɕɾɐʅ ɔɹɤcɾɤd.

Ɩɹʅ ɾɐ ɐɾʅəɕ ɣɹʅ Ɨɯ. (2) ɸɹɕ ɐɾʅəbɾɤɕ ɨɤ ɨɤʅɾɕɾɸɕ x, y, z ɸɯɹc əɸ ʅɸɸɔ ʅɯ əc ɾɣɾɸ ɹɤd ʅɯ p. Ɩɹʅ q ɐ ə ʅɸɸɔ ɤɾɔəɾɸ ɾɐ ɣ ɾəɸɔ $2hp+1$. Ɐɾʅəɕ ɾɾɸɐʅ ɣɹʅ q ıɕ ɤəʅ ə ɾɹɯʅɾɸ ɾɐ ɹɤə ɯɾɤ ɾɐ ɣ ɤɾɔəɾɸɕ x, y, z. Ɣɹɤ ɾɸɾɔ Ɨɯ. (2) ɯə ɸɹɐ

$$x^p + y^p + z^p \equiv 0 \bmod q. \tag{13}$$

Ɩɹʅ z_1 ɐ ə ɤɾɔəɾɸ ɐɾc ɣɹʅ $zz_1 \equiv 1 \bmod q$. Ɣɹɤ ɯə ɸɹɐ

$$(xz_1)^p + 1 \equiv (-yz_1)^p \bmod q,$$

ə ɸɾʅɛbɾɤ ɸɯɹc ɯə bɹʅ ɸɸɤ ɨɤ ɣ ɾəɸɔ

$$s^p + 1 \equiv t^p \bmod q. \tag{14}$$

Φɛ6ɪи ɘc ɔʌɔɞᴦɸ ᴦɞ ɣɪɞ ωᴦϞώɸωᴦϞɞ ꞁω ɣ $2h$ʟ ꞁδᴦɸ ɹϞd ɞɪɔꞁʅɪþɸɪи ɞɸ ɔɘϞ6 ᴦɞ ɣ ɸᴦꞁɛbᴦϞ6

$$s^{2hp} \equiv 1, \quad t^{2hp} \equiv 1 \bmod q, \tag{15}$$

ωɘ ɸɹɞ

$$\binom{2h}{1} s^{(2h-1)p} + \binom{2h}{2} s^{(2h-2)p} + \ldots + \binom{2h}{2h-1} s^p + 1 \equiv 0 \bmod q, \tag{16a}$$

ɣ ꞁᴦɸɅϞʟᴦɞɘ6 ωωɘϞꞁɪꞁɘ6 ɞɘɪи ɞɸϞɔɔɘᴦʅ ωɔᴦþɪbᴦϞꞁɞ. Ͻᴦʅɪꞁʅɸɪи ɣɪɞ ωᴦϞώɸωᴦϞɞ ʟɸω ɸᴦꞁɘꞁᴦdʅɘ ɞɸ s^p ɹϞd ɞɪɔꞁʅɪþɸɪи ɞɸ ɔɘϞ6 ᴦɞ ɣ þᴦɸɞꞁ ɸᴦꞁɛbᴦϞ ɪϞ (15), ωɘ ɸɹɞ

$$\left.\begin{array}{l}
\binom{2h}{2} s^{(2h-1)p} + \binom{2h}{3} s^{(2h-2)p} + \ldots + 1 \cdot s^p + \binom{2h}{1} \equiv 0 \bmod q, \\
\binom{2h}{3} s^{(2h-1)p} + \binom{2h}{4} s^{(2h-2)p} + \ldots + \binom{2h}{1} s^p + \binom{2h}{2} \equiv 0 \bmod q, \\
\cdot \quad \cdot \quad \cdot \quad \cdot \quad \cdot \quad \cdot \quad \cdot \quad \cdot \\
1 \cdot s^{(2h-1)p} + \binom{2h}{1} s^{(2h-2)p} + \ldots + \binom{2h}{2h-2} s^p + \binom{2h}{2h-1} \equiv 0 \bmod q
\end{array}\right\} \tag{16b}$$

Ⱡꞁ ɪ6 ωʅɪɸ ɣɹꞁ ɣ ɪώ6ɪɞꞁᴦϞɞ ᴦɞ ωɘиώɸωᴦϞɞᴦ6 (16) ɪɔꞁʅɸ6 ɣɹꞁ

$$D_{2h} \equiv 0 \bmod q, \tag{17}$$

ɸωɅɸ D_{2h} dᴦϞɔꞁɞ ɣ dᴦꞁᴦɸɔɪϞᴦϞꞁ

$$D_{2h} = \begin{vmatrix}
\binom{2h}{1} & \binom{2h}{2} & \cdots & \binom{2h}{2h-1} & 1 \\
\binom{2h}{2} & \binom{2h}{3} & \cdots & 1 & \binom{2h}{1} \\
\cdot & \cdot & \cdot & \cdot & \cdot \\
1 & \binom{2h}{1} & \cdots & \binom{2h}{2h-2} & \binom{2h}{2h-1}
\end{vmatrix}$$

Ωɘ ɔɛ ʅꞁω ɞϞ (14) ɹϞd (17) ɹ6 ώɪɞɪи ϞɅɞᴦɞɅɸɘ ꞁɸɘꞁᴦɸꞁɘ6 ᴦɞ q ɸωɅϞ ϞO ωᴦϞ ᴦɞ ɣ ϞᴦɔɞᴦɸƏ x, y, z ɪ6 dɪɞɪ6ɪɞᴦʅ ɞɸ q.

Ʋɹꞁ ᴦɞ ϞɅωɞꞁ ɞᴦꞁω6 ɣɹꞁ q ɪ6 ɘ þɹωꞁᴦɸ ᴦɞ ωᴦϞ ᴦɞ ɣ ϞᴦɔɞᴦɸƏ x, y, z; ɞɛ ɣɹꞁ ɪꞁ ɪ6 ɘ þɹωꞁᴦɸ ᴦɞ z. ⅤɅϞ þɸᴦɔ Ⱡω. (8) ωɘ ɸɹɞ

$$(-u_1)^p + u_2{}^p + u_3{}^p \equiv 0 \quad \bmod q. \tag{18}$$

Ꞁό, q ɪ6 ə pɹωʅᴦф ᴦв u_1 оф ᴦв v_1, вɪъв ɪʅ ɪ6 ə pɹωʅᴦф ᴦв z. Вᴦꞁоб γɹʅ q ɪ6 ə pɹωʅᴦф ᴦв v_1. Ɣɹъ ɪʅ ɪ6 ъəʅ ə pɹωʅᴦф ᴦв $-u_1, u_2$, оф u_3. Ɣɹфpоф ωᴦъώфоᴦъв (18) ɔε в ɥоєd ɕᴦвʅ ɹ6 (13) ωᴦ6 ɪɔʅʅоɪd ᴦвᴦв ʅо dᴦффв ə ъɹвᴦвɹфə фᴦʅεbᴦъ ᴦв γ pоφɔ (14) ɹъd γɹъв γ ъɹвᴦвɹфə фᴦʅεbᴦъ (17). Вᴦꞁоб ъɹωвʅ γɹʅ q ɪ6 ə pɹωʅᴦф ᴦв u_1. Ɣɹъ (18) вᴦωᴦɔ6

$$u_2{}^p + u_3{}^p \equiv 0 \bmod q;$$

φωɹъв

$$u_2{}^{2p} \equiv u_3{}^{2p} \bmod q. \tag{19}$$

Ꞁό, вф ɔəъ6 ᴦв Ɨω6. (2) ɹъd (8) ɹъd γ ꞁəʅɪъоɔəᴦʅ ʟəᴦфɾɔ ωə вə γɹʅ

$$\begin{aligned}(u_1{}^p + u_2{}^p + u_3{}^p)^p &= (u_1{}^p + u_2{}^p + u_3{}^p)^p - (u_1{}^p + u_2{}^p - u_3{}^p)^p \\ &\quad - (u_1{}^p - u_2{}^p + u_3{}^p)^p - (-u_1{}^p + u_2{}^p + u_3{}^p)^p \\ &= \sum \frac{p!}{\alpha!\beta!\gamma!} u_1{}^{\alpha p} u_2{}^{\beta p} u_3{}^{\gamma p} (1 - (-1)^\alpha - (-1)^\beta - (-1)^\gamma),\end{aligned} \tag{20}$$

φωɹф γ вᴦɔεbᴦъ ɪ6 ʅεωᴦъ овᴦф оʅ ъəъ-ъεώᴦʅɪв ъᴦɔвᴦф6 α, β, γ pоф φωɪc $\alpha + \beta + \gamma = p$. Ᵽв γ ъᴦɔвᴦф6 α, β, γ ɪъ ə ώɪвᴦъ вɹʅ, фγᴦф ωᴦъ ɪ6 əd оф ʟфə əф əd, вɪъв γɹф вᴦɔ ɪ6 γ əd ъᴦɔвᴦф p. Ρоф ə вɹʅ ɪъ φωɪc оъʅə ωᴦъ ᴦв γɹɔ ɪ6 əd γ ꞁᴦфɹъʟᴦвɪв ɪωвʅфɹbᴦъ ɪъ (20) вɹъɪbᴦ6. Ψɹъв pфᴦɔ (20) ωə φɹв γ фᴦʅεbᴦъ

$$\begin{aligned}&(u_1{}^p + u_2{}^p + u_3{}^p)^p \\ &= 4pu_1{}^p u_2{}^p u_3{}^p \sum \frac{(p-1)!}{(2\lambda+1)!(2\mu+1)!(2\nu+1)!} u_1{}^{2\lambda p} u_2{}^{2\mu p} u_3{}^{2\nu p},\end{aligned} \tag{21}$$

φωɹф γ вᴦɔεbᴦъ ɪ6 ʅεωᴦъ овᴦф оʅ ъəъ-ъεώᴦʅɪв ъᴦɔвᴦф6 λ, μ, ν pоф φωɪc $\lambda + \mu + \nu = \frac{1}{2}(\ - 3)$. Ψɹъв ωə ɔε ффʅ

$$u_1{}^p + u_2{}^p + u_3{}^p = 2pu_1u_2u_3P,$$

$$\sum \frac{(p-1)!}{(2\lambda+1)!(2\mu+1)!(2\nu+1)!} u_1{}^{2\lambda p} u_2{}^{2\mu p} u_3{}^{2\nu p} = 2^{p-2} p^{p-1} P^p. \tag{22}$$

𐐙𐐫𐑉 𐑄 𐐿𐐩𐑅 𐐲𐑌𐐼𐐲𐑉 𐐿𐐲𐑌𐑅𐐮𐐼𐐲𐑉𐐩𐑇𐐲𐑌 u_1 𐐮𐑆 𐐪 𐑋𐐲𐑊𐐻𐐮𐐹𐐲𐑊 𐐲𐑂 q 𐐸𐐶𐐴𐑊 𐑁𐑉𐐲𐑋 (19) 𐐶𐐨 𐑅𐐨 𐑄𐐰𐐻

$$u_2^{2\mu p} u_3^{2\nu p} \equiv u_2^{2(\mu+\nu)p} \bmod q.$$

𐐐𐐯𐑌𐑅 𐑁𐑉𐐲𐑋 (22) 𐐶𐐨 𐐸𐐰𐑂

$$u_2^{(p-3)p} \sum \frac{(p-1)!}{(2\mu+1)!(2\nu+1)!} \equiv 2^{p-2} p^{p-1} P^p \bmod q,$$

𐑅𐐮𐑌𐑅 q 𐐮𐑆 𐐪 𐑁𐐰𐐿𐐻𐐲𐑉 𐐲𐑂 𐐯𐑂𐑉𐐨 𐐻𐐲𐑉𐑋 𐐮𐑌 𐑄 𐑁𐐲𐑉𐑅𐐻 𐑋𐐯𐑋𐐺𐐲𐑉 𐐲𐑂 (21) 𐑁𐐫𐑉 𐐸𐐶𐐮𐐽 $\lambda \neq 0$. 𐐐𐐮𐑉 𐑄 𐑅𐐲𐑋𐐩𐑇𐐲𐑌 𐐮𐑆 𐑁𐐫𐑉 𐐫𐑊 𐑌𐐪𐑌-𐑌𐐯𐑀𐐲𐐻𐐮𐑂 𐑂𐐰𐑊𐐷𐐭𐑆 𐐲𐑂 μ 𐐰𐑌𐐼 ν 𐑁𐐫𐑉 𐐸𐐶𐐮𐐽 $\mu + \nu = \frac{1}{2}(p-3)$. 𐐤𐐵 𐑄 𐑅𐐲𐑋 𐐮𐑌𐐼𐐮𐐿𐐩𐐻𐐲𐐼 𐐺𐐴 Σ 𐐮𐑌 𐑄 𐑊𐐰𐑅𐐻 𐐿𐐲𐑌𐑀𐑉𐐭𐐲𐑌𐑅 𐐸𐐰𐑆 𐑄 𐑂𐐰𐑊𐐷𐐭 2^{p-2}, 𐐰𐑆 𐐶𐐲𐑌 𐑅𐐨𐑆 𐑉𐐯𐐼𐐮𐑊𐐨 𐐺𐐴 𐐮𐐿𐑅𐐹𐐰𐑌𐐼𐐮𐑍 $(1+1)^{p-1}$ 𐐰𐑌𐐼 $(1-1)^{p-1}$ 𐐺𐐴 𐑄 𐐺𐐴𐑌𐐬𐑋𐐨𐐲𐑊 𐑃𐐨𐐲𐑉𐐲𐑋 𐐰𐑌𐐼 𐐻𐐩𐐿𐐮𐑍 𐐸𐐰𐑁 𐑄𐐯𐑉 𐐼𐐮𐑁𐐲𐑉𐐲𐑌𐑅. 𐐐𐐯𐑌𐑅

$$u_2^{(p-3)p} \equiv p^{p-1} P^p \bmod q.$$

𐐙𐑉𐐲𐑋 𐑄𐐮𐑅 𐐮𐐻 𐑁𐐪𐑊𐐬𐑆 𐑄𐐰𐐻 P 𐐮𐑆 𐑌𐐪𐐻 𐐼𐐮𐑂𐐮𐑆𐐮𐐺𐐲𐑊 𐐺𐐴 q. 𐐣𐐫𐑉𐐬𐑂𐐲𐑉, 𐐻𐐩𐐿𐐮𐑍 𐑄 $2h$𐑃 𐐹𐐵𐐲𐑉 𐐲𐑂 𐐨𐐽 𐑋𐐯𐑋𐐺𐐲𐑉 𐐲𐑂 𐑄 𐑊𐐰𐑅𐐻 𐐿𐐲𐑌𐑀𐑉𐐭𐐲𐑌𐑅 𐐶𐐨 𐐸𐐰𐑂

$$1 \equiv p^{2h(p-1)} \bmod q;$$

or,

$$p^{2h} \equiv 1 \bmod q.$$

𐐜𐐮𐑅 𐐮𐑆 𐐪 𐑌𐐯𐑅𐐲𐑅𐐯𐑉𐐨 𐐿𐐲𐑌𐐼𐐮𐑇𐐲𐑌 𐐫𐑌 q 𐐮𐑌 𐑄 𐐿𐐩𐑅 𐑌𐐵 𐐲𐑌𐐼𐐲𐑉 𐐿𐐲𐑌𐑅𐐮𐐼𐐲𐑉𐐩𐑇𐐲𐑌.

𐐘𐐰𐑄𐐲𐑉𐐮𐑍 𐐻𐐲𐑀𐐯𐑄𐐲𐑉 𐑄 𐑊𐐰𐑅𐐻 𐑉𐐲𐑆𐐲𐑊𐐻 𐐰𐑌𐐼 𐑄𐐬𐑆 𐐲𐑅𐐬𐑇𐐨𐐩𐐻𐐲𐐼 𐐶𐐮𐑄 𐑉𐐲𐑊𐐩𐑇𐐲𐑌𐑆 (14) 𐐰𐑌𐐼 (17) 𐐶𐐨 𐐸𐐰𐑂 𐑄 𐑁𐐪𐑊𐐬𐐮𐑍 𐑃𐐨𐐲𐑉𐐲𐑋:

III. *𐐆𐑁 p 𐐮𐑆 𐐰𐑌 𐐪𐐼 𐐹𐑉𐐴𐑋 𐑌𐐲𐑋𐐺𐐲𐑉 𐐸𐐰𐑂𐐮𐑍 𐑄 𐐹𐑉𐐪𐐹𐐲𐑉𐐻𐐨 𐑄𐐰𐐻 𐐪 𐐹𐑉𐐴𐑋 𐑌𐐲𐑋𐐺𐐲𐑉 q 𐐮𐑀𐑆𐐮𐑅𐐻𐑅,* $q = 2hp + 1$, *𐑅𐐲𐐽 𐑄𐐰𐐻* $p^{2h} - 1$ *𐐮𐑆 𐑌𐐪𐐻 𐐼𐐮𐑂𐐮𐑆𐐮𐐺𐐲𐑊 𐐺𐐴* q *𐐰𐑌𐐼 𐑁𐐲𐑉𐑄𐐲𐑉*

$$D_{2h} \not\equiv 0 \bmod q,$$

𐐸𐐶𐐯𐑉 D_{2h} *𐐼𐐲𐑌𐐬𐐻𐑅 𐑄 𐐼𐐲𐐻𐐲𐑉𐑋𐐮𐑌𐐲𐑌𐐻 𐐮𐑌𐐻𐑉𐐲𐐼𐐭𐑅𐐻 𐐮𐑌 𐐆𐐿. (17), 𐐫𐑉 𐑄 𐐿𐐲𐑌𐑀𐑉𐐭𐐲𐑌𐑅*

$$s^p + 1 \equiv t^p \bmod q,$$

φɹ6 ɥo 8ᴦʅobᴦɥ ɥɥ ɥɥʅᴦɕᴦφ6 s ɹɥd t φωιc əφ ʅφɗɔ ʅo q; ɣɹɥ ɣ ɪωωεsᴦɥ $x^p + y^p + z^p = 0$ ωɹɥəʅ ə 8ɹʅɥ8pdd ɜɗ ɥɥʅᴦɕᴦφ6 x, y, z, φωιc əφ ʅφɗɔ ʅo p.

Ɥɹω8ʅ ʅɹʅ ᴦ8 8ᴦʅo6 ɣɹʅ Ɨω. (2) φɹ6 ə 8ᴦʅobᴦɥ ɥɥ ɥɥʅᴦɕᴦφ6 x, y, z φωιc əφ ʅφɗɔ əc ʅo əc, ωᴦɥ ᴦ8 ɣɹɔ 8əɪи dɪ8ɪ8ɪ8ᴦʅ ɜɗ p. Ɯə bɹʅ 8ᴦʅo6 ɣɹʅ ɪʅ ɪ6 z φωιc ɪ6 dɪ8ɪ8ɪ8ᴦʅ ɜɗ p. Ɨɥ ɣɪ8 ωε8 ωə bɹʅ ɥəd ʅo ɪɔʅʅoɪ ɣ φᴦʅεbᴦɥ6 ɥɥ ʟəᴦφᴦɔ II. Φᴦʅε8ɪи Ɨω. (21), ωə bɹʅ ɥȯ φɹ8 ᴦɥᴦɣᴦφ, ᴦ8ʅεɥd ɥɥ ə 8ɪɔɥʅᴦφ ɔɹɥᴦφ; ɥεɔʅə:

$$(p^{kp-1}{u_1}^p + {u_2}^p + {u_3}^p)^p = 4p^{kp}{u_1}^p{u_2}^p{u_3}^p \sum \frac{(p-1)!}{(2\lambda+1)!(2\mu+1)!(2\nu+1)!} p^{2\lambda(kp-1)}{u_1}^{2\lambda p}{u_2}^{2\mu p}{u_3}^{2\nu p};$$

φωɹɥ8 ωə ɔε φɗʅ

$$p^{kp-1}{u_1}^p + {u_2}^p + {u_3}^p = 2p^k u_1 u_2 u_3 \cdot P,$$

$$\sum \frac{(p-1)!}{(2\lambda+1)!(2\mu+1)!(2\nu+1)!} p^{2\lambda(kp-1)} \cdot {u_1}^{2\lambda p}{u_2}^{2\mu p}{u_3}^{2\nu p} = 2^{p-2}P^p. \quad (23)$$

Ɯə bɹʅ ʅφɹ6ᴦɥʅʅə φɹ8 ɥəd ρoφ ɣ ʅɹ8ʅ φᴦʅεbᴦɥ.

Ᵽώɹɥ, ʅɹʅ q 8 ə ʅφɗɔ ɥᴦɔ8ᴦφ ᴦ8 ɣ ρoφɔ $2hp+1$. Ɨρ ωə 8ᴦʅo6 ɣɹʅ q ɪ6 ɥəʅ ə ρɹωʅᴦφ ᴦ8 ɹɥə ωᴦɥ ᴦ8 ɣ ɥᴦɔ8ᴦφ6 x, y, z, ωə bɹʅ 8 ʅɹd ɹ6 8ᴦρoφ ʅo φᴦʅεbᴦɥ6 (14) ɹɥd (17). Ɯə bɹʅ ɣɹφρoφ dᴦφɹωʅ ȯφ ᴦʅɹɥbᴦɥ ʅo ɣ ᴦɣᴦφ ωε8, ɥεɔʅə, ɣɹʅ ɥɥ φωιc q ɪ6 ə ρɹωʅᴦφ ᴦ8 ωᴦɥ ᴦ8 ɣ ɥᴦɔ8ᴦφ6 x, y, z.

8ᴦʅo6 ɣɹʅ q ɪ6 ə ρɹωʅᴦφ ᴦ8 x. Ɣɹɥ ρφᴦɔ (10) ωə φɹ8

$$p^{kp-1}{u_1}^p - {u_2}^p + {u_3}^p \equiv 0 \bmod q. \quad (24)$$

Ɥȯ, q ɪ6 ə ρɹωʅᴦφ ᴦ8 u_2 oφ ᴦ8 v_2, 8ɪɥ8 ɪʅ ɪ6 ə ρɹωʅᴦφ ᴦ8 x. Ƿᴦφ8ʅ 8ᴦʅo6 ɣɹʅ ɪʅ ɪ6 ə ρɹωʅᴦφ ᴦ8 v_2. Ɣɹɥ ɪʅ ɪ6 ʅφɗɔ ʅo u_1, u_2, u_3. Ɫɹʅ u 8 co6ᴦɥ 8o ɣɹʅ $p^{k-1}u_1u \equiv 1 \bmod q$ ɹɥd ɔᴦʅɥʅʅɗ 8oʟ ɔɹɔ8ᴦφ6 ᴦ8 ωᴦɥώφoᴦɥ8 (24) ɜɗ u^p. Ə φᴦʅεbᴦɥ ɪ6 ᴦ8ʅεɥd φωιc ɔε 8 φɪʅᴦɥ ɥɥ ɣ ρoφɔ

$$p^{p-1} \equiv s^p + t^p \bmod q, \quad (25)$$

φωɹφ s ɹɥd t əφ ʅφɗɔ ʅo q. Ɣɪ8 ωᴦɥώφoᴦɥ8 ɔε ɥȯ 8 ɪɔʅʅoɪd ɥɥ ɣ ωε ɥɥ φωιc (14) ωᴦ6 ɥo6d ɥɥ ɣ ʅφᴦ8ədɪи əφώɥᴦɔᴦɥʅ.

Ꝺ вꓒ⁊ ɾв ωɵиώфоɾꞅвɾɞ ɔɘɕɾ꞉ɵ q, $2h$ ꞅ ꞅɾɔвɾф, ɔɛ в ρόꞅd ꞅ ɣ ρɵ꞉ɵɪи ɔꓒꞅɾф: Ɣ ρɾфв⁊ ɾффɞɾɞ ρфɾɔ (25) вф фɛɞɪи ɘɕ ɔꓒɔвɾф ⁊ɵ ɣ $2h$ʟ ꞇόɾф ꓒꞅd вɪɔꞇ꞉ɪρфɪи вф ɔɘꞅɞ ɾв фɾ꞉ɛbɾꞅɞ (15). Ɣ ɾɣɾфɞ ωɾɔ ρфɾɔ ɣɪв ωɾꞅ вф фɾꞇɘ⁊ɾd ɔɾ꞉ꞅꞇ꞉ɪωɛbɾꞅ вф $s^p t^{(2h-1)p}$ ꓒꞅd фɾdɾωbɾꞅ вф ɔɘꞅɞ ɾв (15). Ɣ ɪώɞɪв⁊ɾꞅв ɾв ɣɘɞ $2h$ ωɵиώфоɾꞅвɾɞ ɪɔꞇ꞉фɞ ɣꓒ⁊

$$\Delta_{2h} \equiv 0 \bmod q, \tag{26}$$

φωꓒф

$$\Delta_{2h} = \begin{vmatrix} \binom{2h}{1} & \binom{2h}{2} & \cdots & \binom{2h}{2h-1} & 2 - p^{2h(p-1)} \\ \binom{2h}{2} & \binom{2h}{3} & \cdots & 2 - p^{2h(p-1)} & \binom{2h}{1} \\ \cdot & \cdot & \cdot & \cdot & \cdot \\ 2 - p^{2h(p-1)} & \binom{2h}{1} & \cdots & \binom{2h}{2h-2} & \binom{2h}{2h-1} \end{vmatrix}.$$

Ꞁꓒωв⁊ ꞁꓒ⁊ ɾв вɾꞇɵɞ ɣꓒ⁊ q ɪɞ ɵ ρꓒωɾф ɾв u_2. Ɣꓒꞅ ρфɾɔ (24) ωə φꓒв фꓒdɪ꞉ə

$$u_3^{2p} \equiv p^{2(kp-1)} {u_1}^{2p} \bmod q.$$

Ɨɔꞇ꞉ɵꝡɪи (23) ꞅό ꓒɞ ωə dɪd (22) ꞅ ɣ ꞇфəвəɾв ωɛв, ωə φꓒв

$$p^{(p-3)(kp-1)} {u_1}^{p(p-3)} \equiv P^p \bmod q. \tag{27}$$

Фɛɞɪи ɘɕ ɔꓒɔвɾф ɾв ɣɪв ωɾꞅώфоɾꞅв ⁊ɵ ɣ $2h$ʟ ꞇόɾф ꓒꞅd вɪɔꞇ꞉ɪρфɪи, ωə φꓒв

$$p^{6h} \equiv 1 \bmod q.$$

Ɣɪв, ꞅ ωɾꞅꓒωbɾꞅ ωɪɣ ɣ фɾ꞉ɛbɾꞅ $p^{2hp} \equiv 1 \mod q$, ꞁədɞ ⁊ɵ ɣ ωɾꞅώфоɾꞅв

$$p^{2h} \equiv 1 \bmod q,$$

ꞇфɾвфdɾd ɣꓒ⁊ p ɪɞ ώфɛ꞉ɾф ɣꓒꞅ 3.

Ɨ⁊ ɪɞ ɵвввəɾв ɣꓒ⁊ ꞅ ɣ ωɛв ꞅ φωɪc q ɪɞ ɵ ρꓒωɾф ɾв y, ωə bɋd в ꞁꓒd ⁊ɵ ɣ вɛɔ фɾ꞉ɛbɾꞅɞ ꓒɞ ɣɵɞ ɕɾв⁊ ɾв⁊ɛꞅd φωꓒꞅ q ɪɞ ɵ ρꓒωɾф ɾв x.

Ƥφɩɾlə, ɭɅl ɾв вɾɿɔ6 ɣɅl q ɪ6 ə pɅɷlɾф ɾв z. ƔɅɩ pφɾɔ (10) ωə φɅв

$$-p^{kp-1}u_1^p + u_2^p + u_3^p \equiv 0 \bmod q.$$

Ƕó, q ɪ6 ə pɅɷlɾф ɾв u_1 ɵφ ɾв v_1, вɪɩв ɪl ɪ6 ə pɅɷlɾф ɾв z. Ɨp ωə вɾɿɔ6 ɣɅl q ɪ6 ə pɅɷlɾф ɾв v_1, ωə bɅl в ɭɅd Ʌ6 вɾpɵφ lɷ φɾlεbɾɩ (26). Ɨp ωə вɾɿɔ6 ɣɅl q ɪ6 ə pɅɷlɾф ɾв u_1, ɣɅɩ pφɾɔ (9) ωə φɅв $x + y \equiv 0 \mod q$.

ƜɅɣɾφɪи lɾώɅɣɾφ ɣ φɾ6ɾlɪв ϛɾвl dɾdɷвl Ʌɩd ɣɔ6 ɪɩ ʟəɾφɾɔ III, ωə φɅв ɣ pəlɔɪи ʟəɾφɾɔ:

IV. *Ɨp ɣɅφ ɪώ6ɪвlв ə ɿφφɔ ɩɾɔəɾφ* q, $q = 2hp + 1$, *φωɪc ɪ6 ɩəl ə pɅɷlɾφ ɾв Ʌɩə ɾв ɣ ɩɾɔəɾφ6*

$$D_{2h}, \quad \Delta_{2h}, \quad p^{2h} - 1,$$

Ʌɩd ɪp ɣ ɪɷωεsɾɩ

$$x^p + y^p + z^p = 0$$

ɪ6 вɅlɪвpφd вφ ɪɩlɾϛɾφ6 x, y, z, *φωɪc əφ ɿφφɔ əc lɷ əc, ɣɅɩ ωɾɩ ɾв ɣə6 ɪɩlɾϛɾφ6 (вε* z*)) Ʌɩd ɣ вɾɔ ɾв ɣ ɾɣɾφ lɷ (вε* $x + y$*)) əφ вɵʟ dɪвɪ6ɪвɾl вφ* q.

Ɯə bɅl ώɪв ωɾɩ ɾɣɾφ ʟəɾφɾɔ φωɪc ɔε в dɅɔɾɩвlφεlɾd вφ ɅlɾɔɅɩlɾφə ɔəɩ6; ɩεɔlə, ɣ pəlɔɪи:

V. *Ɨp p ɪ6 Ʌɩ əd ɿφφɔ Ʌɩd ɣ ɪɷωεsɾɩ*

$$x^p + y^p + z^p = 0, \tag{2bis}$$

φɅ6 ə вɾlɷbɾɩ ɪɩ ɪɩlɾϛɾφ6 x, y, z, *əc ɾв φωɪc ɪ6 ɿφφɔ lɷ* p, *ɣɅɩ ɣɅφ ɪώ6ɪвlв ə ɿɷ6ɪlɪв ɪɩlɾϛɾφ* s, *ɭɅв ɣɅɩ* $\frac{1}{2}(p-1)$, *вɾc ɣɅl*

$$(s+1)^p \equiv s^p + 1 \bmod p^3. \tag{28}$$

Ƥφɾɔ Ɨɷ. (7) ωə φɅв

$$(x+y)^{p-1} \equiv u_1^{p(p-1)} \equiv 1 \bmod p^2.$$

Ɣɪв φɾlεbɾɩ Ʌɩd lɷ вɪɔlɾφ ωɾɩ6 ɭəd lɷ ɣ pəlɔɪи:

$$(x+y)^p \equiv x+y, \quad (y+z)^p \equiv y+z, \quad (z+x)^p \equiv z+x \bmod p^2. \tag{29}$$

𐐝𐐬,

$$x + y \equiv -z \bmod p;$$

𐐸𐐶𐐯𐑌𐑅

$$(x + y)^p \equiv -z^p \equiv x^p + y^p \bmod p^2. \tag{30}$$

𐐝𐐮𐑋𐐮𐑊𐐲𐑉𐑊𐐨,

$$(y + z)^p \equiv y^p + z^p, \quad (z + x)^p \equiv z^p + x^p \bmod p^2. \tag{31}$$

𐐙𐑉𐐱𐑋 𐑁𐐫𐑉𐑋𐑏𐑊𐐲𐑆 (29), (30), (31) 𐐰𐑌𐐼 𐐀𐐿. (2bis), 𐐶𐐨 𐐸𐐰𐑂

$$x + y + z \equiv 0 \bmod p^2.$$

𐐙𐑉𐐱𐑋 𐑄𐐮𐑅 𐐶𐐨 𐐸𐐰𐑂

$$(x + y)^p \equiv -z^p \equiv x^p + y^p \bmod p^3.$$

𐐢𐐯𐐻 u 𐐺𐐨 𐐰𐑌 𐐮𐑌𐐻𐐯𐑀𐐲𐑉 𐑅𐐲𐐽 𐑄𐐰𐐻 $yu \equiv 1 \bmod p^3$. 𐐜𐐯𐑌 𐐶𐐨 𐐸𐐰𐑂

$$(xu + 1)^p \equiv (xu)^p + 1 \bmod p^3.$$

𐐐𐐯𐑌𐑅 𐐶𐐨 𐐸𐐰𐑂 𐑄 𐐿𐐱𐑍𐑀𐑉𐐭𐐯𐑌𐑅

$$(\sigma + 1)^p \equiv \sigma^p + 1 \bmod p^3, \tag{32}$$

𐐸𐐶𐐯𐑉 σ 𐐮𐑆 𐐲 𐐹𐐱𐑆𐐮𐐻𐐮𐑂 𐐮𐑌𐐻𐐯𐑀𐐲𐑉 𐑊𐐯𐑅 𐑄𐐰𐑌 p^3.

𐐎𐐨 𐑇𐐰𐑊 𐑌𐐵 𐐹𐑉𐐭𐑂 𐑄𐐰𐐻 𐑄 𐐿𐐱𐑍𐑀𐑉𐐭𐐯𐑌𐑅 (32) 𐐮𐑋𐐹𐑊𐐴𐑆 𐐰𐑌𐐼 𐐮𐑆 𐐮𐑋𐐹𐑊𐐴𐐼 𐐺𐐴 𐑄 𐐿𐐱𐑍𐑀𐑉𐐭𐐯𐑌𐑅

$$(\sigma + 1)^{p^2} \equiv \sigma^{p^2} + 1 \bmod p^3. \tag{33}$$

𐐢𐐯𐐻 𐐲𐑅 𐐼𐐯𐑁𐐴𐑌 𐐮𐑌𐐻𐐯𐑀𐐲𐑉𐑆 λ 𐐰𐑌𐐼 μ 𐐺𐐴 𐑋𐐨𐑌𐑆 𐐱𐑂 𐑄 𐑁𐐫𐑉𐑋𐑏𐑊𐐲𐑆

$$(\sigma + 1)^p = \sigma + 1 + \lambda p, \quad \sigma^p = \sigma + \mu p.$$

Then

$$(\sigma + 1)^p = \sigma^p + 1 + (\lambda - \mu)p. \tag{34}$$

𐐎𐐨 𐐸𐐰𐑂 𐐫𐑊𐑅𐐬

$$\begin{aligned}(\sigma + 1)^p &\equiv (\sigma + 1)^p + \lambda p^2 (\sigma + 1)^{p-1} \bmod p^3,\\ &\equiv \sigma + 1 + \lambda p + \lambda p^2 \bmod p^3.\end{aligned}$$

[ɸωωɸ6

$$\sigma^{p^2} \equiv \sigma + \mu p + \mu p^2 \bmod p^3.$$

Ƿɸᴦɔ ɣə [ɹɞ]]ɸ ωəɴώɸɸᴦɥɞᴦ6 ωə φɹɞ

$$(\sigma + 1)^{p^2} \equiv \sigma^{p^2} + 1 + (\lambda - \mu)(p + p^2) \bmod p^3. \tag{35}$$

Ƿɸᴦɔ (34) ɹɥd (35) ωə ɞə ɣɹ] ə ɥɹɞᴦɞɹɸə ɹɥd ɞᴦƿɨbᴦɥ] ωᴦɥdɨbᴦɥ ƿɸɸ ɸɣᴦɸ (32) ɸɸ (33) ɨ6 ɣɹ] $\lambda - \mu \equiv 0 \bmod p^2$. Ɣɹɸƿɸɸ, (32) ɹɥd (33) əɸ ɨωωɨɞᴦ[ᴦɥ]; ɣɹ] ɨ6, ɨƿ ωᴦɥ ᴦɞ ɣə6 ωəɴώɸɸᴦɥɞᴦ6 ɨ6 ɞɹ]ɨɞƿɸd ƿɸɸ ə ώɨɞᴦɥ ɞɹ[ɤɸ ᴦɞ σ, ɞɸ ɨ6 ɣ ᴦɣᴦɸ.

Ɨɥ ɞɤɸ ᴦɞ ɣɨɞ ɸᴦ6ᴦ[ɔ ωə bɹ[φɹɞ Ίɸɸɞd ɸᴦ[ɛbᴦɥ (28) ɹ6 ɞɸɥ ɹ6 ωə φɹɞ bɸɥ ɣ ɨώ6ɨɞ]ᴦɥɞ ᴦɞ ɹɥ ɨɥ]ᴦɕɸ s [ɹɞ ɣɹɥ $\frac{1}{2}(\;-1)$ ɹɥd ɞᴦc ɣɹ]

$$(s - 1)^{p^2} \equiv s^{p^2} + 1 \bmod p^3. \tag{36}$$

[ɹ] t ɞ ɣɹ] ɸɹɞɨdɸ ᴦɞ σ ɔəɕᴦ[ɔ p ƿɸɸ φωɨc ɣ ɹɞɞᴦ[ɸ] ɞɹ[ɤɸ ɨ6 ə ɔɨɥɔᴦɔ. Ɣɹɥ ƿɸᴦɔ (33) ωə φɹɞ

$$(t + 1)^{p^2} \equiv t^{p^2} + 1 \bmod p^3.$$

Lɸə ωɛɞᴦ6 əɸ Ίəɞɨɞᴦ[. (ə) Ɯə ɔɛ φɹɞ $t = \frac{1}{2}(p - 1)$. Ɣɹɥ

$$(p + 1)^{p^2} \equiv (p - 1)^{p^2} + 2^{p^2} \bmod p^3,$$

ɸɸ

$$2^{p^2} \equiv 1^p + 1 \bmod p^3,$$

ɞɸ ɣɹ] ƿɸɸ ɣɨɞ ωɛɞ ωə ɔɛ]ɛω $s = 1$. (ɛ) Ɯə ɔɛ φɹɞ t Ίəɞɨ]ɨɞ ɹɥd [ɹɞ ɣɹɥ $\frac{1}{2}(p - 1)$. Ɨɥ ɣɨɞ ωɛɞ ωə ɔɛ]ɛω $s = t$. (ə) Ɯə ɔɛ φɹɞ t ɥɛώᴦ]ɨɞ ɹɥd ώɸɛ[ᴦɸ ɣɹɥ $-\frac{1}{2}(p - 1)$. Ɨɥ ɣɨɞ ωɛɞ ωə ɸɸ] $s + 1 = -t$; ɣɹɥ

$$(-s)^{p^2} \equiv (-s - 1)^{p^2} + 1 \bmod p^3;$$

φωɹɥɞ (36) ƿə[ɸ6 ɸɹdɨ[ə ɹɥd ɣɹɥ (28).

Ɣɪɞ ωᴦɔʇɭəɞ ɣ ᴞɸᴓᴘ ᴦɞ ɣ ʟəᴦɸᴦɔ.

Ꞗᶁ ɔəʇɕ ᴦɞ ʟəᴦɸᴦɔ III, ʟᴦsəʇᴅɸᴦ ɸᴊɕ ɓoʇ ɣᴊʇ ɣ ɪωωɛsᴦʇ $x^p + y^p + z^p = 0$ ωᴊʇəʇ ɐ ɞᴊʇɪɞᴘᶁ ɐᶁ ɪʇɭᴦɕᴦɸɕ x, y, z, əc ᴦɞ ɸωɪc ɪɕ ᴞɸᶁɔ ʇᴓ p ɪᴘ $p < 197$. Ɔᶁᵜɛ ɸᴊɕ ɓoʇ ɣᴊʇ ɣ ɞɛɔ ɪɕ ʇɸᴓ ɪᴘ $p < 223$. Ɔɪɸɪɔᴊʇᴓᴘ ɸᴊɕ ɪωɞʇᴊʇᴅᴦᴅ ɣ ɸᴦɕᴦʟʇ ʇᴓ ᴊɞɸə p ʟᴊɞ ɣᴊʇ 257. Ꞗᶁ ɐ ᴘᴦɸɣᴦɸ ᴛᴊʇᴦʇɸɛʇɪᴎ ᴅɪɞωᴦɓᴦʇ Ꞓɪωɞᴦʇ (*Ꞷωσɸʇ. Ꞔᴦɸʇ. Ɔᴊʟ.*, ɞəʟ. 40) ɸᴊɕ ᴞɸᴓɞᴅ ɣᴊʇ ɣ ɪωωɛsᴦʇ ɪɕ ωɪʟə̇ʇ ɐ ɞᴦʟᴓɓᴦʇ ɪʇ ɪʇɭᴦɕᴦɸɕ ᴞɸᶁɔ ʇᴓ p ɪᴘ $p < 6857$.

Ꞷə ɓᴊʟ ɪᴦɞʇɸɛʇ ɣ ɔəʇɕ ᴦɞ ᴦɞʇɛʇɪᴎ ɣəɕ ɸᴦɕᴦʟʇɞ ɐᶁ ᴞɸᴓɞɪᴎ ɣᴊʇ *ɣ ɪωωɛsᴦʇ* $x^p + y^p + z^p = 0$ *ɸᴊɕ ʇo ɞᴦʟᴓɓᴦʇ ɪʇ ɪʇɭᴦɕᴦɸɕ* x, y, z, *ᴞɸᶁɔ ʇᴓ* p *ɪᴘ* $2p + 1$ *ᴓɸ* $4p + 1$ *ɪɕ ɐ ᴞɸᶁɔ.* Ᵽᴓɸ ɣɪɞ ᴛᴦɸᴛᴦɞ ωə ɪɔʇʟoɪ ʟəᴦɸᴦɔ III.

Ɨᴘ $2p + 1$ ɪɕ ɐ ᴞɸᶁɔ, ωə ɔɛ ʇɛω $q = 2p + 1$ ᴊʇᴅ $h = 1$. Ɣᴊʇ

$$D_2 = \begin{vmatrix} 2 & 1 \\ 1 & 2 \end{vmatrix} = 3.$$

ʇə̇ $2p+1$ ɪɕ ʇəʇ ɐ ᴘᴊωʇᴦɸ ᶁɣᴦɸ ᴦɞ 3 ᴓɸ ᴦɞ $p^2 - 1 = (p-1)(p+1)$. Ɨᴘ $4p + 1$ ɪɕ ɐ ᴞɸᶁɔ, ωə ɔɛ ʇɛω $h = 2$. Ɣᴊʇ

$$D_4 = \begin{vmatrix} 4 & 6 & 4 & 1 \\ 6 & 4 & 1 & 4 \\ 4 & 1 & 4 & 6 \\ 1 & 4 & 6 & 4 \end{vmatrix} = -3 \cdot 5^3.$$

ʇə̇ $4p + 1$ ɪɕ ʇəʇ ɐ ᴘᴊωʇᴦɸ ᴦɞ $3 \cdot 5^3$ ᴓɸ ᴦɞ

$$p^4 - 1 = (p-1)(p+1)(p^2+1).$$

Ᵽɸᴦɔ ɣəɕ ɸᴦɕᴦʟʇɞ ᴊʇᴅ ʟəᴦɸᴦɔ III, ωə ωᴦʇωʟᴓᴅ ɣᴊʇ ɣ ɪωωɛsᴦʇ $x^p + y^p + z^p = 0$ ɸᴊɕ ʇo ɞᴦʟᴓɓᴦʇ ɪʇ ɪʇɭᴦɕᴦɸɕ x, y, z, ᴞɸᶁɔ ʇᴓ p ɪᴘ ᶁɣᴦɸ $2p + 1$ ᴓɸ $4p + 1$ ɪɕ ɐ ᴞɸᶁɔ; ɪʇ ᴛᴦɸʇɪωᵜᴦʟᴦɸ, ɣᴊɸᴘᴓɸ, ɪᴘ

$$p = 3,\ 5,\ 7,\ 11,\ 13,\ 23,\ 29,\ 41, \ldots$$

§ 22 ꞀΦɹ6ʀɴꞀ 8ꞀƐꞀ ʀв ʜƏʟʀϚ ѠʀɴвʀΦɴʜИ Ɣ ŁѠѠƐSʀɴ $x^p + y^p + z^p = 0$

Łɴ ɣ ꞁφɹ6ʀɴꞁ вɹωbʀɴ ωə bɹʟ ώıв ə вφəр вꞁɛꞁɔʀɴꞁ ʀв ɣ ɔəφ ɪɔꞁθφꞁʀɴꞁ ɴoɴ ρɹωꞁв ʀвόꞁ ɣ ɪωωɛsʀɴ

$$x^p + y^p + z^p = 0, \quad p = \text{əd ꞁφбɔ}, \tag{1}$$

oвʀφ ɹɴd ʀвʀв ɣo6 φωɪc ωə φɹв θʟφɹdə ɔɹɴcʀɴd. Ɣə6 φɹв ɴəꞁ ɣɹꞁ вɪɴ dɹɔʀɴвꞁφɛꞁʀd вф ɹʟʀɔɹɴꞁʀφə ɔəɴ6; ɹɴd ɣɹφρəφ ə ꞁφəр ʀв ɣɹɔ ωqd в ό́ꞁ ʀв ꞁʟɛв ɪɴ ɣɪв ɪɴꞁφʀdʀωꞁʀφə вqω.

Ѡobə (*Comptes Rendus* ʀв Ꞁɹφɪв, Ꞗəʟ. XXV, ꞁ. 181; *Œuvres*, (1) 10: 364) вꞁɛꞁв ωɪʟό́ꞁ ꞁφəр ɣ φʀɔəφωʀвʀʟ ʟəʀφʀɔ ɣɹꞁ ɪр Łω. (1) ɪ6 вɹꞁɪвρбd вф ɪɴꞁʀϚʀφ6 x, y, z φωɪc əф ꞁφбɔ ꞁθ p, ɣɹɴ

$$1^{p-4} + 2^{p-4} + 3^{p-4} + \cdots + \{\tfrac{1}{2}(p-1)\}^{p-4} \equiv 0 \bmod p.$$

Łꞁ ɪ6 ꞁθ Ѡθɔʀφ ɣɹꞁ ωə o ɣ ɔoвꞁ ɪɔꞁθφꞁʀɴꞁ dʀвɹʟʀꞁɔʀɴꞁ ʀв ɣ ʟɪφə ʀв Łω. (1). (8ə φɹρʀφʀɴвʀ6 ꞁθ Ѡθɔʀφ'6 ωʀφω ɪɴ Φ. Ϛ. 8. 8ɔɪʟ'в Φʀꞁθφꞁ θɴ ɣ Ꞁɪφə ʀв Ꞁɴʀɔвʀφ6 ɪɴ 8ɔɪʟ'в *Ѡʀʟɹωʀd Ɔɹʟʀɔɹʟωʀʟ Ꞁεɪʀφ6*, Ꞗəʟ. I, ꞁ. 97.) Ѡθɔʀφ ɔɛωв ɥθв ʀв ωəɔꞁʟɹωв ɴʀɔвʀφ6 ɹɴd вф ɛd ʀв ɣɹɔ ꞁφθв6 ɣ ρəʟoɪɴ Ϛɹɴʀφʀʟ ʟəʀφʀɔ:

Łр p ɪ6 ə ꞁφбɔ ɴʀɔвʀφ φωɪc ɪ6 ɴəꞁ ə ρɹωʀφ ʀв ɣ ɴθɔʀφɛꞁʀφ ʀв ωʀɴ ʀв ɣ ρʀφвꞁ $\frac{1}{2}(p-3)$ Ꞗʀφɴθʟə ɴʀɔвʀφ6, ɣɹɴ Łω. (1) φɹ6 ɴo вʀʟθbʀɴ ɪɴ ɪɴꞁʀϚʀφ6 x, y, z, θʟ ʀв φωɪc əф dɪρʀφʀɴꞁ ρφʀɔ 6ɪφo.

Łɴ ωɛв p ɪ6 ə ρɹωʀφ ʀв ωʀɴ ʀв ɣ ρʀφвꞁ $\frac{1}{2}(p-3)$ Ꞗʀφɴθʟə ɴθɔʀφɛꞁʀφ6, Ѡθɔʀφ ρбɴd6 ʀɣʀφ ꞁφθꞁʀφꞁə6 φωɪc ɪꞁ ɔʀвꞁ ꞁʀ6ɹв. Ɣə6 ωə bɹʟ ɴəꞁ вꞁɛꞁ.

Ꞗф ɔəɴ6 ʀв φɪ6 Ϛɹɴʀφʀʟ ʟəʀφʀɔ Ѡθɔʀφ bo6 ɪɴ ꞁʀφꞁωɥʀʟʀφ ɣɹꞁ Łω. (1) ɪ6 ɪɔꞁθвɪвʀʟ ɪр $p \leqq 100$.

8ꞁəφꞁɪɴ ρφʀɔ φʀɛʀʟꞁв dθ ꞁθ Ѡθɔʀφ, Ꞗəρɹφɪc (Ѡφɹʟ'6 Ϛʀφɴʀʟ, Ꞗəʟ. CXXXVI) φɹ6 boɴ ɣɹꞁ ɪр Łω. (1) ɪ6 вɹꞁɪвρбd вф ɪɴꞁʀϚʀφ6 ꞁφбɔ ꞁθ p ɣɹɴ[1]

$$2^{p-1} \equiv 1 \bmod p^2.$$

[1] Ɣ вɔəʟʀвꞁ ꞁφбɔ p ρəφ φωɪc ɣɪв φʀʟɛbʀɴ ɪ6 вɹꞁɪвρбd ɪ6 $p = 1093$. Ɣɹφ ɪ6 ɴo ʀɣʀφ p ʟɹв ɣɹɴ 2000 вɹꞁɪвρφɪɴ ɣɪв φʀʟɛbʀɴ.

Ɔɨɸɨɔɹъор (Ѡɸɹʅ'б Ϛгɸъгʅ, Ɓөʅ. CXXXIX) ɸɹб bоъ ɣɹ7 p ɔгв7 ъ ɣɨв ωεв өʅвө вɹ7ɨврɸ ɣ ɸгʅɛbгъ

$$3^{p-1} \equiv 1 \bmod p^2.$$

Ψә өʅвө dгɸɸвб гɣгɸ ɸгʅɛbгъб ɸωɨc вɸ ʅɹв вɨɔ7гʅ ъ рөɸɔ.

ʅɛ7гɸ Ƥгɸ7вөиώʅгɸ ɸɹб 7ɸөвd 7ө ьәгɸгɔб рɸгɔ ɸωɨc ɣ гвгв ωɸɸ7ɨɸәг гв Ɓәрɹɸɨc ɹъd Ɔɨɸɨɔɹъор ɔε в dгdөв7. Ɣәб ьәгɸгɔб вɸ ɹб рөʅөб:

Ɨр x_1, x_2, x_3 вɸ ьɸә ъ7гϚгɸб, dɨргɸгъ7 рɸгɔ бɨɸө ɹъd ωɨьό7 ωөɔгъ dɨвɸбгɸ, гɔги ɸωɨc вгвɨв7в ɣ ɨѡωɛsгъ

$$x_1{}^p + x_2{}^p + x_3{}^p = 0,$$

ɸωɹɸ p ɨб ɹъ өd 7ɸɸɔ, ɣɹъ

I. Ɩвɸә рɹω7гɸ r гв x_i $(i = 1, 2, 3)$ вɹ7ɨврɸб ɣ ωгъώɸөгъв

$$r^{p-1} \equiv 1 \bmod p^2,$$

ɨр x_i ɨб 7ɸɸɔ 7ө p;

II. Ɩвɸә рɹω7гɸ r гв $x_i \pm x_k$ $(i, k = 1, 2, 3)$ вɹ7ɨврɸб ɣ ωгъώɸөгъв

$$r^{p-1} \equiv 1 \bmod p^2,$$

ɨр $x_i + x_k$ ɹъd $x_i - x_k$ вɸ 7ɸɸɔ 7ө p.

Ɓɸ ɔәъб гв ɸгʅɛbгъб dө 7ө Ɔɨɸɨɔɹъор ɹъd Ƥгɸ7вөиώʅгɸ, Ɓɹъdɨвгɸ (*7ɸɹъб. Гɔɹɸ. Ɔɹь. 8гв.*, Ɓөʅ. XV) ɸɹб bоъ ɣɹ7 ɨр Ɨѡ. (1) ɸɹб в вгʅөbгъ ъ ъ7гϚгɸб x, y, z, өʅ гв ɸωɨc вɸ 7ɸɸɔ 7ө p, ɣɹъ p ɸɹб ɣ рөʅөɨи 7ɸә7гɸ7ә:

(1) Ɨр p ɨб гв ɣ рөɸɔ $3n + 1$, ɣɹъ ɸɣгɸ

$$2^{p-1} \equiv 1 \bmod p^4 \quad \text{өɸ} \quad 5^{p-1} \equiv 1 \bmod p^2;$$

(2) Ɨр p ɨб гв ɣ рөɸɔ $3n + 2$, ɣɹъ ɸɣгɸ

$$2^{p-1} \equiv 1 \bmod p^4 \quad \text{өɸ} \quad 5^{p-1} \equiv 7^{p-1} \equiv 1 \bmod p^2;$$

Ɓɹъdɨвгɸ ɸɹб өʅвө ɸәвгъ7ʅә гъόъв7 (*8ʒʅ. Гɔɹɸ. Ɔɹь. 8гв.*, Ɔәɸc, 1915) ɣɹ7 ɸә ɸɹб рόъd в ɸгʅɛbгъ ɸωɨc ɨɔ7ʅɸб вɹвгɸгʅ гв ɣоб 7ɸәвәгвʅә гвɛъd, ъ 7гɸ7ɨωѵгʅгɸ, ɣоб ъ ɣ ьәгɸгɔб гв Ƥгɸ7вөиώʅгɸ гвгв.

Φɹρʏφʏъв bqd οʅвο в ɔεd ʅο ʅο ᴛεᴛʏφ6 вϕ Ꮛʏφъвʅəъ, ωʏъ вϕ Ρʏφʅвοиώʅʏφ, ɹъd ωʏъ вϕ Ψɹω ъ γ *Göttinger Nachrichten* ροφ 1910.

Ɨъ ωʏъωʅοsʏъ ɨʅ ɨ6 ʅο в φʏɔəφωʅ γɹʅ γ Ρωɹdʏɔə ʏв Ꮎϕʏъвʏ6 ʏв Ꮗqʅɨиʏъ φοʅd6 ə вʏɔ ʏв 100,000 ɔəφωв φωɨc ɨ6 ʅο в ʏωοφdʏd ɹ6 ə ᴛφϕ6 ʅο γ ᴛɨφвʏъ φο ρʏφвʅ ᴛφɹ6ʏъʅв ə φɨώʏφʏв ᴛφορ ʏв Ρɹφəə'6 Ʈɹвʅ Ꮮəʏφʏɔ. Ⅴ ɨώ6ɨвʅʏъв ʏв γɨв ᴛφϕ6 ɔʏъə φɹ6 ωοʅd ροφʟ ə ʅəφϛ ъʏɔəʏφ ʏв вοdο-вʏʅοbʏъ6 ʏв γ ᴛφəαʅʏɔ. Ρъροφсʏъʏʅə, γ ъʏɔəʏφ ʏв ʏъʅφεъd ωʏφωʏφ6 ʏʅɹωи γ ᴛφəαʅʏɔ вəɔ6 ʅο в ъωφəвɨи.

Ꮯɹъʏφʏʟ Ꮭωвʏφвϕ6ʏ6

1.* Ⅴɹφ dο ъəʅ ɨώ6ɨвʅ ʟφə вϕъɹφə ροφɔ6 φωɨc ʏροφd ə вʏʅοbʏъ ʏв γ ɨωωεsʏъ $x^n + y^n = z^n, n > 2$, ροφ ɹвφə ᴛɹφ ʏв вɹʅ∿ο6 ʏв γ вɹφəʏвʅ6 ъ γο6 ροφɔ6.
(Ꮗəφʅəъə, 1911.)

2. Ɨρ γ ɨωωεsʏъ $x^n + y^n = z^n$ ɨ6 ɨɔᴛəвɨвʅ, вο ɨ6 əс ʏв γ ɨωωεsʏъ6 $u^{2n} - 4v^n = t^2$ ɹъd $s(2s+1) = t^{2n}$.
(Ʈъd, 1910.)

3. Ɨρ γ ɨωωεsʏъ $x^n + y^n = z^n$ ɨ6 ɨɔᴛəвɨвʅ, вο ɨ6 əс ʏв γ ɨωωεsʏъ6 $u^{2n} + v^{2n} = t^2$ ɹъd $u^{2n} - v^{2n} = 2t^n$.
(Ʈəοвɨʅ, 1840.)

4. Ɨρ γ ɨωωεsʏъ $x^k + y^k = z^k$ ɨ6 ɨɔᴛəвɨвʅ ροφ ɹвφə k ώφεʅʏφ γɹъ 2, γɹъ ɨ6 γ ɨωωεsʏъ $u^m v^n + v^m w^n + w^m u^n = 0$ ɨɔᴛəвɨвʅ ροφ ɹвφə ᴛɹφ ʏв ъʅʏϛʏφ6 m ɹъd n, ɨωвɹᴛʅ ροφ γ ʅφɨвəʅ вʏʅοbʏъ6 1, 0, 0; 0, 1, 0; 0, 0, 1.
(Ψʏφωɨʅв, 1908.)

5.† Ꮷʏʅʏφəъ вɨвʅʏɔɹʅɨωʏʅə ə ʅəφϛ ъʏɔəʏφ ʏв вɨɔᴛʏʅ ɨωωεsʏъ6 φωɨc əφ ɨɔᴛəвɨвʅ φωɹъ $x^n + y^n = z^n$ φɹ6 ъο вʏʅοbʏъ.

6.* Ɨρ ωə φϕʅ

$$s_1 = x + y + z, \quad s_2 = xy + yz + zx, \quad s_3 = xyz,$$

ɣᴎᴺ ɣ ωʀᴺdɪbʀᴺ

$$x^p + y^p + z^p = 0, \tag{1}$$

ωᴎᴺ в φɨɿʀᴺ ɨᴺ ɣ рϕφɔ

$$\phi_p(s_1, s_2, s_3) = 0, \tag{2}$$

φωфɿ x, y, z вφ φϕɿв ʀв ɣ ωᴺϕвɨω ɨωωεsʀᴺ

$$t^3 - s_1 t^2 + s_2 t - s_3 = 0. \tag{3}$$

ɣᴎᴺ ƚω. (1) ωᴎᴺ φᴊв в φᴊbʀᴺʀɿ вʀɿϕbʀᴺ оᴺɿэ φωᴎᴺ ϴɿ ɣ φϕɿв ʀв (3) вφ φᴊbʀᴺʀɿ, ɨɿв ωоʀрɪbʀᴺɿв вэɨи вʀвςᴎω ɿϕ ɣ ωʀᴺdɪbʀᴺ (2). Вф εd ʀв ɣɨв φʀɔвφω bо ɣᴊɿ (1) ɨ6 ɨɔɿвɨвʀɿ φωᴎᴺ $p = 17$. (Ɔɨφɨɔᴊᴺϕр, 1909.)

7.* ƚр ɣ ɨωωεsʀᴺ $x^p + y^p + z^p = 0$ φᴊ6 ɣ ɿφɨɔɨɿɨв вʀɿϕbʀᴺ x, y, z, p вэɨи ᴊᴺ вd ɿφфɔ, ᴊᴺd G ɨ6 ɣ ώφεɿʀвɿ ωвɔʀᴺ dɨвфвʀφ ʀв $x + y + z$ ᴊᴺd $x^2 + xy + y^2$, ɣᴎᴺ ɨᴺɿʀςʀφ6 I, K, L ɨώ6ɨвɿ вʀс ɣᴊɿ

$$y^2 + yz + z^2 = GI,$$
$$z^2 + zx + x^2 = GK,$$
$$x^2 + xy + y^2 = GL,$$

ᴊᴺd ϴɿ ɣ рᴊωɿʀφ6 ʀв ɣ ᴺʀɔвʀφ6 I, K, L вφ ʀв ɣ рϕφɔ $6\mu p + 1$. Ɗо ɣᴊɿ ɿϕ dᴎɔʀᴺвɿφεɿ ɣ ɨɔɿвɨвɨɿɨэ ʀв ɣ ɨωωεsʀᴺ $x^p + y^p + z^p = 0$ ɨɿ ɨ6 вʀрɪbʀᴺɿ ɿϕ ɿφϕв ɣᴊɿ ɿϕ ʀв ɣ ᴺʀɔвʀφ6 I, K, L вφ эωωʀɿ ϴφ ɣᴊɿ ωʀᴺ ʀв ɣᴎɔ ɨ6 ᴺϕᴺɨɿэ. (Рɿᴎω, 1909.)

8. Ɗо ɣᴊɿ ɣ ɨωωεsʀᴺ $3u(4v^3 - u^3) = t^2$ ɨ6 ɨɔɿвɨвʀɿ ɨᴺ ɨᴺɿʀςʀφ6 u, v, t, ϴɿ ʀв φωɨс вφ dɪрʀφʀᴺɿ рφʀɔ 6ɨφϕ.

9.† ʰоɿ ɣᴊɿ φωᴎᴺ p ɨ6 ᴊᴺ вd ɿφфɔ ɣ ɨωωεsʀᴺ

$$x^{2p} + y^{2p} = z^{2p},$$

ωɨγ γ ωɼъdɪbɼъ γ⅃ʅ x, y, z әφ ȷφфɔ ʅꝏ p, ɪɔȷʅфɞ γ ɩφә Ꞁɪւ⅃ώɼφәɼъ ɪωεsɼъɞ

$$x^2 + y^2 = {z_1}^2, \quad {x_1}^2 + y^2 = z^2, \quad x^2 + {y_1}^2 = z^2.$$

Ψωɼʅ ъɼɔәɼφɞ x, y, z ω⅃ъ ɞ⅃ʅɪɞpф γәɞ ɩφә ɪωεsɼъɞ?

10. Ꭰο γ⅃ʅ γ ɪωεsɼъ $x^{2p} + y^{2p} = z^{2p}$, ɪъ φωɪc p ɪɞ ә ȷφфɔ ъɼɔәɼφ, ɪɔȷʅфɞ γ ωοɪώɞɪɞʅɼъɞ ɼɞ ʅꝏ ɪωεsɼъɞ ɼɞ γ ρφфɔ

$$a^p + b^p = c^p, \qquad b^p + c^p = d^p.$$

11.* Ɨъɞɹɞʅɪώεʅ γ ȷφәɑʅɼɔ ɼɞ ɞәʅɞɪʌ γ ɪωεsɼъ $x^p + y^p = pz^p$, φωɹφ p ɪɞ ⅃ъ әd ȷφфɔ. (Ψφ⩪әbә, 1911.)

12.* Ɨъɞɹɞʅɪώεʅ γ ȷφәɑʅɼɔ ɼɞ ɞәʅɞɪʌ γ ɪωεsɼъ $x^p + y^p = cz^p$, φωɹφ p ɪɞ ⅃ъ әd ȷφфɔ. (Ɔф⩪ε, 1901.)

13.* Ꞁφωɞ γ⅃ʅ ъфγɼφ ɼɞ γ ɪωεsɼъɞ $t^2 = (z^2 + y^2)^2 - (zy)^2, t^2 = (z^2 - y^2)^2 - (zy)^2$ ȷɼɞɹɞɼɞ ⅃ъ ɪъʅɼώφɼʅ ɞɼʅꝏbɼъ. Ꞗф ɔәъɞ ɼɞ γɪɞ φɼɞɼʅ ȷφωɞ γ ɪɔȷәɞɪɞʅɨʅә ɼɞ әc ɼɞ γ ɪωεsɼъɞ

$$u^6 + v^6 = w^6, \quad u^{10} + v^{10} = w^{10}. \text{ (Ꮗ⅃ȷpɹφɼφ, 1913.)}$$

6 𐐜 𐐣𐐯𐑃𐐲𐐼 𐐲𐑂 𐐙𐐲𐑍𐐿𐑇𐐲𐑌𐐲𐑊 𐐆𐐿𐐶𐐩𐑈𐐲𐑌𐑆

§ 23 𐐆𐑌𐐻𐑉𐐲𐐼𐐲𐐿𐑇𐐲𐑌. 𐐡𐐰𐑇𐐲𐑌𐐲𐑊 𐐝𐐲𐑊𐐭𐑇𐐲𐑌𐑆 𐐲𐑂 𐐱 𐐝𐐲𐑉𐐻𐐲𐑌 𐐙𐐲𐑍𐐿𐑇𐐲𐑌𐐲𐑊 𐐆𐐿𐐶𐐩𐑈𐐲𐑌

𐐜𐐯𐑉 𐐮𐑆 𐐱 𐑋𐐯𐑃𐐲𐐼 𐐸𐐶𐐮𐐽 𐐶𐐮𐑊 𐑅𐐲𐑋𐐻𐐴𐑋𐑆 𐐺 𐑁𐐵𐑌𐐼 𐐷𐐭𐑅𐑁𐐲𐑊 𐐮𐑌 𐑄 𐑃𐐮𐑉𐐨 𐐲𐑂 𐐔𐐴𐐲𐑁𐐰𐑌𐐻𐐴𐑌 𐐲𐑌𐐰𐑊𐐮𐑅𐐮𐑅 𐐰𐑌𐐼 𐐸𐐶𐐮𐐽 𐐶𐐨 𐐸𐐰𐑂 𐐸𐐰𐐼 𐑌𐐬 𐐲𐐿𐐩𐑈𐐲𐑌 𐐻𐐭 𐐮𐑋𐐹𐑊𐐬𐐮 𐐮𐑌 𐑄 𐐹𐑉𐐲𐑅𐐨𐐼𐐮𐑍 𐐹𐐩𐐾𐐲𐑆. 𐐆𐐻 𐑋𐐩 𐐿𐐲𐑌𐑂𐐨𐑌𐐷𐐲𐑌𐐻𐑊𐐨 𐐺 𐐼𐐲𐑅𐐿𐑉𐐴𐐺𐐼 𐐰𐑆 𐑄 𐑋𐐯𐑃𐐲𐐼 𐐲𐑂 𐑁𐐲𐑍𐐿𐑇𐐲𐑌𐐲𐑊 𐐮𐐿𐐶𐐩𐑈𐐲𐑌𐑆. 𐐆𐐻 𐐿𐐲𐑌𐑅𐐮𐑅𐐻𐑅 𐐮𐑅𐐯𐑌𐑇𐐲𐑊𐐨 𐐮𐑌 𐑄 𐐷𐐭𐑅 𐐲𐑂 𐑉𐐰𐑇𐐲𐑌𐐲𐑊 𐑅𐐲𐑊𐐭𐑇𐐲𐑌𐑆 𐐲𐑂 𐑁𐐲𐑍𐐿𐑇𐐲𐑌𐐲𐑊 𐐮𐐿𐐶𐐩𐑈𐐲𐑌𐑆 𐐰𐑆 𐐰𐑌 𐐩𐐼 𐐮𐑌 𐑅𐐱𐑊𐑂𐐮𐑍 𐐔𐐴𐐲𐑁𐐰𐑌𐐻𐐴𐑌 𐐹𐑉𐐱𐐺𐑊𐐲𐑋𐑆 𐐲𐑂 𐐱 𐑅𐐲𐑉𐐻𐐲𐑌 𐐻𐐴𐐹, 𐐱 𐐻𐐴𐐹 𐐮𐑌 𐑁𐐰𐐿𐐻 𐐸𐐶𐐮𐐽 𐐹𐑊𐐩𐑆 𐐰𐑌 𐐮𐑋𐐹𐐫𐑉𐐻𐐲𐑌𐐻 𐑉𐐬𐑊 𐐮𐑌 𐑄 𐐶𐐲𐑉𐐿 𐐲𐑂 𐐔𐐴𐐲𐑁𐐰𐑌𐐻𐐲𐑅. 𐐆𐑌 𐑄𐐮𐑅 𐐽𐐰𐐹𐐻𐐲𐑉 𐐶𐐨 𐑇𐐰𐑊 𐑀𐐮𐑂 𐐱 𐐺𐑉𐐨𐑁 𐐮𐑊𐐲𐑅𐐻𐑉𐐩𐑇𐐲𐑌 𐐲𐑂 𐑄 𐑋𐐯𐑃𐐲𐐼 𐐺𐐴 𐐮𐑋𐐹𐑊𐐬𐐷𐐮𐑍 𐐮𐐻 𐐮𐑌 𐑄 𐑅𐐲𐑊𐐭𐑇𐐲𐑌 𐐲𐑂 𐑅𐐲𐑉𐐻𐐲𐑌 𐐹𐑉𐐱𐐺𐑊𐐲𐑋𐑆 𐑁𐐲𐑉𐑅𐐻 𐐻𐑉𐐨𐐻𐐲𐐼 𐐺𐐴 𐐔𐐴𐐲𐑁𐐰𐑌𐐻𐐲𐑅 𐐰𐑌𐐼 𐐙𐐯𐑉𐑋𐐱.

𐐆𐐻 𐑇𐐳𐐼 𐐺 𐑅𐐯𐐼 𐑄𐐰𐐻 𐑄 𐐹𐑉𐐮𐑌𐑅𐐮𐐹𐐲𐑊 𐑂𐐰𐑊𐐷𐐭 𐐲𐑂 𐑄𐐮𐑅 𐑋𐐯𐑃𐐲𐐼 𐑊𐐴𐑆 𐑌𐐱𐐻 𐑅𐐬 𐑋𐐲𐐽 𐐮𐑌 𐐮𐐻𐑅 𐐷𐐭𐑅 𐑁𐐫𐑉 𐑄 𐑅𐐲𐑊𐐭𐑇𐐲𐑌 𐐲𐑂 𐑀𐐮𐑂𐐲𐑌 𐐹𐑉𐐱𐐺𐑊𐐲𐑋𐑆 𐐰𐑆 𐐮𐑌 𐑄 𐑁𐐰𐐿𐐻 𐑄𐐰𐐻 𐐮𐐻 𐑉𐐯𐑌𐐼𐐲𐑉𐑆 𐐹𐐱𐑅𐐮𐐺𐑊 𐐰𐑌 𐐲𐑉𐐩𐑌𐐾𐑋𐐲𐑌𐐻 𐐲𐑂 𐑅𐐲𐑉𐐻𐐲𐑌 𐐹𐑉𐐱𐐺𐑊𐐲𐑋𐑆 𐐮𐑌 𐐰𐑌 𐐫𐑉𐐼𐐲𐑉 𐐮𐑌 𐐸𐐶𐐮𐐽 𐑄𐐩 𐑋𐐩 𐐹𐑉𐐱𐑁𐐮𐐻𐐲𐐺𐑊𐐨 𐐺 𐐮𐑌𐑂𐐯𐑅𐐻𐐮𐑀𐐩𐐻𐐲𐐼. 𐐉 𐐻𐑉𐐨𐐻𐑋𐐲𐑌𐐻 𐐲𐑂 𐑄𐐨𐑆 𐐹𐑉𐐱𐐺𐑊𐐲𐑋𐑆 𐑁𐑉𐐲𐑋 𐑄𐐮𐑅 𐐹𐐬𐐮𐑌𐐻 𐐲𐑂 𐑂𐐷𐐭 𐑅𐐨𐑋𐑆 𐑌𐐱𐐻 𐐻𐐭 𐐮𐑀𐑆𐐮𐑅𐐻 𐐮𐑌 𐑄 𐑊𐐮𐐻𐐲𐑉𐐲𐐽𐐲𐑉. 𐐜 𐐹𐑉𐐴𐑋𐐯𐑉𐐨 𐐹𐐲𐑉𐐹𐐲𐑅 𐐲𐑂 𐑄𐐮𐑅 𐐽𐐰𐐹𐐻𐐲𐑉 𐐮𐑆 𐐻𐐭 𐐼𐐲𐑉𐐯𐐿𐐻 𐐲𐐻𐐯𐑌𐑇𐐲𐑌 𐐻𐐭 𐑄 𐐹𐐱𐑅𐐮𐐺𐐮𐑊𐐮𐐻𐐨𐑆 𐐲𐑂 𐑄𐐮𐑅 𐐾𐐯𐑌𐐲𐑉𐐲𐑊 𐑋𐐯𐑃𐐲𐐼 𐐲𐑂 𐑁𐐲𐑍𐐿𐑇𐐲𐑌𐐲𐑊 𐐮𐐿𐐶𐐩𐑈𐐲𐑌𐑆 𐐰𐑌𐐼 𐐻𐐭 𐑀𐐮𐑂 𐐰𐑌 𐐮𐑌𐐼𐐮𐐿𐐩𐑇𐐲𐑌 𐐲𐑂 𐐸𐐵 𐐮𐐻 𐑋𐐩 𐐺 𐐮𐑋𐐹𐑊𐐬𐐮𐐼. 𐐉 𐐾𐐯𐑌𐐲𐑉𐐲𐑊 𐑅𐐮𐑅𐐻𐐲𐑋𐐰𐐻𐐮𐐿 𐐼𐐲𐑂𐐯𐑊𐐲𐐹𐑋𐐲𐑌𐐻 𐐲𐑂 𐑄 𐑋𐐯𐑃𐐲𐐼 𐐮𐑆 𐑌𐐱𐐻 𐐲𐐻𐐯𐑋𐐹𐐻𐐲𐐼.

𐐔𐐴𐐲𐑁𐐰𐑌𐐻𐐲𐑅 𐑋𐐫𐑉 𐑄𐐰𐑌 𐐶𐐲𐑌𐑅 𐑋𐐩𐐿𐑅 𐐷𐐭𐑅 𐐲𐑂 𐑄 𐐴𐐼𐐯𐑌𐐻𐐮𐐻𐐨

$$a^2(a+1)^2 + a^2 + (a+1)^2 = (a^2 + a + 1)^2$$

𐐮𐑌 𐑄 𐑅𐐲𐑊𐐭𐑇𐐲𐑌 𐐲𐑂 𐐹𐑉𐐱𐐺𐑊𐐲𐑋𐑆. 𐐜𐐮𐑅 𐐴𐐼𐐯𐑌𐐻𐐮𐐻𐐨 𐑋𐐩 𐐺 𐑊𐐳𐐿𐐻 𐐲𐐹𐐱𐑌 𐐰𐑆

ɾpɵφdɪɴ ɵ ɞɾɿɷbɾɴ ɾɞ Ɣ pɾɴɷbɾɴɿ ɪɷɷɛsɾɴ

$$a^2{u_a}^2 + a^2 + {u_a}^2 = {v_a}^2, \tag{1}$$

ɪɴ φωɪc u_a ɹɴd v_a ɵφ ɿɷ ɞ dɾɿɾφɔɴd ɹ6 φɹbɾɴɿ pɾɴɷbɾ6 ɾɞ a. Ɨɿ ɪ6 ωɿɪφ Ɣɹɿ Ɣɪɞ ɪɷɷɛsɾɴ ɔɛ ɞ φɪɿɾɴ ɪɴ Ɣ pɵφɔ

$$(a^2 + 1)({u_a}^2 + 1) = {v_a}^2 + 1. \tag{2}$$

Ɣ pɾφɞɿ ɔɹɔɞɾφ ɔɛ ɞ φɪɿɾɴ ɹ6 ɵ ɞɾɔ ɾɞ ɿɷ ɞɷωɹφ6, Ɣɾɞ

$$(a^2 + 1)({u_a}^2 + 1) = (au_a \pm 1)^2 + (u_a \mp a)^2. \tag{3}$$

Ɣ ɞɹωɾɴd ɔɹɔɞɾφ ɔɛ ɞ φɪɿɾɴ ɹ6 ɵ ɞɾɔ ɾɞ ɿɷ ɞɷωɹφ6 ɪɴ ɵ ώφɛɿ ɞɾφφɾɿɵ ɾɞ ωɛ6. Ɣɾɞ, ɪp ωɵ φφɿ

$$ {v_a}^2 + 1 = (v_a + x_a)^2 + (1 + m_a x_a)^2, \tag{4}$$

ωɵ φɹɞ

$$2v_a x_a + {x_a}^2 + 2m_a x_a + {m_a}^2{x_a}^2 = 0.$$

Ɑɾɞφd6 Ɣ ɞɾɿɷbɾɴ $x_a = 0$ ɾɞ Ɣɪɞ ɪɷɷɛsɾɴ, ωɵ φɹɞ

$$x_a = -\frac{2(m_a + v_a)}{{m_a}^2 + 1}.$$

Ɣɹɴɞ ωɵ ɞɵ Ɣɹɿ

$$ {v_a}^2 + 1 = \left\{v_a - \frac{2(m_a + v_a)}{{m_a}^2 + 1}\right\}^2 + \left\{1 - \frac{2m_a(m_a + v_a)}{{m_a}^2 + 1}\right\}^2. \tag{5}$$

Pφɾɔ (3) ɹɴd (5) ωɵ ɞɵ Ɣɹɿ (2) ωɪɿ ɞ ɞɹɿɪɞpφd ɪp

$$\left.\begin{aligned} au_a \pm 1 &= v_a - \frac{2(m_a + v_a)}{{m_a}^2 + 1}, \\ u_a \mp a &= 1 - \frac{2m_a(m_a + v_a)}{{m_a}^2 + 1}. \end{aligned}\right\} \tag{6}$$

Ɨɿ ɪ6 ɵɞɞɵɾɞ Ɣɹɿ Ɣɵ6 ɿɷ ɪɷɷɛsɾɴ6 ɔɛ ɞ ɞɵɿɞd φɹbɾɴɾɿɵ pɵφ u_a ɹɴd v_a ɪɴ ɿɾφɔ6 ɾɞ m_a, ɞɵ Ɣɹɿ ωɵ φɹɞ ɵ φɹbɾɴɿ ɞɾɿɷbɾɴ ɾɞ (2), ᏹɨd φᏹɨȣ ɼɞ (1), ρȸφ ᏹɞφɘ φᏹbɼɨɼꞁ ρɼᴎꞷbɼɨ m_a. Ɣɨȣ ȣɼꞁȸbɼɨ ɔɛ ɞ φɨꞁɼɨ ɨɨ ɣ ρɞꞁoɨᴎ ρȸφɔ:

$$\left.\begin{aligned} u_a &= \pm a - 1 + \frac{2}{{m_a}^2+1} - \frac{2m_a}{{m_a}^2+1}\left\{-a \pm \frac{(a^2+1)(m_a \pm 1)^2}{{m_a}^2+2am_a-1}\right\}, \\ v_a &= -a \pm \frac{(a^2+1)(m_a \pm 1)^2}{{m_a}^2+2am_a-1} \end{aligned}\right\} \quad (7)$$

Ꞁȸ ɣ ȣɼꞁȸbɼɨ ɼɞ (1) ɼρȸφdɼd ȣȹ (7) ꞷɘ bɋd ɼꞔȸɨ ɣȸɞ ꞷ̇ɵꞁɼɨ ȣȹ ꞁɛꞷɨᴎ $x_a = 0$ ɨɨ (4), ɨɛɔꞁɘ:

$$u_a = \pm a + 1, \quad v_a = a \pm (a^2+1), \quad u_a = \frac{2}{a}, \quad v_a = a + \frac{2}{a}.$$

Ꞷɘ φȹꞁ dɵ̇ɨ ȣɼɔ ȣɨɔꞁɼꞁ ꞁɼφꞁɨꞷᐯɼꞁɼφ ȣɼꞁȸbɼɨɞ ρȸφ φꞷɨc ꞷɘ bᏹꞁ φᏹɞ ᐯȹȣ ɨɨ § 25.

$$\left.\begin{aligned} u_a &= a+1, & &\frac{2}{a}, & &2a^2, \\ v_a &= a^2+a+1, & &a+\frac{2}{a}, & &a(2a^2+1), \\ u_a &= 4a^3+4a^2+3a+1, \\ u_a &= 4a^4+4a^3+5a^2+3a+1. \end{aligned}\right\} \quad (8)$$

§ 24 Ȣɼꞁȸbɼɨ ɼɞ ʚ Ȣɼȹꞁɼɨ Ꞁȹȣꞁɼɔ ρȹɼɔ ᗡȹɼꝑᏹɨꞁɼȣ

Ɨɨ Ȣqꞷ V ɼɞ φɨɞ *Arithmetica* ᗡȹɼꝑᏹɨꞁɼȣ ꞁȹɼꞁɵɞɼɞ ᏹɨd bɵɞ φɵ̇ ꞁȸ ȣɞꞁɞ ɣ ρɞꞁoɨᴎ ꞁȹȣꞁɼɔ:

Ꞁȸ ρȹɨd ɩȹɘ ȣꞷꞷᏹȹɞ ȣɼc ɣᏹꞁ ɣ ꞁȹȣdɼꞷꞁ ɼɞ ᏹɨɘ ꞁȸ ɼɞ ɣᏹɔ, ᏹdɼd ꞁȸ ɣ ȣɼɔ ɼɞ ɣȸɞ ꞁȸ ȸφ ꞁȸ ɣ φɼɔɛɨɨᴎ ꞷɼɨ, ꞷ̇ɨɞɞ ʚ ȣꞷꞷᏹȹ.

Ɨρ ꞷɘ dɼɨoꞁ ꞷɼɨ ɼɞ ɣɘɞ ȣꞷꞷᏹȹɞ ȣȹ a^2 ɨꞁ ꞷɨꞁ ɞ ꞷɼɨɞɘɨᐯɼɨꞁ ꞁȸ ꞁɛꞷ ${u_a}^2$ ρȸφ ʚ ȣᏹꞷɼɨd ꞷɼɨ, φꞷᏹȹ u_a ɨɞ ꞷɼɨ ɼɞ ɣ ρɼᴎꞷbɼɨɞ dɼɨoꞁɼd ȣȹ ɣɨȣ ȣɨɔȣɼꞁ ɨɨ ɣ ꞁȹɼȣɘdɨ ȣᏹꞷbɼɨ. Ꝑȸφ ɣɨȣ ꞁɼφꞁɼȣ ᗡȹɼꝑᏹɨꞁɼȣ ᐯȸɞɼɞ $u_a = a + 1$. Ꝕɘ ɣᏹɨ ɼɞɞɼφȸɞ ɣᏹꞁ ɣ ɩȹɘ ɨɼɔȣɼφɞ,

$$a^2, \quad (a+1)^2, \quad 4a^2+4a+4, \tag{1}$$

φᏹɞ ɣ ꞁȹɵꞁɼφꞁɘ ɣᏹꞁ ɣ ꞁȹȣdɼꞷꞁ ɼɞ ᏹɨɘ ꞁȸ ɼɞ ɣᏹɔ, ᏹdɼd ꞁȸ ɣ ȣɼɔ ɼɞ ɣȸɞ ꞁȸ ȸφ ꞁȸ ɣ φɼɔɛɨɨᴎ ꞷɼɨ, ꞷ̇ɨɞɞ ʚ ȣꞷꞷᏹȹ. Ɣɨȣ ɔɛ 𐑉𐐯𐐼𐐮𐑊𐐨 𐐺 𐑂𐐯𐑉𐐮𐑁𐐴𐐼 𐐺𐐴 𐑄 𐑉𐐨𐐼𐐲𐑉. 𐐜𐐯𐑌 𐐻𐐭 𐐿𐐲𐑋𐐹𐑊𐐨𐐻 𐑄 𐑅𐐲𐑊𐐭𐑇𐐲𐑌 𐐲𐑂 𐑄 𐐹𐑉𐐪𐐺𐑊𐐲𐑋 𐐮𐐻 𐐮𐑆 𐑅𐐲𐑁𐐮𐑇𐐲𐑌𐐻 𐐻𐐭 𐑉𐐯𐑌𐐼𐐲𐑉 $4a^2 + 4a + 4$, 𐐰𐑌𐐼 𐐸𐐯𐑌𐑅 $a^2 + a + 1$, 𐐨𐐿𐐶𐐲𐑊 𐐻𐐭 𐐲 𐑅𐐿𐐶𐐯𐑉. 𐐝𐐯𐐻𐐮𐑍, 𐐰𐑆 𐐷𐐭𐑈𐐲𐐶𐐲𐑊,

$$a^2 + a + 1 = (m - a)^2,$$

𐐶𐐨 𐐸𐐰𐑂

$$a = \frac{m^2 - 1}{2m + 1}, \tag{2}$$

𐐸𐐶𐐯𐑉 m 𐐮𐑆 𐐯𐑌𐐨 𐑉𐐰𐑇𐐲𐑌𐐲𐑊 𐑌𐐲𐑋𐐺𐐲𐑉 𐐸𐐶𐐲𐐻𐐯𐑂𐐲𐑉. 𐐆𐑁 𐑄𐐮𐑅 𐑂𐐰𐑊𐐷𐐭 𐐲𐑂 a 𐐮𐑆 𐑅𐐯𐐻 𐐮𐑌 𐐮𐐿𐑅𐐹𐑉𐐯𐑇𐐲𐑌𐑆 (1) 𐐶𐐨 𐐸𐐰𐑂 𐑄 𐑃𐑉𐐨 𐑅𐐿𐐶𐐯𐑉𐑆 𐑅𐐫𐐻.

𐐙𐐯𐑉𐑋𐐫 𐐸𐐰𐑆 𐑇𐐬𐑌 𐑄𐐰𐐻 𐑄𐐮𐑅 𐑉𐐲𐑆𐐲𐑊𐐻[1] 𐐲𐑂 𐐔𐐴𐐬𐑁𐐰𐑌𐐻𐐲𐑅 𐑋𐐩 𐐺 𐐮𐑋𐐹𐑉𐐭𐑂𐐼 𐐮𐑌 𐑄 𐑅𐐲𐑊𐐭𐑇𐐲𐑌 𐐲𐑂 𐑄 𐑁𐐫𐑊𐐬𐐮𐑍 𐐹𐑉𐐪𐐺𐑊𐐲𐑋:

𐐓𐐭 𐑁𐐴𐑌𐐼 𐑁𐐫𐑉 𐑌𐐲𐑋𐐺𐐲𐑉𐑆 𐑅𐐲𐐽 𐑄𐐰𐐻 𐑄 𐐹𐑉𐐪𐐼𐐲𐐿𐐻 𐐲𐑂 𐐯𐑌𐐨 𐐻𐐭 𐐲𐑂 𐑄𐐯𐑋 𐐰𐐼𐐲𐐼 𐐻𐐭 𐑄 𐑅𐐲𐑋 𐐲𐑂 𐑄𐐬𐑆 𐐻𐐭 𐑀𐐮𐑂𐑆 𐐲 𐑅𐐿𐐶𐐯𐑉.

𐐙𐐫𐑉 𐑃𐑉𐐨 𐐲𐑂 𐑄 𐑌𐐲𐑋𐐺𐐲𐑉𐑆 𐑅𐐫𐐻 𐐻𐐩𐐿 𐐲 𐑅𐐯𐐻 𐐲𐑂 𐑌𐐲𐑋𐐺𐐲𐑉𐑆 (1) 𐐸𐐶𐐯𐑉 a 𐐸𐐰𐑆 𐑄 𐑁𐐫𐑉𐑋 𐑀𐐮𐑂𐐲𐑌 𐐮𐑌 (2). 𐐙𐐫𐑊𐐬𐐮𐑍 𐐙𐐯𐑉𐑋𐐫, 𐐶𐐨 𐑇𐐰𐑊 𐐻𐐩𐐿 𐑄 𐐹𐐲𐑉𐐻𐐮𐐿𐐷𐐲𐑊𐐲𐑉 𐑅𐐯𐐻 𐑀𐐮𐑂𐐲𐑌 𐐺𐐴 𐐔𐐴𐐬𐑁𐐰𐑌𐐻𐐲𐑅, 𐑌𐐩𐑋𐑊𐐨:

$$\frac{25}{9}, \quad \frac{64}{9}, \quad \frac{196}{9}.$$

𐐜𐐮𐑅 𐐮𐑆 𐐲𐐺𐐻𐐩𐑌𐐼 𐐺𐐴 𐐻𐐩𐐿𐐮𐑍 $m = -2$ 𐐮𐑌 𐐮𐐿𐐶𐐩𐑈𐐲𐑌 (4). 𐐢𐐯𐐻 x 𐐺 𐑄 𐑁𐐫𐑉𐑃 𐑌𐐲𐑋𐐺𐐲𐑉 𐑅𐐫𐐻. 𐐜𐐯𐑌 𐐮𐐻 𐐮𐑆 𐑌𐐯𐑅𐐲𐑅𐐯𐑉𐐨 𐐰𐑌𐐼 𐑅𐐲𐑁𐐮𐑇𐐲𐑌𐐻 𐑄𐐰𐐻 x 𐑅𐐰𐐻𐐮𐑅𐑁𐐴 𐑄 𐐿𐐲𐑌𐐼𐐮𐑇𐐲𐑌𐑆[2]

$$\frac{34}{9}x + \frac{25}{9} = \square, \quad \frac{73}{9}x + \frac{64}{9} = \square, \quad \frac{205}{9}x + \frac{196}{9} = \square;$$

𐐫𐑉 𐑋𐐫𐑉 𐑅𐐮𐑋𐐹𐑊𐐨 𐑄 𐐿𐐲𐑌𐐼𐐮𐑇𐐲𐑌𐑆

$$34x + 25 = \square, \quad 73x + 64 = \square, \quad 205x + 196 = \square. \tag{3}$$

𐐜𐐮𐑅 𐐮𐑆 𐐰𐑌 𐐮𐑀𐑆𐐰𐑋𐐹𐐲𐑊 𐐲𐑂 𐑄 𐑅𐐬-𐐿𐐫𐑊𐐼 *𐐻𐑉𐐮𐐹𐐲𐑊 𐐮𐐿𐐶𐐩𐑈𐐲𐑌* 𐐲𐑂 𐐙𐐯𐑉𐑋𐐫. 𐐎𐐨 𐑇𐐰𐑊 𐑁𐐴𐑌𐐼 𐐲 𐑅𐐲𐑊𐐭𐑇𐐲𐑌 𐐺𐐴 𐑄 𐑋𐐯𐑃𐐲𐐼 𐐲𐑉𐐮𐐾𐐮𐑌𐐩𐐻𐐲𐐼 𐐺𐐴 𐐙𐐯𐑉𐑋𐐫. 𐐡𐐨𐐹𐑊𐐩𐑅 x

[1] 𐐆𐐻 𐑋𐐩 𐐺 𐑉𐐨𐑋𐐪𐑉𐐿𐐻 𐑄𐐰𐐻 𐑄 𐑉𐐲𐑆𐐲𐑊𐐻 𐐲𐑂 𐑄 𐑌𐐯𐐿𐑅𐐻 𐑅𐐯𐐿𐑇𐐲𐑌 𐑋𐐩 𐐫𐑊𐑅𐐬 𐐺 𐐷𐐭𐑆𐐼 𐑁𐐫𐑉 𐑄 𐑅𐐩𐑋 𐐹𐐲𐑉𐐹𐐲𐑅.

[2] 𐐜 𐑅𐐮𐑋𐐺𐐲𐑊 $\square$ 𐑅𐐻𐐰𐑌𐐼𐑆 𐑁𐐫𐑉 𐐲 𐑅𐐿𐐶𐐯𐑉 𐑌𐐲𐑋𐐺𐐲𐑉 𐐶𐐮𐑄 𐐸𐐭𐑆 𐑂𐐰𐑊𐐷𐐭 𐐶𐐨 𐐪𐑉 𐑌𐐫𐐻 𐐿𐐲𐑌𐑅𐐲𐑉𐑌𐐼. 𐐆𐐻 𐑋𐐩 𐐼𐐮𐑁𐐲𐑉 𐑁𐑉𐐲𐑋 𐐶𐐲𐑌 𐐮𐐿𐐶𐐩𐑈𐐲𐑌 𐐻𐐭 𐐲𐑌𐐲𐑄𐐲𐑉.

𐐺𐐴 𐐪 𐑁𐐲𐑍𐐿𐑇𐐲𐑌 𐐲𐑂 t 𐐮𐑌 𐑅𐐲𐐽 𐐶𐐩 𐑄𐐰𐐻 𐑄 𐑁𐐲𐑉𐑅𐐻 𐐮𐐿𐐶𐐩𐑈𐐲𐑌 𐐮𐑌 (3) 𐑇𐐰𐑊 𐐺 𐑅𐐰𐐻𐐮𐑅𐑁𐐴𐐼. 𐐙𐐫𐑉 𐑄𐐮𐑅 𐐹𐐲𐑉𐐹𐐲𐑅 𐐮𐐻 𐐮𐑆 𐑅𐐲𐑁𐐮𐑇𐐲𐑌𐐻 𐐻𐐭 𐐻𐐩𐐿

$$x = 34t^2 + 10t.$$

𐐜𐐯𐑌 𐑄 𐐲𐑄𐐲𐑉 𐐻𐐭 𐐮𐐿𐐶𐐩𐑈𐐲𐑌𐑆 𐐮𐑌 (3) 𐐺𐐮𐐿𐐲𐑋

$$2482t^2 + 730t + 64 = \square, \quad 14{,}965t^2 + 2050t + 196 = \square. \tag{4}$$

𐐎𐐨 𐐸𐐰𐑂 𐐻𐐭 𐐼𐐲𐐻𐐲𐑉𐑋𐐮𐑌 t 𐑅𐐬 𐐰𐑆 𐐻𐐭 𐑅𐐰𐐻𐐮𐑅𐑁𐐴 𐑄𐐨𐑆 𐐮𐐿𐐶𐐩𐑈𐐲𐑌𐑆, 𐐰𐑌 𐐮𐑀𐑆𐐰𐑋𐐹𐐲𐑊 𐐲𐑂 𐑄 𐑅𐐬-𐐿𐐫𐑊𐐼 *𐐼𐐲𐐺𐐲𐑊 𐐮𐐿𐐶𐐩𐑈𐐲𐑌* 𐐲𐑂 𐐙𐐯𐑉𐑋𐐪.

𐐜 𐐮𐑌𐐻𐐲𐑉𐐲𐑅𐐻𐐮𐑍 𐑋𐐯𐑃𐐲𐐼 𐐲𐑂 𐐙𐐯𐑉𐑋𐐪 𐐯𐑌𐐩𐐺𐐲𐑊𐑆 𐐶𐐲𐑌 𐐻𐐭 𐑁𐐴𐑌𐐼 𐐰𐑌 𐐮𐑌𐐼𐐯𐑁𐐮𐑌𐐮𐐻𐑊𐐨 𐑀𐑉𐐩𐐻 𐑌𐐲𐑋𐐺𐐲𐑉 𐐲𐑂 𐑅𐐲𐑊𐐭𐑇𐐲𐑌𐑆 𐐲𐑂 𐑅𐐮𐑅𐐻𐐲𐑋 (4). 𐐣𐐲𐑊𐐻𐐮𐐹𐑊𐐴𐐮𐑍 𐑄 𐑁𐐲𐑉𐑅𐐻 𐐮𐐿𐐶𐐩𐑈𐐲𐑌 𐑃𐑉𐐭 𐐺𐐴 196 𐐰𐑌𐐼 𐑄 𐑅𐐯𐐿𐐲𐑌𐐼 𐐺𐐴 64, 𐐶𐐨 𐐸𐐰𐑂 𐐻𐐭 𐑌𐐭 𐐮𐐿𐐶𐐩𐑈𐐲𐑌𐑆 𐐲𐑂 𐑄 𐑅𐐩𐑋 𐑁𐐬𐑉𐑋 𐐰𐑆 (4) 𐐶𐐮𐑄 𐑄 𐑁𐐲𐑉𐑄𐐲𐑉 𐐿𐐲𐑌𐐼𐐮𐑇𐐲𐑌 𐑄𐐰𐐻 𐑄 𐐮𐑌𐐼𐐲𐐹𐐯𐑌𐐼𐐲𐑌𐐻 𐐻𐐲𐑉𐑋𐑆 𐐮𐑌 𐑄 𐑁𐐲𐑉𐑅𐐻 𐑋𐐯𐑋𐐺𐐲𐑉𐑆 𐐪𐑉 𐐨𐐿𐐶𐐲𐑊. 𐐜𐐨𐑆 𐐮𐐿𐐶𐐩𐑈𐐲𐑌𐑆 𐐪𐑉

$$\left.\begin{aligned} 486{,}472t^2 + 143{,}080t + 12{,}544 = \square, \\ 957{,}760t^2 + 131{,}200t + 12{,}544 = \square, \end{aligned}\right\} \tag{5}$$

𐐜 𐐼𐐮𐑁𐐲𐑉𐐲𐑌𐑅 𐐲𐑂 𐑄 𐐻𐐭 𐑁𐐲𐑉𐑅𐐻 𐑋𐐯𐑋𐐺𐐲𐑉𐑆 𐐮𐑆 $471{,}288t^2 - 11{,}880t$. 𐐎𐐨 𐑋𐐩 𐑅𐐯𐐹𐐲𐑉𐐩𐐻 𐑄𐐮𐑅 𐐮𐑌𐐻𐐭 𐐻𐐭 𐑁𐐰𐐿𐐻𐐲𐑉𐑆, 𐑄𐐲𐑅:

$$\frac{1425}{28}t \cdot \left(\frac{4{,}398{,}688}{475}t - 224\right). \tag{6}$$

𐐜 𐑅𐐯𐐹𐐲𐑉𐐩𐑇𐐲𐑌 𐐮𐑆 𐐮𐑁𐐯𐐿𐐻𐐲𐐼 𐐮𐑌 𐑅𐐲𐐽 𐐶𐐩 𐑄𐐰𐐻 𐑄 𐐮𐑌𐐼𐐲𐐹𐐯𐑌𐐼𐐲𐑌𐐻 𐐻𐐲𐑉𐑋 𐐮𐑌 𐑄 𐑅𐐯𐐿𐐲𐑌𐐼 𐑁𐐰𐐿𐐻𐐲𐑉 𐐮𐑆 𐐻𐐶𐐴𐑅 𐑄 𐑅𐐿𐐶𐐯𐑉 𐑉𐐭𐐻 𐐲𐑂 𐑄 𐐮𐑌𐐼𐐲𐐹𐐯𐑌𐐼𐐲𐑌𐐻 𐐻𐐲𐑉𐑋 12,544 𐐮𐑌 𐐀𐐿𐑆. (5). 𐐤𐐵, 𐐮𐑁 𐐸𐐰𐑁 𐑄 𐑅𐐲𐑋 𐐲𐑂 𐑄 𐐻𐐭 𐑁𐐰𐐿𐐻𐐲𐑉𐑆 𐐮𐑌 (6) 𐐮𐑆 𐑅𐐿𐐶𐐯𐑉𐐼 𐐰𐑌𐐼 𐑄 𐑉𐐲𐑆𐐲𐑊𐐻 𐐮𐐿𐐶𐐩𐐻𐐲𐐼 𐐻𐐭 𐑄 𐑁𐐲𐑉𐑅𐐻 𐑋𐐯𐑋𐐺𐐲𐑉 𐐲𐑂 𐑄 𐑅𐐯𐐿𐐲𐑌𐐼 𐐮𐐿𐐶𐐩𐑈𐐲𐑌 𐐮𐑌 (5), 𐐮𐐻 𐐮𐑆 𐐪𐐺𐑂𐐨𐐲𐑅 𐑄𐐰𐐻 𐐪 𐑉𐐰𐑇𐐲𐑌𐐲𐑊 𐑂𐐰𐑊𐐷𐐭 𐐲𐑂 t 𐐶𐐮𐑊 𐐺 𐐲𐐺𐐻𐐩𐑌𐐼 𐑅𐐰𐐻𐐮𐑅𐑁𐐴𐐮𐑍 𐑄𐐰𐐻 𐐮𐐿𐐶𐐩𐑈𐐲𐑌. 𐐆𐐻 𐐮𐑆 𐐿𐑊𐐨𐑉 𐑄𐐰𐐻 𐑄𐐮𐑅 𐑂𐐰𐑊𐐷𐐭 𐐶𐐮𐑊 𐑄𐐯𐑌 𐐫𐑊𐑅𐐬 𐑅𐐰𐐻𐐮𐑅𐑁𐐴 𐑄 𐐲𐑄𐐲𐑉 𐐮𐐿𐐶𐐩𐑈𐐲𐑌 𐐮𐑌 (5). 𐐜𐐮𐑅 𐑂𐐰𐑊𐐷𐐭 𐐲𐑂 t 𐐲𐑁𐐬𐑉𐐼𐑆 𐐪 𐑂𐐰𐑊𐐷𐐭 𐐲𐑂 x, 𐑄 𐑁𐐬𐑉𐑃 𐑌𐐲𐑋𐐺𐐲𐑉 𐐮𐑌 𐑄 𐑅𐐯𐐻 𐐻𐐭 𐐺 𐐼𐐲𐐻𐐲𐑉𐑋𐐮𐑌𐐼.

𐐀𐐿𐑆. (4) 𐐸𐐰𐑂 𐑌𐐪𐐻 𐑋𐐨𐑉𐑊𐐨 𐐪 𐑅𐐮𐑍𐑀𐐲𐑊 𐑅𐐲𐑊𐐭𐑇𐐲𐑌, 𐐺𐐲𐐻 𐐰𐑌 𐐮𐑌𐑁𐐮𐑌𐐮𐐻 𐑌𐐲𐑋𐐺𐐲𐑉. 𐐜𐐨𐑆 𐑋𐐩 𐐺 𐑁𐐵𐑌𐐼 𐐶𐐲𐑌 𐐰𐑁𐐻𐐲𐑉 𐑄 𐐲𐑄𐐲𐑉 𐐰𐑆 𐑁𐐪𐑊𐐬𐑆: 𐐢𐐯𐐻 t_1 𐐺 𐐪 𐑂𐐰𐑊𐐷𐐭 𐐲𐑂 t 𐑅𐐰𐐻𐐮𐑅𐑁𐐴𐐮𐑍 𐐀𐐿𐑆. (4) 𐐰𐑌𐐼 𐑉𐐴𐐻 $t = u + t_1$. 𐐑𐐳𐐻𐐮𐑍 𐑄𐐮𐑅 𐑂𐐰𐑊𐐷𐐭 𐐲𐑂 t 𐐮𐑌 (4), 𐐶𐐨 𐐲𐐺𐐻𐐩𐑌 𐐪 𐐹𐐯𐑉 𐐲𐑂 𐐮𐐿𐐶𐐩𐑈𐐲𐑌𐑆 𐐮𐑌 u 𐐲𐑂 𐑄 𐑅𐐩𐑋 𐑁𐐫𐑉𐑋 𐐰𐑆 (4). 𐐜𐐮𐑅 𐐿𐐰𐑌 𐐺𐐨 𐑅𐐫𐑊𐑂𐐼 𐐺𐐴 𐑄 𐑋𐐯𐑃𐐲𐐼 𐐾𐐲𐑅𐐻 𐑀𐐮𐑂𐐲𐑌 𐑁𐐫𐑉 𐑅𐐫𐑊𐑂𐐮𐑍 (4). 𐐎𐐨 𐑄𐐲𐑅 𐐲𐐺𐐻𐐩𐑌 𐐲 𐑅𐐮𐑍𐑀𐐲𐑊 𐑅𐐲𐑊𐐭𐑇𐐲𐑌 $u = u_1$ 𐐲𐑂 𐑄𐐮𐑅 𐐨𐐿𐐶𐐩𐑈𐐲𐑌𐑆. 𐐜𐐯𐑌 $t = u_1 + t_1$ 𐐮𐑆 𐐲 𐑅𐐲𐑊𐐭𐑇𐐲𐑌 𐐲𐑂 (4). 𐐒𐐴 𐑄 𐐩𐐼 𐐲𐑂 𐑄𐐮𐑅 𐑅𐐲𐑊𐐭𐑇𐐲𐑌 𐐲𐑂 (4) 𐐲𐑌𐐲𐑄𐐲𐑉 𐑋𐐩 𐐲 𐐲𐐺𐐻𐐩𐑌𐐼; 𐐰𐑌𐐼 𐑅𐐬 𐐫𐑌 𐐮𐑌𐐼𐐯𐑁𐐮𐑌𐐮𐐻𐑊𐐨.

𐐒𐐴 𐑋𐐨𐑌𐑆 𐐲𐑂 𐐨𐐽 𐑅𐐲𐑊𐐭𐑇𐐲𐑌 𐐲𐑂 (4) 𐐶𐐨 𐐲𐐺𐐻𐐩𐑌 𐐲 𐑌𐐭 𐑂𐐰𐑊𐐷𐐭 𐐲𐑂 x 𐐲𐑁𐐫𐑉𐐼𐐮𐑍 𐐲 𐑅𐐲𐑊𐐭𐑇𐐲𐑌 𐐲𐑂 𐑄 𐐹𐑉𐐫𐐺𐑊𐐲𐑋 𐐹𐑉𐐲𐐹𐐬𐑆𐐼.

𐐆𐐻 𐑇𐐳𐐼 𐐺𐐨 𐐲𐐺𐑆𐐲𐑉𐑂𐐼 𐑄𐐰𐐻 𐑄 𐑋𐐯𐑃𐐲𐐼 𐐲𐑂 𐑅𐐫𐑊𐑂𐐮𐑍 𐐀𐐿𐐶. (4), 𐐰𐑌𐐼 𐐸𐐯𐑌𐑅 𐑄𐐰𐐻 𐐲𐑂 𐑅𐐫𐑊𐑂𐐮𐑍 𐐀𐐿𐐶. (3), 𐐮𐑆 𐐾𐐯𐑌𐐲𐑉𐐲𐑊, 𐐺𐐨𐐮𐑍 𐐰𐐹𐑊𐐮𐐿𐐲𐐺𐐲𐑊 𐐻𐐭 𐐫𐑊 𐐨𐐿𐐶𐐩𐑈𐐲𐑌𐑆 𐐲𐑂 𐑄 𐑁𐐫𐑉𐑋 (3) 𐐰𐑌𐐼 (4).

§ 25 𐐝𐐲𐑊𐐭𐑇𐐲𐑌 𐐲𐑂 𐐲 𐐝𐐲𐑉𐐻𐐲𐑌 𐐑𐑉𐐫𐐺𐑊𐐲𐑋 𐐔𐐭 𐐓𐐭 𐐙𐐲𐑉𐑋𐐪

𐐙𐐲𐑉𐑋𐐪 𐐸𐐰𐑆 𐑀𐐮𐑂𐐲𐑌 𐐲𐐻𐐯𐑌𐑇𐐲𐑌 𐐻𐐭 𐑄 𐑁𐐫𐑊𐐬𐐮𐑍 𐐹𐑉𐐫𐐺𐑊𐐲𐑋:

𐐓𐐭 𐑁𐐴𐑌𐐼 𐑃𐑉𐐨 𐑅𐐿𐐶𐐯𐑉𐑆 𐑅𐐲𐐽 𐑄𐐰𐐻 𐑄 𐐹𐑉𐐫𐐼𐐲𐐿𐐻 𐐲𐑂 𐐯𐑌𐐨 𐐻𐐭 𐐲𐑂 𐑄𐐯𐑋, 𐐰𐐼𐐲𐐼 𐐻𐐭 𐑄 𐑅𐐲𐑋 𐐲𐑂 𐑄𐐬𐑆 𐐻𐐭, 𐑀𐐮𐑂𐑆 𐐲 𐑅𐐿𐐶𐐯𐑉.

𐐎𐐨 𐐸𐐰𐑂 𐐮𐑌𐐼𐐮𐐿𐐩𐐻𐐲𐐼 𐑄𐐰𐐻 𐑄𐐮𐑅 𐐹𐑉𐐫𐐺𐑊𐐲𐑋 𐐮𐑆 𐐿𐐩𐐹𐐲𐐺𐐲𐑊 𐐲𐑂 𐐲 𐑅𐐲𐑊𐐭𐑇𐐲𐑌 𐐼𐐮𐑁𐐲𐑉𐐲𐑌𐐻 𐑁𐑉𐐲𐑋 𐑄𐐰𐐻 𐐸𐐶𐐮𐐽 𐐮𐑆 𐐮𐑌𐑅𐐮𐐼𐐯𐑌𐐻𐐲𐑊 𐐻𐐭 𐑄 𐑅𐐲𐑊𐐭𐑇𐐲𐑌 𐑀𐐮𐑂𐐲𐑌 𐐺𐐴 𐐔𐐴𐐬𐑁𐐰𐑌𐐻𐐲𐑅 𐑁𐐫𐑉 𐑄 𐑁𐐲𐑉𐑅𐐻 𐐹𐑉𐐫𐐺𐑊𐐲𐑋 𐐻𐑉𐐨𐐻𐐲𐐼 𐐮𐑌 𐑄 𐐹𐑉𐐨𐑅𐐨𐐼𐐮𐑍 𐑅𐐯𐐿𐑇𐐲𐑌; 𐐺𐐲𐐻 𐐸𐐨 𐑀𐐮𐑂𐑆 𐑌𐐬 𐐸𐐮𐑌𐐻 𐐰𐑆 𐐻𐐭 𐑄 𐑋𐐯𐑃𐐲𐐼 𐐸𐐶𐐮𐐽 𐐸𐐨 𐐯𐑋𐐹𐑊𐑎𐑆. 𐐐𐐨 𐑅𐐯𐑆, 𐐸𐐵𐐯𐑂𐐲𐑉, 𐑄𐐰𐐻 𐐮𐐻 𐑊𐐨𐐼𐑆 𐐻𐐭 𐐰𐑌 𐐮𐑌𐐼𐐯𐑁𐐮𐑌𐐮𐐻𐑊𐐨 𐑀𐑉𐐩𐐻 𐑌𐐲𐑋𐐺𐐲𐑉 𐐲𐑂 𐑅𐐲𐑊𐐭𐑇𐐲𐑌𐑆. 𐐣𐐩𐐿𐐮𐑍 𐐷𐐭𐑅 𐐲𐑂 𐑄 𐑅𐐲𐑊𐐭𐑇𐐲𐑌𐑆 𐐲𐑂 𐑄 𐑁𐐲𐑍𐐿𐑇𐐲𐑌𐐲𐑊 𐐨𐐿𐐶𐐩𐑈𐐲𐑌 𐐻𐑉𐐨𐐻𐐲𐐼 𐐮𐑌 § 23, 𐐶𐐨 𐑇𐐰𐑊 𐑌𐐵 𐑀𐐮𐑂 𐐻𐐭 𐑋𐐯𐑃𐐲𐐼𐑆 𐑁𐐫𐑉 𐑅𐐫𐑊𐑂𐐮𐑍 𐑄𐐮𐑅 𐐹𐑉𐐫𐐺𐑊𐐲𐑋 𐐶𐐮𐑄 𐑅𐐲𐐽 𐑉𐐨𐑆𐐲𐑊𐐻.

𐐢𐐯𐐻 u_a 𐐰𐑌𐐼 w_a 𐐺𐐨 𐐻𐐭 𐑉𐐰𐑇𐐲𐑌𐐲𐑊 𐑁𐐲𐑍𐐿𐑇𐐲𐑌𐑆 𐐲𐑂 𐑄 𐑉𐐰𐑇𐐲𐑌𐐲𐑊 𐑌𐐲𐑋𐐺𐐲𐑉 a 𐑅𐐲𐐽 𐑄𐐰𐐻

$$\left.\begin{aligned} a^2{u_a}^2 + a^2 + {u_a}^2 &= \square, \\ a_2{w_a}^2 + a^2 + {w_a}^2 &= \square. \end{aligned}\right\} \tag{1}$$

𐐜𐐯𐑌 𐐮𐑁 𐐶𐐨 𐐻𐐩𐐿 $a_2, {u_a}^2, {w_a}^2$ 𐑁𐐫𐑉 𐑄 𐑃𐑉𐐨 𐑅𐐿𐐶𐐯𐑉𐑆 𐑅𐐫𐐻, 𐐶𐐨 𐐸𐐰𐑂 𐐻𐐭 𐐼𐐲𐐻𐐲𐑉𐑋𐐮𐑌 a 𐑅𐐬 𐐰𐑆 𐐻𐐭 𐑅𐐰𐐻𐐮𐑅𐑁𐐴 𐑄 𐑅𐐮𐑍𐑀𐐲𐑊 𐐨𐐿𐐶𐐩𐑈𐐲𐑌

$${u_a}^2{w_a}^2 + {u_a}^2 + {w_a}^2 = \square. \tag{2}$$

𐐙𐐫𐑉 𐐼𐐲𐐻𐐲𐑉𐑋𐐮𐑌𐐮𐑍 𐐲𐐹𐑉𐐬𐐹𐑉𐐨𐐲𐐻 𐑁𐐲𐑍𐐿𐑇𐐲𐑌𐑆 u_a 𐐰𐑌𐐼 w_a 𐐶𐐨 𐐸𐐰𐑂 𐑄 𐑉𐐨𐑆𐐲𐑊𐐻𐑅 𐐲𐑂 § 23.

𐐢𐐯𐐻 𐐲𐑅 𐐻𐐩𐐿

$$u_a = a + 1, \quad w_a = \frac{2}{a}.$$

𐐜𐐯𐑌 (2) 𐐺𐐲𐐿𐐲𐑋𐑆

$$(a+1)^2\left(\frac{2}{a}\right)^2+(a+1)^2+\left(\frac{2}{a}\right)^2=\square,$$

𐐫𐑉

$$a^4+2a^3+5a^2+8a+8=\square.$$

𐐒𐐴 𐑋𐐨𐑌𐑆 𐐲𐑂 𐑄 𐐾𐐯𐑌𐐲𐑉𐐲𐑊 𐑋𐐯𐑃𐐲𐐼 𐐲𐑂 § 17 𐐮𐑌 𐐕𐐰𐐹𐐻𐐲𐑉 IV, 𐐮𐐻 𐐮𐑆 𐐹𐐱𐑅𐐮𐐺𐐲𐑊 𐐻𐐭 𐑁𐐴𐑌𐐼 𐐰𐑌 𐐮𐑌𐑁𐐮𐑌𐐮𐐻 𐑌𐐲𐑋𐐺𐐲𐑉 𐐲𐑂 𐑂𐐰𐑊𐐷𐐭𐑆 𐐲𐑂 a 𐑅𐐰𐐻𐐮𐑅𐑁𐐴𐐮𐑍 𐑄𐐮𐑅 𐐮𐐿𐐶𐐩𐑈𐐲𐑌. 𐐙𐐫𐑉 𐐯𐑂𐑉𐐨 𐑅𐐲𐐽 𐑂𐐰𐑊𐐷𐐭 𐐲𐑂 a 𐑄 𐑃𐑉𐐨 𐑌𐐲𐑋𐐺𐐲𐑉𐑆 a^2, $(a+1)^2$, $4/a^2$ 𐑁𐐫𐑉𐑋 𐐪 𐑅𐐲𐑊𐐭𐑇𐐲𐑌 𐐲𐑂 𐐵𐑉 𐐹𐑉𐐱𐐺𐑊𐐲𐑋.

𐐎𐐨 𐑋𐐩 𐐫𐑊𐑅𐐬 𐐹𐑉𐐲𐑅𐐨𐐼 𐐰𐑆 𐑁𐐱𐑊𐐬𐑆: 𐐔𐐲𐑌𐐬𐐻𐐮𐑍 𐑄 𐑅𐐿𐐶𐐯𐑉 𐐮𐑌 𐑄 𐑅𐐯𐐿𐐲𐑌𐐼 𐑋𐐯𐑋𐐺𐐲𐑉 𐐲𐑂 (2) 𐐺𐐴 ${t_a}^2$, 𐐶𐐨 𐑋𐐩 𐐹𐐳𐐻 𐑄𐐰𐐻 𐐮𐐿𐐶𐐩𐑈𐐲𐑌 𐐮𐑌 𐑄 𐑁𐐫𐑉𐑋

$$({u_a}^2+1)({w_a}^2+1)={t_a}^2+1.$$

𐐜 𐑅𐐯𐐿𐐲𐑌𐐼 𐑋𐐯𐑋𐐺𐐲𐑉 𐑋𐐩 𐐺𐐨 𐑅𐐯𐐹𐐲𐑉𐐩𐐻𐐲𐐼 𐐮𐑌𐐻𐐭 𐐪 𐑅𐐲𐑋 𐐲𐑂 𐐻𐐭 𐑅𐐿𐐶𐐯𐑉𐑆 𐐰𐑆 𐐮𐑌 𐐀𐐿. (5) 𐐲𐑂 § 23. 𐐜𐐲𐑅 𐐶𐐨 𐐸𐐰𐑂 𐐰𐑌 𐐮𐐿𐐶𐐩𐑈𐐲𐑌 𐐲𐑂 𐑄 𐑁𐐫𐑉𐑋

$$({u_a}^2+1)({w_a}^2+1)=\left\{t_a-\frac{2(n_a+t_a)}{n_a^2+1}\right\}^2+\left\{1-\frac{2n_a(n_a+t_a)}{n_a^2+1}\right\}^2,$$

𐐸𐐶𐐯𐑉 n_a 𐐮𐑆 𐐰𐑌 𐐪𐑉𐐺𐐮𐐻𐑉𐐯𐑉𐐨 𐑉𐐰𐑇𐐲𐑌𐐲𐑊 𐑁𐐲𐑍𐐿𐑇𐐲𐑌 𐐲𐑂 a. 𐐜𐐮𐑅 𐐮𐐿𐐶𐐩𐑈𐐲𐑌 𐐶𐐮𐑊 𐐺𐐨 𐑅𐐰𐐻𐐮𐑅𐑁𐐴𐐼 𐐮𐑁

$$u_aw_a+1=t_a-\frac{2(n_a+t_a)}{{n_a}^2+1},$$

$$u_a-w_a=1-\frac{2n_a(n_a+t_a)}{{n_a}^2+1}.$$

𐐜𐐨𐑆 𐐮𐐿𐐶𐐩𐑈𐐲𐑌𐑆 𐑋𐐩 𐐺𐐨 𐑅𐐱𐑊𐑂𐐼 𐑉𐐰𐑇𐐲𐑌𐐲𐑊𐐨 𐑁𐐫𐑉 w_a 𐐰𐑌𐐼 t_a 𐐮𐑌 𐐻𐐲𐑉𐑋𐑆 𐐲𐑂 n_a 𐐰𐑌𐐼 u_a. 𐐜𐐲𐑅, 𐐶𐐨 𐐸𐐰𐑂 𐑁𐐫𐑉 w_a 𐑄 𐑂𐐰𐑊𐐷𐐭

$$w_a=\frac{(u_a-1)({n_a}^4-1)+2n_a({n_a}^3+{n_a}^2+n_a+1)}{({n_a}^2+1)({n_a}^2-2n_au_a-1)}. \tag{3}$$

𐐎𐐮𐑄 𐑄𐐮𐑅 𐑂𐐰𐑊𐐷𐐭 𐐲𐑂 w_a, 𐐀𐐿. (2) 𐐶𐐮𐑊 𐐺𐐨 𐑅𐐰𐐻𐐮𐑅𐑁𐐴𐐼 𐐸𐐶𐐲𐐻𐐯𐑂𐐲𐑉 𐑉𐐰𐑇𐐲𐑌𐐲𐑊 𐑁𐐲𐑍𐐿𐑇𐐲𐑌𐑆 u_a 𐐰𐑌𐐼 n_a 𐑋𐐩 𐐺𐐨. 𐐆𐑁 u_a 𐐮𐑆 𐑀𐐮𐑂𐐲𐑌 𐐯𐑌𐐨 𐑂𐐰𐑊𐐷𐐭 𐑅𐐲𐐽 𐐰𐑆 𐑄𐐬𐑆 𐐮𐑌 𐐀𐐿𐑆. (7) 𐐰𐑌𐐼 (8) 𐐲𐑂 § 23, 𐑄 𐑁𐐲𐑉𐑅𐐻 𐐮𐐿𐐶𐐩𐑈𐐲𐑌 𐐮𐑌 (1) 𐐮𐑆 𐑅𐐰𐐻𐐮𐑅𐑁𐐴𐐼. 𐐆𐐻 𐐮𐑆 𐑄𐐯𐑌 𐐹𐐱𐑅𐐮𐐺𐐲𐑊 𐐻𐐭 𐐼𐐲𐐻𐐲𐑉𐑋𐐮𐑌 a 𐑅𐐬 𐑄𐐰𐐻 𐑄 𐑅𐐯𐐿𐐲𐑌𐐼 𐐮𐐿𐐶𐐩𐑈𐐲𐑌 𐐮𐑌 (1) 𐐮𐑆 𐑅𐐰𐐻𐐮𐑅𐑁𐐴𐐼. 𐐜𐐯𐑌 𐑁𐐫𐑉 𐑄𐐮𐑅 𐑂𐐰𐑊𐐷𐐭 𐐲𐑂 a 𐑄 𐑅𐐿𐐶𐐯𐑉𐑆 a^2, ${u_a}^2$, ${w_a}^2$ 𐑁𐐲𐑉𐑌𐐮𐑇 𐐲 𐑅𐐲𐑊𐐭𐑇𐐲𐑌 𐐲𐑂 𐐵𐑉 𐐹𐑉𐐱𐐺𐑊𐐲𐑋.

𐐈𐑆 𐐰𐑌 𐐮𐑊𐐲𐑅𐐻𐑉𐐩𐑇𐐲𐑌 𐐲𐑂 𐑄𐐮𐑅 𐑉𐐲𐑆𐐲𐑊𐐻 𐑊𐐯𐐻 𐐲𐑅 𐐻𐐩𐐿

$$u_a = a + 1, \quad n_a = 1.$$

𐐜𐐯𐑌

$$w_a = -\frac{2}{a+1},$$

𐑅𐐬 𐑄𐐰𐐻 𐑄 𐐿𐐲𐑌𐐼𐐮𐑇𐐲𐑌 𐐱𐑌 a 𐑋𐐩 𐐺𐐨 𐑉𐐮𐐻𐐲𐑌

$$\frac{4a^2}{(a+1)^2} + a^2 + \frac{4}{(a+1)^2} = \square;$$

𐐫𐑉

$$a^4 + 2a^3 + 5a^2 + 4 = \square.$$

𐐈𐑌 𐐲𐑌𐑊𐐮𐑋𐐮𐐻𐐲𐐼 𐑌𐐲𐑋𐐺𐐲𐑉 𐐲𐑂 𐑂𐐰𐑊𐐷𐐭𐑆 𐐲𐑂 a 𐑋𐐩 𐐺𐐨 𐑁𐐵𐑌𐐼 𐑅𐐰𐐻𐐮𐑅𐑁𐐴𐐮𐑍 𐑄𐐮𐑅 𐐮𐐿𐐶𐐩𐑈𐐲𐑌 (𐑅𐐨 § 17). 𐐎𐐨 𐑋𐐩 𐑀𐐯𐐻 𐐶𐐲𐑌 𐐲𐑂 𐑄𐐯𐑋 𐐺𐐴 𐐻𐐩𐐿𐐮𐑍 𐑁𐐫𐑉 𐑄 𐑅𐐿𐐶𐐯𐑉 𐐮𐑌 𐑄 𐑅𐐯𐐿𐐲𐑌𐐼 𐑋𐐯𐑋𐐺𐐲𐑉 𐑄 𐐿𐐶𐐱𐑌𐐻𐐮𐐻𐐨

$$\left(2 + \frac{5}{4}a^2\right)^2,$$

𐐰𐑌𐐼 𐐹𐑉𐐲𐑅𐐨𐐼𐐮𐑍 𐐲𐐿𐐫𐑉𐐼𐐮𐑍 𐐻𐐭 𐑄 𐑋𐐯𐑃𐐲𐐼𐑆 𐐲𐑂 § 17 𐐮𐑌 𐐕𐐰𐐹𐐻𐐲𐑉 IV. 𐐜𐐲𐑅, 𐐶𐐨 𐐸𐐰𐑂 $a = 32/9$. 𐐜𐐯𐑌 𐐵𐑉 𐑃𐑉𐐨 𐑅𐐿𐐶𐐯𐑉𐑆 𐐪𐑉

$$\frac{1024}{81}, \quad \frac{1681}{81}, \quad \frac{324}{1681}.$$

𐐖𐐯𐑌𐐲𐑉𐐲𐑊 𐐇𐐿𐑅𐐲𐑉𐑅𐐴𐑆𐐲𐑆

1.† 𐐔𐐲𐐻𐐲𐑉𐑋𐐮𐑌 𐐫𐑊 𐑄 𐐹𐐱𐑊𐐮𐑌𐐬𐑋𐐨𐐲𐑊 𐑅𐐲𐑊𐐭𐑇𐐲𐑌𐑆 𐐲𐑂 𐑄 𐑁𐐲𐑍𐐿𐑇𐐲𐑌𐐲𐑊 𐐮𐐿𐐶𐐩𐑈𐐲𐑌

$$a^2{u_a}^2 + a^2 + {u_a}^2 = {v_a}^2.$$

𐐈𐐹𐑊𐐴 𐑄 𐑉𐐲𐑆𐐲𐑊𐐻 𐐻𐐭 𐑄 𐑅𐐲𐑊𐐭𐑇𐐲𐑌 𐐲𐑂 𐐲 𐑀𐑉𐐭𐐹 𐐲𐑂 𐐔𐐴𐐲𐑁𐐰𐑌𐐻𐐴𐑌 𐐹𐑉𐐱𐐺𐑊𐐲𐑋𐑆.

2.† 𐐆𐑌𐑂𐐯𐑅𐐻𐐮𐑀𐐩𐐻 𐑄 𐐹𐑉𐐱𐐺𐑊𐐲𐑋 𐐲𐑂 𐑁𐐴𐑌𐐼𐐮𐑍 𐑃𐑉𐐨 𐑅𐐿𐐶𐐯𐑉𐑆 𐑅𐐲𐐽 𐑄𐐰𐐻 𐑄 𐐹𐑉𐐱𐐼𐐲𐐿𐐻 𐐲𐑂 𐐯𐑌𐐨 𐐻𐐭 𐐲𐑂 𐑄𐐯𐑋 𐐮𐐿𐑅𐐨𐐼𐑆 𐑄 𐑅𐐲𐑋 𐐲𐑂 𐑄𐐬𐑆 𐐻𐐭 𐐺𐐴 𐐲 𐑅𐐿𐐶𐐯𐑉.

3.† 𐐊𐐺𐐻𐐩𐑌 𐐪 𐑅𐐲𐑊𐐭𐑇𐐲𐑌 𐐲𐑂 𐑄 𐑅𐐮𐑅𐐻𐐲𐑋 𐐲𐑂 𐐮𐐿𐐶𐐩𐑈𐐲𐑌𐑆

$$u_x v_x - 1 = \Box, \quad v_x w_x - 1 = \Box, \quad w_x u_x - 1 = \Box,$$

𐐮𐑌 𐐸𐐶𐐮𐐽 u_x, v_x, w_x 𐐪𐑉 𐐲𐑌𐑌𐐬𐑌 𐑉𐐰𐑇𐐲𐑌𐐲𐑊 𐑁𐐲𐑍𐐿𐑇𐐲𐑌𐑆 𐐲𐑂 x. 𐐊𐐹𐑊𐐴 𐑄 𐑉𐐲𐑆𐐲𐑊𐐻 𐐻𐐭 𐑄 𐑅𐐲𐑊𐐭𐑇𐐲𐑌 𐐲𐑂 𐐹𐑉𐐱𐐺𐑊𐐲𐑋𐑆 𐐮𐑌 𐐔𐐴𐐲𐑁𐐰𐑌𐐻𐐴𐑌 𐐲𐑌𐐰𐑊𐐮𐑅𐐮𐑅. (Cf. *𐐔𐐴𐐲𐑁𐐰𐑌𐐻𐐲𐑅*, 𐐒𐐳𐐿 IV, 𐐑𐑉𐐱𐐺𐑊𐐲𐑋 24.)

𐐝𐐲𐑀𐐾𐐯𐑅𐐽𐐲𐑌.—𐐜 𐑀𐐮𐑂𐐲𐑌 𐐮𐐿𐐶𐐩𐑈𐐲𐑌𐑆 𐑋𐐩 𐐺 𐑉𐐮𐐻𐐲𐑌 𐐮𐑌 𐑄 𐑁𐐫𐑉𐑋

$$u_x v_x = {\rho_x}^2 + 1, \quad v_x w_x = {\sigma_x}^2 + 1, \quad w_x u_x = {\tau_x}^2 + 1. \tag{1}$$

𐐜𐐯𐑌 𐐮𐑁 𐐮𐐿𐐶𐐩𐑈𐐲𐑌𐑆 𐐲𐑂 𐑄 𐑁𐐫𐑉𐑋

$$u_x = {a_x}^2 + {b_x}^2, \quad v_x = {c_x}^2 + {d_x}^2, \qquad w_x = {e_x}^2 + {f_x}^2 \tag{2}$$

𐐪𐑉 𐐲𐑅𐐭𐑋𐐼 𐐰𐑌𐐼 𐑅𐐲𐐺𐑅𐐻𐐮𐐻𐐭𐑇𐐲𐑌 𐐮𐑆 𐑋𐐩𐐼 𐐮𐑌 𐑅𐐮𐑅𐐻𐐲𐑋 (1), 𐑅𐐲𐑉𐐻𐐲𐑌 𐐲𐑂 𐑄 𐑁𐐲𐑍𐐿𐑇𐐲𐑌𐑆 𐐮𐑌𐐻𐑉𐐲𐐼𐐭𐑅𐐻 𐐮𐑌 𐐆𐐿. (2) 𐑋𐐩 𐐺 𐐼𐐲𐐻𐐲𐑉𐑋𐐮𐑌𐐼 𐐮𐑌 𐐻𐐲𐑉𐑋𐑆 𐐲𐑂 𐑄 𐐲𐑄𐐲𐑉𐑆. 𐐂 𐑉𐐰𐑇𐐲𐑌𐐲𐑊 𐑅𐐲𐑊𐐭𐑇𐐲𐑌 𐐲𐑂 𐑄 𐑀𐐮𐑂𐐲𐑌 𐑅𐐮𐑅𐐻𐐲𐑋 𐐲𐑂 𐐮𐐿𐐶𐐩𐑈𐐲𐑌𐑆 𐐮𐑆 𐑄𐐲𐑅 𐐲𐐺𐐻𐐩𐑌𐐼. 𐐜𐐮𐑅 𐐹𐑉𐐱𐑅𐐯𐑅 𐐮𐑆 𐐫𐑊𐑅𐐬 𐐿𐐩𐐹𐐲𐐺𐐲𐑊 𐐲𐑂 𐐾𐐯𐑌𐑉𐐲𐑊𐐮𐑆𐐩𐑇𐐲𐑌 𐐮𐑌 𐐲𐐿𐐫𐑉𐐼𐐲𐑌𐑅 𐐶𐐮𐑄 𐑄 𐑅𐐲𐑀𐐾𐐯𐑅𐐽𐐲𐑌 𐐲𐑁𐐫𐑉𐐼𐐲𐐼 𐐺𐐴 𐐆𐐿. (5) 𐐲𐑂 § 23.

4.† 𐐓𐑉𐐨𐐻 𐑄 𐐿𐐫𐑉𐐲𐑅𐐹𐐱𐑌𐐼𐐮𐑍 𐐹𐑉𐐱𐐺𐑊𐐲𐑋𐑆 𐑁𐐫𐑉 𐑄 𐑅𐐮𐑅𐐻𐐲𐑋 𐐲𐑂 𐑁𐐲𐑍𐐿𐑇𐐲𐑌𐐲𐑊 𐐮𐐿𐐶𐐩𐑈𐐲𐑌𐑆

$$u_x v_x + 1 = \Box, \quad v_x w_x + 1 = \Box, \quad w_x u_x + 1 = \Box.$$

(Cf. *𐐔𐐴𐐲𐑁𐐰𐑌𐐻𐐲𐑅*, 𐐒𐐳𐐿 IV, 𐐑𐑉𐐱𐐺𐑊𐐲𐑋 23.)

5.† 𐐙𐐴𐑌𐐼 𐑉𐐰𐑇𐐲𐑌𐐲𐑊 𐑁𐐲𐑍𐐿𐑇𐐲𐑌𐑆 u_x, v_x, w_x 𐑅𐐲𐐽 𐑄𐐰𐐻 𐑄 𐐿𐐲𐑌𐐻𐐮𐑌𐑏𐐼 𐐹𐑉𐐱𐐼𐐲𐐿𐐻 𐐲𐑂 𐑄𐐯𐑉 𐑅𐐿𐐶𐐯𐑉𐑆 𐐮𐑌𐐿𐑉𐐨𐑅𐐻 𐐺𐐴 𐑄 𐑅𐐿𐐶𐐯𐑉 𐐲𐑂 𐐨𐐽 𐐶𐐲𐑌 𐐲𐑂 𐑄𐐯𐑋 𐑅𐐯𐐹𐐲𐑉𐐲𐐻𐑊𐐨 𐑇𐐰𐑊 𐐺 𐑄 𐑅𐐿𐐶𐐯𐑉 𐐲𐑂 𐐪 𐑉𐐰𐑇𐐲𐑌𐐲𐑊 𐑁𐐲𐑍𐐿𐑇𐐲𐑌 𐐲𐑂 x. 𐐊𐐹𐑊𐐴 𐑄 𐑉𐐲𐑆𐐲𐑊𐐻 𐐻𐐭 𐐹𐑉𐐱𐐺𐑊𐐲𐑋𐑆 𐐮𐑌 𐐔𐐴𐐲𐑁𐐰𐑌𐐻𐐴𐑌 𐐲𐑌𐐰𐑊𐐮𐑅𐐮𐑅. (Cf. *𐐔𐐴𐐲𐑁𐐰𐑌𐐻𐐲𐑅*, 𐐒𐐳𐐿 V, 𐐑𐑉𐐱𐐺𐑊𐐲𐑋 24.)

6.† 𐐙𐐴𐑌𐐼 𐑉𐐰𐑇𐐲𐑌𐐲𐑊 𐑁𐐲𐑍𐐿𐑇𐐲𐑌𐑆 u_x, v_x, w_x 𐑅𐐲𐐽 𐑄𐐰𐐻 𐑄 𐐿𐐲𐑌𐐻𐐮𐑌𐑏𐐼 𐐹𐑉𐐱𐐼𐐲𐐿𐐻 𐐲𐑂 𐑄𐐯𐑉 𐑅𐐿𐐶𐐯𐑉𐑆 𐐼𐐲𐐿𐑉𐐨𐑅𐐻 𐐺𐐴 𐑄 𐑅𐐿𐐶𐐯𐑉 𐐲𐑂 𐐨𐐽 𐐶𐐲𐑌 𐐲𐑂 𐑄𐐯𐑋 𐑅𐐯𐐹𐐲𐑉𐐲𐐻𐑊𐐨 𐑇𐐰𐑊 𐐺 𐑄 𐑅𐐿𐐶𐐯𐑉 𐐲𐑂 𐐪 𐑉𐐰𐑇𐐲𐑌𐐲𐑊 𐑁𐐲𐑍𐐿𐑇𐐲𐑌 𐐲𐑂 x. 𐐊𐐹𐑊𐐴 𐑄 𐑉𐐲𐑆𐐲𐑊𐐻 𐐻𐐭 𐐹𐑉𐐱𐐺𐑊𐐲𐑋𐑆 𐐮𐑌 𐐔𐐴𐐲𐑁𐐰𐑌𐐻𐐴𐑌 𐐲𐑌𐐰𐑊𐐮𐑅𐐮𐑅. (Cf. *𐐔𐐴𐐲𐑁𐐰𐑌𐐻𐐲𐑅*, 𐐒𐐳𐐿 V, 𐐑𐑉𐐱𐐺𐑊𐐲𐑋 25.)

[illegible]

1. [illegible]
(
[illegible].)

2. [illegible]
([illegible].)

3. [illegible]
([illegible].)

4. [illegible]
([illegible]; [illegible], 1876.)

5. [illegible]
([illegible].)

6. [illegible]
([illegible]; [illegible], 1880.)

7.* [illegible]
([illegible], [illegible].)

8.* [illegible] $y = x^2 + (x+1)^2, y^2 = z^2 + (z+1)^2$. [illegible] ɸɾ6ɾ]ɪв ɑф]фə]ɨи өlво ɣ вɨв]ɾɔ $y = x^2 + (x+\alpha)^2$, $y^2 = z^2 + (z+\beta)^2$. (Sɵиωəɐф, 1878.)

9.* Ɑɾвɐlɾ] ɵ ʟɨфə ɾв ɣ Ɑфɾpɐɥ]фɥ вɨв]ɾɔ $x = 4y^2 + 1$, $x^2 = z^2 + (z+1)^2$. (Ϛɾфɵɥo, 1878.)

10. Ɍɐ]ɛɥ ɵ вɨиώɾl-]ɾфɐɔɾ]ɾф вɾlɷbɾɥ ɾв ɣ вɨв]ɾɔ $x^2+y^2-1 = u^2$, $x^2 - y^2 - 1 = v^2$.
(Arch. Math. Phys., 1854.)

11.* Ɍɐ]ɛɥ ɣ ϛɐɥɾфɾl вɾlɷbɾɥ ɾв ɣ Ɑфɾpɐɥ]фɥ ɨωωɛsɾɥ

$$y^2 = x(x+1)(2x+1). \qquad \text{(Ɫɐ]ɐɥ, 1879.)}$$

12. Ɍ]lф ɣ фdɐɥ]ɨ]ə

$$(s^2 - 2st - t^2)^4 + (2s+t)s^2t(2t+2s)^4$$
$$= (s^4 + t^4 + 10t^2s^2 + 4st^3 + 12s^3t)^2$$

]ɷ ɣ фɐ6ɾlɷbɾɥ ɾв вɾф]ɾɥ Ɑфɾpɐɥ]фɥ ɨωωɛsɾɥ6.
(Ɑɛɐɵв, 1878.)

13. Ᵽфɥd ɵl ɣ ɨɥ]ɾώфɾl вɾlɷbɾɥ6 ɾв ɣ ɨωωɛsɾɥ $(x+1)^y = x^{y+1} + 1$. (Ͻфl, 1876.)

14. Ɑɾвɐlɾ] ɔɐʟɾd6 pɾф pфɥdɨи вɾlɷbɾɥ6 ɾв ɣ Ɑфɾpɐɥ]фɥ ɨωωɛsɾɥ

$$2x^2y^2 + 1 = x^2 + y^2 + z^2. \qquad \text{(Ɓɐlфəp, 1912.)}$$

15. Ɑɾвɐlɾ] ɔɐʟɾd6 pɾф ɾɐ]ɛɥɨи вɾlɷbɾɥ6 ɾв ɣ Ɑфɾpɐɥ]фɥ вɨв]ɾɔ

$$x = u^2, \quad x+1 = 2v^2, \quad 2x+1 = 3w^2.$$
(Ϛɐфɵɥo, 1878.)

16. Ɑɾ]ɾфɔɥ ɣoв Ɫɨʟɐώɾфəɾɥ]фɐɥиώɾlв pɾф əc ɾв φωɪc ɣ вɾɔ ɾв ɣ ɐфəɾ ɐɥd фɣɾф ɾв ɣ lɐώв ɪв ɵ вωωɐф.
(Ɑфɾpɐɥ]ɾв.[1])

17. Ꭿᴦ˥ᴦфɔӿ ɣoɞ Ꮖʜʟᴊώᴦфəᴦ˥ ˥ффᴊиώᴦ˥ɞ ρəф əc ᴦɞ фωɪc ɣ ᴊфəᴦ ɪωɞəbɞ фɣᴦф ʟᴊώ ɞф ɵ ɞωωᴊф.
(Ꭿфᴦρᴊ˥˥ᴦɞ.[1])

18. Ꭿᴦ˥ᴦфɔӿ ɣoɞ Ꮖʜʟᴊώᴦфəᴦ˥ ˥ффᴊиώᴦ˥ɞ ρəф əc ᴦɞ фωɪc ɣ ᴊфəᴦ ɪωɞəbɞ ɣ фф˥ɞ˥ᴦ˥ɵɞ əф ωᴦ˥ ʟᴊώ ɞф ɵ ɞωωᴊф.
(Ꭿфᴦρᴊ˥˥ᴦɞ.[1])

19. Ꭿᴦ˥ᴦфɔӿ ɣoɞ Ꮖʜʟᴊώᴦфəᴦ˥ ˥ффᴊиώᴦ˥ɞ ρəф əc ᴦɞ фωɪc ɣ ɞᴦɔ ᴦɞ ɣ ᴊфəᴦ ᴊ˥d фɣᴦф ɣ фф˥ɞ˥ᴦ˥ɵɞ əф ωᴦ˥ ʟᴊώ ɪɞ ɵ ɞωωᴊф.
(Ꭿфᴦρᴊ˥˥ᴦɞ.[1])

20. Ꭿᴦ˥ᴦфɔӿ ɣoɞ Ꮖʜʟᴊώᴦфəᴦ˥ ˥ффᴊиώᴦ˥ɞ ρəф əc ᴦɞ фωɪc ɣ ʟф˥ ɞфɞᴊω˥ɪи ᴊ˥ ᴦωʋɵ˥ ᴊиώᴦ˥ ɪɞ фᴊbᴦ˥ᴦ˥.
(Ꭿфᴦρᴊ˥˥ᴦɞ.[1])

21. Ꭿᴦ˥ᴦфɔӿ ɣoɞ Ꮖʜʟᴊώᴦфəᴦ˥ ˥ффᴊиώᴦ˥ɞ ρəф əc ᴦɞ фωɪc ɣ ɞᴦɔ ᴦɞ ɣ ᴊфəᴦ ᴊ˥d ɣ фф˥ɞ˥ᴦ˥ɵɞ ɪɞ ɵ ɞωωᴊф ᴊ˥d ɣ ˥ᴦфɪɔᴦ˥ᴦф ɪɞ ɵ ωʋɵɞ.
(Ꭿфᴦρᴊ˥˥ᴦɞ.[1])

22. Ꭿᴦ˥ᴦфɔӿ ɣoɞ Ꮖʜʟᴊώᴦфəᴦ˥ ˥ффᴊиώᴦ˥ɞ ρəф əc ᴦɞ фωɪc ɣ ɞᴦɔ ᴦɞ ɣ ᴊфəᴦ ᴊ˥d ɣ фф˥ɞ˥ᴦ˥ɵɞ ɪɞ ɵ ωʋɵɞ ᴊ˥d ɣ ˥ᴦфɪɔᴦ˥ᴦф ɪɞ ɵ ɞωωᴊф.
(Ꭿфᴦρᴊ˥˥ᴦɞ.[1])

23. Ꭿᴦ˥ᴦфɔӿ ɣoɞ Ꮖʜʟᴊώᴦфəᴦ˥ ˥ффᴊиώᴦ˥ɞ ρəф əc ᴦɞ фωɪc ɣ ɞᴦɔ ᴦɞ ɣ ᴊфəᴦ ᴊ˥d ωᴦ˥ ɞфd ɪɞ ɵ ɞωωᴊф ᴊ˥d ɣ ˥ᴦфɪɔᴦ˥ᴦф ɪɞ ɵ ωʋɵɞ.
(Ꭿфᴦρᴊ˥˥ᴦɞ.[1])

24. Ꭿᴦ˥ᴦфɔӿ ɣoɞ Ꮖʜʟᴊώᴦфəᴦ˥ ˥ффᴊиώᴦ˥ɞ ρəф əc ᴦɞ фωɪc ɣ ɞᴦɔ ᴦɞ ɣ ᴊфəᴦ ᴊ˥d ωᴦ˥ ɞфd ɪɞ ɵ ωʋɵɞ ᴊ˥d ɣ ˥ᴦфɪɔᴦ˥ᴦф ɪɞ ɵ ɞωωᴊф.
(Ꭿфᴦρᴊ˥˥ᴦɞ.[1])

25. Ꭿᴦ˥ᴦфɔӿ ɣoɞ Ꮖʜʟᴊώᴦфəᴦ˥ ˥ффᴊиώᴦ˥ɞ ρəф əc ᴦɞ фωɪc ɣ ˥ᴦфɪɔᴦ˥ᴦф ɪɞ ɵ ɞωωᴊф ᴊ˥d ɣ ᴊфəᴦ ɪɞ ɵ ωʋɵɞ.
(Ꭿфᴦρᴊ˥˥ᴦɞ.[1])

26. Ɑɾʅɾφɔɪɴ ɣo6 Ʇɪʌɹώɾφəɾɴ ʅφɸɹиώɾʅ6 ρɷφ əc ɾɞ φωıc ɣ ʇɾφıɔɾʅɾφ ı6 ɵ ωɣɷɞ ɹɴd ɣ ɞɾɔ ɾɞ ɣ ʇɾφıɔɾʅɾφ ɹɴd ʌφəɾ ı6 ɵ ɞωωʌφ. (Ɑɸɾρɹɴʅɾɞ.[1])

27. Ʊıɞ ɵ ɔʌɾɾd ɾɞ ρɸɴdıи ɹɴ ıɴρıɴʅ ɴɾɔɞɾφ ɾɞ ɞɾʅɷbɾɴ6 ɾɞ əc ɾɞ ɣ ıωωεsɾɴ6 $x^3 + y^3 = u^2 + v^2$; $x^{2m+1} + y^{2m+1} = u^2 + v^2, m > 1$. (Ɵɞφə, Ɔəo, 1912.)

28. Ɨρ ɵ Ɑɸɾρɹɴʅɸɴ ıωωεsɾɴ ωɹɴ ɞ ɞʌʇɾφεʅɾd ıɴʅɷ ʅɷ ɔʌɔɞɾφ6 əc ɾɞ φωıc ı6 φoɔɾçəɴəɾɞ ɹɴd ɣ ɴɾɔɞɾφ6 φʌʇφɾ6ʌɴʅıи ɣ dɾώφə6 ɾɞ ɣ ʅɷ ɔʌɔɞɾφ6 ɵφ φʌʅɾʅıɞʅə ʇφɸɔ, bo φȯ ɞɾʅɷbɾɴ6 ɔε ɵʅωε6 ɞ ɾɞʅεɴd ıɴ ɹɴ ə6ə ɔɹɴɾφ. ɞɸ ɔəɴ6 ɾɞ ɞʇʌbɾʅ ıώ6ɹɔʇɾʅ6 bo ɣɹʅ ɣıɞ ɔʌɾɾd ɔε ɵρɾɴ ɞ ɤɷ6d ʅɷ ɾɞʅεɴ φɾ6ɾʅɞ φωıc ɵφ ɴɞʅ ʅφıɞəɾʅ ıɴ ωʌφɾωʅɾφ.

29. Ƥɸɴd ɩφə ɞωωʌφ6 ıɴ ʌφıɹɔʌʅıωɾʅ ʇφɾώφʌbɾɴ ɞɾc ɣɹʅ ɣ ɞωωʌφ φɷʅ ɾɞ əc ɾɞ ɣʌɔ ı6 ʅʌɞ ɣɹɴ ɵ ɞωωʌφ ɞɸ ɤɷɴʅə. (Ɉɞɾɴ6 ɹɴd Ɔəφʅıɴ, 1873.)

30. Ƥɞʅεɴ ɵʅ ɣ ıɴʅɾώφɾʅ ɞɾʅɷbɾɴ6 ɾɞ ɣ ıωωεsɾɴ $x^y = y^x$.

31. Ɑɾʅɾφɔɪɴ ɵʅ ɣ ʇɞ6ıʅıɞ ıɴʅɾώφɾʅ ɞɾʅɷbɾɴ6 ɾɞ ɣ ıωωεsɾɴ

$$4x^3 - y^3 = 3x^2yz^2. \qquad \text{(ɞωɪɴdɾɴ, 1912.)}$$

32. Ɗo ɣɹʅ ɣ ɞıɞʅɾɔ $xy + x + y = a^2, xy - x - y = b^2$ ı6 ıɔʇɞɞıɞɾʅ ıɴ ıɴʅɾçɾφ6 x, y, a, b ɵʅ ɾɞ φωıc ɵφ dıρɾφɾɴʅ φφɾɔ 6ıφo. (Ɵɞφə, 1911.)

33.* Ƥɞʅεɴ ɣ çʌɴɾφɾʅ φɹbɾɴɾʅ ɞɾʅɷbɾɴ ɾɞ ɣ ɞıɞʅɾɔ ɾɞ ıωωεsɾɴ6

$$ax^2 + b = u^2, \quad cx^2 + d = t^2. \qquad \text{(Ɯʌʅɔɪɴ, 1912.)}$$

[1]Ɨɴ ɣ ωεɞ ɾɞ Ʇφɞɞʅɾɔ6 16 ʅɷ 26 Ɑɸɾρɹɴʅɾɞ bo6 ɔıφʅə φȯ ʅɷ ρɸɴd ʇɾφʅıωɤɾʅɾφ φɹbɾɴɾʅ ɞɾʅɷbɾɴ6. Ɨʅ ı6 dȯʅʅɾɞ dıρıωɾʅı ʅɷ ρɸɴd çʌɴɾφɾʅ ɞɾʅɷbɾɴ6 ɾɞ ɞɾɔ ɾɞ ɣə6 ʇφɞɞʅɾɔ6; ɞɾʅ ʇɾφʅıωɤɾʅɾφ ɞɾʅɷbɾɴ6 ɔε ɞ ρȯɴd ωıʌȯ ώφεʅ dıρıωɾʅʅə.

34.* 𐐟𐐬 𐑄𐐰𐐻 𐑄 𐐨𐐿𐐶𐐩𐑈𐐲𐑌 $u^m + v^n = w^k$ 𐐮𐑌 𐐸𐐶𐐮𐐽 m, n, k 𐐪𐑉 𐐹𐐯𐑉𐐶𐐴𐑆 𐐮𐑌𐐻𐐯𐐾𐐯𐑉𐑆 𐐸𐐰𐑆 𐐮𐑌𐑁𐐮𐑌𐐮𐐻𐑊𐐨 𐑋𐐯𐑌𐐨 𐑅𐐲𐑊𐐭𐑇𐐲𐑌𐑆 u, v, w 𐐰𐑆 𐑁𐐲𐑍𐐿𐑇𐐲𐑌𐑆 𐐲𐑂 𐐸𐐶𐐮𐐽 𐐮𐑆 𐐮𐑌𐐼𐐯𐐹𐐯𐑌𐐼𐐯𐑌𐐻 𐐲𐑂 𐐲 𐐹𐐲𐑉𐐰𐑋𐐯𐐻𐐯𐑉 𐐮𐑌 𐑄 𐑅𐐨𐑉𐐨𐑆 𐐹𐐲𐑉𐐰𐑋𐐯𐐻𐐯𐑉 t 𐐮𐑌 𐐰𐑆 𐐲𐑂 𐑄 𐑁𐐱𐑊𐐬𐐮𐑍 𐐿𐐩𐑅𐐯𐑆 𐐰𐑌𐐼 𐐬𐑌𐑊𐐨 𐐮𐑌 𐑄𐐨𐑆:

(1) $u^m + v^2 = w^2,$

(2) $u^2 + v^2 = w^k,$

(3) $u^3 + v^3 = w^2,$

(4) $u^4 + v^3 = w^2,$

(5) $u^4 + v^2 = w^3,$

(6) $u^5 + v^3 = w^2.$ (𐐎𐐰𐑊𐐻𐐲𐑌, 1904.)

35.* 𐐙𐐴𐑌𐐼 𐐱𐑊 𐑄 𐑅𐐲𐑊𐐭𐑇𐐲𐑌𐑆 𐐲𐑂 𐑄 𐐨𐐿𐐶𐐩𐑈𐐲𐑌

$$m \arctan \frac{1}{x} + n \arctan \frac{1}{y} = k \frac{\pi}{4}$$

𐐮𐑌 𐐮𐑌𐐻𐐯𐐾𐐯𐑉𐑆 k, m, n, x, y, 𐑇𐐬𐐮𐑍 𐑄𐐰𐐻
𐑄𐐯𐑉 𐐪𐑉 𐐬𐑌𐑊𐐨 𐑄 𐑁𐐱𐑊𐐬𐐮𐑍 𐑁𐐬𐑉 𐑅𐐯𐐻𐑅:
$1, 1, 1, 2, 3; 1, 2, -1, 2, 7; 1, 2, 1, 3, 7; 1, 4, -1, 5, 239.$

(𐐝𐐻𐐬𐑉𐑋𐐯𐑉, 1899.)

36.* 𐐔𐐮𐑅𐐿𐐲𐑅 𐑄 𐐸𐐱𐑉𐑅 𐐲𐑂 𐑄 𐐨𐐿𐐶𐐩𐑈𐐲𐑌 $ax^{p^t} + by^{p^t} = cz^{p^t}$, p 𐐺𐐨𐐮𐑍 𐐲 𐐹𐑉𐐴𐑋 𐑌𐐲𐑋𐐺𐐯𐑉. (𐐔𐐮𐐿𐑅𐐲𐑌, 1898.)

37.* 𐐔𐐮𐑅𐐿𐐲𐑅 𐑄 𐐸𐐱𐑉𐑅 𐐲𐑂 𐑄 𐐨𐐿𐐶𐐩𐑈𐐲𐑌 $ax^m + by^m = cz^n$.

(𐐔𐐯𐑅𐐺𐐬𐑂, 1879.)

38. 𐐙𐐴𐑌𐐼 𐐰𐑆 𐐲𐑂 𐑄 𐑁𐐱𐑊𐐬𐐮𐑍 𐐨𐐿𐐶𐐩𐑈𐐲𐑌𐑆 𐐸𐐰𐑆 𐐲 𐑅𐐲𐑊𐐭𐑇𐐲𐑌 𐐮𐑌𐑂𐐱𐑊𐑂𐐮𐑍 𐐻𐐭 𐐪𐑉 𐑋𐐬𐑉 𐐹𐐲𐑉𐐰𐑋𐐯𐐻𐐯𐑉𐑆:

$$x^3 + y^3 + z^3 = 2t^3,$$

$$x^3 + y^3 + z^3 = 2t^{9k},$$

$$x^3 + y^3 + z^3 + u^3 = 3t^3,$$

$$x^3 + y^3 + z^3 + u^3 = kt^m,$$

$$x^3 + 2y^3 + 3z^3 = t^3,$$

$$x^3 + 2y^{3m} + 3z^{3n} = t^3.$$

(𐐎𐐲𐑉𐑌𐐲𐐿𐐱𐑊, 1913.)

39. Ꝺo φȯ ʅɷ ƿȸɴd r ɸɹbɾɴɾʅ ɴɾɔɞɾɸ6 ɞɾc ɣɹʅ ɪƿ ɵ ώɪɞɾɴ ɴɾɔɞɾɸ ɪ6 ɹdɾd ʅɷ ɣʌɸ ɞɾɔ ɵɸ ʅɷ ɣ ɞɾɔ ɾɞ ʌɴə $r - 1$ ɾɞ ɣʌɔ ɣ ɸɾɞɾʅɞ bɹʅ ɵʅ ɞ ɞωωʌɸ6.
(Ɋoʅɔ, Ɯɾɴɴɸɹɔ, Ɯɵʅɪɞ, 1906.)

40. Ƿȸɴd ɞʌɞɾɸɾʅ ωɣɷɞ6 ɞɾc ɣɹʅ ɣ ɞɾɔ ɾɞ ɣ dɪɞȸ6ɾɸ6 ɾɞ əc ɪ6 ɵ ɞωωʌɸ.
(Ƿʌɸɔə.)

41. Ƿȸɴd ɞʌɞɾɸɾʅ ɞωωʌɸ6 ɞɾc ɣɹʅ ɣ ɞɾɔ ɾɞ ɣ dɪɞȸ6ɾɸ6 ɾɞ əc ɪ6 ɵ ωɣɷɞ.
(Ƿʌɸɔə.)

42. Ɨɸɷɞ ɣɹʅ 25 ɪ6 ɣ oɴʅə ɞωωʌɸ φωɪc ɪ6 2 ʅʌɞ ɣɹɴ ɵ ωɣɷɞ. Ɨɸɷɞ ɣɹʅ 4 ɹɴd 121 ɵɸ ɣ oɴʅə ɞωωʌɸ6 əc ɾɞ φωɪc ɪ6 ƿɵɸ ʅʌɞ ɣɹɴ ɵ ωɣɷɞ.
(Ƿʌɸɔə.)

43. Ꝺo φȯ ʅɷ dɾʅɾɸɔɴ ɹɴ ɾɴʅɪɔɴʅɾd ɴɾɔɞɾɸ ɾɞ Ɨɪʟɹώɾɸəɾɴ ʅɸȸɹɴώɾʅ6 φɹɞɪɴ ɣ ɞɛɔ ʌɸəɾ.
(Ƿʌɸɔə.)

44. Ɨɸɷɞ ɣɹʅ ɣ ɴɾɔɞɾɸ $2(x^2 + xy + y^2)$ ωɹɴəʅ ɞ ɵ ɞωωʌɸ φωʌɴ x ɹɴd y ɵɸ ɸɹbɾɴɾʅ.
(Ƿʌɸɔə.)

45. Ɨɸɷɞ ɣɹʅ ɣ ɪωωɛsɾɴ $x^2 - 2 = (y^2 + 2)$ φɹ6 ɴo ɞɾʅɷbɾɴ ɪɴ ʅɞ6ɪʅɞ ɪɴʅɾɕɾɸ6 m, x, y.
(Ƿʌɸɔə.)

46.* Ɨɸɷɞ ɣɹʅ ɣ ɪωωɛsɾɴ $2x^2 - 1 = (2y^2 - 1)^2$ φɹ6 ɣ ɣɷɴəω ɞɾʅɷbɾɴ $x = 5$, $y = 2$.
(Ƿʌɸɔə; Ɨʌʅɹɴ, 1884.)

47. Ɍɞʅɛɴ ɞɾʅɷbɾɴ6 ɾɞ ɣ ɞɪɞʅɾɔ $x + y = u^2$, $x^2 + y^2 = v^4$.
(Oɪʅɾɸ.)

48. Ƿȸɴd ɞɪωɞ ƿɪƿʟ-ʅȯɾɸ ɴɾɔɞɾɸ6 φɷ6 ɞɾɔ ɪ6 ɵ ƿɪƿʟ ʅȯɾɸ.
(Ɔəɸʅɪɴ, 1898.)

49. Ƿȸɴd ɵ ɞɾɔ ɾɞ ɞɪωɞʟ-ʅȯɾɸ ɴɾɔɞɾɸ6 φɷ6 ɞɾɔ ɪ6 ɵ ɞɪωɞʟ ʅȯɾɸ.
(Ɔəɸʅɪɴ, 1912.)

50.† Ƿȸɴd ɵ ɞʌʅ ɾɞ ʅȯɾɸ6 ɾɞ φȸɾɸ dɾώɸə ɣɹɴ ɣ ɞɪωɞʟ ɞɾc ɣɹʅ ɣʌɸ ɞɾɔ ɪ6 ɵ ʅȯɾɸ ɾɞ ɣ ɞɛɔ dɾώɸə. (Ɯɾɔʅʌɸ ʅɛʅɾɸ6 ɸɾƿɾɸd ʅɷ ɪɴ § 20.)

51. Ȣɵʅɞ əc ɾɞ ɣ Ƌȸɾƿɹɴʅȸɴ ɪωωɛsɾɴ6 $xy = z(x+y)$, $z^2(x^2+y^2) = (xy)^2$.
(Ɔɹʟɾɞɪɞ (4) 3: 119.)

52. Pꙗ]ɛъ ə 8ᴦ[ɷbᴦъ ᴦɞ ɣ ᎤɸᴦpɅъ]ɸъ 8ɪ8]ᴦɔ $x^2+y^2+z^2 = u^2$, $x^3+y^3+z^3=v^3$. (Ɔəɸ]ɪъ ɅъD Ꭴɛɞɪ8, 1898.)

53. Pᴛ[ɸ ɣ pə[oɪи ɸdɅъ]ɪ]ə6]ɷ ɣ 8ᴦ[ɷbᴦъ ᴦɞ ᎤɸᴦpɅъ]ɸъ ɪωωɛsᴦъ6:

$$(a^2-b^2)^8+(a^2+b^2)^8+(2ab)^8 = 2(a^8+14a^4b^4+b^8)^2,$$

$$x^8+y^8+(x^2\pm y^2)^4 = 2(x^4\pm x^2y^2+y^4)^2.$$

(ꙗəɸəɞəɅъ, Ɓəbɛ, 1911.)

54.* Pꙗ]ɛъ ɣ ϛɅъᴦɸᴦ[8ᴦ[ɷbᴦъ ᴦɞ ɣ ɪωωɛsᴦъ

$$x_1{}^2+x_2{}^2+\cdots+x_n{}^2 = xx_1x_2\ldots x_n.$$ (Ψᴦɸωɪ]8, 1907.)

55. Ꭰo ɸȯ]ɷ ᴦꙗ]ɛъ 8ᴦ[ɷbᴦъ6 ᴦɞ ɣ 8ɪ8]ᴦɔ

$$x^2+y^2+2z^2 = \square,$$
$$x^2+2y^2+z^2 = \square,$$
$$2x^2+y^2+z^2 = \square.$$

([ᴦsəъdɸᴦ.)

56. Ꭰo ɸȯ]ɷ ᴦꙗ]ɛъ 8ᴦ[ɷbᴦъ6 ᴦɞ ɣ 8ɪ8]ᴦɔ $x^2+y^2-z^2=\square$, $x^2-y^2+z^2=\square$, $-x^2+y^2+z^2=\square$.

([ᴦsəъdɸᴦ.)

57.* Ꭴᴦɞʌ[ᴦᴛ ə ʟɪɸə ᴦɞ ɣ ᎤɸᴦpɅъ]ɸъ 8ɪ8]ᴦɔ

$$a = x^2+y^2+u^2+v^2,$$
$$b = x+y+u+v.$$

Pᴛ[ɸ ɣ ɸᴦ6ᴦ[]8]ɷ 8ʌɞᴦɸᴦ[ ]ɸəꙗ[ᴦɔ6 ɪъ ɣ ʟɪɸə ᴦɞ ъᴦɔꙗᴦɸ6. (Ꮃobə, [ᴦsəъdɸᴦ.)

58.* Ɨъɞʌ8]ɪώɛ] ɣ 8ᴦ[ɷbᴦъ6 ᴦɞ ɣ ɪωωɛsᴦъ

$$x^3+(x+r)^3+(x+2r)^3+\cdots+[x+(n-1)r]^3 = y^3.$$

(ϚɅъoωə, 1865.)

59. Ꭴᴦ]ᴦɸɔɪъ 8ɪ8]ᴦɔ6 ᴦɞ pəɸ ъᴦɔꙗᴦɸ6 8ᴦc ɣɅ] ɣ 8ᴦɔ ᴦɞ ʌɞɸə]ɷ ɪъ ə 8ɪ8]ᴦɔ bɅ[ꙗ ə ωᵩɷꙗ. (Pʌɸɔə.)

60.* Ꮳrвдlrт ɵ ϲдъrфrl ɩɥфə rв y ɪωωεsrъ $(n+4)x^2-ny^2=4$. (Фεɵlə, 1883.)

61.* Ꮳrlrфɔъ ꞁфɵтrфlə6 rв y ъlrϲrф6 a, b, c, d вrc yдl y ɪωωεsrъ $ax^2+by^2+cz^2+du^2=0$ bдl фдв ъlrώфrl вrlφbrъ6. (Ɔфrф, 1884.)

62.* Ɗo фė lφ ффl y ꞁфɵdrωl rв lφ вrɔ6 rв εl вωωдф6 д6 ɵ вrɔ rв εl вωωдф6. (Ꞁɵɔвrъ, 1877.)

63.† Ꮳrвдlrт y ɩɥфə rв y Ꮳфrpдъlфъ ɪωωεsrъ

$$\frac{1}{x_1}+\frac{1}{x_2}+\cdots+\frac{1}{x_n}=1,$$

φωдф $x_1, x_2, \ldots, x_n$ ɵф фrвlфɪωlrd lφ в ꞁɵ6ɪlɪв ъlrϲrф6. Ɨъ ꞁrфlɪωvrlrф bo yдl y ɔдωвɪɔrɔ вдlvφ rв дъ x φωɪc ωдъ rωrф ɪъ ɵ вrlφbrъ ɪ6 u_n φωдф $u_{k+1}=u_k(u_k+1)$ дъd $u_1=1$ дъd pфъd y ryrф ъlrϲrф6 φωɪc ώo lφ ɔεω rт ɵ вrlφbrъ ωrъlεɪъ yɪв ъrɔвrф u_n. (Ꞁфɵвlrɔ дъd фr6rlɪ ωrɔvφъɪωεlrd lφ y ɵlrф вф Ꭷ. Ꮳ. Ωдlφώ.)

64.† Ꮳrвдlrт ɵ ɩɥфə rв y вɪвlrɔ

$$x_1+x_2+\cdots+x_n=y_1+y_2+\cdots+y_n,$$
$${x_1}^2+{x_2}^2+\cdots+{x_n}^2={y_1}^2+{y_2}^2+\cdots+{y_n}^2.$$

Ϲдъrфrlф6 y фr6rlɪв вф дdɪи prфyrф вɪɔɪlrф ɪωωεsrъ6 ωɪy дωвꞁoъrъlв 3, 4, ... (Ɩοиbɵɔ, 1889; Pфolɵ6, 1889; Θвфə, 1914.)

65.† Ꝑв6rфв yдl

$$4\frac{x^3+y^3}{x+y}=(x+y)^2+3(x-y)^2$$

дъd yдъв bo φė lφ ɪωвlдъd y вдl rв ъrɔвrф6 rв y pφфɔ $(x^3+y^3)/(x+y)$ вф ϲдъфrlɪ6εbrъ rв вдфərвrl6 вo д6 lφ pφфɔ ɵ dɔɔεъ ωɪy фrвꞁдω lφ ɔrlɪꞁlɪωεbrъ. Ꞁфəl lфωωф6 y pφфɔ6 $(x^5+y^5)/(x+y)$, $(x^7+y^7)/(x+y)$. Ϲдъrфrlф6 lφ y pφфɔ $(x^p+y^p)/(x+y)$, φωдф p ɪ6 дъə ɵd ꞁффɔ. (Ωrɔꞁдф Вɵωɔrъ'6 *Zahlentheorie*, III, p. 206.)

66.† Ƴτʅɸ ɣ ɸɼɞɼʅɿɞ ɼɜʅɛʮd ʮ Ꮷɷɞɼɸɞɸɞ 65 ʅɷ ɣ ɞɼʅɷbɼʮ ɼɞ ʇɸɘɜʅɼɔɞ ʮ Ɑɸɼƿɹʮʅɸʮ ɼʮʇɟɞɪɞ.

67.† Ɑɼɞɹʅɼτ ɣ ɯɸɘ ɼɞ ɣ ɪɷɷɛsɼʮ $x^4 + y^4 = mz^2$ ρɘɸ ώɪɞɼʮ ɞɹʅɣɸɞ ɼɞ m. (Ɛɘ ɪώɞɹɔτɼʅɞ ɼɞ ɞɼʅɷbɼʮɞ ʮ *Interméd. d. Math.*, Ɓɘʅ. XVIII, τ. 45.)

68.† Ɑɼɞɹʅɼτ ɣ ɯɸɘ ɼɞ ɣ ɪɷɷɛsɼʮ $x^n + y^n + z^n = u^n + v^n$ ρɘɸ ɞɹɸɘɼɞ ɞɹʅɣɸɞ ɼɞ ɣ ʇɘɞɪʅɪɞ ɪʅɼώɸɼʅ ɹɷɞτɘʮɼʅ n. (Sɹɸɘɸdɹʮ, 1910.)

69.† Ɨɷɷɛsɼʮɞ ɼɞ ɣ ρɘɸɔ

$$x^m = y^n + c, \qquad (1)$$

ɸɷɹɸ c ɪɞ ɘ ώɪɞɼʮ ʮɼɔɞɼɸ, ɸɹɞ ɞɪʮ ɪʮɞɹɞʅɪώɛʅɼd ɞɸ ɞɹɞɼɸɼʅ ɸɸʅɼɸɞ. Ɨʮ τɼɸʅɪɷɣɼʅɼɸ, ɣ ɷɛɞ $c = 1$ ɸɹɞ ɞɪʮ ʅɸɘʅɼd ʮ ɞɹɞɼɸɼʅ ʇɛτɼɸɞ, ɣ ɘʮʅɘ ʮɘʮ ɞɼʅɷbɼʮ ρɘɸ ɣ ʅɹʅɼɸ ɷɛɞ (ʮ ɸɷɪc m ɹʮd n ɘɸ ώɸɛʅɼɸ ɣɹʮ ɣɷʮʅɘ) ɞɘɪɪ $x = 3, m = 2, y = 2, n = 3$. Ɨʮɞɹɞʅɪώɛʅ ɣ ɕɹʮɼɸɼʅ ɯɸɘ ɼɞ Ɨɷ. (1), ɞɼɔɼɸɸɞɪɪ ɣ ɸɼɞɼʅɿɞ ʮ ɣ ʅʅɼɸɼcɼɸ ɹʮd ɹdɪɪ ʅɷ ɣɹɔ. Ɨʮ τɼɸʅɪɷɣɼʅɼɸ, dɼʅɼɸɔʮ ɸɷɹɣɼɸ ɼɣɼɸ ɷɼʮɞɹɷɣɼʅɪɞ ɪʅɼɕɼɸɞ ɣɹʮ 8 ɹʮd 9 ɷɹʮ ɞ τɼɸρɼɷʅ ʇɘɼɸɞ. (Ɛɘ *Ɩɸɼɞ. ʅɼʮd. Ɔɹʅ. Ɛɼɞ.* (2) 13 (1914): 60–80.)

70.† Ɑɼʅɼɸɔʮ ɸɷɹɣɼɸ ɣ ɞɼɔ ɸɣɼɸ ɼɞ n nʟ ʇɘɼɸɞ ɘɸ ɼɞ $n - 1$ nʟ ʇɘɼɸɞ ɷɹʮ ɪʅɞɹʅρ ɞ ɹʮ nʟ ʇɘɼɸ ɸɷɹʮ n ɪɞ ώɸɛʅɼɸ ɣɹʮ 3.

71.* Ɣ ɪɷɷɛsɼʮ

$$q^r F\left(\frac{p}{q}\right) = c,$$

ʮ ɸɷɪc $F(x)$ dɼʮɘʅɞ ɹʮ ɪɸɼdɘɞɪɞʅ ʇɘʅʮɘɔɘɼʅ ʮ x ɼɞ dɼώɸɘ r ($r > 2$) ɷɪɣ ɪʅɼώɸɼʅ ɘɘɼρɪbɼʮʅɞ ɹʮd c ɪɞ ɹʮ ɪʅɼɕɼɸ, ɸɹɞ ɘʮʅɘ ɘ ρɸʮɸʅ ʮɼɔɞɼɸ ɼɞ ɞɼʅɷbɼʮɞ ʮ ɪʅɼɕɼɸɞ p ɹʮd q. (ʟɷ, 1908.)

Ɨɥdʌɷɵ

www.ingramcontent.com/pod-product-compliance
Lightning Source LLC
Chambersburg PA
CBHW070226190526
45169CB00001B/98
9781536875881